Thümmel · Elektronen- und Betastrahlung
— Streuabsorptionsmodelle —

Hans-Wolf Thümmel

Durchgang von Elektronen- und Betastrahlung durch Materieschichten

Streuabsorptionsmodelle

Mit 66 Abbildungen und 31 Tabellen

AKADEMIE-VERLAG · BERLIN
1974

Erschienen im Akademie-Verlag, 108 Berlin, Leipziger Str. 3 – 4

Lizenznummer: 202 · 100/560/74
Einband und Schutzumschlag: Karl Salzbrunn
Gesamtherstellung: VEB Druckerei „Thomas Müntzer", 582 Bad Langensalza
Bestellnummer: 7615635 (5920) · LSV 1175
Printed in GDR
EVP 58,–

Geleitwort

Das eng umschriebene Arbeitsgebiet aus der Physik, das den Gegenstand der von Herrn Dr. sc. nat. THÜMMEL angefertigten Monographie bildet, nämlich die adäquate Darstellung und analytische Beschreibung der beim Durchgang von Elektronen und Betateilchen durch Materie beobachteten Phänomene, ist durch zwei Besonderheiten gekennzeichnet.

Einmal ist es auffallend, daß man sich mit diesen Fragen seit rund sieben Jahrzehnten beschäftigt; unaufhörlich wurden neue Modelle aufgestellt, neue Lösungswege gesucht und neue Theorien präsentiert. Dieser Aufgabe haben sich sehr viele Wissenschaftler intensiv gewidmet; unter ihnen befindet sich eine Reihe von bedeutenden Physikern. Vergleicht man damit etwa den Zeitraum von nur 13 Jahren, den die Entwicklung vom ersten BOHRschen Atommodell über das Korrespondenzprinzip bis hin zur Quanten- und Wellenmechanik beansprucht hat, oder betrachtet man den schnellen Fortgang der Halbleiterphysik oder auch den der Laserphysik, dann sieht man ein, daß es mit der Transmissionsfrage besonders stehen muß.

Zum anderen gibt es kein weiteres Fachgebiet der Physik, in dem auch nur annähernd im gleichen Ausmaß wie hier von Vereinfachungen, Vernachlässigungen, Näherungen, Approximationen und Korrekturen Gebrauch gemacht wird. Als ein Beispiel sei nur erwähnt, daß es für einen bestimmten, stark vereinfachten Streuquerschnitt 20 verschiedene Näherungsausdrücke gibt und daß sich nun das Problem dahin verschoben hat, für einen gegebenen Satz von Randbedingungen die geeigneteste Näherung auszuwählen.

Wie erklärt sich das alles, und worauf sind diese Besonderheiten zurückzuführen? Es zeigt sich schon bei erster Betrachtung, daß die Deutung der experimentell beobachteten Phänomene wie auch ihre theoretische Behandlung sehr verwickelt sind; außer von der Dicke der durchstrahlten Schicht hängen natürlich Bremsung und Streuung sowie Absorption, Transmission und Rückstreuung von den Parametern (Ordnungszahl der durchstrahlten Materie und Teilchenenergie) ab und werden zusätzlich nicht nur von den geometrischen Randbedingungen der Schicht mitbestimmt, sondern auch von der Beobachtungsgeometrie. Fernerhin spielen Oberflächenbeschaffenheit und Struktur der bestrahlten Substanz eine gewisse Rolle, vermutlich auch deren Stelle innerhalb einer der Perioden des Systems der Elemente.

Man hat sich deshalb seit langer Zeit nicht anders zu helfen gewußt, als das Transportproblem phänomenologisch aufzuteilen, nämlich gemäß anwachsender Eindringtiefe in Einzelstreuung, Mehrfachstreuung, Vielfachstreuung und Diffusion. Dem entspricht die theoretische Behandlung durch die allgemeine BOLTZMANNsche Transportgleichung; analytische Lösungen dieser linearen Integro-Differentialgleichung sind nur durch extreme Näherungen möglich, wodurch sich dann eine Reihe von Lösungsmodellen ergibt, die ungefähr etwa die obige Aufteilung widerspiegelt.

Seit dem Handbuchartikel von W. BOTHE vom Jahr 1933 steht nun eine zusammenfassende und kritische Beschreibung der gesamten inzwischen unternommenen Versuche aus. Da in der letzten Zeit auch numerische Verfahren entwickelt worden sind (Momenten- und Monte-Carlo-Methode sowie wahrscheinlichkeitstheoretische Auswertungen) und da weiterhin das Sachgebiet auch von der Anwendungsseite her interessant geworden ist (Stoffanalytik, Dicken- und Dichtemessungen, Dosimetrie), füllt die vorgelegte Monographie eine lange bestehende Lücke aus. Herr THÜMMEL — durch eine Reihe einschlägiger eigener Arbeiten ausgewiesen — hat seiner Darstellung eine sorgfältig eingeengte Auswahl von rund 500 Veröffentlichungen zugrunde gelegt; ich sehe den besonderen Wert des Buches in dem Bemühen um die vergleichende und kritische Diskussion der Teilmodelle und ihrer gegenseitigen Ergänzung zum Gesamtprozeß.

Die Monographie bietet für jeden an der Frage der Transmission und Rückstreuung Interessierten ein Optimum an Information.

C. F. WEISS

Vorwort

Die vorliegende Monographie befaßt sich mit den Möglichkeiten zur theoretischen Beschreibung des „Verhaltens" schneller Elektronen beim Durchgang durch dicke amorphe Materieschichten. Damit sind die praxisnahen Probleme der Transmission, Rückstreuung und auch Absorption schneller Elektronen in ebenen Absorbern angesprochen, für die eine zusammenfassende Darstellung, die die neueren Literaturergebnisse widerspiegelt, bisher fehlt. Die Betonung liegt gerade auf den „dicken Schichten", für die sich eine theoretische Behandlung besonders schwierig gestaltet; die Einschränkung „amorph" soll darauf hinweisen, daß jegliche Elektronenbeugungseffekte unberücksichtigt blieben.

Die Monographie wurde aus der Sicht des Experimentators verfaßt. Im Vordergrund steht daher nicht die mathematische Formulierung der Theorien; auch werden die dargebotenen theoretischen Ergebnisse nicht abgeleitet. Vielmehr wird größter Wert auf Schlußfolgerungen und Anregungen für die theoretisch-rechnerische Bearbeitung experimentellen Materials gelegt und dazu das erforderliche Formel- und Zahlenmaterial in zahlreichen Tabellen und Diagrammen bereitgestellt.

Die Monographie will Einführung, Nachschlagwerk und Arbeitsmittel zugleich sein; sie stellt im allgemeinen keine besonderen Anforderungen an die Vorkenntnisse des Lesers. Sie versteht sich als ein erster Schritt, als Grundlage und Hilfsmittel für die weiteren Schritte einer kritischen Diskussion und Interpretation des vorliegenden experimentellen Materials zur Wechselwirkung von Elektronen- und Betastrahlung mit Materieschichten und ihrer Anwendung auf praxisbezogene Problemstellungen aus Industrie und Forschung. Sie wendet sich gleichermaßen an den Fachmann wie an den interessierten Außenstehenden.

Unabhängig von den Vorkenntnissen des Lesers sei aber empfohlen, sich bei der ersten Lektüre zuerst einen Gesamtüberblick über die anerkanntermaßen sehr komplexe Problematik zu verschaffen und zunächst die phänomenologische Einführung (Teil I) und auch die als Einleitung des theoretischen Teils II gedachten Paragraphen 5 und 6 ungekürzt, dann aber nur noch die einleitenden Übersichtsabschnitte der Paragraphen 9 bis 11 und schließlich den Paragraphen 12 wieder vollständig zu lesen. Die eigentlichen Darlegungen zum Elektronentransport durch dicke Materieschichten (§§ 9 bis 11) bedürfen einer sorgfältigen Durcharbeitung; auf die Paragraphen 7 und 8, die die Streu- und Bremswahrscheinlichkeiten behandeln, braucht gegebenenfalls erst beim Auftreten von Unklarheiten zurückgegriffen zu werden.

Weder hinsichtlich der Literaturverweise noch im Hinblick auf die besprochenen theoretischen Aspekte zur Elektronenwechselwirkung mit Materie wurde Vollständigkeit angestrebt. Die getroffene Auswahl an Literaturzitaten (mit Titelangabe) — die die wichtigsten bis einschließlich 1971, teilweise auch die 1972 erschienenen Veröffentlichungen berücksichtigt — ist jedoch so reichhaltig, daß sie dem an speziellen Sachverhalten besonders interessierten Leser einen gezielten Zugang zu weiterführenden Behandlungen ermöglicht.

Das Manuskript entstand auf der Grundlage und in Fortsetzung der Arbeiten zu meiner Habilitationsschrift (Dissertation B) „Transmission und Rückstreuung von Elektronen- und Betastrahlung durch zusammengesetzte Medien" (Karl-Marx-Universität, Leipzig, 1970). Seit Beginn dieser Arbeiten durfte ich mich der liebenswürdigen Unterstützung meines hochverehrten Lehrers, Herrn Professor Dr. C. F. Weiss, Mitglied der Akademie der Wissenschaften der DDR, NPT, erfreuen; ihm möchte ich für viele wertvolle Anregungen und Ratschläge bei der Abfassung des Manuskriptes, vor allem für die sicher mühevolle fachliche Manuskriptdurchsicht meinen herzlichen Dank aussprechen. Ebenso möchte ich den vielen Fachkollegen danken, die durch Hinweise, Diskussionen und kritisches Lesen dem Manuskript förderlich waren.

Besonders hervorzuheben ist die wertvolle Mitarbeit von Frau U. Florian bei der Vorbereitung von graphischen Darstellungen und Tabellen, bei der Zusammenstellung und Überprüfung des Literaturverzeichnisses sowie bei der Korrektur des Manuskriptes. Frau I. Voigt übernahm dankenswerterweise die Schreibarbeiten. Frau Dr. H. Huth und Herrn Dr. K.-P. Dostal möchte ich für das sorgfältige Mitlesen der Korrektur herzlich danken. Dem Verlag sei für die gefällige Ausstattung des Buches und für das Eingehen auf Sonderwünsche gedankt. Ganz besonderer Dank gilt meiner lieben Familie, die durch verständnisvollen Verzicht auf ungezählte Stunden gemeinsamer Freizeit und die Schaffung günstiger Arbeitsbedingungen zum Gelingen des Vorhabens wesentlich beigetragen hat.

Hans-Wolf Thümmel

Inhaltsverzeichnis

Einführung

Beim Durchgang durch dicke Materieschichten erfährt ein Bündel energiereicher Elektronen infolge von Wechselwirkungen mit den Atomen des Streumediums Richtungsablenkungen, die mit wachsender Schichtdicke eine zunehmende Auffächerung des Bündels und schließlich auch die Richtungsumkehr eines Teiles der Elektronen bewirken, sowie Energieverluste, die mit steigender Bahnlänge zu einer fortschreitenden Abnahme der Energie der Elektronen und bei ausreichend langen Wegen im Streuer schließlich zu ihrer vollständigen Abbremsung führen. Man beobachtet selbst bei einheitlicher Anfangsenergie der Elektronen des Bündels charakteristische Schwankungserscheinungen — beispielsweise Energie- und Winkelverteilungen bei der Transmission und Rückstreuung, Schwankungen der Bahnlängen und der Eindringtiefen —, deren Ursachen im wesentlichen in den folgenden drei Sachverhalten liegen: Erstens ist jedes energiereiche Elektron auf seinem Wege durch einen dicken Streuer *vielen* aufeinanderfolgenden Elementarprozessen der Wechselwirkung mit den Atomen des Streumediums unterworfen; zweitens liegt wegen seiner geringen Masse die Wahrscheinlichkeit großer Winkelablenkungen bei der Streuung an Atomkernen um mehrere Größenordnungen höher als etwa im Vergleich zu schweren geladenen Teilchen gleicher kinetischer Energie; und drittens sind aus dem gleichen Grunde bei der Wechselwirkung mit Hüllenelektronen auch wesentlich größere relative Energieverluste im Einzelstoß möglich.

Die als äußeres Erscheinungsbild des Elektronentransportprozesses für unterschiedliche Kernladungszahlen des Streumediums oder unterschiedliche Primärenergien der Elektronen zu beobachtenden unterschiedlichen Teilchenflußdichteverteilungen für die Transmission oder Rückstreuung sind daher letzten Endes nur ein Ausdruck für die unterschiedliche Bedeutung der Streuung im Vergleich zur Bremsung bei den unterschiedlichen Meßbedingungen. Das ausgeprägte Ineinandergreifen von Streuung und Energieverlusten — zusammenfassend vielfach als Streuabsorptionsprozeß bezeichnet — ist es auch, das die theoretische Beschreibung des Elektronentransportprozesses außerordentlich erschwert, so daß bis heute keine geschlossene mathematische Lösung von befriedigender Allgemeinheit gelungen ist. Es liegt vielmehr eine Reihe von Einzeldarstellungen vor, von denen jede für sich allein nur einen gewissen Teilaspekt des Elektronentransportprozesses zu beschreiben vermag.

Bei dem Bemühen um ein tieferes Verständnis des Elektronentransportphänomens erscheint es daher geraten, sich zunächst an Hand experimenteller Ergebnisse einen Überblick über die wichtigsten Zusammenhänge zu verschaffen; man gewinnt dadurch die Grundlage für anschaulich-phänomenologische Interpretationen der theoretischen Ergebnisse, für ihre Einordnung in das Gesamtbild sowie für die Bewertung ihrer Leistungsfähigkeit.

Dieser Zielsetzung dient der erste Teil des vorliegenden Buches, in dem in sehr knapper, vielfach auch nur schematischer Form die Ausbreitung schneller Elektronen innerhalb des Streumediums an Hand von Blasenkammeraufnahmen illustriert (§ 2) und das Strahlungsfeld innerhalb und außerhalb des Streumediums an typischen Beispielen experimenteller und berechneter Verteilungen beschrieben wird (§§ 3 und 4).

Die im theoretischen, zweiten Teil getroffene Auswahl des Stoffes, seine Gliederung und Darstellung entbehrt naturgemäß nicht einer gewissen Willkür, in der sich der Standpunkt des Betrachters widerspiegelt. Ihr liegen etwa die folgenden gedanklichen Zusammenhänge zugrunde.

Die theoretische Behandlung des Elektronentransportprozesses hat prinzipiell von der BOLTZMANNschen Transportgleichung (§ 6) auszugehen, über deren Lösungsmöglichkeiten ein Überblick gegeben wird, wenn auch nicht alle besprochenen Wege im weiteren verfolgt werden. Voraussetzung für die Auswertung der allgemeinen theoretischen Ansätze ist die Kenntnis der Wirkungsquerschnitte für Streuung und Bremsung, die daher zunächst in § 7 bzw. § 8 für den in dieser Monographie betrachteten Energiebereich von etwa 1 keV bis 30 MeV besprochen werden. Das dargebotene Zahlenmaterial bildet die Grundlage für die darauffolgenden Diskussionen der theoretischen Modelle zum Elektronentransport durch dicke Materieschichten, der Modelle der Einzelstreuung um große Winkel (§ 9), der Vielfachstreuung um kleine Winkel (§ 10) sowie der Diffusion (§ 11).

Jedes dieser Modelle ist für sich nur in der Lage, gewisse Teilaspekte des Elektronentransportphänomens näherungsweise zu beschreiben; ihr gegenseitiges Verhältnis und ihre relative Bedeutsamkeit bei der Beschreibung der Transmission und Rückstreuung von Elektronen durch dicke Materieschichten werden in § 12 besprochen. In diesem Abschnitt werden darüber hinaus Behandlungsmöglichkeiten des Elektronentransportproblems erläutert, deren Leistungsfähigkeit über die der Teilmodelle hinausgeht, indem sie den Transportprozeß gewissermaßen als Ganzheit auffassen, das sind die Momentenmethode und die Monte-Carlo-Technik. In diesem Sinne sind dort außerdem noch zwei wichtige Gesichtspunkte ergänzt. Das ist einerseits der in den theoretischen Behandlungen zur Wechselwirkung in dicken Materieschichten praktisch ausgeklammerte, aber für sich allein — nämlich bei der Wechselwirkung von Elektronen mit einem isolierten Atom — theoretisch weitgehend erfaßte Einfluß der Schalenstruktur der Atomhülle, dessen Auswirkung auf den Massenschwächungskoeffizienten von Betastrahlung an Hand von empirischem Material diskutiert wird; und das ist andererseits die Herleitung von effektiven

Kernladungszahlen und Massenschwächungskoeffizienten für die Rückstreuung bzw. Transmission von Elektronen und Betastrahlung, die eine Übertragung der für elementare Targets gewonnenen Ergebnisse auf Verbindungen und Stoffgemische ermöglichen.

Die Streuabsorptionsmodelle stellen den zentralen Gegenstand der Monographie dar, der über die in der vorliegenden zusammenfassenden Literatur i. allg. behandelten Inhalte hinausgeht. Die theoretischen Ergebnisse für die atomaren Wechselwirkungsquerschnitte werden zwar ausführlich dargestellt, aber nicht kritisch mit experimentellen Ergebnissen verglichen; denn der erreichte Grad der Übereinstimmung zwischen theoretischen und experimentellen Werten ist im allgemeinen zufriedenstellend, und die für spezielle Parameterbereiche verbleibenden Diskrepanzen fallen im Vergleich zu den in den Streuabsorptionsmodellen getroffenen Näherungen nicht ins Gewicht. Die Sachlage ist vielmehr die, daß die in den Tabellen gegebenen genaueren Wirkungsquerschnitte das Ergebnis numerischer Berechnungen sind und sich nicht durch eine einfache analytische Funktion darstellen lassen. Anspruchsvollere theoretische Beschreibungen zum Elektronentransport müssen daher von analytischen Näherungsausdrücken mit beschränkten Gültigkeitsbereichen Gebrauch machen. Bei verschiedenen Betrachtungen, etwa zum Einzelstreumodell, begnügt man sich aber auch mit der relativ groben RUTHERFORD-Näherung des Streuquerschnittes, diskutiert im nachhinein die Auswirkungen dieser Verfahrensweise und bringt entsprechende Korrekturen an den Ergebnissen an. Selbst für die so flexible Monte-Carlo-Technik bedeutet das Zurückgreifen auf Tabellenwerte für die exakten atomaren Wirkungsquerschnitte einen so erheblichen Aufwand, daß davon bislang kaum Gebrauch gemacht worden ist. Die statt dessen zugrunde gelegten Näherungen für die Wirkungsquerschnitte bzw. für die analytische Beschreibung der Vielfachstreuung in dünnen Schichten, die zur Verringerung des Rechenaufwandes in die Programme eingebaut werden, bedingen den Näherungscharakter der bisherigen Monte-Carlo-Ergebnisse; diese Beschränkung ist zwar nicht prinzipieller Natur, aber im jeweiligen Rahmen des Rechenaufwandes, den man sich zu leisten in der Lage ist, de facto doch vorhanden.

Die vorliegende Monographie versteht sich als Grundlage und Hilfsmittel besonders auch für kritische Diskussionen empirischen Materials zur Wechselwirkung von Elektronen- und Betastrahlung mit Materie. Es wird daher bewußt die Darlegung der für eine weitgehend anschauliche Interpretation experimenteller Ergebnisse nützlichen und geeigneten Streuabsorptionsmodelle in den Vordergrund gestellt. Diese sind zwar grundsätzlich erheblichen Einschränkungen in ihrer Anwendbarkeit — beispielsweise hinsichtlich etwa der geometrischen Randbedingungen — unterworfen; sie bieten aber den nicht unbeträchtlichen Vorteil, die qualitative Abhängigkeit des Elektronentransportprozesses von den Einflußgrößen — Energie, Kernladungszahl usw. — herleiten zu können.

Da man darüber hinaus, wenn im allgemeinen auch erst nach geeigneten Korrekturen oder Erweiterungen, vielfach in der Lage ist, die Ergebnisse der

Streuabsorptionsmodelle auch nahezu quantitativ an experimentelle Resultate anzunähern oder anzupassen, können unter Umgehung aufwendiger numerischer Berechnungen Näherungsdarstellungen für die exakte Flußdichteverteilung beispielsweise auch im Innern des Streumediums gewonnen werden, auf die man relativ bequem und übersichtlich Auswertungen oder weiterführende Berechnungen gründen kann.

Als ein Beispiel für viele sei hier die quantitative Elektronenstrahl-Mikroproben-Analyse genannt, bei der durch beschleunigte Elektronen die in einer Probe enthaltenen Elemente zur Emission ihrer charakteristischen Röntgenstrahlung angeregt werden. Um aus den gemessenen Fluoreszenzintensitäten in gegebener Geometrie quantitative Rückschlüsse auf die Gehalte der betreffenden Elemente ziehen zu können, muß man eine Korrektur anbringen, die die Absorption der Röntgenstrahlung auf ihrem Wege aus der Probe berücksichtigt. Dazu benötigt man die Verteilung der Auslösetiefen, also letzten Endes die Flußdichteverteilung der Elektronen als Funktion der Eindringtiefe. Statt nun diese Verteilung durch numerische Verfahren, die für jede Primärenergie und jedes Targetmaterial eine gesonderte Rechnung erfordern, zu bestimmen, gehen die Bemühungen dahin, aus phänomenologisch-theoretischen Ansätzen eine energie- und kernladungszahlabhängige Näherungsfunktion zu gewinnen und diese als Grundlage für die erforderliche Korrektur zu benutzen. Die Ausführungen zum Diffusionsmodell werden erkennen lassen, daß durch Anpassung einer frei wählbaren Parameterfunktion an die experimentellen Ergebnisse für die Elektronenrückstreuung unter den gegebenen experimentellen Bedingungen eine ausreichend genaue Näherungsdarstellung für die Tiefenverteilung der Elektronen gewonnen werden kann.

In diesem Sinne zielen viele der geführten Diskussionen darauf ab, dem Leser Hilfsmittel und Anregungen für die Weiterführung und Anpassung der gegebenen Ansätze an eigene Problemstellungen zu liefern.

I. Phänomenologische Beschreibung des Durchgangs schneller Elektronen durch dicke Materieschichten

§ 1 Historisches

Die ersten Untersuchungen zur Wechselwirkung schneller Elektronen mit Materie begannen mit den Arbeiten von Lenard über Kathodenstrahlen (1893–96) und mit der Entdeckung der Radioaktivität durch Becquerel (1896) zu einer Zeit, da die atomistische Struktur der Materie zwar gesichert war, aber kaum Vorstellungen über den Atombau existierten. Die Bedeutung der durchdringungsfähigen Kernstrahlung als „Sonde" zur Erforschung der Eigenschaften der Atome wurde bald erkannt, und es setzte eine Reihe subtiler und hinsichtlich der Zahl der untersuchten Elemente sehr ausführlicher Experimente ein, die mit den Experimenten zur Streuung von Alphastrahlen und der Ableitung des Grundgesetzes der elastischen Streuung am Atomkern durch Rutherford (1904, 1905) sowie der Aufstellung einer phänomenologischen Diffusionstheorie zur Wechselwirkung von Betastrahlen in dicken Absorberschichten durch Schmidt (1906) und McClelland (1906) ihren ersten Höhepunkt erreichten.

Die ausführlichen Messungen zur Transmission und Streuung von Betastrahlung (Crowther 1906, McClelland 1905, 1906, 1908) sowie zur Transmission von Alphastrahlen verschiedener Autoren erbrachten z. T. jedoch Ergebnisse — insbesondere den deutlichen Zusammenhang der Elementabhängigkeit des Streuabsorptionsvermögens mit den Perioden des Mendelejewschen Systems der Elemente —, die auf der Grundlage der Rutherfordschen Theorie nicht erklärbar waren und bis heute noch nicht vollständig theoretisch erfaßt sind. In einem neuen Lichte erschienen diese Resultate nach der Entwicklung des Atommodelles durch Niels Bohr (1913); als Folge der Wechselwirkung der schnellen Elektronen mit den Elektronen der Atomhüllen schienen solche Effekte sinnfällig. Jedoch wurde noch Lenard (1918) bei der Deutung des Durchgangs von Kathodenstrahlen durch dicke Materieschichten zunächst auf die unzutreffende Modellvorstellung geführt, daß das Ausscheiden von Elektronen aus einem gerichteten Strahl die Folge der „wahren Absorption" sei, bei der Elementarprozesse mit fast völligem Verlust der kinetischen Energien auftreten. Daß hierfür hauptsächlich die mit sehr geringem Energieverlust verbundene elastische Vielfachstreuung an den Kernen verantwortlich ist, entschieden erst die Ionisationskammermessungen und ihre Deutung durch Kulenkampff (1926). Die Theorie des Energieverlustes von Bethe (1930, 1933), in der die allmähliche Abbremsung der schnellen Elektronen durch sehr zahlreiche Wechselwirkungsprozesse mit den Hüllenelektronen beschrieben wird, sowie die Arbeiten von WILLIAMS (1929), der die Schwankung der Energieverluste (Straggling) als eine statistische Verteilung der Größe der Energieverluste bei den einzelnen Stößen interpretierte, vervollständigten das Bild von diesen Vorgängen weiter.

Beginnend mit den Arbeiten von BOTHE (1921, 1929, 1933) wurde für Elektronen und ähnlich bald darauf von FERMI (1936) für Neutronen eine Transporttheorie formuliert, die den Durchgang schneller Elektronen durch dicke Schichten erfaßt und die allerdings auch heute noch keinesfalls als abgeschlossen betrachtet werden kann [Sp 62].

Von experimenteller Seite ist die Entwicklung durch die ständige Verbesserung und Verfeinerung der Meßtechnik gekennzeichnet (vgl. [Km 60] [Fe 69]). Die Schaffung verschiedenartiger empfindlicher Detektoren und Meßgeräte, wie z. B. der Ionisationskammer, des GEIGER-MÜLLER-Zählrohres, der Nebelkammer, des Szintillationszählers mit Sekundärelektronenvervielfacher, des magnetischen Spektrometers, der Blasenkammer, des Halbleiterdetektors — um nur einige Etappen zu nennen —, der entsprechenden Registriereinrichtungen sowie der Beschleunigungstechnik, die Zugang zu Elektronenbündeln ständig wachsender Energie und Leistung schaffte, ermöglichte es, das Bild von dem bei der Wechselwirkung schneller Elektronen mit Materie entstehenden Strahlungsfeld weiter zu vervollkommnen.

Stimulierend auf die Untersuchungen mit Betastrahlung wirkte sich der mit der Herstellung künstlich radioaktiver Nuklide in vielfältiger Weise möglich gewordene Einsatz als Strahlenquelle und als Tracer aus. Denn bei der Mehrzahl der technisch-industriellen Anwendungen energiereicher Elektronen- und Betastrahlen für Materialuntersuchungen [Br 62] [Ha 69], bei therapeutisch-diagnostischen Applikationen [Sc 53] [Qu 58] sowie auch bei der Metrologie betastrahlender Nuklide treten die Elektronen vorwiegend mit zusammengesetzten Medien — anorganischen und organischen Verbindungen und Strukturen, Gemischen, Lösungen, Legierungen usw. — in Wechselwirkung. Dabei wird entweder die Modifizierung der Primärstrahlung durch das bestrahlte Material nach Transmission oder Rückstrahlung bzw. die physikalische Wirkung der Elektronen im bestrahlten Medium ausgenutzt, oder aber es treten — wie häufig bei der Metrologie radioaktiv markierter Proben — Absorption und Streuung als zu korrigierende Störeffekte auf. In jedem Falle ist eine möglichst genaue Kenntnis und Erfassung der Elektronenwechselwirkungsprozesse besonders in zusammengesetzten Proben eine wesentliche Voraussetzung für die weitgehende Ausschöpfung der Leitungsfähigkeit der Methoden.

§ 2 Die Ausbreitung schneller Elektronen im Streumedium

Ein schnelles Elektron erleidet beim Eindringen in ein Streumedium infolge seiner Wechselwirkung mit Atomkernen und Hüllenelektronen in statistischer Folge Richtungsablenkungen und Energieverluste. Für den einzelnen Stoß-

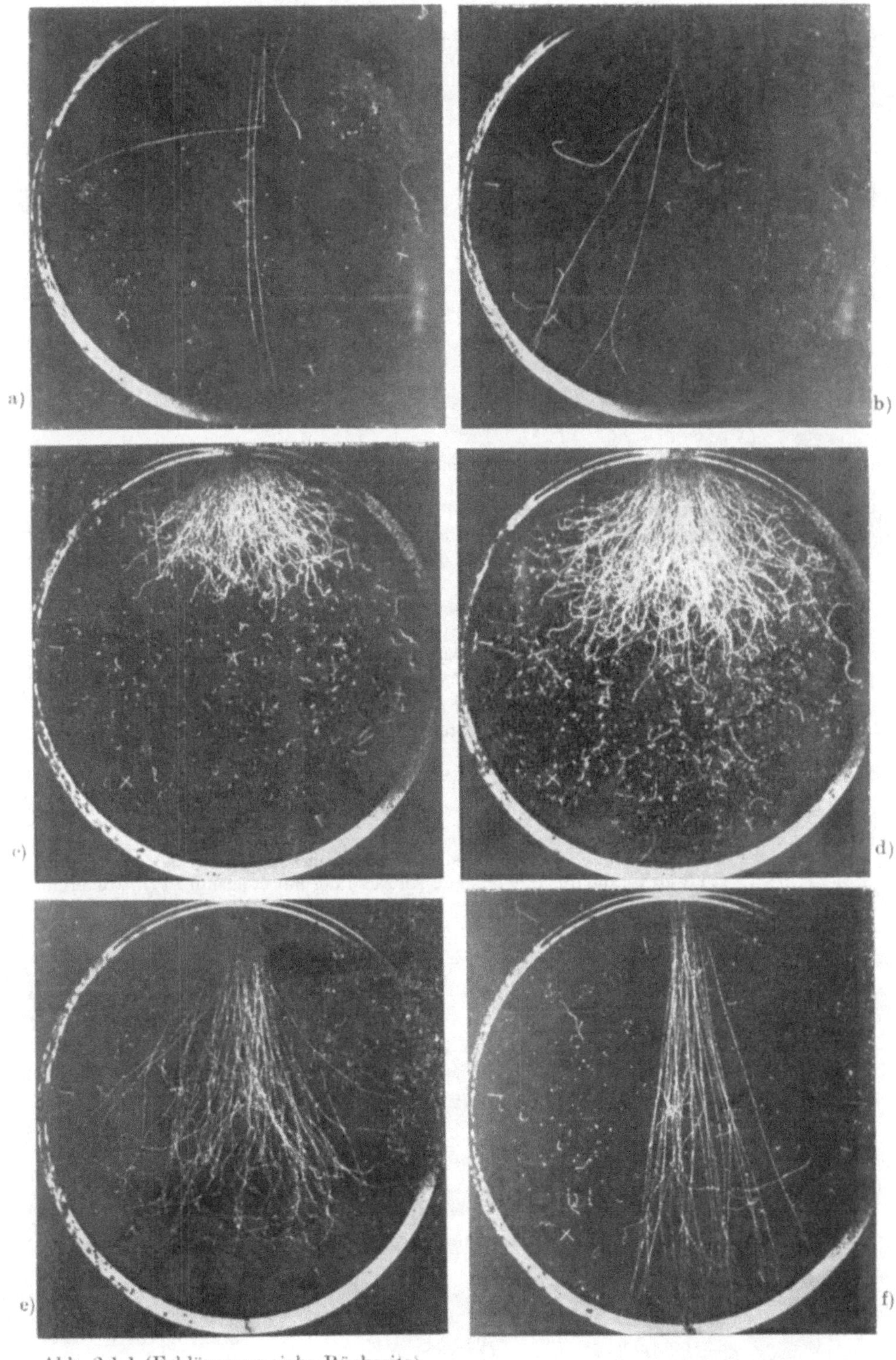

Abb. 2.1-1 (Erklärungen siehe Rückseite)

Abb. 2.1-1. Blasenkammeraufnahmen der Bahnspuren schneller Elektronen [Ha 61] – Kammerdurchmesser 9,7 cm, Kammerfüllung Propan. Der weiße Ring auf den Aufnahmen entsteht durch Reflexionen an der Innenwand der Kammer. Die dunkle Wolke am rechten Bildrand und die dunklen Punkte an den Wänden sind Dampfblasen, die an den Unebenheiten im Innern der Kammer entstehen. Das Eintrittsfenster für die Strahlung (4 mm Be + 0,6 mm Al) befindet sich auf allen Aufnahmen oben (Durchmesser 22 mm); sein Streuvermögen entspricht 20 mm Propan und führt zu einer Winkeldivergenz des Strahls von ca. 10°. Die kreuzförmigen Markierungen sind auf den Glasplatten für eine räumliche Auswertung der Spuren angebracht (nach [Ha 61]). Im einzelnen zeigen die Bilder:

a) Elektron-Kern-Streuung. Starke Winkelablenkung ohne Bahnverzweigung: $E_0 = 20{,}3$ MeV,

b) Elektronen-Elektron-Streuung. Erzeugung von Sekundärelektronen (δ-Teilchen). Kinetische Energie der Elektronen beim Eintritt in die Blasenkammer: $E_0 = 18{,}9$ MeV,

c) bis f) Strahlenbündel schneller Elektronen ($E_0 = 4{,}6$; 5,8; 9,3 bzw. 21,2 MeV), die die abnehmende Aufstreuung mit steigender Primärenergie erkennen lassen prozeß gelten charakteristische Verteilungsgesetze für Richtung, Energie und Impuls, die ihrerseits von verschiedenen Parametern, insbesondere von der Primärenergie der Elektronen und der Kernladungszahl des Streumediums, abhängen. Die Ausbreitung eines Bündels schneller Elektronen im Streumedium kann als Resultat der Wechselwirkungsprozesse der einzelnen Elektronen verstanden und mit statistischen Methoden auf der Grundlage der Streugesetze berechnet werden (vgl. § 12.32).

Eine direkte experimentelle Erfassung sowohl der Schicksale individueller Elektronen als auch der Ausbreitung eines Elektronenbündels im Streumedium ist durch Kernspurdetektoren — wie z. B. die photographische Emulsion, die Nebel- und die Blasenkammer (vgl. etwa [Pa 52a] [Ha 61] [Ha 63]) — möglich. Richtungs- und Energieverteilungen der aus einem Streumedium austretenden Elektronen können einfacher und mit größerer Genauigkeit durch Messungen mit Spektrometern, Ionisationskammern und anderen Nachweisgeräten gewonnen werden; die Ergebnisse solcher Untersuchungen lassen jedoch nur pauschale Rückschlüsse auf die Vorgänge im Innern des Streumediums zu. An Hand einiger typischer Blasenkammeraufnahmen der Bahnspuren schneller Elektronen soll zunächst ein anschauliches Bild des Ausbreitungsprozesses vermittelt werden.

2.1 Elementarprozesse der Elektronenwechselwirkung

Betrachtet man die Bahnspuren einzelner Elektronen (Abb. 2.1-1a, b), so fallen besonders plötzliche Richtungsablenkungen und Bahnverzweigungen auf. *Richtungsablenkungen ohne Bahnverzweigung* (Abb. 1a) sind die Folge elastischer Streuung an den schweren Atomkernen (§ 7.1), die wegen der geringen Masse der Primärteilchen keine merkliche Energie übertragen bekommen und daher nicht sichtbar werden. Diese Coulombstreuung gehorcht in erster Näherung dem RUTHERFORDschen Streugesetz

$$d\sigma = q(\vartheta)\, d\Omega \sim \frac{Z^2}{E^2} \frac{1}{\sin^4 (\vartheta/2)}\, d\Omega\,, \tag{2.1-1}$$

das den Zusammenhang der differentiellen Streuwahrscheinlichkeit $q(\vartheta) = d\sigma/d\Omega$, mit der Momentanenergie E der Elektronen, der Kernladungszahl Z des streuenden Atoms und dem Ablenkwinkel ϑ aus der Anfangsrichtung beschreibt und demzufolge die Wahrscheinlichkeit für eine Streuung in das Raumwinkelelement $d\Omega = \sin\vartheta\, d\vartheta\, d\varphi$ (Azimut φ) mit Z^2 ansteigt, mit E^2 abfällt und eine starke Anisotropie der Richtungsablenkungen mit Bevorzugung kleiner Streuwinkel ϑ auftritt. Die maximale Richtungsablenkung kann $\vartheta = 180°$ betragen.

Richtungsablenkungen mit Bahnverzweigungen (Abb. 2.1-1b) lassen eine (unelastische) Wechselwirkung mit einem Hüllenelektron (§ 7.2), das dabei aus dem Atomverband gerissen wird, erkennen. Wegen der Massengleichheit der Stoßpartner kann nach dem Impulssatz der Energieübertrag erheblich sein.

Beim Elektron-Elektron-Stoß beträgt wegen der Nichtunterscheidbarkeit der Stoßpartner die maximal übertragbare Energie $E/2$; dasjenige Elektron, das nach dem Stoß über die größere Energie verfügt, wird als Primärelektron betrachtet. Das Elektron kleinerer Energie wird als Sekundärelektron (δ-Teilchen) bezeichnet. Beim Elektron-Positron-Stoß sind die Stoßpartner unterscheidbar; der maximale Energieübertrag ist daher gleich E.

Bei der Mehrzahl der Wechselwirkungen mit Hüllenelektronen werden allerdings so kleine Energien übertragen (wenige eV), daß keine sichtbaren Bahnverzweigungen erkennbar sind. Neben Ionisierungsakten kommt es zu Anregungen der Atome, die im hier betrachteten Energiebereich die hauptsächlichen Ursachen für die Energieverluste der Primärteilchen sind; nach Aufzehrung ihrer Energie ist das Bahnende erreicht. Für die Wechselwirkung mit als frei zu betrachtenden Hüllenelektronen gilt wieder das RUTHERFORD-Gesetz (mit $Z = 1$); nach dem Impulssatz ist jedoch nur eine maximale Richtungsablenkung von $\vartheta = 90°$ möglich.

Weiterhin wird bei der Wechselwirkung schneller Elektronen mit Atomen *Quantenstrahlung* erzeugt (§ 7.3). Richtungsablenkungen können von der Emission eines Bremsstrahlungsquantes begleitet sein, und als Folge von Ionisation und Anregung von Hüllenelektronen werden charakteristische Röntgenquanten emittiert. Diese Quantenstrahlung kann in Bahnspurdetektoren nur indirekt an Hand von Photo-, Compton- und bei hohen Primärenergien auch durch Paarelektronen identifiziert werden.

2.2 Vielfachstreuung und Bremsung

Ein Bündel schneller Elektronen wird beim Eindringen in ein Streumedium in ständig steigendem Maße aufgefächert (vgl. Abb. 2.1-1), bis sich ein diffusionsähnlicher Streuzustand einstellt. Besonders für große Primärenergien werden allmählich gekrümmte Bahnen beobachtet, die als statistische Überlagerung der sehr zahlreichen, vorwiegend elastischen Streuungen an Atomkernen um kleine Winkel, die unter dem Begriff der Vielfachstreuung zusammengefaßt werden, zu verstehen sind; elastische Einzelstreuungen um große Winkel sowie Bahnverzweigungen sind im Vergleich dazu relativ selten. Die mit dem Vielfachstreuprozeß einhergehende Abbremsung der Elektronen infolge ihrer unelastischen Wechselwirkungen mit Hüllenelektronen macht sich für eine feste Primärenergie in der gegen das Bahnende hin zunehmenden Krümmung der Bahn bemerkbar; denn der mittlere Ablenkwinkel je Stoßprozeß wird zufolge des Streugesetzes um so größer, je kleiner die Elektronenenergie ist. Auch für Primärelektronen kleiner Energie und Sekundärelektronen sind entsprechend die Bahnkrümmungen insgesamt stärker, und Einzelstreuungen um große Winkel treten häufiger auf.

Nach Durchlaufen genügend dicker Schichten geht die Anfangsrichtung des Bündels schließlich vollständig verloren, und der Ausbreitungsprozeß kann näherungsweise als eine Diffusion aufgefaßt werden. Bei sehr großen Primärenergien überwiegen die Energieverluste, so daß eine vollständige Abbremsung erfolgt, bevor es zur Ausbildung eines diffusionsähnlichen Zustandes kommt (vgl. Abb. 2.1-1c bis f). Im Verlaufe des Vielfachstreuprozesses, aber auch auf Grund von Einzelstreuung um große Winkel können auch rückläufige Elektronen auftreten.

In diesem Sachverhalt kommt eine besonders enge Verflechtung von Streuung und Bremsung zum Ausdruck, deren mathematische Beschreibung erhebliche Schwierigkeiten bereitet. Eine geschlossene analytische Behandlung des Elektronentransportproblems ist daher bis jetzt nicht gelungen. Zwar ist mit Hilfe der Monte-Carlo-Technik (§ 12.32), die die statistische Folge der Wechselwirkungen individueller Elektronen mit Atomkernen und Hüllenelektronen längs ihrer Bahn auf der Grundlage der bekannten Streugesetze simuliert, prinzipiell eine beliebig genaue numerische Beschreibung des Strahlungsfeldes der Elektronenwechselwirkung — einschließlich der Bildung von Sekundärelektronen und Bremsstrahlung — möglich, analytische Lösungen für den Elektronentransportprozeß können jedoch nur unter z. T. einschneidenden Näherungsannahmen angegeben werden (vgl. § 6). Als theoretisch relativ gut durchgearbeitet können die Vielfachwechselwirkunsgprozesse der Bremsung und der Vielfachstreuung gelten. Das findet seine Begründung darin, daß die Winkelablenkungen vorwiegend der Streuung an Atomkernen zuzuschreiben sind — die Wahrscheinlichkeit für die Wechselwirkung mit Atomelektronen ist nur ihrer Anzahl Z proportional —, während die Bremsung praktisch ausschließlich durch unelastische Wechselwirkungen mit Hüllenelektronen erfolgt, so daß unter bestimmten Bedingungen eine voneinander unabhängige Behandlung dieser Prozesse eine brauchbare Beschreibung des Elektronentransportphänomens liefert. So sind die Theorien der Vielfachstreuung (§ 10) auf den Elektronendurchgang durch dünne Schichten beschränkt, in denen noch keine merklichen Energieverluste auftreten. Längs der Elektronenbahnen können andererseits ungeachtet der auftretenden Streuungen die Energieverluste berechnet werden (§ 8).

Die *Anzahl der elastischen Streuakte* je cm Weglänge im Streumedium, die ein einfallendes Elektron im Mittel erleidet, gibt der totale makroskopische Wirkungsquerschnitt je Volumeneinheit ${}_v\Sigma_t$ an, der auch als totaler *linearer* makroskopischer Wirkungsquerschnitt (mit der Dimension des Kehrwertes einer Länge) bezeichnet wird und der das Integral des makroskopischen differentiellen Wirkungsquerschnittes (vgl. § 7.11)

$$Q(\vartheta) = \frac{\mathrm{d}_v\Sigma}{\mathrm{d}\Omega} = N_v \frac{\mathrm{d}\sigma}{\mathrm{d}\Omega} = N_v\, q(\vartheta) \tag{2.2-2}$$

über alle Richtungen darstellt:

$${}_v\Sigma_t = N_v \int_{4\pi} q(\vartheta)\, \mathrm{d}\Omega = N_v\, \sigma_t\,. \tag{2.2-3}$$

Der Kehrwert $\lambda_e = 1/{}_v\Sigma_t$ wird als *mittlere freie Weglänge* bezeichnet und gibt die im Mittel zwischen zwei elastischen Streuakten durchlaufene Weglänge an. λ_e ist zufolge des RUTHERFORDschen Streugesetzes proportional zu E^2/Z^2.

Ein Vergleich dieser Größen für Medien unterschiedlicher Dichte wird erleichtert, wenn man noch den linearen Wirkungsquerschnitt auf die Dichte bezieht; mit $N = N_v/\varrho$ als Anzahl der Atome je Masseneinheit des Streumediums wird der totale makroskopische Wirkungsquerschnitt je Masseneinheit (‚Massen-Wirkungsquerschnitt', mit der Dimension des Kehrwertes einer Flächenmasse[1])) erhalten:

$$\Sigma_t = {}_v\Sigma_t/\varrho = \frac{N_v\,\sigma_t}{\varrho} = N\,\sigma_t\,, \tag{2.2-4}$$

$$\varrho\,\lambda_e = 1/\Sigma_t = 1/N\,\sigma_t\,. \tag{2.2-5}$$

Die Anzahl der elastischen Streuakte in einer (dünnen) Folie der Dicke x ist gegeben durch (vgl. auch § 10.1)

$$\nu_e = {}_v\Sigma_t\,x = \Sigma_t\cdot\varrho x = N\,\sigma_t\cdot\varrho x = x/\lambda_e\,; \tag{2.2-6}$$

sie ist also gleich dem Quotienten aus Foliendicke und mittlerer freier Weglänge und somit proportional zu $x\cdot Z^2/E^2$.

Einen Überblick über die Anzahl der elastischen Stöße in Abhängigkeit von der Primärenergie E_0, der Foliendicke in Einheiten der Flächenmasse[1]) ϱx und der Kernladungszahl Z des Absorbers vermittelt Abb. 10.2-1. Die bis zur völligen Abbremsung eines Elektrons im Mittel erfolgende Zahl der Stöße beträgt danach für kleine Primärenergien größenordnungsmäßig 10^2 und steigt auf einige 10^4 im Bereich von 30 MeV an; die mittleren freien Weglängen liegen demgemäß für den in der Monographie betrachteten Energiebereich von 1 keV bis 30 MeV in der Größenordnung 10^{-2} bis 10 µm.

Für eine näherungsweise theoretische Beschreibung hat sich eine modellmäßig-phänomenologische Gliederung des Transportprozesses nach der Anzahl der Streuakte in (echte) *Einzelstreuung* (vgl. § 9.1), *Mehrfachstreuung*, *Vielfachstreuung* und *Diffusion* bewährt. Die entsprechenden theoretischen Ansätze findet man für ein Elektronenbündel experimentell etwa in folgenden Bereichen der Eindringtiefe x in ein Streumedium bestätigt [Pa 52a] [Go 59]:

Einzelstreuung ($\nu_e = 1$) für Dicken $x \ll \lambda_e$,
Mehrfachstreuung ($1 < \nu_e \leqq 20$) für Dicken $x \approx \lambda_e$,
Vielfachstreuung ($\nu_e > 20$) für Dicken $\lambda_e < x \ll \lambda_T$,
Diffusion ($\nu_e \gg 20$) für Dicken $\lambda_e \ll x$.

Die Unterscheidung zwischen Vielfachstreuung und Diffusion ist nicht durchgängig. Von Vielfachstreuung (zu kleinen Streuwinkeln) spricht man vielfach in dem Sinne, daß bei senkrechtem Einfall von Elektronen auf die Targetoberfläche (bei $x = 0$) die Auffächerung des Bündels klein, also die Gesamtablenkwinkel $\Theta \ll \pi/2$ bleiben; die Foliendicke muß kleiner als eine kritische Länge λ_T, die mittlere Transportweglänge (vgl. § 11.21) bleiben ($x \ll \lambda_T$, vgl. § 10).

Im Falle der Diffusion darf die Eindringtiefe x die mittlere Transportweglänge λ_T erreichen oder überschreiten; der Vielfachstreuprozeß kann hier bis zu beliebig großen Streuwinkeln fortschreiten (vgl. § 11).

[1]) Zur Bezeichnungsweise vgl. Symbolverzeichnis S. 291 (unter ϱx sowie Fußnote).

Zur befriedigenden Interpretation der Elektronenwechselwirkung an dicken Folien muß die Überlagerung dieser Teilprozesse berücksichtigt werden (§ 12.2). Über ihre relative Häufigkeit kann aus der Transporttheorie keine unmittelbare Aussage gewonnen werden, da der allgemeine Formalismus zu seiner Lösung vereinfachende Annahmen erforderlich macht, die wiederum auf eine getrennte Darstellung der genannten Teilprozesse führen (§ 6.3).

Der *Bremsprozeß* kann wegen des Überwiegens kleinster Energieverluste im Einzelstoß als kontinuierlich betrachtet werden. In dieser Näherung ist die Berechnung des mittleren differentiellen Energieverlustes je Weglängeneinheit (Bethe, § 8.1) und die Herstellung eines eindeutigen Zusammenhanges zwischen Momentanenergie und zurückgelegter Wegstrecke möglich. Nach Aufzehrung ihrer Energie haben danach Elektronen gleicher Primärenergie im Mittel die gleiche (mittlere) Bahnlänge $\bar{L}$ durchlaufen. Tatsächlich beobachtet man jedoch infolge der Sekundärelektronen- und Bremsstrahlungserzeugung (letztere nur für Elektronenenergie oberhalb 1 MeV), die zu großen Energieverlusten im Einzelprozeß führen können, auch für Elektronen gleicher Anfangsenergie erhebliche Bahnlängenunterschiede, die unter dem Begriff des ‚*Straggling*‘ zusammengefaßt werden und die im ‚Modell der kontinuierlichen Bremsung‘ lediglich mit ihrem Mittelwert erfaßt werden (§ 8.4).

Experimentelle Angaben über *Bahnlängen* und deren Verteilungen können nur aus Kernspurbildern gewonnen werden; wegen des erheblichen Aufwandes zur Auswertung solcher Aufnahmen liegen aber entsprechend wenige Angaben vor (vgl. z. B. [Ha 63]). Untersuchungen zur Elektronenzahl hinter Materieschichten liefern nicht die Bahnlängen-, sondern z. B. Bahnenden- bzw. Eindringtiefenverteilungen. Die mittlere Eindringtiefe (Reichweite) $\bar{R}$ ist die Projektion der mittleren Bahnlänge auf die Einfallsrichtung (z. B. senkrecht zur Folienoberfläche); sie ist infolge der durch Streuung verursachten ‚Umwege‘ kleiner als $\bar{L}$ (§ 11.5).

Der mittlere differentielle Energieverlust — auch als *Bremsvermögen* bezeichnet — weist einen relativ geringen Abfall (die mittlere Bahnlänge $\bar{L}$ entsprechend einen Anstieg) mit steigender Kernladungszahl des absorbierenden Mediums auf. Die vielfach geübte vollständige Vernachlässigung dieser Abhängigkeit ist im allgemeinen nicht vertretbar (vgl. § 8.12).

§ 3 Das Strahlungsfeld im Innern des Streumediums

Beim Durchgang energiereicher Elektronen durch dicke Materieschichten baut sich als Folge der zahlreichen aufeinanderfolgenden Elementarprozesse der Streuung und Bremsung innerhalb und außerhalb des Streumediums ein Strahlungsfeld auf, dessen phänomenologische und theoretische Beschreibung durch Angabe der Richtungs- und Energieverteilungen für Transmission und Rückstreuung sowie der örtlichen Verteilung der absorbierten Energie usw. Hauptanliegen der vorliegenden Monographie ist.

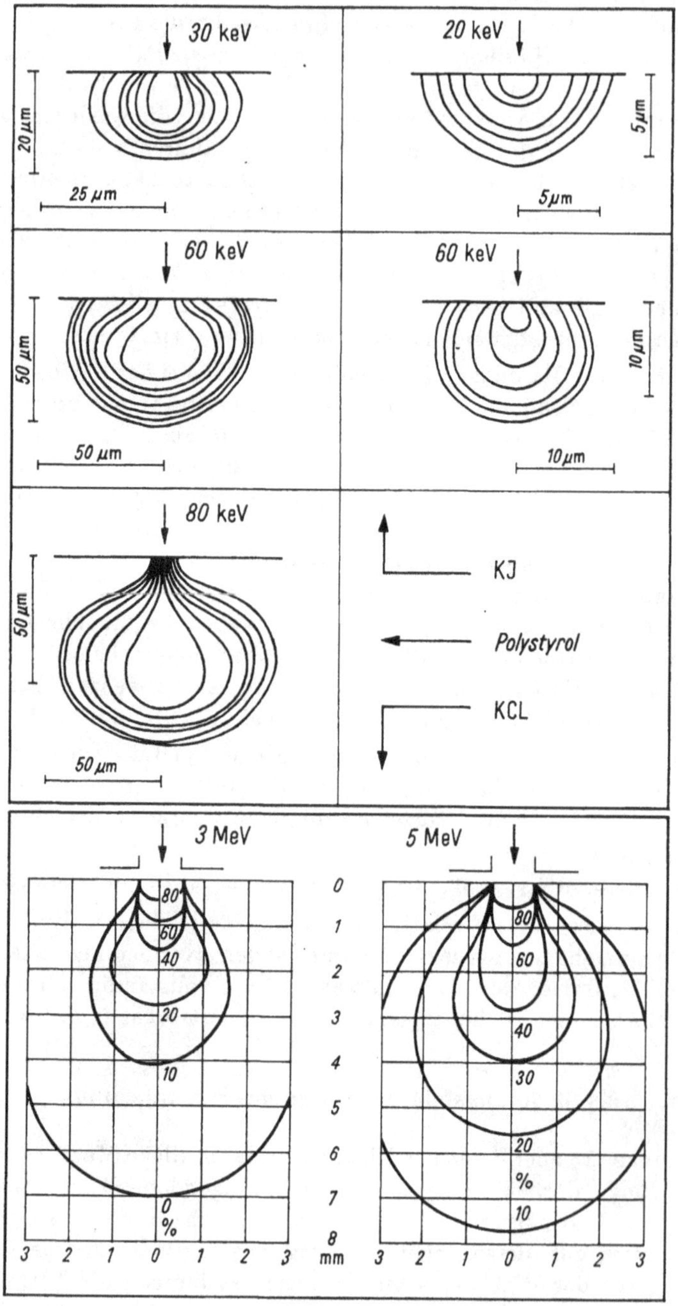
30 keV
20 µm
25 µm
20 keV
5 µm
5 µm
60 keV
50 µm
50 µm
60 keV
10 µm
10 µm
80 keV
50 µm
50 µm
KJ
Polystyrol
KCL
3 MeV
80
60
40
20
10
0
%
5 MeV
80
60
40
30
20
%
10
0
1
2
3
4
5
6
7
8
mm
3 2 1 0 1 2 3
3 2 1 0 1 2 3

Abb. 3-1.

Die recht komplexen Zusammenhänge werden zum Teil sehr ausführliche Diskussionen erforderlich machen, die einen Gesamtüberblick über das Erscheinungsbild erschweren. Um die Anschaulichkeit von vornherein zu gewährleisten, soll in diesem und dem nächsten Abschnitt zunächst ein qualitativer, häufig auch nur schematischer Abriß der charakteristischen Züge des Strahlungsfeldes in Abhängigkeit von der Art des Streumediums, der Dicke des Streuers, der Meß- und Beobachtungsgeometrie sowie der Primärenergie gegeben werden. Die Diskussionen und Darstellungen müssen dabei schon aus dem Grunde unvollständig bleiben, daß keinesfalls alle interessierenden Abhängigkeiten mit ausreichender Ausführlichkeit untersucht worden sind (vgl. Tab. 4-1).

Die *räumliche Verteilung der Elektronen im Streumedium* bzw. die Verteilung der zufolge des Bremsprozesses an das Streumedium übertragenen Energie kann z. B. durch photographische Registrierung der Lumineszenzerscheinungen in geeigneten transparenten Medien – z. B. Szintillationssubstanzen, wie Plastszintillatoren, Alkalihalogeniden, verschiedenen Wolframaten oder auch Gasen – direkt sichtbar gemacht werden. Für kleine Primärenergien (20 bis 80 keV) gibt Abb. 3-1 Beispiele solcher Glow-Figuren in Form von ‚Höhenlinien', d. h. Linien gleicher Helligkeit (nach Ehrenberg [Eh 53] [Eh 63]). Für größere Energien veranschaulicht Abb. 3-1 die räumliche Verteilung der Elektronen in KCl an Hand der Kurven gleicher Ionisationsdichte (nach Berger und Paul [Be 49] [Pa 52a]).

Die räumliche Ausdehnung des von den Primärelektronen im Verlaufe des Streuabsorptionsprozesses durchlaufenen Volumens, das im folgenden kurz als ‚*Streuvolumen*' bezeichnet werden soll, liegt in der Größenordnung der Reichweite der Elektronen im untersuchten Medium. Die Form des Streuvolumens ist abhängig von der Primärenergie, der Kernladungszahl des Streumediums und seiner Dichte sowie natürlich von der Einfallsrichtung, der Richtungsverteilung der Primärelektronen bzw. der Breite des Bündels. Für ein senkrecht auf einen ebenen, dicken Streuer einfallendes, schmales Elektronenbündel lassen sich an Hand der Form des Streuvolumens folgende pauschale Feststellungen über die ablaufenden Streuvorgänge treffen, die in Einklang mit den gezeigten Blasenkammeraufnahmen (Abb. 2.1-1) stehen.

Für sehr große E_0 und kleine Z kommt es lediglich zu einer mehr oder weniger starken Auffächerung des Primärbündels; mit abnehmender Energie wird noch vor der vollständigen Abbremsung der Elektronen ein Zustand der ‚vollstän-

Abb. 3-1. Darstellung räumlicher Ionisationsdichteverteilungen (im Schnitt) für senkrecht einfallende Elektronenbündel unterschiedlicher kinetischer Energie in Form von Kurven gleicher Ionisationsdichte:
20 bis 80 keV – mikroskopische Auswertungen photographischer Aufnahmen der Lumineszenz von Polystyrol und KJ (nach [Eh 63]); 3 und 5 MeV – photometrische Auswertungen der Verfärbungen von KCl (nach [Be 49] [Pa 52a])

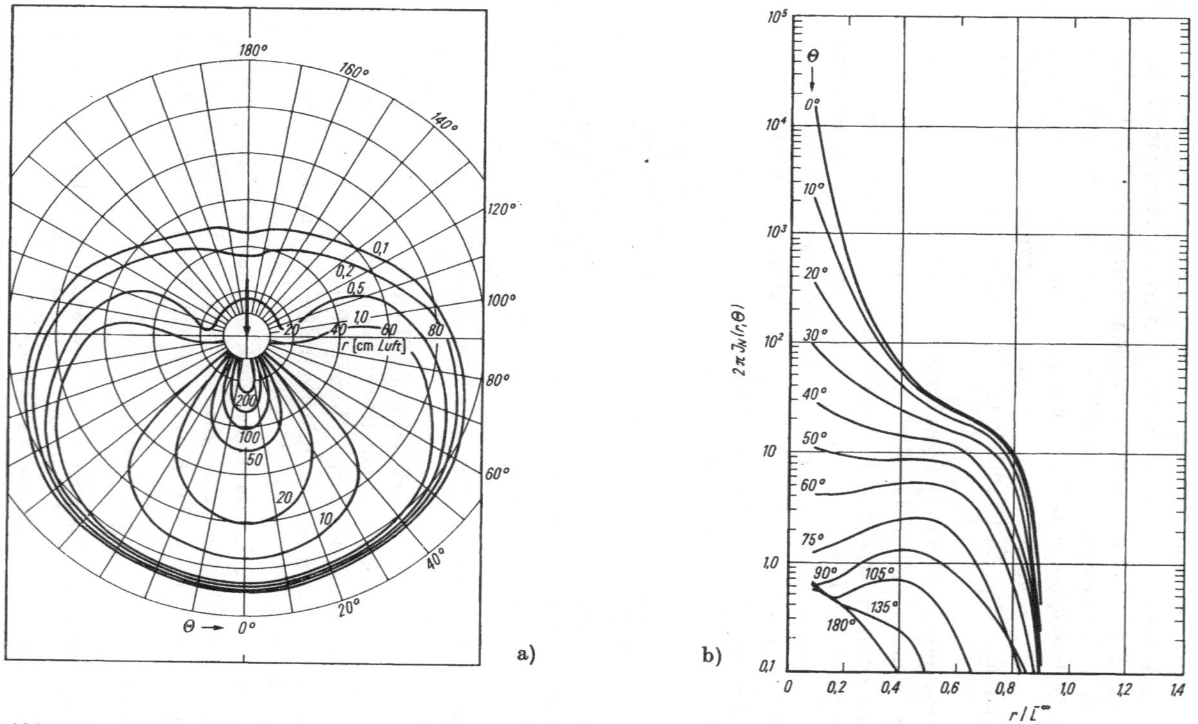

Abb. 3-2. Räumliche Energieabsorptionsverteilungen für Luft (bei 760 Torr und 25 °C), berechnet nach der Momentenmethode für 0,4-MeV-Elektronen [Cr 61]:

a) Energieabsorption für verschiedene Ablenkwinkel Θ aus der Anfangsrichtung des Elektronenbündels als Funktion des Abstandes r vom fiktiven Einfallspunkt des Bündels in Luft, bezogen auf die mittlere Bahnlänge $\bar{L}^{\infty}$,

b) Polardiagramm-Darstellung derselben Ergebnisse. $J_N(r, \Theta)$ ist gegeben in Einheiten des Bremsvermögens (von Luft für 0,4-MeV-Elektronen) pro sterad pro Einheit der Bahnlänge pro einfallendes Elektron digen Diffusion‘ erreicht, der zu einem näherungsweise kugelförmigen Streuvolumen führt. Für Streuer großer Kernladungszahl setzt der Diffusionsprozeß bereits in so geringen Tiefen ein, daß nur etwa die vordere Hälfte dieses kugelartigen Volumens im Streumedium verbleibt, während der rückwärtige Teil als Rückstreustrahlung außerhalb des Absorbers zu denken ist.

Ein Beispiel für eine vollständige Streuverteilung liefern die Monte-Carlo-Rechnungen von Crew [Cr 61] für 0,4-MeV-Elektronen in Luft (Abb. 3-2). Während das Polardiagramm (a) ein unmittelbar anschauliches Bild von der räumlichen Verteilung der absorbierten Energie an Hand von Isodosen vermittelt, läßt das äquivalente Diagramm (b) die starke Abhängigkeit der Energieabgabe an das Medium von der durchlaufenen Schichtdicke (relativ zur mittleren Bahnlänge) für verschiedene Beobachtungswinkel besser erkennen.

Zur vollständigen Charakterisierung des Strahlungsfeldes müßten auch die *Energie- und Winkelverteilungen* der Elektronen in Abhängigkeit vom Ort innerhalb des Streumediums angegeben werden. Solche Informationen könnten zwar prinzipiell aus Bahnspuruntersuchungen — unter Zuhilfenahme von Magnetfeldern — erhalten werden, wegen des erheblichen Aufwandes für die Auswertung solcher Aufnahmen beschränken sich die vorliegenden Angaben bisher jedoch auf mehr integrale Aussagen z. B. über Bahnlängen und deren Schwankungen sowie Stückzahlen schneller Sekundärelektronen. (Eine experimentell kaum genutzte Möglichkeit, die Energieverteilungen im Innern eines Mediums auf einfache Weise zu messen, deuten die geometrischen Arrangements *e* und *f* der Abb. 3-4 an [Ha 66]). Einen Eindruck von der Abhängigkeit der Energieverteilung von 29-keV-Elektronen von der Eindringtiefe (in Cu) vermitteln die Ergebnisse der Monte-Carlo-Rechnungen von Green [Gr 63] (Abb. 3-3). Das für die Oberfläche ($x = 0$) berechnete Spektrum weist neben dem hochenergetischen Peak der Primärelektronen noch eine breite Verteilung bei kleineren Energien auf, welche den aus dem Innern des Mediums zurückgestreuten Elektronen zuzuschreiben ist. Mit steigender Eindringtiefe läßt sich eine deutliche Abnahme der wahrscheinlichsten und der mittleren Energie infolge der Abbremsung sowie die zunehmende Verbreiterung der Verteilung infolge der Elektronenstreuung und des Straggling erkennen. Dabei bewirken für alle Tiefen x — außer in der Nähe der Reichweite — gerade die aus Tiefen $>x$ rückgestreuten Elektronen den Unterschied zwischen den Energieverteilungen im Innern des Streumediums und solchen, die nach Transmission des Elektronenbündels durch eine Folie der Dicke x beobachtet werden.

Das Gegenstück zu den in diesen Spektren zum Ausdruck kommenden Energieverlusten bildet die Aufnahme von Ionisations- und Anregungsenergie durch das bestrahlte Material. Die räumliche *Verteilung der absorbierten Energie*, die in vielerlei Hinsicht — etwa für dosimetrische Belange — von Interesse ist, wurde bereits durch die Abbn. 3-1 und 3-2 veranschaulicht. Für spezielle Meßgeometrien kann die Ionisation bzw. die absorbierte Energie als Funktion der Eindringtiefe der Elektronen bequemer und vielfach genauer durch elektronische Registrierverfahren gewonnen werden [Na 64] [Ha 65a].

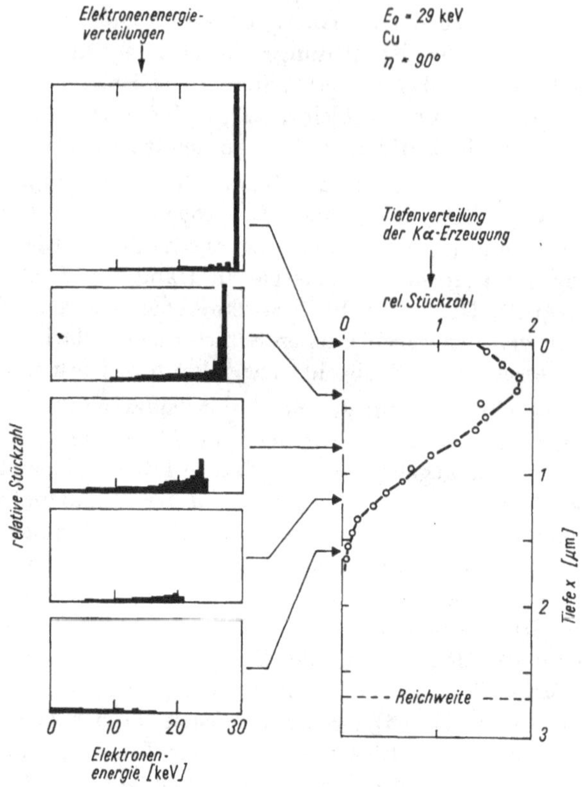

Abb. 3-3. Energieverteilungen von 29-keV-Elektronen in verschiedenen Tiefen eines Cu-Absorbers bei senkrechtem Einfall ($\eta = 90°$) eines schmalen Bündels sowie die daraus abgeleitete Tiefenverteilung der Erzeugung von charakteristischen $K\alpha$-Quanten (Energie 9,4 keV) nach Monte-Carlo-Rechnungen von Green [Gr 63]

Es wird dazu im allgemeinen in einer *Geometrie* gearbeitet, bei der ein schmales, annähernd paralleles Elektronenbündel senkrecht auf einen planparallelen Absorber einfällt (Abb. 3-4a), hinter dem sich ein Detektor befindet, der den gesamten, aus dem Absorber austretenden Teilchenfluß erfaßt, so daß eine Integration der Meßgröße über die Austrittsfläche des Absorbers erfolgt; zwecks Anpassung an praktische Aufgabenstellungen oder theoretische Ergebnisse sind verschiedene Varianten dieser Grundgeometrie durch unterschiedliche geometrische Anordnung von rückstreuendem Material sowie durch Wahl verschiedenartiger Detektionsarten realisiert worden (vgl. Abb. 3-4a bis c).

Bei einer einfachen *Transmissionsschicht* (Abb. 3-4a) befindet sich hinter dem (dünnen) Detektor kein rückstreuendes Material. Ein *‚halbunendlich ausgedehntes' Medium* (Abb. 3-4b) erhält man durch Anbringung einer ‚unendlich' dicken Materialschicht hinter dem (dünnen) Detektor, deren Dicke größer als etwa die halbe Reichweite der Primärstrahlung sein muß, so daß bei weiterer

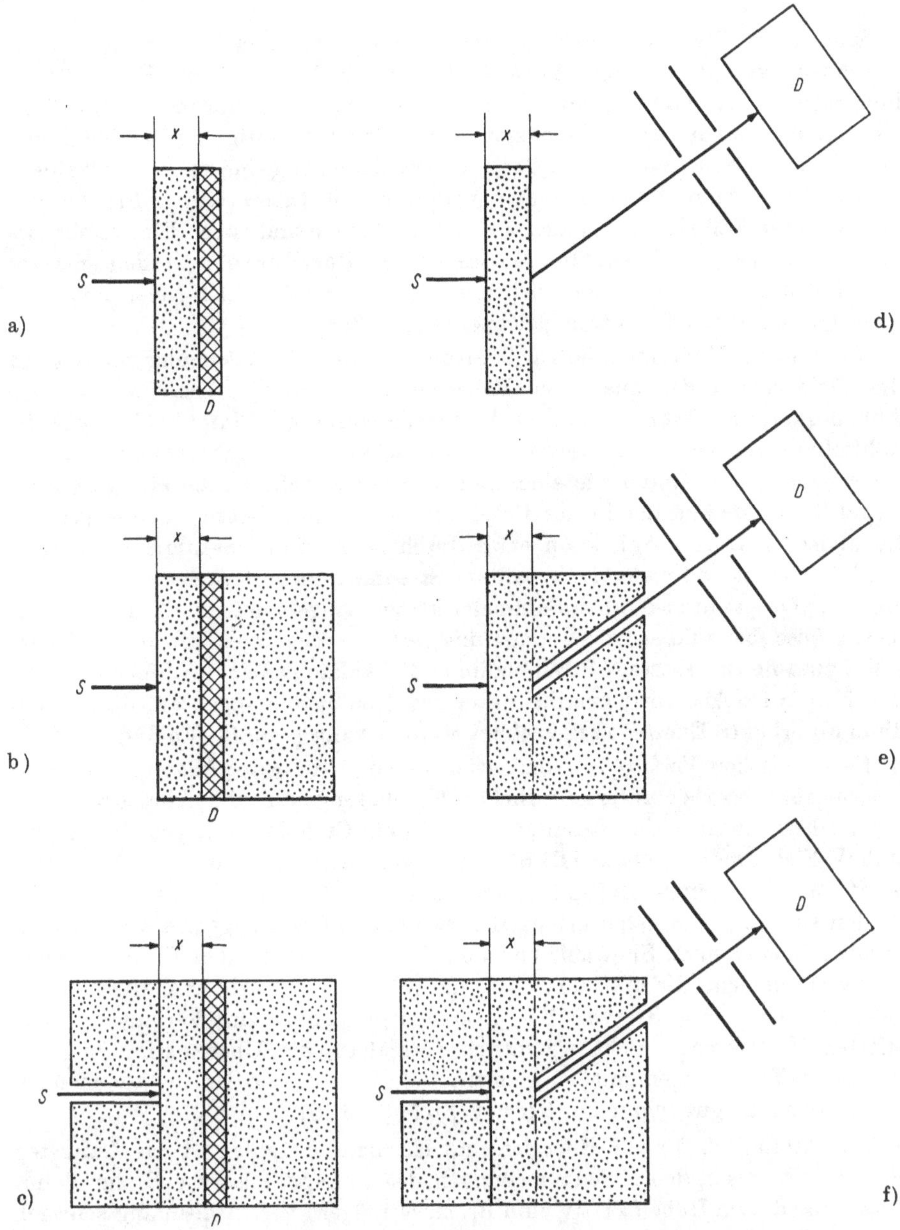

Abb. 3-4. Variation der geometrischen Bedingungen durch die Anordnung von rückstreuendem Material für einen dünnen, ausgedehnten Detektor (links) sowie für eine „kollimierte“ Beobachtungsgeometrie (rechts):
oben: Transmissionsschicht, Mitte: semiinfinites Medium, unten: infinites Medium.
Es bedeuten: S – Elektronenstrahl, D – Detektor, x – Eindringtiefe bzw. Absorberdicke

Erhöhung der Dicke der Meßwert des Detektors nicht mehr verändert wird. Bei einem *‚unendlich‘ ausgedehnten Medium* (Abb. 3-4c) tritt die Primärstrahlung nicht durch eine begrenzende Fläche aus dem Vakuum in den Absorber ein, sondern ihr Quellort befindet sich im Innern des allseitig infiniten Mediums. Mit einem – z. B. von einem Teilchenbeschleuniger gelieferten – Strahlenbündel kann man diesen für den Vergleich mit theoretischen Ergebnissen interessanten Fall mit Hilfe eines ausreichend langen und engen Eintrittskanals näherungsweise realisieren. Bei Messungen zur Rückdiffusion werden entsprechend sämtliche in die Einfallsrichtung zurücklaufenden Elektronen mit Hilfe eines durchbohrten Detektors gleichzeitig erfaßbar.

Während bei Experimenten zur Transmission und Rückstreuung vorwiegend die Teilchenzahl der aus einer Folie austretenden Elektronen (Geometrie Abb. 3-4a) durch Strommessung (z. B. Faradaykäfig) oder Impulszählung (z. B. Zählrohr) registriert wird, werden Messungen zur Energieabsorption meist in Geometrie b oder c mit Hilfe eines Detektors durchgeführt, der ein Ausgangssignal liefert, das zu der in der Detektorschicht absorbierten Energie proportional ist. Letzterer Fall kann etwa durch eine Ionisationskammer realisiert werden, die als schmaler Luftspalt im Streumedium mit einer in der Mittelebene aufgespannten dünnen Sammelelektrode ausgebildet ist. Man mißt auf diese Weise bei sukzessiver Verlagerung der Kammer innerhalb des (schichtweise zusammengesetzten) Streumediums die Abhängigkeit der Ionisation von der Tiefe x im Absorber, aus der unter gewissen Bedingungen auf die im Medium absorbierte Energie umgerechnet werden kann (s. z. B. [Co 65]).

Den typischen *Verlauf von* Ionisationstiefen- bzw. *Energieabsorptionsverteilungen* für Absorber unterschiedlicher Kernladungszahl soll Abb. 3-5 veranschaulichen, in der die Resultate von Monte-Carlo-Rechnungen für 5- bis 40-keV-Elektronen (Bishop [Bi 67]) und von Auswertungen nach der Momentenmethode (Spencer [Sp 59]) gegenübergestellt sind. (Die genannten Methoden sind in § 12.3 näher erläutert.) Die Monte-Carlo-Ergebnisse vermitteln darüber hinaus einen Eindruck von den Unterschieden in den Energieabsorptionsverteilungen, die für einen halbunendlich und einen unendlich ausgedehnten Absorber auftreten. Für größere Energien ist der Verlauf der normierten Verteilungen nicht wesentlich verändert; die Übereinstimmung berechneter Verteilungen mit experimentellen Ergebnissen ist im allgemeinen außerordentlich gut (vgl. z. B. [Gr 57] [Sp 59] [Bi 58]).

Charakteristisch für alle Energien und Kernladungszahlen ist das Auftreten eines Maximums in den Tiefenverteilungen, dessen Lage (relativ z. B. zur Bahnlänge) und dessen Höhe (relativ zum Bremsvermögen) verhältnismäßig schwach von der Primärenergie und der Kernladungszahl des Absorbers abhängen (vgl. auch Abb. 12.3-1, s. Beilage). Die entsprechenden Transmissionskurven, die die Stückzahlen der durch einen Absorber der Dicke x hindurchtretenden Elektronen darstellen (Geometrie a, Abb. 3-4), würden demgegenüber mit steigender Absorberdicke monoton abfallen. Einen solchen Verlauf weisen Energieabsorptionsverteilungen nur in dem Fall auf, daß die Energieabsorption für

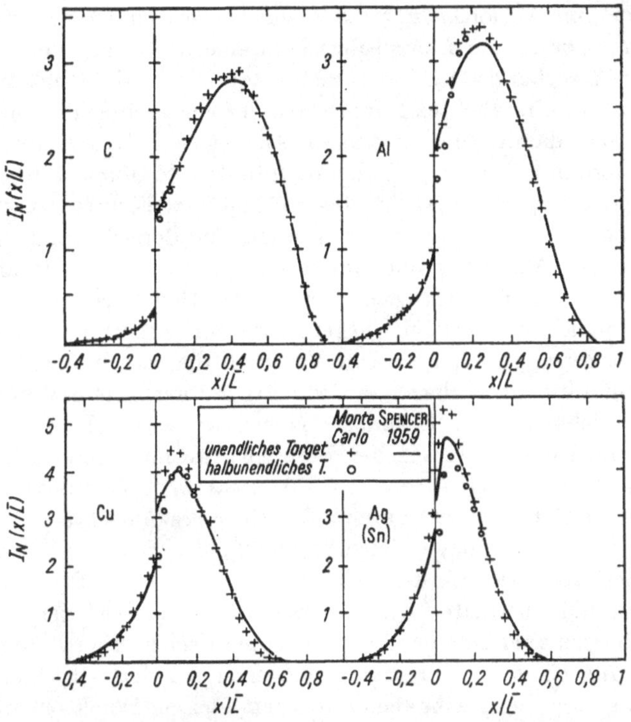

Abb. 3-5. Normierte Energieabsorptionsverteilungen (energy dissipation distributions)

$$I_N(w) = \frac{I(w)}{(\mathrm{d}E/\mathrm{d}s)_{E_0}} \quad \text{mit} \quad w = x/\bar{L}^{\infty} \quad \text{für C, Al, Cu, Ag}$$

nach Monte-Carlo-Rechnungen von BISHOP [Bi 67] für 30 keV-Elektronen. $I(w)\,\mathrm{d}w$ ist die Energieabgabe der senkrecht auf einen halbunendlich ausgedehnten Absorber einfallenden Elektronen in dem Schichtelement zwischen w und $w + \mathrm{d}w$. Eingetragen sind mit der Momentenmethode von SPENCER [Sp 55] berechnete Energieabsorptionsverteilungen für 25 keV (vgl. a. Abb. 12.3-1, s. Beilage)

ein (senkrecht einfallendes) eng kollimiertes Bündel längs der Einfallsachse mit einem sehr kleinen Detektor gemessen wird [Be 49]. Die in der Literatur üblicherweise dargestellten Ergebnisse nach der Art von Abb. 3-5 beziehen sich jedoch auf den Fall der Geometrie b bzw. c (der Abb. 3-4), in der experimentell durch Benutzung eines ausgedehnten Detektors eine Flächenintegration über sämtliche in der Tiefe x stattfindenden Energieabgaben erfolgt. Das Maximum der Tiefenverteilungen ist daher gewissermaßen ein Ausdruck für die birnenförmige Gestalt des Streuvolumens (vgl. Abb. 3-1).

Im einzelnen kann man das Entstehen des Maximums der Energieabsorption durch die Streuung der Elektronen im Absorber erklären [Ha 65a]. Die Energieabgabe eines Elektrons in einer dünnen Schicht des Absorbers in einer bestimmten Tiefe steigt mit der Weglänge des Elektrons in dieser Schicht, ist also dem Kosinus des Richtungswinkels der Elektronenbahn gegen die Einfallsrichtung umgekehrt proportional; mit wachsender Abweichung von der Anfangsrichtung nimmt daher die Energieabgabe in einer durchlaufenen Schicht zu. Besonders für Absorber großer Kernladungszahl bewirkt die Rückstreuung von Elektronen zudem ein erhöhtes Durchsetzen der vorderen Schichtelemente mit Elektronen und damit einen weiteren Anstieg der Energieabsorption (Geometrie b, Halbraum). Für den Fall des infiniten Mediums erfolgt eine wiederholte Rückstreuung von ursprünglich rückläufigen Elektronen, die aus einem halbunendlichen Medium austreten würden, im Bereich der (urprünglichen) Oberfläche des Absorbers und damit eine weitere Vergrößerung der Energieabsorption in der Nähe des Quellortes $x = 0$. Den Absorberschichten, die vor der ursprünglichen Oberfläche liegen, wird eine negative Dickenskala zugeordnet (Geometrie c, Abb. 3-4). Beim Vergleich der Ergebnisse verschiedener Autoren muß auf etwa vorliegende Geometrieunterschiede geachtet werden, da auf diese vielfach nicht besonders hingewiesen wird. Experimentelle Untersuchungen zur Tiefenverteilung der Beiträge transmittierender, rückgestreuter und absorbierter Elektronen zur Energieabsorption führte bereits Gentner [Ge 38] (für 25,6 keV; Al) durch. Detailliertere Aufschlüsse gewinnt man durch Monte-Carlo-Rechnungen [Re 68] [Sh 72].

Es soll hier noch vermerkt werden, daß für eine gegebene Primärenergie und ein gegebenes Absorbermaterial genau der gleiche Verlauf der Energieabsorptionsverteilungen auch in einer anderen geometrischen Anordnung, nämlich bei Einstrahlung eines sehr breiten, homogenen Bündels schneller Elektronen und Messung der Energieabgaben mit einem kleinen Detektor längs der Einfallsrichtung, erhalten werden kann. Das läßt sich verstehen, wenn man sich das breite Bündel in zahlreiche scharf ausgeblendete Elektronenstrahlen aufgeteilt denkt und eine ungestörte Überlagerung der zugehörigen Streubüschel voraussetzt. Eine Integration über alle Büschel in einem Punkt liefert dann gerade das gleiche Ergebnis wie die Integration über alle Punkte des Streuvolumens eines (schmalen) Bündels für die gleiche Tiefe [Be 49] [Ha 65a].

Zur näherungsweisen theoretischen Beschreibung des Ausbreitungsprozesses der Elektronen im Streumedium wurden eine Reihe von nützlichen Modellvorstellungen über das Zustandekommen des Streuvolumens entwickelt, wovon das *Diffusionsmodell* von Bethe, Rose und Smith [Be 38] das bekannteste ist. Danach stellt man sich vor, daß das senkrecht auf den Streuer einfallende Elektronenbündel zunächst ohne jede Streuung bis zu einer gewissen Tiefe eindringt und dort plötzlich in einen Zustand der vollständigen Diffusion mit richtungsisotroper Ausbreitung übergeht. Die theoretisch berechenbare Tiefe der vollständigen Diffusion s_D (kurz *Diffusionstiefe*, § 11.2) ist bezüglich der mittleren Bahnlänge $\overline{L}$ für Streuer großer Kernladungszahl klein und steigt mit abnehmender Kernladungszahl sowie mit wachsender Primärenergie (oberhalb etwa 0,5 MeV) an, wodurch näherungsweise die zunehmende Verlagerung des etwa kugelförmigen Streuvolumens in größere Targettiefen (gemäß Abb. 3-1) beschrieben werden kann [Ar 63a, b] [Gr 64]. Eine ausführlichere Diskussion dieser Modellvorstellung erfolgt in § 11.

Einen Überblick über das Zusammenwirken von Energieverlusten und Richtungsänderungen beim Durchgang schneller Elektronen durch dicke Absorberschichten ermöglicht eine aus der Diffusionstheorie von HARDER [Ha 65a] [Ha 65b] formulierte *Ähnlichkeitsregel* (§ 12.21). Alle für die Verteilung der differentiellen Teilchenflußdichte von Elektronen charakteristischen Längen in gegebenen Materialien und bei gegebenen Anfangsenergien stehen im Verhältnis der zugehörigen mittleren Bahnlängen, sofern man Fälle mit gleichem Z (für niedrige Anfangsenergien) bzw. mit gleichem Z/E_0 (für hohe Anfangsenergien) miteinander vergleicht und sofern die Randbedingungen durch die gleiche Ähnlichkeitstransformation auseinander hervorgehen. Oder kürzer ausgedrückt: die Verhältnisse der charakteristischen Längen zu den mittleren Bahnlängen hängen für kleine E_0 (0,1 bis 1 MeV) von Z, für große E_0 von Z/E_0 eindeutig ab. Als charakteristische Längen in diesem Sinne sind z. B. die mittlere und die praktische Eindringtiefe (§ 8.43), die Tiefe des Dosismaximums, die Diffusionstiefe, die Sättigungsdicke der Rückstreuung oder die Koordinaten typischer Punkte der Flächen konstanter Teilchenflußdichte oder der Isodosenflächen anzusehen.

Obwohl der Ableitung der Ähnlichkeitsregel verschiedene Näherungen zugrunde liegen, bestätigen die experimentellen Befunde die Ähnlichkeitsregel recht gut, und sie kann als einfaches Ordnungskriterium bei der Umrechnung von Elektronendosisverteilungen von einem Stoff auf einen anderen und – wegen der Bedeutung der Parameter Z und Z/E_0 – bei der Interpolation oder Extrapolation von gemessenen oder nach genaueren numerischen Methoden berechneten Dosisverteilungen, Rückdiffusionskoeffizienten und anderen Größen des Durchgangs von Elektronen durch dicke Materieschichten angewandt werden [Ha 65b]. Die zur Umrechnung benötigten mittleren Bahnlängen $\overline{L}$ sind Tabellenwerken (s. § 8.32) zu entnehmen.

§ 4 Das Strahlungsfeld außerhalb des Streumediums

Zur vollständigen Beschreibung des Strahlungsfeldes außerhalb des Streumediums ist die Messung der Energieverteilungen sowohl der rückgestreuten als auch der transmittierten Elektronen für alle Austrittsrichtungen in Abhängigkeit von den Parametern Primärenergie, Kernladungszahl und Dicke des Streuers sowie von der Einfallsgeometrie erforderlich. Dieses Programm ist bisher nur unvollständig abgearbeitet. Wie die Übersicht in Tabelle 4-1 erkennen läßt, liegen beispielsweise für schrägen Einfall eines Elektronenbündels auf nichtsättigungsdicke Streuer weder Rückstreu- noch Transmissions-Energieverteilungen vor. Die Mehrzahl der experimentellen Arbeiten bezieht sich auf den Fall senkrechter Inzidenz, und es werden häufig nur spezielle integrale Darstellungen der allgemeinen Verteilungsfunktion – z. B. die Winkelverteilung oder die Stückzahlen der in den Halbraum austretenden Elektronen – angegeben.

Bei Untersuchungen zur Elektronenwechselwirkung werden im allgemeinen geometrische Bedingungen angestrebt, unter denen das Streuvolumen bzw.

Tabelle 4-1. Übersicht über Art und Anzahl experimenteller Untersuchungen zur Transmission und Rückstreuung monoenergetischer Elektronen (Stand 1970)[1])

untersuchte Verteilung	Dickenbereich des Streuers	Primärenergie[2]) E_0	senkrechter Einfall, Abhängigkeit untersucht von: α	Z	E_0	x	schräger Einfall, Abhängigkeit untersucht von: α	Z	E_0	x
Transmissions-Energieverteilung		k	H	××	○○	○				
		m	H○	○○×	×	○○×				
		g	○○××	●×	○○M	○○*M				
Transmissions-Winkelverteilung		k	–	○×		○				
		m	–	M	M	×	–	○		○
		g	–	○○*	○M	●×M	–	○		×
Transmissionskoeffizient $T(x)$ $\Omega_{\text{Det}} = 2\pi$			–	●○○×	○○○×		–			
		m	–	●○○×	●●MM		–	○×	○○×	
		g	–	○○○M	○MMM		–	×	M	
				×××M	×MMM					
Rückstreukoeffizient $P(x)$ $\Omega_{\text{Det}} = 2\pi$	$>x_s$	k	–	●●●●	●●●●	–	–	●	●	–
		m	–	●●●M	●●●M]	–	–			–
		g	–	●●●M	●●●M	–	–	○	○	–
	$<x_s$	k	–	○○*	●×		–	×	○	
		m	–	○○	○○		–	○	○	
		g	–	●	○○○		–	○×	○M	
Rückstreu-Energieverteilung	$>x_s$	k	○○H	●	●	–	]○○H	○○○○	[○×	–
		m	○	×		–		○		–
		g	○○	○○○○	○○	–	○	○	○	–
	$<x_s$	k	○	○		○				
		m	○	×	○	○				
		g								
Rückstreu-Winkelverteilung	$>x_s$	k	–	○○	○	–	–	○	○	–
		m	–	○○	○	–	–			–
		g	–	●	○○○	–	–	○		–
	$<x_s$	k	–	○	○	×	–			
		m	–	○M	M	○	–			
		g	–	○○	○×	○○	–	○		

[1]) Auch innerhalb ein und desselben Verteilungstyps sind Arbeiten mehrfach berücksichtigt, wenn die Abhängigkeit von mehreren Parametern untersucht wurde. [2]) k = kleine Energien (<50 keV), m = mittlere Energien (50 bis 1000 keV), g = große Energien (>1000 keV)

Zeichenerklärung: α Austrittswinkel aus dem Streuer, Z Kernladungszahl des Streuers, x Dicke des Streuers, x_s Sättigungs-Rückstreudicke
○ experimentelles Ergebnis (● = 5 ○), × experimentelles Ergebnis nur für 1 Wert des Parameters (* = 3 ×)
H experimentelles Ergebnis für $\Omega_{\text{Det}} = 2\pi$ (Halbraum), M Monte-Carlo-Ergebnisse

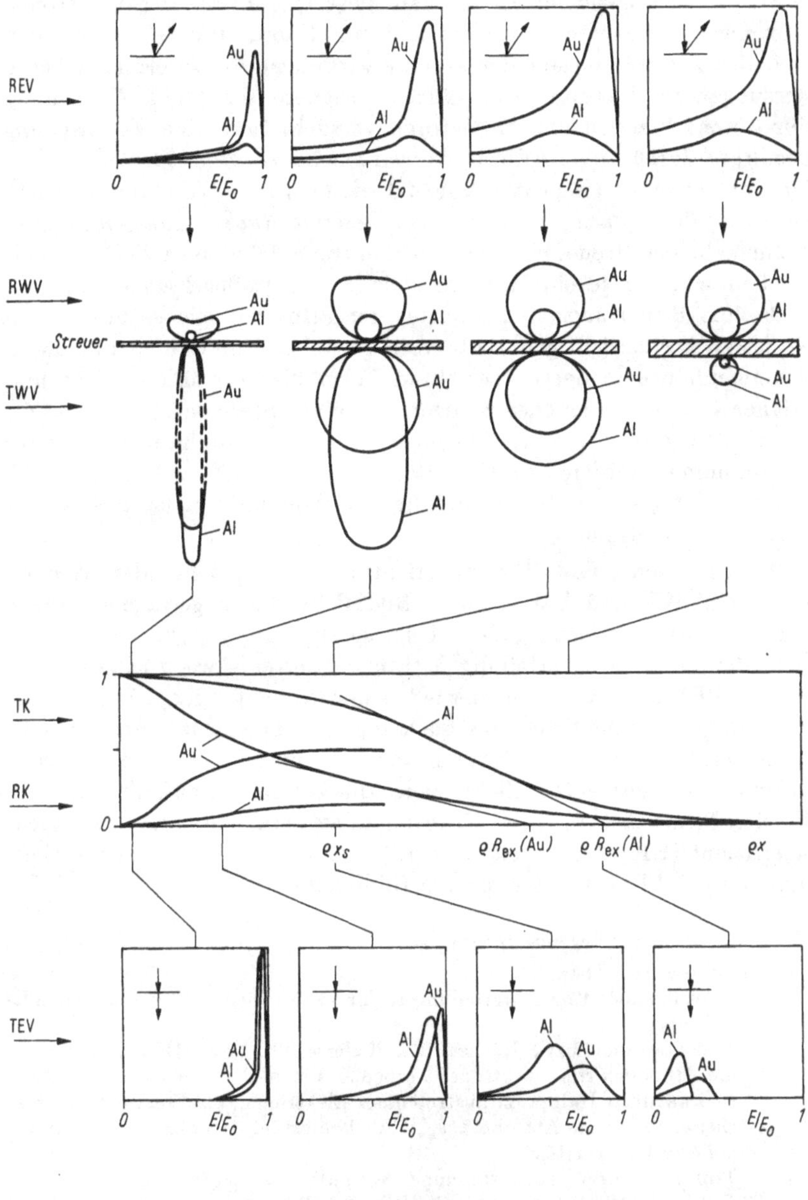

Abb. 4-1. Qualitative Darstellung des simultanen Zusammenhangs charakteristischer Verteilungen für die Transmission und Rückstreuung eines Bündels monoenergetischer Elektronen im Bereich kleiner bis mittlerer Primärenergien für Absorber (Al und Au) unterschiedlicher Dicke bei senkrechtem Einfall. (Fortsetzung s. S. 24)

seine an der Targetoberfläche liegende Begrenzungsfläche (,Streufleck') klein gegen die Detektorabmessungen ist, so daß diese Quellfläche der Elektronen als punktförmig angesehen werden darf und eine Zuordnung des gemessenen Strahlungsfeldes zur Gesamtheit der Wechselwirkungsprozesse erfolgen kann. Durch Messungen im Vakuum sowie durch geeignete Wahl und Anordnung von Kollimatoren, Blenden und Detektoren versucht man eine Verfälschung der Meßresultate durch äußere Einflüsse weitgehend zu vermeiden.

Wenn im folgenden an Hand von Abb. 4-1 die typischen Verläufe der wichtigsten *Verteilungsfunktionen für die Transmission und Rückstreuung* eines senkrecht auf einen ebenen Streuer einfallenden Elektronenbündels in Abhängigkeit von der Foliendicke für je ein Material kleiner und großer Kernladungszahl — zunächst ohne Beachtung des Einflusses der Primärenergie — besprochen werden, so ist zu berücksichtigen, daß experimentelles Material für die simultanen Zusammenhänge in der dargestellten Form bisher kaum vorliegt und daß sich daher vielfach mehr oder weniger plausible Interpolationen erforderlich machten; den gezeigten Verteilungen dürfen daher nur grob qualitative Aussagen entnommen werden.

Zusammengestellt sind in der Abbildung für (von links nach rechts) ansteigende Dicken der Streuer

— die in Transmissions- und Rückstreurichtung zu beobachtenden Winkelverteilungen (TWV und RWV, obere Bildmitte, die eingetragenen Pfeile markieren die Einfallsrichtung der Elektronen);
— Beispiele für die Energieverteilungen transmittierter sowie rückgestreuter Elektronen (TEV bzw. REV) für spezielle Austrittsrichtungen, bei denen die Austrittsenergien auf die Primärenergie bezogen sind (ganz unten bzw. oben);
— die Gesamtzahl der in den Halbraum vor bzw. hinter der Folie transmittierten bzw. rückgestreuten Elektronen, die bei Bezug auf die Zahl der einfallenden Primärelektronen als Transmissionskoeffizient (TK) bzw. Rückstreukoeffizient (RK) bezeichnet werden[1]), als Funktion der Foliendicke x in Einheiten der Flächenmasse (untere Bildmitte).

Fortsetzung der Legende zu Abb. 4-1

Von unten nach oben:
— Transmissions-Energieverteilungen (TEV) für Beobachtung in Einfallsrichtung,
— Transmissions- bzw. Rückstreukoeffizient (TK bzw. RK), d. i. die auf die Zahl der Primärelektronen bezogene Anzahl der in den vorderen bzw. rückwärtigen Halbraum austretenden Elektronen, als Funktion der Flächenmasse ϱx des Absorbers (x_s — Sättigungsrückstreudicke, R_{ex} — extrapolierte Reichweite),
— Transmissions-Winkelverteilung (TWV) als Polardiagramm,
— Rückstreu-Winkelverteilung (RWV) als Polardiagramm,
— Rückstreu-Energieverteilungen (REV) für einen Umlenkwinkel $\Theta = 150°$ (Austrittswinkel $\alpha = 60°$ gegen die Targetoberfläche)

[1]) Zur Bezeichnungsweise vgl. Symbolverzeichnis S. 289 (unter $P(x)$) bzw. S. 290 (unter $T(x)$) sowie Fußnote S. 287.

Die Zuordnung der Winkel- und Energieverteilungen zu den Foliendicken ist durch Pfeile angedeutet. Die angegebenen Sachverhalte entsprechen etwa Primärenergien im Bereich einiger 10 bis 100 keV, in denen die Energieabhängigkeit des Elektronentransportphänomens relativ gering ist.

Betrachtet wird zunächst die Abhängigkeit des *Transmissions-* und des *Rückstreukoeffizienten* von der Foliendicke bzw. — um den Einfluß der unterschiedlichen Dichten der Elemente zu eliminieren — vielmehr als Funktion der durchlaufenen Flächenmasse ϱx. Sowohl für Streuer kleiner als auch großer Kernladungszahl, für die im weiteren stellvertretend Al bzw. Au genannt werden, fallen die Transmissionskurven mit steigender Foliendicke monoton ab und münden bei der ‚maximalen' Reichweite[1]) ϱR_{max} in den subtrahierten Untergrund (Umgebungs- und Bremsstrahlung) ein. Für Au setzt im Gegensatz zu Al bereits bei kleinen Dicken ein relativ schneller Abfall ein, der durch das größere Streuvermögen von Au verursacht wird. Für kleine Dicken[1]) — bis etwa 0,2 ϱR_{max} — erscheinen die in Transmissionsrichtung fehlenden Elektronen fast quantitativ als Rückstreuelektronen, wie der Verlauf des eingetragenen Rückstreukoeffizienten als Funktion der Foliendicke zeigt.

Erst in der Nähe der — für alle Materialien etwa gleich großen — Sättigungsrückstreudicke ϱx_s, bei der die Rückstreukoeffizienten ihren größten Wert erreichen, beginnt der Transmissionskoeffizient schneller abzunehmen, als der Rückstreukoeffizient zunimmt, was einer wahren Absorption durch vollständige Abbremsung von Elektronen, die schräg gegen die Targetoberfläche laufen oder große Umwege durchlaufen haben, zuzuschreiben ist (vgl. auch Abb. 4-3).

Bei noch größeren Dicken, oberhalb von ϱx_s, weisen die Transmissionskurven leichter Elemente im Bereich des Wendepunktes ein mehr oder minder ausgeprägtes lineares Mittelstück auf, dessen Extrapolation bis zur Abszisse eine extrapolierte oder „praktische" Reichweite ϱR_{ex} liefert, die wegen ihrer geringen Beeinflußbarkeit durch die Meßgeometrie im allgemeinen besser reproduzierbar und genauer ablesbar ist als die maximale Reichweite.

Für Absorber großer Kernladungszahl allerdings ist die Bestimmung einer praktischen Reichweite problematisch, da die Transmissionskurve einen fast exponentiellen Verlauf hat und kein lineares Mittelstück auftritt. Die praktischen und die maximalen Reichweiten werden mit steigender Kernladungszahl des Absorbers als Folge der zunehmenden Streuung kleiner, obwohl die mittleren Bahnlängen das entgegengesetzte Verhalten zeigen (vgl. § 8.32).

Gehen wir nun zur Betrachtung der *Winkel- und Energieverteilungen* über. Die Darstellungen links außen beziehen sich auf sehr dünne Folien in der Größenordnung weniger Prozent der Reichweite. In Transmissionsrichtung werden außerordentlich schmale Winkelverteilungen beobachtet; die Zerstreuung des Primärbündels ist gering, für Au stärker als für Al. Die Energie-

[1]) Bei qualitativen Diskussionen wird aus sprachlichen und anschaulichen Gründen (wo Mißverständnisse ausgeschlossen sind) statt ‚Folienflächenmasse' einfach ‚Foliendicke' gesagt. Ebenso werden die Ausdrücke Reichweite, Eindringtiefe, Diffusionstiefe u. dgl. i. allg. auch für die entsprechenden Flächenmassen benutzt.

verteilungen (ganz unten) für einen Ablenkwinkel $\Theta = 0$ sind schmal; ihre Maxima sind infolge der Abbremsung der Elektronen in der Folie um den wahrscheinlichsten Energieverlust ΔE_w, der etwa der Foliendicke proportional ist, gegen die Primärenergie verschoben. In Reflexionsrichtung treten für Al und Au recht unterschiedliche Winkelverteilungen auf. Während für Al bereits eine kosinusförmige Austrittswinkelverteilung — im räumlichen Polardiagramm eine kugelförmige Verteilung —, wie sie theoretisch für den Fall der Elektronendiffusion zu erwarten ist, gefunden wird, sind für Au wegen der großen Streuwahrscheinlichkeit beträchtliche Beiträge von Einzelstreuung um große Winkel mit einem bevorzugten Austrittswinkel von etwa 140° der Diffusionsverteilung überlagert. Die Volumina der räumlichen Streuverteilungen entsprechen den Rückstreukoeffizienten, die sich für Al und Au beträchtlich unterscheiden. Die zugehörigen Rückstreu-Energieverteilungen (ganz oben für einen Streuwinkel von etwa 150°; Austrittswinkel gegen die Targetoberfläche $\alpha \approx 60°$) sind wesentlich breiter als die entsprechenden Energieverteilungen für die Transmission. Für Au zeigt sich an der großen Teilchenzahl bei relativ geringen Energieverlusten der beträchtliche Einfluß der Einzelstreuung; die Ausläufer zu kleinen Austrittsenergien hin werden durch die Diffusionselektronen verursacht, die infolge von Umwegen bereits größere Wege im Streuer zurückgelegt haben. Bemerkenswert ist, daß sämtliche Rückstreu-Energieverteilungen endliche Beiträge bei der Primärenergie ($E/E_0 = 1$) aufweisen, daß also Elektronen ohne jeden Energieverlust zurückgestreut werden; das kann nur auf Grund elastischer Einzelstreuung in den obersten Schichten eines Streuers verstanden werden.

Die zweite Spalte der Abb. 4-1 bezieht sich auf Foliendicken, die etwa der Hälfte der Sättigungsrückstreudicke entsprechen. Die Transmission hat jetzt insbesondere für große Kernladungszahlen des Absorbers (Au) auf Kosten der Rückstreuung abgenommen. Die Winkelverteilungen sind auch bei kleinen Kernladungszahlen (Al) bereits stark verbreitert; für Au hat sich bereits eine kosinusförmige Diffusionsverteilung eingestellt. Die Transmissions-Energieverteilungen sind entsprechend der größeren zurückgelegten Wege zu kleineren (relativen) Energien hin verschoben, und ihre Breite ist infolge der unterschiedlichen Umwege der Elektronen im Streuer, infolge der Streuung sowie infolge des Straggling (s. § 8.4) angestiegen. Die Polardiagramme der Rückstreu-Winkelverteilungen weisen dem Anwachsen der Rückstreukoeffizienten entsprechend größere Volumina auf. Für Al bleibt die Form unverändert; auch für Au erfolgt die Zunahme vor allem durch Diffusionselektronen, so daß die Einzelstreubeiträge weniger stark hervortreten. In den Rückstreu-Energieverteilungen bewirken die aus tieferen Schichten zurückkehrenden Diffusionselektronen eine Verbreiterung und Verschiebung der Peaks zu kleineren Austrittsenergien sowie eine Zunahme der energiearmen Anteile.

Bei weiterem Anstieg der Foliendicke setzen sich die angedeuteten Tendenzen fort. Die letzten Spalten 3 und 4 der Abbildung veranschaulichen die Verhältnisse für Foliendicken im Bereich der Sättigungsdicke ϱx_s bzw. der extrapolierten Reichweite ϱR_{ex}. Die Transmissions-Winkelverteilungen weisen jetzt auch für Al die Form von Diffusionsverteilungen auf. Die Transmissions-Energieverteilungen verlagern sich immer weiter zu kleineren Austrittsenergien; dabei bewirkt das stärkere Bremsvermögen leichter Elemente größere wahrscheinlichste und mittlere Energieverluste für Al. Die Breite der Verteilungen ist dagegen für Au größer, weil infolge der häufigeren Vielfachstreuung größere Bahnlängenunterschiede bis zum Austritt auftreten. (Für größere Dicken sind die Transmissions-Energieverteilungen überhöht gezeichnet!) Der Rückstreukoeffizient erreicht bei ϱx_s seinen Sättigungswert P_s. Die Rückstreu-Winkelverteilungen weisen nun ihre endgültige Gestalt und Größe auf und haben jetzt auch für Au die für die Diffusion typische Kosinusform. Den steigenden Umkehrtiefen entsprechen größere Energieverluste, so daß die Rückstreu-Energieverteilungen vor allem im Gebiet kleiner Austrittsenergien angehoben werden. Die relativ geringen Beiträge der tieferen Schichten können jedoch die Lage des Verteilungsmaximums nur noch für kleine Kernladungszahlen beeinflussen; für Au vergrößert sich im wesentlichen nur die Breite des Peaks.

So viel über das Zusammenwirken von Transmission und Rückstreuung bei senkrechtem Einfall des Primärbündels. Bezüglich Einzelheiten zur Abhängigkeit der Verteilungen und ihrer charakteristischen Parameter von Primärenergie, Austrittswinkel, Kernladungszahl und Dicke des Absorbers muß auf die Literatur verwiesen werden (z. B. [Ka 57] [Fr 59] [Ha 65a] [Vi 69] [Ja 70]). Zum Einfluß der Primärenergie sei hier noch vermerkt, daß für größere Primärenergien bei — in bezug auf die mittlere Bahnlänge — gleichen Foliendicken die Transmissionskurven im Anfangsteil zunehmend langsamer abfallen, weil die Rückstreukoeffizienten kleiner bleiben, daß die Transmissions-Winkelverteilungen, Transmissions-Energieverteilungen sowie Rückstreu-Winkelverteilungen ihre Form relativ wenig verändern, daß aber die Breiten der Maxima und die wahrscheinlichsten Energieverluste in den Rückstreu-Energieverteilungen beträchtlich anwachsen.

Zu Abb. 4-1 analoge Darstellungen müßten auch *für schrägen Einfall* des Primärbündels angegeben werden. Das ist mit gleicher Vollständigkeit jedoch aus Mangel an experimentellem Material nicht möglich.

Die Unterschiede gegenüber dem Fall senkrechter Inzidenz werden für die Transmission durch dünne Schichten im wesentlichen durch die sich bei schrägem Einfall ergebenden Wegverlängerungen im Absorber verursacht; bei gleicher Foliendicke sind die — jetzt in Richtung des einfallenden Bündels schräg gegen die Oberfläche liegenden — Polarverteilungen verbreitert (und die Energieverteilungen sollten größere Energieverluste aufweisen). Bei Anstieg der Foliendicke gehen die Winkelverteilungen in dem Maße in kugelförmige Polarverteilungen über, wie sich ein diffusionsartiger Streuzustand einstellt.

In Reflexionsrichtung werden um so stärkere Verzerrungen der Winkelverteilungen beobachtet, je flacher der Einfall gegen die Targetoberfläche erfolgt; die Elektronen treten bevorzugt um die Richtung des Glanzwinkels $\alpha = \eta$ herum aus (Abb. 4-2). Dieser Einfluß der Einzelstreuung ist nahezu

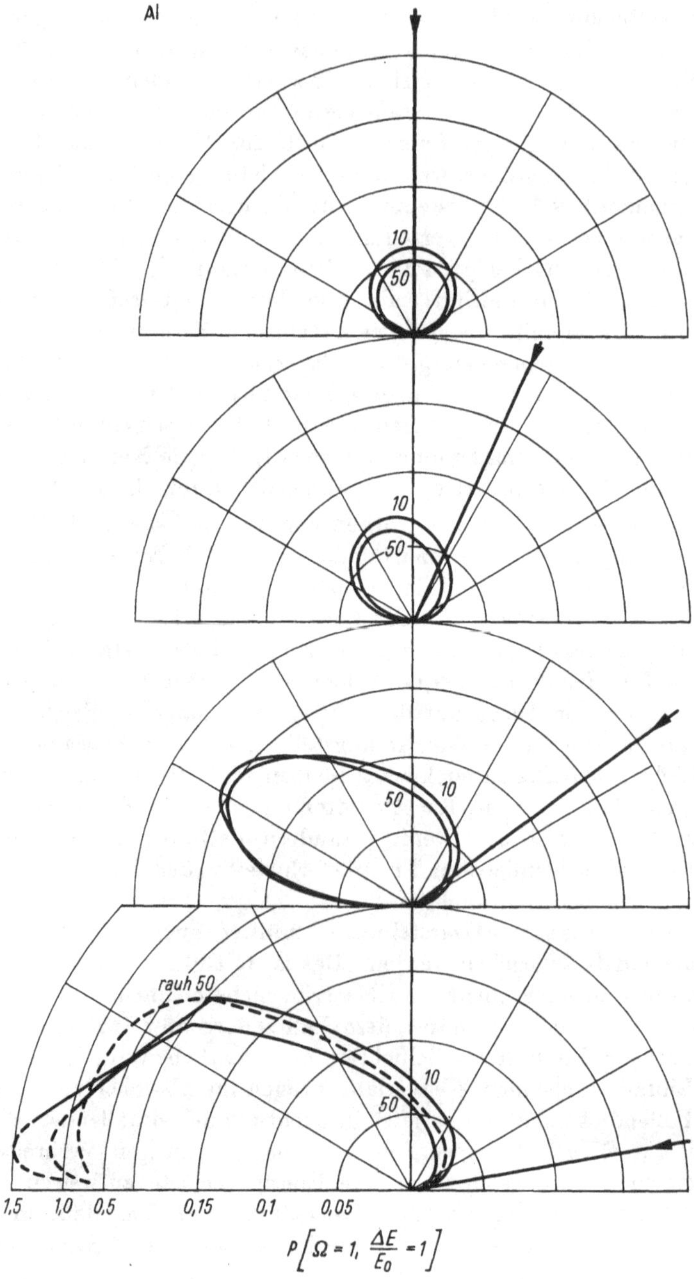
Al
10
50
10
50
50
10
rauh 50
10
50
1,5
1,0
0,5
0,15
0,1
0,05
$P\left[\Omega = 1, \frac{\Delta E}{E_0} = 1\right]$

Abb. 4-2

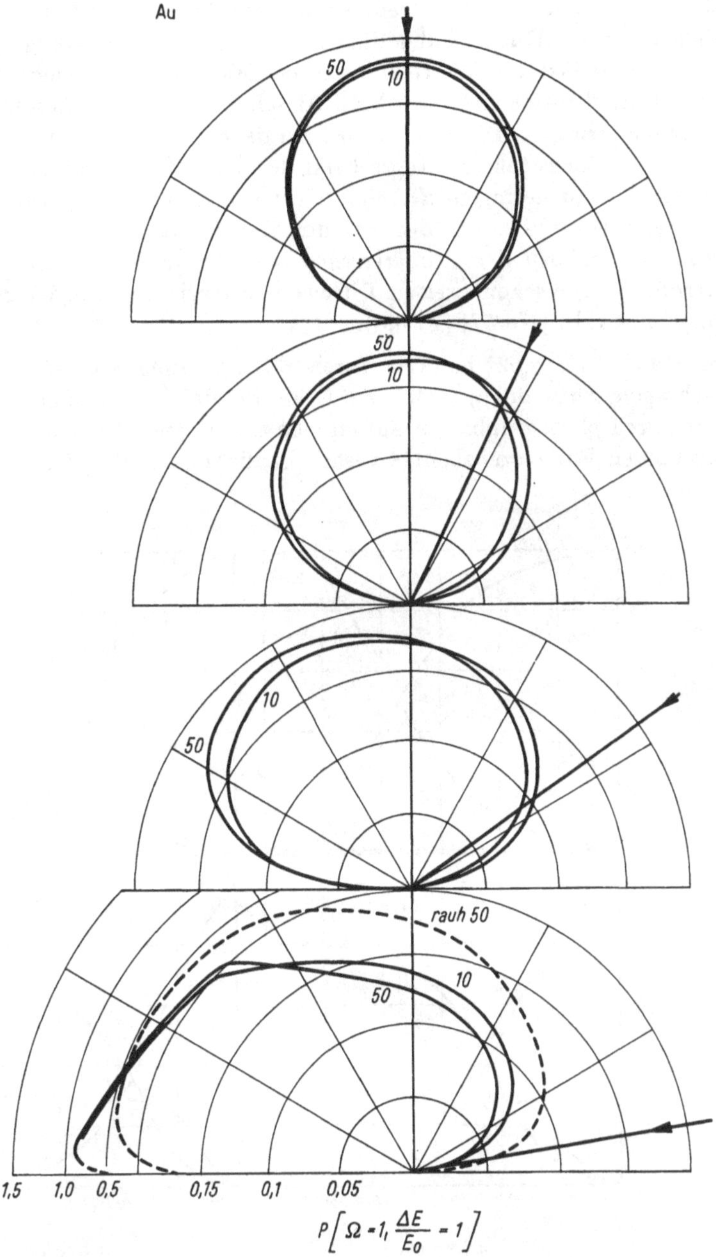

Abb. 4-2. Rückstreu-Winkelverteilungen (als Polardiagramme) für Al und Au bei unterschiedlichen Einfallswinkeln η. Primärenergien 10 und 50 keV (nach KANTER [Ka 57]). Dargestellt ist der Schnitt durch die Einfallsebene, die die Einfallsrichtung und die Flächennormale enthält

unabhängig von der Art des Streumediums und bewirkt, daß mit abnehmendem Einfallswinkel die Rückstreukoeffizienten für kleine Kernladungszahlen schnell ansteigen und fast die Werte für schwere Elemente erreichen; die für senkrechten Einfall beobachtete starke Z-Abhängigkeit des Rückstreukoeffizienten wird daher geringer. Die Rückstreu-Energieverteilungen sind insbesondere im Bereich des Glanzwinkels entsprechend der der Diffusion überlagerten Einzelstreubeiträge mit geringem Energieverlust verändert und weisen auch für sehr kleine Kernladungszahlen des Streumediums außerordentlich hohe, spitze Maxima bei nahezu der Primärenergie auf; für große Umlenkwinkel werden weiterhin die typischen breiten Diffusions-Energieverteilungen gefunden (vgl. z. B. [Ku 54a, b] [Ka 57] [Fr 59]).

Schumacher [Sc 62] hat das durch Rückstreuung von 45-keV-Elektronen bei schrägem Einschuß ($\eta = 45°$) auf C, Al, Pb und Glas erzeugte Strahlungsfeld direkt durch photographische Aufnahmen des in Stickstoffatmosphäre (1 Torr) austretenden Fluoreszenzlichtes veranschaulicht (s. a. [Sc 65]).

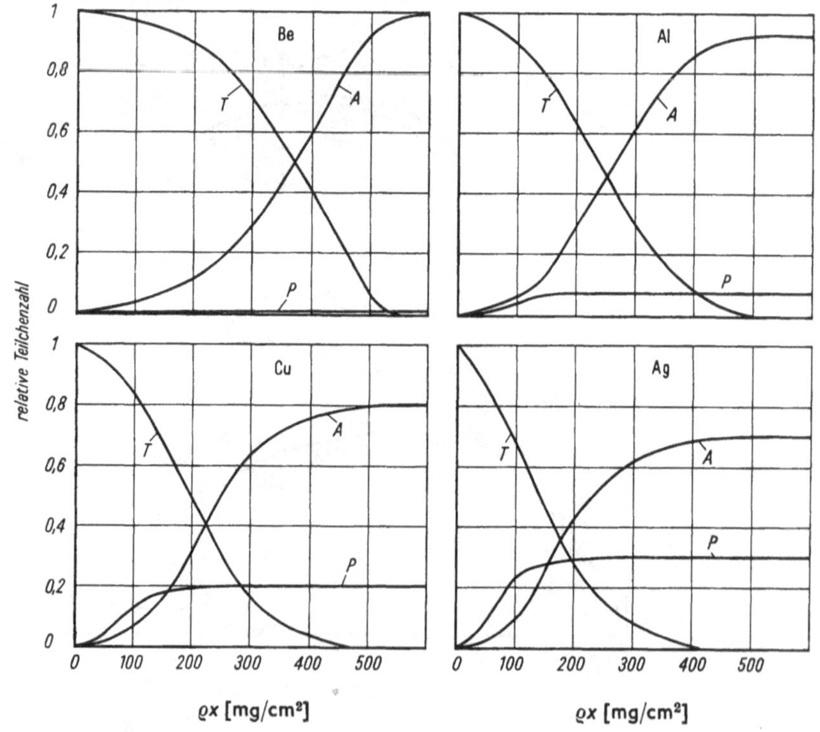

Abb. 4-3. Simultan gemessene Transmissions- und Rückstreukoeffizienten (T bzw. P) [Na 64] sowie daraus durch Differenzbildung gegen Eins ermittelte Absorptionskoeffizienten A als Funktion der Flächenmasse des Absorbers. Primärenergie 1 MeV. Streumedien Be, Al, Cu, Ag. Senkrechte Inzidenz

Aus simultanen Messungen des Transmissions- und des Rückstreukoeffizienten $T(x)$ bzw. $P(x)$ als Funktion der Foliendicke können wegen der erforderlichen Teilchenzahlbilanz

$$T(x) + P(x) + A(x) = 1 \tag{4-1}$$

Aussagen über die Dickenabhängigkeit des Absorptionskoeffizienten $A(x)$ gewonnen werden, der die auf die Anzahl der einfallenden Elektronen bezogene Anzahl der infolge vollständiger Abbremsung im Medium absorbierten Elektronen darstellt. Beispiele solcher Messungen zeigt Abb. 4-3 für vier verschiedene Streumedien.

Eine analoge Bilanz muß auch für die von den Elektronen transportierte Energie bestehen. Wenn man mit $\overline{E}_t(x)$ und $\overline{E}_r(x)$ die mittleren Energien der Spektren der durch eine Folie der Dicke x hindurchtretenden bzw. rückgestreuten Elektronen der Primärenergie E_0 und mit $\overline{E}_a(x)$ den Mittelwert der in der Folie längs der Bahn je Elektron an das Streumedium abgegebenen, also vom Streumedium absorbierten Energie bezeichnet, so gilt

$$T(x)\,\overline{E}_t(x) + P(x)\,\overline{E}_r(x) + A(x)\,\overline{E}_a(x) = E_0 \tag{4-2}$$

oder

$$\mathcal{E}_t(x) + \mathcal{E}_r(x) + \mathcal{E}_a(x) = E_0\,,$$

wenn unter $\mathcal{E}_t(x)$, $\mathcal{E}_r(x)$ und $\mathcal{E}_a(x)$ der je Einheit des Primärflusses transmittierte, rückgestreute bzw. absorbierte Energieanteil verstanden wird.

Die aufgeschriebene Bilanz ist allerdings insofern unvollständig, als die durch Bremsstrahlung und charakteristische Röntgenstrahlung (teilweise) aus dem Streuer transportierte Energie nicht erfaßt ist. Ihre genaue Berücksichtigung bereitet jedoch erhebliche Schwierigkeiten, weil ihre Reabsorption im Target zu einem Energietransport in andere z. B. außerhalb des Streuvolumens der Elektronenwechselwirkung liegende Volumenelemente führt. In der Mehrzahl der theoretischen Arbeiten werden diese Effekte daher vernachlässigt, was in Anbetracht der vergleichsweise geringen Ausbeuten an charakteristischer Strahlung und, für nicht zu große Energien und Kernladungszahlen, auch an Bremsstrahlung gerechtfertigt erscheint.

Bei Untersuchungen an Festkörpern mit Kristallstrukturen hoher Symmetrie sind in jüngster Zeit Erscheinungen beobachtet worden, die als *Channelling-* bzw. *Blocking-Effekt* bezeichnet werden. Elektronen (und besonders schwere Partikel) können einerseits in bestimmten ausgezeichneten Kristallrichtungen zwischen den in hoher Regelmäßigkeit angeordneten Atomreihen, die gewissermaßen Kanäle bilden, mit wesentlich verminderten Energieverlusten durch das Medium hindurchlaufen; andererseits werden Teilchen, deren Bewegungsrichtung gerade mit der Richtung einer solchen Atomreihe übereinstimmt, außerordentlich stark gebremst (Blocking-Effekt). Bereits bei Abweichungen der Bewegungsrichtung der Elektronen von solchen ausgezeichneten Bahnen um einige hundertstel Grad wird der besprochene statistische Ausbreitungsprozeß beobachtet. Die genannten Effekte werden im folgenden nicht berücksichtigt; bezüglich weiterer Einzelheiten wird auf die Originalliteratur verwiesen (z. B. [Gr 68a] [Br 68b] [Do 65] [Ug 68]). Auch auf den Problemkomplex der Elektronenbeugung wird hier nicht eingegangen; zu den seit langem in ihren Grundzügen bekannten experimentellen Techniken und Befunden sowie zu den in enger Analogie zur Beugung von Quantenstrahlung stehenden Theorien der Elektronenbeugung liegen ausgezeichnete ausführliche Abhandlungen vor (z. B. [Ma 31] [He 35] [Ra 57]).

Ebensowenig wird auf die charakteristischen Energieverluste (in der Größenordnung einiger Elektronenvolt) sowie die Emission von Sekundärelektronen eingegangen, die bei der unelastischen Wechselwirkung (mittel) schneller Elektronen mit dem Elektronenplasma fester Absorber bzw. Streuer beobachtet werden (vgl. dazu z. B. [Bi 58] [Ma 62] [Sc 65] [Sc 67] [Ge 68] bzw. [Ko 56] [Ja 64]).

II. Theoretische Beschreibungen des Elektronentransports in dicken Materieschichten

§ 5 Einleitung

Ziel jeder theoretischen Bemühung ist die Deutung makroskopischer, experimenteller Befunde, etwa zur Transmission, Rückstreuung und Energieabsorption, auf Grund angenommener oder bekannter Gesetzmäßigkeiten über die Elementarprozesse der Elektronenwechselwirkung mit Atomkernen und Hüllenelektronen des Streumediums. Auf diese Weise erhält man einerseits qualitative und möglicherweise auch quantitative Informationen über Zusammenhänge zwischen den Einflußgrößen der Transporterscheinung — z. B. der Energie der Primärelektronen, der Art und Dicke des Streumediums, den Parametern der Streugeometrie —, und andererseits können durch Vergleich mit den experimentellen Ergebnissen die Vorstellungen von der Elektronentransporterscheinung ständig verfeinert werden. Darüber hinaus ist zur Durchführung der Experimente und ihrer korrekten Interpretation die Kenntnis und das Verständnis der verschiedenen Typen der Wechselwirkung schneller Elektronen mit Materie von grundlegender Bedeutung.

Die zu betrachtenden Wechselwirkungen — Ionisation und Anregung, Streuung und Bremsstrahlungserzeugung — sind den Coulombkräften zwischen geladenen Teilchen zuzuschreiben. Für die Wirkungsquerschnitte dieser Prozesse liegen eine große Anzahl unterschiedliche Näherungen vor. Alle Auswertungen zur Elektronentransmission und -streuung, die Lösungen der Transportgleichung und die Ergebnisse von Monte-Carlo-Rechnungen sind in starkem Maße von der Genauigkeit der zugrunde gelegten Näherungen abhängig. Es ist vielfach schwierig zu entscheiden, ob Abweichungen zwischen Theorie und Experiment ihre Ursache in Näherungen bei der analytischen Behandlung bzw. in der unvollständigen Erfassung der Randbedingungen oder aber in der benutzten Näherung für die Wirkungsquerschnitte der Elementarprozesse haben. Diesem Sachverhalt soll im folgenden besonders Rechnung getragen werden.

Die Ausführungen dieses Abschnittes sollen einen Überblick über die wichtigsten theoretischen Ansätze und ihrer Ergebnisse vermitteln, der so bemessen ist, daß einerseits ein Eindruck vom derzeitigen Stand der theoretischen Bearbeitung des Elektronentransportproblems und andererseits eine ausreichende Grundlage für eine systematische und theoretisch fundierte, vergleichende Diskussion der experimentellen Ergebnisse zur Elektronenwechselwirkung in dicken Materieschichten gegeben ist.

Tiefergehende theoretische Behandlungen insbesondere der Elementarprozesse der Elektronenwechselwirkung sind beispielsweise bei Bohr [Bo 48], Massey und Burhop [Ma 52b], Heitler [He 54], J. R. Williams und M. W. Williams [Wi 62], Mott und Massey [Mo 65] und Roesch [Ro 68a] zu finden. Ausführlichere Diskussionen theoretischer Ergebnisse im Lichte experimenteller Befunde werden zum Elektronendurchgang durch dicke Absorber bei Cosslett und Thomas [Co 64b, c, d] [Co 65] für den Bereich kleiner Energien, bei Harder [Ha 65a] für den Bereich großer Energien und bezüglich der Elementarprozesse bei Roy und Reed [Ro 68] geführt. Kürzere zusammenfassende Darstellungen theoretischer und teilweise auch experimenteller Resultate geben beispielsweise H. Paul und Mitarbeiter [Pa 52a] [Pa 55] [Kn 66a], Birkhoff [Bi 58], Schumacher [Sc 65], Vorobev und Kononov [Vo 66], Zerby und Keller [Ze 67b], Bichsel [Bi 68], Fenyves und Haiman [Fe 69] sowie E. B. Paul [Pa 69]. Über Ergebnisse älterer Arbeiten haben z. B. Lenard [Le 18], Rutherford u. a. [Ru 30] und Bothe [Bo 33] berichtet.

§ 6 Übersicht zur Transporttheorie schneller Elektronen[1])

6.1 Aufgabe der Transporttheorie

Der Durchgang energiereicher Teilchen durch dicke Materieschichten gehört zu den Gegenständen der Transporttheorie. Als Transporterscheinung bezeichnet man den räumlichen, durch Konvektion und Zusammenstöße bewirkten Transport einer von Teilchen mitgeführten Größe, z. B. des Impulses, der Energie, der Masse oder auch einfach der Teilchenzahl [Sc 29]. Bei Elektronen sind die Berechnungen der Mehrfach- und Vielfachstreuung, der Orts- und Richtungsdiffusion, der Energieverlust- und Bahnlängenschwankungen und der Abbremsung unter Erzeugung weiterer Generationen von Sekundärelektronen als die wesentlichen Teile der Transporttheorie anzusehen.

Als kinetische Verteilungsfunktion im Sinne der Transporttheorie dient bei schnellen Elektronen die *differentielle Teilchenflußdichte* $f(\boldsymbol{r}, \boldsymbol{u}, E, s)$, wobei $f(\boldsymbol{r}, \boldsymbol{u}, E, s)\, \mathrm{d}F\, \mathrm{d}\Omega\, \mathrm{d}E\, \mathrm{d}s$ die Zahl der Teilchen bedeutet, die durch eine zur Teilchenrichtung senkrechte Fläche $\mathrm{d}F$ gehen, während sie Richtungen im Raumwinkelbereich $\mathrm{d}\Omega$ und kinetische Energien zwischen E und $E + \mathrm{d}E$ haben und sich zwischen den längs ihrer Bahnen gemessenen Weg-Koordinaten s und $s + \mathrm{d}s$ befinden. Dabei ist $\boldsymbol{r}$ der Ortsvektor zur Angabe des Teilchenortes und $\boldsymbol{u}$ ein Einheitsvektor zur Bezeichnung der Bahnrichtung der Teilchen.

Die Angabe der Weg-Koordinate s anstelle der Zeit ist zweckmäßig, um eine eventuelle zeitabhängige Emission der Teilchenquelle zu eliminieren. Energie und Weg sind für ein bestimmtes Teilchen im allgemeinen nicht starr gekoppelt, so daß die Energie als besondere Variable auftritt. Der Variationsbereich der vier Variablen, in dem die differentielle Teilchenflußdichte von Null verschieden ist, wird durch die Anfangs- und Randbedingungen eingeschränkt, die bei allen

[1]) Es wird weitgehend der ausgezeichneten Darstellung von Harder [Ha 65a] gefolgt.

Transportproblemen vorliegen. Die Endlichkeit der maximalen Bahnlänge der Elektronen führt beispielsweise zu solchen Randbedingungen.

Die differentielle Teilchenflußdichte ist in der Transporttheorie stets auf ein einziges Anfangsteilchen normiert: sie gibt daher die *relative* Teilchenzahl oder Aufenthaltswahrscheinlichkeit im Flächen-, Raumwinkel-, Energie- und Wegintervall an. Bei bestimmtem Quellort, bestimmter Anfangsrichtung und bestimmter Anfangsenergie stellt die differentielle Teilchenflußdichte als Verteilungsfunktion die durch atomare Wechselwirkungen verursachte Unbestimmtheit des einzelnen Teilchenschicksals dar. Anders als in der Quantentheorie werden jedoch in der Transporttheorie stets die Aufenthaltswahrscheinlichkeiten addiert, die sich aus verschiedenen atomaren Wechselwirkungen eines Teilchen — jeweils mit einem Streuzentrum — ergeben. Die Streuzentren (Atome, Elektronen) werden als zufällig, jedoch möglicherweise mit ungleichförmiger Dichte verteilt betrachtet. Korrelationen zwischen den Lagen verschiedener Atome und Elektronen werden nicht berücksichtigt. Die Transporttheorie beschränkt sich also auf diejenigen Transportvorgänge, bei denen die Auffassung einer inkohärenten Überlagerung von Elementarprozessen zulässig ist. Von quantenmechanischen Interferenzen wird abgesehen und die Bahn eines Elektrons somit als ein Zick-Zack-Weg idealisiert.

Bei hinreichender Kenntnis der differentiellen Teilchenflußdichte für ein bestimmtes Transportproblem können die übrigen Größen, mit denen man den Durchgang von Teilchen durch Materieschichten charakterisiert, aus ihr abgeleitet werden (vgl. [Be 64b]). Die theoretische Behandlung des Elektronentransportes geht daher von einer Bilanz der Veränderungen der differentiellen Teilchenflußdichte, der Transportgleichung, aus.

6.2 Die allgemeine Transportgleichung

Zur Aufstellung der Transportgleichung hat man die Veränderung de ifferentiellen Teilchenflußdichte während der Zeit dt zu betrachten. Diesem Zeitintervall entspricht in den gewählten Koordinaten ein Wegstück ds und gleichzeitig eine Ortsverschiebung $d\boldsymbol{r} = \boldsymbol{u}\, ds$. Außer der Veränderung durch Konvektion wird dabei eine Verminderung der differentiellen Teilchenflußdichte durch alle Wechselwirkungen hervorgerufen, welche Richtung und Energie ändern. Ein Zuwachs tritt ein infolge geeigneter, in das betrachtete Intervall hereinführender Richtungs- und Energieänderungen der Teilchen anderer Raumwinkel- und Energieintervalle, die ebenfalls ausgehend vom Ort $\boldsymbol{r}$ den Weg ds in ihrer eigenen Richtung durchlaufen. Hieraus erhält man die Bilanz

$$\begin{aligned}\frac{\partial}{\partial s} f(\boldsymbol{r}, \boldsymbol{u}, E, s)\, ds = &- \boldsymbol{u} \operatorname{grad} f(\boldsymbol{r}, \boldsymbol{u}, E, s)\, ds \\ &- f(\boldsymbol{r}, \boldsymbol{u}, E, s) \int_0^E \int_{4\pi} N_v q(\boldsymbol{u}, E; \boldsymbol{u}', E')\, ds\, d\Omega'\, dE' \\ &+ \int_E^\infty \int_{4\pi} f(\boldsymbol{r}, \boldsymbol{u}', E', s)\, N_v q(\boldsymbol{u}', E'; \boldsymbol{u}, E)\, ds\, d\Omega'\, dE',\end{aligned} \tag{6.2-1}$$

wobei N_v die Zahl der Atome pro Volumeneinheit und q den gesamten differentiellen Wirkungsquerschnitt pro Atom für Wechselwirkungen darstellen, die von $\boldsymbol{u}, E$ nach $\boldsymbol{u}', E'$ (1. Integral) bzw. $\boldsymbol{u}', E'$ nach $\boldsymbol{u}, E$ (2. Integral) führen.[1]) Dividiert man noch durch ds, so stellt Gl. (6.2-1) die allgemeine Transportgleichung oder BOLTZMANN-Gleichung, eine lineare Integro-Differentialgleichung für die Funktion $f(\boldsymbol{r}, \boldsymbol{u}, E, s)$, dar. Man findet sie in ähnlicher Form bei BERGER [Be 63b] und für Neutronen bei BECKURTS und WIRTZ [Be 64b].

Die Transportgleichung läßt sich gegebenenfalls noch durch einen Quellterm ergänzen, der auch die — im folgenden nicht berücksichtigte — Emission von Elektronen bei der Reabsorption von Bremsstrahlung enthalten kann.

6.3 Behandlungsmöglichkeiten des Transportprozesses

Das Auffinden analytischer Lösungen der Transportgleichung ist nur bei Einführung rigoroser Näherungen, die eine Reduktion der Variablenzahl (i. allg. auf zwei) erlauben, möglich. Die Transportgleichung zerfällt so in eine Reihe von Einzeldarstellungen, deren Ergebnisse nur unter zum Teil recht einschneidenden Randbedingungen brauchbar sind und einzeln lediglich gewisse Züge des Transportphänomens — also etwa die Einzel-, Mehrfach- oder Vielfachstreuung bzw. Diffusion — mehr oder weniger vollständig beschreiben. Versuche, Lösungen für allgemeinere Darstellungen, die mehrere dieser Wechselwirkungsklassen in den Ergebnissen widerspiegeln würden, zu finden, sind bisher an der Komplexität des erforderlichen Formalismus gescheitert.

Im Hinblick auf eine möglichst viele Teilaspekte des Transportproblems einschließende Behandlung erfolgreicher erwiesen sich numerische Verfahren, wofür zwei Techniken im Vordergrund stehen, die Momentenmethode (§ 12.31) und die Monte-Carlo-Methode (§ 12.32); an die numerischen Ergebnisse lassen sich dann Näherungsausdrücke für die gesuchte Verteilung anpassen. Die Momentenmethode, die gegenwärtig auf die Benutzung des Modells der kontinuierlichen Abbremsung (§ 8.11) beschränkt und nur auf unbegrenzte, homogene Medien anwendbar ist, ermöglicht die Behandlung des Transportphänomens als Dreivariablen-Problem. Die Monte-Carlo-Technik unterliegt dagegen wohl prinzipiell sowohl hinsichtlich der Zahl der Variablen bzw. Parameter als auch der Randbedingungen des Problems keinerlei Beschränkungen. Zur Reduktion des i. allg. erheblichen Rechenaufwandes wird jedoch vielfach von analytischen Ergebnissen der Vielfachstreu-Näherung oder der Theorie der Energieverlustschwankungen Gebrauch gemacht. Außerdem beschränkt man sich zunächst auf Probleme mit einfachen Randbedingungen und setzt diese Ergebnisse für den Fall komplexer Geometrieprobleme geeignet zusammen (vgl. [Ze 67b]).

6.4 Systematik analytischer Lösungswege

Die allgemeine Transportgleichung der Elektronen kann in Rechnungen zur Abbremsung und Rechnungen zur Aufstreuung aufgespalten werden [Ha 65a].

[1]) Bezüglich der verwendeten Strichsymbolik vgl. auch S. 232 (Fußnote).

Eine *Transportgleichung für die Abbremsung* erhält man aus der allgemeinen Transportgleichung, indem man zunächst nach s über einen Weglängenbereich, der größer als die maximale Bahnlänge ist, und anschließend über alle Richtungen integriert:

$$\operatorname{div} \boldsymbol{J}(\boldsymbol{r}, E) = -\varphi(\boldsymbol{r}, E) \int_0^E N_v \sigma_t^*(E; E')\, \mathrm{d}E' + \int_E^\infty \varphi(\boldsymbol{r}, E')\, N_v \sigma_t^*(E'; E)\, \mathrm{d}E' , \tag{6.4-1}$$

wobei $\boldsymbol{J}(\boldsymbol{r}, E)$ das Integral des Vektors $\boldsymbol{u} \cdot f(\boldsymbol{r}, \boldsymbol{u}, E, s)$ bezüglich der Wegkoordinate s und der Richtung darstellt, $\varphi(r, E)$ die Teilchenzahl pro Flächeneinheit und Energieeinheit bedeutet und mit $\sigma_t^* = \mathrm{d}\sigma_t(E, E')/\mathrm{d}E$ der auf das Energieintervall $\mathrm{d}E$ bezogene, totale (d. h. über alle Richtungen integrierte, vgl. § 7.16) Wirkungsquerschnitt bezeichnet wird.

Für den Fall, daß die seitlichen Versetzungen klein bleiben, d. h. bei geringer Streuung (für große E_0, kleine z) oder bei dünnen Schichten, kann man die Betrachtungen auf eine geradlinige Ausbreitung in x-Richtung beschränken; $\operatorname{div} \boldsymbol{J}(\boldsymbol{r}, E)$ kann dann durch $\mathrm{d}\varphi(x, E)/\mathrm{d}x$ ersetzt werden. In dieser Näherung behandeln Melcher und Gerth [Me 72] [Me 73] die Elektronentransmission durch ebene Absorber mit Hilfe von Matrizenfunktionen (s. § 12.33), wodurch eine mathematisch geschlossene Lösung der Transportgleichung gelingt, die numerisch ausgewertet wird (vgl. auch § 12.4).

Nimmt man weiterhin an, daß nur solche Energieänderungen $(E - E')$ auftreten, für die der Unterschied zwischen $\sigma_t^*(E)$ und $\sigma_t^*(E')$ vernachlässigt werden darf, so erhält man aus Gl. (6.4-1) die Transportgleichung der Energieverlustschwankung hinter dünnen Schichten nach Williams [Wi 29] und Landau [La 44]

$$\frac{\partial \varphi(x, E)}{\partial x} = \int_0^\infty N_v \sigma_t^*(E, W)\, [\varphi(x, E + W) - \varphi(x, E)]\, \mathrm{d}W , \tag{6.4-2}$$

wobei $\sigma_t^*(E, W)$ den Wirkungsquerschnitt für einen Energieverlust W bei der Energie E darstellt (vgl. § 8.41).

Eine Behandlung des Energieverlustes ohne Berücksichtigung von Richtung und räumlicher Verteilung geben Spencer und Fano [Sp 54b] an, deren Ausgangsgleichung

$$Y(E) \int_0^E N_v \sigma_t^*(E; E')\, \mathrm{d}E' = \int_E^\infty Y(E')\, N_v \sigma_t^*(E'; E)\, \mathrm{d}E' \tag{6.4-3}$$

sich durch eine Volumenintegration der Gl. (6.4-1) über einen Bereich ergibt, der alle Elektronenbahnen erfaßt. $Y(E)\,\mathrm{d}E$ stellt dabei den insgesamt von Elektronen im Energiebereich zwischen E und $E + \mathrm{d}E$ zurückgelegten Weg, bezogen auf ein Anfangselektron, dar (Slowing-down-Spektrum); in dieser Gleichung ist die Erzeugung auch von Sekundärelektronen berücksichtigt. Auswertungen liegen beispielsweise von McGinnes [Mc 59] und — unter Beachtung der Energieverluste — von Harder und Mitarbeitern [Ra 63] [Ha 66] [Ha 67] vor.

Die *Transportgleichung der Aufstreuung* erhält man aus der allgemeinen Transportgleichung, indem man die Energie E als umkehrbar eindeutige Funktion des Weges s annimmt – Modell der kontinuierlichen Abbremsung (§ 8.11) –, so daß eine der beiden Variablen entfallen kann:

$$\frac{\partial}{\partial s} f(\boldsymbol{r}, \boldsymbol{u}, s) = - \boldsymbol{u} \operatorname{grad} f(\boldsymbol{r}, \boldsymbol{u}, s) + \int_{4\pi} N_v \, q(\vartheta, s) \, [f(\boldsymbol{r}, \boldsymbol{u}', s) - f(\boldsymbol{r}, \boldsymbol{u}, s)] \, \mathrm{d}\Omega' \; ; \qquad (6.4\text{-}4)$$

$f(\boldsymbol{r}, \boldsymbol{u}, s)$ stellt die Teilchenzahl pro Flächeneinheit (senkrecht zu $\boldsymbol{u}$), pro Raumwinkel- und Wegeinheit dar. ϑ ist der von $\boldsymbol{u}'$ nach $\boldsymbol{u}$ führende elementare Streuwinkel des Einzelstreuaktes und $q = \mathrm{d}\sigma/\mathrm{d}\Omega$ bedeutet den auf das Raumwinkelintervall $\mathrm{d}\Omega$ bezogenen (differentiellen) Wirkungsquerschnitt (s. § 7.1). Die durch diese Gleichung beschriebenen Prozesse werden meist unter dem Begriff der Vielfachstreuung im allgemeinsten Sinne zusammengefaßt. Zur weiteren Behandlung werden sowohl die Verteilungsfunktion als auch der Streuquerschnitt z. B. nach Kugelfunktionen entwickelt [Le 50] [Wa 51] [Wa 54] [Sp 55], wonach unter speziellen Randbedingungen Auswertungen möglich sind [Sp 55] (vgl. § 12.31).

Näherungen der Transportgleichung der Aufstreuung sind bezüglich der Streuprozesse in dreierlei Hinsicht bekannt.

Bei Vernachlässigung der Kleinwinkelstreuung erhält man eine Transportgleichung für ‚*Einzelstreuung*' um große Winkel, die sich auch anschaulich herleiten läßt (s. § 9.2).

Beschränkt man sich auf kleine Einzelablenkungen, benutzt also die Kleinwinkelnäherung für q und $\mathrm{d}\Omega$, so bekommt man die Ausgangsgleichung der Theorien der *Mehrfach-* und *Vielfachstreuung* im engeren Sinne [Sn 49] [Le 50] [Be 53b] [Sc 63] (s. § 10), die nur für dünne Schichten anwendbar sind.

Wird die Funktion $f(\boldsymbol{r}, \boldsymbol{u}, s)$ in der Umgebung von $\boldsymbol{u}$ in eine Taylorreihe entwickelt – was eine Beschränkung auf nicht zu große Einzelstreuwinkel ϑ bedeutet, die aber wegen der Anisotropie des Streugesetzes auch möglich ist –, so erhält man bei Abbruch mit dem zweiten Glied aus der Transportgleichung der Aufstreuung die FOKKER-PLANCK-Gleichung [Bo 29] [Be 38]

$$\frac{\partial}{\partial s} f(\boldsymbol{r}, \boldsymbol{u}, s) = - \boldsymbol{u} \operatorname{grad} f(\boldsymbol{r}, \boldsymbol{u}, s) + \frac{1}{2\lambda_T} \Delta_k f(\boldsymbol{r}, \boldsymbol{u}, s) \,, \qquad (6.4\text{-}5)$$

wobei Δ_k den LAPLACE-Operator auf der Oberfläche der Einheitskugel bezeichnet und die Größe $1/\lambda_T$ eine Abkürzung für den Ausdruck

$$\frac{1}{\lambda_T} = \int_{4\pi} N_v q(\vartheta, s) \, (1 - \cos\vartheta) \, \mathrm{d}\Omega = (1 - \overline{\cos\vartheta}) \cdot \int_{4\pi} N_v \, q(\vartheta, s) \, \mathrm{d}\Omega = \frac{1 - \overline{\cos\vartheta}}{\lambda_e} \qquad (6.4\text{-}6)$$

mit λ_e als energieabhängige mittlere freie Weglänge für die Streuung am Atom (s. Gl. 2.2-4) darstellt[1]). Die Anisotropie des Einzelstreu-Gesetzes wird hier nur

[1]) Bei BETHE u. a. [Be 38] sowie bei [Ar 61] [Br 66] bedeutet das Symbol λ das Doppelte des durch Gl. (6.4-6) definierten Wertes von λ_T (s. [Th 64b] [Ha 65a]).

Tabelle 6.4-1. Übersicht zu Behandlungsmöglichkeiten der allgemeinen Transportgleichung

Allgemeine Transportgleichung, Gl. (6.2-1)									
Transportgleichung der Abbremsung, Gl. (6.4-1)					Transportgleichung der Aufstreuung, Gl. (6.4-4)				
Abbremsung mit Monte-Carlo	Abbremsung mit Momentenmethode	SPENCER FANO Gl. (6.4-3)	Energieverlust-schwankung Gl. (6.4-2)	Monte-Carlo-Methode (§ 12.32)	Einzelstreuung (§ 9)	Vielfachstreuung (§ 10)	Diffusion (§ 11) FOKKER-PLANCK-Gl. (6.4-5)	Momenten-Methode (§ 12.31)	Lösung mit Matrix-funktionen (§ 12.33)
Sc 59 *Ze 67b	Le 50 Ke 64	Sp 54b Mc 59 Ra 63 Ha 67	Wi 29 La 44 Bl 50 Bl 51a *Bi 58	*Be 63b *Ze 67b s. a. Tab. 12.3-2	Ev 60 Na 62 Na 65a	Mo 48 Le 50 *Be 53b *Sc 63	Bo 29 Be 38 We 51 Bl 54 Ro 54a Me 58 *Sc 63	Le 50 Sp 55 *Sp 59 *Bi 58 En 69 s. a. Tab. 12.3-1	Me 72 Me 73

*) Artikel mit Review-Charakter

um ihren Mittelwert erfaßt, so daß die Lösungen der Fokker-Planck-Gleichung den Teilchentransport in der Näherung einer echten *Diffusion* beschreiben (s. § 11).

Tabelle 6.4-1 gibt eine Zusammenstellung der Behandlungsmöglichkeiten der allgemeinen Transportgleichung nebst wichtiger Literaturstellen.

§ 7 Elementarprozesse der Elektronenwechselwirkung mit Atomen

Als Elementarprozesse der Wechselwirkung schneller Elektronen mit Atomen werden im folgenden, im Anschluß an die Bemerkungen in § 2.1, diejenigen Einzelprozesse mit Atomkernen oder Hüllenelektronen zusammenfassend bezeichnet, die zu Richtungs- oder Energieänderungen des Primärelektrons führen; das sind die elastische Streuung am Kern, der unelastische Stoß mit einem Hüllenelektron sowie der Prozeß der Erzeugung von Bremsstrahlung. Die zu besprechenden Gesetzmäßigkeiten bilden u. a. die Grundlage für die Behandlung der Vielfachwechselwirkungsprozesse, der Vielfachstreuung und Bremsung (§ 8 bzw. § 10) sowie der Behandlung des Elektronentransportes mit der Monte-Carlo-Methode (§ 12.32).

Zu diesem Problemkreis liegen zahlreiche, ausführliche Darstellungen vor ([Ma 52a] [Ro 52] [Be 53a] [Ev 55] [Bi 58]). Insbesondere sei auch auf Roy und Reed [Ro 68] verwiesen, die auch eine Übersicht über moderne Aspekte der elastischen und unelastischen Streuung sehr energiereicher Elektronen ($E > 5$ MeV) an Atomkernen sowie deren Bedeutung bei der Aufklärung der Kernstruktur geben.

7.1 Coulomb-Streuung am Atomkern

7.11 Das Rutherfordsche Streugesetz

Wird ein Elektron mit der Ladung $-e$ und der kinetischen Energie $\frac{1}{2}\,1\,m\,v^2$ durch das Coulomb-Feld eines (unendlich schweren) Atomkerns mit der Punktladung $+Z\,e$ abgelenkt, so beschreibt es eine Hyperbelbahn, deren Asymptoten den Streuwinkel ϑ, um den das Elektron aus der Anfangsrichtung abgelenkt wird, einschließen. Aus Bewegungsgleichung und Energiesatz ergibt sich

$$\operatorname{tg}\frac{\vartheta}{2} = \frac{Z\,e^2}{(4\,\pi\,\varepsilon_0)\,m_0\,v^2\cdot b}, \qquad (7.1\text{-}1)$$

wobei der Stoßparameter b den senkrechten Abstand des Kerns von den Asymptoten der Hyperbelbahn darstellt (s. z. B. [Bi 58]).

Der differentielle Wirkungsquerschnitt $d\sigma = 2\,\pi\,b\,db$ für die elastische Streuung eines Elektrons an einem Atomkern, um einen Winkel zwischen ϑ und $\vartheta + d\vartheta$ in einem Raumwinkel $d\Omega = 2\,\pi\,\sin\vartheta\,d\vartheta$ wurde erstmals von Rutherford [Ru 11] [Da 14] berechnet und ergibt sich im nichtrelativistischen Fall zu

(vgl. auch Gl. 7.1-20)

$$\mathrm{d}\sigma = q(\vartheta)\,\mathrm{d}\Omega = \frac{Z^2}{4}\left[\frac{e^2}{(4\,\pi\,\varepsilon_0)\,m_0\,v^2}\right]^2 \frac{1}{\sin^4(\vartheta/2)}\,\mathrm{d}\Omega$$

$$= \frac{Z^2}{16}\frac{e^4}{(4\,\pi\,\varepsilon_0)^2}\frac{1}{E^2}\frac{2\,\pi\sin\vartheta}{\sin^4(\vartheta/2)}\,\mathrm{d}\vartheta \qquad (7.1\text{-}2)$$

(ε_0: Dielektrizitätskonstante des Vakuums).

Multipliziert man $\mathrm{d}\sigma$ mit der Anzahl der Atome pro Masseneinheit des Mediums N, so erhält man den entsprechenden differentiellen makroskopischen (Massen-) Wirkungsquerschnitt $\mathrm{d}\Sigma = N\,\mathrm{d}\sigma$, der den Streuquerschnitt je Masseneinheit des Mediums angibt, die Dimension des Kehrwerts einer Flächenmasse hat und — im Gegensatz zum linearen makroskopischen Wirkungsquerschnitt (s. S. 9) — unabhängig von der Dichte des Streumediums ist. Mit

$$Q(\vartheta) = \frac{\mathrm{d}\Sigma}{\mathrm{d}\Omega} = N\frac{\mathrm{d}\sigma}{\mathrm{d}\Omega} = N\,q(\vartheta) \qquad (7.1\text{-}3)$$

ergibt sich die Darstellung

$$\mathrm{d}\Sigma = Q(\vartheta)\,\mathrm{d}\Omega = Q_\pi\frac{\mathrm{d}\Omega}{\sin^4\frac{\vartheta}{2}} = 2\,\pi\,Q_\pi\frac{\sin\vartheta\,\mathrm{d}\vartheta}{\sin^4\frac{\vartheta}{2}} \qquad (7.1\text{-}3\,\mathrm{a})$$

bzw. auch

$$\mathrm{d}\Sigma = 4\,Q_\pi\frac{\mathrm{d}\Omega}{(1-\cos\vartheta)^2} = 8\,\pi\,Q_\pi\frac{\sin\vartheta\,\mathrm{d}\vartheta}{(1-\cos\vartheta)^2}\,. \qquad (7.1\text{-}3\,\mathrm{b})$$

Hier wurde zur Abkürzung mit $Q_\pi(Z, E)$ der makroskopische (differentielle) Wirkungsquerschnitt für eine Streuung um $\vartheta = \pi$ eingeführt, in dem allein die Material- und Energieabhängigkeit des Streugesetzes auftritt. Diese Darstellungsweise ist aus Gründen der Übersichtlichkeit zweckmäßig, da diese Größe im folgenden häufig wiederkehren wird und in der Literatur sehr unterschiedliche Schreibweisen gebräuchlich sind; z. B.[1])

im *nichtrelativistischen* Energiegebiet

$$Q_\pi = \frac{e^4}{16\,(4\,\pi\,\varepsilon_0)^2\,u}\frac{Z^2}{A}\frac{1}{E^2} = \frac{r_0^2}{4\,u}\cdot\frac{Z^2}{A}\cdot\frac{1}{\beta^4}\,; \qquad (7.1\text{-}4\,\mathrm{a})$$

im *relativistischen* Energiegebiet ($E \gtrsim 30$ keV; ohne Spinkorrektur, s. § 7.13)

$$Q_\pi = \frac{r_0^2}{4\,u}\frac{Z^2}{A}\frac{1-\beta^2}{\beta^4} = \frac{r_0^2}{4\,u}\frac{Z^2}{A}\left[\frac{\varepsilon+1}{\varepsilon\,(\varepsilon+2)}\right]^2 \qquad (7.1\text{-}4\,\mathrm{b})$$

$$= \frac{e^4}{4\,(4\pi\varepsilon_0)^2\,u}\frac{Z^2}{A}\frac{1}{p^2\,v^2} = \frac{r_0^2}{4\,u}\frac{Z^2}{A}\left[\frac{m_0\,c}{p\,\beta}\right]^2. \qquad (7.1\text{-}4\,\mathrm{c})$$

Es ist

$r_0 = e^2/(4\,\pi\,\varepsilon_0\,m_0\,c^2)$ der klassische Elektronenradius (ε_0 = Dielektrizitätskonstante des Vakuums),

u relative Atommasseneinheit ($\approx 1{,}6605 \cdot 10^{-27}$ kg, vgl. Tab. A)

[1]) Zur benutzten Darstellungsweise von N_v bzw. N s. Symbolverzeichnis.

$\beta = v/c$, $p = m\,v$ der Impuls, $\varepsilon = E/m_0\,c^2$,
m_0 die Ruhmasse des Elektrons.
Es gilt

$$\frac{r_0^2}{4\,u} \approx 1{,}195 \cdot 10^{-2}\,\frac{\mathrm{cm}^2}{\mathrm{g}} \approx 0{,}012\,\frac{\mathrm{cm}^2}{\mathrm{g}}$$

sowie

$$\frac{e^4}{(4\,\pi\,\varepsilon_0)^2} = \frac{r_0^2(m_0\,c^2)^2}{u} \approx 1{,}25 \cdot 10^{-2}\,\frac{\mathrm{cm}^2}{\mathrm{g}}\,\mathrm{MeV}^2 = 0{,}0125\,\frac{\mathrm{cm}^2}{\mathrm{g}} \cdot \mathrm{MeV}^2 .$$

Eine bequeme Integration ermöglicht die folgende Näherung des relativistischen Ausdrucks

$$Q_\pi = 1{,}75 \cdot 10^{-4}\,\frac{Z^2}{A}\,\frac{1}{E^{-1{,}75}}\,\frac{\mathrm{cm}^2}{\mathrm{g}}, \qquad (7.1\text{-}4\mathrm{d})$$

die die verminderte Energieabhängigkeit des Streuquerschnittes bei relativistischen Energien (E in MeV) erkennen läßt. Die Energieabhängigkeit von Q_π kann über eine Energie-Reichweite-Beziehung (vgl. dazu § 8.33) in eine Wegabhängigkeit umgerechnet werden:

$$Q_\pi\big(E(s)\big) = Q_\pi(s) .$$

Läßt man — wie z. B. in der Vielfachstreutheorie (§ 10) — nur kleine Streuwinkel zu, so lautet das Streugesetz (7.1-3a)

$$\mathrm{d}\Sigma = N\,q(\vartheta)\,2\pi\,\vartheta\,\mathrm{d}\vartheta = 16\,Q_\pi\,\frac{2\,\pi\,\vartheta\,\mathrm{d}\vartheta}{\vartheta^4} = 32\,\pi\,Q_\pi\,\frac{\mathrm{d}\vartheta}{\vartheta^3} . \qquad (7.1\text{-}5)$$

Der *partiell integrale makroskopische Wirkungsquerschnitt* für die Streuung in den Raumwinkel Ω_1, der durch den Winkelbereich von ϑ_1 bis ϑ_2 und φ_1 bis φ_2 spezifiziert sein mag, ist definiert durch

$$\Sigma(\Omega_1) = \int_{\Omega_1} Q(\vartheta)\,\mathrm{d}\Omega = \int_{\vartheta_1}^{\vartheta_2}\int_{\varphi_1}^{\varphi_2} Q(\vartheta)\,\sin\vartheta\,\mathrm{d}\vartheta\,\mathrm{d}\varphi . \qquad (7.1\text{-}6)$$

Für den RUTHERFORD-Querschnitt kann die winkelabhängige Grundfunktion Q_π abgespalten werden:

$$\Sigma(\Omega_1) = Q_\pi f(\Omega_1) \qquad (7.1\text{-}6\mathrm{a})$$

mit

$$f(\Omega_1) = 4\int_{\vartheta_1}^{\vartheta_2}\int_{\varphi_1}^{\varphi_2}\frac{\sin\vartheta\,\mathrm{d}\vartheta\,\mathrm{d}\varphi}{(1-\cos\vartheta)^2} = 4\left[-\frac{\varphi_2-\varphi_1}{1-\cos\vartheta}\right]_{\vartheta_1}^{\vartheta_2}. \qquad (7.1\text{-}6\mathrm{b})$$

Der Kehrwert ist die *mittlere freie Weglänge* (Transportweglänge, in Einheiten der Flächenmasse) für Streuungen in den Raumwinkel Ω_1

$$\varrho\,\lambda(\Omega_1) = 1/\Sigma(\Omega_1) . \qquad (7.1\text{-}6\mathrm{c})$$

Für den Spezialfall der Streuung um $\vartheta \geqq \pi/2$ (Rückstreuung, Ω_r: $\vartheta_1 = \pi/2$, $\vartheta_2 = \pi$, $\varphi_1 = 0$, $\varphi_2 = 2\,\pi$) wird $f(\Omega_r) = 4 \cdot 2\,\pi\,(-\,0{,}5 + 1) = 4\,\pi$, also

$$\Sigma(\Omega_r) = 4\,\pi\,Q_\pi \qquad (7.1\text{-}6\mathrm{d})$$

und

$$\varrho\,\lambda(\Omega_r) = 1/4\,\pi\,Q_\pi\,.$$

Der *totale* (*integrale*) *Wirkungsquerschnitt* für den vollen Raumwinkel $4\,\pi$ kann in der Rutherford-Näherung nicht berechnet werden; erst bei Berücksichtigung der Hüllenabschirmung ergeben sich endliche Werte (vgl. § 7.16).

7.12 Korrekturen zum Rutherford-Querschnitt (Übersicht)

Der Rutherford-Querschnitt ist eine relativ grobe Näherung des tatsächlichen, „exakten" elastischen, differentiellen Streuquerschnitts, dessen Größe noch von den folgenden energie-, kernladungszahl- und streuwinkelabhängigen Einflüssen bestimmt wird.

1. *Elektronenspin* einschließlich relativistischer Effekte: Nur für die Streuung langsamer Elektronen an schweren Kernen werden etwa die Ergebnisse der klassischen Rechnung, welche gemäß der Heisenbergschen Unschärferelation lediglich im Bereich $2\,Z/137\,\beta \gg 1$ Gültigkeit haben, bestätigt. Für den Normalfall $2\,Z/137\,\beta \ll 1$ werden besonders für große Ablenkungen und leichte Elemente kleinere Wirkungsquerschnitte erhalten, als sie die klassische Theorie angibt (Korrektur C_{sp}).
2. *Abschirmung* der Kernladung durch die Atomhülle (Screening): Diese Korrektur wird erforderlich, wenn das schnelle Elektron den Kern in einem Abstand passiert, der gleich oder größer als der Radius der K-Schale des Atoms ist. Es wird dann nicht die volle Kernladung wirksam, so daß die Wahrscheinlichkeit für sehr kleine Winkelablenkungen bei allen Energien und bei kleinen Energien für alle Winkel z. T. stark vermindert wird (Korrektur C_{sc}).
3. Die *endliche Ausdehnung des Kerns* (nuclear size effect): Wenn energiereiche Elektronen ($E \leqq 1$ MeV) an schweren Kernen um große Winkel gestreut werden, also im nahezu zentralen Stoß mit einem Kern in Wechselwirkung treten und teilweise durch diesen hindurchlaufen, ist die effektiv wirksame Kernladung wiederum vermindert und die Wahrscheinlichkeit für Ablenkungen um große Winkel folglich geringer, als man sie für eine Punktladung berechnet. Die Korrektur C_{ns} ist dabei noch abhängig von der Ladungsverteilung im Kern.
4. Darüber hinaus spielt bei großem Impulsübertrag auf den Kern, d. h. bei sehr großen Elektronenenergien und großen Streuwinkeln, dessen endliche Masse eine gewisse Rolle. Dieser Einfluß sowie auch der des Kernspins sind im hier betrachteten Energiebereich gering.

Die Mehrzahl der theoretischen Behandlungen des Streuproblems erfolgt unter Vernachlässigung von Anregungen des Atoms oder Kerns und gründet sich auf einen idealisierten Prozeß, in dem virtuelle Photonen ausgetauscht, aber Bremsstrahlungseffekte vernachlässigt werden. Dabei treten noch zusätzlich zwei wesentliche Beschränkungen auf:

a) die DIRACsche Wellengleichung kann i. allg. nicht in geschlossener Form gelöst werden [Be 54],

b) das Streupotential muß aus verschiedenen Modellen über die Ladungsverteilung im Atom (bzw. im Kern) abgeschätzt werden.

Infolgedessen ist in der Literatur eine Vielzahl von Approximationen für die Wellenfunktion und das Potential in Betracht gezogen worden. Jede Rechnung ergibt eine Formel für den Wirkungsquerschnitt, die nur für einen bestimmten Satz von Bedingungen gültig ist.

Die unterschiedlichen Behandlungen des Streuproblems können je nach der für die Wellenfunktion benutzten Näherung grob in *exakte Rechnungen* und in BORN-*Approximationen* klassifiziert werden. Die sogenannten exakten Rechnungen enthalten eine Partialwellenentwicklung, die für alle Kernladungszahlen gültig ist und die i. allg. den Wirkungsquerschnitt in Form einer unendlichen Reihe angibt. Diese exakten Formeln sind am genauesten, müssen aber numerisch ausgewertet werden. Die Rechnungen in der BORNschen Näherung werden mit Wellenfunktionen für freie Teilchen durchgeführt, die als in erster oder höherer Ordnung in Z gestört behandelt wurden. Die Gültigkeit der ersten BORNschen Näherung erfordert, daß der Impulsübertrag auf das Atom bei der Wechselwirkung klein im Vergleich zum Impuls des Primärelektrons vor und nach dem Stoß $\left(\text{d. h. } (2\pi Z/137)\,\vartheta/2 \ll 1\right)$ ist. BORNsche Näherungen sind bis zur n-ten Ordnung der Wechselwirkung mit dem Kern berechnet worden. Mit steigendem n erweitert sich der Gültigkeitsbereich der Ergebnisse; sie werden genauer als die erste BORNsche Näherung und nähern sich den exakten Formeln an.

Die *Streupotentiale* sind durch die Ladungsverteilungen und magnetischen Strukturen des Atoms und des Kerns gegeben und werden meist in erster BORNscher Näherung bei zusätzlicher Annahme eines zentralsymmetrischen Potentials behandelt. Setzt man eine kugelsymmetrische Ladungsdichteverteilung $\varrho(r)$ des Atoms voraus, so kann der in der ersten BORNschen Näherung für eine Punktladung berechnete Wirkungsquerschnitt dadurch auf eine endlich ausgedehnte Ladungsverteilung korrigiert werden, daß man mit einem Faktor $[1 - \hat{F}(K)]^2$ multipliziert, wobei der *Atomformfaktor* $\hat{F}(K)$ durch die Größe

$$\hat{F}(K) = \int_0^\infty \varrho(r)\, 4\pi r^2 \frac{\sin Kr}{Kr}\, \mathrm{d}r \tag{7.1-7}$$

mit dem Impulsübertrag auf das (unendlich schwere) Atom (Kern)

$$\left.\begin{aligned} K &= \frac{2}{\lambda} \sin\frac{\vartheta}{2} = 2\frac{m v}{\hbar} \sin\frac{\vartheta}{2} \\ \text{bzw.}\quad \hat{K} &= \lambda_0 K = 2\frac{p}{m_0 c} \sin\frac{\vartheta}{2} \end{aligned}\right\} \tag{7.1-8}$$

gegeben ist.[1]) Dieser Faktor berücksichtigt den nur bei kleinem Impulsübertrag ($\hat{K} = 1$) bedeutsamen Einfluß der Hüllenabschirmung auf die bei Stoßprozessen wirksame Kernladung; für $\hat{K} \gg 1$, also Streuung in der Nähe des Kerns, ist der Einfluß der Hülle unmaßgeblich $\left(\hat{F}(\hat{K}) \to 0\right)$, aber der Einfluß auf die Kernstruktur, der durch einen analogen Term beschrieben werden kann, wird merklich.

Zur Berechnung des Atomfaktors sind im wesentlichen drei unterschiedliche *Modelle für die Elektronendichteverteilung* in Gebrauch:

1. Das HARTREE-FOCK-Modell unabhängiger Teilchen: Es liefert die genauesten Ergebnisse. Hierbei wird angenommen, daß sich jedes Elektron im Feld des Kernes und aller anderen Elektronen bewegt. Die Wellenfunktion für dieses Modell wird mit Hilfe der HARTREEschen ‚self-consisting-field'-Methode berechnet, die einer numerischen Auswertung bedarf. In diesem Modell wird die *Schalenstruktur des Atomaufbaus berücksichtigt.*

2. Das THOMAS-FERMI-Modell [Th 27] [Fe 28]: Hierbei wird eine *stetige* Ladungsverteilung angenommen, die die Schalenstruktur nicht wiedergibt. Die Elektronenhülle wird mit den Gesetzen der Statistik als Gas behandelt. Der Formfaktor kann näherungsweise durch einen analytischen Ausdruck beschrieben werden und ist relativ einfach zu berechnen. Seine Genauigkeit ist aber geringer als die der HARTREE-Formfaktoren, und zwar besonders für große Abstände vom Kern ($\hat{K}$ klein, kleine Streuwinkel) und bei kleinen Abständen vom Kern ($\hat{K}$ groß, große Streuwinkel). Die Unterschiede beider Modelle werden bei LENZ [Le 54] diskutiert.

3. Das WENTZELsche Atommodell [We 27] mit *exponentiell* abfallendem Potential,

$$V(r) = -\frac{Z\,e}{(4\,\pi\,\varepsilon_0)\,r}\exp\left(-\frac{r}{a^*}\right), \tag{7.1-9}$$

wo der Atomradius a^* durch

$$a^* = a_H\,Z^{-1/3}\left(\frac{0{,}885}{\mu}\right) = \frac{a_{TF}}{\mu}$$

gegeben ist (die Konstante μ ist abhängig von Z und liegt in der Größenordnung von eins), stellt die einfachste Screeningnäherung dar. Es kann i. allg. nur für qualitative Aussagen herangezogen werden. Bei Zuhilfenahme empirischer Methoden kann die Genauigkeit gesteigert [Le 54] [Be 60] und für sehr kleine Streuwinkel eine bessere Wiedergabe der Streuverteilungen erreicht werden als mit dem THOMAS-FERMI-Modell [Le 54].

[1]) Vielfach wird auch $\hat{F}$ als Funktion des „Abschirmparameters" $\xi = K \cdot a$ mit $a = a_H\ Z^{-1/3}$ als Atomradius geschrieben.

Es liegen somit verschiedene Typen von Berechnungen und Näherungen vor, und es besteht das Problem, für einen gegebenen Satz von Bedingungen die geeignetste Formel für den Wirkungsquerschnitt auszuwählen. Zusammenstellungen und Empfehlungen dafür geben MOTZ, OLSEN und KOCH [Mo 64a]; es werden dort etwa 20 verschiedene Näherungsausdrücke gegenübergestellt und z. T. mit experimentellen Ergebnissen verglichen. Weitere, ausführlichere Darstellungen finden sich z. B. bei [Be 53a] [Se 55] [Bi 58] [Sc 63] [Mo 65] [Ro 68]. Eine kurze anschauliche Interpretation der genannten Effekte geben FREESE und HAIN [Fr 54].

Für die praktische Berechnung von Korrekturen zum RUTHERFORD-Querschnitt sind die Ergebnisse von ZEITLER und OLSEN [Ze 66] von Bedeutung, die zeigen, daß sich *Spin- und Screeningeffekte weitgehend unabhängig* voneinander überlagern, so daß die sehr aufwendigen Berechnungen für die beiden Effekte zumindest oberhalb 200 keV in guter Näherung getrennt durchgeführt werden dürfen. Der „exakte" Streuquerschnitt kann dann in der Form

$$q_{\text{exakt}} = C_{sp} \cdot C_{sc} \cdot q_R \tag{7.1-10}$$

als Produkt der Korrekturfaktoren C_{sp} für den Spineffekt und C_{sc} für den Screeningeffekt mit dem differentiellen RUTHERFORD-Querschnitt q_R dargestellt werden. Für $E < 0{,}2$ MeV, $Z < 92$ und $\vartheta < 150°$ beträgt der Fehler der Wirkungsquerschnitte gegenüber einer simultanen Berücksichtigung beider Einflüsse weniger als 6,5%; für $Z/E < 70\ \text{MeV}^{-1}$ liegt der Fehler unter 1% (vgl. auch [Ae 72]).

Auch der Kerngrößeneffekt kann auf analoge Weise nachträglich durch einen Korrekturfaktor C_{ns} Berücksichtigung finden, so daß der exakte Streuquerschnitt näherungsweise aus

$$q^*_{\text{exakt}} = C_{sp} \cdot C_{sc} \cdot C_{ns} \cdot q_R \tag{7.1-10a}$$

ermittelt werden kann.

Die Auswirkungen der genannten Korrekturen werden in den folgenden Abschnitten ausführlicher besprochen. Tabelle 7.1-1 gibt eine Literaturübersicht zu den vorliegenden Rechenergebnissen.

7.13 Die Spinkorrektur

Unter der Spinkorrektur C_{sp} versteht man das Verhältnis des von MOTT [Mo 29] auf der Grundlage der relativistischen Diractheorie in der ersten BORNschen Näherung ohne Berücksichtigung der Hüllenabschirmung berechneten differentiellen Streuquerschnittes q_M für einen Kern mit unendlich großer Masse und punktförmiger Ladung zum klassischen differentiellen RUTHERFORD-Querschnitt q_R:

$$C_{sp} = q_M/q_R\,. \tag{7.1-11}$$

Numerische Auswertungen dieser analytisch nicht darstellbaren Funktion liegen beispielsweise von DOGGETT und SPENCER [Do 56] für Elektronen und

Tabelle 7.1-1. Neuere numerische Berechnungen zum elastischen, differentiellen Streuquerschnitt (einer Punktladung auf einem unendlich schweren Kern ohne Spin) für Elektronen

Autoren	Zitat	Streuwinkelbereich	Primärenergien [MeV]	Z	tabellierte Funktionen	Abschirmung
FESHBACH	Fe 52	30°...180°		13...80	q_M	ohne
DOGGETT und SPENCER	Do 56	15°...180° ($\Delta\vartheta = 15°$)	0,05; 0,1; 0,2; 0,4; 0,7; 1; 2; 4; 10	6; 13; 29; 50; 82; 92	$C_{sp} = q_M/q_R$	ohne
SHERMAN	Sh 56	10°, 30°, 60° 90°, 120°, 150°	0,05; 0,1; 0,2; 0,4	29; 79	$C_{sp} = q_M/q_R$	ohne
LIN u. a.	Li 63	15°...165° ($\Delta\vartheta = 15°$)	0,121	79	q_M, q_{ex}	exponentiell
			0,046; 0,079	80	q_M, q_{ex}	exponentiell und nach HARTREE
LIN	Li 64	10°...170° ($\Delta\vartheta = 10°$)	0,05; 0,1; 0,12 0,18; 0,2; 0,4;	79	C_{sc}, q_M, q_{ex}	exponentiell
			0,05; 0,1; 0,2 0,4	29	C_{sc}, q_M, q_{ex}	exponentiell
			0,204	80	C_{sc}, q_M, q_{ex}	nach HARTREE
HOLZWARTH u. MEISTER	Ho 64	20°...180° ($\Delta\vartheta = 20°$)	0,046; 0,079 0,204	79	$C_{sp} \cdot C_{sc} = q_{ex}/q_R$	nach HARTREE
ZEITLER u. OLSEN	Ze 64	2°...170° ($\Delta\vartheta \leq 10°$)	0,05; 0,1; 0,2; 0,4	29; 79	C_{sc} in div. Näherungen	
ZEITLER u. OLSEN	Ze 66	15°...180° ($\Delta\vartheta = 15°$)	0,2; 0,4; 0,7; 1,0; 2,0; 4,0; 10,0	6; 13; 50; 82; 92	q_{ex}	nach HARTREE für $Z \leq 29$; nach THOMAS-FERMI- für $Z > 29$

Positronen vor (vgl. Tab. 7.1-1). Die von ihnen berechneten Werte für Elektronen sind in Tab. 7.1-2 und für Positronen in Tab. 7.1-3 wiedergegeben.[1])

Einen Überblick über die z. T. erheblichen Korrekturen zum RUTHERFORD-Querschnitt sollen die Abbn. 7.1-1 für *Elektronen* vermitteln. Danach wird deutlich, daß q_R die Verhältnisse bei kleinen Energien nur für sehr kleine Streuwinkel richtig wiedergibt ($C_{sp} \approx 1$); mit steigendem ϑ wird hier für große Z der tatsächliche Wirkungsquerschnitt bis zu einem Faktor 3 unterschätzt; für kleine Z ist der Unterschied relativ unbedeutend. Mit steigender Primärenergie ist dagegen für alle Z eine zunehmende Überschätzung bei großen Streuwinkeln zu verzeichnen, die beispielsweise bei 1 MeV einen Faktor 10, bei 10 MeV einen

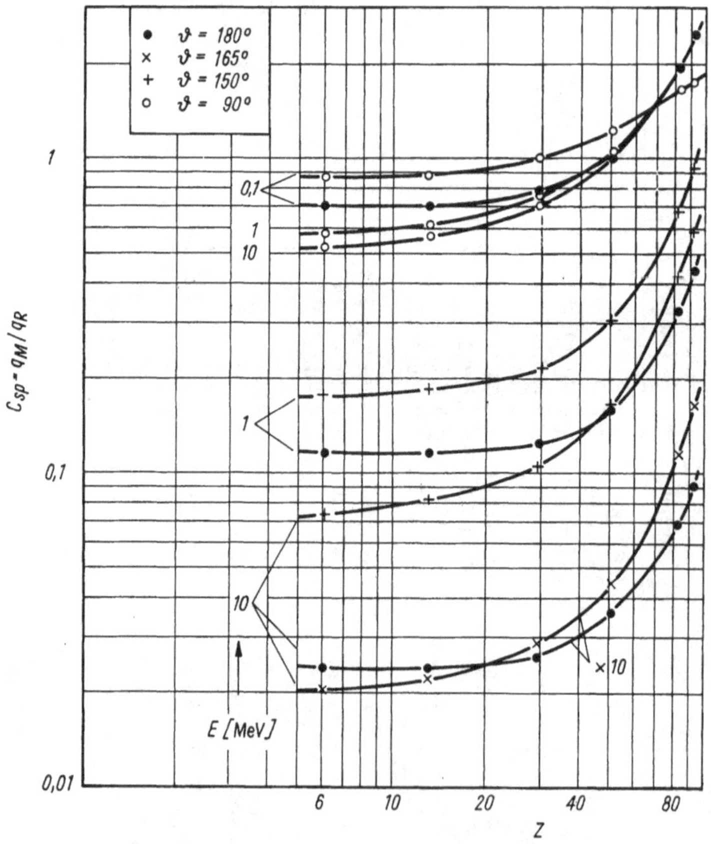

Abb. 7.1-1a. Das Verhältnis $C_{sp} = q_M/q_R$ der differentiellen elastischen Streuquerschnitte für Elektronen nach MOTT (ohne Screening) und nach RUTHERFORD als Funktion des Streuwinkels ϑ bei verschiedenen kinetischen Energien E [MeV] für Al und Pb

[1]) Eine kritische Formelzusammenstellung und ein FORTRAN IV-Programm zur Berechnung des MOTT-Querschnitts gibt FELDER [Fe 69a].

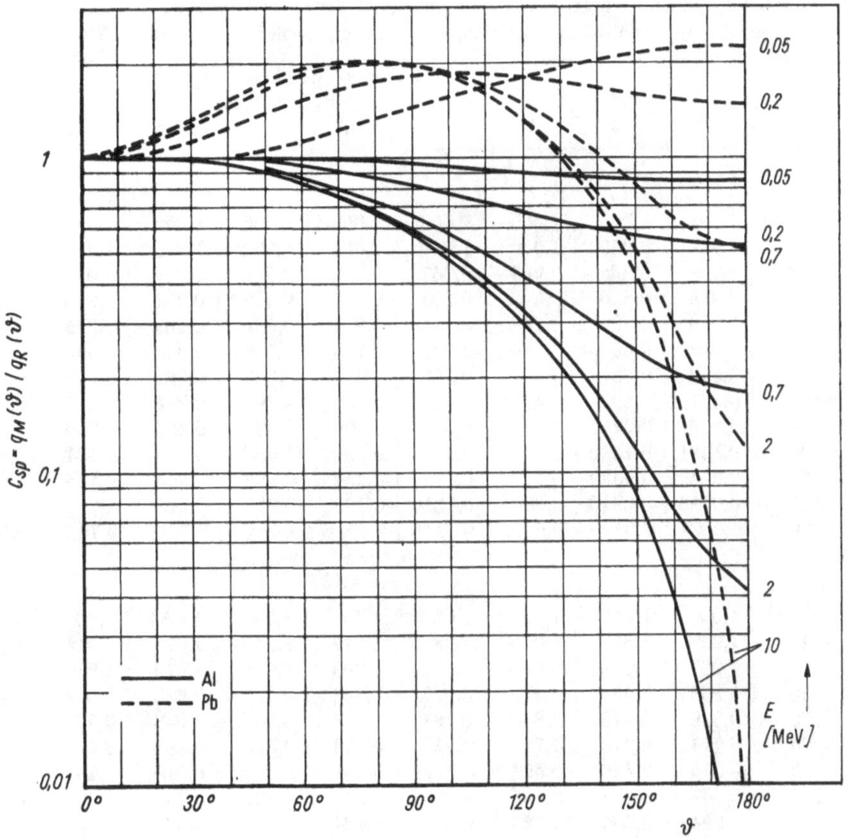

Abb.7.1.-1b. $C_{sp} = q_M/q_R$ als Funktion der Kernladungszahl Z des streuenden Atoms für verschiedene Streuwinkel ϑ und kinetische Energien E [MeV] (nach Tabellenwerten von DOGGETT und SPENCER [Do 56], s. Tab. 7.1-2)

Faktor 100 ausmacht. Für kleine Z ist dieser Abfall monoton, während für große Z zuvor ein Maximum (mit $C_{sp} \approx 2$) durchlaufen wird. q_M weist für alle E und ϑ eine stärkere Z-Abhängigkeit als q_R auf.

Für C_{sp} sind verschiedene Näherungsausdrücke angegeben worden, von denen die Reihenentwicklung von MCKINLEY und FESHBACH [Mc 48] [Da 51] [Fe 52] nach Potenzen von αZ (Feinstrukturkonstante $\alpha \approx 1/137$) (für kleine Kernladungszahlen: $Z < 27$ bei $\beta \approx 1$) die genaueste sein dürfte [Ev 55]:

$$C_{sp} = \frac{q_M(\vartheta)}{q_R(\vartheta)} = 1 - \beta^2 \sin^2 \frac{\vartheta}{2} + \pi \beta \frac{Z}{137} \left(1 - \sin \frac{\vartheta}{2}\right) \sin \frac{\vartheta}{2} \qquad (7.1\text{-}12)$$

(In verschiedenen Arbeiten [Mo 29] [Mo 32] [Se 33] [Ur 42] auftretende Fehler diskutiert DALITZ [Da 51]).

Tabelle 7.1-2. Das Verhältnis $C_{sp} = q_M/q_R$ des MOTTschen zum RUTHERFORDschen Streuquerschnitt für Elektronenstreuung (Spinkorrektur), nach [Do 56]

ϑ [Grad]	E [MeV]								
	10	4	2	1	0,7	0,4	0,2	0,1	0,05
					$Z = 6$				
0	1,000	1,000	1,000	1,000	1,000	1,000	1,000	1,000	1,000
15	0,999	0,999	1,000	1,000	1,001	1,002	1,003	1,004	1,004
30	0,961	0,962	0,963	0,967	0,970	0,977	0,987	0,996	1,001
45	0,888	0,890	0,894	0,903	0,911	0,929	0,954	0,976	0,900
60	0,788	0,790	0,797	0,814	0,828	0,860	0,906	0,946	0,974
75	0,666	0,669	0,680	0,705	0,728	0,776	0,846	0,909	0,953
90	0,532	0,537	0,551	0,586	0,617	0,683	0,781	0,868	0,930
105	0,397	0,403	0,421	0,466	0,505	0,590	0,714	0,826	0,905
120	0,269	0,277	0,298	0,352	0,400	0,501	0,651	0,786	0,882
135	0,1591	0,1680	0,1923	0,254	0,308	0,425	0,596	0,751	0,862
150	0,0742	0,0839	0,1106	0,1787	0,238	0,366	0,554	0,725	0,846
165	0,0206	0,0310	0,0591	0,1310	0,1938	0,328	0,527	0,708	0,836
180	0,0024	0,0129	0,0416	0,1148	0,1786	0,316	0,518	0,702	0,833
					$Z = 13$				
0	1,000	1,000	1,000	1,000	1,000	1,000	1,000	1,000	1,000
15	1,020	1,020	1,020	1,020	1,019	1,019	1,018	1,015	1,013
30	0,997	0,998	0,999	1,001	1,003	1,008	1,013	1,017	1,017
45	0,935	0,936	0,939	0,947	0,954	0,968	0,988	1,004	1,013
60	0,838	0,840	0,846	0,861	0,874	0,903	0,943	0,977	0,999
75	0,714	0,718	0,727	0,752	0,773	0,818	0,883	0,941	0,979
90	0,575	0,580	0,594	0,628	0,658	0,722	0,815	0,898	0,955
105	0,431	0,438	0,455	0,499	0,538	0,621	0,743	0,852	0,928
120	0,294	0,302	0,323	0,377	0,424	0,525	0,674	0,808	0,902
135	0,1742	0,1831	0,207	0,270	0,324	0,441	0,613	0,769	0,879
150	0,0813	0,0912	0,1179	0,1868	0,247	0,376	0,566	0,738	0,861
165	0,0226	0,0329	0,0614	0,1342	0,1980	0,334	0,536	0,719	0,850
180	0,0024	0,0131	0,0419	0,1163	0,1811	0,320	0,526	0,712	0,846
					$Z = 29$				
0	1,000	1,000	1,000	1,000	1,000	1,000	1,000	1,000	1,000
15	1,069	1,068	1,068	1,066	1,064	1,059	1,050	1,038	1,026
30	1,094	1,093	1,093	1,092	1,091	1,089	1,082	1,070	1,054
45	1,066	1,066	1,068	1,072	1,074	1,080	1,085	1,082	1,072
60	0,987	0,988	0,993	1,004	1,013	1,032	1,057	1,073	1,076
75	0,865	0,868	0,876	0,896	0,914	0,952	1,004	1,045	1,067
90	0,712	0,716	0,729	0,761	0,788	0,847	0,931	1,003	1,047
105	0,543	0,549	0,566	0,610	0,648	0,729	0,848	0,952	1,022
120	0,375	0,383	0,405	0,460	0,508	0,611	0,763	0,900	0,995
135	0,224	0,234	0,259	0,325	0,382	0,505	0,687	0,852	0,970
150	0,1052	0,1157	0,1446	0,218	0,282	0,420	0,626	0,813	0,950
165	0,0289	0,0402	0,0710	0,1497	0,218	0,366	0,587	0,789	0,937
180	0,0026	0,0141	0,0456	0,1261	0,1964	0,348	0,573	0,780	0,932

Tabelle 7.1-2 (Fortsetzung)

ϑ [Grad]	*E* [MeV]								
	10	4	2	1	0,7	0,4	0,2	0,1	0,05
					$Z = 50$				
0	1,000	1,000	1,000	1,000	1,000	1,000	1,000	1,000	1,000
15	1,124	1,123	1,121	1,115	1,109	1,096	1,072	1,043	1,018
30	1,235	1,234	1,231	1,223	1,216	1,197	1,161	1,113	1,060
45	1,292	1,292	1,290	1,284	1,279	1,264	1,232	1,183	1,120
60	1,274	1,274	1,275	1,277	1,277	1,276	1,262	1,228	1,173
75	1,177	1,179	1,184	1,197	1,208	1,227	1,246	1,242	1,207
90	1,013	1,017	1,028	1,055	1,078	1,126	1,188	1,226	1,225
105	0,801	0,807	0,825	0,869	0,907	0,988	1,101	1,190	1,230
120	0,569	0,578	0,602	0,664	0,718	0,832	0,999	1,142	1,229
135	0,348	0,359	0,390	0,467	0,535	0,682	0,899	1,093	1,225
150	0,1651	0,1781	0,214	0,305	0,385	0,557	0,815	1,053	1,221
165	0,0452	0,0594	0,0983	0,1980	0,285	0,475	0,760	1,026	1,219
180	0,0033	0,0180	0,0581	0,1608	0,251	0,446	0,741	1,017	1,219
					$Z = 82$				
0	1,000	1,000	1,000	1,000	1,000	1,000	1,000	1,000	1,000
15	1,127	1,125	1,120	1,108	1,098	1,074	1,042	1,024	1,024
30	1,358	1,354	1,344	1,315	1,290	1,230	1,133	1,040	0,998
45	1,658	1,653	1,638	1,599	1,564	1,479	1,328	1,157	1,023
60	1,918	1,912	1,897	1,857	1,819	1,728	1,555	1,336	1,122
75	2,044	2,040	2,029	2,000	1,971	1,896	1,741	1,518	1,267
90	1,981	1,980	1,979	1,974	1,966	1,936	1,844	1,672	1,435
105	1,726	1,731	1,745	1,777	1,801	1,842	1,859	1,786	1,614
120	1,324	1,335	1,366	1,444	1,510	1,640	1,799	1,866	1,799
135	0,855	0,874	0,924	1,050	1,159	1,385	1,698	1,920	1,978
150	0,422	0,446	0,513	0,683	0,830	1,143	1,592	1,955	2,130
165	0,1158	0,1444	0,222	0,422	0,595	0,969	1,514	1,974	2,233
180	0,0068	0,0368	0,1187	0,328	0,511	0,908	1,486	1,978	2,267
					$Z = 92$				
0	1,000	1,000	1,000	1,000	1,000	1,000	1,000	1,000	1,000
15	1,103	1,102	1,097	1,086	1,076	1,058	1,038	1,034	1,029
30	1,321	1,316	1,304	1,270	1,240	1,174	1,075	1,005	1,007
45	1,702	1,694	1,674	1,619	1,569	1,456	1,267	1,080	0,978
60	2,119	2,110	2,085	2,019	1,958	1,815	1,561	1,272	1,038
75	2,418	2,410	2,388	2,326	2,268	2,127	1,859	1,521	1,193
90	2,482	2,477	2,465	2,429	2,393	2,295	2,083	1,770	1,413
105	2,264	2,266	2,272	2,284	2,290	2,280	2,198	1,991	1,679
120	1,797	1,809	1,840	1,918	1,981	2,096	2,206	2,177	1,979
135	1,191	1,213	1,273	1,423	1,551	1,809	2,141	2,226	2,287
150	0,598	0,629	0,715	0,932	1,120	1,510	2,048	2,436	2,561
165	0,1652	0,203	0,307	0,572	0,801	1,287	1,970	2,505	2,753
180	0,0091	0,0496	0,1600	0,441	0,685	1,206	1,940	2,523	2,826

Tabelle 7.1-3. Das Verhältnis $C_{sp} = q_M/q_R$ des MOTTschen zum RUTHERFORDschen Streuquerschnitt für Positronenstreuung (Spinkorrektur), nach [Do 56]

ϑ [Grad]	E [MeV]								
	10	4	2	1	0,7	0,4	0,2	0,1	0,05
					Z = − 6				
0	1,000	1,000	1,000	1,000	1,000	1,000	1,000	1,000	1,000
15	0,941	0,942	0,943	0,946	0,948	0,954	0,963	0,972	0,980
30	0,896	0,897	0,899	0,905	0,911	0,923	0,942	0,960	0,974
45	0,818	0,819	0,824	0,836	0,847	0,870	0,904	0,937	0,961
60	0,715	0,717	0,725	0,745	0,762	0,799	0,855	0,906	0,944
75	0,596	0,601	0,611	0,640	0,665	0,718	0,798	0,871	0,924
90	0,472	0,478	0,493	0,530	0,563	0,634	0,739	0,835	0,905
105	0,350	0,357	0,375	0,422	0,463	0,511	0,682	0,800	0,885
120	0,237	0,245	0,266	0,322	0,370	0,474	0,628	0,768	0,868
135	0,1388	0,1478	0,1724	0,235	0,290	0,408	0,582	0,740	0,853
150	0,0645	0,0743	0,1011	0,1696	0,229	0,357	0,547	0,719	0,841
165	0,0188	0,0291	0,0573	0,1292	0,1920	0,327	0,526	0,706	0,834
180	0,0024	0,0129	0,0415	0,1147	0,1786	0,315	0,518	0,701	0,832
					Z = − 13				
0	1,000	1,000	1,000	1,000	1,000	1,000	1,000	1,000	1,000
15	0,940	0,941	0,942	0,943	0,948	0,953	0,963	0,973	0,982
30	0,877	0,878	0,881	0,886	0,895	0,909	0,930	0,952	0,968
45	0,790	0,792	0,797	0,807	0,822	0,848	0,887	0,924	0,953
60	0,685	0,688	0,696	0,714	0,736	0,776	0,836	0,893	0,935
75	0,568	0,573	0,584	0,612	0,640	0,697	0,781	0,860	0,918
90	0,448	0,454	0,469	0,506	0,542	0,616	0,725	0,826	0,900
105	0,331	0,338	0,356	0,402	0,446	0,537	0,671	0,794	0,883
120	0,223	0,231	0,253	0,308	0,359	0,465	0,622	0,765	0,868
135	0,1309	0,1398	0,1649	0,227	0,284	0,404	0,582	0,741	0,856
150	0,0609	0,0707	0,0979	0,1654	0,228	0,357	0,549	0,723	0,846
165	0,0174	0,0280	0,0561	0,1270	0,1924	0,328	0,530	0,711	0,840
180	0,0024	0,0130	0,0417	0,1139	0,1803	0,319	0,523	0,707	0,838
					Z = − 29				
0	1,000	1,000	1,000	1,000	1,000	1,000	1,000	1,000	1,000
15	0,919	0,920	0,921	0,926	0,931	0,938	0,952	0,967	0,979
30	0,835	0,837	0,840	0,850	0,858	0,878	0,908	0,938	0,963
45	0,738	0,740	0,746	0,763	0,777	0,810	0,859	0,908	0,946
60	0,631	0,635	0,644	0,669	0,690	0,737	0,809	0,877	0,929
75	0,519	0,524	0,537	0,570	0,599	0,663	0,758	0,848	0,914
90	0,406	0,412	0,429	0,471	0,508	0,589	0,709	0,820	0,900
105	0,298	0,305	0,325	0,376	0,422	0,518	0,663	0,794	0,887
120	0,200	0,208	0,213	0,291	0,344	0,456	0,622	0,772	0,877
135	0,1172	0,1268	0,1531	0,220	0,278	0,404	0,588	0,753	0,868
150	0,0547	0,0652	0,0936	0,1660	0,229	0,364	0,563	0,740	0,862
165	0,0156	0,0265	0,0562	0,1312	0,1981	0,339	0,547	0,732	0,859
180	0,0025	0,0136	0,0438	0,1208	0,1880	0,331	0,542	0,729	0,857

Tabelle 7.1-3 (Fortsetzung)

ϑ [Grad]	E [MeV]								
	10	4	2	1	0,7	0,4	0,2	0,1	0,05
					$Z = -50$				
0	1,000	1,000	1,000	1,000	1,000	1,000	1,000	1,000	1,000
15	0,899	0,900	0,902	0,908	0,914	0,926	0,945	0,964	0,978
30	0,800	0,802	0,807	0,820	0,831	0,856	0,895	0,934	0,962
45	0,696	0,698	0,706	0,727	0,745	0,784	0,845	0,904	0,947
60	0,588	0,592	0,603	0,632	0,658	0,713	0,797	0,875	0,931
75	0,479	0,485	0,500	0,537	0,571	0,643	0,750	0,849	0,918
90	0,372	0,379	0,398	0,445	0,486	0,575	0,707	0,825	0,906
105	0,272	0,280	0,302	0,359	0,408	0,514	0,668	0,805	0,896
120	0,1817	0,191	0,217	0,282	0,339	0,459	0,635	0,787	0,888
135	0,1066	0,1171	0,1456	0,218	0,281	0,415	0,608	0,774	0,882
150	0,0500	0,0613	0,0921	0,1704	0,238	0,382	0,588	0,764	0,877
165	0,0146	0,0264	0,0586	0,1406	0,212	0,362	0,576	0,758	0,874
180	0,0027	0,0147	0,0475	0,1306	0,203	0,355	0,572	0,756	0,873
					$Z = -82$				
0	1,000	1,000	1,000	1,000	1,000	1,000	1,000	1,000	1,000
15	0,888	0,889	0,892	0,900	0,907	0,922	0,945	0,964	0,977
30	0,779	0,781	0,788	0,804	0,818	0,848	0,894	0,934	0,963
45	0,669	0,673	0,683	0,707	0,729	0,776	0,846	0,907	0,948
60	0,561	0,565	0,579	0,613	0,643	0,706	0,780	0,880	0,933
75	0,453	0,460	0,477	0,521	0,559	0,640	0,756	0,856	0,922
90	0,350	0,358	0,380	0,434	0,480	0,579	0,719	0,836	0,911
105	0,255	0,264	0,290	0,345	0,410	0,526	0,687	0,818	0,901
120	0,1702	0,1811	0,211	0,285	0,348	0,480	0,660	0,804	0,894
135	0,0997	0,1118	0,1446	0,227	0,297	0,442	0,638	0,793	0,888
150	0,0469	0,0599	0,0955	0,1844	0,260	0,415	0,623	0,785	0,885
165	0,0144	0,0282	0,0654	0,1586	0,237	0,399	0,614	0,780	0,882
180	0,0032	0,0171	0,0549	0,1496	0,229	0,394	0,612	0,778	0,882
					$Z = -92$				
0	1,000	1,000	1,000	1,000	1,000	1,000	1,000	1,000	1,000
15	0,888	0,889	0,892	0,900	0,907	0,923	0,945	0,963	0,976
30	0,778	0,780	0,786	0,803	0,818	0,849	0,894	0,935	0,963
45	0,667	0,671	0,681	0,707	0,729	0,777	0,848	0,908	0,948
60	0,558	0,563	0,577	0,612	0,643	0,708	0,802	0,881	0,934
75	0,450	0,457	0,475	0,520	0,559	0,642	0,759	0,858	0,922
90	0,348	0,356	0,378	0,434	0,482	0,583	0,723	0,838	0,911
105	0,253	0,263	0,289	0,356	0,413	0,531	0,691	0,820	0,902
120	0,1690	0,1803	0,211	0,288	0,353	0,487	0,666	0,806	0,895
135	0,0989	0,1116	0,1458	0,232	0,304	0,451	0,646	0,796	0,889
150	0,0465	0,0602	0,0973	0,1897	0,268	0,425	0,631	0,789	0,885
165	0,0146	0,0290	0,0680	0,1649	0,246	0,410	0,623	0,783	0,883
180	0,0033	0,0180	0,0576	0,1560	0,239	0,405	0,620	0,781	0,883

Für *Positronen*, für die Z in Gl. (7.1-12) durch $-Z$ zu ersetzen ist, ergeben sich stets Werte $C_{sp} < 1$; der Streuquerschnitt für Positronen ist bei gleichen E, Z, ϑ stets kleiner als für Elektronen. Der Unterschied ist besonders für große Z und große ϑ ausgeprägt, für die allerdings Gl. (7.1-12) nicht mehr anwendbar ist. Das Verhältnis $q_M(e^+)/q_M(e^-)$ illustriert Abb. 7.1-2 für $\beta \approx 1$ ($E \gtrsim 4$ MeV). Eine kurze Übersicht über experimentelle Arbeiten gibt Roy [Ro 68].

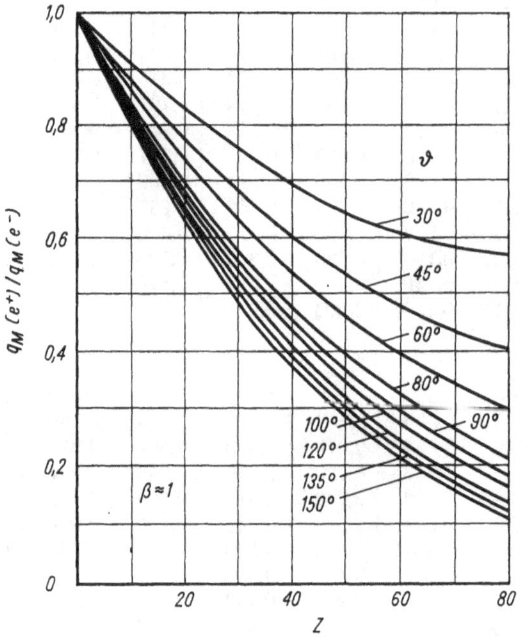

Abb. 7.1-2. Das Verhältnis der differentiellen Streuquerschnitte nach Mott $q_M(e^+)/q_M(e^-)$ für Positronen und Elektronen für große kinetische Energien ($\beta \approx 1$). Bei Berücksichtigung der Hüllenabschirmung werden die kleinsten Verhältnisse bei $\vartheta = 90°$ gefunden (nach [Fe 52])

Nach dem Obigen ist die Z^2-Abhängigkeit des Rutherford-Querschnittes nur im Bereich kleiner Streuwinkel, in dem aber wiederum die Screening-Korrektur (vgl. § 7.14) zu berücksichtigen ist, zutreffend. Der Mott-Querschnitt (ohne Screening) weist demgegenüber besonders bei großen E_0, großen Z und großen ϑ eine verstärkte *Abhängigkeit von der Kernladungszahl* auf. Stellt man für einen festen Streuwinkel ($\vartheta = 90°$ bzw. $\vartheta = 150°$) und für feste Elektronenenergien[1]) ($E = 0{,}075$; 0,22 und 0,90 MeV) den Spinkorrekturfaktor als Funktion von Z dar, so kann man diesen stückweise durch eine homogene Potenz-

[1]) Diese Energien wurden in Hinsicht auf die Anwendung dieser Ergebnisse auf Betarückstreu-Experimente gewählt. Es sind dies die mittleren Energien der Betaspektren von Pm-147, Tl-204 und Y-90.

funktion nähern:

$$C_{sp} = Z^{m_E}. \tag{7.1-13}$$

Der Exponent $m_E(E, Z, \vartheta)$ der Z-Abhängigkeit von C_{sp} ist für die genannten Werte in Abb. 12.6-1 als Funktion von Z dargestellt. Danach kann im Bereich kleiner Z auch bei großen Streuwinkeln noch mit der Z^2-Abhängigkeit des RUTHERFORD-Querschnittes gerechnet werden ($m_E = 0$), obwohl die Absolutwerte von q_M bei großen Energien wesentlich kleiner sind als von q_R ($C_{sp} \ll 1$, vgl. Abb. 7.1-1, Tab. 7.1-2). Für große Z steigt m_E auf Werte bis zu 1,5 an, was nahezu eine Verdopplung der Z-Abhängigkeit gegenüber q_R bedeutet. Als Z-unabhängige Mittelwerte von m_E können im Winkelbereich von $105° \leq \vartheta \leq 165°$ etwa die folgenden Zahlenwerte für Abschätzungen benutzt werden:

E [MeV]	0,075	0,22	0,90	4,0
$\overline{m}_E\,(E)$	+ 0,33	+ 0,40	+ 0,50	+ 0,6

7.14 Die Abschirmkorrektur

Die Abschirmkorrektur ist vor allem für sehr kleine Streuwinkel stark abhängig von dem gewählten Ansatz für die radiale Elektronendichteverteilung der Atomhülle (s. z. B. [Le 54], vgl. Abb. 7.1-3a). Die Mehrzahl der Streutheorien fußt auf dem Atommodell von WENTZEL [We 27], dessen Dichteverteilung (Gl. (7.1-9)) exponentiell abfällt und das in der ersten BORNschen Näherung, für die

$$\gamma = \frac{Z e^2}{4 \pi \varepsilon_0 \hbar v^2} = \frac{\alpha Z}{\beta} = \frac{Z}{137 \beta} \ll 1$$

vorausgesetzt wird[1]), auf einen differentiellen Wirkungsquerschnitt führt, in dem statt

$$\sin^4 (\vartheta/2) = \frac{1}{4}(1 - \cos\vartheta)^2$$

unter Einführung eines Abschirmwinkels ϑ_1

$$(\sin^2 (\vartheta/2) + \frac{1}{4}\vartheta_1^2)^2 = \frac{1}{4}(1 - \cos\vartheta + \frac{1}{2}\vartheta_1^2)^2$$

geschrieben steht, so daß die Abschirmkorrektur

$$C_{sc} = \left(\frac{\sin^2 (\vartheta/2)}{\sin^2 (\vartheta/2) + \frac{1}{4}\vartheta_1^2}\right)^2 \tag{7.1-14a}$$

[1]) Hier und in den folgenden Gleichungen wurde aus Gründen der Übersichtlichkeit nur der gerundete Wert $\alpha = 1/137$ (vgl. dazu Tab. A) geschrieben, aber das Gleichheitszeichen beibehalten.

oder für kleine Streuwinkel

$$C_{sc} = \left(1 + \frac{\vartheta_1^2}{\vartheta^2}\right)^{-2} \tag{7.1-14b}$$

lautet. Die wichtigste Auswirkung der Abschirmkorrektur besteht in einer starken Reduktion der Streuquerschnitte für sehr kleine Winkel, so daß nun auch für $\vartheta = 0$ endliche Werte erhalten werden, was weder für den RUTHERFORD- noch für den MOTT-Querschnitt der Fall ist.

Der *Abschirmwinkel* ϑ_1 ist das Verhältnis der (reduzierten) DE BROGLIE-Wellenlänge $\lambda\!\!\!^{-}$ ($= \hbar/p$) des einfallenden Elektrons zum effektiven Atomradius a, der zu

$$a = a_{\mathrm{H}}\, Z^{-1/3} \tag{7.1-14c}$$

angesetzt wird, wo

$$a_{\mathrm{H}} = 4\,\pi\,\varepsilon_0 \frac{\hbar^2}{m_0\, c^2} = \frac{r_0}{\alpha^2} = 0{,}0529\ \mathrm{nm}$$

der BOHRsche Radius des Wasserstoffatoms ist; daraus folgt ($\alpha \approx 1/137$)

$$\vartheta_1 = \frac{\lambda\!\!\!^{-}}{a} = \alpha\, Z^{1/3} \frac{m_0\, c}{p} = \alpha\, Z^{1/3} \frac{\sqrt{1-\beta^2}}{\beta} = \frac{Z^{1/3}}{137} \frac{1}{\sqrt{\varepsilon(\varepsilon+2)}}\,. \tag{7.1-15}$$

Für große Energien ($\varepsilon \gg 1$) wird der Abschirmwinkel reziprok zur Primärenergie:

$$\vartheta_1 = \frac{Z^{1/3}}{137\,\varepsilon}\,. \tag{7.1-15a}$$

Für nichtrelativistische Energien ($\varepsilon \ll 1$), für die die BORN-Näherung nur bei sehr kleinen Z gültig ist, ergibt sich [Co 64c]

$$\vartheta_1 = \frac{Z^{1/3}}{137} \frac{1}{\sqrt{2\,\varepsilon}} \approx 3{,}69 \frac{Z^{1/3}}{\sqrt{E}}, \quad E \text{ in eV}; \tag{7.1-15b}$$

im Vergleich zum Experiment (5 bis 30 keV) sind Z- und E-Abhängigkeit etwas zu groß. Demgegenüber ergibt die klassische Rechnung

$$\vartheta_K = \gamma \frac{\lambda\!\!\!^{-}}{a} = \frac{Z^{4/3}}{137^2} \frac{1}{\beta^2} \tag{7.1-15c}$$

mit wesentlich zu starker Z- und E-Abhängigkeit [Be 53a].

Andere Autoren bevorzugen die Elektronendichteverteilung nach THOMAS [Th 27] und FERMI [Fe 28], die für sehr große Abstände r vom Kern ($r \to \infty$) aber nur wie r^{-6} gegen Null geht, während in Wirklichkeit der exponentielle Abfall der Elektronendichte vorliegt; für kleinste Streuwinkel ($\vartheta \lessapprox 1°$) muß daher mit Abweichungen von den richtigen Werten für die Abschirmkorrekturen gerechnet werden [Le 54] [Re 65a], was jedoch angesichts des Überwiegens des unelastischen Streuquerschnittes über den elastischen in diesem Winkelbereich praktisch kaum von Bedeutung ist (vgl. Abb. 7.1-3a und b; s. a. [Sa 63]).

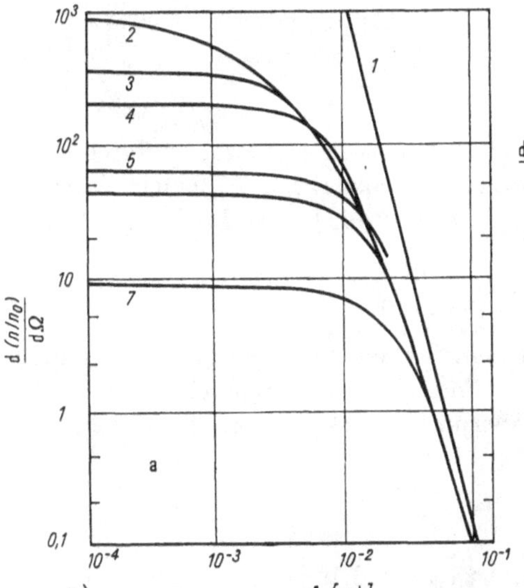

a)

1 — nach RUTHERFORD (ohne Abschirmung);
aus der THOMAS-FERMI-Verteilung mit Auswertung:
2 — durch LENZ [Le 54],
3 — durch BULLARD und MASSEY [Bu 30],
4 — durch MOLIÈRE [Mo 47],
5 — durch BETHE [Be 30],
6 — aus der HARTREE-Dichteverteilung,
7 — aus der diamagnetischen Suszeptibilität (vgl. [Kl 50])

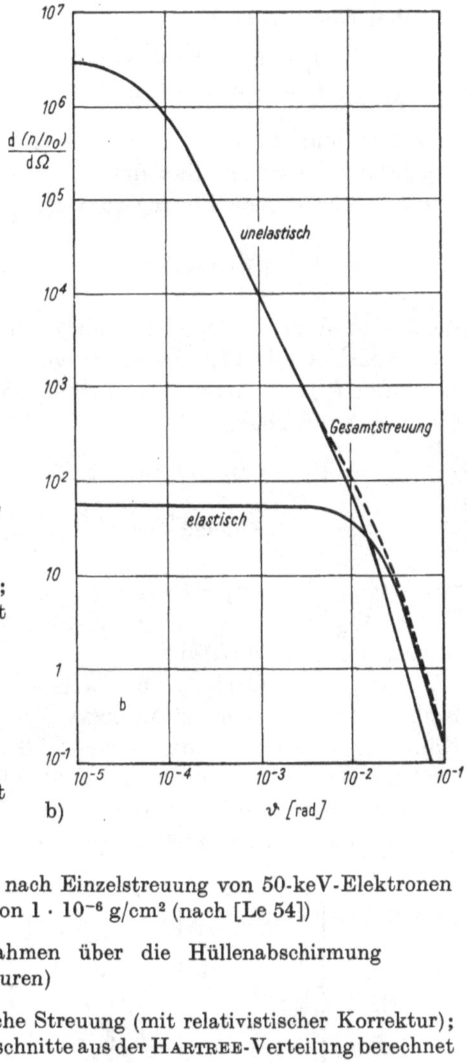

b)

Abb. 7.1-3. Verlauf der Winkelverteilungen nach Einzelstreuung von 50-keV-Elektronen durch eine Kohlenstoffschicht von $1 \cdot 10^{-6}$ g/cm² (nach [Le 54])

a) bei unterschiedlichen Annahmen über die Hüllenabschirmung (ohne relativistische Korrekturen)

b) für elastische und unelastische Streuung (mit relativistischer Korrektur); Maximalwerte der Streuquerschnitte aus der HARTREE-Verteilung berechnet

Für ein THOMAS-FERMI-Potential berechnet MOLIÈRE [Mo 47] [Mo 48] einen abgeschirmten relativistischen Streuquerschnitt (ohne Berücksichtigung des Spineffekts; gültig für alle $\vartheta \leqq 90°$ und $E > Z^{4/3} \cdot 100$ eV) als Grundlage für seine Theorie der Vielfachstreuung (s. § 10.32). Dabei wird das THOMAS-FERMI-Potential durch eine Summe von drei Exponentialgliedern

$$V_{TF} = \frac{Z e}{(4 \pi \varepsilon_0) r} \sum_{i=1}^{3} a_i \exp - \left(b_i \frac{r}{a_{TF}} \right) \tag{7.1-16}$$

mit den Konstanten

$$a_1 = 0{,}1 \qquad a_2 = 0{,}55 \qquad a_3 = 0{,}035$$
$$b_1 = 6{,}0 \qquad b_2 = 1{,}2 \qquad b_3 = 0{,}3$$

genähert und der Abschirmwinkel für den Ausdruck (7.1-14a, b) durch die Forderung festgelegt, daß der von Einzelstreuwinkeln $\vartheta < \vartheta_g$ (einem Grenzwinkel) herrührende Beitrag zum mittleren Streuwinkel, also das Integral

$$\int_0^{\vartheta_g} \vartheta^2 \, q(\vartheta) \sin \vartheta \, d\vartheta \,,$$

denselben Wert ergibt, gleichgültig, ob man für den Wirkungsquerschnitt die von MOLIÈRE [Mo 47] berechnete genaue Formel für den abgeschirmten relativistischen Streuquerschnitt oder die Näherung 7.1-14b einsetzt. Daraus ergibt sich der Abschirmwinkel zu

$$\vartheta_{1M} = \vartheta_2 \cdot \sqrt{1{,}13 + 3{,}76\,\gamma^2}$$
$$= 0{,}826 \cdot 10^{-2} \frac{\sqrt{1-\beta^2}}{\beta} Z^{1/3} \sqrt{1{,}13 + 3{,}76\,\gamma^2} \qquad (7.1\text{-}17)$$

mit $\gamma = \alpha\, Z/\beta$ und $\vartheta_2 = \lambda/a_{TF} = \vartheta_1/0{,}885$, da der Atomradius im THOMAS-FERMI-Modell $a_{TF} = 0{,}885\, a$ beträgt [Wi 39] [Wi 45]. Zur Auswertung kann Abb. 7.1-4 herangezogen werden.

NIGAM u. a. [Ni 59] [Ni 61] weisen darauf hin, daß infolge inkonsistenter Reihenentwicklungen bei MOLIÈRE [Mo 47] ϑ_{1M} nur in der ersten BORNschen Näherung richtig und die Größe $3{,}76\,\gamma^2$ für kleine β und große Z um zwei Größenordnungen zu groß ist, so daß der abgeschirmte Streuquerschnitt in Übereinstimmung mit den Angaben von LENZ (s. Abb. 7.1-3) im Bereich kleiner Streuwinkel zu klein ausfällt. Sie berechnen die zweite BORNsche Näherung

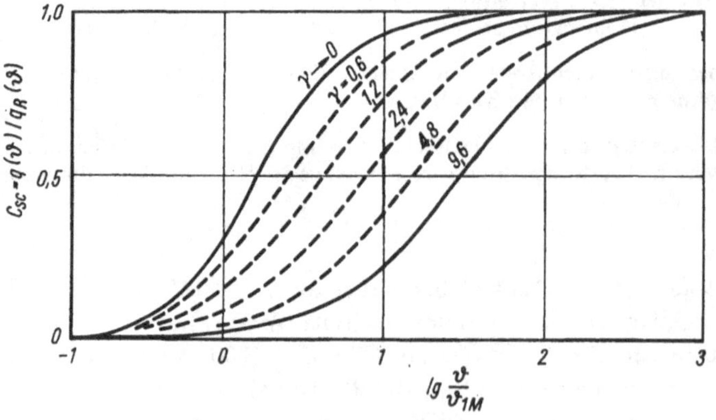

Abb. 7.1-4. Einfluß der Hüllenabschirmung des COULOMB-Feldes durch die Elektronenhülle auf den elastischen Streuquerschnitt für verschiedene Werte des Parameters $\gamma = \alpha\, Z/\beta$. ϑ_{1M} ist der Abschirmwinkel nach MOLIÈRE (nach Gl. (7.1-17)) unter Vernachlässigung des Spineffektes (nach [Pa 52a] [Kn 66a])

und geben als Abschirmwinkel

$$\vartheta_{1N}^2 = \vartheta_3^2 \left\{1 + 4 \frac{Z}{137} \vartheta_3 \left[\frac{1-\beta^2}{\beta} \ln \vartheta_3 + \frac{0{,}2310}{\beta} + 1{,}4480\, \beta\right]\right\} \tag{7.1-17a}$$

mit $\vartheta_3 = \lambda/a^* = \vartheta_1 \cdot \frac{\mu}{0{,}885}$

an, wo $\mu \approx 1{,}80$ eine empirische Konstante ist, d. h. sie rechnen mit einem Atomradius $a^* = a_{TF}/\mu$ (s. a. [Re 64]). Im Gegensatz zu MOLIÈRE erscheint hier $Z/137$ nur in der ersten Ordnung, so daß sich das unterschiedliche Vorzeichen der Ladung von Elektronen und Positronen auf die Größe des Abschirmwinkels auswirkt. Die Abschirmkorrektur C_{sc} bleibt auch im Bereich kleinster Winkel für Positronen größer als für Elektronen.[1])

Die eingangs erwähnte Art der Berücksichtigung des Einflusses der Hüllenabschirmung auf den Streuquerschnitt durch den *Atomformfaktor* $\hat{F}(K)$ (nach Gl. 7.1-7), der die Reduktion der wirksamen Kernladung durch die Elektronenhülle des Atoms beschreibt, führt auf den Streuquerschnitt in der vielfach benutzten Form [Mo 64a]

$$d\sigma_M = \frac{4\,\hat{E}^2}{a_H^2\,K^4}\,[Z - \hat{F}(Z)]^2\,d\Omega\,, \tag{7.1-18}$$

worin $\hat{E} = m/m_0 = (1-\beta^2)^{-1/2} = 1 + \varepsilon$ der LORENTZ-Faktor und K der Impulsübertrag auf den Kern (nach Gl. (7.1-8)) sind (aus $K = 1/a$ folgt für kleine ϑ Gl. (7.1-15)); die Abschirmkorrektur lautet jetzt

$$C_{sc} = \left[\frac{Z - \hat{F}(Z)}{Z}\right]^2. \tag{7.1-19}$$

Für $\hat{F}(K) = 0$ ergibt sich aus Gl. 7.1-18 der RUTHERFORD-Querschnitt (wegen $\varepsilon \ll 1$, $\hat{E} = 1$) zu

$$d\sigma_R = \frac{4\,Z^2}{a_H^2\,K^4}\,d\Omega \tag{7.1-20}$$

in einer sehr knappen, zu den Angaben in § 7.11 äquivalenten Schreibweise.[2])

Diese Darstellung der Abschirmkorrektur wird allerdings praktisch meist nur für die *Auswertung von* HARTREE-*Potentialen* angewandt; für $\hat{F}(K)$ ist in diesem Fall keine einfache Näherungsfunktion angebbar. Für das THOMAS-FERMI-Modell wird überwiegend die MOLIÈRE-Näherung (Gl. (7.1-14) mit Gl. (7.1-17)) benutzt.

Zahlenwerte für $\hat{f}(K) = \hat{F}(K)/Z$ berechnet bereits BETHE [Be 30] für das THOMAS-FERMI-Modell (s. [Bi 58]). Literaturübersichten sowie Tabellen und

[1]) Andere Autoren versuchen den Mangel der MOLIÈREschen Theorie durch Anbringung eines empirischen Faktors an ϑ_{1M} selbst auszugleichen, so daß $\vartheta_{1M}^* = k\,\vartheta_{1M}$ steht, womit der Atomradius als $a^{**} = a_{TF}/k$ interpretiert wird; k liegt dann zwischen 0,6 und 1,6 je nach Element [Be 60]; außerdem wird darauf verwiesen, daß die $Z^{-1/3}$-Abhängigkeit des THOMAS-FERMI-Radius a_{TF} nicht gut ist, sondern ein Faktor $(Z/(Z-1))^{2/3}$ (FERMI-AMALDI-Korrektur) angebracht werden sollte [Be 60].

[2]) Eine einfache Methode zur Abschätzung des Abschirmradius' eines Atomes gibt [Bh 60] an.

Tabelle 7.1-4. Wirkungsquerschnitte q_{ex} für elastische Elektronenstreuung in Einheiten von 10^8 barn (nach [Ze 66]; E-07 bedeutet einen Faktor 10^{-7})

ϑ [Grad]	E [MeV]						
	10	4	2	1	0,7	0,4	0,2
				$Z = 6$			
15	0,585 E-07	0,324 E-06	0,111 E-05	0,359 E-05	0,650 E-05	0,165 E-04	0,531 E-04
30	0,364 E-08	0,202 E-07	0,692 E-07	0,225 E-06	0,408 E-06	0,104 E-05	0,348 E-05
45	0,704 E-09	0,391 E-08	0,134 E-07	0,439 E-07	0,801 E-07	0,208 E-06	0,703 E-06
60	0,214 E-09	0,119 E-08	0,411 E-08	0,136 E-07	0,250 E-07	0,659 E-07	0,229 E-06
75	0,824 E-10	0,459 E-09	0,160 E-08	0,536 E-08	0,100 E-07	0,271 E-07	0,974 E-07
90	0,362 E-10	0,202 E-09	0,711 E-09	0,245 E-08	0,465 E-08	0,131 E-07	0,494 E-07
105	0,170 E-10	0,958 E-10	0,343 E-09	0,123 E-08	0,240 E-08	0,714 E-08	0,285 E-07
120	0,813 E-11	0,464 E-10	0,171 E-09	0,653 E-09	0,134 E-08	0,427 E-08	0,183 E-07
135	0,371 E-11	0,217 E-10	0,851 E-10	0,364 E-09	0,797 E-09	0,280 E-08	0,129 E-07
150	0,145 E-11	0,908 E-11	0,410 E-10	0,214 E-09	0,516 E-09	0,202 E-08	0,101 E-07
165	0,362 E-12	0,302 E-11	0,197 E-10	0,141 E-09	0,378 E-09	0,163 E-08	0,862 E-08
180	0,408 E-13	0,122 E-11	0,134 E-10	0,120 E-09	0,337 E-09	0,151 E-08	0,819 E-08
				$Z = 13$			
15	0,280 E-06	0,155 E-05	0,532 E-05	0,172 E-04	0,311 E-04	0,790 E-04	0,244 E-03
30	0,177 E-07	0,984 E-07	0,337 E-06	0,109 E-05	0,198 E-05	0,505 E-05	0,168 E-04
45	0,348 E-08	0,193 E-07	0,663 E-07	0,216 E-06	0,394 E-06	0,102 E-05	0,342 E-05
60	0,107 E-08	0,594 E-08	0,205 E-07	0,675 E-07	0,124 E-06	0,325 E-06	0,112 E-05
75	0,415 E-09	0,231 E-08	0,801 E-08	0,268 E-07	0,498 E-07	0,134 E-06	0,477 E-06
90	0,183 E-09	0,103 E-08	0,360 E-08	0,123 E-07	0,233 E-07	0,650 E-07	0,242 E-06
105	0,868 E-10	0,489 E-09	0,174 E-08	0,617 E-08	0,120 E-07	0,353 E-07	0,139 E-06
120	0,417 E-10	0,237 E-09	0,869 E-09	0,328 E-08	0,667 E-08	0,210 E-07	0,889 E-07
135	0,190 E-10	0,111 E-09	0,430 E-09	0,182 E-08	0,394 E-08	0,136 E-07	0,625 E-07
150	0,745 E-11	0,463 E-10	0,205 E-09	0,105 E-08	0,251 E-08	0,972 E-08	0,483 E-07
165	0,187 E-11	0,151 E-10	0,962 E-10	0,680 E-09	0,181 E-08	0,778 E-08	0,411 E-07
180	0,191 E-12	0,579 E-11	0,634 E-10	0,570 E-09	0,160 E-08	0,720 E-08	0,390 E-07
				$Z = 29$			
15	0,146 E-05	0,809 E-05	0,277 E-04	0,892 E-04	0,160 E-03	0,403 E-03	0,129 E-02
30	0,968 E-07	0,536 E-06	0,183 E-05	0,592 E-05	0,107 E-04	0,271 E-04	0,882 E-04
45	0,197 E-07	0,109 E-06	0,375 E-06	0,122 E-05	0,220 E-05	0,563 E-05	0,186 E-04
60	0,627 E-08	0,348 E-07	0,120 E-06	0,391 E-06	0,714 E-06	0,185 E-05	0,623 E-05
75	0,250 E-08	0,139 E-07	0,480 E-07	0,159 E-06	0,293 E-06	0,775 E-06	0,269 E-05
90	0,113 E-08	0,630 E-08	0,220 E-07	0,742 E-07	0,139 E-06	0,379 E-06	0,137 E-05
105	0,544 E-09	0,305 E-08	0,108 E-07	0,375 E-07	0,720 E-07	0,206 E-06	0,790 E-06
120	0,265 E-09	0,150 E-08	0,542 E-08	0,199 E-07	0,398 E-07	0,122 E-06	0,500 E-06
135	0,122 E-09	0,707 E-09	0,268 E-08	0,109 E-07	0,231 E-07	0,776 E-07	0,348 E-06
150	0,480 E-10	0,293 E-09	0,125 E-08	0,610 E-08	0,142 E-07	0,540 E-07	0,265 E-06
165	0,119 E-10	0,916 E-10	0,554 E-09	0,387 E-08	0,994 E-08	0,424 E-07	0,224 E-06
180	0,103 E-11	0,310 E-10	0,344 E-09	0,307 E-08	0,865 E-08	0,389 E-07	0,211 E-06

Tabelle 7.1-4 (Fortsetzung)

ϑ [Grad]	E [MeV]						
	10	4	2	1	0,7	0,4	0,2
				$Z = 50$			
15	0,457 E-05	0,252 E-04	0,855 E-04	0,270 E-03	0,475 E-03	0,115 E-02	0,340 E-02
30	0,325 E-06	0,180 E-05	0,612 E-05	0,196 E-04	0,349 E-04	0,858 E-04	0,264 E-03
45	0,711 E-07	0,394 E-06	0,134 E-05	0,432 E-05	0,775 E-05	0,193 E-04	0,604 E-04
60	0,241 E-07	0,133 E-06	0,456 E-06	0,148 E-05	0,266 E-05	0,672 E-05	0,215 E-04
75	0,101 E-07	0,562 E-07	0,193 E-06	0,630 E-06	0,115 E-05	0,295 E-05	0,977 E-05
90	0,478 E-08	0,266 E-07	0,920 E-07	0,305 E-06	0,563 E-06	0,149 E-05	0,514 E-05
105	0,239 E-08	0,133 E-07	0,466 E-07	0,159 E-06	0,299 E-06	0,826 E-06	0,301 E-05
120	0,119 E-08	0,672 E-08	0,240 E-07	0,854 E-07	0,167 E-06	0,490 E-06	0,193 E-05
135	0,564 E-09	0,322 E-08	0,120 E-07	0,464 E-07	0,960 E-07	0,310 E-06	0,134 E-05
150	0,224 E-09	0,134 E-08	0,550 E-08	0,254 E-07	0,578 E-07	0,212 E-06	0,102 E-05
165	0,552 E-10	0,402 E-09	0,228 E-08	0,148 E-07	0,386 E-07	0,163 E-06	0,856 E-06
180	0,389 E-11	0,118 E-09	0,130 E-08	0,116 E-07	0,328 E-07	0,148 E-06	0,807 E-06
				$Z = 82$			
15	0,123 E-04	0,675 E-04	0,226 E-03	0,692 E-03	0,120 E-02	0,278 E-03	0,768 E-01
30	0,960 E-06	0,529 E-05	0,179 E-04	0,557 E-04	0,974 E-04	0,226 E-03	0,640 E-03
45	0,245 E-06	0,135 E-05	0,458 E-05	0,143 E-04	0,252 E-04	0,592 E-04	0,165 E-03
60	0,974 E-07	0,538 E-06	0,182 E-05	0,574 E-05	0,101 E-04	0,240 E-04	0,687 E-04
75	0,472 E-07	0,261 E-06	0,888 E-06	0,282 E-05	0,501 E-05	0,119 E-04	0,356 E-04
90	0,251 E-07	0,139 E-06	0,476 E-06	0,153 E-05	0,275 E-05	0,682 E-05	0,209 E-04
105	0,138 E-07	0,769 E-07	0,265 E-06	0,871 E-06	0,159 E-05	0,411 E-05	0,134 E-04
120	0,747 E-08	0,417 E-07	0,146 E-06	0,499 E-06	0,941 E-06	0,258 E-05	0,918 E-05
135	0,372 E-08	0,211 E-07	0,763 E-07	0,280 E-06	0,558 E-06	0,168 E-05	0,671 E-05
150	0,154 E-08	0,901 E-08	0,355 E-07	0,153 E-06	0,334 E-06	0,116 E-05	0,527 E-05
165	0,380 E-09	0,263 E-08	0,138 E-07	0,849 E-07	0,216 E-06	0,890 E-06	0,452 E-05
180	0,216 E-10	0,647 E-09	0,714 E-08	0,638 E-07	0,179 E-06	0,806 E-06	0,429 E-05
				$Z = 92$			
15	0,151 E-04	0,830 E-04	0,277 E-03	0,842 E-03	0,145 E-02	0,335 E-02	0,920 E-02
30	0,117 E-05	0,647 E-05	0,218 E-04	0,674 E-04	0,117 E-03	0,269 E-03	0,746 E-03
45	0,317 E-06	0,175 E-05	0,588 E-05	0,182 E-04	0,316 E-04	0,726 E-04	0,195 E-03
60	0,135 E-06	0,747 E-06	0,252 E-05	0,784 E-05	0,137 E-04	0,316 E-04	0,856 E-04
75	0,703 E-07	0,388 E-06	0,131 E-05	0,412 E-05	0,723 E-05	0,170 E-04	0,473 E-04
90	0,397 E-07	0,219 E-06	0,746 E-06	0,237 E-05	0,420 E-05	0,101 E-04	0,295 E-04
105	0,228 E-07	0,127 E-06	0,434 E-06	0,141 E-05	0,254 E-05	0,638 E-05	0,198 E-04
120	0,128 E-07	0,712 E-07	0,248 E-06	0,833 E-06	0,155 E-05	0,414 E-05	0,141 E-04
135	0,653 E-08	0,369 E-07	0,132 E-06	0,477 E-06	0,938 E-06	0,276 E-05	0,106 E-04
150	0,274 E-08	0,160 E-07	0,622 E-07	0,262 E-06	0,567 E-06	0,193 E-05	0,848 E-05
165	0,683 E-09	0,465 E-08	0,241 E-07	0,145 E-06	0,366 E-06	0,148 E-05	0,736 E-05
180	0,363 E-10	0,110 E-08	0,121 E-07	0,108 E-06	0,302 E-06	0,134 E-05	0,701 E-05

Tabelle 7.1-5. Wirkungsquerschnitte q_{ex} für elastische Positronenstreuung in Einheiten von 10^8 barn (nach [Ze 66]; E-07 bedeutet einen Faktor 10^{-7})

ϑ [Grad]	E [MeV] 10	4	2	1	0,7	0,4	0,2
				$Z = 6$			
15	0,551 E-07	0,306 E-06	0,105 E-05	0,340 E-05	0,616 E-05	0,158 E-04	0,509 E-04
30	0,339 E-08	0,188 E-07	0,646 E-07	0,210 E-06	0,383 E-06	0,986 E-06	0,332 E-05
45	0,648 E-09	0,360 E-08	0,124 E-07	0,407 E-07	0,745 E-07	0,194 E-06	0,666 E-06
60	0,194 E-09	0,108 E-08	0,374 E-08	0,124 E-07	0,230 E-07	0,613 E-07	0,216 E-06
75	0,737 E-10	0,412 E-09	0,143 E-08	0,486 E-08	0,913 E-08	0,251 E-07	0,919 E-07
90	0,321 E-10	0,180 E-09	0,636 E-09	0,221 E-08	0,425 E-08	0,122 E-07	0,467 E-07
105	0,150 E-10	0,849 E-10	0,305 E-09	0,111 E-08	0,220 E-08	0,618 E-08	0,272 E-07
120	0,716 E-11	0,410 E-10	0,152 E-09	0,597 E-09	0,124 E-08	0,404 E-08	0,177 E-07
135	0,324 E-11	0,191 E-10	0,763 E-10	0,337 E-09	0,751 E-09	0,268 E-08	0,126 E-07
150	0,126 E-11	0,804 E-11	0,375 E-10	0,203 E-09	0,496 E-09	0,197 E-08	0,994 E-08
165	0,331 E-12	0,284 E-11	0,191 E-10	0,140 E-09	0,375 E-09	0,162 E-08	0,861 E-08
180	0,408 E-13	0,122 E-11	0,134 E-10	0,120 E-09	0,337 E-09	0,151 E-08	0,819 E-08
				$Z = 13$			
15	0,258 E-06	0,143 E-05	0,491 E-05	0,159 E-04	0,289 E-04	0,738 E-04	0,231 E-03
30	0,156 E-07	0,865 E-07	0,297 E-06	0,967 E-06	0,177 E-05	0,456 E-05	0,154 E-04
45	0,294 E-08	0,163 E-07	0,563 E-07	0,184 E-06	0,339 E-06	0,889 E-06	0,307 E-05
60	0,874 E-09	0,487 E-08	0,169 E-07	0,560 E-07	0,104 E-06	0,279 E-06	0,993 E-06
75	0,330 E-09	0,184 E-08	0,644 E-08	0,218 E-07	0,412 E-07	0,114 E-06	0,422 E-06
90	0,143 E-09	0,803 E-09	0,284 E-08	0,991 E-08	0,192 E-07	0,554 E-07	0,215 E-06
105	0,666 E-10	0,377 E-09	0,136 E-08	0,497 E-08	0,997 E-08	0,305 E-07	0,126 E-06
120	0,316 E-10	0,181 E-09	0,681 E-09	0,268 E-08	0,565 E-08	0,186 E-07	0,821 E-07
135	0,143 E-10	0,849 E-10	0,343 E-09	0,153 E-08	0,345 E-08	0,125 E-07	0,593 E-07
150	0,558 E-11	0,350 E-10	0,170 E-09	0,931 E-09	0,231 E-08	0,923 E-08	0,468 E-07
165	0,144 E-11	0,128 E-10	0,879 E-10	0,644 E-09	0,176 E-08	0,764 E-08	0,407 E-07
180	0,191 E-12	0,575 E-11	0,631 E-10	0,558 E-09	0,160 E-08	0,718 E-08	0,388 E-07
				$Z = 29$			
15	0,126 E-05	0,697 E-05	0,237 E-04	0,775 E-04	0,140 E-03	0,357 E-03	0,117 E-02
30	0,739 E-07	0,410 E-06	0,141 E-05	0,461 E-05	0,848 E-05	0,218 E-04	0,740 E-04
45	0,137 E-07	0,759 E-07	0,262 E-06	0,867 E-06	0,159 E-05	0,422 E-05	0,147 E-04
60	0,408 E-08	0,224 E-07	0,776 E-07	0,261 E-06	0,486 E-06	0,132 E-05	0,477 E-05
75	0,150 E-08	0,840 E-08	0,295 E-07	0,101 E-06	0,192 E-06	0,540 E-06	0,203 E-05
90	0,644 E-09	0,363 E-08	0,129 E-07	0,460 E-07	0,895 E-07	0,264 E-06	0,104 E-05
105	0,299 E-09	0,169 E-08	0,618 E-08	0,231 E-07	0,469 E-07	0,146 E-06	0,617 E-06
120	0,141 E-09	0,814 E-09	0,309 E-08	0,126 E-07	0,269 E-07	0,907 E-07	0,408 E-06
135	0,639 E-10	0,383 E-09	0,158 E-08	0,736 E-08	0,168 E-07	0,620 E-07	0,298 E-06
150	0,249 E-10	0,165 E-09	0,810 E-09	0,465 E-08	0,118 E-07	0,468 E-07	0,239 E-06
165	0,641 E-11	0,604 E-10	0,438 E-09	0,333 E-08	0,903 E-08	0,393 E-07	0,209 E-06
180	0,992 E-12	0,299 E-10	0,330 E-09	0,294 E-08	0,828 E-08	0,370 E-07	0,200 E-06

Tabelle 7.1-5 (Fortsetzung)

ϑ [Grad]	E [MeV] 10	4	2	1	0,7	0,4	0,2
				$Z = 50$			
15	0,365 E-05	0,202 E-04	0,688 E-04	0,219 E-03	0,391 E-03	0,973 E-03	0,300 E-02
30	0,210 E-06	0,117 E-05	0,401 E-05	0,131 E-04	0,239 E-04	0,614 E-04	0,204 E-03
45	0,383 E-07	0,213 E-06	0,736 E-06	0,244 E-05	0,451 E-05	0,120 E-04	0,414 E-04
60	0,111 E-07	0,620 E-07	0,216 E-06	0,730 E-06	0,137 E-05	0,376 E-05	0,136 E-04
75	0,412 E-08	0,231 E-07	0,815 E-07	0,283 E-06	0,543 E-06	0,155 E-05	0,588 E-05
90	0,176 E-08	0,992 E-08	0,356 E-07	0,129 E-06	0,254 E-06	0,761 E-06	0,306 E-05
105	0,810 E-09	0,462 E-08	0,171 E-07	0,656 E-07	0,134 E-06	0,430 E-06	0,183 E-05
120	0,381 E-09	0,222 E-08	0,864 E-08	0,363 E-07	0,788 E-07	0,270 E-06	0,123 E-05
135	0,173 E-09	0,105 E-08	0,447 E-08	0,217 E-07	0,504 E-07	0,189 E-06	0,907 E-06
150	0,678 E-10	0,461 E-09	0,237 E-08	0,142 E-07	0,357 E-07	0,146 E-06	0,735 E-06
165	0,178 E-10	0,179 E-09	0,136 E-08	0,105 E-07	0,287 E-07	0,124 E-06	0,649 E-06
180	0,319 E-11	0,962 E-10	0,106 E-08	0,945 E-08	0,265 E-07	0,118 E-06	0,623 E-06
				$Z = 82$			
15	0,969 E-05	0,533 E-04	0,180 E-03	0,562 E-03	0,993 E-03	0,239 E-02	0,697 E-01
30	0,551 E-06	0,305 E-05	0,105 E-04	0,341 E-04	0,618 E-04	0,156 E-03	0,505 E-03
45	0,990 E-07	0,551 E-06	0,191 E-05	0,634 E-05	0,117 E-04	0,310 E-04	0,105 E-03
60	0,285 E-07	0,159 E-06	0,556 E-06	0,190 E-05	0,358 E-05	0,984 E-05	0,345 E-04
75	0,105 E-07	0,589 E-07	0,209 E-06	0,735 E-06	0,142 E-05	0,409 E-05	0,155 E-04
90	0,444 E-08	0,252 E-07	0,914 E-07	0,337 E-06	0,671 E-06	0,204 E-05	0,816 E-05
105	0,204 E-08	0,117 E-07	0,440 E-07	0,174 E-06	0,362 E-06	0,117 E-05	0,495 E-05
120	0,960 E-09	0,566 E-08	0,226 E-07	0,984 E-07	0,217 E-06	0,755 E-06	0,337 E-05
135	0,434 E-09	0,270 E-08	0,119 E-07	0,605 E-07	0,143 E-06	0,538 E-06	0,252 E-05
150	0,171 E-09	0,121 E-08	0,660 E-08	0,412 E-07	0,105 E-06	0,423 E-06	0,206 E-05
165	0,473 E-10	0,513 E-09	0,407 E-08	0,319 E-07	0,860 E-07	0,366 E-06	0,183 E-05
180	0,102 E-10	0,301 E-09	0,330 E-08	0,291 E-07	0,803 E-07	0,350 E-06	0,177 E-05
				$Z = 92$			
15	0,122 E-04	0,670 E-04	0,225 E-03	0,698 E-03	0,123 E-02	0,293 E-02	0,837 E-0 2
30	0,692 E-06	0,383 E-05	0,131 E-04	0,426 E-04	0,770 E-04	0,197 E-03	0,620 E-03
45	0,124 E-06	0,692 E-06	0,239 E-05	0,796 E-05	0,147 E-04	0,387 E-04	0,131 E-03
60	0,357 E-07	0,199 E-06	0,697 E-06	0,238 E-05	0,449 E-05	0,123 E-04	0,440 E-04
75	0,131 E-07	0,736 E-07	0,262 E-06	0,922 E-06	0,178 E-05	0,514 E-05	0,193 E-04
90	0,556 E-08	0,315 E-07	0,114 E-06	0,423 E-06	0,847 E-06	0,258 E-05	0,102 E-04
105	0,255 E-08	0,147 E-07	0,552 E-07	0,219 E-06	0,459 E-06	0,146 E-05	0,622 E-05
120	0,120 E-08	0,710 E-08	0,284 E-07	0,125 E-06	0,276 E-06	0,962 E-06	0,425 E-05
135	0,542 E-09	0,339 E-08	0,152 E-07	0,778 E-07	0,184 E-06	0,689 E-06	0,319 E-05
150	0,213 E-09	0,153 E-08	0,846 E-08	0,533 E-07	0,136 E-06	0,544 E-06	0,261 E-05
165	0,604 E-10	0,665 E-09	0,533 E-08	0,417 E-07	0,112 E-06	0,473 E-06	0,233 E-05
180	0,131 E-10	0,398 E-09	0,436 E-08	0,381 E-07	0,105 E-06	0,451 E-06	0,224 E-05

Diagramme zu Atomformfaktoren geben DÖRING [Dö 50] und SAUR [Sa 50]. Neuere Werte finden sich bei BRUSENTSEV und DVORYANKIN [Br 63] sowie ITO [It 70]. Für HARTREE-Verteilungen liegen ausführliche Berechnungen von WYRWICH und LENZ [Wy 58] sowie von IBERS [Ib 62] (für $0 \leqq K \leqq 0{,}058$) vor; Näherungen durch Summen von Exponentialfunktionen geben z. B. [By 56] [Co 67].

Die Ergebnisse der neueren Rechnungen von ZEITLER und OLSEN [Ze 66] zum *absoluten differentiellen Wirkungsquerschnitt* (nach Formel 1A-109(a) in der Nomenklatur von [Mo 64a]) für die Streuung relativistischer Elektronen und Positronen an einem Kern mit punktförmiger Ladung und unendlich großer Masse, dessen Spin vernachlässigt ist, sind in den Tabellen 7.1-4 und 7.1-5 wiedergegeben. Die Korrekturen für den Elektronenspin wurden von DOGGETT und SPENCER [Do 56] (Tab. 7.1-2) übernommen und nur die sehr aufwendige Berechnung der Screeningkorrektur (für das THOMAS-FERMI-Modell) in der MOLIÈREschen Näherung [Mo 47] durchgeführt, die — wie erwähnt — für Elektronen und Positronen gleich ist, da in der ersten BORNschen Näherung die Abschirmung nicht vom Vorzeichen der Ladung abhängt.

Einen Anhaltspunkt dafür, oberhalb welcher Primärenergie für einen gegebenen Streuwinkel und ein gegebenes Streumedium eine Abschirmkorrektur *nicht* mehr erforderlich ist, liefert laut EVERHART [Ev 60] für nichtrelativistische Energien die (klassische) Beziehung

$$E = 13{,}7\, Z^{4/3} \operatorname{ctg} (\vartheta/2) \quad [\mathrm{eV}]\,, \tag{7.1-21}$$

die in Tab. 7.1-6 für einige Beispiele ausgewertet wurde. Besonders im Gebiet kleiner E und großer Z muß danach bei Berechnungen zur Vielfachstreuung und Diffusion die Hüllenabschirmung unbedingt berücksichtigt werden (vgl. § 10 bzw. 11).

Unterhalb von 25 keV treten deutliche *Polarisationseffekte* auf, die zu ausgeprägten Minima in den Intensitätsverteilungen führen und mit Anstieg der Energie sukzessive verschwinden [Bu 63].

Es muß vermerkt werden, daß die theoretischen Ergebnisse nicht widerspruchsfrei sind. Während nach ZEITLER und OLSEN die Abschirmkorrekturen auch für große Streuwinkel <1 bleiben, berechnen andere Autoren [Li 63] [Li 64] [Ho 64] dort Werte >1 (bis ca. 1,3), die anscheinend auch durch Messungen bestätigt werden [Mo 63a] [Mo 63b] [Ae 72]. Allerdings sind experimentelle

Tabelle 7.1-6. Energie (in keV), unterhalb welcher bei den angegebenen Elementen (Z) und Streuwinkeln ϑ eine Abschirmkorrektur am elastischen Streuquerschnitt angebracht werden muß. Orientierende Werte nach Gl. (7.1-21) [Ev 60]

Element	Z	ϑ: 1°	10°	30°	45°	90°	135°
C	6	17,2	1,7	0,5	0,36	0,15	0,06
Al	13	48,0	4,8	1,6	1,0	0,42	0,17
Cu	27	137	13,6	4,5	2,9	1,2	0,50
Ag	47	264	26,3	8,6	5,5	2,3	0,95
Au	79	528	52,6	16,6	11,0	4,6	1,9
ctg $\vartheta/2$		114,6	11,43	3,73	2,41	1,0	0,414

Ergebnisse (s. z. B. [Ro 68] S. 7) wegen der außerordentlichen Schwierigkeiten hinsichtlich der exakten Einhaltung der Bedingungen für die MOTT-Streuung wohl generell mit großer Vorsicht zu bewerten; zahlreiche in der Literatur besonders der 50er Jahre (s. z. B. [Bo 54] [Bi 58]) behauptete Diskrepanzen zwischen Experiment und Theorie konnten durch Verfeinerung der experimentellen Technik behoben bzw. vermindert werden [Re 65] [Ze 67 b] [Be 70].

Während die Energie- und Winkelabhängigkeiten allenthalben in der Literatur ausführlich diskutiert werden, sind nur wenige Hinweise über den genaueren Verlauf des elastischen *Streuquerschnittes als Funktion der Kernladungszahl* des Streumediums zu finden, obwohl gemäß den theoretischen Vorhersagen [Mo 64a] [Mo 65] bemerkenswerte *Periodizitäten* des Streuquerschnittes auftreten, die den Einfluß des Schalenaufbaus der Atomhüllen bei der Abschirmung der Kernladung erkennen lassen; sie treten besonders deutlich für kleine Streuwinkel bei kleinen Primärenergien, wenn das Elektron also weitgehend außerhalb der Atomhülle am streuenden Kern vorbeifliegt, hervor. Die nach Tabellenwerten von MOTT [Mo 65] gezeichneten, auf der Grundlage von HARTREE-Potentialen berechneten differentiellen Streuquerschnitte zeigt Abb. 7.1-5 (s. Beilage) in Abhängigkeit von Z für verschiedene Werte des Parameters $\hat{K}_M = 20\,\hat{K} = \left(\sqrt{E}\,\sin\frac{\vartheta}{2}\right)/12{,}25$ (Energie E in eV). Noch für Werte um $\hat{K}_M = 0{,}1$, die für $E = 10^2$; 10^3; 10^4; 10^5 eV etwa Winkeln von $\vartheta = 15°$; $5°$; $1{,}5°$; $0{,}5°$ entsprechen, ist dieser Einfluß sehr ausgeprägt[1]). Nach Angaben von MOTZ u. a. [Mo 64a] für den totalen Streuquerschnitt σ/β^2 ist die unterste Kurve gezeichnet, die für $\beta > 0{,}2$ ($E > 10$ keV) gilt; trotz der Integration über alle Richtungen sind die charakteristischen Periodizitäten noch immer sehr deutlich. Zum Vergleich ist die Z^2-Abhängigkeit des RUTHERFORD-Querschnittes ohne Abschirmkorrektur eingetragen.

Versuche zur experimentellen Verifikation scheinen nicht vorzuliegen — die Querschnittsmessungen beschränken sich bisher fast ausschließlich auf wenige, leicht als Folien erhältliche Materialien, wie etwa Be, Al, Cu, Ag (Sn), Au (Pb) — und dürften auch nicht ohne weiteres zu vergleichbaren Ergebnissen führen, da die genannten Ansätze nicht die im Kristallverband auftretenden starken Deformationen der Potentiale berücksichtigen. Hinweise auf die Wirkung solcher *Bindungseinflüsse* auf die Streuung schneller Elektronen finden sich nur vereinzelt in der Literatur. FLEISCHMANN [Fl 60] diskutiert die für kleine Z auftretende Abweichung zwischen der Theorie und den Vielfachstreuexperimenten von HANSON u. a. [Ha 51] mit 15-MeV-Elektronen, aus denen sich für

[1]) Bemerkenswert ist der außerordentlich starke Einfluß der Hüllenabschirmung auf den Streuquerschnitt innerhalb der ersten Perioden der Periodensysteme. Besonders innerhalb der zweiten und dritten Periode steigt mit wachsender Kernladungszahl Z (von 4 bis 10 bzw. von 11 bis 18), also mit zunehmender Auffüllung der Schalen, die Abschirmung so stark an, daß der Streuquerschnitt fast wie $1/Z$ fällt anstatt dem RUTHERFORD-Gesetz proportional zu Z^2 zu verlaufen. Bei den höheren Perioden ist dieses Verhalten nicht so einsinnig ausgeprägt, weil hier innerhalb der langen Hauptperioden verschiedene Unterschalen aufgefüllt werden (vgl. Tab. C, Beilage).

Beryllium ein Wert für die Abschirmung ableitet, der um einen Faktor 1,8 größer ist, als er ϑ_1 zufolge zu erwarten wäre; es wird gezeigt, daß diese Diskrepanz nicht in der Wahl der Potentialfunktion begründet liegt — nach der FERMI-Statistik ergibt sich $\sqrt{1{,}13}\,\vartheta_1$, mit HARTREE-FOCK-Potentialen erhält man $1{,}13\,\vartheta_1$ —, sondern ihre Ursache in Bindungseffekten haben dürfte (vgl. auch § 10.34).

In einem ähnlichen Zusammenhang weisen verschiedene Autoren (z. B. [He 23] [Bo 33] [Le 54] [En 61]) auf die Messungen von CROWTHER [Cr 06] zum Massenschwächungskoeffizienten von Betastrahlung (von UX_2, Maximalenergie ca. 2 MeV) hin, dessen nur im Mittel mit etwa $Z^{1/3}$ ansteigender Z-Abhängigkeit Gänge überlagert sind, die den Perioden des Systems der chemischen Elemente eindeutig zugeordnet werden können und etwa der bekannten Elementabhängigkeit der Atomradien mit Höchstwerten bei den Edelgasen entsprechen (vgl. § 12.5, s. Abb. 12.5-1 und 12.5-3 bzw. 12.5-4).

7.15 Die Kerngrößenkorrektur

Die endliche Kernabmessung wird bedeutsam, wenn der Stoßparameter b kleiner als der Kernradius wird. Im klassischen Bild dringt das Elektron in den Kern ein und kann nur durch einen Teil der Kernladung gestreut werden, was zu einem verminderten Streuquerschnitt (bei großen Winkeln) Anlaß gibt. Quantenmechanisch liegt die DE BROGLIE-Wellenlänge des einfallenden Elektrons bei hohen Energien in der Größenordnung der Kernabmessungen; die an verschiedenen Teilen des Kerns gestreuten Teile der Elektronenwelle interferieren miteinander und verkleinern so den Wirkungsquerschnitt gegenüber der Streuung am punktförmigen Kern. Besonders bei Streuung an großen Kernen und um große Winkel kann der Wirkungsquerschnitt dadurch für große Elektronenenergien bis zu einer Größenordnung vermindert werden. Ein *Kriterium* für das Auftreten dieses (‚nuclear size') Effektes ist die Größe des Impulsübertrages $\hat{K}$ auf den Kern. Erhebliche Korrekturen sind zu erwarten, falls [Mo 64 a]

$$\hat{K} = \lambda\!\!\!^{-}_0\, K = 2\,\frac{p}{m_0\, c}\sin\frac{\vartheta}{2} > 100\, A^{-1/3} \qquad (7.1\text{-}22)$$

ist. Bei großen Streuwinkeln [$\vartheta = 180°$; $\sin(\vartheta/2) = 1$] und großen Massenzahlen des Kerns ($A = 216$) sind danach für Impulse $p/m_0\,c \gtrapprox 100/2 \cdot 6 \approx 8$ [d. h. für Elektronenenergien oberhalb von $E/m_0\,c^2 = \sqrt{1 + (p/m_0\,c)^2} - 1 \approx (p/m_0\,c) - 1 \approx 7$, also $E = 3{,}5$ MeV] Korrekturen erforderlich. Nach den Berechnungen von FREESE und HAIN [Fr 54] sowie den Messungen von PAUL und REICH [Pa 52 b] treten jedoch bereits bei 1 MeV merkliche Effekte in der Größenordnung einiger Prozent auf, die durch die Beschleunigung erklärt werden können, die die Elektronen im COULOMB-Feld des Kernes erfahren und durch die ihre Wellenlänge eine mit dem Kernradius vergleichbare Größe erreicht [Fr 54].

Nach ROSSI [Ro 52] sind Korrekturen erforderlich, falls der Streuwinkel ϑ größer als

$$\vartheta_{\max} = \frac{\lambda}{0{,}49\, r_0\, A^{1/3}} = 280\, A^{-1/3} \frac{m_0\, c}{p} \tag{7.1-23}$$

ist.

Die Berechnungen von ACHESON [Ac 51] lassen einen etwa proportional mit der Kernladungszahl ansteigenden Einfluß der Kerngröße erkennen (s. Abb. 7.1-6a). Sie zeigen weiterhin, daß die Kerngrößenkorrektur bis zu relativ kleinen Streuwinkeln hin noch bedeutsam ist. Für Quecksilber geben FREESE und HAIN [Fr 54] *Korrekturen* an, die etwa proportional zur Primärenergie E_0 [MeV] sind und von $\vartheta = 90°$ bis $\vartheta = 180°$ etwa um einen Faktor 2 ansteigen (Abb. 7.1-6b); die Werte können für eine homogene Ladungsverteilung im Kern und für $\vartheta = 120°$ und $0 \leqq E_0 \leqq 25$ MeV durch (s. Abb. 7.1-6c)

$$C_{ns} = \frac{q_{ns}}{q_p} = 1 - 0{,}034\, E_0 \tag{7.1-24}$$

genähert werden, wobei q_p der Wirkungsquerschnitt für die Streuung im COULOMB-Feld eines punktförmigen Kerns ist. Abschätzungen über die Kerngrößenkorrektur für die exakte MOTT-Formel mit Screeningkorrektur finden sich mehrfach in der Literatur (s. [Mo 64a]).

7.16 Der totale elastische Streuquerschnitt

Durch Integration des Streugesetzes über alle Streuwinkel erhält man den totalen Wirkungsquerschnitt, der bereits bei der Definition der mittleren freien Weglänge λ_e (Gl. (2.2-4) und (2.2-6)) eingeführt wurde. Eine Abschätzung kann man durch Integration des RUTHERFORD-Querschnittes in der Kleinwinkelnäherung (Gl. (7.1-5)) gewinnen, wobei man allerdings dessen Gültigkeitsbereich berücksichtigen muß, also die Integration nur zwischen einem kleinsten Streuwinkel $\vartheta_{\min}$, der etwa durch den Abschirmwinkel ϑ_1 oder ϑ_{1M}(Gl. (7.1-15) oder (7.1-17)) gegeben sein kann, und einem größten Streuwinkel $\vartheta_{\max}$, der durch die endliche Kernausdehnung festgelegt ist (z. B. nach Gl. (7.1-23)), ausführen darf:

$$\Sigma_t = N\, \sigma_t = 32\, \pi\, Q_\pi \int\limits_{\vartheta_{\min}}^{\vartheta_{\max}} \frac{d\vartheta}{\vartheta^3} = \frac{16\, \pi\, Q_\pi}{\vartheta_{\min}^2} = \frac{1}{\varrho\, \lambda_e}, \tag{7.1-25}$$

wobei $\vartheta_{\min}^{-2} \gg \vartheta_{\max}^{-2}$ benutzt wurde. Mit $\vartheta_{\min} = \vartheta_1 = \frac{\lambda}{a}$ (nach Gl. (7.1-15)) folgt aus (7.1-25) wegen

$$\begin{aligned}\Sigma_t &= \frac{16\, \pi\, Q_\pi}{\vartheta_1^2} = \frac{16\, \pi\, Q_\pi}{\lambda_0^2} \frac{\beta^2}{1-\beta^2}\, a^2 = \frac{16\, \pi}{\lambda_0^2} \frac{r_0^2}{4\, u} \frac{Z^2}{A} \frac{1}{\beta^2}\, a^2 \\ &= \frac{16\, \pi}{\alpha^2} \frac{r_0^2}{4\, u} \frac{Z^2}{A} \frac{1}{\beta^2} \left(\frac{a}{a_H}\right)^2,\end{aligned} \tag{7.1-26}$$

daß der totale elastische *Streuquerschnitt proportional zum Quadrat des Atomradius* ist. LENZ [Le 54] macht plausibel, daß a eine Funktion der Elektronen-

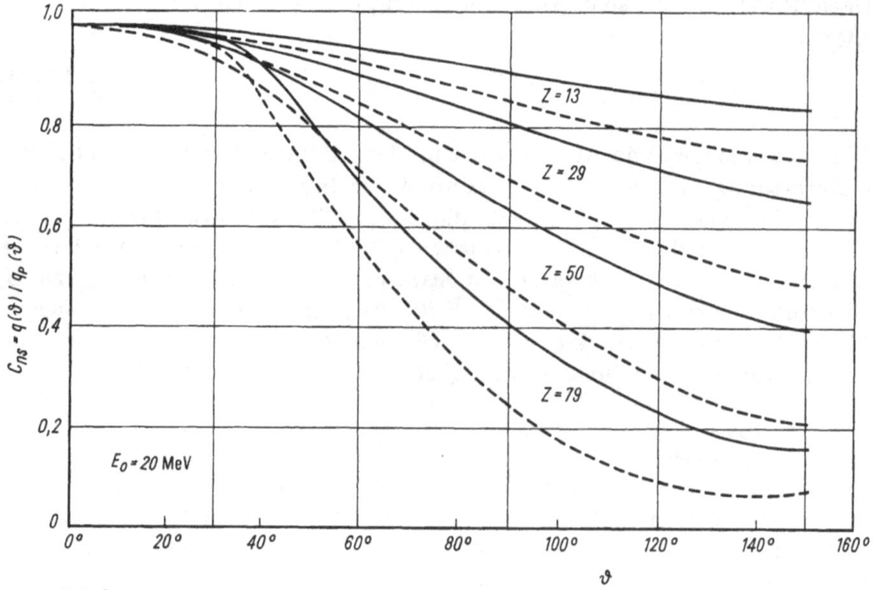

7.1-6a

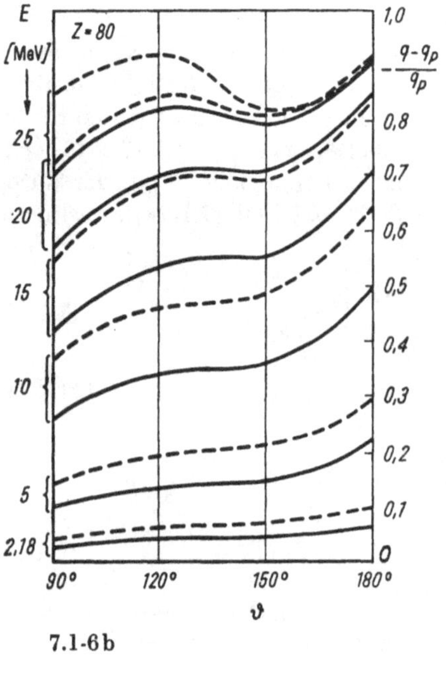

7.1-6b

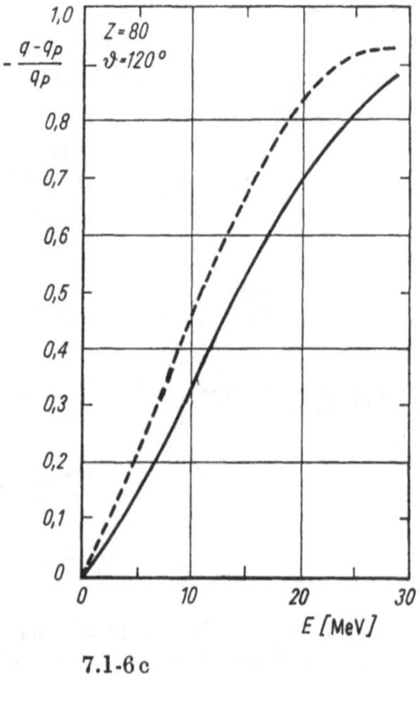

7.1-6c

Abb. 7.1-6. Einfluß der endlichen Ausdehnung des Atomkerns auf den elastischen Streuquerschnitt (nuclear size effect).

a) Verhältnis $C_{ns} = q_{ns}/q_p$ des Streuquerschnittes q_{ns} bei Berücksichtigung der endlichen Kernabmessungen zum Querschnitt q_p für elastische Streuung im COULOMB-Feld eines punktförmigen Kernes als Funktion des Streuwinkels ϑ für Al, Cu, Sn und Au bei 20 MeV Elektronenenergie (nach [Ac 51]),

b) relative Abweichung $1 - C_{ns}$ beider Streuquerschnitte für Hg bei verschiedenen Elektronenenergien in Abhängigkeit vom Streuwinkel (nach [Fr 54]),

c) relative Abweichung $1 - C_{ns}$ beider Streuquerschnitte bei $\vartheta = 120°$ für Hg in Abhängigkeit von der Energie E [MeV] (nach [Fr 54])

- - - - für oberflächengeladenen Kern,

——— für homogen geladenen Kern

(Kernradius $r_k = A^{1/3} \cdot 1{,}5 \cdot 10^{-13}$ cm)

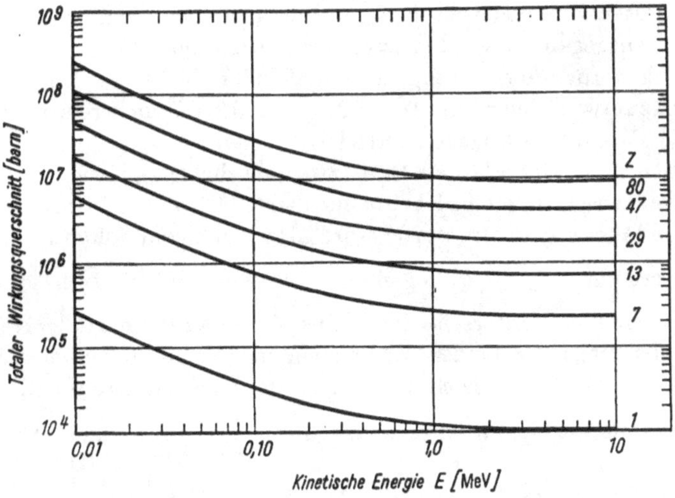

Abb. 7.1-7. Abhängigkeit des totalen Wirkungsquerschnittes σ_t von der kinetischen Energie E [MeV] für verschiedene Kernladungszahlen (berechnet nach Formel 1A-500c von MOTZ [Mo 64a] mit dem HARTREE-Formfaktor für $\hat{K} \leqq 0{,}0582$ und dem MOLIÈRE-Formfaktor für $0{,}0582 \leqq \hat{K} \leqq 2\,p/m_0c$)

dichteverteilung $\varrho(r)$ ist, woraus wieder die periodische Abhängigkeit des Streuquerschnittes von der Kernladungszahl folgt. Auf diesen Zusammenhang wird in § 12.5 zurückgegriffen werden.

Die Abhängigkeit des totalen Streuquerschnittes σ_t von der Elektronenenergie für verschiedene Kernladungszahlen des Streumediums zeigt Abb. 7.1-7 (berechnet mit Formel 1*A*-500 *c* von MOTZ [Mo 64a] mit Hüllenabschirmung nach HARTREE für kleine, nach MOLIÈRE für große Impulsüberträge), in der die Abnahme der Energieabhängigkeit mit steigender Primärenergie erkennbar ist.

Die *Kernladungszahlabhängigkeit* dieser Werte wird durch die unterste Kurve der Abb. 7.1-5 beschrieben; sie kann im Mittel etwa durch $Z^{1,5}$ genähert werden, ist also gegenüber der Z-Abhängigkeit des RUTHERFORD-Querschnittes erheblich vermindert. Das liefert auch schon Gl. (7.1-26) für das THOMAS-FERMI-Modell (a nach Gl. (7.1-14c)):

$$\Sigma_t = 1{,}13 \cdot 10^4 \cdot \frac{Z^{4/3}}{A} \cdot \frac{1}{\beta^2} \frac{\mathrm{cm}^2}{\mathrm{g}} . \tag{7.1-26a}$$

7.2 Wechselwirkung mit Hüllenelektronen

7.21 Wirkungsquerschnitte für die Winkelablenkung

Unelastische Stöße mit Hüllenelektronen führen i. allg. zu Richtungsablenkungen und zu Energieverlusten der einfallenden Elektronen. Nur für den Fall, daß der Energieübertrag W auf das gestoßene Hüllenelektron sehr viel größer ist als dessen Bindungsenergie E_b, so daß also von einem Stoß zwischen freien Teilchen ausgegangen werden darf (sog. *harte Stöße*, $E_b \ll W$), wird die Wahrscheinlichkeit für die Streuung des einfallenden Elektrons um den Winkel ϑ in das Raumwinkelelement $\mathrm{d}\Omega = 2\pi \sin\vartheta \, \mathrm{d}\vartheta$ im nichtrelativistischen Fall durch den RUTHERFORD-Querschnitt beschrieben.

Nach einem nichtrelativistischen Stoß zweier Teilchen gleicher Masse beträgt der Winkel zwischen den Teilchenbahnen stets 90°. Jedes Primärelektron, das um einen Winkel ϑ gestreut wurde, wird also von einem Sekundärelektron mit einem Streuwinkel $\frac{\pi}{2} - \vartheta$ begleitet. Experimentell sind diese beiden Elektronen jedoch nicht unterscheidbar. Der *Querschnitt* (je Hüllenelektron) für die Streuung eines der beiden Elektronen in den Raumwinkel $\mathrm{d}\Omega$ beim mittleren Winkel ϑ ist daher gleich der Summe der Querschnitte für die Streuung eines Elektrons um ϑ und eines weiteren um $\frac{\pi}{2} - \vartheta$, nämlich [Ev 55]

$$\mathrm{d}\sigma_u = q_u(\vartheta)\, \mathrm{d}\Omega = \frac{r_0^2}{\beta^4} \left(\frac{1}{\sin^4 \vartheta} + \frac{1}{\cos^4 \vartheta} \right) \cdot 4 \cos\vartheta \, \mathrm{d}\Omega . \tag{7.2-1}$$

Der Faktor $4 \cos\vartheta$ ist das Verhältnis der Raumwinkel im Laborsystem und im Massenschwerpunktsystem. Der quantenmechanische Ausdruck kann für Energien oberhalb 1 keV näherungsweise in derselben Weise dargestellt werden, nur tritt in der Klammer das zusätzliche Glied $-(\sin^2 \vartheta \cos^2 \vartheta)^{-1}$ auf [Ev 55].

Falls n nichtrelativistische Elektronen senkrecht auf einen Absorber der Flächenmasse $\varrho \mathrm{d}s$ mit $N Z$ Elektronen pro Masseneinheit einfallen, wird der Bruchteil

$$\frac{\mathrm{d}n}{n} = (N Z \varrho \mathrm{d}s) \cdot q_u(\vartheta)\, \mathrm{d}\Omega \tag{7.2-2}$$

in den Raumwinkel $\mathrm{d}\Omega$ durch Streuung an Hüllenelektronen abgelenkt.

Die auftretenden *Streuwinkel* hängen von der beim Stoß auf das Hüllenelektron übertragenen (relativen) Energie $u = W/E$ ab. Auch für den Fall relativistischer Primärenergien $\varepsilon = E/m_0 c^2$ können die Streuwinkel ϑ_k und ϑ_h des Elektrons der kleineren Energie $u \cdot \varepsilon$ bzw. der höheren Energie $(1 - u)\,\varepsilon$ aus

$$\cos \vartheta_k = \sqrt{\frac{u(\varepsilon + 2)}{u\varepsilon + 2}} \quad \text{bzw.} \quad \cos \vartheta_h = \sqrt{\frac{(1-u)(\varepsilon + 2)}{(1-u)\,\varepsilon + 2}} \tag{7.2-3}$$

berechnet werden. Wegen der Nichtunterscheidbarkeit der Elektronen ist $0 \leqq u \leqq 1/2$, so daß stets $\cos \vartheta_h \geqq \cos \vartheta_k \geqq 0$ sein muß.

Im Einzelstoß kann eine Ablenkung um höchstens $\vartheta = 90°$ erfolgen, so daß z. B. für den häufig realisierten Fall senkrechter Inzidenz von Primärelektronen auf ein Target keine direkten Beiträge zur Rückstreuung geliefert werden können; um große Winkel gestreute Elektronen haben zudem nur eine sehr kleine Energie ($\cos \vartheta_k \to 1$ nur für $u \to 0$ lt. Gl. (7.2-2)) und werden leicht absorbiert.

Entgegen der oben gemachten Voraussetzung ist jedoch der Energieübertrag W im Einzelstoß bei der überwiegenden Zahl der Stöße sehr klein (sog. *weiche Stöße*, $E_b \approx W \lll E$), so daß die Bindungszustände der Hüllenelektronen nicht mehr vernachlässigt werden können und das Problem einer quantenmechanischen Behandlung bedarf. Ungeachtet dessen ist die Winkelablenkung der Primärelektronen wegen des kleinen Energieübertrages sehr klein. Darüber hinaus ist auch die Wahrscheinlichkeit der Wechselwirkung mit Hüllenelektronen nur ihrer Anzahl Z im Atom proportional, fällt also für nicht zu kleine Z hinsichtlich ihres Einflusses auf die *Gesamtablenkung des Primärelektrons* gegenüber der Wahrscheinlichkeit der elastischen Kernstreuung (proportional Z^2) nur für sehr leichte Elemente und sehr kleine Streuwinkel ins Gewicht. Im Vielfachstreuprozeß (s. § 10) kann daher die Gesamtwahrscheinlichkeit der Streuung an Kern und Hülle mit guter Näherung proportional $Z^2 + Z = Z(Z + 1)$ gesetzt werden.

Diese Betrachtungsweise ist natürlich recht grob. Statt die Summe der Streuquerschnitte der einzelnen Hüllenelektronen zu nehmen, muß man vielmehr den *unelastischen Streuquerschnitt des Gesamtatoms* berechnen, in dem als charakteristische Funktion, die die Atomhüllenstruktur berücksichtigt, die von der inkohärenten Streuung von Röntgenstrahlung her bekannte Streufunktion $\hat{S}$ auftritt [Pi 46] [Sa 50]. Nimmt man den elastischen Streuquerschnitt hinzu (Gl. 7.1-18), so erhält man den Gesamtstreuquerschnitt des Atoms (Streuformel von Morse [Mo 32a] [Le 54])

$$\frac{d\sigma}{d\Omega} = \frac{4\,\hat{E}}{a_H^2\, K^4}\left[(Z - \hat{F})^2 + \hat{S}\right].$$

Bei der Berechnung der Streufunktion $\hat{S}$ liegen die Verhältnisse ähnlich wie bei der Berechnung des Atomformfaktors $\hat{F}$ für die elastische Streuung. Einerseits gibt es eine auf alle Atome in gleicher Weise anwendbare Methode, welche auf dem Thomas-Fermi-Modell basiert, bei der Elektronenstreuung in kleinste Winkel aber viel zu hohe Werte für die Streuintensität liefert [Le 54]. Andererseits besteht die Möglichkeit, die Streufunktion $\hat{S}$ aus HARTREE-Verteilungen mit größerer Genauigkeit auch für kleine Streuwinkel zu berechnen, was jedoch für jedes Atom eine besondere umständliche Rechnung erfordert und nicht zu einfachen geschlossenen Ausdrücken für $\hat{S}$ führt (s. [Le 54]).

Auf diese Zusammenhänge soll hier nicht näher eingegangen werden; denn der unelastische Streuquerschnitt überwiegt nur im Bereich sehr kleiner Streuwinkel den elastischen und fällt für größere Streuwinkel (oberhalb etwa 10^{-2} rad) rasch auf den Z-ten Teil des elastischen ab (vgl. Abb. 7.1-3b). Obwohl im Bereich kleinster Winkel der unelastische Streuquerschnitt um mehrere Größenordnungen — nämlich um den Faktor kinetische Energie des Primärteilchens durch Ionisierungsspannung des Atoms [Be 30] — den elastischen Streuquerschnitt übertrifft, ist die Wahrscheinlichkeit der Streuung in kleinste Winkel wegen der zugehörigen sehr kleinen Raumwinkelelemente sehr gering [Hi 65]. Außer bei sehr leichten Elementen spielen diese Beiträge im praktischen Fall der Mehrfach- und Vielfachstreuung keine exponierte Rolle und sind für die Diskussionen zum Elektronentransport durch dicke Materieschichten ohne wesentlichen Belang (vgl. auch § 7.4).

7.22 Wirkungsquerschnitte für den Energieübertrag

Grundlage für die Berechnung des mittleren Energieverlustes (§ 8.1) schneller *Elektronen* beim Durchgang durch Materieschichten ist die Wahrscheinlichkeit dafür, daß beim Elektron-Elektron-Stoß ein Energieübertrag der Größe W auftritt, daß also das einfallende Elektron den Energiebetrag W verliert und nach dem Stoß die Energie $(E - W)$ besitzt. Im seltenen Fall *harter Stöße* ($W \gg E_b$) ergibt sich klassisch (Atomelektronen ungebunden) ([Th 12] [Bo 48])

$$\mathrm{d}\sigma = \xi(W)\,\mathrm{d}W = \frac{2\pi e^4}{(4\pi\varepsilon_0)^2 m_0 v^2}\,\frac{\mathrm{d}W}{W^2} = 2\pi r_0^2\,\frac{m_0 c^2}{\beta^2}\,\frac{\mathrm{d}W}{W^2}\,; \tag{7.2-5}$$

dazu muß die klassische Wahrscheinlichkeit dafür addiert werden, daß das einfallende Elektron die Energie $E - W$ verliert und nach dem Stoß die kinetische Energie W besitzt, die sich durch Ersetzen von W durch $(E - W)$ in Gl. (7.2-5) ergibt. Der Gesamtquerschnitt ist gleich der Summe der Einzelquerschnitte.

Im Falle der weitaus häufigeren *weichen Stöße* ($W \ll E$) gilt für alle Energien, auch für den relativistischen Fall, Gl. (7.2-5) [Ev 55]. Bereits in dieser klassischen Beziehung kommt das typische Überwiegen kleiner Energieverluste und die hyperbolische Abnahme des Wirkungsquerschnittes mit steigender Momentanenergie $m_0 v^2/2$ zum Ausdruck, was sich auch aus der ersten Näherung der exakten quantenmechanischen Formel von MØLLER [Mø 32] ergibt:

$$\xi(W)\,\mathrm{d}W = \frac{2\pi r_0^2 m_0 c^2}{\beta^2}\left[\frac{1}{W^2} + \frac{1}{(E-W)^2} - \frac{1}{W(E-W)}\,\frac{m_0 c^2(2E + m_0 c^2)}{(E + m_0 c^2)^2} + \frac{1}{(E + m_0 c^2)^2}\right]\mathrm{d}W \tag{7.2-6a}$$

oder in etwas übersichtlicherer Schreibweise [Ze 67 b]

$$\xi(u)\,\mathrm{d}u = 2\pi r_0^2 \frac{(\varepsilon+1)^2}{\varepsilon^2(\varepsilon+2)}\left[\frac{1}{u^2}+\frac{1}{(1-u)^2}-\frac{1}{u(1-u)}\cdot\frac{2\varepsilon+1}{(\varepsilon+1)^2}+\frac{\varepsilon^2}{(\varepsilon+1)^2}\right]\mathrm{d}u\,, \tag{7.2-6 b}$$

wobei W die Energie desjenigen Elektrons ist, das nach dem Stoß die kleinere Energie besitzt, $\varepsilon = E/m_0 c^2$ die kinetische Energie des einfallenden Elektrons in Einheiten der Ruhenergie und $u = W/E$ sowie r_0 den klassischen Elektronenradius bedeuten.

Multipliziert man $\xi(W)$ mit der Zahl der Elektronen pro Masseneinheit des Streumediums $N\,Z$, so erhält man die Wahrscheinlichkeit pro Flächenmassen- und Energieeinheit, daß ein Elektron der Energie E in einem Stoß gerade die Energie W verliert: $N\,Z\,\xi(W)$.

Der entsprechende differentielle Wirkungsquerschnitt für *Positronen* wurde zuerst von Bhabha [Bh 36] berechnet. Der Unterschied zum Wirkungsquerschnitt für Elektronen nach Møller, der vor allem aus der Unterscheidbarkeit der Teilchen resultiert (es ist jetzt $0 \leqq u \leqq 1$ möglich), kann aus Abb. 7.2-1 (nach Rohrlich und Carlson [Ro 54 a]) entnommen werden; aufgetragen sind die Verhältnisse r_B und r_M dieser Querschnitte zu ihrem ersten Term, d. i. der relativistische Rutherford-Querschnitt, für $E = 50$, 212 und 1000 keV (d. i. $\varepsilon + 1 = 1{,}1$; $\sqrt{2}$; 3) als Funktion des relativen Energieübertrages $u = W/E$.

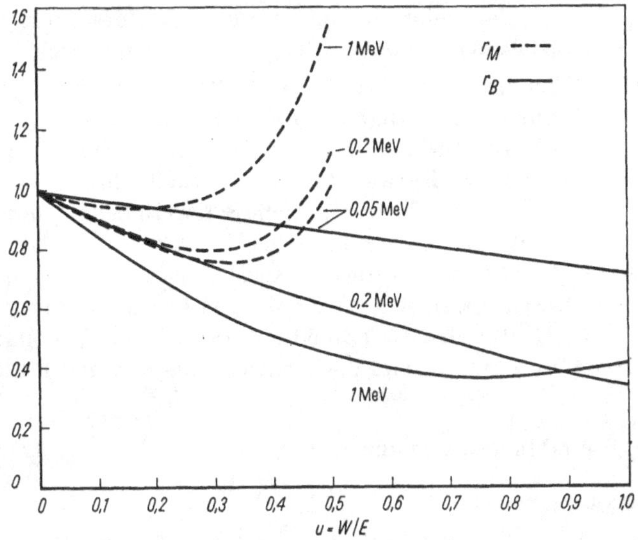

Abb. 7.2-1. Die Verhältnisse r_M und r_B des Mott- bzw. des Bhabha-Querschnittes für die Elektron-Elektron- bzw. die Elektron-Positron-Streuung zum Rutherford-Querschnitt als Funktion des relativen Energieübertrages $u = W/E$, Parameter: kinetische Energie E (nach [Ro 54 a])

Unelastische Stöße der einfallenden Elektronen mit Hüllenelektronen führen zu etwa 30% zur *Ionisation* von Atomen, der Rest zu *Anregungen* (vgl. [Be 33], S. 519). Die Wahrscheinlichkeit der Anregung eines Röntgenniveaus (Ionisation eines Atoms in einer inneren Schale) ist in erster Näherung umgekehrt proportional der Ionisierungsspannung des angeregten Niveaus (sowie auch umgekehrt proportional der kinetischen Energie der Elektronen und proportional einem logarithmischen Term). Die überwiegende Anzahl der Stöße erfolgt daher mit Elektronen der äußersten Schale(n), so daß etwa bei Abschätzungen zum Ionisierungsquerschnitt eines Atoms nur die Zahl der Außenelektronen wesentlich ist. Bei der Berechnung des Energieverlustes der Primärelektronen müssen allerdings die seltenen, aber zu großen Energieverlusten führenden Stöße mit inneren Elektronen berücksichtigt werden, obwohl ein Elektron in einer inneren Schale im Mittel nur im Verhältnis 3- bis 5mal weniger zur Bremsung beiträgt als eines in einer äußeren Schale. Die Energieverteilung der bei primären Ionisationen erzeugten Sekundärelektronen ist derart, daß nur etwa 20 bis 30% über ausreichende Energie verfügen, um wenigstens eine weitere Ionisation vornehmen zu können; aber auf weniger als 5% der Sekundärelektronen wird rund die Hälfte der Energie des Primärelektrons übertragen. Aus diesem Grunde liegt die Gesamtzahl der gebildeten Ionen je Einheit der Bahnlänge (*totale spezifische* oder differentielle *Ionisation*) mindestens 3- bis 4mal höher als die Zahl der durch die Primärelektronen direkt erzeugten Ionen je Bahnlängeneinheit (*primäre spezifische Ionisation*).[1]) Entsprechend beträgt der Energieaufwand je primär gebildetes Ion ein hohes Vielfaches (bei Wasserstoff das 7fache) der kleinsten Ionisierungsenergie des Atoms, während der (mittlere) *Energieaufwand für die Bildung eines Ions* überhaupt — das ist der sog. $\overline{W}$-Wert (33,9 pro Ionenpaar eV bei Luft; vgl. [Co 69] zur Energie- und [Je 55] [Ad 65] zur Stoffabhängigkeit) — nur etwa beim 2- bis 3fachen der Ionisierungsenergie liegt. Die quantenmechanischen Berechnungsgrundlagen für diese Zusammenhänge hat BETHE [Be 30] entwickelt; ihre Anwendung auf kompliziertere Atome bereitet jedoch erhebliche Schwierigkeiten. Ausführliche Darstellungen dieser Problematik finden sich bei MASSEY und BURHOP [Ma 52b], MOTT und MASSEY [Mo 65] sowie INOKUTI [In 71]. Aus der Sicht der Ionisationsphänomene in Gasen finden sich Abhandlungen bei LOEB, BATES, HASTED und ENGEL [Lo 55] [Ba 62] [Ha 64] [En 65]. Vergleichende Diskussionen mit empirischen Daten für Elektronen und Positronen führen ROY und REED [Ro 68].

7.3 Bremsstrahlungserzeugung

7.31 Wirkungsquerschnitte

Während sich nach der klassischen Theorie ergibt, daß jede Richtungsablenkung eines Elektrons von der Emission eines Bremsstrahlungsquants begleitet

[1]) Dazu vgl. z. B. [Mc 53] [Pe 56] [Gr 61] [Wa 61] bzw. auch [Ar 58] [Pe 60] [Mo 64b] [Re 66]. Zum Ionisierungsquerschnitt s. [Ot 56] [Ma 67] [Gr 68b].

wird, liefert die quantenmechanische Rechnung [Be 34] eine so kleine Wahrscheinlichkeit für diesen Prozeß, daß nur in ganz wenigen Stößen ein Photon emittiert wird, das aber im Mittel eine viel größere Energie aufweist als sie das klassische Modell ergibt. Auf diese Weise ist es möglich, daß — gemittelt über alle Stöße — die vom Elektron abgestrahlte Energie nach beiden Betrachtungen in derselben Größenordnung liegt (s. Gl. (7.3-1)); die spektralen Verteilungen der Quanten sind in beiden Theorien also sehr unterschiedlich. Alle experimentellen Ergebnisse sprechen für die quantenmechanische Behandlung. Wegen der Kopplung des Elektrons mit dem magnetischen Feld des im Bremsstrahlungsprozeß emittierten Quants beträgt der Wirkungsquerschnitt größenordnungsmäßig nur 1/137 des Wirkungsquerschnittes für die elastische Streuung; Terme dieser Größenordnung sind in der MOTTschen Streutheorie (erste BORNsche Näherung) vernachlässigt. Die Mehrzahl der individuellen Ablenkungen des einfallenden Elektrons durch Atomkerne erfolgt also durch elastische Stöße.

In einer Strahlungswechselwirkung findet eine Aufteilung des Impulses des einfallenden Elektrons zwischen Elektron, Kern und Quant statt. Das Quant kann daher einen Impuls und eine entsprechende Energie bis $h\,\nu_{\max} = E$, der Energie des Elektrons vor dem Stoß, haben. Da der Impuls eines Quants i. allg. sehr viel kleiner ist als der eines Elektrons gleicher Energie, wird für nicht zu große Primärenergien der Anfangsimpuls im wesentlichen zwischen Kern und Elektron aufgeteilt, und das Quant kann in jede Richtung emittiert werden. Mit steigender Energie des Elektrons tritt eine bevorzugte Emission des Quants sowie des Sekundärelektrons in die Einfallsrichtung des Primärelektrons auf. Der Winkel zwischen Quant und Primärelektron liegt in der Größenordnung von $m_0\,c^2/E$.

Der *differentielle Bremsstrahlungsquerschnitt* $\mathrm{d}\sigma_{BS}$ für die Emission eines Photons im Energiebereich zwischen $h\,\nu$ und $h\,\nu + \mathrm{d}(h\,\nu)$ durch ein mit der kinetischen Energie E und der Totalenergie $E + m_0\,c^2$ einfallendes Elektron kann in der Form [Ev 55]

$$\mathrm{d}\sigma_{BS} = \sigma_0\,B_{BS}\,Z^2\,\frac{E + m_0\,c^2}{E}\,\frac{\mathrm{d}(h\,\nu)}{h\,\nu}, \tag{7.3-1}$$

geschrieben werden, wo

$$\sigma_0 = \frac{r_0^2}{137} = 0{,}580\,\frac{\text{millibarn}}{\text{Kern}} \tag{7.3-2}$$

ist und B_{BS} eine sehr langsam veränderliche Funktion von E und Z bedeutet.

Die Integration von Gl. (7.3-1) ergibt den totalen Energieverlust pro Flächenmasseneinheit der durchlaufenen Bahn infolge Bremsstrahlungsemission,

$$\left(\frac{\mathrm{d}E}{\varrho\,\mathrm{d}s}\right)_{BS} = N\int_0^E h\,\nu\,\mathrm{d}\sigma_{BS} \tag{7.3-3a}$$

$$= N\,\sigma_0\,Z^2\,(E + m_0\,c^2)\int_0^1 B_{BS}\,\mathrm{d}\left(\frac{h\,\nu}{E}\right), \tag{7.3-3b}$$

wo N die Zahl der Atome pro Masseneinheit des Absorbers bedeutet. Es ist $N\,\sigma_0 \approx 3{,}5 \cdot 10^{-4}\,A^{-1}$ [cm²/g].

Der Wert des Integrals

$$\overline{B}_{BS} = \int\limits_0^1 B_{BS}\,\mathrm{d}\left(\frac{h\nu}{E}\right)$$

liegt unterhalb von $E = 1$ MeV unabhängig von Z bei etwa $\overline{B}_{BS} = 5{,}3$, steigt bei 10 MeV auf ca. 11 bis 13 mit geringer Z-Abhängigkeit und nimmt für sehr große Energien Grenzwerte zwischen 15 (für Pb) und 18 (für H_2O) an [Ev 55].

Der *totale Bremsstrahlungsquerschnitt* σ_{BS} ist als Bruchteil der Totalenergie $E + m_0\,c^2$ des Elektrons definiert, der beim Durchlaufen einer Absorberdicke abgestrahlt wird, die 1 Atom pro Flächeneinheit enthält:

$$\sigma_{BS} \equiv \frac{\mathrm{d}E}{E + m_0\,c^2}\,\frac{1}{N\,\varrho\,\mathrm{d}s}, \tag{7.3-4}$$

also wegen Gl. (7.3-3b)

$$\sigma_{BS} = \sigma_0\,Z^2 \int\limits_0^1 B_{BS}\,\mathrm{d}\left(\frac{h\nu}{E}\right) = \sigma_0\,Z^2\,\overline{B}_{BS} \tag{7.3-4a}$$

und

$$\left(\frac{\mathrm{d}E}{\varrho\,\mathrm{d}s}\right)_{BS} = N\,(E + m_0\,c^2)\,\sigma_{BS}\,. \tag{7.3-3c}$$

Die folgenden Näherungsausdrücke für den totalen Bremsstrahlungsquerschnitt ergeben sich aus detaillierten quantenmechanischen Theorien [Be 34] [He 54] (s. a. [Ev 55] [Be 53a]):

1. für den nichtrelativistischen Fall ($E \ll m_0\,c^2$):

$$\sigma_{BS} = \frac{16}{3}\,\sigma_0\,Z^2, \tag{7.3-4b}$$

2. für den Bereich mittlerer relativistischer Energien ($E \approx m_0\,c^2$) liegen keine analytischen Ausdrücke vor,

3. für den starkrelativistischen Fall ohne Screeningkorrekturen ($m_0\,c^2 \ll E \ll 137\,m_0\,c^2\,Z^{-1/3}$, z. B. 0,5 MeV $\ll E \ll$ 16 MeV für Pb):

$$\sigma_{BS} = 4\left[\ln\left(2\,\frac{E + m_0\,c^2}{m_0\,c^2}\right) - \frac{1}{3}\right]\sigma_0\,Z^2, \tag{7.3-4c}$$

4. für den extrem relativistischen Fall ($E \gg 137\,m_0\,c^2\,Z^{-1/3}$) mit vollständiger Abschirmung:

$$\sigma_{BS} = 4\left[\ln(183\,Z^{-1/3}) + \frac{1}{18}\right]\sigma_0\,Z^2\,. \tag{7.3-4d}$$

7.32 Energie- und Winkelverteilung der Bremsstrahlung

In Targets, die so dünn sind, daß das Elektron keine merklichen Energieverluste durch Stoßionisation und keine zweiten Strahlungsstöße erleidet, lassen sich in Übereinstimmung mit der Theorie (vgl. Gl. (7.3-1)) folgende empirische Aussagen treffen [Ev 55]:

1. Bei einer gegebenen Elektronenenergie E_0 ist für jede spezielle Richtung die Intensität der Bremsstrahlung (Photonenenergie $h\nu$ · Photonenzahl n_{BS}) $I(\nu)$ proportional $h\nu \cdot d\sigma_{BS}$ pro Frequenzintervall unabhängig von der Frequenz und am kleinsten für die rückwärtige Richtung; die Zahl der Photonen je Frequenzintervall ändert sich wie $1/\nu$. Bei der maximalen Photonenenergie $h\nu_{max}$ geht die Intensität sprunghaft gegen Null.
2. Im Bereich nichtrelativistischer Elektronenenergien ändert sich die Strahlungsintensität in einer festen Richtung und innerhalb eines bestimmten Elektronenenergieintervalles wie $1/E_0$, d. h., die Strahlungsintensität zwischen ν und $\nu + d\nu$ fällt mit steigender Elektronenenergie.
3. Die Form der spektralen Verteilung der Bremsstrahlung ist unabhängig von Z.
4. Bei sehr niedrigen Energien ist die Strahlungsintensität senkrecht zum einfallenden Elektronenstrahl am größten; mit steigender Elektronenenergie verlagert sich das Maximum in Vorwärtsrichtung und fällt für sehr große E_0 nahezu mit der Einfallsrichtung zusammen.

Ausführliche Darstellungen der z. T. recht verwickelten Zusammenhänge finden sich bei [Ko 59] [He 54] [Mo 65]. Übersichten zur Bremsstrahlungsemission dicker Targets geben [Bl 51 b] [Ev 55] [Ze 67 b] [Ro 68] [Fe 70].

7.4 Vergleich der Wirkungsquerschnitte

Im folgenden sollen die besprochenen Wirkungsquerschnitte miteinander verglichen werden, um einen Eindruck von der relativen Bedeutsamkeit der verschiedenen Wechselwirkungsprozesse zu gewinnen. Dabei werden neben bereits bekannten auch weiterführende Gesichtspunkte zur Sprache kommen.

Um eine allgemeine Basis für den Vergleich zu haben, werden zunächst Wirkungsquerschnitte pro Atom für jede Art der Wechselwirkung aufgeschrieben [Ev 55]. Der Einfachheit halber sollen dabei nur nichtrelativistische Energien ($E \leqq 0{,}1$ MeV, $\beta \leqq 0{,}5$) und für die Streuung die Rutherford-Näherung betrachtet werden. Mit Hilfe der Beziehung

$$4\pi r_0^2 \approx 1{,}00 \cdot 10^{-24}\ \mathrm{cm}^2 = 1{,}00\ \mathrm{barn} \tag{7.4-1}$$

können die Wirkungsquerschnitte in barn/Atom umgerechnet werden. In den Vergleich einbezogen werden die folgenden Größen:

1. Der (integrale) *elastische Streuquerschnitt* pro Atom (nach Gl. (7.1-6d) mit (7.1-4a)) für Streuung um $\vartheta \geqq 90°$ (Rückstreuung)

$$\sigma_e (\vartheta \geqq \pi/2) = \pi\, r_0^2\, Z^2 \frac{1-\beta^2}{\beta^4}$$
$$\approx \frac{1}{4} \frac{Z^2}{\beta^4} \text{ barn/Atom} . \qquad (7.4\text{-}2)$$

2. Der (integrale) *unelastische Streuquerschnitt* pro Atom (nach (Gl. 7.2-1)) für Streuung um $\vartheta \geqq 45°$ als ein etwa willkürlich gewählter Vergleichswert

$$\sigma_u (\vartheta \geqq \pi/4) = 8\,\pi\, r_0^2 \frac{Z}{\beta^4}$$
$$\approx 2 \frac{Z}{\beta^4} \text{ barn/Atom} . \qquad (7.4\text{-}3)$$

3. Der Wirkungsquerschnitt pro Atom für den relativen *Energieverlust* $\mathrm{d}E/E$ *infolge Anregung und Ionisation* (nach Gl. (8.1-7a, b); mit $b = \sqrt{2}$)

$$\sigma_{AI} = \frac{1}{N} \frac{1}{E} \left(- \frac{\mathrm{d}E}{\varrho\, \mathrm{d}s} \right)_{\text{Stoß}} = 8\,\pi\, r_0^2 \frac{Z}{\beta^4} \ln \frac{b\,E}{I}$$
$$\approx 2 \frac{Z}{\beta^4} \ln \frac{\sqrt{2}\,E}{I} \text{ barn/Atom} , \qquad (7.4\text{-}4)$$

wo $(-\mathrm{d}E/\varrho\, \mathrm{d}s)_{\text{Stoß}}$ der mittlere Energieverlust pro Flächenmasseneinheit der Bahnlänge darstellt, der sich durch Integration der Gl. (7.2-6a) über alle möglichen Energieüberträge W ergibt (vgl. § 8.11); I heißt mittlere Anregungsenergie (§ 8.13).

4. Der Wirkungsquerschnitt pro Atom für den *Energieverlust* eines Elektrons relativ zu seiner *kinetischen* Energie *infolge Bremsstrahlung*

$$\sigma_{BS}^{*} = \frac{1}{N} \cdot \frac{1}{E} \left(- \frac{\mathrm{d}E}{\varrho\, \mathrm{d}s} \right)_{BS} = \frac{E + m_0 c^2}{m_0 c^2} \sigma_{BS} \approx \frac{2}{\beta^2} \sigma_{BS}$$
$$= \frac{8}{3\,\pi} \cdot \frac{1}{137} \cdot \frac{Z^2}{\beta^2} \text{ barn/Atom} , \qquad (7.4\text{-}5)$$

der besser für einen Vergleich geeignet ist als der durch Gl. (7.3-4) gegebene, auf die Totalenergie des Elektrons bezogene Querschnitt.

Aus diesen Beziehungen wurden *orientierende* Zahlenwerte abgeleitet, die in Tabelle 7.4-1 in drei Zahlenblöcken zusammengestellt sind. Die soeben berechneten *atomaren Wirkungsquerschnitte* in barn/Atom (Block I) lassen die Kernladungszahlabhängigkeiten besonders hervortreten, sind aber für die Wechselwirkung der Elektronen in dicken Materieschichten nicht allein ausschlaggebend.

Entscheidend sind vielmehr die *makroskopischen Wirkungsquerschnitte*, die aus den atomaren durch Multiplikation mit der Zahl der Atome pro Masseneinheit der Substanz hervorgehen,

$$\Sigma = N\,\sigma = \frac{\sigma}{A} \frac{1}{u} \qquad (7.4\text{-}6)$$

(s. Block II, in $\mathrm{cm^2/g}$).

Tabelle 7.4-1. Vergleich der Wirkungsquerschnitte einiger Elemente für nichtrelativistische Elektronen bezüglich der unterschiedlichen Wechselwirkungsprozesse

Prozeß	elastische Kernstreuung um $\vartheta \geqq 90°$ (Rückstreuung)	unelastische Streuung an Hüllenelektronen um $\vartheta \geqq 45°$	Ionisation und Anregung	Bremsstrahlung
I. Atomare Wirkungsquerschnitte: σ [barn/Atom]				
Ausgangsgleichung	7.1-6d	7.2-1	7.4-4	7.4-5
näherungsweise Abhängigkeit von Z und β	Z^2/β^4	Z/β^4	Z/β^4	Z^2/β^2
$E = 0{,}01$ MeV:				
C	6200	8300	44000	5,8
Al	29000	18000	82000	27
Cu	145000	40000	150000	132
Pb	1170000	114000	310000	1080
$E = 0{,}1$ MeV:				
C	94	125	900	0,7
Al	440	270	2000	3,4
Cu	2200	600	3500	16,8
Pb	17500	1700	8400	135
II. Makroskopischer Wirkungsquerschnitt: $\sum = N\sigma$ [cm²/g]				
$E = 0{,}01$ MeV:				
C	310	420	2200	0,3
Al	640	400	2000	0,6
Cu	1400	380	1400	1,0
Pb	3400	330	900	3,1
$E = 0{,}1$ MeV:				
C	4,7	6,3	48	0,03
Al	9,8	6,0	44	0,07
Cu	21	5,6	33	0,16
Pb	50	4,9	24	0,39
III. „Stoßzahl" je Bahnlänge: $n = \Sigma \cdot \varrho \overline{L}$				
$E = 0{,}01$ MeV:				
C	0,14	0,19	1	$1{,}4 \cdot 10^{-3}$
Al	0,32	0,20	1	$2{,}7 \cdot 10^{-3}$
Cu	1,0	0,27	1	$7{,}1 \cdot 10^{-3}$
Pb	3,8	0,37	1	$33{,}5 \cdot 10^{-3}$
$E = 0{,}1$ MeV:				
C	0,10	0,13	1	$0{,}6 \cdot 10^{-3}$
Al	0,22	0,14	1	$1{,}6 \cdot 10^{-3}$
Cu	0,64	0,17	1	$4{,}9 \cdot 10^{-3}$
Pb	2,1	0,20	1	$16{,}3 \cdot 10^{-3}$

Da A nahezu proportional zu Z ist, bleibt für die elastische Streuung sowie für die Bremsstrahlungserzeugung nur eine einfache Proportionalität zu Z bestehen; die unelastische Streuung sowie die Bremsung sind praktisch elementunabhängig (Block II). Diese Zahlenwerte können gemäß

$$\nu(x) = \Sigma \cdot \varrho x \tag{7.4-6a}$$

bzw., wenn man noch die ‚freie Weglänge' $\varrho\lambda$ für eine Streuung in den angegebenen Winkelbereich ($\vartheta \geqq \pi/2$ oder $\vartheta \geqq \pi/4$) bzw. für eine vollständige Abbremsung einführt, gemäß

$$\nu(x) = x/\lambda \tag{7.4-6b}$$

auch als die je Einheit der Flächenmasse der Substanz ($\varrho\, x = 1$ g/cm²) durchlaufene Anzahl solcher ‚freien Weglängen' (Transportweglängen) aufgefaßt bzw. als *Anzahl der* entsprechenden *‚Transportstöße'* interpretiert werden, die je Einheit der Flächenmasse der durchlaufenen Substanz erfolgen.

Die mittlere Bahnlänge von Elektronen der betrachteten Energien ist jedoch beträchtlich kleiner als die Einheit der Flächenmasse und beträgt nur $\varrho\bar{L} = 1/N\,\sigma_{AI}$, so daß sich übersichtlichere Aussagen ergeben, wenn man

$$\nu(\bar{L}) = \Sigma \cdot \varrho\bar{L} \tag{7.4-6c}$$

aufschreibt (Block III). Es ist dies die maximal mögliche Anzahl derartiger Transportstöße, die ein Elektron längs seiner gesamten Bahnlänge erfahren kann, allerdings mit der Einschränkung, daß hierbei die infolge der Abbremsung eintretende Energieabnahme bzw. die entsprechende Querschnittsvergrößerung nicht berücksichtigt wurde.

Für den Fall der elastischen Streuung kann man also beispielsweise entnehmen, daß 0,01-MeV-Elektronen in C nur ca. 14% der für ihre Rückstreuung in den Halbraum (zu ca. 70%) erforderlichen Transportweglänge vor ihrer Absorption absolvieren können, also nur ein sehr geringer, statistisch bedingter Prozentsatz der Elektronen ‚umkehrt'; in Pb dagegen durchläuft jedes Elektron (im Mittel) nahezu vier derartige Transportweglängen, erfährt also mit großer Wahrscheinlichkeit eine mehrfache Richtungsumkehr.

Der *Vergleich* der für die verschiedenen Wechselwirkungsarten angegebenen Zahlenwerte liefert die folgenden, teils bereits geläufigen Aussagen:

1. Ablenkungen um große Winkel werden für große Z überwiegend durch elastische Streuung verursacht. Unelastische Stöße sind etwa um den Faktor $1/Z$ weniger wahrscheinlich und werden nur für kleine Z bedeutsam. Analog liegen die Verhältnisse bis herab zu recht kleinen Streuwinkeln von einigen Grad. Wegen der etwa gleichen Energieabhängigkeiten beider Prozesse gelten diese Aussagen praktisch für alle Energien (vgl. § 7.21).

   Genauere Angaben können dem von Lenz [Le 54] angegebenen *Verhältnis des (totalen) elastischen Streuquerschnittes zum (totalen) unelastischen Quer-*

schnitt für nichtrelativistische Energien

$$\nu_{\text{rel}} = \frac{{}_t\sigma_e}{{}_t\sigma_u} = \frac{Z}{4} \frac{1}{\ln \frac{1}{\bar{K}\bar{a}}} \tag{7.4-7}$$

entnommen werden, wo

$$\bar{K} = \frac{1}{2} \frac{m_0 \, |E_{\text{ion}}|}{\hbar \, p}$$

den kleinsten möglichen Wert des Impulsübertrages bedeutet, der von der Ionisierungsenergie $|E_{\text{ion}}|$ des Atoms (s. [Wi 50]) und dem Impuls des Elektrons abhängt, und

$$\bar{a} = a_0 \, a_H \, Z^{-1/3}$$

(mit $a_0 = 2{,}5$) ein speziell angepaßter Wert des Atomradius ist. Für 50-keV-Elektronen kann diese Funktion (nach einem Diagramm von LENZ) durch

$$\nu_{\text{rel}} = \frac{Z^{0,9}}{20} \tag{7.4-7a}$$

genähert werden; die Energieabhängigkeit ist nur relativ gering, da der Impuls unter dem Logarithmus steht. Beide Streuanteile werden etwa für $Z = 30$ gleich; bei leichteren Elementen überwiegen unelastische, bei schweren Elementen elastische Streuprozesse (s. a. [Be 30]).

2. Für die *Energieverluste* sind bei den betrachteten kleinen Energien selbstverständlich Anregung und Ionisation praktisch allein verantwortlich. Bremsstrahlungsverluste sind hier selbst für große Z unbedeutend; sie werden erst für Energien oberhalb von etwa 1 MeV und große Z merklich. Genaueres Zahlenmaterial wird in § 8.1 gegeben.

3. Die für die späteren Betrachtungen zum Elektronentransport durch dicke Materieschichten wichtigsten Aussagen und Anknüpfungspunkte liefert der *Vergleich des elastischen Streuquerschnittes mit dem Querschnitt für den relativen Energieverlust* infolge Anregung und Ionisation. Ihr Verhältnis

$$\nu^* = \frac{\sigma_e}{\sigma_{AI}} = \frac{N \, \sigma_e(\Omega_1)}{N \, \sigma_{AI}}, \tag{7.4-8}$$

das als *spezifische* (*mittlere*) *Stoßzahl* bezeichnet werden soll, gibt die Anzahl der (in den in σ_e zu berücksichtigenden Raumwinkelbereich Ω_1 erfolgenden) elastischen Stöße (Transportstöße) je Einheit des relativen Energieverlustes an, was bei Vernachlässigung der Energieabhängigkeiten gerade mit der durch Gl. (7.4-6c) definierten Größe übereinstimmt. Anschaulicher faßbar ist der Kehrwert der spezifischen Stoßzahl, der als der relative Energieverlust dE/E interpretiert werden kann, den die Elektronen im Mittel zwischen zwei solchen Transportstößen, also auf einer Transportweglänge, erleiden. Die spezifische Stoßzahl ist in der betrachteten RUTHERFORD-Näherung für den elastischen

Streuquerschnitt nur element- und nicht energieabhängig, sofern man von der Energieabhängigkeit des logarithmischen Terms des Bremsquerschnittes absieht. Für kleine Z überwiegt die Bremsung, für große Z die Streuung (ν^* klein bzw. groß). Für das Beispiel der Rückstreuung ($\vartheta \geqq 90$) ergibt sich mit

$$\nu^* = \frac{Z}{4} \frac{1}{2 \ln (\sqrt{2}\, E/I)} \tag{7.4-8a}$$

ein dem LENZschen Ergebnis (7.4-7) sehr ähnlicher Ausdruck.

In Vorwegnahme späterer Ergebnisse scheint es nützlich, hier bereits auf die folgenden Sachverhalte hinzuweisen. Sowohl im Modell der Einzelstreuung um große Winkel als auch im Modell der Richtungsdiffusion treten als einzige Parameter, die die Energie- und Kernladungszahlabhängigen der Modelle enthalten, die als *Streufunktionen* [Bo 49a] bezeichneten Größen $\psi(Z, E)$ bzw. $\chi(Z, E)$ auf (vgl. § 9.2 und § 11.12), die beide durch Ausdrücke der Form

$$\int_0^s \Sigma(s) \cdot \varrho \, \mathrm{d}s = \int_0^s \frac{\mathrm{d}s}{\lambda(s)}$$

definiert sind, und somit die Anzahl der auf dem Wege s durchlaufenen ‚freien Weglängen' (Transportweglängen) für elastische Streuung — also die *Anzahl der Transportstöße* — unter Berücksichtigung der Energieabnahme längs dieses Weges angeben und sich nur in den erfaßten Streuwinkelbereichen unterscheiden.

Wegen der ursprünglichen Energieabhängigkeit des makroskopischen Streuquerschnittes Σ schreibt man besser

$$\int_{E_0}^{E(s)} \frac{\Sigma(E)}{\mathrm{d}E/\varrho \, \mathrm{d}s} \mathrm{d}E$$

und erhält mit Gl. (7.4-4) in der RUTHERFORD-Näherung

$$-\int_{E_0}^{E(s)} \frac{N \sigma_e}{N \sigma_{AI}} \frac{\mathrm{d}E}{E} \approx -\frac{\sigma_e}{\sigma_{AI}} \int_{E_0}^{E(s)} \frac{\mathrm{d}E}{E} = \nu^* \ln \frac{1}{k} \tag{7.4-9}$$

mit $k = E(s)/E_0$, wenn man wieder die Energieabhängigkeit des ln-Terms von σ_{AI} vernachlässigt. Da der Faktor $\ln \frac{1}{k}$ lediglich eine (zwischen 0 und ∞ liegende) Maßzahl für den durchlaufenen Bruchteil der gesamten (mittleren) Bahnlänge darstellt und gemäß der Energie-Bahnlänge-Beziehung (s. § 8.4) für gleiche relative Restenergien $k(s)$ nur schwach von der Primärenergie abhängt, ist entsprechend obiger Behauptung die spezifische Stoßzahl ν^* tatsächlich der entscheidende element- und im allgemeinen Fall auch energieabhängige Parameter für den Elektronentransport (aus dem sich auch die in § 3 erwähnten und in § 12.21 noch ausführlicher zu besprechenden Ähnlichkeitsregeln herleiten). Nach der hier aufgeschriebenen relativ groben ersten Näherung kann man für alle Primärenergien bei gleichem Z ein recht ähnliches Streuverhalten der Elektronen erwarten; tatsächlich wirken sich aber über dem betrachteten Energiebereich von ca. 1 keV bis 30 MeV die oben vernachlässigten Energieabhängigkeiten — des ln-Terms sowie des exakten Streuquerschnittes — recht beträchtlich auf die Transmission und die Rückstreuung der Elektronen aus; ihre genauere Erfassung und Beschreibung wird Gegenstand der weiteren Diskussionen sein. Die durch die Abschirm- bzw. die Spinkorrektur bewirkte, gegenüber dem RUTHERFORD-Querschnitt zusätzliche und darüberhinaus streuwinkel- und kernladungszahlabhängige Energieabhängigkeit des exakten elastischen Streuquerschnittes ist es auch, die wegen der unterschiedlichen betrachteten Streuwinkelbereiche die Unterschiede in der Z- und E-Abhängigkeit von Einzelstreu- und Diffusionsmodell verursacht.

Wenn man für diesen allgemeinen Fall die auftretenden Energieabhängigkeiten durch Potenzfunktionen annähert, wie das beispielsweise in § 11.22 erfolgt, erhält man statt $\ln\left(\frac{1}{k}\right)$ einen Faktor $E_0^B\,(1 - k^B)/B$, wo B eine Konstante ist; die dann von der Primärenergie abhängige spezifische Stoßzahl gibt jetzt gerade die maximale Anzahl der Transportstöße an, die bei Durchlaufen der mittleren Bahnlänge $\bar{L}$ erfolgen kann.

Phänomenologisch läßt sich der entscheidende Einfluß der spezifischen Stoßzahl ν^*, also der Zahl der elastischen Stöße zur Zahl der zu Energieverlusten führenden Wechselwirkungen, am besten für den Fall der Rückstreuung senkrecht auf ein Target einfallender Elektronen verstehen. Falls die Richtungsumkehr — durch Einzelstreuung um große Winkel oder durch Diffusion (Kleinwinkelstöße) — nicht vor Durchlaufen der halben mittleren Bahnlänge erfolgt, verfügt das Elektron nicht mehr über die für den Rückweg erforderliche Energie und wird absorbiert.

§ 8 Energieverluste in Materieschichten

Im Energiebereich unterhalb von 1 MeV werden energiereiche Elektronen fast ausschließlich durch die außerordentlich zahlreichen unelastischen Stöße mit den Hüllenelektronen der Atome, die zu deren Anregung oder Ionisierung führen, abgebremst. Die theoretische Berechnung des mittleren Energieverlustes der Elektronen beim Durchlaufen des Streumediums kann nach der Theorie von BETHE ohne Berücksichtigung der überlagerten Vielfachstreuung auf der Grundlage des Modells der kontinuierlichen Abbremsung erfolgen (§ 8.11). Erst oberhalb 1 MeV und zuerst für größere Kernladungszahlen des Mediums gewinnen auch die selteneren Bremsstrahlungswechselwirkungen an Bedeutung und müssen im Bremsvermögen berücksichtigt werden. Neben Ionisation und Anregung der Atome des Streumediums ist die Emission charakteristischer Röntgenquanten sowie niederenergetischer Sekundärelektronen die wichtigste Begleiterscheinung des Bremsprozesses, auf die hier aber nicht näher eingegangen wird (vgl. dazu z. B. [Ma 52b] [Mo 65]).

8.1 Energieverlust infolge Anregung und Ionisation

8.11 Modell der kontinuierlichen Abbremsung

Unter der Voraussetzung, daß der bei der COULOMB-Wechselwirkung mit Hüllenelektronen im Einzelstoß abgegebene Energiebetrag W (§ 7.22) klein im Vergleich zur Energie des Primärelektrons ist, kann man die Aufeinanderfolge konkreter Stöße durch die Vorstellung einer *kontinuierlichen Abbremsung* ersetzen und jedem Wegelement $\mathrm{d}s$ des Elektrons einen mittleren Energieverlust

$$-\,\mathrm{d}E = \mathrm{d}s \cdot N^* Z \int \xi(E, W)\, W\, \mathrm{d}W \qquad (8.1\text{-}1)$$

zuordnen. Das Integral erstreckt sich über den Bereich der pro Stoß übertragenen Energie W; seine Grenzen hängen in beschränktem Maße von der für den Wirkungsquerschnitt $\xi(E, W) = \mathrm{d}\sigma/\mathrm{d}W$ verwendeten Näherung (halbklassisch, quantenmechanisch, quantenmechanisch-relativistisch) ab [Ev 55] (s. § 7.22).

Die Annahme einer kontinuierlichen Abbremsung ermöglicht eine *umkehrbar eindeutige* Angabe der von einem Elektron der Anfangsenergie E_0 durchlaufenen Bahnlänge s als Funktion seiner Restenergie E längs seiner Bahn:

$$s(E_0, E) = \int_{E_0}^{E} \frac{\mathrm{d}E}{\mathrm{d}E/\mathrm{d}s}\,. \qquad (8.1\text{-}2)$$

Nach vollständiger Abbremsung hat ein Elektron der Anfangsenergie E_0 im Mittel *die (mittlere) Bahnlänge*

$$\bar{L} = s\,(E_0, E = 0) = -\int_{0}^{E_0} \frac{\mathrm{d}E}{\mathrm{d}E/\mathrm{d}s} \qquad (8.1\text{-}3)$$

durchlaufen. $\bar{L}$ wird vielfach auch als mittlere wahre Reichweite bezeichnet. $\bar{L}$ stellt einen Mittelwert dar, um den sich die tatsächlichen, unter dem *Stragglingeinfluß* auftretenden Bahnlängen gruppieren; umgekehrt weisen Elektronen gleicher Anfangsenergie nach Durchlaufen der Bahnlänge $s(E_0, E)$ in Wirklichkeit eine Straggling-Energieverteilung auf (s. § 8.41).

Das Modell der kontinuierlichen Abbremsung wird praktisch ohne Einschränkung im gesamten hier referierten Energiebereich von 10^3 bis 10^7 keV angewandt; gemäß der Betrachtungen von OSTROUCHOV [Os 67] über die Größe und Form der Elektronentrajektorien sollte das kontinuierliche Bremsmodell jedoch im Energiebereich unterhalb von 100 keV für Substanzen mit $Z \gtrsim 30$ nicht mehr benutzt werden.

8.12 Das Bremsvermögen

Der *mittlere, differentielle Energieverlust* pro Bahnlängeneinheit wird als Bremsvermögen bezeichnet:

$$S^* = -\frac{\mathrm{d}E}{\mathrm{d}s}\,. \qquad (8.1\text{-}4)$$

Unter dem *Massenbremsvermögen* wird der mittlere Energieverlust je Wegeinheit, gemessen in Einheiten der Flächenmasse, verstanden:

$$S = -\frac{dE}{\varrho ds} = \frac{S^*}{\varrho}. \qquad (8.1\text{-}4\,a)$$

Das Bremsvermögen kann für harte Stöße ($W \gg E_b$, § 7.22) gemäß Gl. (8.1-1) durch Integration des Wirkungsquerschnittes Gl. (7.2-6a) über die auftretenden Energieüberträge W berechnet werden; für weiche Stöße ($W \ll E$, $E_b \lessgtr W$) ist eine quantentheoretische Behandlung auf der Grundlage der Störungsrechnung unter Berücksichtigung der verschiedenen Anregungszustände des Atoms und ihrer Wahrscheinlichkeit erforderlich. Die Summe dieser beiden Teilergebnisse ergibt das *Massenbremsvermögen* S_{AI} infolge Anregung und Ionisation [Be 30] [Be 33] [Bl 33a] [Be 34], das hier in folgender Form geschrieben werden soll [Ev 55] [Ro 54a]:

$$S_{AI} = -\left(\frac{dE}{\varrho\, ds}\right)_{\text{Stoß}} = S_0\,[2\,B + F(\varepsilon) - \delta] \qquad (8.1\text{-}5\,a)$$

mit

$$S_0 = N\,Z\,\varkappa = \frac{\varkappa}{u}\cdot\frac{Z}{A} = 0{,}1535_3\frac{1}{\beta^2}\,\frac{Z}{A}\,\frac{\text{MeV}}{\text{g/cm}^2}, \qquad (8.1\text{-}5\,b)$$

$$B = \frac{1}{2}\ln\frac{m_0\,v^2\,E}{2\,I^2\,(1-\beta^2)} = \frac{1}{2}\ln\left[\frac{\varepsilon\,(\varepsilon+2)}{(I/m_0\,c^2)^2}\cdot\frac{\varepsilon}{2}\right] \qquad (8.1\text{-}5\,c)$$

und

$$F^-(\varepsilon) = \left[1 + \frac{\varepsilon^2}{8} - (2\,\varepsilon + 1)\ln 2\right]\Big/(\varepsilon+1)^2 \text{ für Elektronen} \qquad (8.1\text{-}5\,d)$$

bzw.

$$F^+(\varepsilon) = 2\ln 2 - \frac{\beta^2}{12}\left[23 + \frac{14}{\varepsilon+2} + \frac{10}{(\varepsilon+2)^2} + \frac{4}{(\varepsilon+2)^3}\right] \text{ für Positronen,} \qquad (8.1\text{-}5\,e)$$

wobei

$N = \mathsf{L}/A_{\text{mol}} = (A\cdot u)^{-1}$ die Zahl der Atome pro Masseneinheit des Absorbers,
$\varepsilon = E/m_0\,c^2$ die Elektronenenergie in Einheiten der Ruhenergie,
$\beta = v/c = \sqrt{\varepsilon\,(\varepsilon+2)}/(\varepsilon+1)$ und
$\frac{\varkappa}{u} = \frac{2\,\pi\,e^4}{(4\,\pi\,\varepsilon_0)^2\,u\,m_0\,v^2} = 2\,\pi\frac{r_0^2}{u}\cdot\frac{m_0\,c^2}{\beta^2}$, $\frac{r_0^2}{u} \approx 0{,}048\,\frac{\text{cm}^2}{\text{g}}$

bedeuten. B heißt *Brems- oder Stoßzahl* (manchmal wird auch $B' = Z\,B$ als Bremszahl bezeichnet). I ist die mittlere Anregungsenergie (s. § 8.13). Die relativistische Korrektur $F^{\pm}(\varepsilon)$ (s. Abb. 8.1-1) bewirkt den Unterschied der Bremsvermögen für Elektronen und Positronen, der in der Größenordnung einiger Prozent liegt (s. Abb. 8.1-2) [Ro 54a].

Numerische Auswertungen der Gln. (8.1-5) wurden mehrfach vorgenommen [Sp 55] [Ne 56] [Be 64a]. Berger und Seltzer [Be 64a] berücksichtigen auch den erst für große Energien (>5 MeV) auftretenden *Dichte- oder Polarisationseffekt* δ (vgl. [Ha 48] [Bi 58] [Be 64a] [St 61] [St 66] [Be 68] s. Abb. 8.1-3) sowie die Bremsstrahlungsverluste (s. § 8.2).

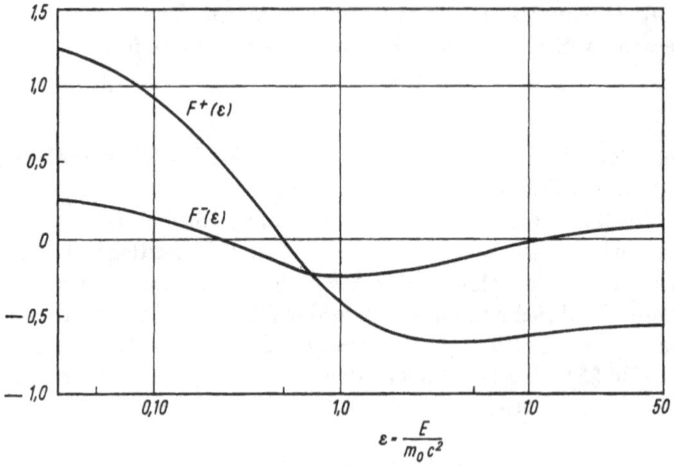

Abb. 8.1-1. Die Funktionen $F^+(\varepsilon)$ und $F^-(\varepsilon)$, die in den Formeln (8.1-5) für das Bremsvermögen für Positronen und Elektronen auftreten, als Funktion der kinetischen Energie E (in Einheiten von $m_0 c^2$) des einfallenden Teilchens (nach [Ro 54a])

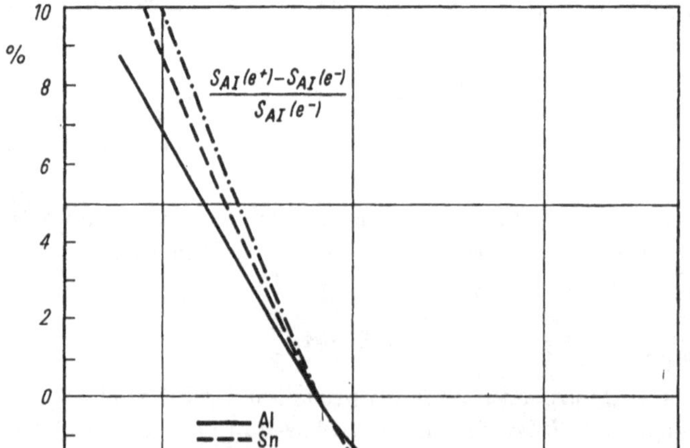

Abb. 8.1-2. Prozentuale Unterschiede der Bremsvermögen infolge Anregung und Ionisation von Al, Sn und Pb für Positronen und Elektronen als Funktion der kinetischen Energie in Einheiten von $m_0 c^2$ (nach [Ro 54a])

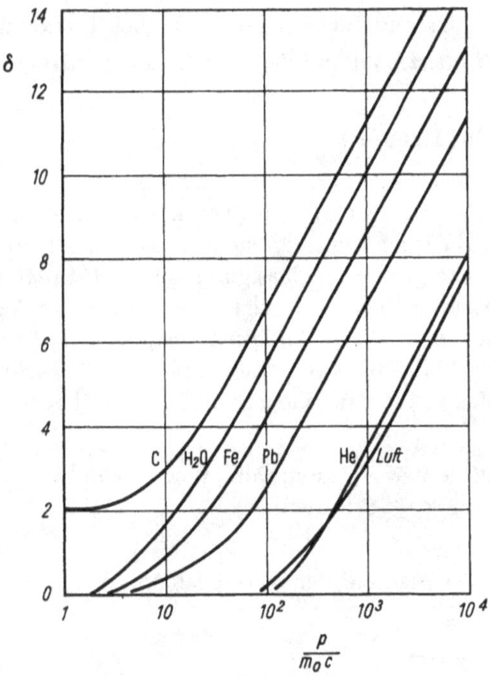

Abb. 8.1-3. Polarisationskorrektur δ als Funktion des Impulses $p/m_0 c$ für verschiedene Stoffe (nach [Be 49]). Zur Umrechnung: $p/m_0 c = \sqrt{\varepsilon(\varepsilon + 2)}$

Für den praktischen Gebrauch empfiehlt EVANS [Ev 55, S. 582] die folgenden Ausdrücke für B und F, die für alle (nicht extrem relativistischen) Energien sowohl für *Elektronen* als auch für *Positronen* im Vergleich zu den experimentellen Fehlern ausreichend genau sind:

$$B = \frac{1}{2} \ln \frac{m_0 v^2 E}{I^2 (1 - \beta)^2} = \frac{1}{2} \ln \left[\frac{\varepsilon^2 (\varepsilon + 2)}{(I/m_0 c^2)^2} \right], \tag{8.1-6a}$$

$$F^{\pm} = -\beta^2 . \tag{8.1-6b}$$

Die für nichtrelativistische Energien ($I \ll E \ll m_0 c^2$, $F = 0$, $\delta = 0$) in Benutzung befindlichen Ausdrücke,

$$S_{AI} = 2\, S_0\, B \tag{8.1-7a}$$

mit

$$B = \ln b \frac{E}{I} \tag{8.1-7b}$$

unterscheiden sich nur im Zahlenwert der Konstanten b im Argument des Logarithmus der Bremszahl. Es ergibt sich klassisch [Bo 48] $b = 1$, halbklassisch mit[1]) $W_{max} = E$ [Bi 58] $b = 2$, quantenmechanisch mit $W_{max} = E/2$

[1]) $W_{max} = E$ ist nicht für Elektronen möglich, sondern z. B. für Positronen, Protonen oder andere schwere Teilchen (s. a. [Bl 33a]).

[Bi 58] [Be 53a] $b = \sqrt{e/2} = 1{,}166$ und für weiche Stöße bei Integration bis $W_{max} = E/2$ [Ev 55] $b = \sqrt{2}$. Numerisch lautet der korrekteste Ausdruck [Bi 58] mit $b = 1{,}166$

$$S_{AI} = 0{,}078 \frac{Z}{A} \frac{1}{E} \ln\left(1{,}166 \frac{E}{I}\right) \frac{\text{MeV}}{\text{g/cm}^2} \tag{8.1-8}$$

(E, I in MeV).

Das Massenbremsvermögen S_{AI} (Gl. (8.1-8)) wird wegen seiner Proportionalität zu Z/A (für nicht zu große Energien) im allgemeinen als wenig materialabhängig betrachtet. Eine vollständige Vernachlässigung der *Z-Abhängigkeit* ist jedoch nur bei groben Abschätzungen gerechtfertigt. Denn auch der logarithmische Term (Bremszahl) weist eine Z-Abhängigkeit im gleichen Sinne und etwa in der gleichen Stärke wie Z/A selbst auf. Eine graphische Darstellung der numerischen Werte für das Massenbremsvermögen und ihre Näherung durch

$$B \sim Z^{n(E)} \tag{8.1-9a}$$

ergibt für[1]) $E_0 = 0{,}075$; $0{,}22$; $0{,}9$ MeV immerhin Werte von $n = -0{,}16$; $-0{,}14$; $-0{,}12$, während Z/A für $Z \gtrsim 8$ durch

$$Z/A = 1{,}40\, Z^{-0{,}13} \tag{8.1-9b}$$

genähert werden kann. Für das Massenbremsvermögen gilt somit z. B. für Energien um 1 MeV und für $Z \gtrsim 8$

$$S_{AI} \sim \frac{Z}{A} \cdot Z^{-0{,}12} \sim Z^{-0{,}25} = \frac{1}{\sqrt[4]{Z}}\,; \tag{8.1-10}$$

es ist für Materialien kleiner Kernladungszahl am größten und die entsprechende mittlere Bahnlänge $\bar{L}$ am kleinsten. Für die praktische Reichweite (s. § 8.43) tritt infolge des Einflusses der Vielfachstreuung das umgekehrte Verhalten auf, was vielfach durch einen Umwegfaktor (§ 11.5) zum Ausdruck gebracht wird.

Das *effektive Bremsvermögen* von Verbindungen, Stoffgemischen u. dgl. ist (in erster Näherung) gleich der Summe der Beiträge der enthaltenen Elemente (Braggsche Regel)

$$-\frac{dE}{ds} = \sum_j \left(-\frac{dE}{ds}\right)_j. \tag{8.1-11}$$

Unter Berücksichtigung der Massenanteile p_i der Elemente in einer Verbindung kann das effektive Massenbremsvermögen $\bar{S}$ einer Verbindung durch die Massenbremsvermögen S_i dieser Elemente ausgedrückt werden (vgl. § 12.62):

$$\bar{S} = \sum_i p_i S_i; \tag{8.1-11a}$$

für das effektive Bremsvermögen $\bar{S}^*$ gilt entsprechend

$$\bar{S}^* = \varrho_V \sum_i p_i \frac{S_i^*}{\varrho_i}\,, \tag{8.1-11b}$$

wo ϱ_i die Dichte des Elements i und ϱ_V die Dichte der Verbindung ist.

[1]) Vgl. Fußnote, S. 54.

8.13 Die mittlere Anregungsenergie

Die mittlere (durchschnittliche) Anregungs- (oder auch Ionisierungs-)energie I ist ein atomarer Parameter, der zwar im Prinzip, bisher aber nicht praktisch, aus der Kenntnis der Absorptionsfrequenzen ω_i, die den Bahnwinkelgeschwindigkeiten des i-ten Hüllenelektrons entsprechen, und den sog. Oszillatorstärken f_i, die der Bedingung $\sum f_i = Z$ genügen, berechnet werden kann, der der Definitionsgleichung

$$I^Z = \prod_i (\hbar\,\omega_i)^{f_i} \tag{8.1-12}$$

genügt und somit ein geometrisches Mittel für alle Bahnenergien darstellt [Bi 58].

Im Sinne einer Plausibilitätsbetrachtung kann man I etwa als den arithmetischen Mittelwert der Bindungsenergien der Hüllenelektronen eines Atoms ansprechen, also

$$I = \frac{\sum E_{b\,i}}{Z}\,, \tag{8.1-13}$$

wobei die Summe über alle Hüllenelektronen zu nehmen ist. Betrachtet man die Bindungsenergien der K-Elektronen, für die nach dem MOSELEYschen Gesetz

$$E_K \approx Z\,(Z+1)\cdot 13{,}6\ \mathrm{eV}$$

gilt, als sehr viel größer als die Bindungsenergien aller übrigen Elektronen, so erhält man

$$\frac{I}{Z} = K \approx 13{,}6\ \mathrm{eV}\,. \tag{8.1-14}$$

Das Bestehen einer Proportionalität zwischen I und Z auch ohne Beschränkung auf die K-Schale wurde von BLOCH [Bl 33b] auf Grund eines statistischen Atommodells gezeigt und der Wert $K = 13{,}5$ eV abgeschätzt. Für leichte Elemente ist das Überwiegen der Bindungsenergien der K-Elektronen über die der anderen Elektronen nicht mehr so ausgeprägt, und es müßte eine echte Aufsummierung erfolgen, die einen Anstieg von I/Z für fallende Kernladungszahlen erwarten läßt. Tatsächlich konnte JENSEN [Je 37] aus dem THOMAS-FERMI-DIRAC-Atommodell eine dementsprechende Beziehung ableiten,

$$\frac{I}{Z} = K_0\,(1 + k_0\,Z^{-2/3})\,, \tag{8.1-14a}$$

die bei entsprechender Wahl der Konstanten ($K_0 = 7{,}6 \pm 0{,}6$ eV und $k_0 = 0{,}6$ [Br 56]) die Z-Abhängigkeit der von BAKKER und SEGRÈ [Ba 51] sowie THOMPSON [Th 52] mit 300-MeV-Protonen bestimmten *experimentellen Werte* für die reduzierte mittlere Anregungsenergie nach Rückrechnung auf isolierte Atome befriedigend beschreibt. Generell werden solche Untersuchungen aus Gründen des Straggling nicht mit Elektronen, sondern mit hochenergetischen schweren geladenen Teilchen durchgeführt.

Die in Tabelle 8.1-1 zusammengestellten Meßwerte verschiedener Autoren weisen z. T. *erhebliche Unterschiede* für das gleiche Z auf, weil sich jeder kleine

Tabelle 8.1-1. Mittlere Anregungsenergie verschiedener Elemente (in eV) je Einheit der Kernladungszahl (I/Z); Gegenüberstellung der von verschiedenen Autoren angegebenen Werte

Element	BAKKER u. SEGRÈ [Ba 51]	SACHS u. RICHARDSON [Sa 51] [Sa 53]	CALDWELL [Ca 55]	SPENCER [Sp 55]	BERGER und SELTZER [Be 64a]	KNOP und PAUL [Kn 66a]	DUNCAMB und REED [Du 67]
H_2	15,6			15,6	18,7	15,6	
He					9,35		
Li					12,7	11,33	
Be	15,1			15,0	15,0	15,1	
C				12,7	13,0	12,73	24,3
N				11,5	12,1		
O				11,5	11,1		
Ne					13,1		
Mg					13,0		
Al	11,5	12,6	12,6	11,5	12,5	11,52	10,9
Si					12,3		11,0
Ar				11,5	11,7		
Ti							12,3
Fe	9,3				10,5	9,4	12,8
Ni			13,0				
Cu	9,5	13,0	13,0	10,7	10,8	9,6	13,0
Ge					10,7		
Kr					10,6		
Rh			14,6				
Ag	8,9	13,0	14,0		10,4	9,0	13,5
Cd			13,6	10,0			
Sn	9,2	14,0	14,2		10,3	9,4	
Xe					10,2		
Ta		14,2	13,2				
W	9,2	13,2			10,1	9,2	
Au			14,4	10,0	10,1		
Pb	8,6	14,4			10,1	9,0	
U	8,8				10,0	9,3	13,5

Fehler bei der Bestimmung des Bremsvermögens S beträchtlich auf den unter dem Logarithmus stehenden Wert I auswirkt. Aus demselben Grund ist allerdings auch das Bremsvermögen unempfindlich gegenüber kleinen Variationen in dem gewählten Wert für I. Die Werte von SEGRÈ und Mitarbeiter [Ba 51] [Ma 51], auf die offenbar teilweise auch die Angaben von KNOP und PAUL [Kn 66a] zurückgehen, werden in der kritischen Diskussion von CALDWELL [Ca 55] als zu klein bezeichnet [Bi 58]. Sehr ausführliche Übersichten finden sich auch bei ALLISON und WARSHAW [Al 53], BRANDT [Br 58] sowie STARODUBZEV und ROMANOV [St 62]. Ältere Arbeiten werden z. B. bei FOWLER [Fo 23] und BOTHE [Bo 33] besprochen.

Abgesehen von den Meßfehlern kommen für die auftretenden Diskrepanzen weitere *Ursachen* in Betracht. *Erstens* müssen für schwere Primärteilchen i. allg. diverse Korrekturterme von den theoretischen Bremsformeln subtrahiert werden; denn die Geschwindigkeiten schwerer Ionen — mit Ausnahme der energiereichsten mit Energien in der Größenordnung einiger 100 MeV — sind mit den Geschwindigkeiten der Atomelektronen in den tieferen Schalen vergleichbar, so daß die Voraussetzung weicher Stöße ($E_b \ll E$) für die Ableitung der BETHE-Formel nicht erfüllt ist. Solche K- und L-Schalen-Effekte wurden insbesondere von WALSKE [Wa 52] [Wa 56] [Bi 58] [Bi 67a] [Bi 68] berechnet. Die Literaturwerte für die mittlere Anregungsenergie sind i. allg. auf derartige Effekte korrigiert. Aus der Sicht solcher Korrekturen sollten die Meßwerte von BAKKER und SEGRÈ [Ba 51] gerade besonders zuverlässig sein.

Zweitens ist die Funktion I/Z nur für isolierte Atome eine stetige Funktion von Z. Bei Messungen von Feststoffen und Verbindungen werden dem stetigen Verlauf von I/Z überlagerte Fluktuationen beobachtet, die besonders im Bereich leichter Elemente bis zu ca. 30% größere I/Z-Werte ergeben. Nach BRANDT [Br 56] [Br 58] lassen sich diese Fluktuationen quantitativ durch Polarisationseffekte bzw. den Valenzzustand der Atome erklären, indem die Größe δ (in Gl. (8.1-5a)) in zwei entsprechende Anteile aufgespalten wird, die beide (wie auch I selbst) Funktionen der Oszillatorstärken f_i und -frequenzen ω_i der Hüllenelektronen sind. Darüber hinaus tritt aber noch eine Abhängigkeit vom Verhältnis γ der effektiven Zahl der Leitungselektronen zur Zahl der Valenzelektronen auf, die bisher nicht theoretisch berechenbar ist; für die leichteren Elemente der Alkali- und Erdalkaligruppe ist zwar eine relativ sichere Aussage über den Wert von γ ($= 1$), für die Übergangs- und Edelmetalle nur eine Abschätzung (zu $\gamma \approx 2$) möglich. Es besteht hier ein enger Zusammenhang mit den charakteristischen Energieverlustspektren im eV-Gebiet [Ru 48] [Bi 58].

Die *Auswirkungen* solcher Einflüsse zeigen sich recht deutlich bei einigen Untersuchungen zum atomaren Bremsquerschnitt mit relativ langsamen Protonen (50 bis 500 keV [Gr 55] [Ba 56]) und mit α-Teilchen ([Tr 21a, b], s. a. [Ru 30] [Bo 33]) sowie zum Massenschwächungskoeffizienten für Betastrahlung (vgl. § 12.5, Abb. 12.5-5). Es treten insbesondere für die Elemente der höheren Hauptgruppen jeder Periode des chemischen Systems der Elemente, das sind gerade Übergangs- und Edelmetalle, im Vergleich zur allgemeinen (stetigen) Z-Abhängigkeit bis zu 50% überhöhte Werte auf, die einen deutlichen *Einfluß der Schalenstruktur* der Atomhülle erkennen lassen. Die Ursachen mögen einerseits darin zu suchen sein, daß die Geschwindigkeit der schweren Teilchen in der Größenordnung der Bahngeschwindigkeiten der Außenelektronen liegt; andererseits dürften auch die im Festkörperverband veränderten Bindungsenergien bzw. die Anzahl der Leitungselektronen [Br 56] eine Rolle spielen.

Als Folge solcher Einflüsse treten auch Abweichungen von der BRAGG*schen Regel* [Br 12] (Gl. (8.1-11)) auf, die für Verbindungen und Gemische eine Additivität der Massenbremsvermögen der enthaltenen Elemente entsprechend ihrer

Massenanteile besagt (vgl. § 12.62). Für Verbindungen muß mit Abweichungen von der Additivitätsregel in der Größenordnung einiger Prozent infolge der Molekülbindung sowie des Dichteeffektes, d. h. der Molekülwechselwirkungen untereinander, gerechnet werden [An 61 a, b], worauf bisher insbesondere für Verbindungen aus leichten Elementen bei Untersuchungen mit langsamen Protonen ($E \approx 150$ keV) [Wh 58] hingewiesen wurde. Dabei scheint allerdings der Einfluß des Dichteeffektes (auch für α-Teilchen) zu überwiegen, da mehrfach festgestellt wurde, daß für Gase und Dämpfe organischer Verbindungen die BRAGGsche Regel recht gut erfüllt ist (s. z. B. [Tr 21 a, b] [Ph 23] [Pa 66]), während für die gleichen Substanzen als Flüssigkeiten Abweichungen beobachtet werden [Tr 21 a] [Ph 23] [Th 52] [Br 56].

Angesichts der bisher unzureichenden Informationen werden in Tabellenwerken zur Elektronenbremsung [Ne 56] [Be 64 a] [Be 66] [Be 68] (s. Tab. 8.3-1) *entsprechend den internationalen Empfehlungen* (s. Report Nr. 6 der NAS-NRC, Publikation 1133) Werte für die mittlere Anregungsenergie I zugrunde gelegt, die Valenzeffekte nicht widerspiegeln und für $Z \geqq 13$ der empirischen Beziehung [St 66][1])

$$\frac{I}{Z} = 9{,}76 + 58{,}8 \cdot Z^{-1{,}19}\,\mathrm{eV} \tag{8.1-15}$$

genügen (ein praktisch brauchbarer Mittelwert der experimentellen Angaben für $Z \leqq 6$ ist $I/Z = 11{,}5$ [Du 67] [Du 68]). Unter dieser Voraussetzung wurden auch die in Tab. 8.1-2 angegebenen effektiven mittleren Anregungsenergien für Verbindungen (nach der Formel $(\Sigma Z_i) \ln \bar{I} = \Sigma Z_i \ln I_i$) berechnet (s. a. [Bi 68]). Bei Bekanntwerden neuer Informationen ist gegebenenfalls eine Revision der Werte für die mittleren Anregungsenergien und der Energieverlustdaten erforderlich [Be 64 a].

Tabelle 8.1-2. Mittlere Anregungsenergie $\bar{I}$ einiger Verbindungen [Be 64 a] [St 66]

Verbindung	$\bar{I}$ [eV]	Verbindung	$\bar{I}$ [eV]
H_2O	65,1	Äthylen	54,6
CO	85,9	Polyäthylen	54,6
Luft	86,8	Xylol	61,0
AgCl	384	Toluol	62,1
AgBr	434	Azetylen	63,6
NaJ	433	Polystyrol	63,6
LiJ	473	Stilben	65,2
Muskel	66,2	Plexiglas (Lucite)	65,6
Knochen	85,2	Anthrazen	67,0
Methan	44,6	Freon CF_3Br	204,7
Propan	50,3	Standardemulsion	320

[1]) Berechnet mit den Stützwerten I (Al) = 163 eV, I (Cu) = 314 eV und I (Pb) = 826 eV [St 66].

Bei der Benutzung von *Tabellenwerten* für die mittleren Energieverluste und die mittleren Bahnlängen in elementaren Absorbern (Tab. 8.3-1 und Tab. 8.3-3) muß man sich somit darüber im klaren sein, daß ihre Berechnung auf der vereinfachten BETHE-Bremsformel beruht, die Festkörpereinflüsse nicht zu beschreiben in der Lage ist, und daß diese auch nicht in den zugrunde gelegten mittleren Anregungsenergien I der Elemente enthalten sind. Für Verbindungen sind entsprechend die Bindungseinflüsse nicht erfaßt. Die durch Vernachlässigung dieser Effekte auftretenden Fehler liegen bei schnellen schweren Teilchen in der Größenordnung weniger Prozent und steigen mit abnehmender Primärenergie [Wh 58].

Für nicht sehr energiereiche *Elektronen- und Betastrahlung* muß offenbar prinzipiell damit gerechnet werden, daß einerseits die Z-Abhängigkeit der mittleren Anregungsenergie gegenüber dem aus Messungen mit schweren Teilchen gefundenen Verlauf verändert ist; das zeigen beispielsweise auch ausführliche Untersuchungen, die im Zusammenhang mit der Bestimmung der absoluten Ausbeute an Röntgenfluoreszenzstrahlen bei Anregung mit Elektronen kleiner Energie (10 bis 40 keV) stehen, wonach die Funktion $K = I/Z$ für sehr kleine Z sehr hohe Werte annimmt ($K = 24$ bei $Z = 6$), bei $Z = 12$ ein ausgeprägtes Minimum ($K = 11$) durchläuft und erst oberhalb $Z \leqq 40$ in den auch für schwere Teilchen gefundenen Verlauf mit $K \approx 13{,}5$ übergeht (vgl. Tab. 8.1-1, DUNCAMB u. a. [Du 67] [Du 68]).

Andererseits treten bei der Elektronenwechselwirkung in elementaren Targets offenbar erhebliche Festkörpereffekte auf ([An 67]; vgl. § 12,5); die Molekülbindungseinflüsse äußern sich in z. T. beträchtlichen Abweichungen von der Additivitätsregel, die für Wasser und wasserstoffhaltige Verbindungen besonders groß sind [Be 22] [Br 58] [Ta 68b]. Wie die Diskussion in § 12.5 zeigen wird, können die beobachteten Effekte offenbar nicht sämtlich durch Streueinflüsse erklärt werden.

8.14 Partielle Bremsvermögen

Die in § 8.12 angegebenen Ausdrücke für das *Bremsvermögen im nichtrelativistischen Gebiet* ($E \leqq m_0 c^2$) sind nur so lange anwendbar, wie die Elektronenenergie größer ist als die Ionisierungsenergie E_K der K-Schale des Absorberelementes Z, die für schwere Elemente die Größenordnung 10 bis 100 keV hat. Für kleinere Energien geht der Ausdruck Gl. (8.1-7) für das Bremsvermögen (mit $b = 2$) nach LIVINGSTON und BETHE [Li 37] in

$$S'_{AI} = 2\, S_0 \frac{(Z - 1{,}81)}{Z} \ln \frac{2\, E}{I'} \tag{8.1-16}$$

über, wo I' durch

$$\ln I = \frac{1 - 1{,}81}{Z} \ln I' + \frac{1{,}81}{Z} \ln E_K \tag{8.1-16a}$$

gegeben ist. Da die Korrektion im wesentlichen unter dem Logarithmus erfolgt, unterscheiden sich die numerischen Werte für den Energieverlust nach beiden Beziehungen im Vergleich zum Meßfehler relativ wenig, außer für Elemente sehr kleiner Kernladungszahl. Die vollständige Bremsformel ist daher auch bei kleinen Energien eine vielfach brauchbare Näherung.

Bei einigen Anwendungen interessiert lediglich diejenige Energie, die ein Elektron längs seiner Bahn an das Medium – bzw. in einem gewissen Bereich um diese Spur – abgibt. Man muß dann aus der Berechnung des Bremsvermögens die Energie ausschließen, die aus dem interessierenden Bereich durch schnelle Sekundärelektronen (δ-Teilchen) herausgetragen wird. Entsprechende Ausdrücke und Abbildungen für das Bremsvermögen für Elektronen und Positronen, in denen nur der Energieübertrag unterhalb eines gewissen Wertes berücksichtigt wird, geben BERGER und SELTZER [Be 64a] an (s. a. [Bi 68]).

Die *primären Ionisationseffekte* sind auf ein konzentrisch zur Bahn des einfallenden Elektrons liegendes, zylindrisches Volumen beschränkt, dessen Radius

$$\Delta = [4\pi N_v Z r_0]^{-1/2} \tag{8.1-17}$$

beträgt [Bo 48] [Bu 52] [Ro 68].

8.2 Energieverlust infolge Bremsstrahlungserzeugung

Merkliche Beiträge zur Bremsung schneller Elektronen infolge Bremsstrahlungserzeugung treten erst für Elektronenenergien E oberhalb 1 MeV auf. In diesem Energiegebiet kann der Wirkungsquerschnitt σ_{BS} nach Gl. (7.3-4c) unter Vernachlässigung der Hüllenabschirmung berechnet werden, und man erhält für den mittleren Energieverlust infolge Bremsstrahlungserzeugung pro Flächenmasseneinheit der durchlaufenen Bahn gemäß Gl. (7.3-3c) mit Gl. (7.3-4) und Gl. (7.3-2) für den relativistischen Fall (mit E in MeV)

$$\begin{aligned} S_{BS} &= -\left(\frac{\mathrm{d}E}{\varrho\,\mathrm{d}s}\right)_{BS} = N\,\sigma_{BS}\,(E + m_0 c^2) = \alpha \frac{r_0^2}{u} m_0 c^2 (\varepsilon + 1) \frac{1}{A} \frac{\sigma_{BS}}{\sigma_0} \\ &= 13{,}96 \cdot 10^{-4} \frac{Z}{A} (Z+1)(E + m_0 c^2) \left\{ \ln\left(2\frac{E + m_0 c^2}{m_0 c^2}\right) - \frac{1}{3} \right\} \frac{\text{MeV}}{\text{g/cm}^2} \\ &= 7{,}0 \cdot 10^{-4} \frac{Z(Z+1)}{A} (\varepsilon + 1) \left\{ \ln\,[2(\varepsilon + 1)] - \frac{1}{3} \right\} \frac{\text{MeV}}{\text{g/cm}^2}. \end{aligned} \tag{8.2-1}$$

Durch $Z(Z+1)$ statt Z^2 ist der Beitrag der Atomhülle näherungsweise berücksichtigt. Numerische Werte (nach [Be 64a]) enthält Tab. 8.3-2.

Der *Beitrag der Bremsstrahlungsverluste* zum Gesamtenergieverlust kann aus der Strahlungsausbeute abgeschätzt werden. Der Bruchteil der einfallenden kinetischen Elektronenenergie $E_0 = \varepsilon_0 m_0 c^2$, der während der totalen Abbremsung eines Elektrons in Quantenstrahlung konvertiert wird, beträgt für relativistische Energien im Mittel näherungsweise [Ko 59]

$$\frac{E_{BS}}{E_0} = \frac{Z(\varepsilon_0 + 1)}{Z\varepsilon_0 + 3300}; \tag{8.2-2}$$

für nichtrelativistische Energien wird als Faustregel

$$\frac{E_{BS}}{E_0} = \frac{Z(\varepsilon_0 + 1)}{2000}$$

empfohlen, was mit den meisten theoretischen und experimentellen Ergebnissen innerhalb eines Faktors 2 in Übereinstimmung steht.

Diese Ausdrücke gelten mit ausreichender Genauigkeit für $Z > 10$; für kleine Z wird der Bremsstrahlungsbeitrag überschätzt. Für $E_{BS}/E_{AI} = 1$ sind die Beiträge beider Prozesse zum Energieverlust gleich groß; das ist z. B. für Pb bereits bei etwa 7 MeV der Fall. Abb. 8.2-1 zeigt die genauere Abhängigkeit

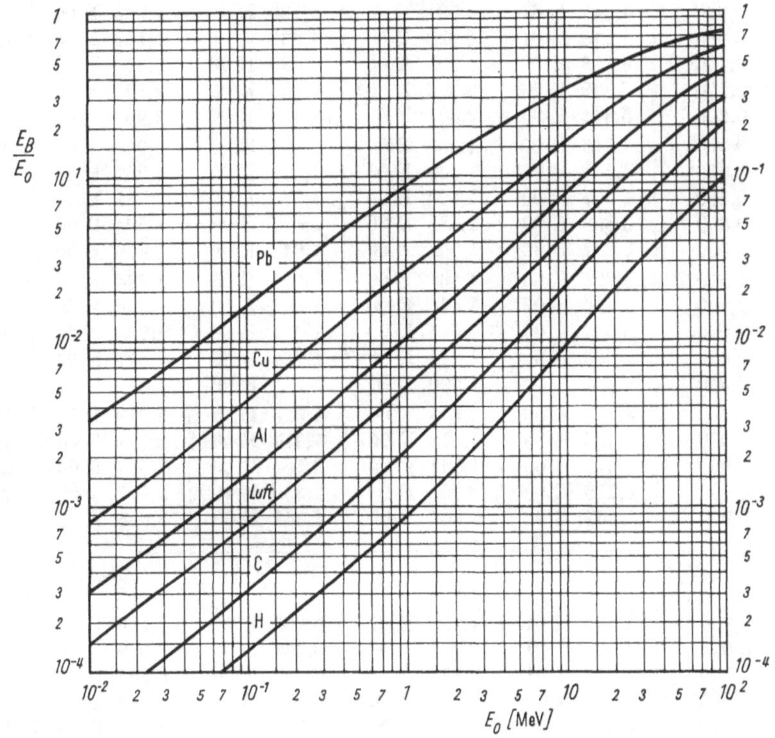

Abb. 8.2-1. Bremsstrahlungsausbeute für Elektronen. E_{BS} ist die Gesamtenergie der Bremsstrahlungsquanten, die im Mittel bei vollständiger Abbremsung eines Elektrons mit der kinetischen Energie E_0 erzeugt wird (nach [Ko 68])

des in Bremsstrahlung umgesetzten Bruchteils der Energie eines Elektrons, der im Mittel bei der vollständigen Abbremsung eines Elektrons mit der kinetischen Energie E_0 erzeugt wird, von der Elektronenenergie [Ko 68].

8.3 Gesamtverluste

8.31 Das totale Bremsvermögen

Die Gesamtverluste ergeben sich durch Addition des Stoß- und des Bremsstrahlungsverlustes:

$$S_t = S_{AI} + S_{BS} \,. \tag{8.3-1}$$

Tabelle 8.3-1. Totales Massenbremsvermögen ($-dE/\varrho\, ds$) (in MeV · cm²/g) nach [Be 64a] [Be 66]; E 01 bedeutet · 10^1

E_0 [MeV]	H_2	Be	C	O	Al
0,010	5,147 E 01	1,885 E 01	2,016 E 01	1,964 E 01	1,658 E 01
0,015	3,697 E 01	1,371 E 01	1,472 E 01	1,437 E 01	1,226 E 01
0,020	2,928 E 01	1,095 E 01	1,178 E 01	1,152 E 01	9,893 E 00
0,030	2,118 E 01	8,005 E 00	8,638 E 00	8,459 E 00	7,325 E 00
0,040	1,693 E 01	6,440 E 00	6,962 E 00	6,825 E 00	5,940 E 00
0,060	1,249 E 01	4,791 E 00	5,192 E 00	5,096 E 00	4,465 E 00
0,080	1,018 E 01	3,928 E 00	4,263 E 00	4,188 E 00	3,684 E 00
0,100	8,768 E 00	3,395 E 00	3,689 E 00	3,626 E 00	3,200 E 00
0,150	6,842 E 00	2,669 E 00	2,904 E 00	2,858 E 00	2,536 E 00
0,200	5,871 E 00	2,301 E 00	2,498 E 00	2,469 E 00	2,199 E 00
0,300	4,915 E 00	1,935 E 00	2,103 E 00	2,086 E 00	1,861 E 00
0,400	4,461 E 00	1,760 E 00	1,914 E 00	1,907 E 00	1,706 E 00
0,600	4,057 E 00	1,599 E 00	1,745 E 00	1,751 E 00	1,571 E 00
0,800	3,899 E 00	1,533 E 00	1,677 E 00	1,695 E 00	1,521 E 00
1,000	3,832 E 00	1,502 E 00	1,648 E 00	1,676 E 00	1,502 E 00
1,500	3,808 E 00	1,484 E 00	1,633 E 00	1,684 E 00	1,505 E 00
2,000	3,846 E 00	1,493 E 00	1,645 E 00	1,716 E 00	1,528 E 00
3,000	3,955 E 00	1,515 E 00	1,684 E 00	1,788 E 00	1,584 E 00
4,000	4,059 E 00	1,541 E 00	1,724 E 00	1,857 E 00	1,639 E 00
6,000	4,234 E 00	1,590 E 00	1,795 E 00	1,976 E 00	1,741 E 00
8,000	4,373 E 00	1,633 E 00	1,856 E 00	2,078 E 00	1,835 E 00
10,000	4,490 E 00	1,673 E 00	1,914 E 00	2,172 E 00	1,924 E 00
20,000	4,912 E 00	1,844 E 00	2,164 E 00	2,564 E 00	2,341 E 00
30,000	5,216 E 00	2,001 E 00	2,396 E 00	2,907 E 00	2,745 E 00
50,000	5,669 E 00	2,302 E 00	2,847 E 00	3,526 E 00	3,547 E 00

E_0 [MeV]	Si	Cu	Ge	Ag	Sn
0,010	1,693 E 01	1,329 E 01	1,253 E 01	1,116 E 01	1,059 E 01
0,015	1,254 E 01	9,991 E 00	9,437 E 00	8,502 E 00	8,089 E 00
0,020	1,012 E 01	8,137 E 00	7,699 E 00	6,983 E 00	6,652 E 00
0,030	7,501 E 00	6,096 E 00	5,778 E 00	5,285 E 00	5,042 E 00
0,040	6,086 E 00	4,981 E 00	4,726 E 00	4,346 E 00	4,151 E 00
0,060	4,578 E 00	3,779 E 00	3,592 E 00	3,326 E 00	3,181 E 00
0,080	3,779 E 00	3,138 E 00	2,986 E 00	2,777 E 00	2,658 E 00
0,100	3,284 E 00	2,738 E 00	2,607 E 00	2,433 E 00	2,330 E 00
0,150	2,603 E 00	2,188 E 00	2,086 E 00	1,958 E 00	1,878 E 00
0,200	2,258 E 00	1,908 E 00	1,820 E 00	1,716 E 00	1,648 E 00
0,300	1,919 E 00	1,634 E 00	1,562 E 00	1,483 E 00	1,425 E 00
0,400	1,756 E 00	1,508 E 00	1,440 E 00	1,378 E 00	1,326 E 00
0,600	1,620 E 00	1,398 E 00	1,346 E 00	1,297 E 00	1,250 E 00
0,800	1,571 E 00	1,364 E 00	1,318 E 00	1,277 E 00	1,234 E 00
1,000	1,554 E 00	1,356 E 00	1,314 E 00	1,278 E 00	1,237 E 00
1,500	1,560 E 00	1,378 E 00	1,342 E 00	1,320 E 00	1,281 E 00
2,000	1,586 E 00	1,417 E 00	1,385 E 00	1,376 E 00	1,339 E 00
3,000	1,647 E 00	1,502 E 00	1,477 E 00	1,491 E 00	1,458 E 00
4,000	1,706 E 00	1,584 E 00	1,565 E 00	1,603 E 00	1,572 E 00
6,000	1,817 E 00	1,740 E 00	1,729 E 00	1,815 E 00	1,790 E 00
8,000	1,918 E 00	1,889 E 00	1,887 E 00	2,021 E 00	2,001 E 00
10,000	2,016 E 00	2,038 E 00	2,043 E 00	2,226 E 00	2,211 E 00
20,000	2,470 E 00	2,759 E 00	2,801 E 00	3,231 E 00	3,233 E 00
30,000	2,913 E 00	3,490 E 00	3,568 E 00	4,264 E 00	4,282 E 00
50,000	3,795 E 00	4,981 E 00	5,137 E 00	6,408 E 00	6,468 E 00

Tabelle 8.3-1 (Fortsetzung)

E_0 [MeV]	W	Au	Pb	U	H_2O
0,010	8,922 E 00	8,691 E 00	8,464 E 00	7,924 E 00	2,321 E 01
0,015	6,924 E 00	6,766 E 00	6,602 E 00	6,218 E 00	1,691 E 01
0,020	5,748 E 00	5,627 E 00	5,496 E 00	5,194 E 00	1,351 E 01
0,030	4,406 E 00	4,323 E 00	4,228 E 00	4,012 E 00	9,884 E 00
0,040	3,652 E 00	3,589 E 00	3,513 E 00	3,342 E 00	7,956 E 00
0,060	2,823 E 00	2,780 E 00	2,724 E 00	2,600 E 00	5,924 E 00
0,080	2,374 E 00	2,340 E 00	2,294 E 00	2,195 E 00	4,859 E 00
0,100	2,091 E 00	2,063 E 00	2,024 E 00	1,940 E 00	4,202 E 00
0,150	1,699 E 00	1,680 E 00	1,650 E 00	1,587 E 00	3,304 E 00
0,200	1,501 E 00	1,486 E 00	1,461 E 00	1,408 E 00	2,850 E 00
0,300	1,311 E 00	1,301 E 00	1,280 E 00	1,238 E 00	2,401 E 00
0,400	1,229 E 00	1,221 E 00	1,203 E 00	1,166 E 00	2,190 E 00
0,600	1,174 E 00	1,168 E 00	1,152 E 00	1,121 E 00	2,000 E 00
0,800	1,169 E 00	1,165 E 00	1,153 E 00	1,124 E 00	1,926 E 00
1,000	1,180 E 00	1,177 E 00	1,168 E 00	1,144 E 00	1,893 E 00
1,500	1,242 E 00	1,242 E 00	1,238 E 00	1,218 E 00	1,877 E 00
2,000	1,316 E 00	1,319 E 00	1,316 E 00	1,301 E 00	1,889 E 00
3,000	1,464 E 00	1,475 E 00	1,476 E 00	1,467 E 00	1,931 E 00
4,000	1,608 E 00	1,625 E 00	1,630 E 00	1,628 E 00	1,974 E 00
6,000	1,883 E 00	1,912 E 00	1,925 E 00	1,935 E 00	2,051 E 00
8,000	2,151 E 00	2,192 E 00	2,211 E 00	2,234 E 00	2,119 E 00
10,000	2,424 E 00	2,469 E 00	2,493 E 00	2,530 E 00	2,183 E 00
20,000	3,703 E 00	3,839 E 00	3,907 E 00	4,006 E 00	2,470 E 00
30,000	5,033 E 00	5,242 E 00	5,337 E 00	5,512 E 00	2,742 E 00
50,000	7,887 E 00	8,190 E 00	8,303 E 00	8,673 E 00	3,276 E 00

E_0 [MeV]	Polystyrol	Muskel	Knochen	Luft	Stand. Emulsion
0,010	2,261 E 01	2,292 E 01	2,101 E 01	1,971 E 01	1,317 E 01
0,015	1,646 E 01	1,670 E 01	1,537 E 01	1,442 E 01	9,905 E 00
0,020	1,315 E 01	1,335 E 01	1,231 E 01	1,155 E 01	8,071 E 00
0,030	9,620 E 00	9,768 E 00	9,036 E 00	8,479 E 00	6,049 E 00
0,040	7,743 E 00	7,863 E 00	7,287 E 00	6,840 E 00	4,945 E 00
0,060	5,764 E 00	5,856 E 00	5,440 E 00	5,106 E 00	3,755 E 00
0,080	4,727 E 00	4,804 E 00	4,469 E 00	4,195 E 00	3,119 E 00
0,100	4,087 E 00	4,154 E 00	3,869 E 00	3,632 E 00	2,723 E 00
0,150	3,213 E 00	3,267 E 00	3,049 E 00	2,862 E 00	2,177 E 00
0,200	2,771 E 00	2,817 E 00	2,631 E 00	2,472 E 00	1,900 E 00
0,300	2,335 E 00	2,373 E 00	2,219 E 00	2,088 E 00	1,630 E 00
0,400	2,126 E 00	2,164 E 00	2,022 E 00	1,908 E 00	1,507 E 00
0,600	1,934 E 00	1,976 E 00	1,850 E 00	1,752 E 00	1,408 E 00
0,800	1,857 E 00	1,902 E 00	1,780 E 00	1,696 E 00	1,379 E 00
1,000	1,822 E 00	1,869 E 00	1,750 E 00	1,676 E 00	1,375 E 00
1,500	1,802 E 00	1,853 E 00	1,740 E 00	1,683 E 00	1,405 E 00
2,000	1,813 E 00	1,866 E 00	1,757 E 00	1,714 E 00	1,452 E 00
3,000	1,851 E 00	1,907 E 00	1,805 E 00	1,786 E 00	1,550 E 00
4,000	1,890 E 00	1,950 E 00	1,854 E 00	1,852 E 00	1,645 E 00
6,000	1,961 E 00	2,026 E 00	1,943 E 00	1,969 E 00	1,822 E 00
8,000	2,023 E 00	2,094 E 00	2,022 E 00	2,068 E 00	1,992 E 00
10,000	2,079 E 00	2,158 E 00	2,096 E 00	2,159 E 00	2,160 E 00
20,000	2,327 E 00	2,441 E 00	2,434 E 00	2,534 E 00	2,972 E 00
30,000	2,555 E 00	2,710 E 00	2,755 E 00	2,859 E 00	3,798 E 00
50,000	2,997 E 00	3,236 E 00	3,389 E 00	3,443 E 00	5,497 E 00

Tabelle 8.3-2. Massenbremsvermögen infolge Bremsstrahlung $(-dE/\varrho ds)_{BS}$ (in MeV · cm²/g) nach [Be 64a] [Be 66]; E-01 bedeutet · 10^{-1}

E_0 [MeV]	H_2	Be	C	O	Al
0,010	1,970 E-03	2,463 E-03	4,089 E-03	5,460 E-03	8,600 E-03
0,015	1,965 E-03	2,418 E-03	4,002 E-03	5,348 E-03	8,482 E-03
0,020	1,969 E-03	2,396 E-03	3,952 E-03	5,274 E-03	8,373 E-03
0,030	1,983 E-03	2,375 E-03	3,893 E-03	5,183 E-03	8,276 E-03
0,040	2,003 E-03	2,373 E-03	3,869 E-03	5,139 E-03	8,252 E-03
0,060	2,050 E-03	2,413 E-03	3,921 E-03	5,218 E-03	8,446 E-03
0,080	2,103 E-03	2,480 E-03	4,029 E-03	5,377 E-03	8,746 E-03
0,100	2,152 E-03	2,543 E-03	4,145 E-03	5,566 E-03	9,105 E-03
0,150	2,315 E-03	2,802 E-03	4,568 E-03	6,144 E-03	1,005 E-02
0,200	2,480 E-03	3,095 E-03	5,042 E-03	6,765 E-03	1,100 E-02
0,300	2,874 E-03	3,732 E-03	6,078 E-03	8,152 E-03	1,317 E-02
0,400	3,305 E-03	4,408 E-03	7,177 E-03	9,629 E-03	1,549 E-02
0,600	4,291 E-03	5,803 E-03	9,418 E-03	1,261 E-02	2,011 E-02
0,800	5,407 E-03	7,220 E-03	1,169 E-02	1,559 E-02	2,469 E-02
1,000	6,647 E-03	7,803 E-03	1,402 E-02	1,860 E-02	2,933 E-02
1,500	9,956 E-03	1,360 E-02	1,999 E-02	2,629 E-02	4,071 E-02
2,000	1,360 E-02	2,186 E-02	2,617 E-02	3,417 E-02	5,204 E-02
3,000	2,157 E-02	2,673 E-02	3,931 E-02	5,085 E-02	7,612 E-02
4,000	3,026 E-02	3,401 E-02	5,357 E-02	6,890 E-02	1,025 E-01
6,000	4,918 E-02	5,404 E-02	8,454 E-02	1,081 E-01	1,604 E-01
8,000	6,931 E-02	7,522 E-02	1,174 E-01	1,498 E-01	2,217 E-01
10,000	9,064 E-02	9,800 E-02	1,526 E-01	1,945 E-01	2,869 E-01
20,000	2,042 E-01	2,184 E-01	3,388 E-01	4,308 E-01	6,317 E-01
30,000	3,255 E-01	3,464 E-01	5,367 E-01	6,817 E-01	9,973 E-01
50,000	5,797 E-01	6,129 E-01	9,475 E-01	1,202 E 00	1,755 E 00

E_0 [MeV]	Si	Cu	Ge	Ag	Sn
0,010	9,576 E-03	1,793 E-02	1,905 E-02	2,740 E-02	2,815 E-02
0,015	9,459 E-03	1,792 E-02	1,906 E-02	2,744 E-02	2,819 E-02
0,020	9,344 E-03	1,773 E-02	1,885 E-02	2,708 E-02	2,769 E-02
0,030	9,252 E-03	1,818 E-02	1,939 E-02	2,820 E-02	2,914 E-02
0,040	9,241 E-03	1,886 E-02	2,020 E-02	2,981 E-02	3,122 E-02
0,060	9,467 E-03	1,988 E-02	2,135 E-02	3,196 E-02	3,372 E-02
0,080	9,803 E-03	2,076 E-02	2,233 E-02	3,368 E-02	3,555 E-02
0,100	1,020 E-02	2,147 E-02	2,309 E-02	3,511 E-02	3,677 E-02
0,150	1,125 E-02	2,359 E-02	2,538 E-02	3,870 E-02	4,054 E-02
0,200	1,230 E-02	2,557 E-02	2,751 E-02	4,178 E-02	4,391 E-02
0,300	1,472 E-02	3,022 E-02	3,249 E-02	4,908 E-02	5,173 E-02
0,400	1,730 E-02	3,519 E-02	3,780 E-02	5,684 E-02	5,996 E-02
0,600	2,245 E-02	4,489 E-02	4,808 E-02	7,177 E-02	7,528 E-02
0,800	2,753 E-02	5,428 E-02	5,804 E-02	8,613 E-02	8,999 E-02
1,000	3,267 E-02	6,304 E-02	6,726 E-02	9,897 E-02	1,032 E-01
1,500	4,527 E-02	8,689 E-02	9,273 E-02	1,360 E-01	1,407 E-01
2,000	5,779 E-02	1,115 E-01	1,192 E-01	1,750 E-01	1,799 E-01
3,000	8,445 E-02	1,635 E-01	1,744 E-01	2,537 E-01	2,606 E-01
4,000	1,136 E-01	2,173 E-01	2,314 E-01	3,343 E-01	3,434 E-01
6,000	1,773 E-01	3,292 E-01	3,499 E-01	5,003 E-01	5,139 E-01
8,000	2,449 E-01	4,470 E-01	4,742 E-01	6,729 E-01	6,905 E-01
10,000	3,172 E-01	5,722 E-01	6,057 E-01	8,533 E-01	8,751 E-01
20,000	6,976 E-01	1,224 E 00	1,290 E 00	1,785 E 00	1,821 E 00
30,000	1,101 E 00	1,917 E 00	2,019 E 00	2,780 E 00	2,830 E 00
50,000	1,936 E 00	3,365 E 00	3,543 E 00	4,879 E 00	4,969 E 00

Tabelle 8.3-2 (Fortsetzung)

E_0 [MeV]	W	Au	Pb	U	H_2O
0,010	4,022 E-02	4,383 E-02	4,513 E-02	4,947 E-02	5,069 E-03
0,015	4,097 E-02	4,477 E-02	4,614 E-02	5,061 E-02	4,969 E-03
0,020	4,150 E-02	4,490 E-02	4,620 E-02	5,070 E-02	4,904 E-03
0,030	4,320 E-02	4,686 E-02	4,827 E-02	5,295 E-02	4,825 E-03
0,040	4,499 E-02	4,916 E-02	5,074 E-02	5,560 E-02	4,788 E-03
0,060	4,793 E-02	5,256 E-02	5,426 E-02	5,950 E-02	4,863 E-03
0,080	5,046 E-02	5,538 E-02	5,716 E-02	6,274 E-02	5,011 E-03
0,100	5,266 E-02	5,778 E-02	5,944 E-02	6,547 E-02	5,184 E-03
0,150	5,837 E-02	6,388 E-02	6,593 E-02	7,253 E-02	5,716 E-03
0,200	6,384 E-02	6,944 E-02	7,251 E-02	7,944 E-02	6,286 E-03
0,300	7,499 E-02	8,155 E-02	8,460 E-02	9,254 E-02	7,561 E-03
0,400	8,624 E-02	9,403 E-02	9,623 E-02	1,053 E-01	8,921 E-03
0,600	1,084 E-01	1,178 E-01	1,194 E-01	1,306 E-01	1,168 E-02
0,800	1,292 E-01	1,401 E-01	1,425 E-01	1,560 E-01	1,445 E-02
1,000	1,471 E-01	1,590 E-01	1,661 E-01	1,816 E-01	1,727 E-02
1,500	2,003 E-01	2,150 E-01	2,234 E-01	2,447 E-01	2,447 E-02
2,000	2,565 E-01	2,735 E-01	2,802 E-01	3,075 E-01	3,187 E-02
3,000	3,684 E-01	3,923 E-01	3,999 E-01	4,367 E-01	4,757 E-02
4,000	4,818 E-01	5,120 E-01	5,212 E-01	5,666 E-01	6,458 E-02
6,000	7,124 E-01	7,541 E-01	7,678 E-01	8,283 E-01	1,015 E-01
8,000	9,489 E-01	1,002 E 00	1,020 E 00	1,095 E 00	1,408 E-01
10,000	1,198 E 00	1,254 E 00	1,275 E 00	1,366 E 00	1,829 E-01
20,000	2,407 E 00	2,553 E 00	2,614 E 00	2,770 E 00	4,055 E-01
30,000	3,700 E 00	3,918 E 00	4,003 E 00	4,238 E 00	6,419 E-01
50,000	6,511 E 00	6,822 E 00	6,923 E 00	7,354 E 00	1,132 E 00

E_0 [MeV]	Polystyrol	Muskel	Knochen	Luft	Stand. Emulsion
0,010	3,926 E-03	4,971 E-03	6,373 E-03	5,012 E-03	2,109 E-02
0,015	3,846 E-03	4,874 E-03	6,282 E-03	4,909 E-03	2,110 E-02
0,020	3,799 E-03	4,810 E-03	6,206 E-03	4,843 E-03	2,084 E-02
0,030	3,747 E-03	4,735 E-03	6,159 E-03	4,765 E-03	2,159 E-02
0,040	3,726 E-03	4,702 E-03	6,169 E-03	4,731 E-03	2,270 E-02
0,060	3,778 E-03	4,777 E-03	6,316 E-03	4,803 E-03	2,420 E-02
0,080	3,882 E-03	4,921 E-03	6,528 E-03	4,945 E-03	2,543 E-02
0,100	3,992 E-03	5,087 E-03	6,757 E-03	5,109 E-03	2,643 E-02
0,150	4,395 E-03	5,609 E-03	7,442 E-03	5,637 E-03	2,910 E-02
0,200	4,845 E-03	6,169 E-03	8,154 E-03	6,211 E-03	3,148 E-02
0,300	5,831 E-03	7,420 E-03	9,765 E-03	7,483 E-03	3,707 E-02
0,400	6,879 E-03	8,754 E-03	1,148 E-02	8,836 E-03	4,301 E-02
0,600	9,024 E-03	1,146 E-02	1,493 E-02	1,158 E-02	5,445 E-02
0,800	1,121 E-02	1,418 E-02	1,836 E-02	1,433 E-02	6,551 E-02
1,000	1,345 E-02	1,694 E-02	2,185 E-02	1,707 E-02	7,554 E-02
1,500	1,922 E-02	2,402 E-02	3,059 E-02	2,424 E-02	1,041 E-01
2,000	2,521 E-02	3,130 E-02	3,944 E-02	3,168 E-02	1,340 E-01
3,000	3,795 E-02	4,673 E-02	5,883 E-02	4,714 E-02	1,949 E-01
4,000	5,178 E-02	6,346 E-02	7,963 E-02	6,393 E-02	2,577 E-01
6,000	8,183 E-02	9,977 E-02	1,243 E-01	1,004 E-01	3,876 E-01
8,000	1,138 E-01	1,384 E-01	1,716 E-01	1,393 E-01	5,229 E-01
10,000	1,478 E-01	1,798 E-01	2,218 E-01	1,809 E-01	6,650 E-01
20,000	3,285 E-01	3,986 E-01	4,885 E-01	4,008 E-01	1,402 E 00
30,000	5,205 E-01	6,311 E-01	7,718 E-01	6,344 E-01	2,187 E 00
50,000	9,194 E-01	1,113 E 00	1,360 E 00	1,119 E 00	3,839 E 00

Neuere und ausführlichere Berechnungen des Massenbremsvermögens unter Berücksichtigung der Bremsstrahlungsverluste erfolgten für ca. 40 Elemente und Verbindungen für den Energiebereich von 10 keV bis 1000 MeV durch BERGER und SELTZER [Be 64a] [Be 65c] [Be 66].[1]) Die Ergebnisse für das

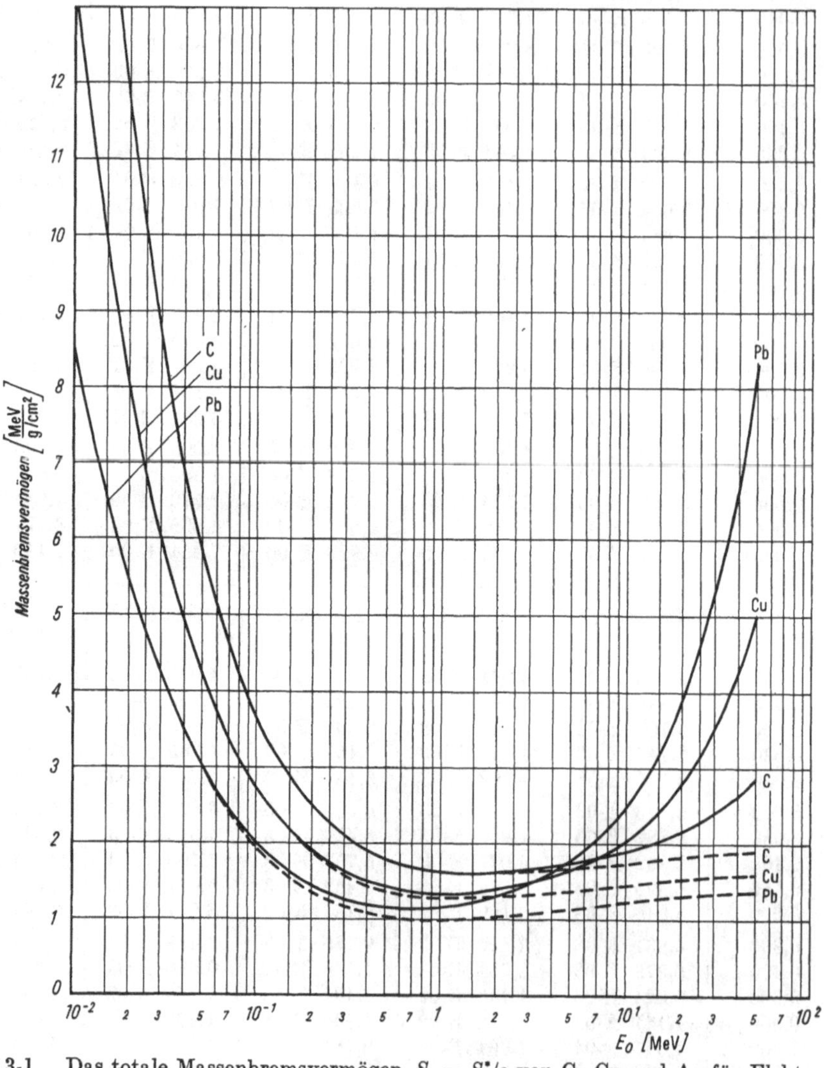

Abb. 8.3-1. Das totale Massenbremsvermögen $S_t = S_t^*/\varrho$ von C, Cu und Au für Elektronen als Funktion der kinetischen Energie. Im Bereich größerer kinetischer Energien sind gestrichelt die Massenbremsvermögen S_{AI} ohne Berücksichtigung der Bremsstrahlungsverluste, d. h. nur auf Grund von Anregung und Ionisation, eingetragen (nach den Tabn. 8.3-1 und 8.3-2)

[1]) Kontrollrechnungen mit noch etwas besseren Näherungen führten BERTEL u. a. [Be 68] für C, F und Gewebe durch und fanden gute Übereinstimmung.

totale sowie das Bremsstrahlungs-Massenbremsvermögen (S_t bzw. S_{BS}) sind für *Elektronen* auszugsweise in Tab. 8.3-1 und 8.3-2 wiedergegeben (S_{AI} kann durch Differenzbildung erhalten werden).

Einen Überblick über den Verlauf des totalen Massenbremsvermögens als Funktion der Elektronenenergie gibt Abb. 8.3-1. Mit steigender Elektronenenergie nimmt unterhalb von etwa 1 MeV das Massenbremsvermögen S_{AI} etwa wie $1/\beta^2$ ab, durchläuft dort ein sehr flaches Minimum und steigt zu großen Energien hin langsam an, weil dort das logarithmische Glied sehr groß wird. Im Bereich des Minimums ist wegen S_t = const die mittlere Bahnlänge eine lineare Funktion der Energie (vgl. § 8.32, Tab. 8.3-3).

8.32 Die mittlere Bahnlänge

Durch Integration des Bremsvermögens erhält man nach Gl. (8.1-3) die von Elektronen der Anfangsenergie E_0 im Mittel durchlaufene (*mittlere*) *Bahnlänge* $\overline{L}$ (= $\overline{L}^\infty$ *im unbegrenzten Medium*, s. § 8.43). Numerische Berechnungen ohne Berücksichtigung der Bremsstrahlungsverluste führte SPENCER [Sp 55] für Elektronenenergien oberhalb der K-Ionisationsenergien der betrachteten Elemente (Be, Al, Cu, Cd, Au) durch. Diese in der Literatur verbreitet benutzten Werte weichen von den neueren, sorgfältigen Auswertungen unter Berücksichtigung der bei SPENCER vernachlässigten Einflüsse von BERGER und SELTZER [Be 64a], die in Tab. 8.3-3 auszugsweise wiedergegeben und in Abb. 8.3-2 (s. Beilage) für einige Elemente auch graphisch dargestellt sind, teilweise um mehr als 10% ab. Die erforderlichen *Korrekturen* können aus Abb. 8.3-3 ent-

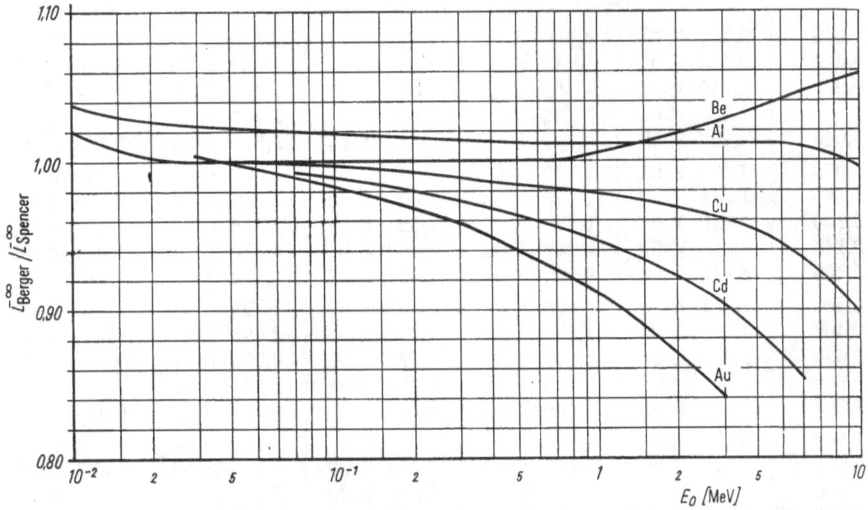

Abb. 8.3-3. Verhältnis der von BERGER und SELTZER ([Be 64a], vgl. Tab. 8.3-3) sowie der von SPENCER [Sp 55] berechneten mittleren Bahnlängen von Elektronen in verschiedenen (unendlich ausgedehnten) Medien als Funktion der kinetischen Anfangsenergie E_0

Tabelle 8.3-3. Mittlere Bahnlänge $\varrho \bar{L}^{\infty}$ (in g/cm²) nach [Be 64a] [Be 66]; E-01 bedeutet $\cdot 10^{-1}$

E_0 [MeV]	H_2	Be	C	O	Al
0,010	1,071 E-04	2,993 E-04	2,819 E-04	2,904 E-04	3,519 E-04
0,015	2,235 E-04	6,150 E-04	5,764 E-04	5,923 E-04	7,074 E-04
0,020	3,767 E-04	1,026 E-03	9,589 E-04	9,837 E-04	1,165 E-03
0,030	7,846 E-04	2,110 E-03	1,965 E-03	2,012 E-03	2,356 E-03
0,040	1,317 E-03	3,514 E-03	3,264 E-03	3,338 E-03	3,883 E-03
0,060	2,713 E-03	7,168 E-03	6,640 E-03	6,779 E-03	7,822 E-03
0,080	4,500 E-03	1,181 E-02	1,092 E-02	1,114 E-02	1,279 E-02
0,100	6,626 E-03	1,731 E-02	1,599 E-02	1,629 E-02	1,864 E-02
0,150	1,317 E-02	3,415 E-02	3,147 E-02	3,203 E-02	3,641 E-02
0,200	2,111 E-02	5,445 E-02	5,015 E-02	5,097 E-02	5,772 E-02
0,300	3,993 E-02	1,024 E-01	9,425 E-02	9,550 E-02	1,077 E-01
0,400	6,139 E-02	1,568 E-01	1,443 E-01	1,459 E-01	1,640 E-01
0,600	1,088 E-01	2,769 E-01	2,545 E-01	2,561 E-01	2,871 E-01
0,800	1,592 E-01	4,049 E-01	3,718 E-01	3,725 E-01	4,168 E-01
1,000	2,110 E-01	5,369 E-01	4,922 E-01	4,913 E-01	5,493 E-01
1,500	3,422 E-01	8,728 E-01	7,978 E-01	7,895 E-01	8,825 E-01
2,000	4,730 E-01	1,209 E 00	1,103 E 00	1,084 E 00	1,212 E 00
3,000	7,294 E-01	1,873 E 00	1,704 E 00	1,655 E 00	1,855 E 00
4,000	9,789 E-01	2,528 E 00	2,291 E 00	2,203 E 00	2,476 E 00
6,000	1,461 E 00	3,805 E 00	3,427 E 00	3,246 E 00	3,658 E 00
8,000	1,925 E 00	5,046 E 00	4,522 E 00	4,233 E 00	4,777 E 00
10,000	2,377 E 00	6,255 E 00	5,583 E 00	5,174 E 00	5,841 E 00
20,000	4,498 E 00	1,194 E 01	1,049 E 01	9,395 E 00	1,054 E 01
30,000	6,471 E 00	1,714 E 01	1,488 E 01	1,305 E 01	1,448 E 01
50,000	1,014 E 01	2,645 E 01	2,252 E 01	1,928 E 01	2,087 E 01

E_0 [MeV]	Si	Cu	Ge	Ag	Sn
0,010	3,454 E-04	4,556 E-04	4,869 E-04	5,656 E-04	6,000 E-04
0,015	6,933 E-04	8,949 E-04	9,524 E-04	1,085 E-03	1,146 E-03
0,020	1,140 E-03	1,453 E-03	1,543 E-03	1,738 E-03	1,832 E-03
0,030	2,304 E-03	2,892 E-03	3,062 E-03	3,405 E-03	3,581 E-03
0,040	3,795 E-03	4,719 E-03	4,989 E-03	5,505 E-03	5,780 E-03
0,060	7,638 E-03	9,392 E-03	9,908 E-03	1,083 E-02	1,136 E-02
0,080	1,248 E-02	1,524 E-02	1,606 E-02	1,746 E-02	1,828 E-02
0,100	1,818 E-02	2,209 E-02	2,325 E-02	2,518 E-02	2,635 E-02
0,150	3,550 E-02	4,277 E-02	4,496 E-02	4,836 E-02	5,053 E-02
0,200	5,625 E-02	6,739 E-02	7,077 E-02	7,579 E-02	7,911 E-02
0,300	1,048 E-01	1,246 E-01	1,307 E-01	1,391 E-01	1,450 E-01
0,400	1,596 E-01	1,886 E-01	1,978 E-01	2,093 E-01	2,180 E-01
0,600	2,790 E-01	3,274 E-01	3,423 E-01	3,599 E-01	3,743 E-01
0,800	4,046 E-01	4,725 E-01	4,928 E-01	5,157 E-01	5,357 E-01
1,000	5,327 E-01	6,198 E-01	6,449 E-01	6,724 E-01	6,978 E-01
1,500	8,546 E-01	9,862 E-01	1,022 E 00	1,058 E 00	1,096 E 00
2,000	1,173 E 00	1,344 E 00	1,389 E 00	1,429 E 00	1,477 E 00
3,000	1,792 E 00	2,030 E 00	2,088 E 00	2,127 E 00	2,193 E 00
4,000	2,388 E 00	2,678 E 00	2,746 E 00	2,773 E 00	2,853 E 00
6,000	3,523 E 00	3,881 E 00	3,960 E 00	3,944 E 00	4,043 E 00
8,000	4,594 E 00	4,984 E 00	5,067 E 00	4,988 E 00	5,099 E 00
10,000	5,611 E 00	6,003 E 00	6,085 E 00	5,931 E 00	6,050 E 00
20,000	1,008 E 01	1,020 E 01	1,025 E 01	9,637 E 00	9,764 E 00
30,000	1,380 E 01	1,342 E 01	1,340 E 01	1,232 E 01	1,245 E 01
50,000	1,980 E 01	1,819 E 01	1,805 E 01	1,612 E 01	1,622 E 01

Tabelle 8.3-3 (Fortsetzung)

E_0 [MeV]	W	Au	Pb	U	H_2O
0,010	7,603 E-04	7,944 E-04	8,251 E-04	9,243 E-04	2,436 E-04
0,015	1,403 E-03	1,453 E-03	1,501 E-03	1,643 E-03	4,998 E-04
0,020	2,200 E-03	2,268 E-03	2,335 E-03	2,528 E-03	8,331 E-04
0,030	4,210 E-03	4,319 E-03	4,434 E-03	4,743 E-03	1,712 E-03
0,040	6,719 E-03	6,873 E-03	7,044 E-03	7,490 E-03	2,848 E-03
0,060	1,302 E-02	1,328 E-02	1,359 E-02	1,436 E-02	5,804 E-03
0,080	2,080 E-02	2,117 E-02	2,164 E-02	2,278 E-02	9,559 E-03
0,100	2,981 E-02	3,031 E-02	3,096 E-02	3,251 E-02	1,400 E-02
0,150	5,664 E-02	5,748 E-02	5,863 E-02	6,133 E-02	2,760 E-02
0,200	8,812 E-02	8,929 E-02	9,100 E-02	9,495 E-02	4,400 E-02
0,300	1,601 E-01	1,619 E-01	1,648 E-01	1,714 E-01	8,263 E-02
0,400	2,392 E-01	2,416 E-01	2,457 E-01	2,549 E-01	1,264 E-01
0,600	4,067 E-01	4,099 E-01	4,166 E-01	4,309 E-01	2,227 E-01
0,800	5,778 E-01	5,818 E-01	5,906 E-01	6,094 E-01	3,248 E-01
1,000	7,484 E-01	7,529 E-01	7,631 E-01	7,860 E-01	4,297 E-01
1,500	1,162 E 00	1,167 E 00	1,179 E 00	1,210 E 00	6,956 E-01
2,000	1,553 E 00	1,558 E 00	1,571 E 00	1,607 E 00	9,613 E-01
3,000	2,273 E 00	2,274 E 00	2,288 E 00	2,331 E 00	1,485 E 00
4,000	2,924 E 00	2,920 E 00	2,933 E 00	2,977 E 00	1,997 E 00
6,000	4,072 E 00	4,053 E 00	4,060 E 00	4,102 E 00	2,991 E 00
8,000	5,065 E 00	5,029 E 00	5,028 E 00	5,063 E 00	3,950 E 00
10,000	5,940 E 00	5,888 E 00	5,879 E 00	5,904 E 00	4,880 E 00
20,000	9,242 E 00	9,108 E 00	9,060 E 00	9,018 E 00	9,180 E 00
30,000	1,155 E 01	1,133 E 01	1,124 E 01	1,114 E 01	1,302 E 01
50,000	1,470 E 01	1,436 E 01	1,423 E 01	1,402 E 01	1,968 E 01

E_0 [MeV]	Polystyrol	Muskel	Knochen	Luft	Stand.-Emulsion
0,010	2,499 E-04	2,467 E-04	2,711 E-04	2,892 E-04	4,605 E-04
0,015	5,129 E-04	5,061 E-04	5,533 E-04	5,901 E-04	9,038 E-04
0,020	8,553 E-04	8,435 E-04	9,195 E-04	9,805 E-04	1,467 E-03
0,030	1,758 E-03	1,733 E-03	1,882 E-03	2,006 E-03	2,917 E-03
0,040	2,925 E-03	2,882 E-03	3,123 E-03	3,329 E-03	4,758 E-03
0,060	5,964 E-03	5,873 E-03	6,347 E-03	6,763 E-03	9,463 E-03
0,080	9,824 E-03	9,672 E-03	1,043 E-02	1,112 E-02	1,535 E-02
0,100	1,439 E-02	1,417 E-02	1,526 E-02	1,626 E-02	2,224 E-02
0,150	2,838 E-02	2,792 E-02	3,001 E-02	3,197 E-02	4,303 E-02
0,200	4,524 E-02	4,451 E-02	4,778 E-02	5,089 E-02	6,775 E-02
0,300	8,498 E-02	8,359 E-02	8,960 E-02	9,537 E-02	1,252 E-01
0,400	1,301 E-01	1,279 E-01	1,371 E-01	1,457 E-01	1,892 E-01
0,600	2,294 E-01	2,253 E-01	2,412 E-01	2,559 E-01	3,275 E-01
0,800	3,352 E-01	3,288 E-01	3,517 E-01	3,722 E-01	4,713 E-01
1,000	4,441 E-01	4,350 E-01	4,652 E-01	4,910 E-01	6,167 E-01
1,500	7,207 E-01	7,043 E-01	7,524 E-01	7,893 E-01	9,771 E-01
2,000	9,975 E-01	9,733 E-01	1,039 E 00	1,084 E 00	1,327 E 00
3,000	1,544 E 00	1,504 E 00	1,600 E 00	1,655 E 00	1,994 E 00
4,000	2,078 E 00	2,022 E 00	2,147 E 00	2,205 E 00	2,620 E 00
6,000	3,116 E 00	3,028 E 00	3,200 E 00	3,251 E 00	3,774 E 00
8,000	4,120 E 00	3,998 E 00	4,209 E 00	4,241 E 00	4,823 E 00
10,000	5,095 E 00	4,939 E 00	5,180 E 00	5,188 E 00	5,787 E 00
20,000	9,633 E 00	9,289 E 00	9,599 E 00	9,447 E 00	9,715 E 00
30,000	1,373 E 01	1,317 E 01	1,346 E 01	1,316 E 01	1,269 E 01
50,000	2,095 E 01	1,992 E 01	1,999 E 01	1,951 E 01	1,704 E 01

nommen werden, in der das Verhältnis der mittleren Bahnlängen nach BERGER und SELTZER zur mittleren Bahnlänge nach SPENCER als Funktion der Primärenergie für einige Elemente dargestellt ist.

Für einen Vergleich mit experimentell bestimmten Eindringtiefen sind (mittlere) Bahnlängen für den *unendlich ausgedehnten Halbraum* $\bar{L}^{HR}$ besser geeignet (vgl. die Umwegfaktorbetrachtungen in § 11.5). Solche Bahnlängen (vgl. auch § 8.43) hat WITTIG [Wi 68] mit Hilfe der Monte-Carlo-Technik bestimmt. Die Energieabhängigkeit von $\bar{L}^{HR}$ zeigt Abb. 8.4-4a für C, Al, Cu und Pb. Zum Vergleich sind für Blei außerdem Werte für das unbegrenzte Medium eingetragen, die bei kleinen Energien (ca. 0,3 MeV) etwa 30% höher liegen als diejenigen für den Halbraum. Mit steigender Energie und fallender Kernladungszahl werden die Unterschiede in dem Maße geringer, wie der Rückstreukoeffizient abnimmt (vgl. § 8.42).

8.33 Energie-Bahnlänge-Beziehungen

Durch Integration des Bremsvermögens (S_{AI}) kann der Zusammenhang zwischen der von Elektronen der Anfangsenergie E_0 durchlaufenen (im Sinne des kontinuierlichen Bremsmodells mittleren) Weglänge $s(E_0, E)$ und ihrer Restenergie E berechnet werden. Für nichtrelativistische Energien erhält man (aus den Gln. (8.1-7) mit $b = 2$ [Co 64d] [To 63])

$$\varrho s(E_0, E) = \frac{I^2(m_0\,c^2)^2}{8\,\pi\,(r_0^2/u)}\,\frac{A}{Z}\left(\overline{\mathrm{Ei}}\left\{2\ln\frac{2\,E_0}{I}\right\} - \overline{\mathrm{Ei}}\left\{2\ln\frac{2\,E}{I}\right\}\right); \tag{8.3-2}$$

durch Nullsetzen des zweiten Exponentialintegrals kann eine mittlere oder BETHE-Reichweite definiert werden [Wo 56], die als Reichweite diejenige Dicke angibt, für die $E = I/2$ geworden ist.

Statt dieses für weitere Auswertungen unbequemen Ausdruckes wird in der Literatur meist das zunächst empirisch gefundene THOMSON-WHIDDINGTON-Gesetz [Th 06] [Wh 12] [Wh 14]

$$v^4 = v_0^4 - c_{\mathrm{Terr}}\,\varrho x = c_{\mathrm{Terr}}\,\varrho(R - x) \tag{8.3-3}$$

herangezogen, dessen Konstante jedoch ursprünglich aus Messungen der wahrscheinlichsten Austrittsgeschwindigkeit (nicht der mittleren!) bestimmt wurde und für die nach Messungen von TERRILL [Te 23] an Aluminium im allgemeinen der Wert

$$c_{\mathrm{Terr}} = 5{,}05 \cdot 10^{42}\left(\frac{\mathrm{cm}}{\mathrm{s}}\right)^4\frac{\mathrm{cm}^2}{\mathrm{g}} \qquad \text{bzw.} \qquad \frac{c_{\mathrm{Terr}}}{c^4} = 6{,}23\,\frac{\mathrm{g}}{\mathrm{cm}^2} \tag{8.3-4}$$

akzeptiert wird [Ru 48] [Ev 60]. Durch Einführung der Energie ($E = m_0\,v^2/2$) erhält das THOMSON-WHIDDINGTON-Gesetz die Form

$$E_0^2 - E_w^2 = b\,\varrho x \tag{8.3-5}$$

mit

$$b = \frac{m_0^2}{4}\,c_{\mathrm{Terr}} = 0{,}41\ (\mathrm{MeV})^2\ \mathrm{cm}^2/\mathrm{g}\,. \tag{8.3-5a}$$

Nach neueren Messungen im keV-Gebiet [Co 64d] ist aber der Zusammenhang $E_w^2(\varrho x)$ für kleine Dicken nicht linear, so daß aus dem THOMSON-WHIDDINGTON-Gesetz keine Reichweite abgeleitet werden darf, was fälschlicherweise jedoch vielfach getan wird. Andrerseits wurde aber experimentell nachgewiesen [Co 64d], daß das Quadrat der *mittleren* Energie $\bar{E}$ linear mit der Schichtdicke zusammenhängt, so daß an sich ein quadratisches Energie-Reichweite-Gesetz gerechtfertigt erscheint, worin aber nicht die Konstante b, sondern die 2- bis 3mal kleinere Konstante b' zu stehen hat:

$$E_0^2 - \bar{E}^2 = b' \varrho x \qquad \text{mit} \qquad b' = \frac{m_0^2}{4} c' \tag{8.3-6}$$

oder auch

$$\varrho(R - x) = k' \bar{E}^2 \qquad \text{mit} \qquad k' = \frac{\varrho R}{E_0^2} = \frac{1}{b'}. \tag{8.3-6a}$$

Diese *quadratische Abhängigkeit* der durchlaufenen Weglänge von der mittleren Elektronenenergie entspricht gerade der Aussage der BETHE-Bremsformel wenn man die Energieabhängigkeit der Bremszahl B negiert und für diese einen im betrachteten Energiebereich gültigen Mittelwert $\bar{B}$ einsetzt, so daß die Konstante c' in Gl. (8.3-6)

$$c' = 16\pi \frac{r_0^2}{u} c^4 \frac{Z}{A} \bar{B} \approx 7 \cdot 10^{42} \left(\frac{\mathrm{cm}}{\mathrm{s}}\right)^4 \frac{\mathrm{cm}^2}{\mathrm{g}} \tag{8.3-6b}$$

(bei etwa 20 keV) beträgt [Ar 61] [Ev 60]. Gl. (8.3-3) mit dieser Konstanten ist nach oben Gesagtem eigentlich nur noch der Form nach das THOMSON-WHIDDINGTON-Gesetz.

Sowohl b als auch b' sind jedoch noch energieabhängig; ein quadratisches Energie-Reichweite-Gesetz ist daher eine unbefriedigend grobe Näherung. Berücksichtigt man die Energieabhängigkeit der Konstanten b', so wird man auf ein *Energie-Reichweite-Gesetz* der Form

$$E^n(x) = \frac{1}{k}(R - x) \tag{8.3-7}$$

mit $k = R/E_n^2$ geführt, wo $n = 1{,}5$ (nach [Co 64d]) bzw. $n = 1{,}7$ (nach [We 28] [Br 64b]) für kleine Energien (10 bis 20 keV) liegt. Die dadurch beschriebene Energieabhängigkeit entspricht recht gut derjenigen, die man durch *Näherung der Tabellenwerte* für die mittlere Bahnlänge $\bar{L}$ durch eine Potenzfunktion der Form

$$\varrho \bar{L} = r_0 E_0^{r_1} + r_2 \tag{8.3-8}$$

erhält [Th 62] [Th 64b]. Das Massenbremsvermögen ergibt sich in dieser Schreibweise zu

$$S_{AI} = -\frac{\mathrm{d}E}{\varrho \mathrm{d}s} = \frac{1}{r_0 r_1} E^{-(r_1 - 1)}. \tag{8.3-9}$$

Für Überschlagsrechnungen brauchbare Zahlenwerte bzw. Z-abhängige Ausdrücke für die Konstanten sind in Tab. E (Anhang) zusammengestellt.

8.4 Energieverlust- und Bahnlängenschwankungen

8.41 Energieverlustschwankungen

Aus Gründen der Statistik erfahren die Elektronen eines Bündels beim Durchlaufen gleicher Bahnlängenabschnitte unterschiedliche individuelle Energieverluste, so daß selbst bei einheitlicher Anfangsenergie eine Dispersion der Elektronenenergien beobachtet wird. Die Abweichung der Elektronenenergien von dem durch die BETHE-Bremsformel (8.1-5) gegebenen Erwartungswert wird als Energiestraggling bezeichnet. Die *Straggling-Energieverteilung* findet man aus der Wahrscheinlichkeit $f(W)\,\mathrm{d}W$, daß ein Elektron mit der Anfangsenergie E_0 nach dem Durchlaufen einer Weglänge s infolge Ionisationen eine Energie zwischen W und $W + \mathrm{d}W$ verloren hat. Nach LANDAU [La 44] kann diese Verteilung für dünne Folien[1]) als Funktion eines dimensionslosen Parameters λ dargestellt werden [Mi 60] [Wi 68] [Be 63a] [Vo 66]:

$$f(W)\,\mathrm{d}W = \Phi(\lambda)\,\mathrm{d}\lambda$$

mit

$$\lambda = \frac{W - \overline{\Delta E}}{S_0\,\varrho s} + \ln\left(\frac{E_0}{S_0\,\varrho s}\right) - K \qquad (8.4\text{-}1)$$

für $W \ll E_0$. Dabei ist W der Energieverlust des Elektrons nach Durchlaufen einer Schicht der Dicke s; $\overline{\Delta E}$ der mittlere Energieverlust in der Schicht s, der aus der Theorie von BETHE folgt (Gl. (8.1-1)); $S_0 = 0{,}153\,\frac{Z}{A}\,\frac{1}{\beta^2}\left(\text{in}\,\frac{\text{MeV}}{\text{g/cm}^2}\right)$ nach Gl. (8.1-5b); $K = 1{,}116$ eine Konstante. Die Verteilungsfunktion

$$\Phi(\lambda) = \frac{1}{2\pi i}\int\limits_{-i\infty+c}^{i\infty+c} \exp(u \ln u + \lambda u)\,\mathrm{d}u$$

wurde von LANDAU ausgewertet und ist in sehr vollständiger Form bei BÖRSCH-SUPAN [Bö 61] tabelliert.

Im Maximum der Verteilung ist nach LANDAU $\lambda = -0{,}05$ [Bi 58], so daß sich für den *wahrscheinlichsten Energieverlust* (s. a. [Wi 29])

$$\Delta E_w = \overline{\Delta E} - S_0\,\varrho s\left\{\ln\left(\frac{E_0}{S_0\,\varrho s}\right) - K'\right\} \qquad (8.4\text{-}2\text{a})$$

bzw. mit $\overline{\Delta E} = S_{AI}\,\varrho s$ nach Gl. (8.1-5a) und Gln. (8.1-6a, b)

$$\Delta E_w = S_0\,\varrho s\left\{\ln\left(\frac{m_0 v^2 S_0\,\varrho s}{I^2(1-\beta^2)}\right) - \beta^2 + K' - \delta\right\} \qquad (8.4\text{-}2\text{b})$$

[1]) Einerseits muß die Foliendicke mindestens so groß sein ($\varrho x > 200$ mg/cm² für Al; $\varrho x > 2000$ mg/cm² für Au [Mi 60]), daß der wahrscheinlichste Energieverlust ΔE_w groß ist gegen die Bindungsenergie E_B der Atomelektronen; andrerseits soll sie nur so groß sein, daß sich die Energie eines Elektrons beim Durchgang nicht wesentlich ändert, also $W \ll E_0$ bleibt.

ergibt, wo $K' = K - 0{,}05 = 1{,}066 = 0{,}37 + \ln 2$ ist. (Der Summand ln 2 wird vielfach auch in den Logarithmus hineingenommen [Bi 58]). δ ist die Polarisationskorrektur, die gerade den für den mittleren Energieverlust bekannten relativistischen Anstieg mit der Primärenergie kompensiert. Der wahrscheinlichste Energieverlust steigt nach Gl. (8.4-1) etwas starker als linear mit ϱs an. Die Übereinstimmung mit experimentellen Ergebnissen ist gut (vgl. [Pa 50] [Wa 50] [Ch 51] [Ha 51] [Kn 61]).

Die Form der Straggling-Energieverteilungen läßt sich für dünne Schichten durch eine GAUSS-Verteilung beschreiben, die allein durch zwei Parameter festgelegt ist [Le 52b], nämlich den wahrscheinlichsten Energieverlust ΔE_w und die Halbwertsbreite Γ (d. i. die volle Breite der Verteilung in der halben Höhe des Maximums), die in recht guter Übereinstimmung mit dem Experiment [Kn 66a] aus [La 44]

$$\Gamma = 3{,}98\, S_0\, \varrho s \approx 0{,}6\, \frac{\varrho s}{\beta^2}\, \frac{Z}{A}\,\mathrm{MeV} \tag{8.4-3}$$

(ϱs in g/cm²) berechnet werden kann; nach [Wi 29] ist $\Gamma = 3{,}90\, S_0\, \varrho s$.

Für größere Schichtdicken haben BLUNCK und Mitarbeiter [Bl 50] [Bl 51a] (s. a. [Ne 60]) die LANDAUsche Theorie zu einer dreiparametrischen Darstellung erweitert und erfassen auch den nun – infolge der Energieverluste an gebundenen Elektronen – zu kleinen Energien (großen Energieverlusten) hin auftretenden Ausläufer der Verteilung durch eine Summe von vier GAUSS-Verteilungen unterschiedlicher Lage und Breite (vgl. Abb. 8.4-1). Dadurch wird bei gleichem ΔE_w (nach Gl. 8.4-2) Γ größer. Der Mittelwert der Gesamtverteilung stimmt allerdings nicht mit dem von der BETHE-Theorie geforderten Wert für die Energieabgabe je Wegeinheit überein.

WITTIG [Wi 68] hat die Theorie von BLUNCK und LEISEGANG daher derart modifiziert, daß der mathematische Erwartungswert der Wahrscheinlichkeitsverteilung mit dem physikalisch erwarteten Wert übereinstimmt; für die neuen Parameter werden analytische Ausdrücke angegeben. Diese Modifikation der Stragglingverteilung bewirkt eine geringfügige Verbreiterung des durch die beiden ersten GAUSS-Kurven gegebenen wichtigsten Anteils; außerdem wird der abfallende Teil der Verteilung zugunsten größerer Energieverluste verschoben (s. Abb. 8.4-1). Der Schwerpunkt der modifizierten Verteilung fällt jetzt mit

$$\lambda_{\mathrm{Bethe}} = \ln(E_0/S_0\, \varrho s) - 1{,}116$$

zusammen.

Für große Primärenergien treten infolge Bremsstrahlungswechselwirkungen besonders große Energieverlustschwankungen auf, weil im Einzelstoß die Gesamtenergie des Elektrons verlorengehen kann. Bremsstrahlungskorrekturen werden von BLUNCK und WESTPHAL [Bl 51a] angegeben und bei KNOP und MINTEN [Kn 66b] diskutiert. Eine sehr detaillierte Theorie der Energieverlustverteilung wurde von SYMON entwickelt und von ROSSI [Ro 52] beschrieben. Für sehr dünne Schichten[1]) versagen diese Theorien, weil die Energieverluste

[1]) s. Fußnote S. 106

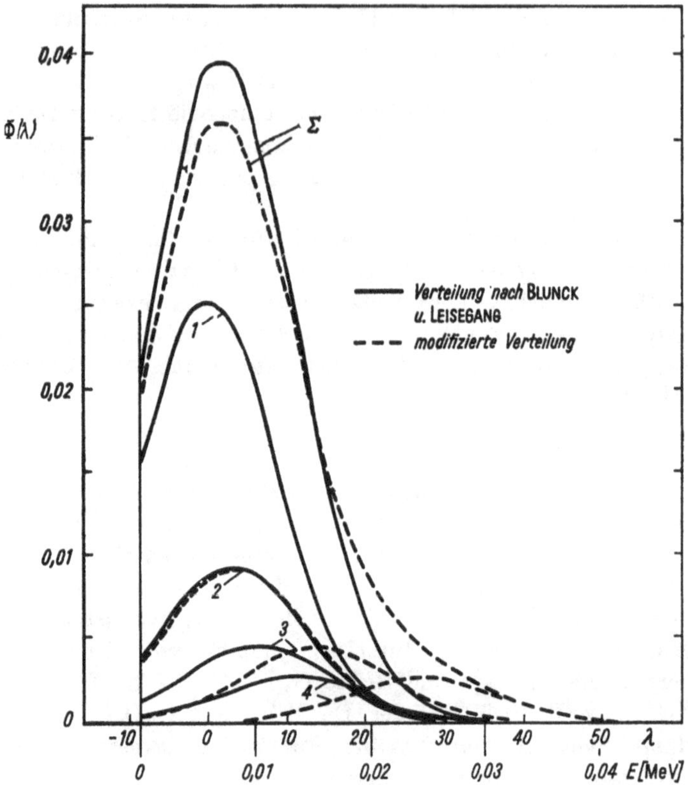

Abb. 8.4-1. Verteilung der Energieabgaben von 1-MeV-Elektronen nach dem Durchdringen von 8,8 μm Blei. Die mit $\sum$ bezeichneten Kurven stellen jeweils die Summe der GAUSS-Kurven 1 bis 4 dar (nach [Wi 68])

durch Ionisation der inneren Elektronen eines Atoms nicht mehr zum wahrscheinlichsten Energieverlust und zur Halbwertsbreite beitragen, sondern sich nur im niederenergetischen Ausläufer der Verteilung bemerkbar machen [Mi 60] [Kn 61] [Pa 50].

Die Monte-Carlo-Rechnungen von HARA u. a. [Ha 68] zeigen, daß der totale mittlere Energieverlust mittelschneller Elektronen (0,3 bis 1 MeV) in sehr dünnen Al-Folien auf Grund von Straggling und Sekundärelektronenerzeugung etwa doppelt so groß ist, wie er sich durch Multiplikation des theoretischen Energieverlustes von BETHE mit der Foliendicke ergibt. Mit steigender Energie wird der Unterschied geringer.

Da die Straggling-Energieverteilungen Energien zulassen, die sowohl höher als auch niedriger liegen als diejenige Energie, die mit dem kontinuierlichen Bremsmodell erhalten wird [Be 63b], zeigt jedes — etwa mit der Monte-Carlo-Methode (s. § 12.32) — berechnete Energiespektrum die Tendenz einer Verschiebung zu größeren Energien, wenn das Straggling berücksichtigt wird. In

Verbindung mit dieser Verschiebung tritt ein Abbau des niederenergetischen Teiles des Spektrums auf (vgl. Abb. 12.3-3).

Bei der experimentellen Überprüfung der theoretischen Ergebnisse hat man für dickere Schichten mit dem Einfluß der Streuung zu rechnen [Ca 65] [Ca 66] [Kn 66b] [Ca 68a]. Die infolge der Vielfachstreuung eintretende Auffächerung des Elektronenbündels bewirkt, daß nicht alle Elektronen gleiche Wege im Absorber zurücklegen. Die Foliendicke kann daher nicht mehr mit der durchlaufenen Bahnlänge identifiziert werden. Näherungsweise kann dieser Einfluß durch einen Umwegfaktor (s. § 11.5) erfaßt werden. Den Einfluß der Foliendicke auf die Energieverteilung transmittierter Elektronen zeigt etwa Abb. 12.3-6 (nach Harder, für 10 MeV, C). Die Auswirkungen von Straggling und Vielfachstreuung auf den Verlauf von Transmissionskurven veranschaulicht Abb. 12.3-4.

Die geringen Unterschiede im Energiestraggling von Elektronen und *Positronen* diskutieren Rohrlich und Carlson [Ro 54a]. Nishi und Mazaki [Ni 68] finden deren Angaben für die wahrscheinlichsten Energieverluste bei Messungen mit 300-keV-Positronen bestätigt, sofern die Absorber (Al, Ni, Sn, Ta, Pb) dünn genug sind; für dicke Absorber treten Abweichungen auf. Die Straggling-Verteilungen stehen mit den theoretischen Ergebnissen von Blunck und Leisegang [Bl 50] in Einklang.

8.42 Bahnlängenverteilungen

Wegen des Energiestraggling haben die Bahnen von Elektronen gleicher Anfangsenergie unterschiedliche Längen. Die Bahnlängenverteilungen können experimentell mit Hilfe von Bahnspurmessungen für spezielle absorbierende Medien gewonnen werden. Die Resultate älterer Nebelkammerexperimente werden bei Paul und Reich [Pa 52a] besprochen. Neuere Messungen mit einer Blasenkammer liegen z. B. für 20,4-MeV-Elektronen und Freon von Harigel u. a. [Ha 61] [Ha 63] vor. Diese Ergebnisse stimmen recht gut mit einer umfassenden Theorie von Blunck [Bl 52] überein, die für Elektronenenergien aufgestellt wurde, die klein bzw. groß gegen $m_0 c^2$ sind.

Systematische Untersuchungen über Bahnlängenverteilungen $T_L(s)$ von Elektronen eines größeren Energiebereiches (0,25 bis 6 MeV) in einer Reihe von Medien (Polystyrol, Al, Si, Ge, Ag, Pb) führte Wittig [Wi 68] mit Hilfe der Monte-Carlo-Methode durch (vgl. Tab. 12.3-2); Beispiele für 1 und 4 MeV sind in Abb. 8.4-2a wiedergegeben. Von besonderem praktischem Interesse sind die von Wittig ebenfalls berechneten *Bahnlängenverteilungen* für den Fall, daß ein Elektronenbündel senkrecht auf einen sehr dicken, *eben begrenzten Absorber* (Halbraum) einfällt (Abb. 8.4-2b); da die Bahnen der am Absorber rückgestreuten Elektronen nur teilweise im Medium verlaufen, tritt besonders für Elemente großer Kernladungszahl wegen des großen Rückstreukoeffizienten ein schnellerer Abfall der Verteilungen im Bereich kleiner Bahnlängen im Vergleich zu den für das unendlich ausgedehnte Medium erhaltenen Verteilungen auf (vgl. Abb. 8.4-2c). Die mittlere Bahnlänge $\bar{L}^{HR}$ für einen dicken, eben

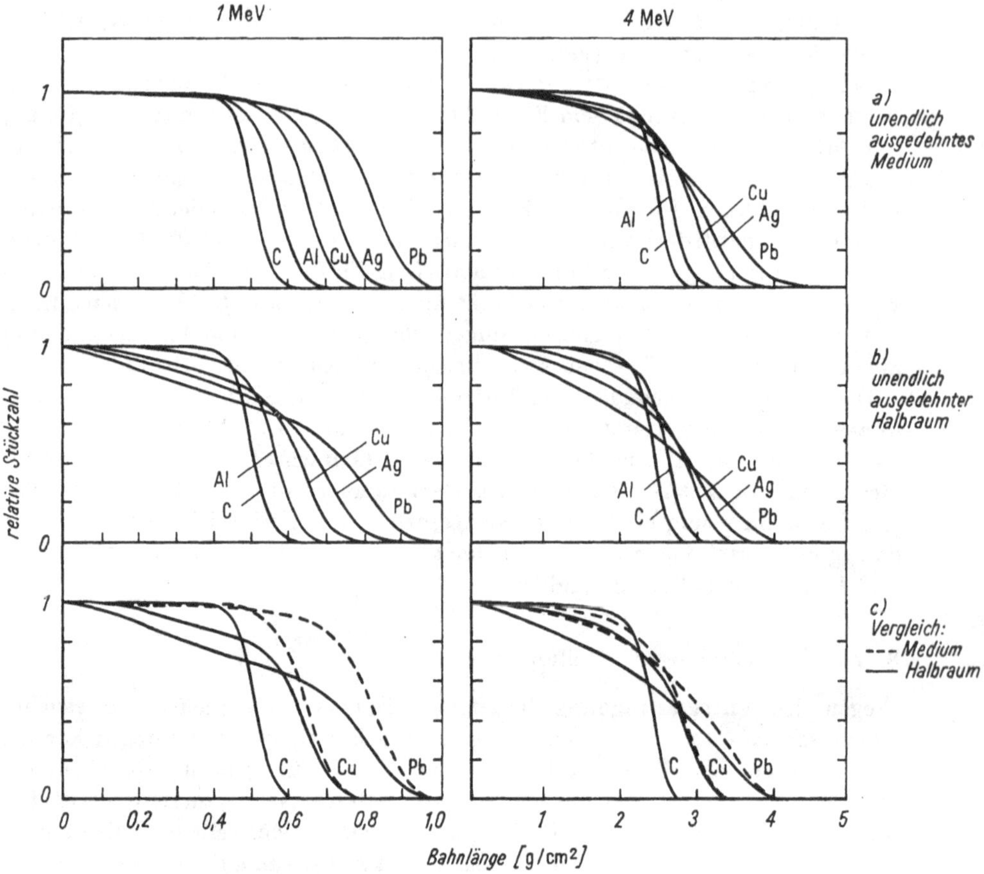

Abb. 8.4-2. Bahnlängenverteilungen nach Monte-Carlo-Rechnungen von WITTIG [Wi 68].
a) Bahnlängenverteilungen für ein unendlich ausgedehntes Medium,
b) Bahnlängenverteilungen für einen unendlich ausgedehnten Halbraum bei senkrechtem Einfall eines Bündels,
c) Vergleich der Bahnlängenverteilungen für das unbegrenzte Medium und den unbegrenzten Halbraum bei senkrechtem Einfall

begrenzten Absorber ist daher kleiner als die theoretische mittlere Bahnlänge $\bar{L}^{\infty}$ für das allseitig unendlich ausgedehnte Medium (vgl. Abb. 8.4-4).

Mit steigender Kernladungszahl erkennt man eine Zunahme der Bahnlängen infolge des geringeren Bremsvermögens schwerer Elemente gemäß der BETHE-Formel. Der für beide Fälle zu verzeichnende flachere Verlauf der Verteilungen bei hohen Elektronenenergien und Absorbern großer Kernladungszahl ist auf den zunehmenden Einfluß der Bremsstrahlungsverluste zurückzuführen.

Selektiert man diejenigen Elektronen eines senkrecht einfallenden Bündels, die gerade noch die Schichtdicke x einer Folie durchqueren können, so gelangt man (bei Bezug auf die Zahl der einfallenden Elektronen) zur *Eindringtiefen-*

oder *Reichweitenverteilung* $T(x)$, die einer experimentellen Beobachtung direkt zugänglich ist. Ansätze zur analytischen Berechnung solcher Transmissionskurven auf Grund der Theorie der Vielfachstreuung sowie der Diffusion werden in § 10.4 bzw. § 11.4 besprochen. Beispiele zeigen Abb. 10.4-2, Abb. 11.4-4 und Abb. 12.3-4.

8.43 Bahnlängen und Reichweiten

Zur Kennzeichnung des Streu- und Bremsvermögens von Absorbermaterialien in Abhängigkeit von der Primärenergie und der Kernladungszahl werden vielfach anstelle der vollständigen Bahnlängen- oder Eindringtiefenverteilungen $T_L(s)$ bzw. $T(x)$ nur einzelne charakteristische Werte dieser Verteilungen angegeben. Die gebräuchlichen Definitionen sind in Abb. 8.4-3 illustriert:

1. Die 50%-Bahnlänge bzw. -Reichweite (Halbwertsdicke), bei der die integrale Verteilungskurve auf die Hälfte ihres Anfangswertes (bei $s = 0$ bzw. $x = 0$) abgesunken ist;
2. die *extrapolierte* (oder praktische) Bahnlänge bzw. Reichweite (L_{ex} bzw. R_{ex}), die durch Extrapolation des vielfach etwa linear abfallenden Mittelstückes der integralen Verteilung bis zur Abszisse ermittelt wird;

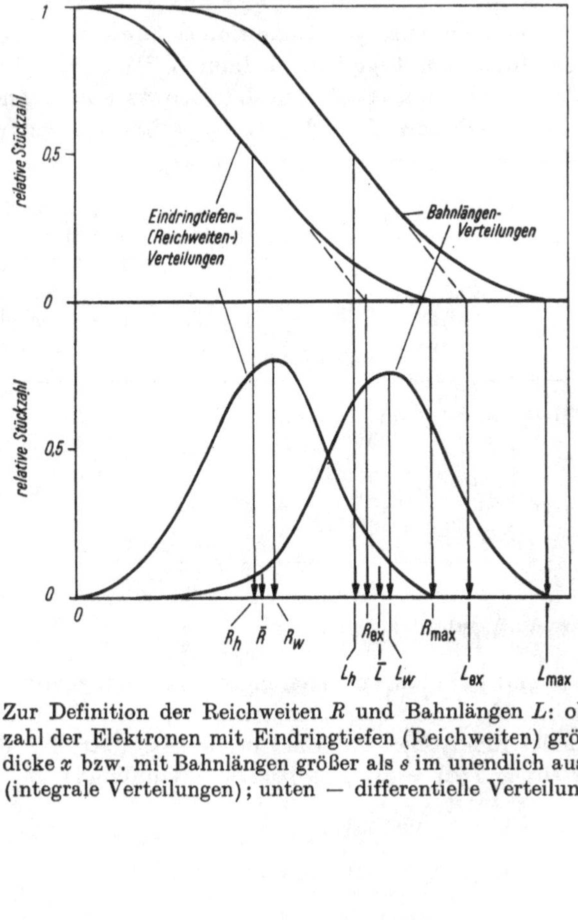

Abb. 8.4-3. Zur Definition der Reichweiten R und Bahnlängen L: oben – relative Anzahl der Elektronen mit Eindringtiefen (Reichweiten) größer als die Foliendicke x bzw. mit Bahnlängen größer als s im unendlich ausgedehnten Medium (integrale Verteilungen); unten – differentielle Verteilungen

3. die *maximale* Bahnlänge bzw. Reichweite (L_{max} bzw. R_{max}), bei der die integrale Verteilung „in den Untergrund mündet" bzw. – genauer – für die die Verteilungsfunktion nach Abzug eines eventuellen Untergrundes auf einen gewissen kleinen Bruchteil (z. B. 0,1%) ihres Anfangswertes abgefallen ist (s. z. B. [Th 64a]);
4. die *wahrscheinlichste* Bahnlänge bzw. Reichweite (L_w bzw. R_w), bei der die differentielle Verteilungsfunktion ihr Maximum erreicht, also die integrale Verteilung ihren Wendepunkt hat;
5. die *mittlere* Bahnlänge bzw. Reichweite ($\bar{L}$ bzw. $\bar{R}$), die das arithmetische Mittel aller Bahnlängen bzw. Eindringtiefen darstellt, also das erste Moment der differentiellen Verteilungen bezüglich der Bahnlänge bzw. Eindringtiefen ist:

$$\bar{L} = \int_0^\infty \frac{dT_L(s)}{ds} \cdot s \, ds$$

bzw.

$$\bar{R} = \int_0^\infty \frac{dT(x)}{dx} \cdot x \, dx \, .$$

Charakteristische Größen analoger Definitionen können aus Bahnlängenverteilungen sowohl für das unbegrenzte Medium (L^∞) als auch für das halbunendlich ausgedehnte Medium (Halbraum L^{HR}) sowie aus Bahnenden- und Tiefendosisverteilungen (B bzw. D, vgl. § 3) abgeleitet werden; eine Übersicht gibt Tab. 8.4-1.

Tabelle 8.4-1. Arten und Bezeichnungsweisen charakteristischer Kenngrößen von Tiefen- und Bahnlängenverteilungen unterschiedlicher Definition

	Eindringtiefe, Reichweite	Bahnlänge im unbegrenztem Medium*)	Bahnlänge im Halbraum	Bahnenden im Halbraum	Energieabsorptionstiefe im Halbraum
50%-Wert (Halbwert)	R_h (oder x_h)	L_h	L_h^{HR}	B_h	D_h
extrapolierter Wert	R_{ex}	(L_{ex})	L_{ex}^{HR}	B_{ex}	D_{ex}
maximaler Wert	R_{max}	L_{max}	L_{max}^{HR}	B_{max}	D_{max}
wahrscheinlichster Wert	R_w	L_w	L_w^{HR}	B_w	D_w
Mittelwert	$\bar{R}$	$\bar{L}$	$\bar{L}^{HR}$	$\bar{B}$	$\bar{D}$
Geometrie lt. Abb. 3.4	*a*	*c*	*b*	*b*	*b*

*) nur im Zweifelsfall wird L^∞ geschrieben.

Für Reichweiten- und Bahnlängenverteilungen sind die genannten charakteristischen Größen in Abb. 8.4-3 veranschaulicht. Im oberen Teil sind die relativen Stückzahlen der Elektronen mit Eindringtiefen $R > x$, d. i. die integrale Eindringtiefenverteilung $T(x) = n(x)/n_0$, bzw. mit Bahnlängen $L > s$, d. i. die integrale Bahnlängenverteilung $T_L(s) = n(s)/n_0$, qualitativ) dargestellt; im unteren Bildteil sind die entsprechenden differentiellen Verteilungen $\mathrm{d}T(x)/\mathrm{d}x$ bzw. $\mathrm{d}T_L(s)/\mathrm{d}s$ (schematisch) aufgetragen.[1]) Die oben definierten speziellen Werte der Eindringtiefen bzw. Bahnlängen und ihre Zuordnung zu ausgezeichneten Punkten der Verteilungen sind durch Pfeile gekennzeichnet. Nur im Fall einer symmetrischen (differentiellen) Verteilung fallen die mittleren, die wahrscheinlichsten und die 50%-Kenngrößen zusammen.

Nicht für alle Größen liegt ausreichendes Zahlenmaterial vor; auch kommt den getroffenen Unterscheidungen unterschiedliche praktische Bedeutung zu.

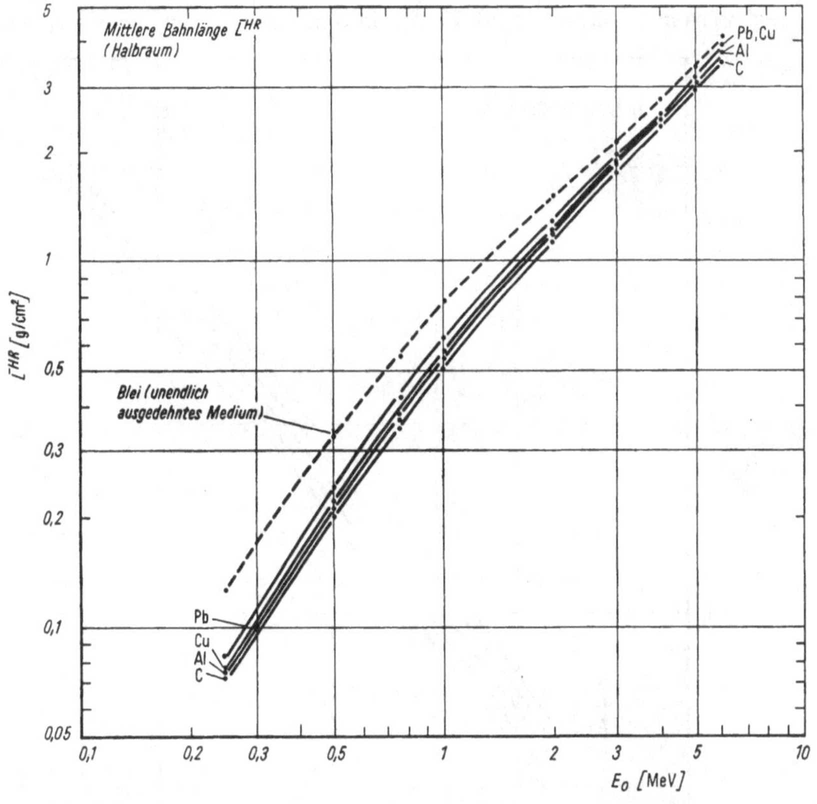

Abb. 8.4-4a. Mittlere Bahnlängen $\bar{L}^{HR}$ monoenergetischer Elektronen im unendlich ausgedehnten Halbraum nach Monte-Carlo-Rechnungen von WITTIG [Wi 68]; zum Vergleich sind Werte für Blei (unendlich ausgedehntes Medium) eingetragen

[1]) Die Bezeichnungsweise ist so zu verstehen, daß $R(E)$ (bzw. $L(E)$) zur Charakterisierung der Eindringtiefe (bzw. der Bahnlänge) dient, die Elektronen der Energie E zu einem (durch den jeweiligen charakteristischen Wert definierten) Bruchteil zu erreichen (bzw. durchlaufen) in der Lage sind; mit x wird dagegen die Absorberdicke oder eine tatsächlich erreichte Eindringtiefe und mit s ein tatsächlich durchlaufenes Wegstück bezeichnet.

Teilweise fallen die Werte gleichartiger charakteristischer Größen verschiedenartiger experimenteller Verteilungen fast zusammen (z. B. $R_{ex} \approx B_{ex} \approx D_{ex}$; vgl. Tab. 8.4-1). Für die Bahnlängenverteilungen im unendlich ausgedehnten Medium kann theoretisch nur die mittlere Bahnlänge $\bar{L}^{\infty}$ angegeben werden (s. § 8.33); für die anderen charakteristischen Größen liegen nur einzelne empirische Werte vor [Ha 61] [Ha 63].

Zahlreiche Informationen können aus den von Wittig [Wi 68] für das Energiegebiet von 0,25 bis 6 MeV für eine Reihe von Elementen berechneten Transmissionskurven, Tiefendosisverteilungen und Bahnlängenverteilungen für das unendlich ausgedehnte Medium sowie für den unendlichen Halbraum entnommen werden. Teilweise sind die genannten charakteristischen Größen dort

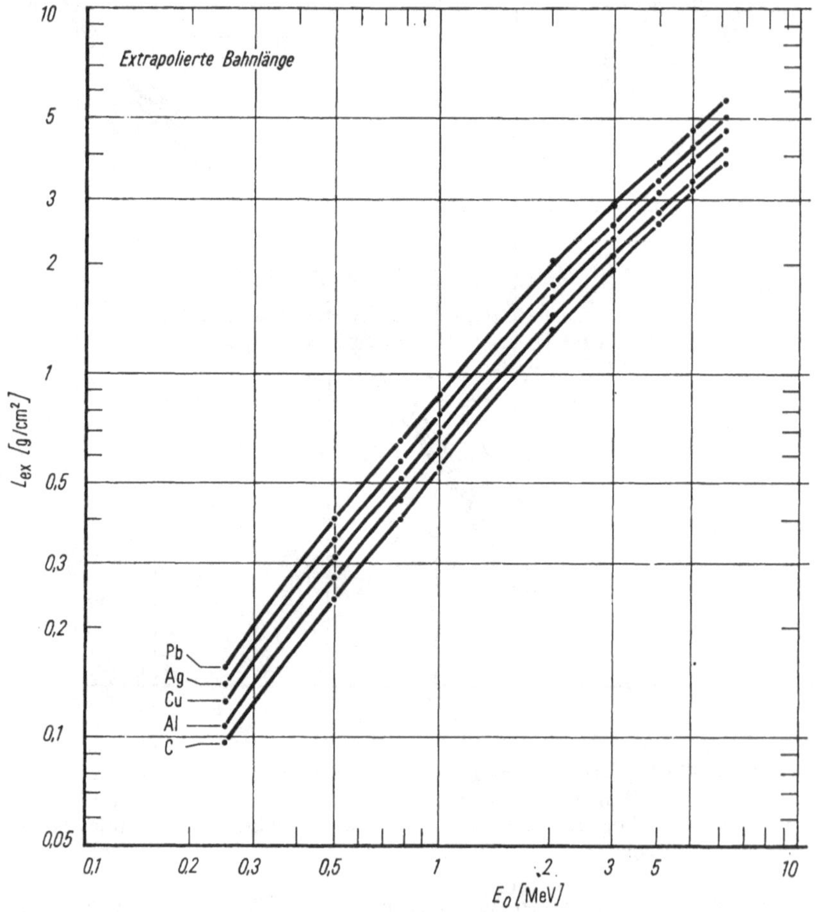

Abb. 8.4-4b. Extrapolierte Bahnlänge L_{ex}^{HR} monoenergetischer Elektronen für den unendlich ausgedehnten Halbraum nach Monte-Carlo-Rechnungen von Wittig [Wi 68]; für das unendlich ausgedehnte Medium wurden praktisch die gleichen Werte gefunden ($L_{ex}^{HR} \approx L_{ex}^{\infty}$, [Wi 68])

als Funktion der Energie sowie der Kernladungszahl dargestellt. Für einen Vergleich mit charakteristischen Größen experimenteller Eindringtiefenverteilungen sind vor allem die Bahnlängen für den Halbraum von Interesse, wie die Diskussionen zum *Umwegfaktor* (§ 11.5) zeigen werden. Als Beispiele sind die Energieabhängigkeiten der mittleren sowie der extrapolierten Bahnlänge $\bar{L}^{HR}$ und L_{ex}^{HR} in den Abbn. 8.4-4 gezeigt. Während die extrapolierten Bahnlängen für den Halbraum und für das unbegrenzte Medium praktisch gleich sind ($L_{\text{ex}}^{HR} \approx L_{\text{ex}}$, [Wi 68]), ist besonders für kleine Energien und große Kernladungszahlen des Streumediums $\bar{L}^{HR}$ kleiner als $\bar{L}^{\infty}$ sowie auch L_h^{HR} kleiner als L_h^{∞}; (bei 0,3 MeV liegen die relativen Abweichungen für Blei bei 30% bzw. 15%).

§ 9 Das Einzelstreu-Modell

9.1 Übersicht

Das Einzelstreu-Modell stellt die einfachste Näherung des Elektronentransportproblems für dicke Materieschichten dar. Man betrachtet hier nur die relativ seltenen Ablenkungen um große Winkel, die bei starker Annäherung eines Elektrons an einen Atomkern zustande kommen (near collisions). Die überlagerten Kleinwinkel-Vielfachstreuprozesse (vgl. [Bo 54], s. § 10) werden negiert und den Elektronen vor und nach dem Richtungsstreuprozeß geradlinige Wege zugeordnet, auf denen sie gemäß dem kontinuierlichen Bremsmodell Energie verlieren. Elektronen, deren Ablenkung kleiner als ein gewisser Mindestwinkel Θ_{min} ist, ordnet man weiterhin die Anfangsrichtung zu. (Das für den Ablenkwinkel benutzte Symbol Θ soll daran erinnern, daß keine echte Einzelstreuung vorliegt, bei der für den Streuwinkel das Symbol ϑ eingeführt wurde, § 7.) Das Streugesetz wird fast ausschließlich in der Rutherford-Näherung benutzt. Die sich aus diesen Näherungsannahmen ergebenden Korrekturen werden in § 9.6 diskutiert.

Lösungen für die Energie- und Winkelverteilungen transmittierter und rückgestreuter Elektronen lassen sich für beliebige Einfallswinkel des primären Elektronenbündels angeben. Diese Ergebnisse stehen nur in qualitativer Übereinstimmung mit den experimentellen Befunden. Eine Reihe von Autoren versucht, durch empirische Wahl der Konstanten der Theorie die experimentellen Resultate auch quantitativ anzunähern und so allein durch Einzelstreuung zu erklären; es gibt jedoch keinerlei Rechtfertigung für diese Verfahrensweise. Die Wahrscheinlichkeit der Einzelstreuung um große Winkel ist um etwa einen Faktor 3 zu klein, als daß die experimentell beobachteten Transmissions- und Rückstreukoeffizienten erklärt werden könnten. Vielmehr kann erst gemeinsam mit den — theoretisch bisher kaum erfaßten — Mehrfachstreuprozessen (Stoßzahl $\nu_e = 2$ bis 20) sowie der Vielfachstreuung zu großen Winkeln bzw. der Diffusion (§ 11) eine einigermaßen vollständige Beschreibung des Elektronentransportphänomens erwartet werden. Jede dieser modellmäßigen

Betrachtungsweisen gibt jeweils nur das Verhalten eines Teiles des Elektronenflusses näherungsweise wieder.

Wenn man schon die tatsächlich in ihrer Größe statistisch verteilten Winkelablenkungen im wesentlichen nur in zwei Gruppen – Großwinkelstreuprozesse im Einzelstreu-Modell und Kleinwinkelstreuprozesse im Diffusionsmodell – einteilt und zunächst getrennt behandelt, so muß man bei der Berechnung von Transmissions- und Rückstreukoeffizienten die Beiträge zumindest dieser beiden „Teilprozesse" in Rechnung setzen und darüber hinaus beachten, daß beide die Abnahme des Primärflusses mit steigender Eindringtiefe in das Target bewirken. Quantitative Aussagen werden daher erst nach z. T. halbempirischen Korrekturen möglich (s. § 12.2). Dabei zeigt sich, daß – abgesehen vom Fall stark schräger Inzidenz – auch bei kleinen Primärenergien und großen Kernladungszahlen die Diffusion beim Elektronentransport in dicken Materieschichten vorherrschend ist.

9.2 Die Transportgleichung

Für den Fall eines komplexen, d. h. aus mehreren homogenen vermischten Stoffkomponenten bestehenden Targets läßt sich das Einzelstreuproblem wie folgt behandeln [La 63b] [Ev 60] [Na 62] (vgl. Abb. 9.2-1, s. a. § 12.62).

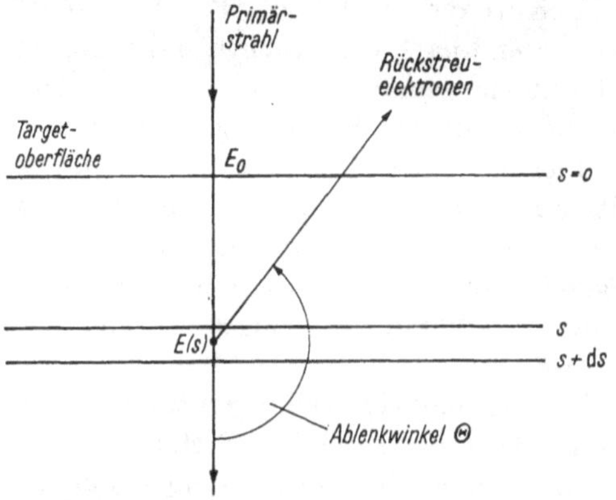

Abb. 9.2-1. Geometrieverhältnisse und Bezeichnungsweisen bei der Einzelstreuung um große Winkel

Es möge ein Strahl monoenergetischer Elektronen der Energie E_0 senkrecht auf einen ebenen Streuer einfallen, der aus i Atomarten mit den Kernladungszahlen Z_i besteht; N_i sei die Anzahl der Atome der einzelnen Sorten pro Masseneinheit des Streuers. Es wird entsprechend dem kontinuierlichen Bremsmodell angenommen, daß die Elektronen längs ihres gesamten Weges durch den Streuer gemäß $|\mathrm{d}\overline{E/\varrho\,\mathrm{d}s}|$ Energie verlieren, ohne durch Hüllenwechselwirkungen aus ihrer Flugrichtung abgelenkt zu werden. Jedes Elektron soll auf seinem gesamten Wege im Target nur einem einzigen elastischen Streuprozeß unterliegen. Die Zahl der einfallenden Elektronen sei n_0 und $n_0(s)$ die Zahl der Primärelektronen in einer Ebene in der Tiefe s des Targets mit der Restenergie $E(s) = E_s$. Die Zahl der Elektronen, die auf dem Wegstück s bis $s + ds$ durch einen Einzelstreuprozeß um den Winkel Θ in das Raumwinkelelement $d\Omega$ aus ihrer Anfangsrichtung abgelenkt werden, beträgt dann

$$dn(s, \Theta) = n_0(s) \sum_i N_i\, q_i(s, \Theta, Z_i)\, \bar{\varrho}\, ds\, d\Omega$$
$$= n_0(s)\, \bar{Q}(s)\, \bar{\varrho}\, ds\, d\Omega\,. \tag{9.2-1}$$

Es bedeuten (im Anschluß an § 7.11) q_i den elastischen (differentiellen) Streuquerschnitt für das i-te Element und

$$\bar{Q}(s) = \sum_i N_i\, q_i(s) \tag{9.2-2}$$

den effektiven makroskopischen Streuquerschnitt für den Einzelstreu-Prozeß, in dem anstelle der Energie $E(s)$ nach Durchlaufen des Weges s der Weg s selbst über eine Energie-Bahnlänge-Beziehung eingeführt zu denken ist (vgl. § 9.2); $\bar{\varrho}$ ist die effektive Dichte des Streumediums.

Eine Integration über den zugelassenen Streuwinkelbereich, der sich bei senkrechtem Einfall i. allg. vom Mindeststreuwinkel[1]) $\Theta_{\min}$ bis $\Theta = \pi$ erstreckt, ergibt die differentielle Zahl $dn(s)$ der Elektronen, die aus dem einfallenden Bündel zwischen s und $s + ds$ durch elastische Streuung herausgestreut werden. Eine weitere Integration über die Streutiefe liefert $n(s)$ selbst. Bezieht man noch s auf die mittlere Bahnlänge $\bar{L}$, benutzt also $t = s/\bar{L}$ als Variable, so findet man den Primärfluß in der relativen Tiefe t aus der Bilanz

$$n_0(t) = n_0 - \int_0^t \int_{\Theta_{\min}}^{\pi} dn(t, \Theta)\,. \tag{9.2-3}$$

Anstatt von dieser meist gebrauchten Integralgleichung auszugehen, kann man auch nach Variablenseparation integrieren und erhält wegen $dn(t, \Theta) = -dn_0(t, \Theta)$:

$$n_0(t) = n_0\, T(t)$$

mit

$$T(t) = \exp \int_0^t \int_{\Theta_{\min}}^{\pi} \bar{Q}(\Theta)\, d\Omega\, dt = \exp \psi(t)\,. \tag{9.2-4}$$

Bei entsprechender Wahl der Integrationsgrenzen stellen die Gleichungen (9.2-3) bzw. (9.2-4) den *in Vorwärtsrichtung laufenden Elektronenfluß* in der Tiefe t eines Streuers oder den durch eine Schicht der Dicke s transmittierten Elektronenfluß dar (s. § 9.4). Einsetzen von $n_0(t)$ in Gl. (9.2-1) liefert

$$\frac{dn(\Theta, t)}{n_0} = T(t)\, \bar{Q}(t, \Theta)\, dt\, d\Omega\,, \tag{9.2-5}$$

d. i. der differentielle Beitrag des Schichtelements dt in der Tiefe t zur Streuung um den Winkel Θ in das Raumwinkelelement $d\Omega$, woraus durch entsprechende Integration die Winkel- und Energieverteilungen der Rückstreustrahlung sowie die Rückstreukoeffizienten erhalten werden können (§ 9.5).

[1]) Erläuterung s. S. 115

9.3 Die Streufunktion

Für die weitere Auswertung muß der *Exponent der Exponentialfunktion* in Gl. (9.2-4) berechnet werden. Bei Einführung des (partiell) integralen makroskopischen Streuquerschnitts $\Sigma(\Omega_1, t)$ (nach (Gl. 7.1-6)) lautet dieser Exponent für den Fall elementarer Streumedien

$$\psi(\Omega_1, t) = \int_0^t \Sigma(\Omega_1, t')\, \mathrm{d}t' \tag{9.3-1}$$

oder mit Gl. (7.1-6c)

$$\psi(\Omega_1, t) = \int_0^t \frac{\mathrm{d}t'}{\lambda(\Omega_1, t')}. \tag{9.3-1a}$$

Die Funktion $\psi(\Omega_1, t)$ läßt sich somit (vgl. § 7.4) als die Anzahl der auf dem Weg $t = s/\bar{L}$ durchlaufenen Transportweglängen $\lambda(\Omega_1, t)$ für Streuung in den Raumwinkel Ω_1 interpretieren. Nach Gleichung (7.1-6a) ist $\Sigma(\Omega_1, t)$ in der RUTHERFORD-Näherung das Produkt einer winkelunabhängigen und einer nur winkelabhängigen Funktion, so daß die Streufunktion $\psi(t)$ in der Form

$$\psi(\Omega_1, t) = f(\Omega_1) \cdot \psi_\pi(t)$$

dargestellt werden kann. Die Funktion

$$\psi_\pi(t) = \int_0^t Q_\pi(t')\, \mathrm{d}t' = \int_0^t \frac{\mathrm{d}t'}{\lambda(t')} \tag{9.3-1b}$$

ist somit das Verhältnis des durchlaufenen Weges s zur ‚freien' Weglänge λ_π für Stöße mit $\Theta = \pi$, summiert über den Weg s, gibt also die Anzahl der auf dem Weg s durchlaufenen Transportweglängen $\lambda_\pi = 1/\varrho\, Q_\pi$ an („*Stoßzahl*" für Stöße mit $\Theta = \pi$; vgl. S. 82). $\psi(\Omega_1, t)$ ist demnach ein durch die Geometriefunktion $f(\Omega_1)$ (nach Gl. 7.1-6b) gegebenes Vielfaches der Anzahl der Transportstöße mit $\Theta = \pi$ und steht – wie bereits in § 7.4 vermerkt – in formaler Analogie zu der später im Diffusionsmodell (s. Gl. (11.1-2)) definierten Streufunktion $\chi(t)$. Die *Streufunktion* $\psi(E(t))$, speziell die Teilfunktion ψ_π, enthält allein die Z- und E-Abhängigkeit des Einzelstreuprozesses. Die Abhängigkeit von der Primärenergie E_0 und der Momentanenergie $E(s)$ kommt am deutlichsten in der Darstellung

$$\psi_\pi(E_0, E) = \int_{E_0}^{E} \frac{Q_\pi(E')}{(\mathrm{d}E'/\varrho\, \mathrm{d}s)}\, \mathrm{d}E' = -\int_{E_0}^{E} \frac{Q_\pi(E')}{S(E')}\, \mathrm{d}E' \tag{9.3-1c}$$

zum Ausdruck; $S(E) = 2\, S_0\, B$ ist das Massenbremsvermögen nach Gl. (8.1-5). Dieser Ausdruck ist wiederum das Analogon zur Gl. (11.1-2) des Diffusionsmodells.

Es soll nun die *Energie- und Kernladungszahlabhängigkeit* von ψ_π diskutiert werden. Betrachtet wird die differentielle Streuwahrscheinlichkeit $Q(s)\,\varrho \mathrm{d}s\,\mathrm{d}\Omega$ des Einzelstreu-Modells (unter Berücksichtigung der Energieverluste) in der RUTHERFORD-Näherung, die den winkelabhängigen Faktor einschließt, um die Ausdrücke in einer später benötigten Form zu erhalten.

Es ist (nach Gl. (7.1-6a) und dem Obigen)

$$Q(s,\Theta)\,\varrho \mathrm{d}s\,\mathrm{d}\Omega = \mathrm{d}\psi(s,\Theta)\,\mathrm{d}\Omega = \mathrm{d}\psi_\pi \frac{\mathrm{d}\Omega}{\sin^4\Theta/2}$$

$$= -\frac{Q_\pi}{2S_0B}\cdot \mathrm{d}E\frac{\mathrm{d}\Omega}{\sin^4\Theta/2}. \tag{9.3-2}$$

Entsprechend der Bedeutung von Q_π, S_0 und B (nach den Gln. (7.1-4) sowie (8.1-5) und (8.1-6)) ergibt sich für die differentielle Streufunktion somit

$$Q(s)\varrho \mathrm{d}s\,\mathrm{d}\Omega = -4\,Q_0\,B\frac{\mathrm{d}\varepsilon}{\varepsilon(\varepsilon+2)\left[\ln\left(\frac{\varepsilon\sqrt{\varepsilon+2}}{I/m_0c^2}\right)-\beta^2\right]}\cdot\frac{\mathrm{d}\Omega}{\sin^4\frac{\Theta}{2}}, \tag{9.3-3}$$

was für den stark relativistischen Fall ($\varepsilon \gg 1$, $\beta = 1$) in

$$Q(s)\varrho \mathrm{d}s\,\mathrm{d}\Omega = -4\,Q_0\,B\frac{\mathrm{d}\varepsilon}{\varepsilon^2\left[\ln\left(\frac{\varepsilon^{3/2}}{I/m_0c^2}\right)-1\right]}\cdot\frac{\mathrm{d}\Omega}{\sin^4\frac{\Theta}{2}} \tag{9.3-3a}$$

und für den nicht relativistischen Fall ($\varepsilon \ll 1$, $\beta = 0$) in (vgl. Gl. (8.1-8))

$$Q(s)\,\varrho \mathrm{d}s\,\mathrm{d}\Omega = -2\,Q_0\,B\frac{\mathrm{d}E}{E\ln\frac{\sqrt{2}E}{I}}\cdot\frac{\mathrm{d}\Omega}{\sin^4\frac{\Theta}{2}} \tag{9.3-3b}$$

übergeht. Zur Abkürzung wurde die dimensionslose Konstante

$$Q_0 = \frac{1}{4}\,\frac{\frac{r_0^2}{4u}\,\frac{Z^2}{A}\cdot m_0c^2}{2\cdot 2\pi\frac{r_0^2}{u}m_0c^2\frac{Z}{A}\,B} = \frac{Z}{64\,\pi B} \approx 0{,}005\,\frac{Z}{B} \tag{9.3-4}$$

eingeführt. Die Symbole haben die schon früher (§ 7.11, § 8.12) angegebene Bedeutung (s. a. Symbolverzeichnis). Insbesondere ist B die Bremszahl (§ 8.12), für die in den unterschiedlichen Näherungen der Einfachheit halber das gleiche Symbol verwendet wurde.

Die Gleichungen (9.3-3a) und (9.3-3b) führen auf die bereits in § 3 erwähnte Ähnlichkeitsregel (s. a. § 12.21), wenn man von der Energieabhängigkeit des ln-Terms des Bremsvermögens absieht; denn nach Integration über die Energie von E_0 bis E findet man als Näherung – weil die Randbedingungen nicht berücksichtigt sind – eine Z/E_0- bzw. Z-Abhängigkeit des Einzelstreu-Prozesses (in der RUTHERFORD-Näherung) für den stark bzw. nicht relativistischen Fall.

Die *Vernachlässigung der Energieabhängigkeit der Bremszahl B* ist überhaupt die Voraussetzung für eine geschlossene analytische Behandlung des Einzelstreu-Problems. Es empfiehlt sich außerdem, statt der Momentanenergie $E(s)$ der Elektronen generell die von ihnen durchlaufene Schichtdicke x über eine Energie-Reichweite-Beziehung einzuführen. Damit wird ein Übergang von der theoretischen Weglänge s auf die praktische Foliendicke x vollzogen, so daß die durch Vielfachstreuung verursachten materialabhängigen Umwege der Elektronen (s. § 11.5) auf den als geradlinig angenommenen Wegstücken vor und nach dem Richtungsstreuprozeß in gewisser Weise Berücksichtigung finden, was sich in einer verminderten Z-Abhängigkeit von Q_0 äußert (s. Gl. (9.3-11)).

Nimmt man also z. B. für die Bremszahl einen für den betrachteten Energiebereich gültigen, energieunabhängigen Mittelwert $\bar{B}$ an, so wird man im nichtrelativistischen Fall auf ein Gesetz vom THOMSON-WHIDDINGTON-Typ (vgl. § 8.33)

$$R - x = k\,E^2 \qquad \text{mit} \qquad k = \frac{R}{E_0^2} = \frac{4}{\varrho\, m_0^2\, c_{\text{Terr}}} \tag{9.3-5a}$$

bzw.

$$1 - y = \left(\frac{E}{E_0}\right)^2 \qquad \text{mit} \qquad y = \frac{x}{R} \tag{9.3-5b}$$

geführt und erhält wegen

$$\mathrm{d}y = -\,2\left(\frac{E}{E_0}\right)^2 \frac{\mathrm{d}E}{E} \tag{9.3-5c}$$

unabhängig von der Primärenergie für die *differentielle Streufunktion* [Ev 60]

$$Q(y)\,\mathrm{d}y\,\mathrm{d}\Omega \approx Q_0\,\frac{\mathrm{d}y}{1-y}\,\frac{\mathrm{d}\Omega}{\sin^4\frac{\Theta}{2}} \tag{9.3-6}$$

EVERHART [Ev 60] schreibt Q_0 in der Form $Q_0 = a/4\,\pi$, wobei

$$a = \pi\,\frac{(r_0^2/u)}{c_{\text{Terr}}/c^4}\,\frac{Z}{A}\cdot Z \approx \pi\,\frac{0{,}048}{6{,}23}\cdot 0{,}5\,Z \approx 0{,}012\,Z \tag{9.3-7a}$$

(mit $Z/A = 0{,}5$), so daß also

$$Q_0 = \frac{a}{4\,\pi} \approx 0{,}001\,Z \tag{9.3-7b}$$

ist; setzt man für c_{Terr} den theoretischen Wert c' nach Gl. (8.3-6b) ein, so ergibt sich wieder $a = 4\,\pi\,Q_0 = Z/16\,\bar{B}$ entsprechend Gl. (9.3-4). Den EVERHARTschen Zahlenwert erhält man daraus für $\bar{B} \approx 5$, was gemäß Gl. (8.1-7b) (mit $b = 1{,}666$) $E_0 = 20$ keV für Al bzw. $E_0 = 100$ keV für Au entspricht. Weiterhin besteht der Zusammenhang

$$Q_0 = Q_\pi(E_0)\cdot \varrho\,R(E_0) = \frac{R\,(E_0)}{\lambda_\pi(E_0)}\,, \tag{9.3-7c}$$

wonach Q_0 die als Anzahl der ‚freien Weglängen' λ_π für eine Streuung der Primärelektronen um $\vartheta = \pi$ ausgedrückte Reichweite darstellt. Zahlenmäßig erhält man für diese, auch bei beliebigem Exponenten n der Energie-Reichweite-Beziehung (s. u.) gültige Rechengröße

$$Q_0 \approx \frac{3}{4} \cdot 10^{-3} \frac{Z^2}{A} \frac{\varrho R}{E_0^2} \tag{9.3-7d}$$

(ϱR in g/cm², E_0 in MeV, Zahlenwerte s. Tab. 7.4-1.III).

Die quadratische Energieabhängigkeit der Reichweite des THOMSON-WHIDDINGTON-Gesetzes ist selbst für sehr kleine Primärenergien unbefriedigend stark. Einige Autoren (z. B. [Ro 64]) benutzen daher von vornherein empirische Ausdrücke für die Energie-Reichweite-Beziehung der Form (vgl. § 8.33)

$$R - x = k\,E^n \qquad \text{mit} \qquad k = \frac{R}{E_0^n} \tag{9.3-8a}$$

bzw.

$$1 - y = \left(\frac{E}{E_0}\right)^n \qquad \text{mit} \quad y = \frac{x}{R}\,. \tag{9.3-8b}$$

In der RUTHERFORD-Näherung folgt damit aus Gl. (9.3-1) für die *differentielle Streufunktion*

$$Q\,\mathrm{d}y\,\mathrm{d}\Omega = Q_0 \frac{1}{(1-y)^{2/n}} \frac{1}{\sin^4(\Theta/2)}\,\mathrm{d}y\,\mathrm{d}\Omega \tag{9.3-9}$$

mit Q_0 nach Gl. (9.3-7c). Für $n = 2$ folgt wieder Gl. (9.3-6) als Spezialfall.

Geht man z. B. von der empirischen, für $40 \leqq E \leqq 200$ keV gültigen Energie-Reichweite-Beziehung von GUBERNATOR [Gu 58] [Gu 59]

$$\varrho R = 1{,}06 \frac{A}{Z^{4/3}} \cdot E^{1,64} \tag{9.3-10}$$

aus, so wird

$$Q_0 \approx 8 \cdot 10^{-4}\, Z^{2/3}\, E_0^{-0,56} \tag{9.3-11}$$

(E_0 in MeV, ϱR in g/cm²).

Es zeigt sich also, daß bei genauerer Erfassung der Energie-Reichweite-Beziehung auch im Bereich kleiner E_0 eine Energieabhängigkeit des Einzelstreu-Modelles — proportional etwa $1/\sqrt{E_0}$ — bestehen bleibt, was durch die Experimente bestätigt wird [Co 65]. Die Ähnlichkeitsregel besagt jetzt eine Abhängigkeit des Verhältnisses der charakteristischen Längen der differentiellen Flußdichteverteilung der Einzelstreuung zur Reichweite von der Größe $Z^{2/3}E_0^{-1/2}$ (vgl. auch § 12.21). Dabei bezieht sich diese Aussage noch immer auf die bisher vorausgesetzte RUTHERFORD-Näherung des Streuquerschnittes.

Für *genauere Auswertungen* ist aber der exakte (differentielle) Streuquerschnitt q_{ex} (Gl. 7.1-6) zugrunde zu legen, der die Spin- und die Abschirmkorrektur $C_{sp}(E, \Theta, Z)$ bzw. $C_{sc}(E, \Theta, Z)$ berücksichtigt, welche nach § 7.1 zwar erheblichen Einfluß auf die Energie- und Kernladungszahlabhängigkeit des Streuquerschnittes, kaum aber auf die Ergebnisse des Einzelstreu-Modells im Rückstreufall haben [Na 65a]. Im Anschluß an die Betrachtung zur Einzelstreuung in einem komplex zusammengesetzten Streumedium soll hier noch die differentielle Streufunktion (Gl. (9.2-2)) in dieser allgemeineren Form aufgeschrieben werden.

Führt man das effektive Massenbremsvermögen ein, das für eine *Verbindung* gemäß der BRAGGschen Regel die Summe der Massenbremsvermögen der einzelnen Komponenten ist (vgl. § 12.62), so erhält die *effektive differentielle Streufunktion* die Form

$$\bar{Q}(s)\,\bar{\varrho}\,\mathrm{d}s\,\mathrm{d}\Omega = -\frac{\bar{Q}(E)\,\mathrm{d}E}{|\mathrm{d}E/\varrho \mathrm{d}s|}\,\mathrm{d}\Omega$$

$$= -\frac{\sum_i N_i\, q_R^{(i)}(E, \Theta, Z_i)\, C_{sp}^{(i)}(Z_i, \Theta, E)\, C_{sc}^{(i)}(Z_i, \Theta, E)}{\sum_j |\mathrm{d}E/\varrho\,\mathrm{d}s|_j}\,\mathrm{d}E\,\mathrm{d}\Omega\,, \tag{9.3-12}$$

die sich noch etwas übersichtlicher in der folgenden Produktdarstellung schreiben läßt:

$$-\bar{Q}(s)\,\bar{\varrho}\,\mathrm{d}s\,\mathrm{d}\Omega = g_0\, g_1(\Theta)\, g_2(\varepsilon)\, g_3(p_i, Z_i, A_i; \Theta, \varepsilon)\,\mathrm{d}\varepsilon\,\mathrm{d}\Omega \tag{9.3-13}$$

mit

$$g_0 = \frac{r_0^2/4}{2\cdot 2\pi\, r_0^2\, m_0\, c^2}\, m_0\, c^2 = \frac{1}{16\pi}\,, \tag{9.3-13a}$$

$$g_1(\Theta) = \sin^{-4}\frac{\Theta}{2}\,, \tag{9.3-13b}$$

$$g_2(\varepsilon) = \frac{(1-\beta^2)/\beta^4}{1/\beta^2} = \frac{1-\beta^2}{\beta^2} = \frac{1}{\varepsilon\,(\varepsilon+2)}\,, \tag{9.3-13c}$$

$$g_3(p_i, Z_i, A_i; \Theta, \varepsilon) = \frac{\sum_i p_i \frac{Z_i^2}{A_i} C_{sp}^{(i)}(Z_i, \Theta, \varepsilon)\, C_{sc}^{(i)}(Z_i, \Theta, \varepsilon)}{\sum_i p_i \frac{Z_i}{A_i}\left[\ln\left(\frac{\varepsilon}{I_i/m_0\, c^2}\sqrt{\varepsilon+2}\right) - \beta^2\right]}\,; \tag{9.3-13d}$$

p_i ist der Massenanteil der Komponente i des komplexen Targets. Eine exakte Auswertung dieses Ausdruckes kann insbesondere wegen des nichtanalytischen Charakters von C_{sp} bzw. C_{sc} nur numerisch erfolgen. Durch Näherungsdarstellungen von C_{sp} und C_{sc} sowie des ln-Terms in Form einfacher homogener Potenzfunktionen, die für noch ausreichend breite E- und Θ-Bereiche möglich sind, können jedoch integrable Funktionen erhalten werden, die eine Auswertung erleichtern (s. [Th 67]). Bezüglich der weiteren Verarbeitung von Gl. (9.3-13d) in Hinsicht auf eine *effektive Kernladungszahl für komplexe Targets beim Einzelstreu-Prozeß* wird auf § 12.62 verwiesen.

In den folgenden Auswertungen zur Transmission und Rückstreuung (§ 9.4, § 9.5) wird von der differentiellen Streufunktion Gl. (9.3-9) ausgegangen, der der Streuquerschnitt in der nichtrelativistischen RUTHERFORD-Näherung zugrunde liegt und in die das Bremsvermögen über einen empirischen Potenzansatz für eine Energie-Reichweite-Beziehung eingeführt wurde. Für komplexe Targets hat in dieser Näherung in Q_0 statt Z einfach die *effektive Kernladungs-*

zahl

$$\overline{Z}_0 = \frac{\sum\limits_i p_i \frac{Z_i^2}{A_i}}{\sum\limits_i p_i \frac{Z_i}{A_i}} \qquad (9.3\text{-}14)$$

zu stehen (vgl. § 12.6).

9.4 Lösungen für die Transmission

9.41 Senkrechte Inzidenz des Primärbündels

Die durch eine Folie der Dicke y transmittierende relative Anzahl von Elektronen — Transmissionskoeffizient $T(y)$ — ist gleichbedeutend mit dem in der Tiefe y eines dicken Streuers herrschenden, auf den Primärfluß bezogenen Elektronenfluß in Transmissionsrichtung und kann z. B. nach Gl. (9.2-4) berechnet werden. EVERHART [Ev 60] trifft hierzu die von den meisten Autoren übernommene Annahme, daß diejenigen Elektronen, die nicht in die Richtung der Targetoberfläche rückgestreut werden, als überhaupt nicht abgelenkt zu betrachten sind und weiterhin dem Primärbündel zugerechnet werden können. Die Winkelintegration zur Erfassung der aus dem Bündel herausgestreuten Elektronen wird dementsprechend für den Fall senkrechter Inzidenz von $\Theta_{\min, t} = \pi/2$ bis π ausgeführt, sie erstreckt sich also über den rückwärtigen Halbraum. Man erhält dann mit Gl. (9.3-9) für den nichtrelativistischen Fall

$$T(y) = \frac{n_0(y)}{n_0} = \exp \psi(y) \qquad (9.4\text{-}1\,a)$$

mit

$$\psi(y) = Q_0 \int\limits_0^y \frac{dy}{(1-y)^{2/n}} \int\limits_0^{2\pi} d\varphi \int\limits_{\pi/2}^{\pi} \frac{\sin \Theta \, d\Theta}{\sin^4 (\Theta/2)}$$

$$= \frac{a}{b}\left(1 - \frac{1}{(1-y)^b}\right), \quad \text{falls } n \neq 2\,, \qquad (9.4\text{-}2\,a)$$

bzw.

$$\psi(y) = a \ln (1-y)\,, \qquad \text{falls } n = 2\,, \qquad (9.4\text{-}2\,b)$$

also

$$T(y) = \exp \frac{a}{b}\left(1 - \frac{1}{(1-y)^b}\right), \quad \text{falls } n \neq 2\,, \qquad (9.4\text{-}1\,b)$$

bzw.

$$T(y) = (1-y)^a\,, \qquad \text{falls } n = 2\,, \qquad (9.4\text{-}1\,c)$$

mit $a = 4\pi\, Q_0$, $b = \frac{2}{n} - 1$ und $y = x/R$.

EVERHART vergleicht die mit dem THOMSON-WHIDDINGTON-Gesetz nach dem Ausdruck (9.4-1 c) berechneten Transmissionskurven für Al_2O_3 bei sehr kleinen Energien (einige keV) mit experimentellen Ergebnissen und findet, daß der nicht exponentielle, sondern weitgehend lineare Abfall der experimentellen Transmissionskurven recht gut wiedergegeben wird; der nicht exponentielle

Verlauf der Transmissionskurven ist verständlich, da die Streuwahrscheinlichkeit mit steigender Eindringtiefe nicht konstant bleibt, sondern infolge der Abbremsung der Elektronen ansteigt. Eine quantitative Übereinstimmung wird allerdings erst erreicht, wenn für den Parameter der Theorie ein *empirisch angepaßter Wert* $a' = 0{,}045\,Z$ benutzt wird, der etwa dreimal größer als der theoretische Wert $a = 0{,}012\,Z$ ist. Das bedeutet, daß die Streuwahrscheinlichkeit um etwa einen Faktor 3 zu klein ist, um die experimentellen Ergebnisse allein auf Grund von Einzelstreuung um große Winkel erklären zu können; das steht in Übereinstimmung mit den Aussagen, die sich aus den Betrachtungen zum Rückstreukoeffizienten ergeben, der mit $a = 0{,}012\,Z$ um etwa einen Faktor 3 zu klein ausfällt (§ 9.51).

NACHODKIN u. a. [Na 65] führen eine andere Winkelintegration durch. Sie unterscheiden zwischen der Streutiefe y und der Foliendicke y_F und berücksichtigen, daß nur solche Elektronen den Absorber in Transmissionsrichtung durchlaufen können, deren Gesamtweg noch kleiner als die Reichweite $y = 1$ ist. Das führt auf die Bedingung (s. Abb. 9.4-1)

$$1 - y = \frac{y_F - y}{\cos \Theta_{\min, t}} \qquad \text{oder} \quad \cos \Theta_{\min, t} = \frac{y_F - y}{1 - y} \tag{9.4-3}$$

für den kleinsten zugelassenen Streuwinkel. Alle zu Winkeln $\Theta < \Theta_{\min}$ gestreuten Elektronen werden als nicht abgelenkt betrachtet und weiterhin dem

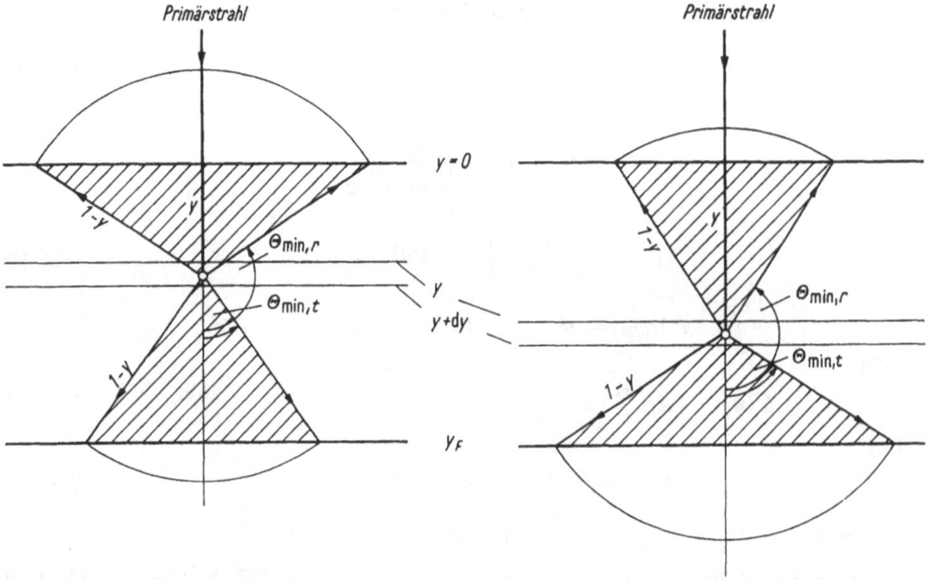

Abb. 9.4-1. Geometrieverhältnisse für die Einzelstreuung um große Winkel bei zwei unterschiedlichen Eindringtiefen zur Veranschaulichung der Austrittswinkelbedingungen. Nur die innerhalb der schraffierten Gebiete zur Targetoberfläche laufenden Elektronen verfügen über ausreichend Energie, um wieder aus dem Target austreten zu können

Primärbündel und der Anfangsrichtung zugeordnet. Die Integration bringt einen zusätzlichen exponentiellen Faktor [Na 63b] bzw. führt auf eine komplexe Funktion [Na 65], deren Realteil $T(y) = n_0(y)/n_0$ für einige Elemente in der nichtrelativistischen Näherung unter Benutzung des THOMSON-WHIDDINGTON-Gesetzes (entsprechend Gl. (9.3-5) mit $n = 2$) ausgewertet wird.

Allerdings wird dabei wiederum der empirisch angepaßte Wert $a' = 0{,}045\,Z$ von EVERHART übernommen, so daß aus der gefundenen, fast quantitativen Übereinstimmung der berechneten mit experimentellen Transmissionskurven im Energiebereich von 10 bis 300 keV nicht die Schlußfolgerung gezogen werden darf, daß die Diffusion eine untergeordnete Rolle spielt. Für größere Absorberdicken fallen die berechneten Transmissionskurven trotz der Anpassung zu schnell ab und gehen für eine etwa der extrapolierten Reichweite entsprechende Grenzdicke $y_{\max}(Z)$ gegen Null, da der als Folge der Vielfachstreuung und des Stragglings zu großen Absorberdicken hin auftretende Ausläufer der experimentellen Verteilungen durch das Einzelstreu-Modell nicht beschrieben werden kann. Dieser Abfall ist wegen der schärferen Grenzwinkelbedingung gerade im Bereich großer Foliendicken noch steiler als etwa auf Grund von Gl. (9.4-1b) nach EVERHART.

Die Betrachtungen lassen sich auf Absorber übertragen, die aus zwei Schichten unterschiedlicher Elemente bestehen [Na 62] [Na 67].

9.42 Schräge Inzidenz des Primärbündels

Bei Einfall des Primärbündels unter einem (gegen die Targetoberfläche gemessenen) Winkel η ist y durch $y/\sin\eta$ zu ersetzen. Die Winkelintegration wird so durchgeführt, daß alle nicht in Richtung auf die Targetoberfläche gestreuten Elektronen weiterhin dem Primärbündel zugerechnet werden. Für den Bruchteil der Elektronen, der eine Ebene in der Tiefe y des Streuers erreicht bzw. durch eine Folie der Dicke y transmittiert, erhält man zu Gl. (9.4-1b,c) völlig äquivalente Ausdrücke, in denen nur $a^* = a/\sin^2\eta$ statt a steht [Ro 64].

Mit einer etwas modifizierten Bedingung für die Aussonderung von gestreuten Elektronen aus dem Primärbündel finden NACHODKIN u. a. [Na 65] einen ähnlichen Ausdruck für den Transmissionskoeffizienten, der jedoch eine etwas schnellere Abnahme mit der Foliendicke besagt.

9.5 Lösungen für die Rückstreuung

9.51 Senkrechte Inzidenz des Primärbündels

Unter Verwendung des Ausdrucks (9.4-1c) für die Tiefenverteilung $T(y)$ des Primärflusses in der THOMAS-WHIDDINGTON-Näherung des Energie-Reichweite-Gesetzes ($n = 2$) erhält man für die relative Zahl der in der Tiefe y um den Winkel Θ in das Raumwinkelelement $d\Omega = 2\pi \sin\Theta\, d\Theta$ *gestreuten Elektronen* aus Gl. (9.2-5) [Ev 60]

$$\frac{\mathrm{d}n_r(y,\Theta)}{n_0} = \mathrm{d}P(y,\Theta) = T(y)\cdot Q(y)\,\mathrm{d}y\,\mathrm{d}\Omega$$
$$= \frac{a}{2}(1-y)^{a-1}\,\mathrm{d}y\,\frac{\sin\Theta\,\mathrm{d}\Theta}{\sin^4(\Theta/2)} \tag{9.5-1}$$

mit $a = 4\pi Q_0$ und $y = x/R$.

Zur Berechnung der Winkelverteilung bzw. des Rückstreukoeffizienten muß über die Streutiefe integriert werden; dabei ist zu berücksichtigen, daß ein Elektron im Target höchstens eine Wegstrecke zurücklegen kann, die gleich seiner Reichweite ist. Gemäß Abb. 9.4-1 ist für jede Streutiefe y dadurch wieder ein *kleinster Streuwinkel* $\Theta_{\min,r} \geqq \pi/2$ festgelegt, unter dem ein Elektron günstigstenfalls noch zum rückwärtigen Austritt gelangen kann, ohne zuvor absorbiert zu werden.

Es gilt die Bedingung

$$1 - y = \frac{-y}{\cos\Theta_{\min,r}} \quad \text{oder} \quad -\cos\Theta_{\min,r} = \frac{y}{1-y}, \tag{9.5-2}$$

die formal auch aus Gl. (9.4-3) für $y_F = 0$ folgt. Bei gegebenem Streuwinkel $\Theta \geqq \pi/2$ ergibt sich die maximale Streutiefe aus

$$y_{\max} = \frac{-\cos\Theta}{1-\cos\Theta}. \tag{9.5-3}$$

Die *Restenergie eines Elektrons,* das in der Tiefe y um einen Winkel Θ rückgestreut wird, beträgt beim Wiederaustritt aus dem Target

$$\frac{E_r}{E_0} = \left(1 - y - \frac{y}{-\cos\Theta}\right)^{1/n}. \tag{9.5-4}$$

Eine Integration des Ausdrucks (9.5-1) über y von 0 bis zur Foliendicke y_F, falls $y_F < y_{\max}(\Theta)$, anderenfalls bis $y_{\max}$, liefert die *Winkelverteilung* als Funktion der Foliendicke; bei Integration bis $y_{\max}$ findet man die Winkelverteilung für einen sättigungsdicken Streuer.

Eine Integration über Θ von $\Theta_{\min,r}$ bis π und anschließend über y von 0 bis y_F führt auf die Dickenabhängigkeit des *Rückstreukoeffizienten* [Na 62]. Für $y_F = 1/2$ ergibt sich der — in der benutzten Näherung von der Primärenergie E_0 unabhängige — Sättigungsrückstreukoeffizient [Ev 60]

$$P_s = \frac{a - 1 + (0{,}5)^a}{a+1}. \tag{9.5-5}$$

Everhart findet unter Benutzung des Thomson-Whiddington-Gesetzes mit der empirischen Konstanten nach Terrill $a = 4\pi Q_0 = 0{,}012\,Z$ (s. Gl. (9.3-7a)), daß die so berechneten Rückstreukoeffizienten $P_s(Z)$ für alle Elemente nur ca. 1/3 der experimentellen Werte im Energiebereich unter 100 keV betragen (vgl. Abb. 9.5-1). Während Everhart im wesentlichen wohl zur Veranschaulichung der Ergebnisse eine *empirische Anpassung* des Parameters der Theorie auf $a' = 0{,}045\,Z$ vornimmt und die Ursachen für die Abweichung zwischen

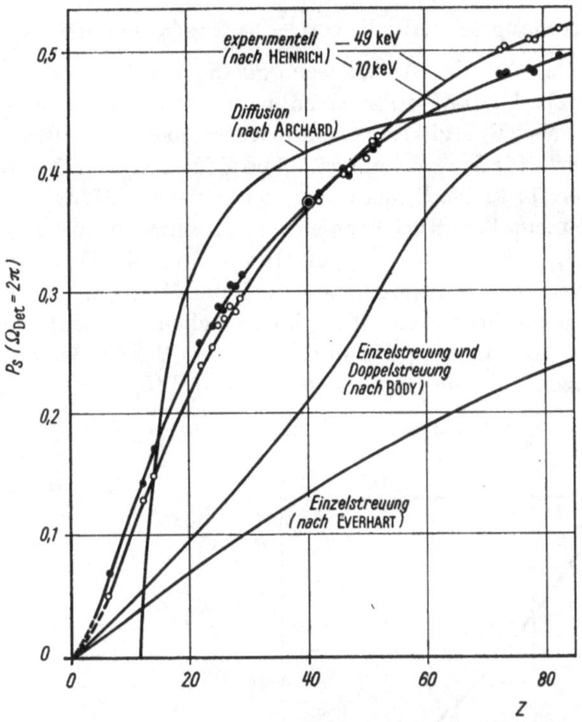

Abb. 9.5-1. Sättigungsrückstreukoeffizient $P_s(Z)$ monoenergetischer Elektronen als Funktion der Kernladungszahl Z des Streumediums für senkrechten Einfall ($\eta = 90°$) und Rückstreuung in den rückwärtigen Halbraum ($\Omega_{\text{Det}} = 2\pi$). Vergleich der etwa im Energiebereich von 5 bis 50 keV gültigen theoretischen Ergebnisse

- für das Einzelstreu-Modell (nach EVERHART [Ev 60]),
- für das Einzelstreu-Modell (nach EVERHART) zuzüglich des Beitrags der Doppelstreuung (nach BÖDY [Bö 62]) sowie
- für das Punktquellen-Diffusionsmodell (nach ARCHARD [Ar 61]) mit den experimentellen Ergebnissen von HEINRICH [He 64] für 10 keV (●) und für 49 keV (o)

den theoretischen und den experimentellen Rückstreukoeffizienten diskutiert, übernehmen andere Autoren (z. B. [Na 62] [Na 63b] [Ar 61] [Na 65]) diesen angepaßten Wert a' vorbehaltlos. Angesichts der noch fehlenden Beiträge von Mehrfach- und Vielfachstreuung sowie der Diffusion ist diese Verfahrensweise jedoch *nicht gerechtfertigt* und führt zu einer erheblichen Überschätzung der Bedeutung der Einzelstreuung beim Rückstreu- bzw. Transmissionsprozeß (vgl. § 9.1, § 12.2).

Zur Berechnung der *Energieverteilung* wird die Beziehung (9.5-4) in Gl. (9.5-1) eingeführt und über alle möglichen Tiefen y bei konstantem E/E_0 integriert [Na 62]. Die Verteilungen zeigen einen monotonen, fast linearen, von der Primärenergie unabhängigen Abfall von $\frac{a}{2} = 2\pi Q_0$ bei der Austrittsenergie $E_r = E_0$ auf Null bei der Austrittsenergie $E_r = 0$, wie er auch von BOTHE [Bo 49a] [Th 62] [Th 64b] beschrieben wurde. Die mit $a = 0{,}012\,Z$, also für das quadratische Energie-Reichweite-Gesetz nach THOMSON-WHIDDINGTON erhaltenen Werte für $E_r = E_0$ von ca. $0{,}006\,Z$ (d. h. 0,5 für $Z = 82$ bzw. 0,08 für $Z = 13$) können für kleine Primärenergien (20 bis 40 keV) die endlichen Beiträge in den experimentellen Rückstreuenergieverteilungen für den Halbraum [Ku 54a, b] bei $E_r = E_0$ zu etwa 70% als durch elastische Einzelstreuung verursacht erklären; der noch fehlende Anteil dürfte auf Mehrfachstreuung zu großen Winkeln zurückzuführen sein. Die Abhängigkeit des differentiellen Rückstreukoeffizienten $(\mathrm{d}P_s/\mathrm{d}E)_{E_r=E_0}$ für den Halbraum 2π bei der Austrittsenergie $E_r = E_0$ (bezogen auf eine Energieauflösung $\Delta E_r/E_0 = 0{,}01$) von der

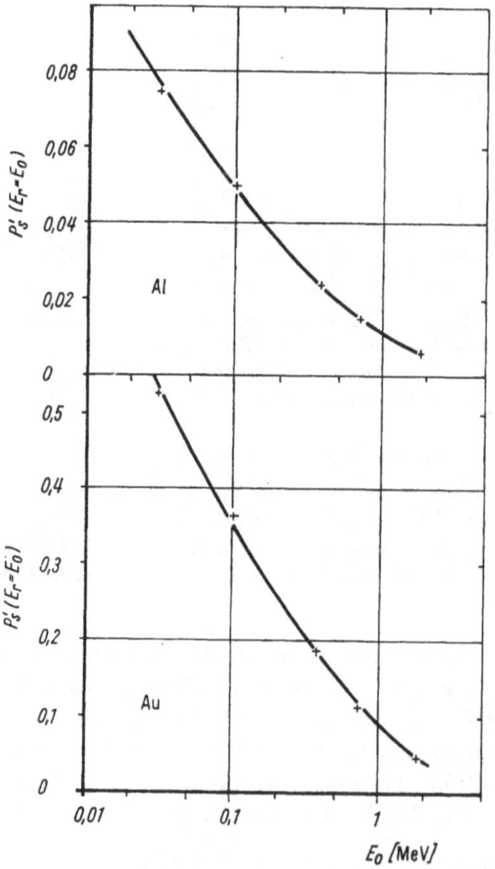

Abb. 9.5-2. Der differentielle Rückstreukoeffizient des Einzelstreu-Modells $(\mathrm{d}P_s(E_0, E_r)/\mathrm{d}E)_{E_r=E_0}$ für das Energieintervall $\Delta E_r/E_0 = 0{,}01$ bei der Austrittsenergie $E_r = E_0$ als Funktion der Primärenergie E_0 für Al und Au (nach [Th 64b])

Primärenergie zeigt Abb. 9.5-2 gemäß einer Auswertung von Gl. (9.5-1) mit Gl. (9.3-7c), wobei aber statt $R(E_0)$ die Energieabhängigkeit der mittleren Bahnlänge $\bar{L}(E_0)$ berücksichtigt wurde. Für große Primärenergien fallen diese Werte im Vergleich zu den experimentellen Ergebnissen etwas zu groß aus.

NACHODKIN u. a. [Na 65] berechnen den Rückstreukoeffizienten für sättigungsdicke Streuer $P_s(y)$ auf die hier dargelegte Weise, setzen aber für $T(y)$ den mit der Grenzwinkelbeziehung (9.5-2) abgeleiteten Ausdruck für den (relativen) Primärfluß in der Tiefe y ein und erhalten — wegen des im Vergleich zum Ausdruck (9.4-1b) schnelleren Abfalls des Primärflusses mit der Eindringtiefe — für alle Z um etwa 20% kleinere Rückstreukoeffizienten, als sie sich aus Gl. (9.5-5) nach EVERHART (bei Annahme des gleichen Wertes für den Parameter a) ergeben.

9.52 Schräge Inzidenz des Primärbündels

Während bei senkrechtem Einfall eines Elektronenstrahls die Einzelstreuung um große Winkel auch bei kleinen Primärenergien und großen Kernladungszahlen des Streumediums im Vergleich zur Vielfachstreuung bzw. Diffusion nur eine relativ untergeordnete Rolle beim Rückstreuprozeß spielt, ist es zur Erklärung der experimentellen Ergebnisse für schrägen Einfall unbedingt erforderlich, die Einzelstreuung heranzuziehen.

Bei Einfall des Primärbündels unter einem Winkel η (gegen die Targetoberfläche gemessen) ist y durch $y/\sin\eta$ zu ersetzen. Für die Zahl der Elektronen in der Tiefe y erhält man zu den Gln. (9.4-1b, c) äquivalente Ausdrücke, nur steht wieder $a^* = a/\sin^2\eta$ statt a. Eine Integration der entsprechend modifizierten Gl. (9.4-1b) über y von 0 bis y_{max} ergibt zusammen mit einer für den räumlichen Fall modifizierten Austrittsbedingung Austrittswinkelverteilungen der Elektronen bei schrägem Einfall auch außerhalb der Einfallsebene [Ro 64], die z. B. in qualitativer Übereinstimmung mit den Messungen von KANTER [Ka 57] für kleine Primärenergien (vgl. Abb. 4-2) stehen. Insbesondere werden die ausgeprägte Vorwärtsstreuung mit einem Maximum der Rückstreurate in der Nähe des „Glanzwinkels" $\alpha = \eta$ in der Einfallsebene $\beta = 0$ (vgl. Abb. 9.5-3) sowie die typische geringe Z-Abhängigkeit der Höhe dieses Maximums bzw. auch des integralen Rückstreukoeffizienten bei sehr flachem Einfall qualitativ erklärt. Für kleine Einfallswinkel wächst nämlich der Parameter a^* (wegen $\sin\eta \to 0$) über alle Grenzen, so daß die Größe

$$\frac{dn_r(\eta \to 0)}{n_0} = 2 \operatorname{ctg} \eta \, d\eta$$

die Streuintensität beim Glanzwinkel für alle Z beschreibt.

Quantitative Abweichungen werden neben der Vernachlässigung der elastischen und der unelastischen Vielfachstreuung um kleine Winkel auf Oberflächenkontaminationen durch leichtatomige Substanzen zurückgeführt, die eine erhebliche Verbreiterung der Winkelverteilungen bewirken [Ro 64]. Daneben dürfte auch die Rauhigkeit der Targetoberfläche Einfluß haben [Ka 57].

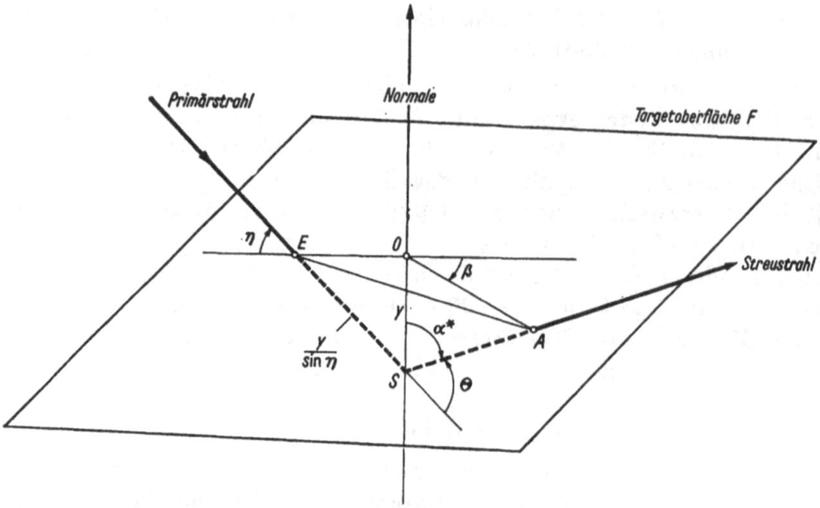

Abb. 9.5-3.	Geometrieverhältnisse bei der Einzelstreuung schräg einfallender Elektronen:
η	Einfallswinkel
α	Austrittswinkel ($\alpha = \pi/2 - \alpha^*$)
Θ	Streuwinkel (Ablenkwinkel aus der Anfangsrichtung)
$\overline{EO}$	(Teil der) Schnittlinie der Einfallsebene (aufgespannt von Primärstrahl und Normale) mit der Targetoberfläche; in dieser Ebene wird η gemessen;
$\overline{AO}$	(Teil der) Schnittlinie der Austrittsebene (aufgespannt von Streustrahl und Normale) mit der Targetoberfläche; in dieser Ebene wird α gemessen; die Austrittsebene ist um den Winkel β gegen die Einfallsebene gedreht;
$\overline{EA}$	(Teil der) Schnittlinie der Streuebene (aufgespannt von Primär- und Streustrahl) mit der Targetoberfläche; in dieser Ebene wird Θ gemessen;
y	relative Eindringtiefe (Streutiefe); senkrechter Abstand des Ortes der Streuung S von der Targetoberfläche F;
$y/\sin\eta$	relative Weglänge, die das Elektron vor der Streuung im Punkt S durchläuft;
O, E, A	Durchstoßpunkte der Normale, des Primärstrahls bzw. des Streustrahls durch die Targetoberfläche;
gestrichelt:	Wege des betrachteten Elektrons innerhalb des Targets

Weitere Integrationen der in § 9.41 besprochenen Art führen NACHODKIN u. a. [Na 62] [Na 63b] aus und geben Ausdrücke für die Dickenabhängigkeit des Rückstreukoeffizienten $P(y)$ bei schrägem Einfall an (vgl. auch [Ro 67]). An Hand der Auswertungen wird deutlich, daß es nicht gerechtfertigt ist, den empirisch angepaßten Wert $a = 0{,}045\,Z$ zu benutzen; für senkrechten Einfall werden damit zwar die experimentellen Ergebnisse nahezu quantitativ beschrieben, für schrägen Einfall ergeben sich aber (z. B. bei $\eta = 30°$ bereits bis zu einem Faktor 2) zu große Werte.

Der totale Rückstreukoeffizient für sättigungsdicke Streuer $P_s(\eta)$ geht unabhängig von der Art des Streumediums für $\eta \to 0$ gegen $P_S(\eta = 0) = 1$. Das entspricht der Tendenz der experimentellen Werte, die allein auf Grund von Diffusionsbetrachtungen nicht erklärlich wäre.

Tabelle 9.6-1. Sättigungsrückstreukoeffizienten des Einzelstreu-Modells (in %) nach diversen Korrekturen

Art der Korrektur / Primärenergie E_0:	0,05 MeV		0,1 MeV		0,7 MeV		4,0 MeV	
Streumedium:	Al	Pb	Al	Pb	Al	Pb	Al	Pb
1. EVERHART-Näherung (mit q_R, $R \sim E^2$, $\Theta_{\min,t} = \pi/2$)								
$a_1 = 0{,}012\ Z$ (Gl. (9.3-7b))	0,155	0,98	—	—	—	—	—	—
P_s [%] (Gl. (9.5-5))	4,6	24,7	—	—	—	—	—	—
2. $R \sim E^{1,64}$ eingeführt, sonst wie (1):								
$a_2 = 4\,\pi\,Q_0$ (Gl. 9.3-7d))	0,271	0,985	0,183	0,665	0,06	0,22	0,022	0,081
P_s [%] (Gl. (9.5-5))	7,8	24,8	5,3	17,7	1,8	6,4	0,7	2,4
3. MOTT-Streuquerschnitt eingeführt, sonst wie (2):								
$\overline{C}_{sp}$ ($\Theta = 110°$)	0,92	1,65	0,83	1,83	0,5	1,7	0,4	1,6
$a_3 = a_2 \cdot \overline{C}_{sp}$	0,25	1,62	0,152	1,22	0,03	0,37	0,009	0,13
P_s [%] (Gl. (9.5-5))	7,2	36,1	4,4	29,3	0,9	10,6	0,3	3,8
4. Austrittsbedingung (9.4-3) mit $\Theta_{\min,t} < \pi/2$ eingeführt, sonst wie (3): Faktor 0,8								
P_s [%]	5,7	28,9	3,5	23,5	0,72	8,5	0,24	3,04
5. Absorptionskorrektur für rückläufige Elektronen (Gl. (9.6-1)) eingeführt, sonst wie (4): Faktor 0,6								
P_s [%]	3,4	17,9	2,1	14,1	0,44	5,1	0,14	1,8
6. Werte nach [Th 67] (mit q_M; $\lvert dE/\varrho\,ds \rvert$ nach Gl. (8.3-8), Näherung C bzw. D aus [Th 64b]; Absorptionskorrektur; Umwegfaktor)								
P_s [%]	—	—	2,0	12,8	0,3	5,7	0,2	1,8
7. exp. Werte des Gesamt-Rückstreukoeffizienten $P_s(Z, E_0)$, interpoliert aus Zusammenstellung von Literaturwerten	14,0	51,5	13,2	51,8	8,2	47,0	3,0	28,0

9.6 Korrekturen

Für den Vergleich der Beiträge von Einzelstreuung und Diffusion zum Rückstreuprozeß in verschiedenen Streumedien und Energiebereichen bei senkrechtem Einfall des Primärbündels (§ 12.22) werden möglichst genaue quantitative Werte für die Rückstreukoeffizienten des Einzelstreu-Modells benötigt. Wie bereits einleitend (§ 9.1) betont, ist es dafür erforderlich, diverse Korrektionen an den Ergebnissen des § 9.51 vorzunehmen. In Anbetracht des prinzipiellen Näherungscharakters des Einzelstreu-Modells wird dabei grob schematisch verfahren; die Zahlenangaben in Tab. 9.6-1 sind entsprechend als Abschätzungen zu betrachten.

1. *Einführung einer verbesserten Energieabhängigkeit:*

Eine Berechnung des Rückstreukoeffizienten auf der Grundlage des Ansatzes (9.4-1a) mit allgemeiner Energieabhängigkeit ($n \neq 2$) liegt nicht vor. Es wird daher die Lösung (9.5-5) für P_s (mit $n = 2$ nach Everhart) übernommen, aber $a = 4\pi Q_0$ gemäß Gln. (9.3-7a bis d) nicht wie bei Everhart als konstant angesehen, sondern der empirische Zusammenhang zwischen Primärenergie und (maximaler) Reichweite eingeführt, so daß also im folgenden auch die Z-abhängigen Umwege der Elektronen (vgl. dazu § 11.5) in gewisser Weise Berücksichtigung finden. Der Vergleich der so für 0,05 MeV erhaltenen Rückstreukoeffizienten mit denen von Everhart zeigt (s. Tab. 9.6-1, Positionen 1 und 2), daß sich jetzt für kleine Z größere Werte ergeben, während für größere Z — offenbar wegen der umwegbedingten Abnahme der Reichweite mit steigender Kernladungszahl — nahezu eine Übereinstimmung mit den Everhartschen Angaben erhalten wird. Mit steigender Energie tritt für alle Z ein relativ schneller Abfall von P_s ein, wobei die Werte für 4 MeV noch etwas zu hoch liegen dürften, da die zugrunde gelegte Energie-Reichweite-Beziehung von Gubernator [Gu 59] (s. Gl. (9.3-10)) nur für den Bereich kleiner und mittlerer Primärenergien gültig ist.

2. *Berücksichtigung des Streuquerschnittes nach* Mott q_M*:*

Wie die Ausführungen des § 7.1 zeigten, ist der Rutherford-Querschnitt q_R bei großen Streuwinkeln nur für kleine E_0 und Z etwa richtig. Für eine erste Näherung der erforderlichen Korrektur des Rückstreukoeffizienten werden die Mittelwerte $\overline{C}_{sp}(E_0, Z) = q_M/q_R$ für einen mittleren Ablenkwinkel $\overline{\Theta} = 110°$ (nach Tab. 7.1-4), wie er sich durch Integration der Winkelabhängigkeit von q_R über den Halbraum ergibt, benutzt, um korrigierte $a = 4\pi Q_0 \overline{C}_{sp}$ und damit neue P_s wieder nach Gl. (9.5-5) zu ermitteln. Diese Korrektur bewirkt für alle E_0 einen Anstieg des Rückstreukoeffizienten für große Z (Faktor ca. 1,5), aber für kleine Z, besonders bei großen E_0, eine Abnahme (bis zum Faktor 2) (s. Pos. 3 in Tab. 9.6-1). Die Hüllenabschirmung ist bei großen Streuwinkeln ohne Einfluß. Die Kerngrößenkorrektur kann im betrachteten Energiebereich noch vernachlässigt werden; bei 4 MeV und Pb ergäbe sich nach Gl. (7.1-24) eine Reduktion des Rückstreukoeffizienten um ca. 15%.

3. *Korrektur der Tiefenabhängigkeit des Primärflusses:*

Auf Grund der Transmissionsbetrachtungen von NACHODKIN [Na 65] unter Berücksichtigung der Austrittswinkelbedingungen (9.4-3) muß mit ca. 20% kleineren Rückstreukoeffizienten gerechnet werden (vgl. § 9.41), als sie sich nach Gl. (9.5-5) ergeben (vgl. Tab. 9.6-1, Pos. 4).

4. *Transmissionskorrektur für die rückläufigen Elektronen:*

Die Austrittswinkelbedingung (9.5-2) setzt für alle rückläufigen Elektronen die gleiche Reichweite voraus; tatsächlich müßte man aber wegen des Einflusses von Vielfachstreuung und Straggling bei der Lösung von Gl. (9.5-1) mit einer Reichweitenverteilung rechnen. Faßt man alle in einen kleinen Winkelbereich um die Austrittsrichtung $\alpha = \Theta - \pi/2$ gestreuten Elektronen als ein enges Bündel auf, so müßte ihre Austrittswahrscheinlichkeit als Funktion der Streutiefe x bzw. der Absorptionslänge $x/\sin\alpha$ durch ein Transmissionsgesetz nach Art der empirischen Transmissionskurven, aber gültig innerhalb eines unendlich ausgedehnten Mediums, beschrieben werden. In Ermanglung experimenteller Ergebnisse kann man statt dessen den in erster Näherung sicherlich gültigen Ansatz

$$T(y, \Theta) = 1 - \frac{x}{R_x}\frac{1}{\sin\alpha} = 1 - \frac{y}{1-y}\frac{1}{\cos\Theta} \tag{9.6-1}$$

machen [Th 67], in dem $R_x(x) = R(E_0) - x$ die (extrapolierte) Restreichweite der Elektronen in der Streutiefe x ist, so daß mit $y = x/R$ obiger Ansatz folgt $\big(R(E_0)$ — extrapolierte Reichweite der Primärelektronen$\big)$. Dieser berücksichtigt die Energieabnahme der Elektronen auf dem Wege bis zur Streutiefe, und ein Aussondern von Elektronen erfolgt erst auf dem Rückwege, also für $x > R_x$, womit dem experimentellen Befund, daß für geringe Absorberdicken zunächst ein zögernder Abfall der Transmissionskurven (für nicht zu kleine E_0 bzw. zu große Z) auftritt, Rechnung getragen wird.

Bei der Winkelintegration wurde die Austrittswinkelbedingung (9.5-2) beachtet, wobei $T(\Theta_{\min,r}, y) = 0$ wird. Die anschließende Integration über die Streutiefe führt schließlich auf Rückstreukoeffizienten, die für alle Z und E_0 um etwa 40% kleiner sind, als man sie bei Beschränkung auf die Austrittswinkelkorrektur nach EVERHART erhält.

5. Die sich nach Anbringung der sämtlichen genannten Korrekturen ergebenden *Rückstreukoeffizienten des Einzelstreu-Modells* (s. Tab. 9.6-1, Pos. 5) stimmen sehr gut mit den auf etwas anderem Wege berechneten [Th 67], aus Abb. 12.2-1 entnommenen Werten (Pos. 6) überein. Der Vergleich der Ergebnisse für 0,05 MeV mit den Originalwerten von EVERHART (für $a = 0{,}012\,Z$) zeigt, daß letztere nur um ca. 30% zu hoch liegen und für noch kleinere E_0 (ca. 20 bis 30 keV) — wohl infolge einer zufälligen Kompensation der besprochenen Korrekturen — praktisch mit korrigierten Rückstreukoeffizienten übereinstimmen dürften.

§ 10 Das Vielfachstreu-Modell

10.1 Übersicht

Vielfachstreuung erfolgt immer dann, wenn Teilchen oder Wellen beim Durchgang durch Materie einer Folge von ähnlichen Prozessen unterworfen sind, die ihre Bewegungsrichtung ändern, wobei die aufeinanderfolgenden Streuungen völlig oder weitgehend statistisch unabhängig voneinander ablaufen. Entsprechend der in § 3 gegebenen Nomenklatur spricht man von Vielfachstreuung, wenn ein Elektron mindestens 20 Stoßprozesse erfahren hat, so daß Gesetzmäßigkeiten der Statistik anwendbar werden. Das Übergangsgebiet der Mehrfachstreuung ist für Elektronen wegen der großen Streuwahrscheinlichkeit auf einen sehr engen Dickenbereich beschränkt (vgl. § 10.34).

Die Vielfachstreuung bewirkt die allmähliche Auffächerung eines Elektronenbündels mit wachsender Eindringtiefe; das wurde durch Nebelkammeraufnahmen (Abb. 2.2-1) veranschaulicht. Nach genügend großen Weglängen im Target erreichen die Elektronen einen Ausbreitungszustand, in dem sie ihre Anfangsorientierung im Mittel verloren haben; der Elektronentransport kann dann als ein Diffusionsprozeß beschrieben werden (s. § 11). Für die Winkelverteilung ergibt sich in dieser Diffusionsnäherung — bei Beschränkung auf nicht zu große Gesamtablenkungen und Vernachlässigung der Energieverluste — eine GAUSS-Funktion, die für dünnere Schichten eine in vielen Fällen ausreichend gute Beschreibung der Winkelverteilung im Bereich kleiner resultierender Ablenkwinkel liefert. Tatsächlich tritt jedoch ein intensitätsarmer Ausläufer zu großen Ablenkwinkeln hin auf (vgl. Abb. 10.1-1), der durch die

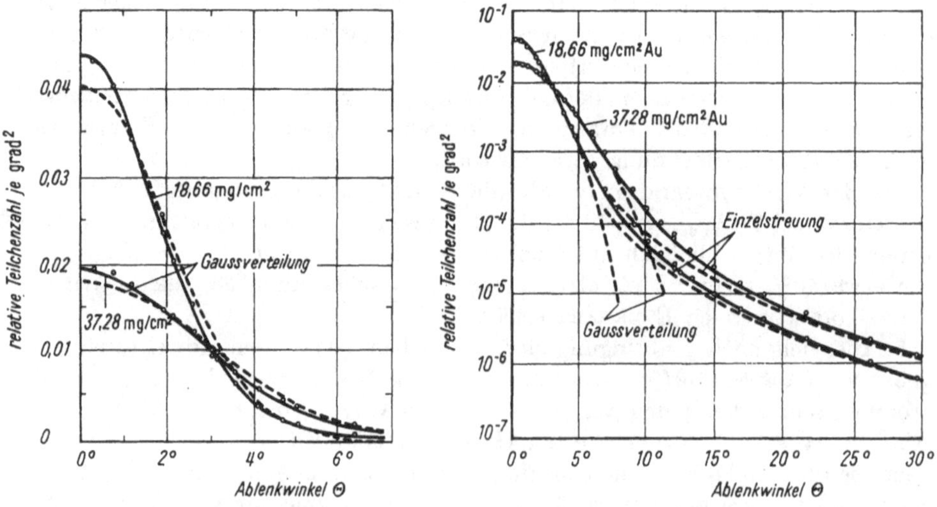

Abb. 10.1-1. Winkelverteilung von 15,7-MeV-Elektronen nach Durchgang durch Goldfolien a) in linearer und b) in halblogarithmischer Darstellung [Ha 51] [Bi 58] [Kn 66a]. Ausgezogene Kurven nach der MOLIÈREschen Theorie; gestrichelte Kurven: GAUSS-Verteilungen bzw. Einzelstreu-Verteilungen

Anisotropie des Einzelstreu-Gesetzes verursacht wird und dessen analytische Beschreibung das Ziel zahlreicher theoretischer Bemühungen ist, die hier als Theorien der Vielfachstreuung bezeichnet werden.

Im folgenden wird (in § 10.2 und § 10.31) als Einführung zunächst für die Darstellung der Winkelverteilung durch eine GAUSS-Funktion — also quasi in der gemeinsamen ersten Näherung der Theorien der Vielfachstreuung und der Theorie der Richtungsdiffusion — die Verteilungsbreite und die mittlere Stoßzahl in mathematisch geschlossener Form berechnet. Wegen der Beschränkung dieser Näherung auf kleine Gesamtablenkwinkel, die auch die Beschränkung auf kleine Absorberdicken nach sich zieht, ist die Berücksichtigung der Energieverluste dabei ohne wesentliches Interesse; trotzdem wird an den entsprechenden Stellen jeweils auf die Zusammenhänge mit der Diffusionstheorie hingewiesen.

Eine theoretische Behandlung des Vielfachstreuproblems ist ohne umfassende Vereinfachungen schwierig. Bereits die Ausgangsgleichung der Vielfachstreutheorien, die Transportgleichung der Aufstreuung (6.4-4), enthält als Näherung das kontinuierliche Bremsmodell. Weitgehend allgemeine Lösungen hinsichtlich der Winkelverteilung, in denen auch Streuungen um große Winkel zugelassen sind, können nach Reihenentwicklung der Verteilungsfunktion und des Streuquerschnittes für ein räumlich *unbegrenztes Medium* angegeben [Go 40a, b] [Le 50] [Wa 54], aber nur numerisch ausgewertet werden [Sp 55] [Be 63b]. Der praktische Nutzen solcher Ergebnisse ist jedoch begrenzt, da eine experimentelle Verifikation etwa der räumlichen Verteilungen bzw. der Winkelverteilungen der Elektronen nach genau ν_e Streuakten [Wi 54] [Gr 51] oder der Streuverteilung nach einem gegebenen Weg [Go 40a, b] [Le 50] nur durch Bahnspuruntersuchungen möglich ist. Die Vorhersage der Streuung *in dünnen Folien* oder anderen Anordnungen erfordert die Kenntnis der Verteilung an festen Punkten im Raum und die Berücksichtigung von Randbedingungen [Sc 63]. Die bei einer solchen Problemstellung auftretenden Schwierigkeiten können nur vermieden und weitgehend analytische Lösungen für die Winkelverteilung angegeben werden, wenn man ein *senkrecht* auf den Streuer einfallendes Elektronenbündel voraussetzt und darüber hinaus eine Reihe von Näherungsannahmen macht, die sämtlich auf eine Beschränkung auf kleine Foliendicken bzw. kleine resultierende Ablenkwinkel (i. allg. $<20°$) hinauslaufen (vgl. § 10.32). Abschätzungen über den Verlauf der Winkelverteilungen nach Transmission von Elektronen durch größere Schichtdicken lassen sich daraus erst nach halbempirischen Korrekturen — z. B. bezüglich der Umwege und der Energieverluste — gewinnen. Die entsprechenden Energieverteilungen, etwa als Funktion des Ablenkwinkels, sind bisher nicht berechenbar. Für Theorien der Mehrfach- und Vielfachstreuung zu großen Winkeln, die z. B. auch den Fall der Rückstreuung enthalten, liegen keine numerischen Auswertungen vor [Wa 51] [Wa 54] [Mo 58] [Mo 59].

Ohne Einschränkung des Einfallswinkels des Elektronenbündels unter der Annahme zufällig verteilter Streuzentren und unter Vernachlässigung des

Energieverlustes gelang DOLGININ und GNEDIN [Do 64] [Do 66] die Lösung des Vielfachstreu-Problems für eine Reihe wichtiger Anwendungsfälle. Den *schrägen Einfall* eines Elektronenbündels auf sehr dünne Streuer behandelt auch BOTHE [Bo 51], indem er die Verteilungsfunktion durch eine Summe von GAUSS-Funktionen darstellt; eine experimentelle Verifikation erfolgte durch KNECHT und BOTHE [Kn 53].

Die praktische Bedeutung der Vielfachstreu-Theorien um kleine Winkel liegt in der Möglichkeit, die Winkelverteilung von Elektronen (und anderen Partikeln oder Quanten) nach Durchgang durch dünne Folien oder Materieschichten sehr genau zu beschreiben; sie haben daher insbesondere Eingang in zahlreiche Monte-Carlo-Rechnungen gefunden, da auf diese Weise die Zahl der erforderlichen Rechenschritte beträchtlich herabgesetzt werden kann (vgl. § 12.32). Dieser Vorteil wird allerdings mit einem Verzicht auf die Erfassung der in den Kleinwinkelstreuprozeß eingebetteten Einzelablenkungen um große Winkel erkauft, was im Bereich sehr kleiner Primärenergien bedenklich erscheint [Co 64a] [Co 64c].

Auswertungen zur Vielfachstreuung scheinen bisher nur auf der Grundlage des THOMAS-FERMI-Atommodells erfolgt zu sein, obwohl die Schalenstruktur der Atomhülle nach § 7.14 erheblichen Einfluß auf die Z-Abhängigkeit der Streuwahrscheinlichkeit um kleine Winkel und damit auch auf die Elektronentransmission durch Folien haben sollte; die Streuquerschnitte berücksichtigen außer der Abschirmung i. allg. keinen der in § 7.12 zusammengestellten Einflüsse, d. h., sie reduzieren sich ohne Screening auf den RUTHERFORD-Querschnitt. Ebensowenig wird in den vorliegenden Theorien zur Mehr- und Vielfachstreuung der Einfluß der Kristallstruktur der Festkörper erfaßt; die zu erwartenden Interferenzen sollten zur Verminderung der Streuwahrscheinlichkeiten führen [Co 64b] [Hi 65].

Vergleichende Diskussionen der zahlreichen theoretischen Ansätze finden sich bei BETHE [Be 53b], LEWIS [Le 50] und SCOTT [Sc 54] [Sc 63]. Weitere Literaturübersichten und auch Zahlenmaterial geben folgende Werke: [Bo 48] [Pa 52a] [Sa 52] [Be 53a] [Wa 54] [Bi 58] [Ze 67b] [Ca 68] (s. a. [Sc 63]).

10.2 Das mittlere Streuwinkelquadrat und die mittlere Stoßzahl

Einen ersten Schritt zur Lösung des Vielfachstreu-Problems für ein senkrecht auf ein Target einfallendes, eng kollimiertes Elektronenbündel stellt die Berechnung *des mittleren Quadrats des resultierenden Streuwinkels der räumlichen Vielfachstreuung* (mean square multiple scattering spatial angle) $\overline{\Theta^2}$ als Funktion der durchlaufenen Bahnlänge s dar, die im folgenden unter Beschränkung auf dünne Streuer mit der Foliendicke x gleichgesetzt wird. (Zwecks Abgrenzung vom Streuwinkel ϑ des elementaren Streuaktes wird Θ im folgenden Ablenkwinkel genannt.)

$\overline{\Theta^2}$ ist ein Maß für die Breite der Winkelverteilung. Für den Fall einer GAUSS-Funktion hängt $\overline{\Theta^2}$ mit dem anschaulichen Halbwertswinkel Θ_h, bei dem die

Verteilung auf den halben Wert der Maximumhöhe abgefallen ist, und mit dem *wahrscheinlichsten Ablenkwinkel* Θ_w, der die Standardabweichung der GAUSS-Funktion darstellt, über die folgenden Beziehungen zusammen:

$$\Theta_h = \sqrt{\ln 2}\sqrt{\overline{\Theta^2}} = 0{,}833\sqrt{\overline{\Theta^2}}, \qquad \sqrt{\overline{\Theta^2}} = \sqrt{2}\,\Theta_w\,, \qquad (10.2\text{-}1)$$
$$(\Theta_h = \sqrt{2\ln 2}\,\Theta_w = 1{,}18\,\Theta_w)\,.$$

Gemäß einer allgemeinen Regel für die Überlagerung kleiner und unabhängiger Einzelstreu-Winkel ϑ ist der Wert von $\overline{\Theta^2}$ bei $\varrho x + \varrho \mathrm{d}x$ gleich dem Wert von $\overline{\Theta^2}$ bei ϱx plus dem mittleren Ablenkwinkelquadrat in $\varrho \mathrm{d}x$:

$$\mathrm{d}\overline{\Theta^2} = \varrho \mathrm{d}x \int_{4\pi} \vartheta^2\, N\, q(\vartheta)\, \mathrm{d}\Omega\,, \qquad \text{also} \qquad \frac{\mathrm{d}\overline{\Theta^2}}{\varrho \mathrm{d}x} = \overline{\Theta_0^2} \qquad (10.2\text{-}2)$$

mit

$$\overline{\Theta_0^2}(\varrho x) = \int_{4\pi} \vartheta^2\, N\, q(\vartheta, \varrho x)\, \mathrm{d}\Omega \qquad (10.2\text{-}3)$$

[Ro 52]. Das mittlere Ablenkwinkelquadrat berechnet sich somit aus

$$\overline{\Theta^2} = \int_0^{\varrho x} \overline{\Theta_0^2}(\varrho x)\, \varrho \mathrm{d}x\,. \qquad (10.2\text{-}4)$$

$\overline{\Theta_0^2}$ ist das mit dem makroskopischen (differentiellen) Streuquerschnitt Nq (s. Gl. (7.1-2)) über den gesamten Streuwinkelbereich gewichtete Mittel des Quadrats des Einzelstreuwinkels ϑ pro Flächenmasseneinheit in der Tiefe ϱx, d. h. bei der Energie $E(\varrho x)$, also das *mittlere Ablenkungsquadrat je Flächenmasseeinheit*. Seine Dickenabhängigkeit resultiert aus der Energieabhängigkeit sowohl des RUTHERFORD-Querschnitts als auch aus der der Hüllenabschirmkorrektur (Screening) C_{sc} (s. § 7.14). $\overline{\Theta_0^2}$ hängt mit dem *mittleren Quadrat des Einzelstreuwinkels je Streuakt* $\overline{\vartheta^2}(x)$ über die – ebenfalls energie- bzw. wegabhängige – *mittlere freie Weglänge* $\lambda_e(x)$ zusammen:

$$\overline{\Theta_0^2} = \frac{\overline{\vartheta^2}\,(x)}{\varrho\, \lambda_e(x)} \qquad (10.2\text{-}5\text{a})$$

oder

$$\overline{\vartheta^2}(x) = \overline{\Theta_0^2}(\varrho x)\, \varrho\, \lambda_e(x) = \frac{\int \vartheta^2\, Nq\,(\vartheta, \varrho x)\, \mathrm{d}\Omega}{\int Nq\,(\vartheta, \varrho x)\, \mathrm{d}\Omega}\,; \qquad (10.2\text{-}5\text{b})$$

das ist die Definitionsgleichung des mittleren Quadrats des Einstreuwinkels je Streuakt $\overline{\vartheta^2}(x)$. In der Kleinwinkel-Näherung gilt nach Gl. (6.4-6)

$$\overline{\vartheta^2}(x) = 2\,\frac{\lambda_e(x)}{\lambda_T(x)} \qquad (10.2\text{-}5\text{c})$$

und daher

$$\frac{1}{2}\,\overline{\Theta_0^2}(\varrho x) \approx \frac{1}{\varrho\, \lambda_T(x)} \qquad (10.2\text{-}3\text{a})$$

sowie

$$\frac{1}{2}\,\overline{\Theta^2}(\varrho x) = \Theta_w^2 \approx \int_0^x \frac{\mathrm{d}x'}{\lambda_T(x')} = \chi(x)\,, \qquad (10.2\text{-}4\text{a})$$

womit der Zusammenhang mit der Streufunktion bzw. der Transportweglänge des Diffusionsmodelles (vgl. Gln. (11.1-2) und (11.2-14b)) erkennbar wird.

Für den Fall, daß man den *Energieverlust* in der dünnen Schicht gänzlich *vernachlässigt*, folgt aus Gl. (10.2-4) für das mittlere Streuwinkelquadrat einfach

$$\overline{\Theta^2} = \overline{\Theta_0^2}\,\varrho x = \frac{x}{\lambda_e}\,\overline{\vartheta^2} = \nu_e\,\overline{\vartheta^2} \tag{10.2-6}$$

bzw. in der Kleinwinkel-Näherung für λ_T auch

$$\frac{1}{2}\,\overline{\Theta^2} = \Theta_w^2 = \frac{x}{\lambda_T} \qquad \text{bzw.} \qquad \frac{1}{2}\,\overline{\Theta_0^2} = \frac{1}{\varrho\,\lambda_T}\,; \tag{10.2-6a}$$

λ_T kann z. B. aus Tab. 11.2-1 entnommen werden. Für Abschätzungen kann noch $\lambda_T \approx x_D$, wo x_D die Diffusionstiefe ist, gesetzt werden, womit eine einfache Auswertung mit Hilfe der in § 11.23 angegebenen Näherungen (vgl. auch Abb. 11.2-1 bzw. auch Abb. 10.2-1) möglich wird.

Brauchbare Abschätzungen für $\overline{\Theta_0^2}$ erhält man bereits bei Benutzung des RUTHERFORD-Querschnittes, wenn man nur durch geeignete Wahl der Integrationsgrenzen seinen Gültigkeitsbereich berücksichtigt. Mit der Kleinwinkelnäherung (7.1-5) ergibt sich die Darstellung

$$\overline{\Theta_0^2} = 32\,\pi\,Q_\pi \int\limits_{\vartheta_{\min}}^{\vartheta_{\max}} \frac{\mathrm{d}\vartheta}{\vartheta} = 16\,\pi\,Q_\pi \ln\left(\frac{\vartheta_{\max}}{\vartheta_{\min}}\right)^2, \tag{10.2-7}$$

die wegen Gl. (10.2-3a) für $\vartheta_{\max} = 2$ und $\vartheta_{\min} = \vartheta_1$ mit der von BETHE, ROSE und SMITH angegebenen Näherung für die Transportweglänge $\varrho\lambda_T$ übereinstimmt. Wählt man mit ROSSI als untere Grenze $\vartheta_{\min}$ den Abschirmwinkel ϑ_1 (Gl. (7.1-15)) und als obere Grenze den durch die endliche Kernausdehnung gegebenen Winkel $\vartheta_{\max}$ (Gl. (7.1-23)) und nimmt den Wirkungsquerschnitt q außerhalb dieser Grenzen als Null an, so wird

$$\frac{\vartheta_{\max}}{\vartheta_{\min}} = \frac{280}{A^{1/3}}\,\frac{137}{Z^{1/3}} = \left[\frac{196}{Z^{1/3}}\left(\frac{Z}{A}\right)^{1/6}\right]^2, \tag{10.2-8}$$

und man erhält

$$\overline{\Theta_0^2} = 64\,\pi\,Q_\pi \ln\left[\frac{196}{Z^{1/3}}\left(\frac{Z}{A}\right)^{1/6}\right]. \tag{10.2-9}$$

Q_π ist die winkelunabhängige Grundfunktion des RUTHERFORD-Querschnittes (Gl. (7.1-4)). Bei genauerer Berücksichtigung des Screeningeffektes werden etwas andere Ergebnisse erhalten (s. z. B. [Ro 52]).

Wenn der Wert von $\vartheta_{\max}$ (nach Gl. (7.1-23)) größer als Eins ist, wird empfohlen, als obere Grenze Eins statt $\vartheta_{\max}$ zu benutzen. Dann erhält man statt (10.2-9)

$$\overline{\Theta_0^2} = 64\,\pi\,Q_\pi \ln\left(\frac{137\,p}{Z^{1/3}\,m_0\,c}\right)^{1/2}. \tag{10.2-9a}$$

Andere Autoren (z. B. [Be 53a] [Mo 48] [Bi 58]) wählen den Grenzwinkel $\vartheta_{\max}$ in Gl. (10.2-7) so, daß in der Folie viele Stöße mit $\vartheta < \vartheta_{\max}$, aber nur wenige

Stöße mit $\vartheta > \vartheta_{max}$ erfolgen; etwas willkürlich wird ϑ_{max} so festgelegt, daß im Mittel über die gesamte Foliendicke x nur ein Stoß mit $\vartheta > \vartheta_{max}$ auftritt. Durch Integration über das Streugesetz (7.1-6) über ϑ von ϑ_{max} bis zu einem etwas größeren Winkel ϑ', für den $\vartheta^2_{max} \ll \vartheta'^2$ gilt, sowie über die Foliendicke von 0 bis ϱx ergibt sich, bei Vernachlässigung der Bremsung [Be 53a] [Bi 58]

$$\int_0^{\varrho x} \int_{\vartheta_{max}}^{\vartheta'} \int_0^{2\pi} N\, q(\vartheta)\, \vartheta \mathrm{d}\vartheta\, \mathrm{d}\varphi\, \varrho \mathrm{d}x = 32\,\pi\, Q_\pi\, \varrho x \int_{\vartheta_{max}}^{\vartheta'} \frac{\mathrm{d}\vartheta}{\vartheta^3} = \frac{16\,\pi\, Q_\pi\, \varrho x}{\vartheta^2_{max}}, \tag{10.2-9b}$$

was, wenn man das Resultat gleich Eins setzt, auf

$$\vartheta^2_{max} = 16\,\pi\, Q_\pi\, \varrho x = C_0^2 \cdot \left[\frac{\varepsilon + 1}{\varepsilon\,(\varepsilon + 2)}\right]^2 \frac{Z^2}{A}\, \varrho x \tag{10.2-10}$$

mit $C_0 = 0{,}6\ \mathrm{cm^2/g}$ (für ϱx in $\mathrm{g/cm^2}$) führt.

In dieser Näherung findet man über Gl. (7.1-25) für die *mittlere Anzahl elastischer Stöße* (*Stoßzahl*) die Beziehung

$$\nu_e(x) = \frac{x}{\lambda_e} = \left(\frac{\vartheta_{max}}{\vartheta_{min}}\right)^2. \tag{10.2-11}$$

Das Argument des Logarithmus $(\vartheta_{max}/\vartheta_{min})^2$ in Gl. (10.2-7) erweist sich also als etwa gleich der mittleren Stoßzahl $\nu_e(x)$, die das einfallende Elektron in der Folie erleidet.

Führt man für ϑ_{min} wieder den Abschirmwinkel ϑ_1 (Gl. (7.1-15)) ein, so folgt (mit ϱx in $\mathrm{g/cm^2}$)

$$\nu_e(x) = \frac{4\,\pi\,(r_0^2/u)}{\alpha^2}\,\frac{1}{\beta^2}\,\frac{Z^{4/3}}{A}\,\varrho x = 11\,300\,\frac{(\varepsilon+1)^2}{\varepsilon\,(\varepsilon+2)}\,\frac{Z^{4/3}}{A}\,\varrho x\,. \tag{10.2-12}$$

Mit dem Abschirmwinkel (7.1-17) nach MOLIÈRE tritt als Korrekturfaktor

$$\left(\frac{\vartheta_1}{\vartheta_{1M}}\right)^2 = \frac{0{,}782}{1{,}13 + 3{,}76\,\gamma^2} \tag{10.2-13}$$

mit

$$\gamma^2 = \left(\frac{\alpha\, Z}{\beta}\right)^2 = \left(\frac{Z}{137}\right)^2 \frac{(\varepsilon+1)^2}{\varepsilon\,(\varepsilon+2)}$$

auf, so daß sich für die mittlere Stoßzahl

$$\lg \nu_e(x) = \lg \frac{\vartheta^2_{max}}{\vartheta^2_{min}} = 8{,}215 + \lg\left[\frac{\varrho\, x}{A\, Z^{2/3}}\,\frac{\gamma^2}{1{,}13 + 3{,}76\,\gamma^2}\right] \tag{10.2-14}$$

ergibt [Mo 48] [Pa 52a] [Re 64] [Kn 66a].

Für große Energien ($\varepsilon \gg 1$) wird wegen $(\varepsilon+1)^2/[\varepsilon\,(\varepsilon+2)] \to 1$ die mittlere Stoßzahl unabhängig von der Primärenergie,

$$\begin{aligned} \nu_e(x) &= 11\,300\,\frac{Z^{4/3}}{A}\,\varrho x \cdot \frac{0{,}782}{1{,}13 \cdot + 3{,}76\,(Z/137)^2} \\ &= 7800\,\frac{Z^{4/3}}{A}\,\varrho x \cdot \frac{1}{1 + 3{,}33\,(Z/137)^2}, \end{aligned} \tag{10.2-15}$$

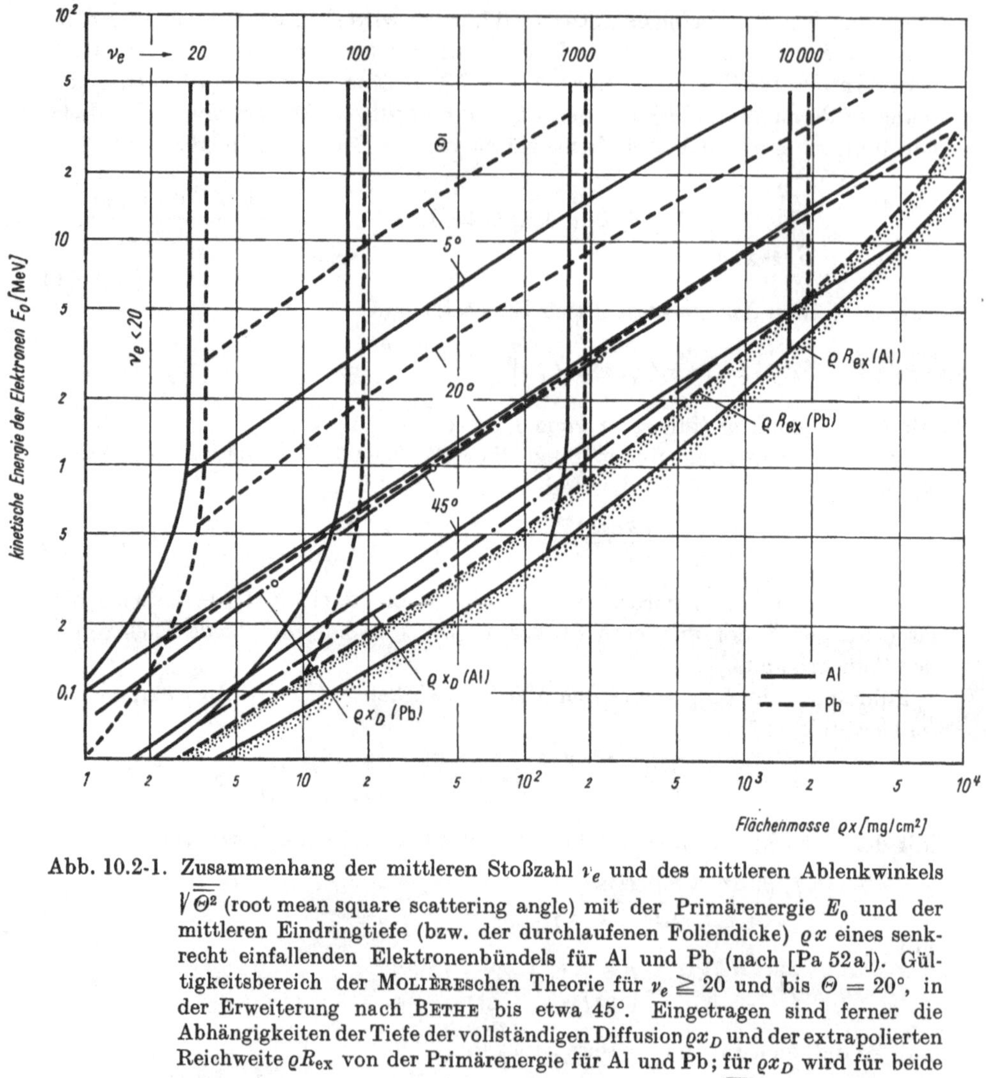

Abb. 10.2-1. Zusammenhang der mittleren Stoßzahl ν_e und des mittleren Ablenkwinkels $\sqrt{\overline{\Theta^2}}$ (root mean square scattering angle) mit der Primärenergie E_0 und der mittleren Eindringtiefe (bzw. der durchlaufenen Foliendicke) ϱx eines senkrecht einfallenden Elektronenbündels für Al und Pb (nach [Pa 52a]). Gültigkeitsbereich der MOLIÈREschen Theorie für $\nu_e \geqq 20$ und bis $\Theta = 20°$, in der Erweiterung nach BETHE bis etwa 45°. Eingetragen sind ferner die Abhängigkeiten der Tiefe der vollständigen Diffusion ϱx_D und der extrapolierten Reichweite ϱR_{ex} von der Primärenergie für Al und Pb; für ϱx_D wird für beide Elemente gerade etwa ein mittlerer Ablenkwinkel von $\sqrt{\overline{\Theta^2}} = 45°$ erreicht [1])

und ist nur in geringem Maße Z-abhängig. Abb. 10.2-1 vermittelt einen Überblick. Es muß jedoch daran erinnert werden (vgl. § 7.14), daß die in der MOLIÈREschen Korrektur auftretende Größe $3{,}76\,\gamma^2$ für kleine β und große Z nach NIGAM u. a. [Ni 59] wesentlich zu groß ausfällt und nur als erste (BORNsche) Näherung brauchbar ist. Im Gebiet nichtrelativistischer Energien ($\varepsilon \ll 1$) be-

[1]) Anm. bei der Korr.: in der Abb. muß es statt $\bar{\Theta}$ richtig $\sqrt{\overline{\Theta^2}}$ heißen.

schränkt man sich daher besser auf ϑ_1 und findet [Co 64c] mit

$$\nu_e(x) = 2800 \frac{1}{E} \frac{Z^{4/3}}{A} \varrho x \tag{10.2-16}$$

(E in MeV, ϱx in g/cm²) einen proportional zu $1/E$ verlaufenden Abfall der mittleren Stoßzahl.

Für *das mittlere Ablenkungsquadrat* erhält man bei Vernachlässigung des Energieverlustes über (10.2-7) und (10.2-10)

$$\overline{\Theta^2} = \overline{\Theta_0^2}\, \varrho x = \vartheta^2_{\max} \ln\left(\frac{\vartheta_{\max}}{\vartheta_{\min}}\right)^2 = \vartheta^2_{\max} \ln \nu_e \,. \tag{10.2-17}$$

Da die mittlere Stoßzahl nur als Argument des Logarithmus in diesen Ausdruck eingeht und dieser in erster Näherung als konstant betrachtet werden kann, wird die Breite der Streuverteilungen im wesentlichen durch $\vartheta^2_{\max}$ nach Gl. (10.2-10) bestimmt. Daraus resultiert eine Beziehung für *den wahrscheinlichsten Ablenkwinkel* Θ_w, der über $\Theta_w^2 = 2\,\overline{\Theta^2}$ mit dem mittleren Ablenkungsquadrat zusammenhängt, die auf Bothe [Bo 21a, b] zurückgeht:

$$\Theta_w(x) = C \frac{1}{\varepsilon} \cdot \frac{\varepsilon + 1}{\varepsilon + 2} \sqrt{\frac{Z^2}{A} \varrho x}\ [\mathrm{rad}]\,, \qquad \varrho x \text{ in } \frac{\mathrm{g}}{\mathrm{cm}^2} \tag{10.2-18}$$

mit $C = C'_{\text{Bothe}}/m_0 c^2 = 1{,}59\ (\mathrm{cm}^2/\mathrm{g})^{1/2}$ [Bo 33]. In neuerer Zeit haben Knecht und Bothe [Kn 53] auf Grund experimenteller Ergebnisse für die Konstante einen Mittelwert von $C = 1{,}27\ (\mathrm{cm}^2/\mathrm{g})^{1/2}$ bestimmt, der für Grobabschätzungen mit einem Fehler von $\pm(20$ bis $30)\%$ etwa für $10 \leqq Z \leqq 90$ und $0{,}1 \leqq E\,[\mathrm{MeV}] \leqq 10$ brauchbar ist; für genauere Auswertungen wurden Z-, E- und x-abhängige Korrekturen für diese Größe als Funktion des unkorrigierten Θ_w-Wertes graphisch dargestellt, die in Abb. 10.2-2 wiedergegeben sind. Die Energieverluste sind hier empirisch erfaßt. Aber auch die unkorrigierten Werte stimmen schon recht gut mit den Monte-Carlo-Ergebnissen von Paul und Tatzber [Pa 67] für mittelschnelle Elektronen und Al überein (s. Abb. 10.3-1).

Eine näherungsweise rechnerische *Berücksichtigung der Energieverluste* auf der Grundlage des Thomson-Whiddington-Gesetzes (§ 8.33), d. h. bei Vernachlässigung der Energieabhängigkeit der Bremszahl B, kann erfolgen, indem man $Q_\pi(E_0)$ in $\vartheta^2_{\max}$ (Gl. (10.2-10)) durch

$$Q_\pi\big(E(x)\big) = Q_\pi(E_0) \frac{R}{x} \cdot \ln \frac{R}{R - x} \tag{10.2-19}$$

ersetzt [So 65], was durch Integration von Gl. (10.2-4) mit Θ_0^2 nach Gl. (10.2-7), aber bei Vernachlässigung der Energieabhängigkeit des ln-Terms in der nichtrelativistischen Rutherford-Näherung für Q_π folgt; x ist die Foliendicke und R die Reichweite der Elektronen.

Neben der elastischen Streuung an Atomkernen liefern vor allem zur Vielfachstreuung in leichten Elementen auch die *unelastischen Stöße* mit Hüllenelektronen merkliche Beiträge. Diesem Einfluß kann im statistischen Mittel näherungsweise dadurch Rechnung getragen werden, daß man im Streugesetz bzw. an den entsprechenden Stellen in den oben genannten Ausdrücken für die

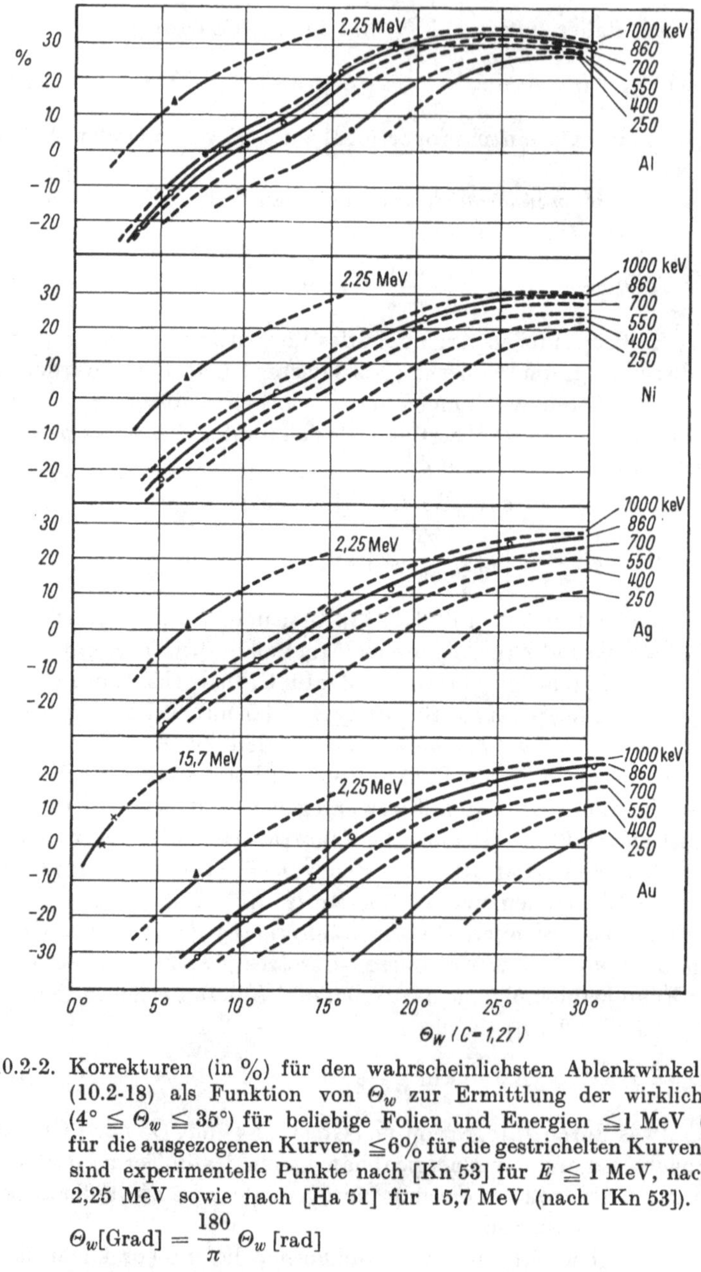

Abb. 10.2-2. Korrekturen (in %) für den wahrscheinlichsten Ablenkwinkel Θ_w nach Gl. (10.2-18) als Funktion von Θ_w zur Ermittlung der wirklichen Θ_w-Werte ($4° \leqq \Theta_w \leqq 35°$) für beliebige Folien und Energien $\leqq 1$ MeV (Fehler $\leqq 3\%$ für die ausgezogenen Kurven, $\leqq 6\%$ für die gestrichelten Kurven); eingetragen sind experimentelle Punkte nach [Kn 53] für $E \leqq 1$ MeV, nach [Ku 42] für 2,25 MeV sowie nach [Ha 51] für 15,7 MeV (nach [Kn 53]). Beachte:

$$\Theta_w[\text{Grad}] = \frac{180}{\pi}\,\Theta_w\,[\text{rad}]$$

Parameter der Vielfachstreu-Theorie statt Z^2 einfach $Z\,(Z+1)$ schreibt (vgl. [Wi 40] [Ku 41] [Be 53 b] [Ev 55]). Eine genauere Berücksichtigung der Hüllenstreuungkann für sehr kleine Z wünschenswert sein und wird bei Fano [Fa 53] [Sp 55] betrachtet (vgl. auch [Le 60]).

Statt der totalen Winkelablenkung Θ wird häufig die Projektion Φ dieser Ablenkung auf eine Ebene, die die Einfallsachse enthält, benutzt, weil die Winkelverteilung dann zweidimensional ausgewertet werden kann, was den Verhältnissen bei Bahnspurexperimenten entspricht (vgl. z. B. [Sc 52] [Ro 68]). Es ist dann (s. u.) für senkrechten Einfall

$$\overline{\Phi^2} = \frac{1}{2} \overline{\Theta^2}\,, \tag{10.2-20a}$$

also bei Vernachlässigung des Energieverlustes

$$\overline{\Phi^2} = \frac{1}{2} \overline{\Theta_0^2}\, \varrho x\,. \tag{10.2-20b}$$

10.3 Winkelverteilungen

10.31 Näherungen durch eine Gauss-Verteilung

Wenn die resultierende Ablenkung durch Vielfachstreuung das Ergebnis vieler individueller, unabhängiger Streuungen gleicher Größenordnung ist, führen rein statistische Überlegungen [Bo 21a, b, c] oder die Lösung der Fokker-Planck-Gleichung (6.4-4) (s. z. B. [Sc 63]) zu einer Verteilungsfunktion in Form einer Gauss-Funktion. Nach Williams [Wi 39] [Wi 40] (s. z. B. auch [Sc 63]) ergibt sich für die *räumliche Streuverteilung*, die den in die Raumwinkeleinheit um die Richtung Θ abgelenkten Bruchteil des einfallenden Elektronenflusses darstellt,

$$F(\Theta, s)\, \mathrm{d}\Theta = \frac{1}{\pi\, \overline{\Theta^2}} \exp\left(-\frac{\Theta^2}{\overline{\Theta^2}}\right) 2\pi\, \Theta\, \mathrm{d}\Theta\,. \tag{10.3-1}$$

Für die (auf eine die Einfallsrichtung x enthaltende Ebene) *projizierte Verteilung* gilt wegen

$$\Theta^2 = \Phi_y^2 + \Phi_z^2 \tag{10.3-2}$$

sowie

$$F(\Theta, s) = f(\Phi_y, s) \cdot f(\Phi_z, s) \tag{10.3-3}$$

$$f(\Phi_y, s)\, \mathrm{d}\Phi_y = \frac{1}{\sqrt{\pi\, \overline{\Theta^2}}} \exp\left(-\frac{\Phi_y^2}{\overline{\Theta^2}}\right) \mathrm{d}\Phi_y \tag{10.3-4}$$

und analog $f(\Phi_z, s)$, wo x, y und z die Koordinaten eines kartesischen Systems sind, dessen Ursprung mit dem Einfallspunkt und dessen x-Achse mit der Einfallsrichtung zusammenfällt, und Φ_y und Φ_z die projizierten (resultierenden) Ablenkungen in Richtung y bzw. z darstellen. Man sieht, daß das mittlere Ablenkungsquadrat der Vielfachstreuung $\overline{\Theta^2}$ wegen (10.3-3) das *Doppelte* des mittleren Ablenkungsquadrates der projizierten Verteilung (mean squared projected angle) $2\,\overline{\Phi^2}$ ist (s. Gl. (10.2-20b)).

Trotz ihrer Einfachheit wird die Näherung durch eine Gauss-Verteilung relativ selten angewandt, weil sie — zumindest in obiger Form (s. u.) — den Einzelstreuausläufer der wahren Verteilungsfunktion nicht zu beschreiben vermag (vgl. Abb. 10.1-1). Praktisch kommt es häufig jedoch nur darauf an, die wirkliche Winkelverteilung durch eine GAUSS-Funktion zu approximieren, was – wie die experimentellen Ergebnisse zeigen – auch bei breiter Verteilung noch recht gut möglich ist, wenn man vom Einzelstreuschwanz absieht. Dann reduziert sich die Frage auf die Ermittlung des häufigsten (wahrscheinlichsten) Ablenkwinkels Θ_w oder des Halbwertwinkels Θ_h. Θ_w entspricht der Standardabweichung der GAUSS-Funktion und kann aus Gl. (10.2-18) entnommen werden, die die für die Vielfachstreuung typische Abhängigkeit des mittleren bzw. wahrscheinlichsten Ablenkwinkels von der Wurzel aus Kernladungszahl und Flächenmasse wiedergibt (vgl. Abb. 10.3-1).

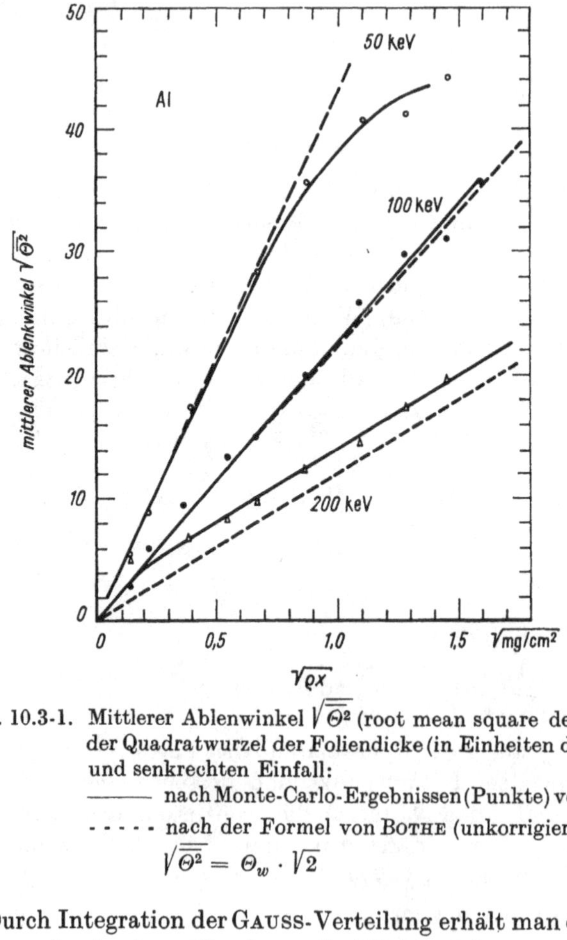

Abb. 10.3-1. Mittlerer Ablenwinkel $\sqrt{\overline{\Theta^2}}$ (root mean square deflection angle) als Funktion der Quadratwurzel der Foliendicke (in Einheiten der Flächenmasse) für $Z = 13$ und senkrechten Einfall:
——— nach Monte-Carlo-Ergebnissen (Punkte) von PAUL und TATZBER [Pa 67],
- - - - - nach der Formel von BOTHE (unkorrigierte Werte nach Gl. (10.2-18)),
$\sqrt{\overline{\Theta^2}} = \Theta_w \cdot \sqrt{2}$

Durch Integration der GAUSS-Verteilung erhält man den Bruchteil des Primärflusses, der in einen Kegel um die Einfallsrichtung mit dem halben Öffnungswinkel Θ abgelenkt wird, also den *Transmissionskoeffizienten*

$$T(\Theta, x) = \int_0^{\Theta} F(\Theta, x)\, 2\pi\, \Theta\, \mathrm{d}\Theta = 1 - \exp\left(-\frac{\Theta^2}{2\,\Theta_w^2}\right). \qquad (10.3\text{-}6)$$

In der Näherung durch GAUSS-Funktion wurde von BOTHE [Bo 51] unter Vernachlässigung der Energieverluste eine bereits von FERMI [Ro 52] [Ze 67 b] angegebene Lösung des Vielfachstreu-Problems abgeleitet, die auch die *seitlichen Versetzungen* (lateral displacements) der Elektronen beschreibt und die die Projektion dieser räumlichen Verteilung auf eine die Einfallsrichtung x enthaltende Ebene (x, y) darstellt (es ist $\hat{\Theta}_0^2 = \overline{\Theta_0^2}\,\varrho$):

$$P(x, y, \Phi_y)\,\mathrm{d}y\,\mathrm{d}\Phi_y = \frac{2\sqrt{3}}{\pi}\frac{1}{\hat{\Theta}_0^2 x^2}\exp\left[-\frac{4}{\hat{\Theta}_0^2}\left(\frac{\Phi_y^2}{x} - \frac{3\,y\,\Phi_y}{x^2} + \frac{3\,y^2}{x^3}\right)\right]. \tag{10.3-7}$$

Durch Integration über y erhält man daraus die projizierte Winkelverteilung Gl. (10.3-4) und durch Integration über Φ_y die räumliche Verteilung

$$S(x, y) = \int_{-\infty}^{+\infty} P(x, y, \Phi_y)\,\mathrm{d}\Phi_y = \sqrt{\frac{3}{\pi}}\frac{1}{\hat{\Theta}_0\,x^{3/2}}\exp\left(-\frac{3\,y^2}{\hat{\Theta}_0^2 x^3}\right). \tag{10.3-8}$$

Diese Verteilung ist für jede Dicke, unabhängig vom Winkel, eine GAUSS-Verteilung in y. Der mittlere quadratische Wert von y beträgt

$$\overline{y^2} = \frac{\hat{\Theta}_0^2\,x^3}{6}. \tag{10.3-9}$$

Wenn man nur solche Elektronen betrachtet, die in einer gegebenen Tiefe eine bestimmte seitliche Versetzung haben, so ist deren Winkelverteilung keine GAUSS-Funktion. Das gleiche gilt für die räumliche Verteilung solcher Elektronen, die bei einer gegebenen Dicke eine bestimmte Winkelablenkung aufweisen.

Modifikationen der FERMI-Theorie liegen in zweierlei Hinsicht vor. In der Darstellung von HEMMER und FARQUHAR [He 68] sind auch große Einzelablenkungen erfaßbar; die Energieverluste werden von EYGES [Ey 48] (s. z. B. [Ze 67 b]) sowie LENZ [Le 58] berücksichtigt.

Einen Eindruck vom *Einfluß der Bremsung* auf die Flußdichteverteilung im Streumedium vermittelt der Vergleich der Abbildungen 10.3-2a und b. Dargestellt sind die Linien gleicher Stromdichte (nach [Le 58]) einmal mit (a) und einmal ohne (b) Berücksichtigung der Energieverluste und der Absorption in der Näherung des THOMSON-WHIDDINGTON-Gesetzes für die Energieverluste und des RUTHERFORD-Gesetzes für die Streuung (entspricht Näherung A, Tab. E). Als Koordinaten treten die relative Eindringtiefe $y = x/R$ und die (dimensionslose) Funktion

$$\frac{r}{R}\cdot\frac{1}{\sqrt{\overline{\Theta_0^2}\,\varrho\,R}}$$

auf, wo r der senkrechte Abstand von der Einfallsrichtung, $\varrho R(E_0)$ die Reichweite (in Einheiten der Flächenmasse) der Primärelektronen der Anfangsenergie E_0 nach dem THOMSON-WHIDDINGTON-Gesetz und $\overline{\Theta^2}(E_0)$ das mittlere Ablenkungsquadrat je Einheit der Flächenmasse (nach Gl. (10.2-5a)) bedeuten;

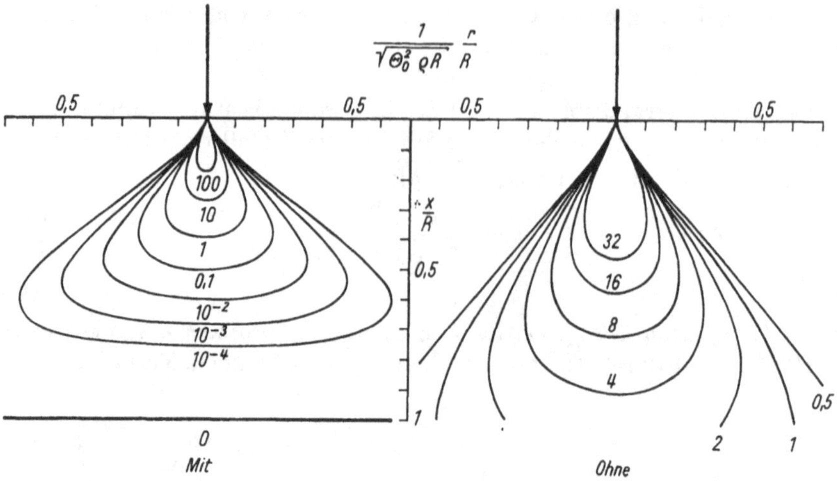

Abb. 10.3-2. Veranschaulichung des Einflusses von Energieverlusten und Absorption auf die Ausbreitung eines feinen, senkrecht auf ein streuendes Medium einfallenden Elektronenbündels: Flußdichteverteilung, dargestellt durch Linien gleicher Stromdichte (in relativen Einheiten), rechts ohne und links mit Berücksichtigung der Energieverluste und der Absorption in der Näherung des THOMSON-WHIDDINGTON-Gesetzes (nach LENZ [Le 58])

der an die Kurven angeschriebene (dimensionslose) Parameter ist ein Maß für die Stromdichte und proportional zu $R^2 \cdot (\overline{\Theta_0^2}\,\varrho R)$ [1]. Die Primärenergie und die Eigenschaften des Streumediums gehen nur in R und Θ_0^2 ein. In der betrachteten Näherung ist $\overline{\Theta_0^2}\,\varrho R$ unabhängig von E_0 und proportional zu Z; die Darstellungen der Abb. 10.3-2 sind somit entsprechend der Ähnlichkeitsregel für kleine Energien (s. § 3 und § 12.21) nur abhängig von Z und gelten für den gesamten Bereich kleiner Energien.

10.32 Die MOLIÈREsche Theorie

MOLIÈRE [Mo 48] hat eine genauere, aber rechnerisch aufwendigere Theorie der Vielfachstreuung entwickelt, die auf einem von WENTZEL [We 22] angegebenen Summationsverfahren (vgl. [Sc 63]) beruht, bei dem die Streubeiträge der sukzessiven Stöße des durch die Folie laufenden Elektrons zur Winkelverteilungsfunktion betrachtet werden. Die Theorie von MOLIÈRE ist äqui-

[1]) Ohne Berücksichtigung der Energieverluste ist $\overline{\Theta_0^2}\,\varrho R$ gerade gleich dem mittleren Quadrat $\overline{\Theta^2(E_0)}$ des resultierenden Ablenkwinkels, der sich nach Durchlaufen der Reichweite einstellt. Da in dieser Näherung andererseits (nach Gl. (10.2-3a)) $2/\overline{\Theta_0^2}$ mit der Transportweglänge $\varrho\lambda_T$ der Diffusionstheorie übereinstimmt, kann im Sinne des § 7.4 die zur spezifischen Stoßzahl proportionale Größe $\overline{\Theta_0^2}\,\varrho R = 2\,R/\lambda_T$ als die doppelte Anzahl der auf dem Wege R durchlaufenen Transportweglängen bzw. als die doppelte Anzahl der auf diesem Wege erfolgenden Transportstöße interpretiert werden. Diese Interpretation gilt sinngemäß auch bei Berücksichtigung der Energieverluste; statt R/λ_T stünde dann etwa $\chi(R)$, vgl. Gl. (11.1-2).

valent zu den Berechnungen von SNYDER und SCOTT [Sn 49] [Sc 52]. Es wird folgendes angenommen:

1. Die Einzelablenkungen mögen unabhängig voneinander sein, so daß statistische Gesetzmäßigkeiten zugrunde gelegt werden können.
2. Die Foliendicke sei klein genug, so daß die Umwege der Elektronen, ihre seitliche nVersetzungen sowie ihre Energieverluste unberücksichtigt bleiben können; der durchlaufene Weg s wird mit der Foliendicke x identifiziert. Diese Voraussetzungen sind nur für effektive Winkelablenkungen von weniger als 20° erfüllt.

Die allgemeine Lösung ist bemerkenswerterweise unabhängig von der Form des Streugesetzes, wenn dieses nur für große Ablenkwinkel in das RUTHERFORD-Gesetz übergeht; das ist insofern bedeutsam, als in den meisten anderen existierenden Ableitungen zur Vielfachstreuung explizite Annahmen über den Streuquerschnitt – nämlich die BORN-Approximation mit einem exponentiell abgeschirmten Potential – zugrunde gelegt werden und dieses Potential keine gute Näherung für die tatsächlichen atomaren Potentiale darstellt [Be 53b].

Zur Auswertung wird ein von MOLIÈRE [Mo 47] zuvor für ein THOMAS-FERMI-Modell mit Hilfe der WKB-Methode berechneter, abgeschirmter, nichtrelativistischer (differentieller) Wirkungsquerschnitt für die Einzelstreuung am Kern benutzt, indem die Kleinwinkelnäherung vorgenommen wird. Einzelablenkungen um große Winkel sind also nicht zugelassen, die Anisotropie des Streugesetzes wird aber berücksichtigt. Spin- und Kerngrößeneffekte sind vernachlässigbar. Die benutzte Näherung für die Winkelabschirmung unterscheidet nicht zwischen Elektronen und Positronen und ist erst mit den Erweiterungen von NIGAM [Ni 59] [Ni 61] genauer als solche Querschnitte, die auf der Grundlage der ersten BORNschen Näherung ermittelt wurden [Mo 64a]. Für sehr kleine Winkel wird der Einfluß der Hüllenabschirmung unterschätzt [Le 54] (vgl. § 7.14).

Die sich ergebende *unnormierte Verteilungsfunktion* für den räumlichen Ablenkwinkel Θ hat die Form

$$2\,\pi\, W(\Theta)\,\Theta\,\mathrm{d}\Theta = \left[2\,e^{-\Theta_r^2} + \frac{F^{(1)}(\Theta_r)}{B_M} + \frac{F^{(2)}(\Theta_r)}{B_M^2} + \cdots\right]\Theta_r\,\mathrm{d}\Theta_r\,, \tag{10.3-10}$$

wo der *reduzierte Streuwinkel* Θ_r durch

$$\Theta_r = \frac{\Theta}{\vartheta_{\max}\sqrt{B_M}} \tag{10.3-11}$$

gegeben ist. $\vartheta_{\max}$ ist der größte zulässige Einzelstreuwinkel nach Gl. (10.2-10). Der Parameter B_M ergibt sich aus dem Näherungsausdruck [Sc 52] [Sc 63]

$$B_M = 1{,}153 + 2{,}583 \lg \nu_e\,, \tag{10.3-12}$$

der für Stoßzahlen ν_e zwischen 10^1 und 10^9 auf besser als 3% (für ν_e zwischen 10^2 und 10^5 sogar auf 0,5%) genau ist. B_M hängt somit schwach von der mittleren Stoßzahl ν_e(Gl. (10.2-14)) und daher bei großen Energien und großen Foliendicken vor allem von der Flächenmasse ϱx der Folie ab. Die folgende Tabelle enthält B_M für einige Werte von lg ν_e.

Tabelle 10.3-1. Werte des Parameters B_M der MOLIÈREschen Theorie in Abhängigkeit vom (dekadischen) Logarithmus der mittleren Stoßzahl ν_e

lg ν_e	1	2	3	4	5	6	7	8	9
B	3,36	6,29	8,93	11,49	13,99	16,46	18,90	21,32	23,71

Das *Hauptglied* der Reihenentwicklung ist eine GAUSS-Verteilung mit dem mittleren Ablenkwinkelquadrat

$$\overline{\Theta^2} = (\vartheta_{\max} \sqrt{B_M})^2 = 16\,\pi\; Q_\pi\, \varrho x \cdot B_M \tag{10.3-14}$$

und der Halbwertsbreite

$$\Theta_h = 0{,}833\; \vartheta_{\max} \sqrt{B_M}$$

(nach [Ha 51]), die die Winkelverteilung bis zur halben Maximumhöhe anzunähern vermag (vgl. Abb. 10.1-1). Die weiteren Glieder der Entwicklung stellen eine Korrektur der Größenordnung 10% dar und beschreiben den Übergang zum Einzelstreugesetz bei großem Winkel (Zahlenwerte für die auftretenden Funktionen $F^{(1)}(\Theta_r)$ und $F^{(2)}(\Theta_r)$ enthält Tab. 10.3-2). Sie führen zu einer verringerten

Tabelle 10.3-2. Die Funktionen $F^{(1)}(\Theta_r)$, $F^{(2)}(\Theta_r)$, $f^{(1)}(\Theta_r)$ und $f^{(2)}(\Phi_r)$ der MOLIÈREschen Theorie

$F^{(1)}(\Theta_r)$	$F^{(2)}(\Theta_r)$	Θ_r, Φ_r	$f^{(1)}(\Phi_r)$	$f^{(2)}(\Phi_r)$
+0,8456	+2,49	0,0	+0,0206	+0,416
+0,700	+2,07	0,2	−0,0246	+0,299
+0,343	+1,05	0,4	−0,1336	+0,019
−0,073	−0,003	0,6	−0,2440	−0,229
−0,396	−0,606	0,8	−0,2953	−0,292
−0,528	−0,636	1	−0,2630	−0,174
−0,477	−0,305	1,2	−0,1622	+0,010
−0,318	+0,052	1,4	−0,0423	+0,138
−0,147	+0,243	1,6	+0,0609	+0,146
0,000	+0,238	1,8	+0,1274	+0,094
+0,080	+0,131	2	+0,147	+0,045
+0,106	+0,020	2,2	+0,142	−0,049
+0,101	−0,046	2,4	+0,1225	−0,071
+0,082	−0,064	2,6	+0,100	−0,064
+0,062	−0,055	2,8	+0,078	−0,043
+0,045	−0,036	3	+0,059	−0,024
+0,033	−0,019	3,2	+0,045	−0,010
+0,0206	+0,0052	3,5	+0,0316	+0,001
+0,0105	+0,0011	4	+0,0194	+0,006
$+3{,}82 \cdot 10^{-3}$	$+0{,}836 \cdot 10^{-3}$	5	$+9{,}14 \cdot 10^{-3}$	$+1{,}98 \cdot 10^{-3}$
$+1{,}74 \cdot 10^{-3}$	$+0{,}345 \cdot 10^{-3}$	6	$+5{,}06 \cdot 10^{-3}$	$+0{,}928 \cdot 10^{-3}$
$+0{,}91 \cdot 10^{-3}$	$+0{,}157 \cdot 10^{-3}$	7	$+3{,}12 \cdot 10^{-3}$	$+0{,}482 \cdot 10^{-3}$

Breite der Winkelverteilung im Bereich der Halbwertsbreite. Mit dem Wert

$$\Theta_h = 0{,}833\, \vartheta_{\max} \sqrt{B_M - 1{,}2} \qquad (10.3\text{-}15)$$

für den Halbwertswinkel kann man diesen Einfluß der höheren Glieder auch durch eine GAUSS-Funktion erfassen, die dann die Winkelverteilung bis zu Winkeln Θ ($\gtrsim 20°$) gut beschreibt, für die die Intensität auf ca. $1/e$ des Maximumwertes abgefallen ist [Fr 59]. Für den (arithmetischen) *mittleren Ablenkwinkel* $\overline{\Theta}$ gilt [Sc 63]

$$\frac{2}{\sqrt{\pi}}\, \overline{\Theta} = \sqrt{\pi}\, \overline{\Phi} = \vartheta_{\max} \sqrt{B_M} \left(1 + \frac{0{,}982}{B_M} - \frac{0{,}117}{B_M^2}\right). \qquad (10.3\text{-}15\text{a})$$

$\overline{\Phi}$ ist der (arithmetische) mittlere Ablenkwinkel der projizierten Verteilung

$$W(\Phi)\, d\Phi = \left[\frac{2}{\sqrt{\pi}} e^{-\Phi_r^2} + \frac{f^{(1)}(\Phi_r)}{B_M} + \frac{f^{(2)}(\Phi_r)}{B_M^2} + \cdots\right] d\Phi_r\,, \qquad (10.3\text{-}16)$$

wo $\Phi_r = \Phi/\vartheta_{\max} \sqrt{B_M}$. Zahlenwerte für $f^{(1)}(\Phi_r)$ und $f^{(2)}(\Phi_r)$ enthält Tab. 10.3-2 (vgl. auch [Be 53b]). Eine knappe und durch bequeme Diagramme ergänzte Darstellung der MOLIÈREschen Theorie für den praktischen Gebrauch findet sich bei PAUL und FRANK [Pa 52a].

Soll die Vernachlässigung der weiteren, nicht mehr aufgeschriebenen Glieder der Winkelverteilungen keine zu großen Fehler verursachen, so ergibt sich daraus eine untere Grenze für die mittlere Stoßzahl ν_e von etwa 20 und damit die bereits im § 2.2 genannte Grenze zwischen Mehrfach- und Vielfachstreuung. Die MOLIÈREsche Theorie in der zitierten Form darf daher weder bei zu dünnen Folien noch — wegen der Vernachlässigung der Energieverluste — bei zu dicken Streuern angewandt werden (resultierender Ablenkwinkel $\Theta \lesssim 20°$). Der dementsprechende *Gültigkeitsbereich* der MOLIÈREschen Theorie hinsichtlich Energie und Foliendicke kann aus Abb. 10.2-1 für Al und Pb entnommen werden; die Fehler an den Bereichsgrenzen liegen unter 1%. Man erkennt, daß für große Energien E_0 die Theorie noch bis zu recht hohen Flächenmassen anwendbar ist und daß dabei die Partikel eine erhebliche Anzahl von Stößen erleiden, ohne über $\overline{\Theta} = 20°$ hinausgestreut zu werden. So wird beispielsweise $\overline{\Theta} = 20°$ bei 10 MeV für etwa 300 mg/cm² Pb (mit $\nu_e = 3000$), für 1000 mg/cm² Al (mit $\nu_e = 2 \cdot 10^5$) bzw. für 2000 mg/cm² C (mit $\nu_e = 10^6$), bei $E_0 = 0{,}5$ MeV dagegen bereits für 3 mg/cm² Pb (mit $\nu_e = 30$), 12 mg/cm² Al (mit $\nu_e = 3000$) bzw. 25 mg/cm² C (mit $\nu_e = 2 \cdot 10^4$) erreicht. Der Zustand vollständiger Diffusion (vgl. § 11) stellt sich für diese relativ hohen Primärenergien erst nach Stoßzahlen ein, die um rund eine Größenordnung höher liegen. Die Tiefen der vollständigen Diffusion entsprechen fast genau den Flächenmassen, für die man einen mittleren Ablenkwinkel von $\sqrt{\overline{\Theta^2}} = 45°$ erwartet (vgl. Abb. 10.2-1).

Abb. 10.3-3 zeigt ein Beispiel einer polaren Winkelverteilung $W(\Theta)\, \Theta\, d\Theta$ für senkrecht auf 1,65 mg/cm² Al einfallende 200-keV-Elektronen, in dem die recht gute Übereinstimmung des Ergebnisses der MOLIÈREschen Theorie mit einer Monte-Carlo-Rechnung von PAUL und TATZBER [Pa 67] ersichtlich wird. Der

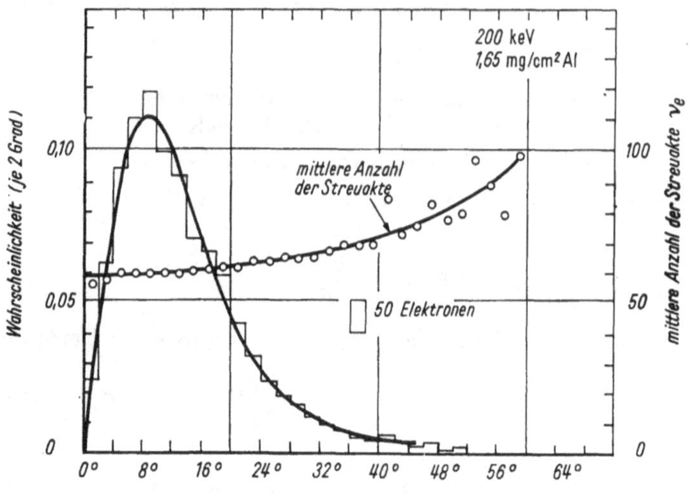

Abb. 10.3-3. Wahrscheinlichkeit von Ablenkungen in das Winkelintervall zwischen Θ und $\Theta + \Delta\Theta$ (mit $\Delta\Theta = 2°$) für 200-keV-Elektronen bei senkrechtem Einfall auf 1,65 mg/cm² Al. Histogramm nach Monte-Carlo-Rechnungen für 5000 Elektronen; Kurve nach der MOLIÈREschen Theorie. Eingetragen ist die mittlere Stoßzahl $\nu_e(\Theta)$. Für kleine Θ ist $\nu_e = \Sigma_t\, \varrho x = 58{,}7$ bei $\varrho x = 1{,}65$ mg/cm²; für größere Θ steigt ν_e infolge des Anwachsens der Weglänge (nach [Pa 67])

Anstieg der ebenfalls eingetragenen Abhängigkeit der mittleren Stoßzahl zu großen Ablenkwinkeln hin ist auf das Anwachsen der Weglänge für schräg durch den Streuer laufende Elektronen zurückzuführen.

Der Gültigkeitsbereich der MOLIÈREschen Theorie läßt sich hinsichtlich der Wiedergabe der experimentellen Winkelverteilungen noch bis zu Ablenkwinkeln von etwa 90° erweitern, wenn man die Verteilung mit $\sqrt{\sin\Theta/\Theta}$ multipliziert [Be 53b]; die ausgezeichnete Brauchbarkeit dieser Korrektur bestätigen die Monte-Carlo-Rechnungen von BERGER [Be 63b].

Auch die Beschränkung auf dünne Schichten kann etwas gemildert werden, wenn man statt der Foliendicke x den mittleren wahren Elektronenweg s einführt [Be 53b] [Fr 59]. Mittelwerte für den Umwegfaktor lassen sich in der Diffusionsnäherung angeben (s. § 11.5). Da die Umwege nur pauschal um ihren Mittelwert berücksichtigt werden können, versagt die Theorie schließlich bei zu großen Ablenkwinkeln, weil der Umweg dann vom resultierenden Ablenkwinkel abhängt. FRANK [Fr 59] findet jedoch bei nachträglicher Berücksichtigung des Energieverlustes bei $E_0 = 1{,}75$ MeV noch recht gute Übereinstimmung mit dem Experiment bis zu Halbwertsbreiten von ca. 45°. Damit ist aber bereits ein Status erreicht, in dem die Elektronenbewegung als ein Diffusionsprozeß angesehen und beschrieben werden kann (vgl. § 11).

Erweiterungen der MOLIÈREschen Theorie zur näherungsweisen Berücksichtigung des Energieverlustes finden sich auch bei BERGER [Be 63b] sowie bei TABATA u. a. [Ta 68a], die weiterhin auch die durch die Auffächerung des Elektronenbündels (laterale Versetzungen) auftretende zusätzliche Schwächung durch ein empirisches, exponentielles Gesetz (für $E_0 = 4$ bis 14 MeV) korrigieren. Die experimentellen Untersuchungen zur Vielfachstreuung (vgl. [Be 53a] [Bi 58] [Kn 66a] [Ro 68]) bestätigen die MOLIÈREsche Theorie im allgemeinen. Nur bei kleinen Elektronenenergien ([Co 64c], 5 bis 30 keV) treten z. T. beträchtliche Abweichungen von den experimentellen Ergebnissen auf, welche geringere Z- und E_0-Abhängigkeiten aufweisen, als die Theorie voraussagt; das wird mit einer Überbewertung der Z- und E_0-Abhängigkeit des Abschirmwinkels ϑ_{1M} (Gl. (7.1-17)) in Zusammenhang gebracht, die sich bei kleinen Energien besonders stark auswirkt.

Die von MOLIÈRE nicht in die Betrachtung einbezogenen relativistischen Spineffekte können nach BETHE [Be 53b] nachträglich näherungsweise berücksichtigt werden, indem man die MOLIÈREschen Ergebnisse für große Streuwinkel, wo sie praktisch die Winkelverteilung der Einzelstreuung darstellen, mit dem Verhältnis des exakten zu dem von MOLIÈRE benutzten Streuquerschnitt [Sp 54b] multipliziert.

Nach FLEISCHMANN [Fl 60] ist die Annahme MOLIÈRES, daß die Streuverteilung bei nicht zu kleinen Foliendicken nur vom Abschirmwinkel, nicht aber vom genaueren Verlauf des Streuquerschnittes bei sehr kleinen Streuwinkeln abhängt, nicht vertretbar (vgl. auch [Fa 54] [Le 54], § 7.14); es werden Korrektionen für die Größe B_M abgeleitet, die bei kleinen Stoßzahlen ($\nu_e = 10$) bis zu 25% betragen (s. a. [Bl 50]).

Genauere Korrektionen der MOLIÈREschen Theorie hinsichtlich der Beiträge der Streuung an Hüllenelektronen gibt FANO [Fa 54] an; die üblicherweise benutzte Einführung von $Z(Z+1)$ statt Z^2 im elastischen Streuquerschnitt wird als recht grob bezeichnet. Bezüglich Erweiterungen der MOLIÈREschen Theorie auf Mehrstoffsysteme wird auf die Literatur [Pa 52a] [Sc 63] verwiesen.

Für große Ablenkwinkel nehmen die Funktionen $W(\Theta)$ und $W(\Phi)$ (nach Gl. (10.3-10) bzw. Gl. (10.3-16)) die *asymptotischen Formen*

$$W(\Theta)\,\mathrm{d}\Theta = 2\,\vartheta_{\max}^2 \frac{\mathrm{d}\Theta}{\Theta^3}\left\{1 + \frac{4\,\vartheta_{\max}^2}{\Theta^2}\left[\ln\left(\frac{\Theta^2}{\vartheta_{\min}^2}\right) - 2\right]\right\},$$

$$W(\Phi)\,\mathrm{d}\Phi = \vartheta_{\max}^2 \frac{\mathrm{d}\Phi}{\Phi^3}\left\{1 + \frac{3\,\vartheta_{\max}^2}{\Phi^2}\left[\ln\left(\frac{\Phi^2}{\vartheta_{\min}^2}\right) - 1{,}780\right]\right\}$$

an. Reihenentwicklungen der Funktion $F^{(1)}(\Theta_r)$, $F^{(2)}(\Theta_r)$, $f^{(1)}(\Phi_r)$ und $f^{(2)}(\Phi_r)$ zur genaueren Beschreibung des asymptotischen Verhaltens diskutieren SPENCER und BLANCHARD [Sp 54a]. Beide Gleichungen stellen den mit einem *allgemein* anwendbaren Korrekturfaktor multiplizierten RUTHERFORD-Querschnitt dar. Das bedeutet, daß vielfachgestreute Elektronen — in Übereinstimmung mit den Rechnungen von WENTZEL [We 22] sowie CHASE und COX [Ch 40] — bis zu recht großen Winkeln zur Streuverteilung Beiträge liefern können. Die in sogenannten Einzelstreu-Experimenten beobachteten Ablenkungen sind generell das Ergebnis vieler Kleinwinkelstreuungen, die einem Einzelstreuakt um einen großen Winkel überlagert sind (vgl. [Bo 54] [Sc 63]). BUTLER [Bu 50] stellt die prozentuale Abweichung der durch die Wirkung der Vielfachstreuung verursachten Verteilung von der durch Einzelstreuung entstehenden Winkelverteilung, die bis zu 20% betragen kann, durch

$$100\left(\frac{8}{\Theta^2} + \frac{72}{\Theta^4} + \frac{768}{\Theta^6}\right)$$

dar.

10.33 Die GOUDSMIT-SAUNDERSON-Theorie

Eine exakte Winkelverteilungsfunktion für ein axialsymmetrisches Vielfachstreu-Problem in einem allseitig unendlich ausgedehnten Medium, die ohne Einschränkung der Größe des Einzelstreuwinkels ϑ und für eine beliebige Form des Einzelstreugesetzes brauchbar ist, haben GOUDSMIT und SAUNDERSON [Go 40a, b] (s. a. [Le 50] [Fa 54] [Ro 54a] [Wa 54] [Br 59] [Be 63b] [Vo 66]) in Form einer LEGENDRE-*Entwicklung* angegeben,

$$W(\Theta) \sin \Theta \,\mathrm{d}\Theta$$

$$= \sum_{l=0}^{\infty} \left[\left(l + \frac{1}{2}\right) \exp\left\{- \int_0^s a_l(s')\,\mathrm{d}s'\right\} P_l(\cos \Theta)\right] \sin \Theta \,\mathrm{d}\Theta\,, \quad (10.3\text{-}17)$$

wo

$$a_l(s) = \frac{1}{\lambda_l(s)} = 2\pi \int_0^{\pi} N_v\, q(\vartheta, s)\, \{1 - P_l(\cos \vartheta)\} \sin \vartheta \,\mathrm{d}\vartheta \quad (10.3\text{-}18)$$

ist.[1]) Die auftretenden Symbole haben die oben benutzten Bedeutungen (s. Symbolverzeichnis). Die Konvergenz dieser Entwicklung ist relativ schlecht (es werden z. T. bis zu 100 Terme benötigt); jedoch wird eingeschätzt [Be 63b], daß ihre Auswertung nicht schwieriger ist als die der MOLIÈREschen Theorie, gegenüber der sie den Vorteil bietet, größere Einzelablenkungen mit erhöhter Genauigkeit zu erfassen, was sich besonders für Untersuchungen zur Rückstreuung als wichtig erweisen kann. Denn die der Kleinwinkel-Vielfachstreuung überlagerten größeren Ablenkungen können für das weitere Schicksal eines Elektrons entscheidend sein und z. B. die Chance für eine Rückstreuung vergrößern.

Der Zusammenhang mit der MOLIÈREschen Theorie, die sich im Grenzfall kleiner Gesamtablenkungen Θ ergibt, wurde von LEWIS [Le 50] hergestellt und von BETHE [Be 53b] diskutiert. Auswertungen [Sp 54a] der GOUDSMIT-SAUNDERSON-Theorie mit dem relativistischen Streuquerschnitt (mit Spinkorrektur) nach MCKINLEY und FESHBACH (Gl. (7.1-12)) für die experimentellen Bedingungen von HANSON u. a. [Ha 51] (vgl. Abb. 10-1-1) stehen in Einklang mit den Ergebnissen von MOLIÈRE mit der relativistischen Spinkorrek-

[1]) Formelzusammenstellungen und kritische Diskussionen sowie ein FORTRAN IV-Programm zur Berechnung der Winkelverteilungen finden sich bei FELDER [Fe 69a].

tur nach BETHE [Be 53a]; für Winkel $\Theta > 10°$ liegen die berechneten Werte allerdings bis zu 15% unterhalb der Meßergebnisse.

Eine Beschränkung auf das erste Glied der Reihenentwicklung bedeutet den Verzicht auf die Beschreibung der Anisotropie des Streugesetzes und führt auf die *Diffusionsnäherung* des Elektronentransports (§ 11) mit der Transportweglänge $\lambda_T(s) = \lambda_1(s)$, deren Definitionsgleichung (6.4-6) mit Gl. (10.3-18) für $l = 1$ übereinstimmt.

In dieser Näherung kann der mittlere Kosinus des resultierenden Ablenkwinkels durch

$$\overline{\cos \Theta(s)} = \exp\left(-\int_0^s \frac{ds'}{\lambda_T(s')}\right) = \exp\left(-\chi(s)\right) \tag{10.3-19}$$

und die mittlere Eindringtiefe eines (senkrecht einfallenden) Elektronenbündels in einen Streuer nach Durchlaufen des Weges s durch

$$\overline{x}(s) = \int_0^s \overline{\cos \Theta(s')}\, ds' = \int_0^s e^{-\chi(s')}\, ds' \tag{10.3-20}$$

beschrieben werden, wobei

$$\chi(s) = \int_0^s \frac{ds'}{\lambda_T(s')} \tag{10.3-21}$$

gesetzt wurde. Weitere Ausführungen dazu folgen in § 11.2.

Diese für das Modell der Richtungsdiffusion wesentliche Streufunktion $\chi(s)$ ist in der Kleinwinkelnäherung (wo $1 - \cos\vartheta \approx \vartheta^2/2$) und für dünne Schichten (wo $s \approx x$) entsprechend den Definitionsgleichungen (6.4-6) für λ_T (10.2-3), (10.2-4) für Θ_0^2 und $\overline{\Theta^2}$ identisch mit $\overline{\Theta^2}/2$ [1])[2]); $\chi(s)$ kommt somit ganz allgemein die Bedeutung des Quadrats des wahrscheinlichsten Ablenkwinkels zu:

$$\chi(s) = \Theta_w^2(s)\,. \tag{10.3-22}$$

Die in § 11.22 angegebenen Näherungen für $\chi(s)$ sollten somit für Θ_w^2 bessere Werte liefern — die auch bis zu relativ großen Dicken brauchbar sein sollten, falls man mit $s = x \cdot U(x)$ über einen geeigneten Umwegfaktor, z. B. Gl. (11.5-17) mit (11.5-10), einführt — als die unter zusätzlicher Vernachlässigung des Energieverlustes gewonnenen Näherungen Gl. (10.2-7) bzw. (10.2-18).

Auswertungen der GOUDSMIT-SAUNDERSON-Theorie mit Streuquerschnitten, in denen die Abschirmung in Form von HARTREE-Potentialen berücksichtigt wird (vgl. § 7.14), scheinen nicht vorzuliegen, obwohl die Schalenstruktur der Atomhülle erheblichen Einfluß auf die Z-Abhängigkeit der Breite und auch der Höhe der Vielfachstreu-Verteilungen haben sollte.

[1]) In Gl. (6.4-6) für λ_T steht allerdings der atomare Streuquerschnitt; in Θ_0 sind nur die elastischen Wechselwirkungen berücksichtigt.

[2]) Beachte Fußnote S. 38.

10.34 Mehrfachstreuung

Für Mehrfachstreuung ist man auf eine direkte Auswertung der Transportgleichung der Aufstreuung (vgl. § 6.4) angewiesen, die jedoch nur in der Kleinwinkelnäherung oder der dazu äquivalenten [Sc 63] Integraldarstellung von BOTHE [Bo 21a, b] (s. z. B. auch [Bo 33] [Pa 52a] [Le 54] [Sc 63] [Sm 63]) praktikabel ist.[1]) MOLIÈRE [Mo 48] hat gezeigt, daß man für eine Einfachstreu-Verteilung, in der die Hüllenabschirmung nach dem THOMAS-FERMI-Modell in einer zu Gl. (7.1-14b) ähnlichen Gestalt berücksichtigt wird, die Integration des BOTHEschen Ausdruckes in geschlossener Form durchführen kann (für den Fall der Vielfachstreuung wurden daraus die in § 10.32 angegebenen Reihenentwicklungen abgeleitet). LEISEGANG [Le 52a] hat diese Integration näherungsweise ausgeführt und bis zu $\nu_e = 4$ brauchbare [Br 68a] Winkelverteilungen erhalten. Weitere Auswertungen führte LENZ [Le 54] durch.

Bei neueren Berechnungen der Winkelverteilungen für Stoßzahlen von 1 bis 20 wurden Rechenmaschinen eingesetzt [Ke 60] [Br 68a]. KEIL u. a. [Ke 60] führten Rechnungen in der ersten BORNschen Näherung durch, wobei sie das Targetatom durch ein COULOMB-Potential mit einer einfachen exponentiellen Abschirmung idealisierten. BRAICOVICH und DUPASQUIER [Br 68a] berechneten die Winkelverteilungen für eine realistischere Darstellung des Atoms (nach MOLIÈRE [Mo 48]) und benutzten außerdem einen an die ,,exakten" Ergebnisse von ZEITLER und OLSEN [Ze 67a] angepaßten Ausdruck für den Einzelstreu-Querschnitt. Die Wahrscheinlichkeit für Einzelstreuung um kleinste Winkel ist danach um etwa eine Zehnerpotenz kleiner als nach KEIL u. a.; erst für $\nu_e \to 20$ nähern sich die Resultate beider Rechnungen. Die Übereinstimmung mit experimentellen Ergebnissen [Le 52a] [Jo 63] [Co 64b] [Ai 68] wird als im großen ganzen (auch ohne Anpassung) gut eingeschätzt; genauere Aussagen sind wegen der unzureichenden Winkel- bzw. Energieauflösung bei den genannten Experimenten nicht möglich (bez. Korrekturen s. [Mi 69]). Die vielfach getroffene Feststellung [Co 64b] [Ai 68] [Ai 71] einer ,prinzipiellen' Brauchbarkeit der theoretischen Ergebnisse nach geeigneter Anpassung eines Parameters (etwa des Abschirmwinkels) erscheint wenig befriedigend, da die Ursachen vielmehr in einem Mangel des der Theorie zugrunde liegenden Modells gesucht werden müssen [Br 68a].

Die auftretenden Diskrepanzen sind derart, daß man die experimentellen Mehrfachstreu-Verteilungen auf Grund der vorliegenden theoretischen Ansätze nur dann erklären kann, wenn man Einzelstreu-Querschnitte annimmt, die im Bereich kleinster Streuwinkel ($< 10^{-2}$ rad) um etwa eine Größenordnung niedriger liegen als die theoretischen Werte. Nun hat sich aber gezeigt, daß es bei der Beschreibung der Mehrfachstreu-Verteilung in Gasen gar nicht so sehr auf die genaue Kenntnis der Ladungsdichteverteilung im äußersten Be-

[1]) Zum Zusammenhang mit dem von WENTZEL [We 22] angegebenen und von MOLIÈRE [Mo 48] aufgegriffenen statistischen Verfahren siehe z. B. [Ai 71]. Zur Ortsverteilung nach Mehrfachstreuung s. z. B. [Jo 63].

reich der Atomhülle ankommt, daß also auch die Unterschiede in der Ladungsdichteverteilung im THOMAS-FERMI-Modell und im HARTREE-FOCK-Modell bei kleinsten Winkeln nicht wesentlich sind, zumal die Wahrscheinlichkeit der Streuung um kleinste Winkel wegen der zugehörigen sehr kleinen Raumwinkelelemente sehr gering ist [Hi 65]. Als Ursache für die geringe elastische Streuung beim Durchgang von Elektronen durch Folien können offenbar destruktive Interferenzen infolge der Gitterstruktur in Betracht kommen [Ma 62] [Mi 69]; aber auch in amorphen Körpern treten solche Effekte auf und können in Analogie zu Röntgeninterferenzen qualitativ verstanden werden [Hi 65]. Tatsächlich konnten KESSLER und Mitarbeiter [Hi 65] [Fi 66] zeigen, daß die Querschnitte für die elastische Streuung von 60-keV-Elektronen an isolierten Atomen von Ag-Dampf sehr gut mit den theoretischen Werten (von IBERS und VAINSHTEIN [Ib 62]) übereinstimmen, daß dagegen bei Messung an Ag-Folien die geschilderte erhebliche (scheinbare) Verminderung des Streuquerschnittes eintritt. Ein wirklicher Fortschritt in der theoretischen Behandlung der Mehrfachstreuung scheint deshalb nur möglich zu sein, wenn man den Struktureinfluß des Festkörpers berücksichtigt. Solange dieser Einfluß nicht erfaßt ist, ist es wenig erfolgversprechend, durch immer genauere Approximation des Streuquerschnittes für das isolierte Atom der Lösung des Mehrfachstreu-Problems näherkommen zu wollen. Bis zur theoretischen Klärung des Festkörpereinflusses läßt sich durch Einführung ‚effektiver' Wirkungsquerschnitte für die Streuung an Festkörpern in die vorliegenden Theorien die Mehrfachstreu-Verteilung von Elektronen beschreiben [Hi 65].

Die Anwendbarkeit seiner Theorie der Mehr- und Vielfachstreuung [We 22] auf den Fall der Rückstreuung bei senkrechtem Einfall ohne Berücksichtigung der Energieverluste zeigt WENTZEL [We 23] für die experimentellen Bedingungen von SCHMIDT [Sc 07]; die Absorption wird dabei durch einen empirisch anzupassenden Parameter beschrieben. Die älteren experimentellen Ergebnisse zur Transmission von Betastrahlung, die überwiegend den Fall der Mehrfachstreuung repräsentieren, diskutiert BOTHE [Bo 23] im Licht seiner Streutheorie [Bo 21 a, b, c]; er muß für kleine Kernladungszahlen und kleine Dicken konstatieren, daß die experimentellen Werte für den Halbwertswinkel größer sind als nach dem Mehrfachstreu-Ansatz

$$\Theta_h = r_0^2 \frac{m_0 c^2}{E} Z \sqrt{2 \pi N_v x}$$

und eher mit dem Ergebnis der Vielfachstreu-Betrachtung

$$\Theta_h = 2{,}6\, r_0^2 \frac{m_0 c^2}{E} Z \sqrt{\pi N_v x}$$

korrespondieren. Dem entsprechen auch die experimentellen Befunde für die Rückstreuung monoenergetischer Elektronen bei senkrechtem Einfall (ca. 10 keV [Ka 64]), wonach bereits für dünnste Al-Schichten kosinusförmige Austrittswinkelverteilungen beobachtet werden.

Rekursive Ausdrücke für die Streuwahrscheinlichkeiten, die die Energie- und Eindringtiefenverteilungen im Innern eines Absorbers endlicher Dicke sowie die

Energieverteilungen transmittierter und rückgestreuter Elektronen nach ν_e elastischen Stößen zu berechnen gestatten, gibt Ostrouchov [Os 68] in der Näherung des kontinuierlichen Bremsmodells an. Auswertungen liegen nur zur Einfach- und Zweifachstreuung für verschiedene Austrittswinkel in den rückwärtigen Halbraum bei senkrechtem Einfall auf Be (Dicke $>x_s$) unter Benutzung des Thomson-Whiddington-Gesetzes vor; danach sind diese Beiträge zum (totalen) Rückstreukoeffizienten sehr klein, mit wachsenden Z ist aber ein schneller Anstieg zu erwarten (vgl. § 9.5).

Die Mehrfachstreuung von Positronen [St 63] [Br 67] (sowie auch ihre Vielfachstreuung [St 63] [Mu 67], s. a. [Ro 68]) ist entsprechend ihrem kleineren Einzelstreu-Querschnitt (vgl. Tab. 7.1-4 und 7.1-5) geringer als die von Elektronen; die experimentell gefundenen Unterschiede [St 63] können von der Theorie (s. a. [Bu 50] [Mo 54] [Re 64] [Re 65a]) quantitativ nicht voll erklärt werden [Re 65a].

10.4 Transmissionskurven

Ausgehend von der Winkelverteilung in der Gauss-*Näherung* (10.3-1) sind mehrfach Ansätze zur Berechnung von Transmissionskurven für senkrecht auf einen Absorber einfallende Elektronen angegeben worden (z. B. [Bl 46] [Fo 48] [Ch 53] [Ba 54] [Ču 56a] [Ču 57a] [Co 64c] [So 65]). Die Grundidee besteht i. allg. darin, in die über den Streuwinkel von $\Theta = 0$ bis $\Theta_{\max}$ integrierte Winkelverteilung (10.3-6)

$$T(\Theta_{\max}, \Theta_w(E_0, x, Z)) = 1 - \exp\left(-\frac{\Theta_{\max}^2}{2\,\Theta_w^2}\right) \tag{10.4-1}$$

über den Ausdruck (10.2-18) für den wahrscheinlichsten Ablenkwinkel Θ_w die durchlaufene Schichtdicke x einzuführen, die in $\Theta_w(x)$ enthaltene Energie als Restenergie $E(x)$ nach Durchlaufen der Schichtdicke x zu interpretieren und über eine geeignete Energie-Reichweite-Beziehung durch die Foliendicke zu ersetzen. Damit wird eine Darstellung der Transmissionskurve gewonnen, in der außer dem Einfluß der Primärenergie E_0 und der Kernladungszahl Z des Absorbers auch noch der Einfluß des Öffnungswinkels der Beobachtungsgeometrie $\Theta_{\max}$ berücksichtigt werden kann.

Die Anwendbarkeit der Vielfachstreu-Theorie ist wegen der Vernachlässigung der Energieverluste zunächst auf kleine Schichtdicken beschränkt und somit nur für den Anfangsteil der Transmissionskurve gegeben, wo aber andererseits die Rückstreuung von Elektronen am Absorber erheblichen Einfluß auf den Kurvenverlauf hat. Brauchbare Ergebnisse werden daher gerade unter Bedingungen erhalten, für die der Rückstreukoeffizient klein ist, d. h. für große Primärenergien E_0 und Absorbermaterialien kleiner Kernladungszahl Z.

Fowler u. a. [Fo 48] erweitern nach dem genannten Konzept den Anwendungsbereich des Vielfachstreu-Ansatzes, indem sie die *Abbremsung* der Elektronen näherungsweise berücksichtigen. Sie betrachten (gemäß Gl. (10.2-4)) die im Ausdruck (10.2-18) für Θ_w stehende Energie E als mit der Schichtdicke x veränderlich und berechnen $E(x)$ über eine Energie-Reichweite-Beziehung. Durch

$$\overline{\Theta_w^2}(E_0, x) = \int_0^x \Theta_w^2(E(x'), x') \frac{\mathrm{d}x'}{x'} \tag{10.4-2}$$

wird ein für den Dickenbereich von 0 bis x gültiger Mittelwert des wahrscheinlichsten Ablenkwinkels definiert und unter Benutzung eines linearen Energie-Reichweite-Gesetzes für große Energien und Al-Absorber näherungsweise ausgewertet. Dieser Ansatz ist bis zum Einsetzen der Diffusion, also für den Dickenbereich $0 \leqq x \leqq x_D$, brauchbar, wenn x_D aus $\Theta_w = 0{,}576$ rad für die Austrittswinkelverteilung ($\triangleq 33°$, also $\sqrt{\overline{\Theta^2}} \approx 45°$, s. a. [Fr 59]) bestimmt wird.

Für größere Dicken benutzt Bothe [Bo 29] [Bo 33] [Be 38] den aus der Diffusionstheorie folgenden Ansatz (s. § 11.41)

$$\frac{\mathrm{d}n}{\varrho \mathrm{d}x} = -\mu_{\mathrm{Bothe}} \cdot n \tag{10.4-3}$$

mit dem Massenschwächungskoeffizienten (s. a. Gl. (10.3-23))

$$\mu_{\mathrm{Bothe}}(\varrho x) = 1{,}3 \frac{\Theta_w^2}{\varrho x} = 14{,}2 \left(\frac{E + 0{,}511}{E(E + 1{,}022)} \right)^2 \frac{Z^2}{A} \left[\frac{\mathrm{cm}^2}{\mathrm{g}} \right] \tag{10.4-4}$$

(E in MeV), der auf ein exponentielles Schwächungsgesetz der Form

$$T = \frac{n(\varrho x)}{n_0} = \exp\left[-\int_0^{\varrho x} \mu_{\mathrm{Bothe}}(\varrho x')\, \varrho \mathrm{d}x' \right] \tag{10.4-5}$$

führt [1][2]) und wieder unter Benutzung einer empirischen Energie-Reichweite-Beziehung ausgewertet wird [Bl 46] [Fo 48] [Ba 54] [Bi 58]. Der Zahlenfaktor 1,3 in Gl. (10.4-4) ist vom theoretischen Standpunkt aus zweifelhaft [Be 38] [Mo 59] und zwar zu klein; die experimentellen Werte liegen dagegen bei kleinen Elektronenenergien (5 bis 25 keV) für $Z > 29$ sogar niedriger [Co 64c]. Backenstoss [Ba 54] setzt die aus den beiden Ansätzen folgenden Kurventeile geeignet zusammen.

Čudars [Ču 56a] zeigt, daß man in den Vielfachstreu-Ansatz (10.4-1) unter Verzicht auf eine Mittelwertsbildung auch unmittelbar $\Theta_w(E(x), x)$ nach Gl. (10.2-18) einführen kann und für kleine Z (Al) über den gesamten Dickenbereich bis zur Reichweite einen Verlauf des Transmissionskoeffizienten erhält, der mit den experimentellen Ergebnissen von Schonland [Sc 23] [Sc 25] für den Energiebereich unter 100 keV und für das MeV-Gebiet mit den von Bleuler

[1]) Eine bessere Näherung für den Exponenten wäre offenbar $\chi(\varrho x)$, vgl. S. 153.

[2]) Machov [Ma 59] [Ma 60] approximiert und normiert experimentelle Transmissionskurven durch geeignete Anpassung des Exponenten — Dickenabhängigkeit linear für leichtatomige bis quadratisch für schweratomige Absorbermaterialien — und entwickelt daraus eine phänomenologische Theorie des Elektronendurchgangs durch Materie (s. a. z. B. [Vj 66] [Vi 69] [Ar 71]).

und ZÜNTI [Bl 46] berechneten Transmissionskurven in unerwartet guter Übereinstimmung steht. (In einer weiteren Arbeit werden diese Ergebnisse auf den Fall der Transmission von Betastrahlung übertragen [Ču 56b].) In dieser Näherung ist eine graphische Integration vermeidbar; über die Energie-Reichweite-Beziehung von KATZ und PENFOLD [Ka 52], die für Al in einem sehr großen Energiebereich gilt (0,01 MeV $\leqq E \leqq$ 3 MeV),

$$\varrho R = 0{,}412\, E_0^n \qquad \text{mit} \qquad n = 1{,}265 - 0{,}094 \ln E_0 \tag{10.4-6}$$

(ϱR in g/cm², E_0 in MeV), kann der Zusammenhang mit der Restenergie $E(\varrho x)$ nach Durchlaufen der Foliendicke ϱx hergestellt und ein geschlossener analytischer Ausdruck für Θ_w^2 angegeben werden.

Es ist nämlich

$$\varrho x = 0{,}412\, (E_0^{1{,}265 - 0{,}094 \ln E_0} - E^{1{,}265 - 0{,}094 \ln E})\ [\text{g/cm}^2]\,,$$

woraus

$$E = e^y\ [\text{MeV}] \qquad \text{mit} \qquad y = \frac{1{,}265 - \sqrt{1{,}265^2 - 0{,}376 \ln a}}{0{,}188}$$

und

$$a = E_0^{1{,}265 - 0{,}094 \ln E_0} - \frac{\varrho x}{0{,}412}$$

und daher nach Gl. (10.2-18)

$$\Theta_w^2 = C'^2 \frac{(e^y + 0{,}511)^2}{e^{2y}(e^y + 1{,}022)^2} \cdot \frac{Z(Z+1)}{A} \cdot \varrho x \tag{10.4-7}$$

folgt. Die Konstante $C'^2 = (C \cdot m_0 c^2)^2$ wurde mit dem alten Wert von BOTHE [(Bo 33]: $C'^2_{\text{BOTHE}} = 0{,}66$ MeV² cm²/g angesetzt und ist nach Gl. (10.2-18) verbesserungsfähig ($C'^2 = 0{,}43$ MeV² cm²/g als Mittelwert mit ϱx in g/cm², s. S. 141). Für andere Elemente als Al muß die KATZ-PENFOLD-Beziehung modifiziert werden (s. z. B. [We 64]), jedoch ist für größere Z der *Einfluß der Rückstreuung* am Absorber wesentlich bedeutsamer.

Dazu berechnen ČUDARS und TAURE [Ču 57a] [Ču 57b] Korrekturen, die die Resultate der Vielfachstreu-Theorie auch auf Absorber großer Kernladungszahl anwendbar machen. Die berechneten Transmissionskurven stimmen mit den Meßergebnissen von SELIGER [Se 55] für Al, Ag, Pb im Energiebereich von 0,1 bis 1 MeV praktisch innerhalb der experimentellen Fehler überein.

Der *Einfluß des Öffnungswinkels* der Beobachtungsgeometrie $\Theta_{\max}$ wurde von ČUDAUS [Ču 56a] nur für Al untersucht. Die für verschiedene $\Theta_{\max}$-Werte erhaltenen Transmissionskurven stehen in Einklang mit den auf völlig anderem Wege abgeleiteten Ergebnissen von SOMOGYI und BÖDY [So 65] (vgl. Abb. 10.4-2).

In enger Anlehnung an CHANG u. a. [Ch 53] berechnen diese Autoren die Transmission eines senkrecht auf eine Folie einfallenden Elektronenbündels aus den Beiträgen der elastischen Streuung (T_e) und der unelastischen Stöße (T_u), wobei sie die grundlegende Annahme treffen, daß für eine Folie der Dicke x

$$T(x) = T_e(x) \cdot T_u(x) \tag{10.4-8}$$

gilt und daß die Richtungsablenkungen nur durch elastische Stöße, die Energieverluste nur durch unelastische Stöße verursacht werden.

Den Bruchteil $T_e(x)$ des Primärflusses, der in einen Kegel um die Einfallsrichtung mit dem halben Öffnungswinkel Θ_{max} durch elastische Stöße abgelenkt wird, bestimmen SOMOGYI und BÖDY nach Gl. (10.4-1) durch Integration der GAUSS-Verteilung. Bei der Berechnung von Θ_w werden die Hüllenabschirmung nach MOLIÈRE (Gl. (7.1-17)) und der Streuquerschnitt nach MCKINLEY und FESHBACH (Gl. (7.1-12)) zugrunde gelegt sowie näherungsweise auch die Energieverluste nach dem THOMSON-WHIDDINGTON-Gesetz (Gl. (8.3-3)) berücksichtigt (s. Gl. (10.2-19)).

Der unelastische Anteil des Transmissionskoeffizienten $T_u(x)$ wird aus dem Reichweitestraggling in einer einfachen GAUSSschen Näherung (nach [Le 52a]) abgeleitet und die effektive Schichtdicke mittels eines Streuumwegfaktors der Form (11.5-2) aus der Foliendicke x ermittelt.

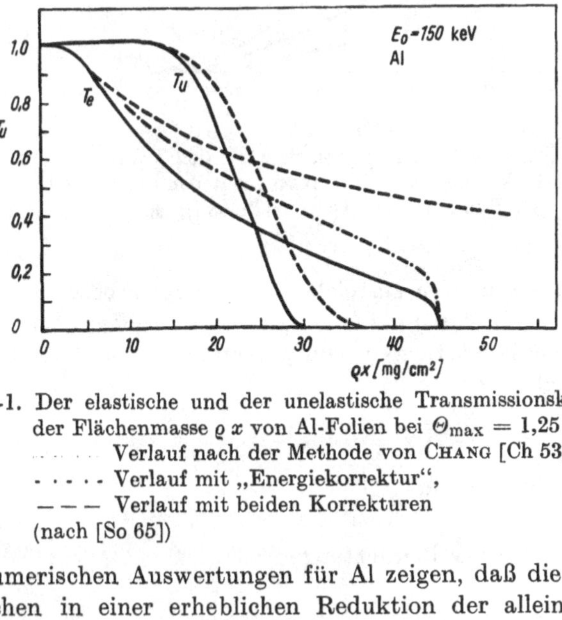

Abb. 10.4-1. Der elastische und der unelastische Transmissionskoeffizient als Funktion der Flächenmasse $\varrho\, x$ von Al-Folien bei Θ_{max} = 1,25 rad
······ Verlauf nach der Methode von CHANG [Ch 53],
-·-·- Verlauf mit „Energiekorrektur",
— — — Verlauf mit beiden Korrekturen
(nach [So 65])

Die numerischen Auswertungen für Al zeigen, daß die Wirkung von T_u im wesentlichen in einer erheblichen Reduktion der allein aus T_e gefundenen Reichweite (um ca. 30%) besteht (vgl. Abb. 10.4-1). Die für verschiedene Werte des Öffnungswinkels der Beobachtungsgeometrie berechneten Transmissionskurven für Al im Energiebereich von 100 bis 250 keV weisen eine sehr gute Übereinstimmung mit experimentellen Ergebnissen verschiedener Autoren auf; Beispiele solcher Transmissionskurven sind in Abb. 10.4-2 wiedergegeben.

Auswertungen der Vielfachstreu-Theorien mit *Screeningskorrekturen*, die die Schalenstruktur der Atomhülle berücksichtigen, liegen offenbar nicht vor. Die Auswirkung der Schalenstruktur auf die Transmission von Elektronen durch Folien dürfte darin bestehen, daß die charakteristischen Größen der Transmissionskurven — etwa die Halbwertsdicke x_H und wahrscheinlich auch die Reichweite — angesichts der in § 7.14 diskutierten periodischen Abhängigkeit des elastischen Streuquerschnittes von der Kernladungszahl (vgl. Abb. 7.1-5) keine stetigen Funktionen der Kernladungszahl des Absorbermaterials sind. Dazu liegen bisher jedoch noch keine gezielten experimentellen Untersuchungen mit

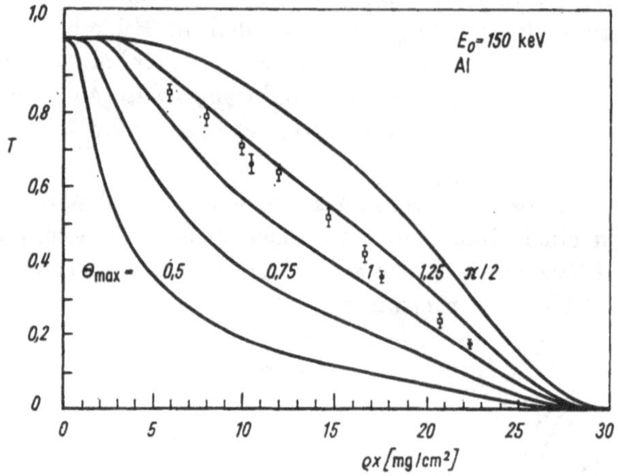

Abb. 10.4-2. Der Einfluß der Beobachtungsgeometrie auf den Transmissionskoeffizienten für 150-keV-Elektronen in Al. Die experimentellen Punkte gelten für Θ_{max} = = 1,25 rad: □ BERENYI und OSVAY [Be 63a], ● CARLVIK [Ca 53], (nach [So 65])

monoenergetischen Elektronen an ausreichend vielen Absorbermaterialien vor. Hinweise auf solche Periodizitäten in der Z-Abhängigkeit geben aber Messungen zum Massenschwächungskoeffizienten von β-Strahlung sowie zur Sekundärelektronenemission (vgl. § 12.5).

§ 11 Das Diffusionsmodell

11.1 Phänomenologische Betrachtungen

11.11 Übersicht

Das Diffusionsmodell ist das zum Einzelstreu-Modell konträre Extrem der Beschreibung des Elektronentransports durch dicke Materieschichten; es wird darin eine statistische, richtungsisotrope Ausbreitung der Elektronen angenommen. Ein solcher Diffusionszustand stellt sich für ein kollimiertes Elektronenbündel — als Grenzfall der Vielfachstreuung — nach Durchlaufen ausreichend großer Wege im Bereich der sogenannten ‚Tiefe' der vollständigen Diffusion s_D ein. Da das Übergangsstadium des Elektronentransports bis zum Einsetzen der Diffusion von den Diffusionstheorien nicht beschrieben werden kann, ist eine befriedigende qualitative Wiedergabe der wesentlichen Charakteristika experimenteller Ergebnisse gerade dann zu verzeichnen, wenn die Tiefe der vollständigen Diffusion, gemessen an der mittleren Bahnlänge $\bar{L}$, besonders klein ist, d. h. im Bereich mittlerer Energien und große Kernladungszahlen liegt. Das Diffusionsmodell vermag — ebenso wie die bereits besprochenen phänomenologischen Modelle der Einzel-, Mehrfach- und Vielfachstreuung — nur gewisse Teilaspekte des Elektronentransports qualitativ zu beschreiben; besonders bei senkrechtem Einfall eines Elektronenbündels auf dicke Materieschichten kommt unter den genannten Bedingungen der Diffusion unter diesen Modellen die wesentliche Bedeutung zu.

Will man mehr als qualitative Aussagen über den Diffusionsprozeß — etwa über die Beiträge der Diffusion zur Transmission und Rückstreuung — aus dem Dreivariablenproblem der Diffusion, wie es durch die FOKKER-PLANCK-Gleichung (6.4-5) beschrieben wird, ableiten, ist man auf eine geschickte, modellmäßige Verknüpfung der Ergebnisse der aus dieser hervorgehenden drei Differentialgleichungen mit nur zwei unabhängigen Variablen, die den räumlichen bzw. den Richtungsdiffusionsprozeß beschreiben, angewiesen. In diese Richtung zielen die bei der Besprechung dieser Ansätze diskutierten Auswertungen (§ 11.3 bzw. § 11.4). Obwohl dabei gewisse Teilerfolge zu verzeichnen sind, wird vielfach der wesentliche Nutzen einer diffusionstheoretischen Behandlung des Elektronentransportproblems in der Möglichkeit gesehen, auf analytischem Wege zu *qualitativen* Aussagen über die Abhängigkeit von den Grundparametern, der Primärenergie und der Kernladungszahl des Streumediums zu gelangen, die in Ähnlichkeitsregeln (§ 12.21) formulierbar sind.

Die tragende Rolle der Diffusion beim Elektronentransport durch dicke Materieschichten, die bereits bei der Diskussion des Einzelstreu-Modells (§ 9) deutlich wurde, rechtfertigt eine relativ ausführliche Darstellung des Diffusionsmodells. Eine vergleichende und zusammenfassende Diskussion der Ergebnisse des Einzelstreu- und des Diffusionsmodells erfolgt in § 12.2.

11.12 Das Punktquellen-Diffusionsmodell

Wie man aus Kernspuruntersuchungen — etwa den Blasenkammeraufnahmen der Abb. 2.2-1 — entnehmen kann, wird ein senkrecht auf einen dicken Streuer einfallendes Elektronenbündel infolge Mehrfach- und Vielfachstreuung allmählich aufgefächert; erst nach Durchlaufen eines — relativ zur mittleren Bahnlänge $\bar{L}$ zu messenden — mehr oder weniger langen Wegstückes geht die Anfangsorientierung verloren, und es erfolgt eine etwa richtungsisotrope Ausbreitung des Bündels nach den Gesetzen der Statistik, die näherungsweise (vgl. § 11.3) als echte Diffusion behandelt werden kann. Die Zahl der bis zum Einsetzen eines solchen diffusionsähnlichen Ausbreitungsstadiums erforderlichen elastischen Streuakte ist im wesentlichen von der Primärenergie E_0 abhängig und liegt in der Größenordnung 10^2 bis 10^4 für kleine bzw. große E_0 — entsprechend dem mittleren Ablenkwinkel im Einzelstreuakt. Von der Kernladungszahl des Streumediums andererseits ist es abhängig, wie groß die dabei zurückgelegte Bahnlänge, also wie groß der inzwischen eingetretene Energieverlust ist. Wegen des Einflusses des Stragglingeffektes (§ 8.4) und wegen der Schwankungen des mittleren Gesamtablenkwinkels für individuelle Elektronen wird ein Diffusionszustand nicht von allen Elektronen eines Bündels gleicher Anfangsenergie nach Durchlaufen der gleichen Bahnlänge und erst recht nicht in der gleichen Tiefe im Target erreicht.

Diese Einflüsse sollen zunächst vernachlässigt und das Problem dahingehend vereinfacht werden, daß man annimmt, daß alle Elektronen eines Bündels in einer bestimmten Tiefe zur Diffusion kommen, die als ‚Tiefe der vollständigen Diffusion' (kurz Diffusionstiefe, s_D) bezeichnet wird; sieht man weiterhin davon ab, daß eine allmähliche Auffächerung des Bündels mit der Streutiefe erfolgt, dann kann mit BETHE, ROSE und SMITH [Be 38] der Elektronentransportprozeß grob in zwei Phasen zerlegt werden: das Elektronenbündel dringt *ungestreut* und *geradlinig* bis zur Diffusionstiefe ein und geht dort plötzlich in einen Zustand der *richtungsisotropen* Ausbreitung über, als ob sich in der Tiefe s_D eine isotrope Punktquelle monoenergetischer Elektronen befände. Dieses Modell soll daher als *Punktquellen-Diffusionsmodell* bezeichnet werden. Über das weitere Schicksal der nun diffundierenden Elektronen sind von den verschiedenen Autoren unterschiedliche Näherungsannahmen getroffen worden. BETHE, ROSE und SMITH [Be 38] wenden die Ergebnisse ihrer Theorie des räumlichen Diffusionsprozesses an; ARCHARD [Ar 61] ordnet den Elektronen eine richtungsisotrope Ausbreitung auf geradlinigen Wegen zu; DAVAY (zitiert in [Gr 64]) berücksichtigt den Streueinfluß auch weiterhin, indem er eine statistische Verteilung der Bahnlängen annimmt.

Es können so Ergebnisse für die Transmission eines Elektronenbündels durch Folien mit Dicken $>s_D$ und für die Rückstreuung an sättigungsdicken Schichten (keine Dickenabhängigkeit!) abgeleitet werden (§ 11.4). Wegen der angenommenen richtungsisotropen Ausbreitung der Elektronen nach Durchlaufen der Diffusionstiefe läßt das Punktquellen-Diffusionsmodell eine von der Einfallsrichtung unabhängige Austrittswinkelverteilung erwarten, die etwa proportional zu $\cos\Theta$ und wegen der festen Diffusionstiefe auch unabhängig von der Foliendicke ($>s_D$) ist, was etwa der empirischen Definition des Zustandes der vollständigen Diffusion oder des „Normalfalles" nach LENARD [Le 18] entspricht.

Zur Berechnung der ‚*Tiefe der vollständigen Diffusion*' s_D gehen BETHE, ROSE und SMITH von der Beziehung (Gl. (10.3-19) und (10.3-21))

$$\overline{\cos\Theta} = e^{-\chi(s)} \tag{11.1-1}$$

mit

$$\chi(s) = \int\limits_0^s \frac{\mathrm{d}s'}{\lambda_T(s')} = \int\limits_{E_0}^{E} \frac{\mathrm{d}E'}{\lambda_T(E')\,(\mathrm{d}E'/\mathrm{d}s)} = -\int\limits_{E_0}^{E} \frac{\mathrm{d}E}{\lambda_T(E')\cdot S(E')} \tag{11.1-2}$$

für den mittleren Kosinus des resultierenden Ablenkwinkels Θ aus, der die Auffächerung des Elektronenbündels beschreibt, und fordern durch die Vorgabe eines ausreichend groß erscheinenden Funktionswertes $\chi(s)$, daß die Winkelablenkung im Mittel genügend weit fortgeschritten ist, um mit einer nahezu richtungsisotropen, diffusionsartigen Ausbreitung rechnen zu dürfen. Sie wählen etwas willkürlich $\chi(s) = 1$, also $\overline{\cos \Theta} = 1/e$, so daß die Tiefe der vollständigen Diffusion s_D durch die implizite Funktion[1])

$$\chi(s_D) = \int\limits_0^{s_D} \frac{\mathrm{d}s'}{\lambda_T(s')} = \int\limits_{E_0}^{E_D} \frac{\mathrm{d}E'}{\lambda_T(E')\,(\mathrm{d}E'/\mathrm{d}s)} = 1 \tag{11.1-3}$$

definiert wird. E_D ist die Restenergie der Primärelektronen mit der Energie E_0 in der Diffusionstiefe s_D. Das erste Integral stellt das Verhältnis des wirklichen Weges zur Transportweglänge λ_T (s. Gl. (6.4-6), vgl. § 11.21), summiert über die Bahnlänge s_D, dar. Die Diffusionstiefe wird somit als der als Transportweglänge wirksame Weg identifiziert [Dä 50] [Ha 65a] (vgl. § 11.3). Ist die Diffusionstiefe im Verhältnis zur mittleren Bahnlänge $\overline{L}$ so klein, daß die durch das Bremsvermögen $|\mathrm{d}E/\mathrm{d}s|$ berücksichtigten Energieverluste vernachlässigt werden können, dann ist $s_D = \lambda_T$.[2])

Im Bereich mittlerer Energien von etwa 0,1 bis 1 MeV liegt die Diffusionstiefe in der Größenordnung 0,08 $\overline{L}$ bzw. 0,4 $\overline{L}$ für Streumedien großer bzw. kleiner Kernladungszahl (Au bzw. Al). Für sehr kleine und sehr große Energien wird für leichtere Elemente die Diffusionstiefe größer als die halbe mittlere Bahnlänge ($s_D > 0{,}5\,\overline{L}$, vgl. Abb. 11.2-1), so daß beispielsweise keine Beiträge der Diffusion zum Rückstreukoeffizienten auftreten dürften. Darin liegt — neben der für kleine Dicken ($s < s_D$) nicht beschreibbaren Abhängigkeit des Diffusionsprozesses von der Dicke des Streumediums — die wesentliche Begrenzung des Punktquellen-Diffusionsmodells. Trotz dieser Beschränkungen ist mehrfach versucht worden, das mathematisch wenig aufwendige Punktquellen-Diffusionsmodell z. B. zur Berechnung der absoluten Fluoreszenzausbeute bei der Mikroprobenanalyse anzuwenden [Ar 63b] [Du 63] [La 59] [He 65]. Da es jedoch die Produktion der Röntgenfluoreszenzstrahlung im Mittel in zu große Tiefen verlegt, hat es sich als nicht genügend genau erwiesen, um quantitative Angaben über die Absorptionskorrektur für die Fluoreszenzstrahlung zu erhalten [Br 64b].

Zur Veranschaulichung wird auf der Grundlage des Punktquellen-Diffusionsmodelles ein *Rückdiffusionskoeffizient* für sättigungsdicke Streuer bei senkrechtem Einfall eines Elektronenbündels berechnet und dazu zunächst den Überlegungen von ARCHARD [Ar 61] gefolgt. Dieser nimmt die Punktquelle diffundierender Elektronen in der ‚wahren' Tiefe der vollständigen Diffusion s_D im Streuer an und beachtet, daß die zur Oberfläche rücklaufenden Elektronen diese nur erreichen können, wenn ihr Gesamtweg im Streuer kleiner als ihre

[1]) Beachte Fußnote S. 38.

[2]) Die Definition (11.1-2) der Streufunktion χ steht in voller Analogie zur Definition der Streufunktion ψ des Einzelstreu-Modells (in § 9.3); bezüglich der Interpretation von χ vgl. auch § 7.4.

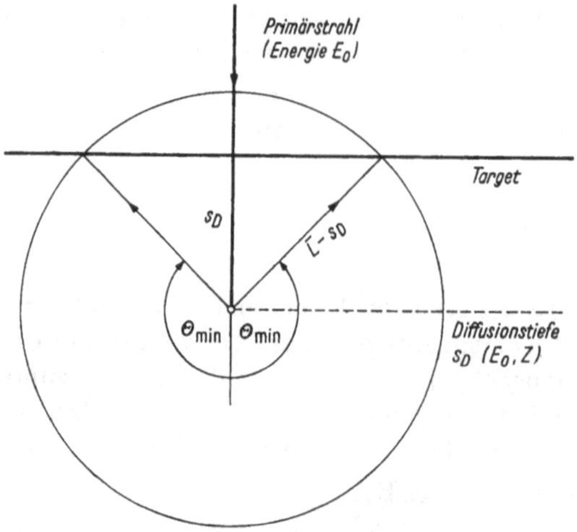

Abb. 11.1-1. Die geometrischen Verhältnisse beim Punktquellen-Diffusionsmodell

mittlere Bahnlänge $\bar{L}$ bleibt, d. h., er integriert über den rückwärtigen Halbraum unter Berücksichtigung der Austrittswinkelbedingung (9.5-2), die bereits beim Einzelstreumodell angewandt wurde (vgl. Abb. 11.1-1). Der Rückdiffusionskoeffizient P_s ergibt sich dann aus

$$P_s = \frac{1}{4\pi} \int\limits_{\Theta_{\min}}^{\pi} 2\pi \sin \Theta \, d\Theta = \frac{1}{2} (1 - \cos \Theta_{\min}) = \frac{1}{2} \left(1 - \frac{t_D}{1 - t_D}\right), \tag{11.1-4}$$

woraus mit der einfachen, für kleine Primärenergien gültigen Näherung $t_D = s_D/\bar{L} = 40/7\ Z$ für die Diffusionstiefe (vgl. § 11.23)

$$P_s = \frac{7\,Z - 80}{14\,Z - 80}$$

folgt. Dieses Ergebnis liefert nach Abb. 9.5-1 in Anbetracht der noch fehlenden Beiträge der Einzel- und Mehrfachstreuung unbefriedigend große Rückdiffusionskoeffizienten. Die Ursache dafür ist in der groben Vereinfachung des Problems durch das Punktquellen-Diffusionsmodell zu suchen. Erst nach diversen Korrekturen [Th 67] werden befriedigende Ergebnisse erhalten (vgl. § 11.44, § 12.2).

11.13 Diffusionsmodell mit kontinuierlich verteilter Diffusionstiefe

Es soll nun wieder zum realen Fall des allmählichen Einsetzens und Fortschreitens des Diffusionsprozesses zurückgekehrt werden, der von der Theorie der *Richtungsdiffusion* von Bothe (§ 11.43) weitgehend widergespiegelt wird. Bezeichnenderweise tritt hier nämlich als einziger, die Z- und E_0-Abhängigkeit der Theorie enthaltender Parameter gerade die Funktion $\chi(s)$ nach Gl. (11.1-2) auf, deren Variabilitätsbereich zwischen 0 und ∞ liegt, was Bahnlängen zwischen $s = 0$ und $s = \infty$ entspricht. Für den Fall der Rückdiffusion eines senkrecht auf einen Streuer einfallenden Bündels gelangen z. B. bereits für alle Werte oberhalb von etwa $\chi(s) = 0{,}1$ Elektronen zur Richtungsumkehr ($\Theta \geqq \pi/2$), von denen allerdings nur diejenigen zum rückwärtigen Austritt kommen, die gemäß der Energie-Bahnlängen-Beziehung noch über eine ausreichende Restenergie in der Umkehrtiefe verfügen (s. § 11.43). Die für die experimentellen Rückstreu-Energieverteilungen typischen Maxima werden qualitativ gut wiedergegeben und entsprechen Werten von etwa $\chi(s) = 0{,}6$, was besagt, daß die entsprechenden Elektronen aus Tiefen stammen, die wesentlich kleiner sind als die oben definierte ‚Tiefe der vollständigen Diffusion' s_D.

Dabei ist natürlich zu bedenken, daß ein räumlicher Diffusionsprozeß abläuft, daß daher alle Elektronen, für die beispielsweise $\chi(s) = 0{,}6$ geworden ist, zwar die gleichen Wege im Target durchlaufen haben, dabei i. allg. keinesfalls bis zur gleichen Tiefe im Target eingedrungen sein werden. Die Theorie der Richtungsdiffusion liefert jedoch keine Aussagen über die räumliche Verteilung der Elektronen. Gewisse Angaben über das Verhalten der Elektronen beim räumlichen Diffusionsprozeß können für einfache Randbedingungen aus der Theorie von Bethe, Rose und Smith (§ 11.3) abgeleitet werden, die andererseits aber wiederum keinen Aufschluß über die dabei auftretenden Richtungsverteilungen zu geben vermag. Immerhin kann im Modell der Richtungsdiffusion aber eine mittlere Eindringtiefe $\bar{x}$ der Elektronen nach Durchlaufen einer Bahnlänge s angegeben werden (s. Gl. (10.3-20)), so daß der Vorstellung eines ‚eindimensionalen', längs der Einfallsachse des Bündels ablaufenden Diffusionsprozesses in diesem Sinne eine gewisse reale Bedeutung beigemessen werden darf.

Es kann nun weiterhin gezeigt werden (s. § 11.43), daß für $\chi(s_D) = 1$ erst ca. 60% der Elektronen zur Diffusion gelangt sind und daß eine „vollständige' Diffusion, an der alle Elektronen beteiligt sind, erst mit dem Erreichen des Bahnenendes (bei $s = \bar{L}$, d. h. für $\chi(s) \to \infty$) zu erwarten ist, was durch die auch noch für große Foliendicken gefundene langsame Zunahme der Breite der Austrittswinkelverteilung in Transmissionsrichtung seine experimentelle Bestätigung findet [Fr 59]. Der ‚Tiefe der vollständigen Diffusion' kommt somit etwa die Bedeutung der mittleren Diffusionstiefe einer schiefsymmetrischen eindimensionalen Diffusionsverteilung (s. Abb. 11.4-1) zu.

Eine auf der Vorstellung einer derartigen kontinuierlichen Diffusionstiefenverteilung fußende Modifikation des Punktquellen-Diffusionsmodelles, die als *‚kontinuierliches' Diffusionsmodell* bezeichnet werden soll und die in § 11.45 näher erläutert wird, kann die Abhängigkeit des Diffusionsprozesses von der Foliendicke für alle Kernladungszahlen und Energien befriedigend beschreiben.

11.2 Grundgrößen des Diffusionsmodells

Vor der Besprechung der theoretischen Ansätze zum Diffusionsmodell wird zunächst ein Überblick über die Energie- und Kernladungszahlabhängigkeiten der Transportweglänge λ_T, der Streufunktion χ des Diffusionsmodells sowie der Tiefe der vollständigen Diffusion s_D gegeben (vgl. dazu auch [Bl 51b] [Bl 54] [Ha 65a]).

11.21 Die Transportweglänge

Die bereits durch Gl. (6.4-6) eingeführte Transportweglänge λ_T ist der wesentliche weglängen- und kernladungszahlabhängige Parameter der Diffusionstheorie (s. a. § 10.33). Numerische Werte wurden mehrfach angegeben [Be 38] [Sp 55] [Me 58] [Ro 54a].

BETHE, ROSE und SMITH nehmen eine recht pauschale Berechnung auf der Grundlage des abgeschirmten RUTHERFORD-Querschnitts (7.1-18) vor. Indem sie für Werte des Abschirmparameters $\xi = K a > 1$ (s. Gl. (7.1-8) und Fußnote S. 45) den Atomformfaktor $\hat{F}(\xi)$ gegenüber Z vernachlässigen, für $\xi < 1$ dagegen $\hat{F}(\xi) = 1$ setzen und die Integration nach Gl. (6.4-6) von $\vartheta\,(\xi = 1) = \vartheta_1$ (lt. Gl. (7.1-15)) bis $\vartheta = \pi$ ausführen, erhalten sie[1])

$$\frac{1}{\varrho\,\lambda_T} = 4\,\pi\,\frac{r_0^2}{u}\,\frac{Z^2}{A}\left[\frac{\varepsilon + 1}{\varepsilon\,(\varepsilon + 2)}\right]^2 \ln\,(2/\vartheta_1) = 16\,\pi\,Q_\pi \ln\frac{2}{\vartheta_1}\,. \tag{11.2-1a}$$

Q_π ist die Grundfunktion des RUTHERFORD-Querschnitts (lt. Gl. (7.1-4)).

BROWN und OLGIVIE [Br 66] benutzen statt dessen eine lineare Näherung $\hat{F} = 1 - K$ und finden nach Integration für kleine Energien[1])

$$\frac{1}{\varrho\,\lambda_T} = 19{,}68 \cdot 10^3\,\frac{Z^2}{A}\,\frac{1}{E^2}\left(\frac{1}{D} + \ln D\right)\left[\frac{\mathrm{cm}^2}{\mathrm{g}}\right] \tag{11.2-1b}$$

mit $D = 41{,}3\;E/Z^{2/3}$ (E in keV).

Genauere Angaben, die z. T. beträchtlich (bis zu $\pm 20\%$) von den Werten nach Gl. (11.2-1a) abweichen, finden sich bei MEISTER [Me 58] für Al, Cd, Au (s. Tab. 11.2-1), der die Hüllenabschirmung sorgfältig berücksichtigte und einen Fehler aus der graphischen Integration von höchstens 2% ansetzt.

Tabelle 11.2-1. Transportweglänge $\varrho\,\lambda_T$ nach MEISTER [Me 58] und das Verhältnis $\lambda_T/\overline{L}^\infty$

	$\varrho\,\lambda_T$ [mg/cm²]			$\lambda_T/\overline{L}^\infty$		
Substanz Z	Al 13	In 49	Au 79	Al 13	In 49	Au 79
E_0 [MeV]						
0,05	2,71	1,11	(0,880)	0,474	0,190	(0,0893)
0,1	8,94	3,27	2,35	0,480	0,126	0,0775
0,2	28,7	9,75	6,49	0,497	0,125	0,0728
0,4	87,2	28,1	18,0	0,532	0,131	0,0745
0,7	204	65,7	41,3	0,581	0,145	0,0833
1,0	350	112	70,2	0,638	0,163	0,0933
2,0	1023	323	203	0,843	0,221	0,1303
4,0	3150	993	625	1,275	0,352	0,214

[1]) Beachte Fußnote S. 38.

SPENCER [Sp 55] gibt Werte für Al und Au im Energiebereich von 0,1 bis 2 MeV an, die gut mit denen von MEISTER übereinstimmen.

Eine graphische Darstellung der Werte von MEISTER zeigt, daß mindestens im Energiegebiet von 0,03 bis 2 MeV eine homogene Potenzfunktion der Form

$$\frac{1}{\varrho \lambda_T} = a_0 E^{-a_1} \tag{11.2-2}$$

mit den Koeffizienten

$$a_0 = 0{,}45\ Z^2/A$$

und

$$a_1 = 1{,}622 - 1{,}76 \cdot 10^{-3}\ Z \tag{11.2-2a}$$

(für E in MeV und $\varrho \lambda_T$ in g/cm²) bei einem Fehler von kleiner 2,5% als Näherung brauchbar ist [Th 62] [Th 64b][1]).

Bemerkenswert ist die mit der Primär- bzw. Momentanenergie veränderliche Z-Abhängigkeit der Transportweglänge, die in einer Darstellung der Form

$$\frac{1}{\varrho \lambda_T} \sim \frac{Z^2}{A} \cdot Z^{m_D(E)} \tag{11.2-2b}$$

zum Ausdruck kommt; numerische Werte für m_D werden in § 12.62 gegeben (Tab. 12.6-1), wo auch die Auswirkung dieser Abhängigkeit auf die effektive Kernladungszahl komplex zusammengesetzter Targets für den Diffusionsprozeß besprochen wird.

Da die Näherung (Gl. (11.2-2)) nur auf den Werten für die drei von MEISTER betrachteten Elemente (Al, Cd, Au) beruht, denen außerdem das THOMAS-FERMI-Modell zugrunde liegt, kann der periodische Charakter des Einflusses der Hüllenabschirmung (vgl. § 7.14) nicht erfaßt sein; richtig wiedergegeben wird aber der starke Einfluß der Hüllenabschirmung bei kleinen Energien, der sich in einer Abnahme der Z-Abhängigkeit gegenüber der reinen RUTHERFORD-Streuung äußert.[2])

11.22 Die Streufunktion

Wie schon beim Einzelstreu-Modell (§ 9.3) kommt auch die Energie- und Kernladungszahl-Abhängigkeit der Diffusionsmodelle (§ 11.3 und 11.4) im wesentlichen in einer einzigen Parameterfunktion zum Ausdruck. Für das Modell der Richtungsdiffusion ist das die *Streufunktion* $\chi(E, Z)$, die für Verbindungen und Stoffgemische in differentieller Form durch

$$\frac{\mathrm{d}\bar{\chi}}{\mathrm{d}E} = \frac{\sum\limits_i (1/\varrho \lambda_T)_i}{\sum\limits_j |\mathrm{d}E/\varrho\, \mathrm{d}s|_j} \tag{11.2-3}$$

[1]) Für Überschlagsrechnungen werden im weiteren die in Tab. E des Anhangs angegebenen Ausdrücke der Näherung B bzw. C für die Konstanten a_0 und a_1 benutzt.

[2]) Der in den hier angegebenen Näherungsausdrücken für λ_T nicht berücksichtigte Beitrag der unelastischen Streuung kann durch Ersetzung des Z^2 durch $Z(Z + 1)$ näherungsweise erfaßt werden (vgl. § 10.32, S. 151).

gegeben ist (vgl. Gl. (11.1-2)). Dieser Ausdruck entspricht der Beziehung (9.3-12) für das Einzelstreu-Modell, jedoch steht hier statt des differentiellen Streuquerschnittes $N\,q$ mit $1/\varrho\lambda_T$ bis auf einen konstanten Faktor deren Integral über den vollen Raumwinkel $4\,\pi$, das wegen der starken Anisotropie des Streugesetzes unter unbedingter Berücksichtigung der Hüllenabschirmung auszuwerten ist. Die Z-Abhängigkeit von Einzelstreu- und Diffusionsprozeß sowie auch deren Energieabhängigkeiten sind daher unterschiedlich; nur in der RUTHERFORD-Näherung des Streuquerschnittes stimmen diese überein. Darauf wird in den Abschnitten 12.2 und 12.6 noch näher eingegangen werden.

Zur Berechnung numerischer Werte für die Streufunktion $\chi(E, Z)$ nutzt man bequemerweise die (in Tab. E, Anhang) angegebenen Näherungsausdrücke für die Tabellenwerte von $\varrho\lambda_T$ und $\mathrm{d}E/\varrho\mathrm{d}s$. In einer *niederenergetischen Näherung* (Näh. B; brauchbar für $E \lesssim 1$ MeV) erhält man — mit Hilfe der Ausdrücke (11.2-2) und (8.3-8) für $\varrho\lambda_T$ bzw. $\varrho\bar{L}$, also

$$\frac{1}{\varrho\lambda_T} = a_0\,E^{-a_1}\,, \quad \varrho\bar{L} = r_0\,E^{r_1} \quad \text{sowie} \quad -\frac{\varrho\mathrm{d}s}{\mathrm{d}E} = r_0\,r_1\,E^{r_1-1}\,, \tag{11.2-4}$$

— für die Streufunktion (wegen $r_1 = a_1$, Näh. B)

$$\chi(E/E_0, Z) = \int\limits_{E_0}^{E} \frac{1/(\varrho\lambda_T)}{\mathrm{d}E/\varrho\mathrm{d}s}\,\mathrm{d}E = A\ln\frac{1}{k} \tag{11.2-5}$$

mit der spezifischen (mittleren) Stoßzahl (s. § 7.4) $A = a_0\,r_0\,r_1 = 0{,}45\,(Z^2/A) \times 0{,}315\,(A/Z)\cdot 1{,}6 = 0{,}225\,Z \approx Z/4{,}5$ und $k = E/E_0$. E ist dabei die Restenergie des Elektrons in der Tiefe s, die durch

$$k = \frac{E}{E_0} = e^{-\chi/A} \tag{11.2-6}$$

gegeben ist; die zum Wert $\chi(t)$ gehörige relative Bahnlänge $t = s/L_0$ beträgt wegen

$$k = (1 - t)^{1/r_1} \tag{11.2-7}$$

also

$$t = 1 - e^{-\chi/A^*} \quad \text{mit} \quad A^* = A/r_1 = a_0\,r_0 = 0{,}14\,Z \approx \frac{Z}{7}\,, \tag{11.2-8}$$

woraus nach Gl. (11.1-1) mit

$$\overline{\cos\Theta} = k^A = (1 - t)^{A^*} \tag{11.2-9}$$

der Zusammenhang zwischen dem mittleren Kosinus des Ablenkwinkels und der durchlaufenen Bahnlänge folgt.

Für größere Energien ist die mittlere Bahnlänge eine lineare Funktion der Primärenergie ($r_1 = 1$, Näh. C, s. Tab. E),

$$\varrho\bar{L} = r_0\,E_0 + r_2 \quad \text{und} \quad -\frac{\mathrm{d}E}{\varrho\mathrm{d}s} = \frac{1}{r_0}\,, \tag{11.2-10}$$

so daß sich für die Streufunktion

$$\chi\left(\frac{E}{E_0}, Z\right) = \frac{A}{B} E_0^B (1 - k^B) \qquad (11.2\text{-}11)$$

mit

$$\frac{A}{B} = \frac{a_0 r_0}{1 - a_1} = \frac{0{,}45\,(Z^2/A) \cdot 0{,}28 \cdot (A/Z)}{0{,}6} \approx 0{,}21\, Z$$

und

$$B = 1 - a_1 = -\,0{,}6$$

sowie

$$k = 1 - t$$

ergibt [Th 62] [Th 64b]. Diese Näherung ist relativ grob (vgl. [Th 64b]), aber genauer als etwa die Näherung von HARDER, der noch $\lambda_T \sim E^2$ benutzt und daher eine Z/E_0-Abhängigkeit der Streufunktion und damit des Diffusionsprozesses erhält, während hier die spezifische Stoßzahl mit $Z/E^{0,6}$ eine verminderte Energieabhängigkeit aufweist, was eine entsprechende Präzisierung der Ähnlichkeitsregel (§ 12.21) gestattet. Einen für größere Energien brauchbaren Näherungsausdruck für $\overline{\cos\Theta}$ geben ROHRLICH und CARLSON [Ro 54a] an.

11.23 Die Tiefe der vollständigen Diffusion

Für die (mittlere) Diffusionstiefe gilt definitionsgemäß $\chi(s_D) = 1$ (vgl. S. 162/163); diese berechnet sich für die *niederenergetische Näherung B* (s. Tab. E) daher aus

$$t_D = \frac{s_D}{\bar{L}} = 1 - e^{-1/A^*} = 1 - e^{-7/Z} \qquad (11.2\text{-}12)$$

und die Energie des Elektrons in der Tiefe der vollständigen Diffusion aus

$$k_D = \frac{E_D}{E_0} = e^{-1/A} = e^{-4,5/Z}\,. \qquad (11.2\text{-}13)$$

Für kleine $\chi(s)$, also für kleine Wege oder große Z, ergibt sich

$$t = \frac{\chi}{A^*} \qquad \text{und} \qquad t_D = \frac{1}{A^*} = \frac{7}{Z}\,, \qquad (11.2\text{-}14a)$$

also

$$\chi(s) = \frac{t}{t_D} = \frac{s}{s_D}\,; \qquad (11.2\text{-}14b)$$

d. h., für nicht zu große Werte stellt die Streufunktion $\chi(s)$ das Verhältnis des durchlaufenen Weges zur Tiefe der vollständigen Diffusion dar (vgl. auch § 7.4), die ihrerseits etwa gleich der Transportweglänge λ_T ist, falls $s_D \ll \bar{L}$. Damit ist der Zusammenhang mit der Definitionsgleichung (11.1-2) der Streufunktion $\chi(s)$ hergestellt.

In einer niederenergetischen Näherung ist die Tiefe der vollständigen Diffusion mehrfach berechnet worden [Ar 61] [To 63] [Th 67]. Einige Näherungsausdrücke sowie numerische Werte sind in Tab. 11.2-2 zusammengestellt (eingetragen sind zum Vergleich Werte für größere Primärenergien, die aus

Tabelle 11.2-2. Zusammenstellung der Ergebnisse verschiedener Autoren für die (relative) Tiefe der vollständigen Diffusion $t_D = s_D/\bar{L}^\infty$

Autor	ARCHARD [Ar 61]	TOMLIN [To 63]	THÜMMEL [Th 64b]	THÜMMEL [Th 67]				
				numerische Werte t_D nach Abb. 11.2-1 für die Primärenergie			Mittelwert für $0{,}1 \leqq E_0 \leqq 1$ MeV von	
Z	$t_D = \frac{40}{7} \cdot \frac{1}{Z}$	$t_D = \frac{8}{Z+8}$	$t_D = 1 - e^{-7/Z}$	0,05 MeV	0,5 MeV	2 MeV	$t_D = \frac{s_D}{\bar{L}^\infty}$	$y_D = \frac{x_D}{R_{ex}}$
6	(0,955)	$0{,}57_3$	0,63	0,54	0,57	0,66	(0,57)	0,60
13	0,43	$0{,}38_2$	0,39	0,38	$0{,}37_5$	0,45	$0{,}38_5$	0,43
29	$0{,}19_0$	$0{,}21_1$	0,21	0,20	$0{,}18_0$	0,24	$0{,}19_0$	0,28
50	$0{,}11_4$	$0{,}13_8$	$0{,}13_2$	$0{,}12_5$	$0{,}10_7$	0,15	$0{,}11_5$	0,22
82	$0{,}07_3$	$0{,}09_2$	$0{,}08_7$	$0{,}08_2$	$0{,}06_5$	$0{,}09_2$	$0{,}07_0$	0,19

Abb. 11.2-1a entnommen wurden). In der hochenergetischen Näherung steigt die Diffusionstiefe etwa proportional zu $E_0^{0,6}$ an.

Die *Energieabhängigkeit* der relativen Diffusionstiefe $t_D = s_D/\bar{L}$ ist in Abb. 11.2-1a (S. 172) dargestellt. Die Werte wurden aus Gl. (11.1-3) unter Benutzung sorgfältiger Näherungen für die Transportweglänge $\varrho\lambda_T$ (nach MEISTER [Me 58], Gl. (11.2-2)) sowie für das Massenbremsvermögen $|\mathrm{d}E/\varrho \mathrm{d}s|$ (nach SPENCER [Sp 55], s. [Th 62] [Th 64b]; beachte aber Abb. 8.3-3) für den Energiebereich von 0,1 bis 4 MeV für C, Al, Cu, Ag und Au berechnet [Th 67]. Eingetragen sind außerdem experimentelle Werte x_D/R_{ex} nach Abb. 11.2-1b, die sich ergeben nach Umrechnung über den Umwegfaktor U_{ex} [nach Gl. (11.5-10) für $x = x_D$, woraus $U_{ex}(\perp, x_D) = 1{,}15$ für alle Z folgt] sowie mit der empirischen Beziehung

$$\frac{\bar{L}}{R_{ex}} = 1 + \frac{Z}{40} \qquad (11.2\text{-}15)$$

für das Verhältnis der mittleren Bahnlänge zur extrapolierten Reichweite R_{ex}, die beide als energieunabhängig angenommen wurden.

Für die Bestimmung *experimenteller Diffusionstiefen* sind mehrere *Kriterien* in Gebrauch. Nach COSSLETT und THOMAS [Co 64a] [Co 64c] kann x_D näherungsweise aufgefaßt werden

1. als diejenige Tiefe, bei der der Exponentialbereich der Transmissionskurve beginnt [Le 18];

2. als diejenige Tiefe, bei der der wahrscheinlichste Ablenkwinkel, der aus gemessenen (polaren) Winkelverteilungen der transmittierten Elektronen entnommen wird, seinen größten Wert (etwa 45°) erreicht;

3. als diejenige Tiefe, bei der im Mittel kein weiteres Eindringen des Elektronenbündels in die Probe erfolgt, da mit der Diffusion eine nahezu richtungsisotrope Ausbreitung einsetzt und etwa je die Hälfte der Elektronen in Vor-

wärts- bzw. in Rückwärtsrichtung läuft (als erste Näherung für diese nicht direkt meßbare Größe kann die Halbwertsdicke x_h, bei der die Transmission $T(x_h) = 0{,}5$ wird, gelten);

4. als diejenige Tiefe, bei der die Hälfte der Elektronen, die diese Tiefe erreichen (nicht rückgestreut sind), transmittieren; diese mittlere Eindringtiefe in Vorwärtsrichtung (vgl. § 11.51) kann mit guter Näherung als derjenige Dickenwert angesehen werden, für den die Transmission auf den Wert $T = 0{,}5\,(1-P_s)$ abgesunken ist (P_s: Sättigungsrückstreukoeffizient).

Angesichts des allmählichen Einsetzens und Fortschreitens des Diffusionsprozesses sowie der endlichen Reichweite der Elektronen kann nur für Streumedien nicht zu kleiner Kernladungszahl überhaupt und dann nur im Grenzfall sehr großer Dicken das Eintreten einer ‚vollständigen' Diffusion erwartet werden. Insofern können die genannten Kriterien nur näherungsweise erfüllt sein, so daß die experimentell bestimmten Diffusionstiefen von der erreichten Meßgenauigkeit beim Experiment vom angelegten Bewertungsmaßstab und auch von der Art des angewandten Kriteriums abhängig sein müssen. Nach Cosslett [Co 64a] betragen die kriteriumsbedingten Unterschiede der Diffusionstiefen im Bereich sehr kleiner Energien bis zu 30%.

Die Energieabhängigkeit experimentell bestimmter relativer Diffusionstiefen x_D/R_{ex} ist in Abb. 11.2-1b (S. 172) gezeigt; eingetragen sind die Mittelwerte der nach verschiedenen Kriterien bestimmten Diffusionstiefen von Cosslett [Co 64a] für den Energiebereich von 5 bis 30 keV sowie die (nach Kriterium 2) ermittelten Werte von Tabata [Ta 67b] für 4 bis 14 MeV ($y_D = x_D/R_{ex}$). Der gestrichelt gezeichnete Verlauf der theoretischen, mit dem Umwegfaktor $U_{1c}(\perp)$ umgerechneten ‚Tiefen der vollständigen Diffusion' steht damit in guter Übereinstimmung. Abgesehen davon, daß für große Z die praktischen relativen Diffusionstiefen $y_D = x_D/R_{ex}$ — wegen der im Vergleich zur mittleren Bahnlänge $\bar{L}$ wesentlich kleineren extrapolierten Reichweite — beträchtlich größer sind als die theoretischen Werte $t_D = s_D/\bar{L}$, ist der Gesamtverlauf der Energieabhängigkeiten beider Darstellungen recht ähnlich. Für mittlere Energien (0,1 bis 1 MeV) tritt ein ausgeprägtes Minimum, zu kleinen und großen Energien ein steiler Anstieg auf. Im Bereich des Minimums liegt praktisch eine Unabhängigkeit des Diffusionsprozesses von der Primärenergie, also eine alleinige Abhängigkeit von der Kernladungszahl ($\sim 1/Z$) vor; der Anstieg bei großen E_0 ist etwa proportional zu E_0/Z (s. a. [Ha 67a]). Für kleine E_0 wurde ein etwa zu $1/(Z\,E_0)$ proportionaler Abfall beobachtet [Co 64c] (s. a. [Ha 67a]). Dies entspricht etwa den Formulierungen der Ähnlichkeitsregeln (§ 12.2).

Wegen des geringeren Streuquerschnittes sowie des — für nicht zu kleine Energien — auch geringeren Bremsvermögens der Materie für *Positronen* sind deren Tiefen der vollständigen Diffusion (bis zu 30%) größer als diejenigen von Elektronen [Ro 54a], was sich in den für Positronen kleineren Rückstreukoeffizienten, aber größeren Transmissionskoeffizienten äußert.

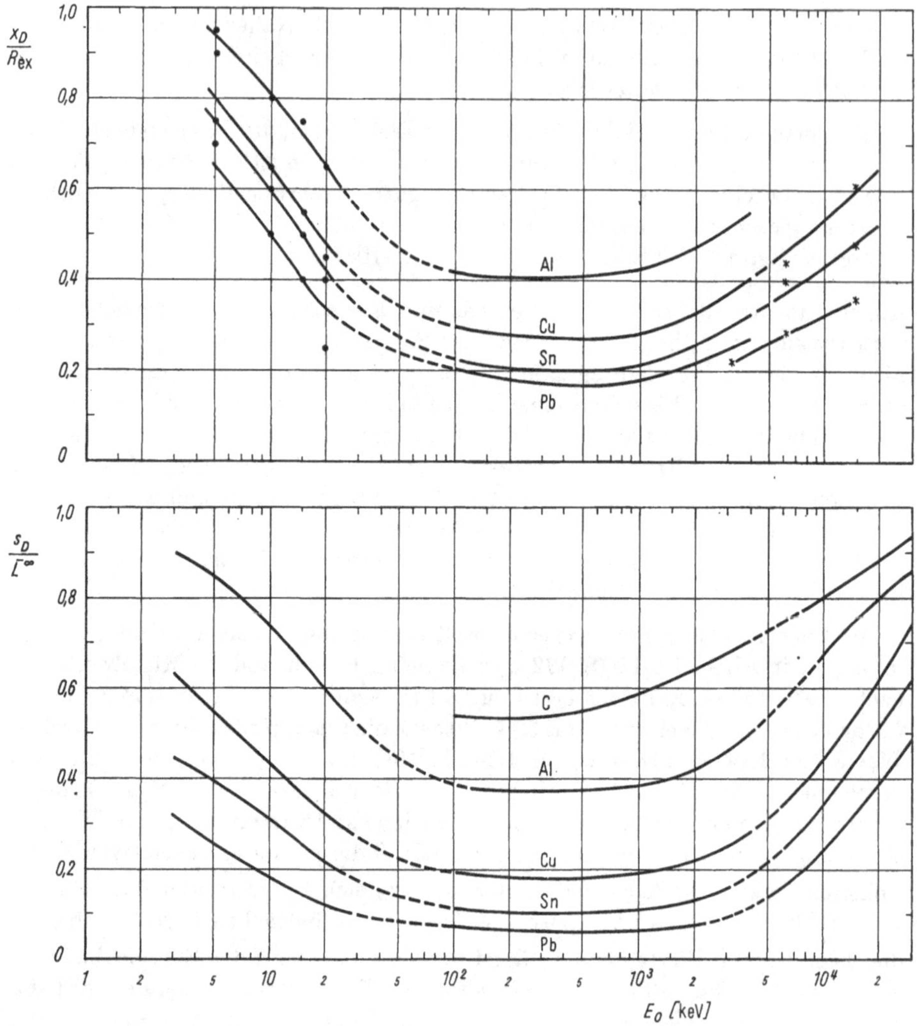

11.3 Das Modell der räumlichen Diffusion

Theoretisch läßt sich die Diffusion als Spezialfall der Theorie der Vielfachstreuung auf der Grundlage der FOKKER-PLANCK-Gleichung (6.4-5) behandeln, der die beiden Approximationen zugrunde liegen, daß eine nach dem zweiten Glied abgebrochene TAYLOR-Entwicklung die differentielle Teilchenflußdichte genügend genau repräsentiert und daß die beiden Zahlen λ_e und $\overline{\cos\vartheta}$ das Einzelstreugesetz genügend genau wiedergeben (§ 6.4). Mit diesen begrenzten Informationen läßt sich aber gerade ein räumlicher Diffusionsprozeß mit einem richtungsisotropen oder wenig anisotropen Einzelstreugesetz beschreiben; an

Abb. 11.2-1. Abhängigkeit der Tiefe der vollständigen Diffusion von der (kinetischen) Anfangsenergie der Elektronen:

a) Diffusionstiefe s_D (im Sinne der Bahnlänge), bezogen auf die mittlere Bahnlänge $\bar{L}^\infty$ im unendlich ausgedehnten Medium (unten),

b) Diffusionstiefe x_D (im Sinne der Eindringtiefe), bezogen auf die extrapolierte Reichweite R_{ex} (oben).

Eingetragen sind die folgenden Ergebnisse:

5 bis 30 keV: x_D gemessen für Al, Cu, Ag, Au [Co 64c],
0,1 bis 4 MeV: s_D berechnet für C, Al, Cu, Sn, Pb [Th 67],
6 bis 30 MeV: s_D berechnet für C, Al, Cu, Cd, Pb [Ha 67a],
4 bis 15 MeV: x_D gemessen für Cu, Ag, Au [Ta 67b].

Es wurden die s_D- und x_D-Werte über den Umwegfaktor $U(s_D) \approx 1{,}15$ nach Gl. (11.5-10) sowie die $\bar{L}^\infty$- und R_{ex}-Werte nach Gl. (11.2-15) ineinander umgerechnet

die Stelle der Größe $(1 - \overline{\cos\vartheta})/\lambda_e$ (s. Gl. (6.4-6)) träte in der FOKKER-PLANCK-Gleichung einer solchen echten Diffusion etwa der Kehrwert der mittleren freien Weglänge der Diffusion. Als mittlere freie Weglänge des Diffusionsmodelles für den Elektronentransport ist somit die Transportweglänge zu betrachten.

Die Auswertung der FOKKER-PLANCK-Gleichung hat also gegenüber der Momentenmethode und der Monte-Carlo-Methode (§ 12.3) den Nachteil einer geringeren Genauigkeit. Sie führt beispielsweise in ihrem eigentlichen Gültigkeitsbereich wegen der Vernachlässigung der Anisotropie des Streugesetzes in der Kleinwinkelnäherung und für dünne Schichten nur zu einer GAUSS-Funktion für die Winkelverteilung bei der Vielfachstreuung [Bo 29] [Le 50] [Sp 62]. Das Anfangsstadium des Eindringprozesses eines Elektronenbündels bis zum Einsetzen des Zustandes der vollständigen Diffusion, das besonders für große Primärenergien und kleine Kernladungszahlen ausgeprägt ist, vermag sie nicht zu beschreiben; der Ausbreitungsprozeß der Elektronen in — relativ zur mittleren Bahnlänge $\bar{L}$ — sehr großen Tiefen kann wegen des im vorausgesetzten kontinuierlichen Bremsmodell vernachlässigten Stragglingeinflusses nicht mit ausreichender Genauigkeit wiedergegeben werden. Es existiert somit schwerlich eine Phase des Eindringprozesses, in welcher von der Diffusionstheorie eine befriedigende quantitative Beschreibung des Elektronentransportprozesses erwartet werden darf; sie liefert aber immerhin mehr als eine nur größenordnungsmäßige Abschätzung für die Verteilungsfunktion [Sp 62].

Der Nutzen einer Behandlung des Elektronentransportes in der Diffusionsnäherung wird daher vielfach nicht vorwiegend in der Ableitung numerischer Ergebnisse, sondern in der — allerdings häufig nur bei Wahl genügend einfacher Randbedingungen — bestehenden Möglichkeit einer geschlossenen analytischen Behandlung gesehen, die allgemeine qualitative Aussagen über den

Teilchentransport zuläßt, welche etwa in Ähnlichkeitsregeln (§ 12.21) formulierbar sind und die mit numerischen Methoden nicht erhalten werden können.

Es gibt drei Möglichkeiten, aus der Fokker-Planck-Gleichung partielle Differentialgleichungen mit nur *zwei* unabhängigen Variablen zu gewinnen, die von Bethe, Rose und Smith [Be 38] bzw. von Bothe [Bo 29] [Bo 49a] angegeben wurden und die sich auf einen räumlichen bzw. einen Richtungsdiffusionsprozeß beziehen; die Gesamtheit der Lösungen dieser Teilgleichungen für gegebene Anfangs- und Randbedingungen beschreibt dann den Elektronentransport nach dem Diffusionsmodell. Diese Zusammenhänge werden insbesondere bei Harder [Ha 65a] dargelegt, dessen Ausführungen im weiteren vielfach gefolgt wird. Weitere empfehlenswerte Literaturstellen sind [Le 50] [Ro 54a] [Ro 54b] [Me 58].

11.31 Die Diffusionsgleichung nach Bethe, Rose und Smith

Durch Integration der Fokker-Planck-Gleichung und ihres Produktes mit dem Richtungsvektor $\boldsymbol{u}$ über alle Richtungen und Kombination der Ergebnisse erhalten Bethe, Rose und Smith [Be 38] die Differentialgleichung[1][2][3])

$$\frac{\partial F_1(\boldsymbol{r}, s)}{\partial s} = \frac{\lambda_T}{3} \Delta F_1(\boldsymbol{r}, s) \qquad (11.3\text{-}1)$$

(Δ: Laplace-Operator). $F_1(\boldsymbol{r}, s)$ ist die relative Teilchenzahl pro Flächeneinheit und pro Bahnlängeneinheit und gibt die *räumliche Verteilung* derjenigen Elektronen an, die eine gewisse Bahnlänge s durchlaufen haben. Elektronen der Primärenergie E_0 werden nach Durchlaufen der mittleren Bahnlänge $\bar{L}$ absorbiert; $F_1(\boldsymbol{r}, \bar{L})$ ist dann die räumliche Verteilung im Augenblick der Absorption. $\int F_1(\boldsymbol{r}, s) \frac{\mathrm{d}s}{v}$ gibt die totale Dichte der Elektronen aller Geschwindigkeiten v im Punkte $\boldsymbol{r}$ an.

Diese Differentialgleichung gilt unter den bei der Ableitung der Fokker-Planck-Gleichung gemachten Voraussetzungen (§ 6.4) der kontinuierlichen Abbremsung und der geringen Anisotropie des Streugesetzes; bei ihrer Ableitung wurde angenommen, daß innerhalb des homogenen Streumediums eine annähernd isotrope Winkelverteilung mit einer $\cos \Theta$-proportionalen Störung herrscht. Die Annahme entspricht den allgemeinen Voraussetzungen des Diffusionsmodells. Ersetzt man $\mathrm{d}s$ durch $v\,\mathrm{d}t$ (t: Zeit), so ergibt sich wie bei der Diffusion von Gasen der Diffusionskoeffizient $D = \lambda_T\, v/3$ [Ha 65a]. Den Zusammenhang mit der Transportgleichung der Aufstreuung diskutieren auch Molière und Sauter [Mo 52].

[1]) Beachte Fußnote S. 38.

[2]) Nach Harder [Ha 65a] ist in den Gln. (27), (28) und (31) der Arbeit von Bethe, Rose und Smith jeweils das letzte Vorzeichen von rechts umzukehren; die beiden letztgenannten Gln. entsprechen den Gln. (11.3-1) und (11.3-3).

[3]) Bezeichnungen wie in § 6 (s. a. Symbolverzeichnis).

Bethe u. a. führen die *Transformation*

$$\tau(s) = \frac{1}{3} \int_0^s \lambda_T(s)\, \mathrm{d}s \tag{11.3-2a}$$

bzw.

$$\tau(E) = \frac{1}{3} \int_{E_0}^{E} \frac{\lambda_T(E)\, \mathrm{d}E}{\mathrm{d}E/\mathrm{d}s} \tag{11.3-2b}$$

ein und erhalten so eine Differentialgleichung mit konstantem Koeffizienten:

$$\frac{\partial F_1^*(\boldsymbol{r}, \tau)}{\partial \tau} = \Delta F_1^*(\boldsymbol{r}, \tau)\,. \tag{11.3-3}$$

Ihre Lösungen hängen von den Anfangs- und Randbedingungen ab. Bethe, Rose und Smith behandeln drei Fälle: eine Punktquelle im homogenen, unbegrenzten Medium sowie eine Punktquelle und eine homogene Aktivitätsverteilung im halbunendlich ausgedehnten Medium.

In den Lösungen tritt als *charakteristische Transportgröße der Volumendiffusion* $\sqrt{\tau(E_0, E)}$ (mit der Dimension einer Länge) auf. Für kleine Primärenergien E_0 kann zur Auswertung die Näherung (vgl. § 11.22)

$$\frac{\tau}{L^2} = \frac{1}{6A^*}(1 - k^{2r_1}) = \frac{1}{6A^*}[1 - (1 - t)^2] \tag{11.3-2c}$$

benutzt werden, in der $r_1 = a_1 = 1{,}6$ und $A^* = 0{,}14\, Z$ (s. Tab. E, Anhang), $k = E/E_0$ und $t = s/L$ bedeuten; weitere Näherungsausdrücke finden sich bei Harder [Ha 65a]. Seinen größten Wert $\tau_0\,(E_0, E = 0)$ erreicht dieser Para-

Tabelle 11.3.-1. Transportgröße $\varrho\sqrt{\tau_0}$ der Volumendiffusion nach Meister [Me 58] und das Verhältnis $\sqrt{\tau_0}/L^\infty$

	$\varrho\sqrt{\tau_0}$ [mg/cm²]			$\sqrt{\tau_0}/L^\infty$		
Substanz Z	Al 13	In 49	Au 79	Al 13	In 49	Au 79
E_0 [MeV]						
0,1	5,27	3,81	3,51	0,283	0,147	0,116
0,15	10,2	7,18	6,61	0,280	0,144	0,115
0,2	16,4	11,4	10,2	0,284	0,146	0,114
0,3	30,9	21,0	18,3	0,287	0,147	0,113
0,4	47,7	31,8	27,6	0,291	0,148	0,114
0,7	105,5	69,6	60,0	0,300	0,154	0,121
1,0	170	111	94,6	0,309	0,161	0,126
1,6	–	202	171	–	0,174	0,137
2,0	–	268	226	–	0,183	0,145

meter, nachdem die Elektronen die mittlere Bahnlänge $\bar{L}$ durchlaufen haben ($s = \bar{L}$, $t = 1$, $k = 0$), so daß

$$\frac{\tau_0}{\bar{L}^2} = \frac{1}{6\,A^*} \approx \frac{1{,}2}{Z} \tag{11.3-2d}$$

gilt. Numerische Werte für die Transportgröße $\varrho\sqrt{\tau_0}$ gibt Tab. 11.3-1 nach Berechnungen von MEISTER [Me 58].

11.32 Lösung für eine Punktquelle im homogenen unbegrenzten Medium

Für eine Punktquelle im unbegrenzten Medium (vgl. auch BOTHE [Bo 41]) lautet mit r als Abstand von der Quelle (mit der Einheitsintensität) die Lösung für den „Wärmepol"

$$F_1^*(r,\tau) = (4\,\pi\,\tau)^{-3/2} \exp\left(-\frac{r^2}{4\,\tau}\right). \tag{11.3-4}$$

Der mittlere Abstand eines Elektrons von der Quelle bei gegebenem τ beträgt

$$\bar{r} = 4\sqrt{\tau/\pi} \text{ nach HARDER [Ha 65a]} \tag{11.3-5}$$

$$\approx \sqrt{6\,\tau} \text{ nach BETHE, ROSE und SMITH [Be 38].}$$

Durch Vergleich mit dem tatsächlich durchlaufenen Weg s kann hieraus ein weglängenabhängiger Umwegfaktor

$$U_2(s) = \frac{s}{\bar{r}(s)} = \frac{s}{4\sqrt{\tau/\pi}} \tag{11.3-6}$$

für den räumlichen Diffusionsprozeß abgeleitet werden, der sich von dem Umwegfaktor U_1 der Vielfachstreu-Theorie unterscheidet (vgl. § 11.52). Im Bereich kleiner Energien ergibt sich für $s = \bar{L}$ mit Beziehung (11.3-2d) etwa $U_2(\bar{L}) \approx \approx \frac{1}{2}\sqrt{Z}$ (s. Gl. (11.5-12)), was für kleine Z offenbar nicht zutreffend ist, da der Umwegfaktor nicht kleiner als 1 sein kann. Hier sind die Voraussetzungen des Diffusionsmodells nicht erfüllt; der Diffusionsprozeß setzt nicht vor Erreichen des Bahnendes ein.

11.33 Lösung für eine Punktquelle im halbunendlichen Medium

Bei einer Quellenlage bei $x = d$, $y = z = 0$ in einem Medium, das durch die Ebene $x = 0$ begrenzt ist, ergibt sich

$$F_1^* = (4\,\pi\,\tau)^{-3/2}\, e^{-\frac{y^2+z^2}{4\tau}} \left[e^{-\frac{(x-d)^2}{4\tau}} - e^{-\frac{(x+d)^2}{4\tau}}\right]. \tag{11.3-7}$$

Die Energieverteilung der aus der Oberfläche austretenden Elektronen lautet

$$F'(E)\,\mathrm{d}E = \frac{\mathrm{d}}{\sqrt{4\,\pi\,\tau}}\, e^{-\frac{d^2}{4\tau}} \frac{1}{\tau} \frac{\mathrm{d}\tau}{\mathrm{d}E}\,\mathrm{d}E\,. \tag{11.3-8}$$

Die asymptotische Winkelverteilung sollte mit der von BOTHE abgeleiteten Beziehung (11.4-2) übereinstimmen.

Um den Mangel des Diffusionsmodells, das Verhalten der Elektronen bis zum Einsetzen der vollständigen Diffusion nicht beschreiben zu können, näherungsweise zu beheben, verlegen BETHE, ROSE und SMITH zur Ableitung weiterer, dem praktischen Fall eines senkrecht auf einen Streuer einfallenden Elektronenbündels angepaßter Ergebnisse die Punktquelle in die ‚Tiefe der vollständigen Diffusion' s_D und nehmen ein geradliniges Eindringen der Elektronen bis dorthin im Sinne des *Punktquellen-Diffusionsmodells* an (vgl. § 11.12). Sie berücksichtigen dabei — im Gegensatz zu ARCHARD — die mittleren Umwege der Elektronen bis zum Eintreten des Zustandes der „vollständigen" Diffusion, der gemäß $\chi(s) = 1$ definiert wird, indem sie die mittlere Eindringtiefe der Elektronen auf dem ‚geradlinigen' Teil des Weges, auf welchem die Bahnlänge s durchlaufen wird, durch (s. Gl. (10.3-20))

$$\overline{x}_D = \int_0^{s_D} \overline{\cos \Theta(s')}\, ds' \tag{11.3-9}$$

berechnen. Durch Integration der Gl. (11.3-8) über τ von 0 bis τ_0, d. h. über alle Energien, finden BETHE, ROSE und SMITH den Elektronenfluß, der aus einer Ebene im Abstand $\overline{x}_D + d$ vom Quellpunkt austritt:

$$T\,(\overline{x}_D + d) = 1 - \Phi(d/2\sqrt{\tau_0})\ ; \tag{11.3-10}$$

Φ ist das Fehlerintegral. Das kann näherungsweise als *Transmission* eines senkrecht auf eine Folie der Dicke $x = \overline{x}_D + d$ einfallenden Elektronenbündels aufgefaßt werden. Aus Gl. (11.3-8) selbst folgt entsprechend die Energieverteilung dieser Elektronen. Die Größe $1/\sqrt{\tau_0}$ kann als eine Art Schwächungskoeffizient interpretiert werden, der gemäß Gl. (11.3-6) zum Umwegfaktor U_2 und gemäß Gl. (11.3-2d) zu $\sqrt{Z}$ proportional ist, somit also in qualitativer Übereinstimmung mit der Erfahrung steht.

Aussagen über die *Spektren rückdiffundierter Elektronen* sowie über den *Rückdiffusionskoeffizienten* können daraus für den Fall sättigungsdicker Streuer erhalten werden, indem man d nunmehr als Rückweg aus der Diffusionstiefe auffaßt und gleich der Diffusionstiefe s_D setzt. Die von HARDER [Ha 65a] für eine hochenergetische Näherung (mit $\lambda_T(E) \sim E^2$ und $|dE/ds| = \text{const}$) vorgenommenen Auswertungen zeigen, daß sowohl die Form des Rückdiffusionsspektrums als auch die Größe des Rückdiffusionskoeffizienten nur von Z und E_0 in der Kombination Z/E_0 abhängen. Da man weiter entnimmt, daß die Spektren nicht das experimentell gefundene Maximum (vgl. Abb. 11.4-2b) beschreiben können, sondern für feste E_0 und Z mit abnehmender Austrittsenergie einen monotonen Abfall aufweisen, soll im Hinblick auf die leistungsfähigere Theorie der Richtungsdiffusion von BOTHE (s. § 11.43) auf weitere diesbezügliche Diskussionen verzichtet werden. Da Beiträge zur Rückdiffusion außerdem nur erwartet werden können, solange die Diffusionstiefe kleiner als die halbe Bahnlänge $\bar{L}$ ist, sind die Ergebnisse dieses Modelles auf sättigungsdicke Streuer nicht zu kleiner Kernladungszahl bzw. auf nicht zu große Primärenergien beschränkt (vgl. § 11.12). In der hochenergetischen Näherung heißt die Bedingung dafür $Z/E_0 > 2{,}4\ \mathrm{MeV}^{-1}$ [Ha 65a]. Bei $E_0 = 10$ MeV dürfte das ARCHARDsche Modell daher nur für $Z > 24$ zutreffen; das steht in guter Übereinstimmung mit dem Z-Wert, den man aus Abb. 11.2-2 für $t_D = s_D/\bar{L} = 0{,}5$ bei dieser Energie entnehmen kann.

11.34 Lösung für eine homogene Aktivitätsverteilung im halbunendlichen Medium

Nimmt man die Oberfläche bei $x = 0$ an, so ergibt sich mit q als Zahl der Elektronen, die je cm³ und s erzeugt werden, für die Zahl der aus der Oberfläche austretenden Elektronen

$$n = \frac{1}{2} \bar{r}_0^2 q ; \qquad (11.3\text{-}11)$$

$\bar{r}_0 = 4\sqrt{\tau_0/\pi}$ ist der mittlere Abstand eines Elektrons vom Quellort nach Durchlaufen der (mittleren) Bahnlänge $\bar{L}$, d. h. im Augenblick der Absorption (s. Gl. (11.3-5)).

Die Energieverteilung lautet

$$F'(E)\,\mathrm{d}E = \frac{n(E)}{2\sqrt{\tau_0 \tau(E)}} \frac{\mathrm{d}\tau}{\mathrm{d}E} \mathrm{d}E . \qquad (11.3\text{-}12)$$

11.4 Das Modell der Richtungsdiffusion

11.41 Die erste BOTHEsche Diffusionsgleichung

Indem man die FOKKER-PLANCK-Gleichung nach dem Weg s über einen Bereich integriert, der die maximale Bahnlänge der Elektronen umfaßt, dabei die Energieabhängigkeit der Transportweglänge λ_T unberücksichtigt läßt und sich auf den rotationssymmetrischen Fall beschränkt, erhält man nach BOTHE [Bo 29] (vgl. [Ha 65a]) die Differentialgleichung

$$\cos\Theta \frac{\partial F_2(x, \boldsymbol{u})}{\partial x} = \frac{1}{2\lambda_T} \Delta_k F_2(x, \boldsymbol{u}) , \qquad (11.4\text{-}1)$$

worin $\cos\Theta \cdot F_2(x, \boldsymbol{u})$ die gesamte in die Tiefe x gelangende relative Teilchenzahl pro Raumwinkeleinheit bedeutet. Θ ist der Winkel zwischen dem Richtungsvektor $\boldsymbol{u}$ und der x-Richtung. Δ_k ist der LAPLACE-Operator auf der Einheitskugel. Lösungen unter verschiedenen Randbedingungen wurden von BOTHE [Bo 29][1]), BETHE u. a. [Be 38], WEYMOUTH [We 51] u. a. angegeben. Für einen planparallelen Absorber ergibt sich z. B. das exponentelle Schwächungsgesetz (10.4-5). Als singuläre Lösung tritt für schwache Zerstreuung,

[1]) BOTHE hat z. T. unkorrekte Randbedingungen benutzt [Be 38].

d. h. für nicht zu große Gesamtablenkwinkel Θ, die GAUSS-Verteilung (10.3-1) mit Gl. (10.3-23) auf. Als von Bedeutung werden vor allem diejenigen Ergebnisse angesehen [Ha 65a], die die als konstant behandelte Transportweglänge λ_T nicht enthalten, z. B. etwa die *asymptotische Austrittswinkelverteilung* nach Durchlaufen einer genügend großen Weglänge, also hinter einem ausreichend dicken Absorber,

$$F_2(x, u) \cos\Theta \sim (0{,}717 + \cos\Theta)\cos\Theta\,, \qquad (11.4\text{-}2)$$

die in relativ guter Übereinstimmung mit experimentellen Ergebnissen zur Transmission steht (vgl. z. B. [Fr 59] [Co 64c]).

11.42 Die Streustromgleichungen der Diffusion

Eine rigorose Behandlung des Diffusionsproblems unter Vernachlässigung der Bremsung auf der Grundlage optischer Analogiebetrachtungen erfolgt bei SCHMIDT [Sc 07] in Anlehnung an McCLELLAND [Mc 06a], der ein System zweier simultaner linearer Differentialgleichungen erster Ordnung für den transmittierten bzw. den reflektierten Teilchenfluß angibt. Nach GOERTZ [Go 59] können diese Streustromgleichungen unter bestimmten Bedingungen direkt aus der ersten BOTHEschen Diffusionsgleichung hergeleitet werden; ENGELMANN [En 61] weist allerdings darauf hin, daß einige der bei GOERTZ gemachten Voraussetzungen in der dortigen Form physikalisch nicht haltbar sind.

Der SCHMIDT-Theorie zufolge lassen sich ein Teilchenstrom in Schichtnormalenrichtung (x-Richtung) $I_+(x) \geqq 0$ (Hinstrom) und einer in entgegengesetzter Richtung $I_-(x) \geqq 0$ (Rückstrom) definieren, deren Änderungen bei Fortschreiten um $\varrho\,\mathrm{d}x$ durch Absorption und Rückstreuung bestimmt werden und für die das Gleichungssystem (vgl. auch [Cr 06] [Sc 07] [Bo 33] [Br 50] [Bo 55] [Da 62])

$$\left.\begin{aligned} \frac{\mathrm{d}I_+}{\varrho\mathrm{d}x} &= -\,I_+\,(\mu_0 + \beta_0) + I_-\,\beta_0\,,\\ -\,\frac{\mathrm{d}I_-}{\varrho\mathrm{d}x} &= -\,I_-\,(\mu_0 + \beta_0) + I_+\,\beta_0 \end{aligned}\right\} \qquad (11.4\text{-}3)$$

gilt. μ_0 ist ein (echter) *Massenschwächungs-*, β_0 ein (elastischer) *Rückstreukoeffizient* für die Streuströme I_+ und I_-. Die beiden Koeffizienten werden als Konstanten gegenüber dem Ort x angesehen; es wird also erstens eine von x unabhängige und für beide Streuströme gleiche Winkelverteilung angenommen und zweitens eine konstante Energie der Streuströme vorausgesetzt. Die erste Bedingung ist im Diffusionsfall („Normallauf" [Le 18]) realisiert; in diesem Sinne stellt die SCHMIDT-Theorie eine Diffusionstheorie dar. Die zweite Bedingung kann angenähert von einem breiten Energiespektrum $F'(E)$ der diffundierenden Elektronen erfüllt werden, wenn man die erste Bedingung schon voraussetzt; sie bedeutet dann Konstanz von $F'(E)$ bezüglich Ort und Richtung Θ sowie Gleichheit von $F'(E)$ für I_+ und I_-. (Die zweite Bedingung ist offenbar infolge der Abbremsung besonders für kleine Z nur schlecht erfüllt.)

Für den Fall einer von außen mit der Intensität I_0 bestrahlten Streuschicht der Dicke $d = \varrho x$ (Randbedingungen: $I_+ (d = 0) = N_0$ und $I_- (d = 0) = 0$) ergeben sich dann für die Transmission $T(d)$ und die Rückstreuung $P(d)$ die zuerst von SCHMIDT [Sc 07] in korrrekter Form angegebenen Formeln:

$$T(d) = \frac{I_+(d)}{I_0} = (1 - P_s^2) \frac{\exp(-\mu d)}{1 - P_s^2 \exp(-2 \mu d)}, \tag{11.4-4a}$$

$$P(d) = \frac{I_-(d)}{I_0} = P_s \frac{1 - \exp(-2 \mu d)}{1 - P_s^2 \exp(-2 \mu d)} \tag{11.4-4b}$$

mit dem „*praktischen*" *Massenschwächungskoeffizienten*

$$\mu = \sqrt{\mu_0 (\mu_0 + 2 \beta_0)} = \mu_0 \sqrt{1 + 2 \frac{\beta_0}{\mu_0}} = \mu_0 U_3 \tag{11.4-5a}$$

und dem *Rückdiffusionskoeffizienten*

$$P_s = \frac{\beta_0}{\mu + \mu_0 + \beta_0} = \frac{\beta_0/\mu_0}{U_3 + 1 + \beta_0/\mu_0} = \frac{Q_\beta}{\sqrt{1 + 2 Q_\beta} + 1 + Q_\beta}, \tag{11.4-5b}$$

worin noch die Abkürzung $Q_\beta = \beta_0/\mu_0$ benutzt wurde, die — wie im weiteren gezeigt wird — im Zusammenhang mit der Diffusionstiefe stehen dürfte.

Somit bestehen auch die folgenden Zusammenhänge:

$$\mu_0 = \frac{1 - P_s}{1 + P_s} \cdot \mu, \tag{11.4-6a}$$

$$\beta_0 = \frac{2 P_s}{1 - P_s^2} \mu_0, \tag{11.4-6b}$$

$$U_3 = \frac{\mu}{\mu_0} = \frac{1 + P_s}{1 - P_s} = \sqrt{1 + 2 \frac{\beta_0}{\mu_0}} = \sqrt{1 + 2 Q_\beta}. \tag{11.4-6c}$$

U_3 ist der *Streuumwegfaktor* (nach der LENARDschen Definition, s. [Bo 33], vgl. § 11.52).

Für große Dicken $d > d_s$ (Sättigungsrückstreudicke d_s) wird $P_s = \text{const}$ und $T(d) = (1 - P_s^2) \exp(-\mu d)$; die im Experiment zu beobachtende Abweichung der Transmissionskurve vom Exponentialgesetz für $d < d_s$ wird also durch den Einfluß der Rückstreuung verursacht [En 61] [Da 62].

Bemerkenswert ist, daß aus den Streustromgleichungen Aussagen über die aus dem Streumedium austretenden Diffusionsflüsse erhalten werden können, ohne daß eine Berechnung der differentiellen Teilchenflußdichte im Innern des Streumediums erforderlich ist. In dieser Hinsicht besteht ein Zusammenhang mit einer z. B. von DASHEN [Da 64] sowie BARRETT [Ba 68b] auf Elektronenstreuprobleme angewandten Methode, die als „invariant imbedding" bezeichnet wird und die bei sorgfältiger numerischer Auswertung gute Genauigkeiten liefert.

Auf der anderen Seite ist es eine Folge dieser Betrachtungsweise, daß die im SCHMIDT-Modell auftretenden Parameter nicht ohne weiteres auf kernphysikalische Größen bzw. Querschnitte zurückgeführt werden können, sondern einer empirischen Bestimmung bedürfen. Die theoretischen Ergebnisse lassen sich auf diese Weise mit i. allg. befriedigender Genauigkeit an die experimentell gefundenen Abhängigkeiten der Transmissions- und Rückstreukoeffizienten von Betastrahlung von der Schichtdicke und der Kernladungszahl anpassen [Wi 12a, b] [Br 50] [En 61] [Da 62]. Erweiterungen des hier mitgeteilten Ansatzes hinsichtlich einer Berücksichtigung der Elektronenbremsung sowie hinsichtlich ihrer Anwendung auf Mehrstoffsysteme schlägt GOERTZ [Go 59] vor.

Eine radikale Näherung des Problems der *Rückstreuung* von Betastrahlung bringt TITTLE [Ti 60]; dabei wird von vornherein zusätzlich ein *exponentielles Transmissionsgesetz* sowohl für die primäre als auch für die rückgestreute Betastrahlung vorausgesetzt, wodurch im Gegensatz zur SCHMIDT-Theorie die unterschiedlichen Energien von Hin- und Rückstrom Berücksichtigung finden können. Für den Rückdiffusionskoffizienten ergibt sich im Falle sättigungsdicker Streuer

$$P_s = \frac{\beta_0}{\mu + \mu_r}, \tag{11.4-7}$$

wo μ und μ_r die empirisch zu bestimmenden Massenschwächungskoeffizienten der Primär- bzw. der Rückstreustrahlung sind (vgl. dazu z. B. [En 61]); β_0 ist wieder ein Streukoeffizient, der etwa die gleiche Bedeutung wie in der SCHMIDT-Theorie hat. (Der Äquivalenzbeziehung $\mu_r = \beta_0 + \mu_0$, die sich aus dem Vergleich der Beziehungen (11.4-5b) und (11.4-7) ergibt, kommt offenbar keine reale Bedeutung zu).

Auf eine in gewissem Sinne zum SCHMIDT-Modell komplementäre Betrachtungsweise von ODEBLAD [Od 55] [Od 57], bei der die Elektronenbremsung im kontinuierlichen Bremsmodell berücksichtigt, aber die Rückstreuung der Elektronen vernachlässigt wird, soll hier nur hingewiesen werden; eine ausführliche Diskussion der bei der Anwendung des ODEBLAD-Modelles auf die Transmission von Betastrahlung sich ergebenden Resultate findet sich bei ENGELMANN [En 61].

Im folgenden sollen hinsichtlich der *physikalischen Interpretation* der Parameter der SCHMIDT-Theorie einige qualitative Betrachtungen angestellt werden, die einen Zusammenhang mit den in ihren Ansätzen bereits besprochenen Theorien der Richtungsdiffusion aufzeigen.

1. Die expliziten „praktischen" Parameter der Ergebnisse der SCHMIDT-Theorie (μ und P_s) hängen von den beiden Grundgrößen μ_0 und $Q_\beta = \beta_0/\mu_0$ ab.

2. Der wahre Massenschwächungskoeffizient μ_0 dürfte als etwa porportional zum Massenbremsvermögen S_{AI} zu betrachten sein, so daß bei Vernachlässigung des ln-Termes $\mu \sim Z/A$ bzw. bei Berücksichtigung des ln-Termes $\mu_0 \sim \frac{Z}{A} Z^{-0,12}$ für $E_0 \approx 1$ MeV (s. Gl. (8.1-10)) ist. [Das ODEBLAD-Modell (s. [En 61]) läßt darüberhinaus erkennen, daß μ_0 noch eine Funktion eines Z- und x-abhängigen Winkelverteilungs-Umwegfaktors U_w (s. § 11.52) und

auch umgekehrt proportional der mittleren Bahnlänge $\bar{L} \sim A/Z$ ist. U_w bewirkt eine verstärkte Z-Abhängigkeit von μ_0, so daß effektiv also eine verschwindende oder gar leicht positive Z-Abhängigkeit von μ_0 resultiert.]

3. Der elastische Rückstreukoeffizient β_0 steht offensichtlich in unmittelbarem Zusammenhang mit dem elastischen atomaren Streuquerschnitt (nach Mott oder Rutherford) bzw. mit dem Kehrwert der daraus ableitbaren ersten Transportweglänge der Diffusionstheorie $\varrho\,\lambda_T$ und muß daher in erster Näherung eine Z-Abhängigkeit der Form $\beta_0 \sim Z^2/A$ aufweisen (s. z. B. Gl. (11.2-1)).

4. Die Größe $Q_\beta = \beta_0/\mu_0$ entspricht (wegen der in der Schmidt-Theorie vorausgesetzten Energiekonstanz) als Verhältnis von Streu- und Bremswahrscheinlichkeit offenbar der Streufunktion $\chi(Z, E)$ der Botheschen Diffusionstheorie (s. Gl. (11.1-2)) und repräsentiert die spezifische Stoßzahl (s. § 7.4). In der hier betrachteten Näherung ist Q_β ebenfalls proportional zu Z und demnach offenbar umgekehrt proportional zur Diffusionstiefe $t_D = s_D/\bar{L} \approx 43/7\,Z \approx 5{,}7/Z$:

$$Q_\beta = \beta_0/\mu_0 = \alpha/t_D \approx Z\,\alpha/5{,}7\,. \tag{11.4-7}$$

5. Der Streuumwegfaktor U_3 der Schmidt-Theorie

$$U_3 = \sqrt{1 + 2\,Q_\beta} = \sqrt{1 + 2\,\alpha/t_D} = \sqrt{1 + \alpha'\,Z} \tag{11.4-8}$$

mit $\alpha' \approx \alpha/3$

zeigt eine vernünftigere Z-Abhängigkeit als etwa der Umwegfaktor U_2 der Bethe-Rose-Smith-Theorie, da jetzt tatsächlich $U_3\,(Z = 0) = 1$ erfüllt ist. (Die Konstante α wird in § 11.5 empirisch bestimmt; ein brauchbarer Mittelwert ist $\alpha \approx 3/4$).

6. Der Rückdiffusionskoeffizient P_s ist nach Gl. (11.4-5b) allein eine Funktion von Q_β, also auch von t_D, wie bei der Theorie zur Elektronendiffusion.

7. Der praktische Massenschwächungskoeffizient μ ist nach dem Schmidt-Modell das Produkt aus wahrem Massenschwächungskoeffizient und Umwegfaktor: $\mu = \mu_0 \cdot U_3$; der Übergang zur vollständigen Diffusion kann nach dem Odeblad-Modell durch den Winkelverteilungs-Umwegfaktor $\left(U_w(Z, R) \leqq 2\right)$ beschrieben werden. (Weitere Diskussionen erfolgen in den Abschnitten 11.43, 11.52, 12.4).

11.43 Die zweite Bothesche Diffusionsgleichung

Integriert man die Fokker-Planck-Gleichung über ein Volumen, das den gesamten Ausbreitungsbereich der Elektronen umfaßt, so erhält man [Bo 49a] [Ha 65a]

$$\frac{\partial F_3(\boldsymbol{u}, s)}{\partial s} = \frac{1}{2\,\lambda_T}\,\Delta_k\,F_3\,(\boldsymbol{u}, s)\,, \tag{11.4-8}$$

wobei $F_3(\boldsymbol{u}, s)$ die relative Teilchenzahl pro Raumwinkeleinheit in Richtung $\boldsymbol{u}$ und bei der Wegkoordinate s darstellt. Δ_k ist der LAPLACE-Operator auf der Einheitskugel.

Wie HARDER [Ha 65a] unterstreicht, ist der Faktor λ_T der gleiche wie bisher, hat jedoch eine andere Bedeutung als in der BETHEschen Diffusionsgleichung, wie schon aus seiner Stellung im Nenner des Diffusionskoeffizienten $D = v/2\,\lambda_T$ hervorgeht. Die beiden BOTHEschen Diffusionsgleichungen, Gl. (11.4-1) und Gl. (11.4-8), beschreiben nicht die Diffusion der Teilchen im Ortsraum, sondern die Diffusion ihrer Richtungen, d. h. die Diffusionsbewegung der vom Richtungsvektor bezeichneten Stelle (Richtungspunkt) auf der Einheitskugel. Im Gegensatz zur räumlichen Diffusion verläuft die *Richtungsdiffusion* dann besonders schnell, wenn die Transportweglänge möglichst klein ist.

Auch bei der zweiten BOTHEschen Diffusionsgleichung kann die Energieabhängigkeit der Transportweglänge durch eine *Variablentransformation* eliminiert werden. Hierfür ist gerade die Beziehung (11.1-2) geeignet, und man erhält

$$\frac{\partial F_3^*(\boldsymbol{u}, \chi)}{\partial \chi} = \frac{1}{2} \Delta_k F_3^*(\boldsymbol{u}, \chi) , \tag{11.4-8a}$$

eine Diffusionsgleichung mit konstantem Koeffizienten, in der $\chi(E)$ gerade die Anzahl der durchlaufenen Transportweglängen bei der Abbremsung der Elektronen von E_0 auf E bzw. bei Verminderung der (mittleren) Bahnlänge $\bar{L}$ bis auf die Restbahnlänge $\bar{L} - s(E)$ bedeuten, wobei $s(E)$ aus Gl. (11.1-2) zu berechnen ist.

Als *allgemeine Lösung* von Gl. (11.4-8a) für die Diffusion des Richtungspunktes auf der Kugeloberfläche erhält man durch den *Separationsansatz* $F_3^*(\boldsymbol{u}, \chi) = g(z) \cdot h(\chi)$ mit $z = \cos\Theta$ die Summe der mit Exponentialfaktoren versehenen LEGENDREschen Polynome [Bo 49a] [Ha 65a]

$$F_3^*(z, \chi) = \sum_{n=0}^{\infty} a_n\, P_n(z) \exp\left[-\frac{1}{2}\, n\,(n+1)\,\chi\right] \tag{11.4-9}$$

mit $n = 0, 1, 2, 3, \ldots$ Nach HARDER [Ha 65a] ergeben sich aus der Anfangsbedingung

$$F_3^*(z, 0) = \frac{1}{2}\,\delta(z - 1) , \tag{11.4-9a}$$

die die Quelle der Richtungsdiffusion bei $z = 1$ – also nach Ablenkung der Elektronen um $\Theta = \pi/2$ aus der Anfangsrichtung – kennzeichnet, unter Ausnutzung der Orthogonalität der LEGENDRE-Polynome die *Koeffizienten* a_n zu

$$a_n = \frac{2n+1}{4} . \tag{11.4-9b}$$

Für alle $\chi < \infty$ erfüllt die Verteilungsfunktion $F_3^*(z, \chi)$ die – nach HARDER nicht allgemein ableitbare – *Randbedingung*

$$\int_{4\pi} F_3^*(z, \chi)\, \mathrm{d}\Omega = 1 , \tag{11.4-10}$$

die aussagt, daß vor Erreichen der Bahnenden kein Richtungspunkt von der Kugeloberfläche verschwindet. Für $\chi \to \infty$ geht $F_3^*(z, \chi)$ in die isotrope Verteilung

$$F_3^*(z, \chi) = \frac{1}{4\pi} \tag{11.4-11}$$

über.

Ein solcher asymptotisch erreichbarer Endzustand der Richtungsdiffusion wird als „*vollständige Diffusion*" bezeichnet. Die isotrope Verteilung stellt, da die zweite BOTHEsche Diffusionsgleichung die Ortskoordinaten nicht enthält, die vollständige Diffusion für ein homogenes, räumlich unbegrenztes Medium bei Betrachtung der an einer bestimmten Wegkoordinate s angekommenen Elektronen dar. Wie HARDER hervorhebt, bezieht sich jedoch die ursprüngliche Definition der vollständigen Diffusion [Bo 33] auf die Richtungsverteilung der aus einer Materieschicht wieder austretenden Elektronen; für diesen Fall stellt die Beziehung (11.4-2) das theoretische Ergebnis für die vollständige Diffusion dar (vgl. auch S. 157 oben).

An Hand von Gl. (11.4-9) wird weiterhin die Bedeutung der von BETHE, ROSE und SMITH durch Gl. (11.1-3), $\chi(s) = 1$, benutzten Bedingung für das Einsetzen der vollständigen Diffusion der Richtungen nach Durchlaufen eines Weges s verdeutlicht. Besagt doch die Bedingung $\chi(s) = 1$ das Durchlaufen genau einer Transportweglänge, was gemäß Gl. (11.4-9) dem Abklingen des $P_1(z)$ enthaltenden Summanden der Verteilungsfunktion auf den Bruchteil $1/e$ und dem Überwiegen des isotropen Anteils mit $P_0(z)$ entspricht.

BOTHE [Bo 49a] wertet Gl. (11.4-8a) im Hinblick auf die *Rückdiffusion* aus (s. § 11.44) und geht hierzu von der Überlegung aus, daß jedes rückdiffundierte Elektron eines senkrecht einfallenden Bündels irgendwann zum ersten Mal umgekehrt sein muß, also eine Gesamtablenkung um $\Theta \geqq \pi/2$ erfahren haben muß. Indem er *nur die ersten Umkehrpunkte* betrachtet und die Anfangsbedingung $F_3^* = 0$ für $\Theta = \pi/2$ stellt, wird ein Elektron als aus dem Bündel ausscheidend betrachtet, sobald $\Theta = \pi/2$ geworden ist. Die allgemeine Lösung der Diffusionsgleichung (11.4-8a) mit dieser Randbedingung, die im vorderen Halbraum die Anzahl pro Raumwinkeleinheit für diejenigen Elektronen darstellt, die durch die Diffusion noch keine Richtungsänderung von mehr als 90° erfahren haben, entspricht Gl. (11.4-9), wobei jedoch $n = 1, 3, 5, 7$ und $a_n = (2n + 1)/2\pi$ ist, da BOTHE

$$F_3^*(z, \chi = 0) = \frac{1}{2\pi} \{\delta(z - 1) - \delta(z + 1)\} \tag{11.4-12}$$

fordert, um F_3^* von vornherein zu einer ungeraden Funktion in $z = \cos \Theta$ zu machen. Der Normierungsfaktor ist so gewählt, daß

$$\int\limits_{\Theta < \pi/2} F_3^*(z, \chi = 0)\, \mathrm{d}\Omega = 1 \tag{11.4-13}$$

wird.

Die *Auswertungen* (vgl. § 11.44) zeigen, daß diese Berechnungsmethode stets wesentlich zu große Rückdiffusionskoeffizienten liefert. Wie HARDER [Ha 65a] dazu bemerkt, ist „die Ursache hierfür nicht im Prinzip des Diffusionsmodells, sondern in der von BOTHE benutzten Lösung der Diffusionsgleichung zu suchen. Diese Lösung entspricht wegen der ausschließlichen Benutzung der in $z = \cos\Theta$ *ungeraden* LEGENDRE-Polynome einem Diffusionsproblem, bei dem für $\chi = 0$ nicht nur eine Quelle von Richtungspunkten bei $z = 1$, sondern auch eine gleich starke Senke bei $z = -1$ vorhanden ist. Letztere ist dazu bestimmt, die ‚Wiederumkehr', d. h. die Rückkehr von Richtungspunkten in den vorderen Halbraum, zu kompensieren. Man sieht ohne weitere Rechnung ein, daß es wegen der gleichen Stärke der Senke im allgemeinen zu einer Überkompensation kommt und daß diese Lösung nur dann die tatsächlichen Verhältnisse richtig beschreibt, wenn die Wahrscheinlichkeiten für ‚Umkehr' und ‚Wiederumkehr' gleich groß sind, d. h. bei ‚vollständiger Diffusion'".

Berechnet man andererseits aus Gl. (11.4-9) die Zahl der aus dem vorderen Halbraum verschwindenden Richtungspunkte, so erhält man wegen $a_n = (2n+1)/4\pi$ genau die Hälfte des BOTHEschen Wertes (s. Gl. (11.4-9b)). (Die in z geraden LEGENDRE-Polynome liefern nämlich keinen Beitrag hierzu.) Dieser Wert ist im allgemeinen kleiner als die wirkliche Zahl der mindestens einmal ‚umgekehrten' Elektronen, da die Lösung nach Gl. (11.4-9) alle, also auch die in den vorderen Halbraum zurückgekehrten, Richtungspunkte enthält. Nur bei sehr schwachem Einfluß der ‚Wiederumkehr' liefert diese Berechnungsmethode die richtigen Werte (wegen der Störung des Diffusionsprozesses durch die Grenzfläche). Aus beiden Lösungen der Diffusionsgleichung (11.4-9), nach BOTHE und nach HARDER, erhält man also nur in zwei Grenzfällen genaue Auskunft über die Zahl der mindestens einmal umgekehrten Elektronen. Im allgemeinen liegt der richtige Wert zwischen diesen beiden Ergebnissen.

11.44 Auswertungen für die Rückdiffusion

Die BOTHEsche Lösung der Diffusionsgleichung (11.4-8a) für den Fall der Rückdiffusion liefert trotz der oben besprochenen Beschränkungen interessante Aufschlüsse über den Ablauf des Diffusionsprozesses mit steigender Eindringtiefe der Elektronen eines *senkrecht* auf einen Streuer einfallenden Bündels und vermag insbesondere die experimentell beobachteten *Energieverteilungen rückgestreuter Elektronen* qualitativ recht gut zu beschreiben. Es soll daher etwas ausführlicher auf die Überlegungen und Ergebnisse von BOTHE [Bo 49a] sowie vorliegende Auswertungen [Th 64b] eingegangen werden.

In Anlehnung an BOTHE findet man für die Wahrscheinlichkeit, daß ein Elektron in der Tiefe s, die einem festen Wert der Streufunktion $\chi(s)$ entspricht, in den Raumwinkel $\Omega_{\max}$ mit dem halben Öffnungswinkel $\Theta_{\max}$ läuft, also auch bei ausreichender Reichweite durch eine Folie der Dicke $t = s/\bar{L}$ transmittiert,

$$T[\chi(s), \Theta_{\max}] = 2\pi \int_0^{\Theta_{\max}} F_3^*(\cos\Theta; \chi) \sin\Theta \, d\Theta \,, \qquad (11.4\text{-}14)$$

wobei F_3^* die Lösung (11.4-9) mit $n = 1, 3, 5, 7 \ldots$ bedeutet.

Diese Transmissionswahrscheinlichkeit T für den Diffusionsprozeß ist der zur Transmission des Einzelstreu-Modells (Gl. 9.2-4) äquivalente Ausdruck. Für $\Theta_{\max} = \pi/2$ ergibt sich die Wahrscheinlichkeit dafür, daß ein Elektron in der Tiefe $t(\chi)$ in den vorderen Halbraum läuft (entsprechend Gl. (9.4-1)):

$$T\left(\chi, \frac{\pi}{2}\right) = \frac{3}{2} e^{-\chi} + \sum_{m=1}^{\infty} (-1)^m \frac{1 \cdot 3 \cdot 5 \cdots (2m-1)(4m+3)}{2^{m+1}(m+1)!} e^{-(2m+1)(m+1)\chi} \tag{11.4-15}$$

Die Wahrscheinlichkeit, daß ein Elektron vor Vollendung der Bahnstrecke s_u umkehrt, d. h. zu $\Theta \geqq \pi/2$ abgelenkt – also „rückgestreut" – wird, ist dann

$$P(\chi, \pi/2) = 1 - T(\chi, \pi/2) \,. \tag{11.4-16}$$

In der differentiellen Form

$$P' = \frac{\mathrm{d}P}{\mathrm{d}\chi} = -\frac{\mathrm{d}T}{\mathrm{d}\chi} = -T' = \frac{3}{2} e^{-\chi} + \frac{21}{4} e^{-6\chi} - \frac{165}{16} e^{-15\chi} + \cdots \tag{11.4-17}$$

stellt das die differentielle Tiefenverteilung der rückgestreuten (bzw. der transmittierten) Elektronen bezüglich der Funktion $\chi(s)$ dar, die für kleine Werte das Verhältnis s/s_D des tatsächlich durchlaufenen Weges zur Diffusionstiefe angibt (vgl. § 11.23). Die Funktionen P und P', deren Reihenentwicklungen

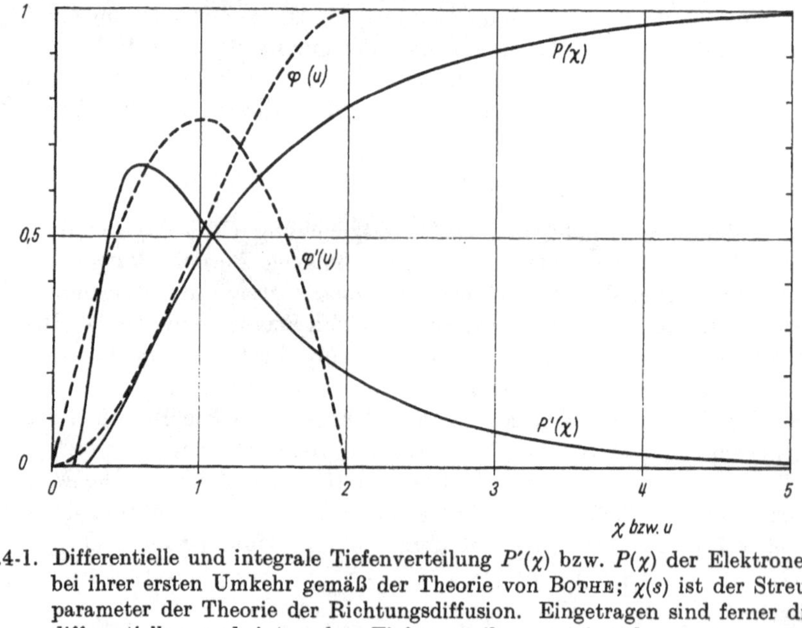

Abb. 11.4-1. Differentielle und integrale Tiefenverteilung $P'(\chi)$ bzw. $P(\chi)$ der Elektronen bei ihrer ersten Umkehr gemäß der Theorie von BOTHE; $\chi(s)$ ist der Streuparameter der Theorie der Richtungsdiffusion. Eingetragen sind ferner die differentiellen und integralen Tiefenverteilungen $\varphi'(u)$ bzw. $\varphi(u)$ gemäß Gl. (11.4-21), wie sie im kontinuierlichen Diffusionsmodell benutzt wurden. $u = s/s_D$ ist die auf die Diffusionstiefe s_D bezogene Weglänge; für kleine Wege ist etwa $u = \chi$

außer für sehr kleine Werte von χ sehr rasch konvergieren, sind in Abb. 11.4-1 aufgetragen.

Die eigentliche *Tiefenverteilung der Umkehrelektronen* lautet in der niederenergetischen Näherung B (Tab. E, Anhang) wegen $\chi(t) = A \ln \frac{1}{1-t}$ (vgl. § 11.22) mit $A^* = A/r_1 \approx 7/Z$ und $t = s/\bar{L}$:

$$\frac{\mathrm{d}P}{\mathrm{d}t} = \frac{\mathrm{d}P}{\mathrm{d}\chi} \cdot \frac{\mathrm{d}\chi}{\mathrm{d}t} = \frac{3}{2}(1-t)^{A^*} + \frac{21}{4}(1-t)^{6A^*} - \frac{165}{16}(1-t)^{15A^*} + \ldots \tag{11.4-17a}$$

Sie stimmt für kleine χ-Werte wegen $\chi = A^* t = t/t_D$ mit dem Verlauf von $P'(\chi)$ überein. Man erkennt die bereits in § 11.13 erwähnte Tatsache, daß die differentielle Tiefenverteilung der Umkehrelektronen eine *schiefsymmetrische Funktion* ist. Die Rückdiffusion setzt wegen der allmählichen Auffächerung des Elektronenbündels erst für $\chi(s) = s/s_D = 0{,}2$ merklich ein ($P' = 1\%$), durchläuft für $\chi = 0{,}6$ (d. h. $s = 0{,}6\, s_D$) – also unterhalb der Tiefe der ‚vollständigen' Diffusion – ihr Maximum und liefert auch weit oberhalb von s_D noch merkliche Beiträge zur Rückdiffusion $\left(P'(\chi = 5) \approx 1\%\right)$, was mit den experimentellen Befunden in Einklang steht (vgl. [Fr 59]).

Da auf Grund des zugrunde liegenden kontinuierlichen Bremsmodelles alle Elektronen nach Durchlaufen der Wegstrecke t die gleiche ‚Umkehrenergie' E_u aufweisen, stellt Gl. (11.4-17) bzw. Gl. (11.4-17a) nach Einführung von $k_u = E_u/E_0 = (1-t)^{1/r_1}$ zugleich die *Umkehrenergieverteilung*, d. h. die Wahrscheinlichkeit dafür dar, daß ein Elektron bei seiner ersten Umkehr eine Energie zwischen $k_u E_0$ und $(k_u + \mathrm{d}k_u) E_0$ hat; es ergibt sich

$$\begin{aligned} F'(k_u)\, \mathrm{d}k_u &= \frac{\mathrm{d}P}{\mathrm{d}\chi} \frac{\mathrm{d}\chi}{\mathrm{d}t} \frac{\mathrm{d}t}{\mathrm{d}k_u} \mathrm{d}k_u = \\ &= \left(\frac{3}{2} k_u^A + \frac{21}{6} k_u^{6A} - \frac{165}{16} k_u^{15A}\right) \frac{A}{k_u} \mathrm{d}k_u\,, \end{aligned} \tag{11.4-18}$$

wo die spezifische Stoßzahl A als einziger Parameter auftritt (vgl. § 7.4). Durch Integration kann daraus ein Rückdiffusionskoeffizient erhalten werden, der alle nach Durchlaufen der Bahnlänge s_u umkehrenden Elektronen, bezogen auf die Zahl der Primärelektronen, angibt, aber aus besagten Gründen wesentlich zu groß ausfällt.

Alle mit der Energie E_u umkehrenden Elektronen haben die gleiche Wegstrecke im Target zurückgelegt. Das bedeutet allerdings wegen der Statistik des Ausbreitungsprozesses nicht, daß sie auch alle in der gleichen, senkrecht zur Einfallsrichtung gemessenen Tiefe im Target umkehren; über diese *Eindringtiefenverteilung* vermag aus dem BOTHEschen Ansatz heraus jedoch keine Aussage getroffen werden. Wenn man aber aus s_u mit Hilfe des Streuumwegfaktors U_2 (s. Gl. (11.3-6), vgl. § 11.52) eine mittlere Eindringtiefe $\bar{x}_u$ berechnet, ergibt sich die im Mittel gültige Aussage, daß alle Elektronen gleicher Umkehrenergie E_u (bzw. gleicher Austrittsenergie E_a, s. u.) aus der gleichen mittleren Eindringtiefe x_u rückläufig werden (‚eindimensionale' Betrachtungsweise, s. § 11.13);

die Angabe einer Energieverteilung ist deshalb nur für einen sättigungsdicken Streuer sinnvoll.

BOTHE trifft daher, um dem Fall der Rückstreuung näher zu kommen, ausgehend von der Umkehrenergieverteilung (11.4-18), „die folgende und einigermaßen sinnvolle Annahme, daß ein einmal umgekehrtes Teilchen bei ausreichender Energie wieder durch die Grenzfläche austritt und dabei nochmals denselben Betrag an Reichweite verliert, den es schon bis zu seiner Umkehr verloren hat", also

$$\bar{L}(E_0) - \bar{L}(E_u) = \bar{L}(E_u) - \bar{L}(E_a) , \qquad (11.4\text{-}19)$$

wenn unter $\bar{L}(E_0)$, $\bar{L}(E_u)$ und $\bar{L}(E_a)$ die mittleren (Rest)-Bahnlängen (mittleren „wahren Reichweiten") der primären, der umkehrenden bzw. der austretenden Elektronen verstanden werden.

Auswertungen mit den von BOTHE benutzten *quadratischen Näherungen* für $\lambda_T(E)$ und $\bar{L}(E)$ nach dem THOMSON-WHIDDINGTON-Gesetz sowie auch mit genaueren empirischen Näherungen für diese Parameter (§ 8.33) zeigen [Th 62] [Th 64b], daß die Lage und Breite der Maxima der Rückdiffusionsspektren die richtige Tendenz mit Veränderung der Primärenergie und der Kernladungszahl des Streuers aufweisen, jedoch eine befriedigende Übereinstimmung mit experimentellen Rückstreu-Energieverteilungen nur für große E_0 und kleine Z erhalten wird, für die der Einfluß von Einzel- und Mehrfachstreuung sowie des Stragglings und der wiederholten Umkehr gering bleibt. Mit steigendem Z und abnehmendem E_0 werden die Peaks zu schmal und die wahrscheinlichsten Energieverluste zu klein. Die Rückdiffusionskoeffizienten sind wesentlich zu groß $\left(P_s(\mathrm{Al}) = 0{,}75,\ P_s = 1 \text{ für etwa } Z > 30\right)$.

Die Ursachen liegen in den z. T. erheblichen *Vernachlässigungen der BOTHEschen Berechnungsmethode* (vgl. auch obige Diskussion von HARDER bezüglich der von BOTHE gewählten Randbedingungen):

1. Es werden nur die *ersten* Umkehrpunkte der Elektronen betrachtet. Das führt zu einer Überbewertung der Rückdiffusion. Nachträgliche Korrekturen auf eine zweite Umkehr haben starken Einfluß auf Lage und Form der Spektren und erweisen sich als nicht ausreichend [Th 62] [Th 64b]. Bei der Berechnung von Rückdiffusionskoeffizienten kann der Einfluß der wiederholten Umkehr auf die rücklaufenden Elektronen durch Einführung eines empirischen Transmissionsgesetzes berücksichtigt werden [Th 67] [Th 70a] (s. § 11.45).

2. Die Elektronen werden bereits als rückläufig betrachtet, wenn sie erst einen Ablenkwinkel von 90° erreicht haben. Tatsächlich werden sie aber zunächst mehr oder weniger lange Wege ‚parallel' zur Oberfläche durchlaufen müssen, bevor eine weitere Ablenkung — zur Oberfläche hin oder von dieser weg — erfolgt. Man kann versuchen, diesen Mangel dadurch zu beheben, daß man sich die zu 90° abgelenkten Elektronen weiterhin einem Vielfachstreuprozeß unterworfen denkt und den Zusammenhang zwischen durchlaufener Weg-

strecke x (gemessen von der Diffusions‚tiefe' s_D ab) und dem resultierenden Ablenkwinkel $\alpha(x)$ (gemessen gegen eine zur Oberfläche parallele Ebene in der Umkehrtiefe x_D, die mittels eines Umwegfaktors aus s_D ermittelt werden kann) gemäß Gl. (11.1-1) herstellt:

$$1 - \overline{\cos\alpha(x)} = 1 - e^{-\chi(x)} .$$

Für kleine Ablenkungen folgt

$$\frac{\alpha^2}{2} = \chi(x) = \frac{x}{\lambda_T} ,$$

also

$$\alpha(x) = 2\, x/\lambda_T .$$

Wertet man die BOTHEsche Lösung für die Umkehrverteilung mit einer Rücklaufbedingung aus, die diesen Zusammenhang berücksichtigt, so erhält man [Th 64c] Rückdiffusionsspektren und -koeffizienten in Abhängigkeit vom Austrittswinkel α der Elektronen (gemessen gegen die Targetoberfläche), die qualitativ die richtige Tendenz mit Veränderung von E_0, Z und α aufweisen. Besonders für große Z treten allerdings — entsprechend der prinzipiellen Mängel der BOTHEschen Lösung — wesentlich zu große Rückdiffusionskoeffizienten auf, wenn nicht die weiteren, im folgenden diskutierten Korrekturen (z. B. auf wiederholte Umkehr) angebracht werden.

3. Es wurde vorausgesetzt, daß alle in einer bestimmten Tiefe umgekehrten Elektronen auf dem Rückweg den gleichen Betrag an Reichweite verlieren, wie schon beim Eindringprozeß, d. h., Hin- und Rückwege werden als gleich lang angenommen. Hier sind Verbesserungen in zweierlei Hinsicht denkbar:

   a) Die in einer bestimmten Umkehrtiefe zu 90° gestreuten Elektronen werden nicht wie bei BOTHE als rücklaufend angenommen, sondern es wird ihnen eine isotrope Richtungsausbreitung zugeschrieben und nach dem Muster des Punktquellen-Diffusionsmodells (bzw. des Einzelstreu-Modells, vgl. §11.12) eine Austrittswinkelbedingung gestellt, die die endliche Reichweite dieser Elektronen berücksichtigt. Eine solche Konzeption eines Diffusionsmodells mit kontinuierlich verteilter Diffusionstiefe (*kontinuierliches Diffusionsmodell*) wird im folgenden Abschnitt besprochen.

   b) Senkrecht einfallende Elektronen, die nach Durchlaufen der Bahnlänge s_u zur Richtungs‚umkehr' gelangen, haben erst eine mittlere Eindringtiefe $\bar{x}_u(s)$ erreicht, was durch einen Streuumwegfaktor berücksichtigt werden sollte.

11.45 Diffusionsmodell mit kontinuierlicher Diffusionstiefenverteilung

Es soll eine *Modifikation der* BOTHE-*Theorie* vorgenommen werden, bei der angenommen wird, daß die Elektronen in der jeweiligen ‚Umkehr'tiefe in eine richtungsisotrope Ausbreitung übergehen, daß sich also längs der Einfallsachse in sehr dichter Folge *isotrope Punktquellen* befinden, deren Quellstärken sich mit der Tiefe wie die Umkehrtiefenverteilung ändern, und daß auch ihre Gesamtemission gleich der Einheitsquellstärke ist. Zum rückwärtigen Austritt mögen nur Elektronen gelangen, die unter einem solchen Winkel gegen die Targetoberfläche laufen, daß der Gesamtweg im Target nicht größer als ihre mittlere Bahnlänge $\bar{L}$ wird. Es soll also anstelle der BOTHEschen Bedingung gleicher Hin- und Rückwege die schon früher benutzte *Austrittswinkelbedingung* (9.5-2),

$$-\cos \Theta_{\text{krit}} = \frac{1}{1-t} \tag{11.4-20}$$

(mit $t = s/\bar{L}$) in die Umkehrtiefenverteilung (11.4-17) eingeführt werden, die dann als zusätzlichen Parameter den ‚Streuwinkel' Θ enthält. Die aus der Umkehrtiefe rückkehrenden und austretenden Elektronen haben jetzt eine vom Θ abhängige Austrittsenergie. Um die Austrittsenergieverteilung zu erhalten, müßte bei konstant gehaltenem Gesamtweg (kontinuierliches Bremsmodell!) über alle gemäß der Austrittswinkelbedingung zulässigen Tiefen integriert werden. Einen tiefenabhängigen Rückdiffusionskoeffizienten erhielte man durch eine Winkelintegration bei fester Umkehrtiefe von Θ_{krit} bis π. Eine anschließende Summation über alle Tiefen ergäbe den Sättigungsrückdiffusionskoeffizienten.

Um die weiteren Rechnungen weitgehend zu vereinfachen, wird nun anstelle der BOTHEschen *Verteilungsfunktion* $P'(\chi)$ eine elementare, leicht integrable, symmetrische Funktion

$$\varphi'(u) = \frac{3}{4}(2u - u^2) \tag{11.4-21}$$

mit der Normierung

$$\int_0^{2\pi} \varphi'(u)\,du = 1 \tag{11.4-21a}$$

und

$$u = s/s_D = t/t_D \approx \chi(s)$$

benutzt, deren Eigenschaften sich in den folgenden Punkten von $P'(\chi)$ unterscheiden (vgl. Abb. 11.4-1):

- Die Diffusion setzt gemäß $\varphi'(u)$ bereits ab $t = 0$ ein, während $P'(\chi)$ erst oberhalb von etwa $\chi = 0{,}2$ merkliche Werte annimmt. Es werden daher sowohl für kleinste Dicken und kleinste Kernladungszahlen Rückdiffusionsbeiträge erhalten, was mit experimentellen Befunden insbesondere für kleine Primärenergien besser in Einklang steht.
- $\varphi'(u)$ weist einen steileren Anstieg bei kleinen Tiefen auf als $P'(\chi)$. Trotzdem wird das zögernde Einsetzen des Diffusionsprozesses — wie es in den experimentellen Rückstreu-Energieverteilungen und dickenabhängigen Rückstreukoeffizienten insbesondere bei größeren Energien und kleinen Z, wo kaum

Einzelstreuung überlagert ist, zum Ausdruck kommt (vgl. z. B. Abb. 4.3) — recht gut wiedergegeben.

— Das Maximum der Verteilung $\varphi'(u)$ liegt in der Tiefe der vollständigen Diffusion t_D anstatt bei etwa $t = 0{,}6\, t_D$. Diese Verlagerung zu größeren Tiefen ist durchaus wünschenswert, wird doch damit der Einfluß einer wiederholten Umkehr der Elektronen im Target in gewisser Weise erfaßt.

— Der Abfall von $\varphi'(u)$ bei größeren Dicken erfolgt schneller als bei $P'(\chi)$. Bereits in der doppelten Diffusionstiefe $2\, t_D$ ist $\varphi'(u) = 0$. Damit wird die Entstehung von etwa 20% der Diffusionselektronen in geringere Tiefen verlagert, als es die Lösung von Bothe angibt. Das scheint aber in Hinsicht auf das Straggling gerechtfertigt zu sein, dessen Berücksichtigung gemäß den Monte-Carlo-Rechnungen von Berger (§ 12.32) zu einer Verminderung der Beiträge großer Tiefen führt. In die gleiche Richtung wirkt die Austrittswinkelbedingung bei der Rückdiffusion.

Die Einführung einer Austrittswinkelbedingung in die Botheсche Theorie kann auch als Modifikation des Archardschen Punktquellen-Diffusionsmodelles aufgefaßt werden, indem man statt mit einer festen Diffusionstiefe (bei s_D) mit einer kontinuierlichen Diffusionstiefenverteilung rechnet. Es können daher — in voller Analogie zu den Betrachtungen in § 11.12 — jetzt allerdings dickenabhängige Rückstreuspektren und Rückdiffusionskoeffizienten abgeleitet werden. Eine Anwendung auf den Transmissionsfall ist ebenfalls möglich.

Für die *Rückdiffusion* sollen zunächst die austrittswinkelabhängigen *Rückdiffusionsspektren* für senkrechten Einfall berechnet werden; man erhält diese direkt aus $\varphi'(u)$ nach Gl. (11.4-21), indem man in $u = t/t_D$ statt $t = s/\bar{L}$ die relative Austrittsenergie $k = E/E_0$ gemäß einer Energie-Bahnlänge-Beziehung einführt und dabei die austrittswinkelabhängige Länge des Rückweges beachtet. Für nicht zu große Primärenergien ($E_0 < 1$ MeV) ist dieser Zusammenhang (nach Näherung B, Tab. E) durch

$$k = \frac{E}{E_0} = \left(1 - \frac{t}{t_{\max}}\right)^{1/r_1} = \left[1 - t\left(1 + \frac{1}{\cos\alpha}\right)\right]^{1/r_1} \qquad (11.4\text{-}22)$$

gegeben, wenn man die maximale Eindringtiefe $t_{\max}$, für die die Austrittsenergie $E_a = 0$ wird, analog zu Gl. (9.5-3) durch

$$t_{\max} = \frac{\cos\alpha}{1 + \cos\alpha}$$

ausdrückt bzw.

$$\cos\alpha = \frac{t_{\max}}{1 - t_{\max}}$$

einsetzt. Die Ergebnisse der Auswertungen für zwei Umlenkwinkel $\Theta = 135°$ und 180° zeigt für einige Elemente Abb. 11.4-2a. Da wiederum die wiederholte Umkehr unbeachtet bleibt, ist die Übereinstimmung mit experimentellen Rückstreu-Energieverteilungen (Abb. 11.4-2b,c) nicht wesentlich besser als bei

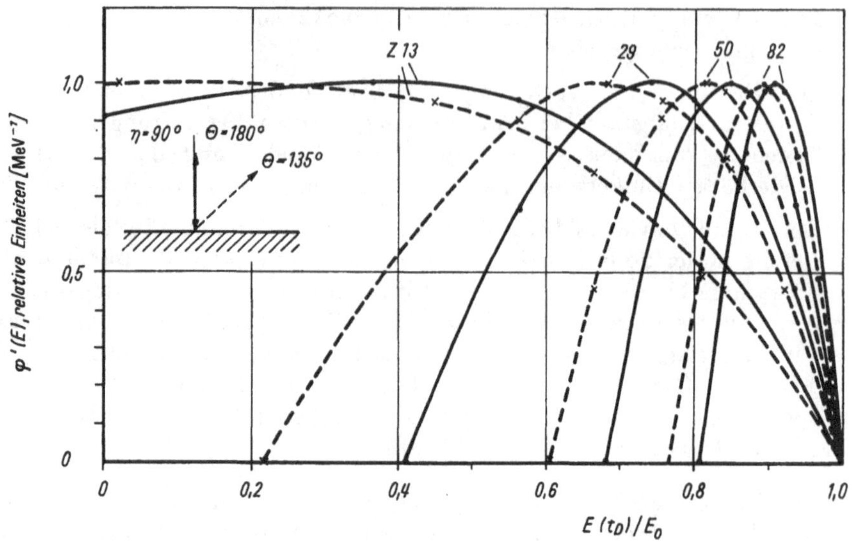

Abb. 11.4-2 a. Energieverteilungen nach Rückstreuung an sättigungsdicken Schichten be senkrechtem Einfall: Nach dem kontinuierlichen Diffusionsmodell (in Nähe rung B, d. h. mit $r_1 = 1{,}6$ sowie mit $t_D = s_D/\bar{L}^{\infty} = 0{,}07$; $0{,}11$; $0{,}19$ und $0{,}38$ für Pb, Sn, Cu bzw. Al) berechnete und auf gleiche Maximumhöhe normierte Rückstreuspektren für zwei Austrittswinkel α (90° und 45°, d. h. für Ablenkwinkel von $\Theta = 180°$ und $\Theta = 135°$); gültig für Primärenergien etwa im Bereich von 0,1 bis 1 MeV [Th 70a]

Benutzung der Botheschen Rücklaufbedingung (vgl. [Th 64b]); insbesondere fehlt deshalb auch hier der niederenergetische Ausläufer. Das wird durch numerische Auswertungen der Fokker-Planck-Gleichung [Br 66] bestätigt. Die für senkrecht auf sättigungsdicke Al-, Cu- und Pb-Streuer einfallende und in den Halbraum 2π rückgestreute 29-keV-Elektronen berechneten Energieverteilungen liefern ebenfalls um etwa einen Faktor 2 größere wahrscheinlichste Energieverluste, als sie die experimentellen Verteilungen entsprechender Energie ([Ku 54a]: 30 keV; Al, Cu, Pt) aufweisen; die niederenergetischen Flanken der gemessenen Verteilungen werden dagegen recht gut wiedergegeben.

Im Gegensatz zur Erfahrung steht das Ergebnis dieses Diffusionsmodells, daß der wahrscheinlichste Energieverlust (für alle Z) ansteigt, wenn man zu kleineren Streuwinkeln Θ (180° → 135°) übergeht (s. Abb. 11.4-2a); hier fehlt die echte Kopplung zwischen Eindringtiefe und Austrittswinkel, die wohl nur eine Vielfachstreu-Theorie zu liefern vermag, die die wiederholte Umkehr berücksichtigt.

Auch bei der Berechnung des *Rückdiffusionskoeffizienten* $P(t)$ für senkrechten Einfall des Primärbündels sollen zunächst Prozesse wiederholter Umkehr sowie die Umwege infolge Streuung außer acht gelassen werden. Der Beitrag

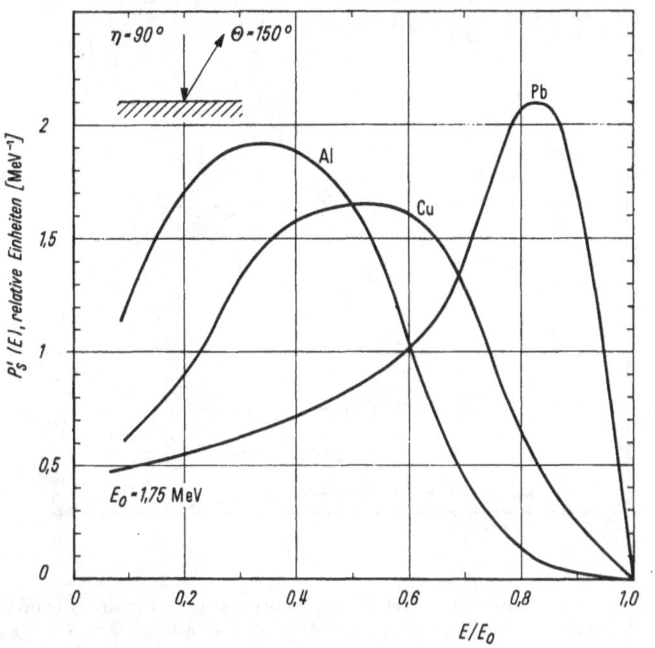

Abb. 11.4-2b. Experimentelle Rückstreu-Energieverteilungen (nach [Fr 59]) für $E_0 = 1{,}75$ MeV bei $\eta = 90$ und $\Theta = 150°$ in einer Normierung, in der das Integral über die Kurven jeweils gleich 1 ist. Wegen der höheren Energie sind die wahrscheinlichsten Energieverluste größer als berechnet

eines differentiellen Schichtelementes $\mathrm{d}t$ in der Tiefe $t = s/\bar{L}$ zu $P(t)$ ist gemäß den Überlegungen zum Punktquellen-Diffusionsmodell (§ 11.12) durch

$$\mathrm{d}P(t) = \frac{1}{2}\,\frac{1-2t}{1-t}\,\varphi'(t)\,\mathrm{d}t \tag{11.4-23}$$

gegeben. Den Rückdiffusionskoeffizienten für einen Streuer der Dicke t erhält man durch Integration über die Tiefe von 0 bis t:

$$P(t) = \frac{3}{8\,t_D}\left\{(1-2\,t_D)\left(\left|\ln\frac{1}{1-t}\right| - t - t^2\right) + \frac{t^2}{2}\left(1 - \frac{4}{3}\,t\right)\right\}; \tag{11.4-24}$$

dieser weist die angestrebte Dickenabhängigkeit auf und liefert auch für sehr kleine $Z\,(>0)$ endliche Werte (vgl. Abb. 11.4-3a). Die Sättigungswerte der Rückdiffusionskoeffizienten fallen bereits bei dieser Darstellung als Funktion der durchlaufenen relativen Bahnlänge bedeutend kleiner aus als nach der Theorie von Archard. Für sehr kleine t_D erhält man, wie zu fordern:

$$P\,(t = t_D \ll 1) = \frac{1}{4}\left(1 - \frac{5}{8}\,t_D\right) \approx \frac{1}{4}\,,$$

$$P\,(t = 2\,t_D \ll 1) = \frac{1}{2}(1 - t_D) \approx \frac{1}{2}\,.$$

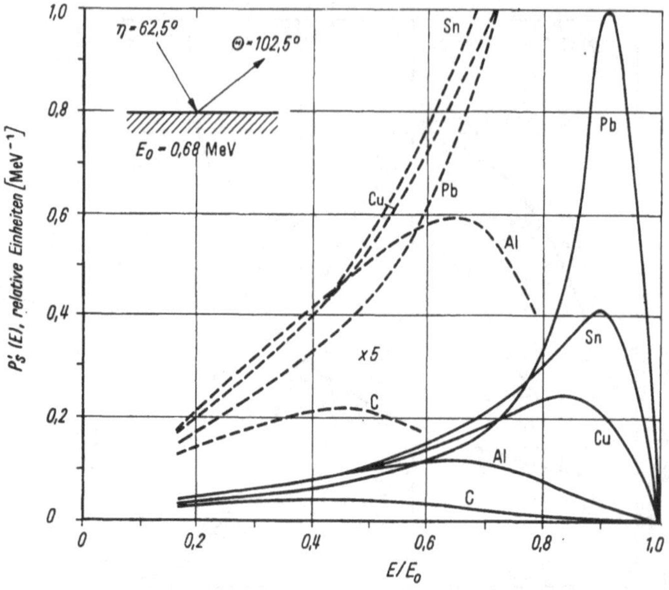

Abb. 11.4-2c. Experimentelle Rückstreu-Energieverteilungen (nach [Bo 49b]) für $E_0 = 0{,}68$ MeV bei $\eta = 62{,}5° \pm 7{,}5°$ und $\alpha = 40° \pm 15°$ (d. h. $\Theta = 102{,}5°$), normiert auf die Peakhöhe des Pb-Spektrogramms. Wegen des geringeren Umlenkwinkels sind die wahrscheinlichsten Energieverluste kleiner als berechnet

Der Einfluß wiederholter Umkehrprozesse sowie die damit verbundene wahre Absorption lassen sich wieder näherungsweise durch die Einführung experimenteller Transmissionsbeziehungen berücksichtigen. Die ‚Schwächung' eines aus der (relativen, wahren) Umkehrtiefe t zurücklaufenden divergenten Bündels von Diffusionselektronen wird etwa auf die gleiche Weise erfolgen wie die Schwächung von transmittierenden Elektronen von der ‚Tiefe der vollständigen Diffusion' an. Man kann daher versuchen, diesen Einfluß dadurch zu berücksichtigen, daß man *empirische* Werte für *Transmissionskoeffizienten* auf eine Absorberschicht der Dicke x hinter der (praktischen!) Diffusionstiefe x_D anwendet. Zur Auswertung wurde der Näherungsausdruck

$$T(w, Z) = 1 - b(Z)\, w^{c(Z)} \tag{11.4-25}$$

mit

$$b(Z) = 1{,}6 + 0{,}03\, Z$$

und

$$c(Z) = 4{,}2 \cdot Z^{-1/3}$$

herangezogen [Th 67], der die experimentellen Transmissionskurven von Seliger [Se 55], die in der Auftragung über $w = x/L$ im Bereich von 0,1 bis 1 MeV nahezu energieunabhängig sind, für $T \gtrsim 0{,}2$ recht gut beschreibt; speziell für Al und Au gilt:

$$T\,(\mathrm{Al}) = 1 - 2{,}5\, w^2 \tag{11.4-25a}$$

und

$$T\,(\mathrm{Au}) = 1 - 4\,w\,. \tag{11.4-25b}$$

Mit diesem Ausdruck erhält man für die Transmission durch eine Schicht der Dicke w hinter der Diffusionstiefe $w_D = x_D/\bar{L}$

$$T^*(w) = \frac{T\,(w + w_D)}{T(w_D)} = \frac{1 - b(Z)\,(w + w_D)^{c(Z)}}{1 - b(Z)\,w_D{}^{c(Z)}}\,, \tag{11.4-26}$$

wenn man gleich so normiert, daß $T^* = 1$ für $w = 0$ wird. Die auf die mittlere Bahnlänge $\bar{L}$ bezogene Foliendicke x kann aus der relativen Weglänge $t = s/\bar{L}$ über einen dickenabhängigen Umwegfaktor (z. B. Gl. (11.5-3d)) berechnet werden.

Die Anwendung dieses Transmissionsmodells bedeutet allerdings im Rückstreufall die Vernachlässigung der wahren Absorption bezüglich des einfallenden Bündels auf dem Wege bis zur Umkehrtiefe, ergibt also zu große Rückdiffusionskoeffizienten; andererseits wird aber auch die wiederholte Umkehr nicht vollständig erfaßt, weil die im Transmissionsmodell auftretende Abkehr von Elektronen aus der Richtung des Primärstrahles bei Dicken $< w_D$ durch Elektronen, die aus Tiefen $> w_D$ wieder in die Anfangsrichtung gestreut werden, z. T. wieder ausgeglichen wird, was im Rückstreufall wegen Störung der Elektronenbilanz durch die Grenzfläche nicht der Fall sein kann.

Die Integration ist wieder elementar ausführbar und ergibt

$$P(w) = \frac{1}{T(w_D)} \int\limits_0^w T^*(w)\,\varphi'(w)\,\mathrm{d}w\,,$$

also

$$P\left(\frac{y}{y_D}\right) = \frac{3}{8}\,\frac{1}{T(w_D)}\left\{v^2\left(1 - \frac{v}{3}\right) + 2\,[1 - T(w_D)]\,\frac{c+4}{(c+1)\,(c+2)\,(c+3)}\right.$$
$$\left.\times\left[\{(v+1)^{c+1}\}\left\{1 - (c+1)\,v + \frac{1}{2}\,\frac{(c+2)\,(c+2)}{c+3}\,v^2\right\} - 1\right]\right\} \tag{11.4-27}$$

mit $T(w_D)$ nach Gl. (11.4-25) und $v = x/x_D = w/w_D = y/y_D$. Diese Funktion ist in Abb. 11.4-3b in Abhängigkeit von $y = v \cdot y_D$ dargestellt; sie gibt das typische Verhalten der experimentellen Kurven (s. Abb. 4-3) wieder.

Die benutzte Näherung von T beschreibt allerdings nicht den intensitätsarmen Ausläufer der Transmissionskurve bis zur maximalen Reichweite, sondern es wird $T = 0$ für Dicken w, die sogar etwas kleiner als R_{ex} sind. Infolgedessen kann für $Z \lesseqgtr 30$ die Integration nicht bis $w' = x/R_{\mathrm{ex}} = 1/2$ ausgeführt werden, so daß keine echten Sättigungs-Rückdiffusionskoeffizienten angebbar sind; jedoch ist der dadurch verursachte Fehler relativ gering, weil davon nur die aus großen Tiefen kommenden, intensitätsarmen Diffusionsanteile, die einer starken Absorption unterworfen sind, betroffen werden (s. Abb. 11.4-3b).

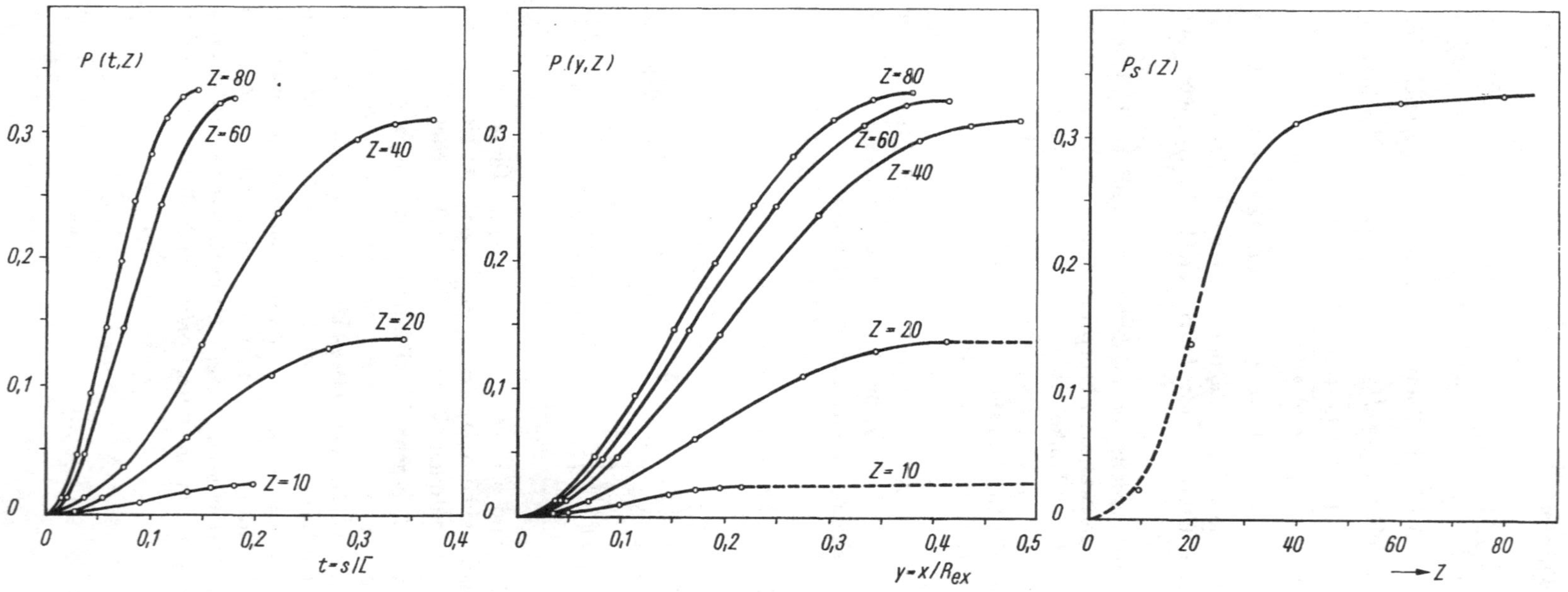

a) b) c)

Abb. 11.4-3. Ergebnisse des kontinuierlichen Diffusionsmodells für die Elektronenrückstreuung (Primärenergie etwa 0,5 MeV) [Th 70a].

a) Rückdiffusionskoeffizient $P(t, Z)$ als Funktion der ‚wahren' Umkehrtiefe $t = s/\bar{L}$ (nach Gl. (11.4-24)),
b) Rückdiffusionskoeffizient $P(y, Z)$ in Abhängigkeit von der Eindringtiefe (Foliendicke) $y = x/R_{ex}$ (nach Gl. (11.4-27)),
c) Rückdiffusionskoeffizient für sättigungsdicke Streuer $P_s(Z)$

Die Ergebnisse dieser Korrekturen für den Sättigungsfall sind in Abb. 11.4-3c dargestellt; die Übereinstimmung mit auf andere Weise berechneten Diffusionskoeffizienten (nach [Th 67]; Abb. 12.2-1) ist überraschend gut, obwohl eine völlig andere Integration durchgeführt wurde. Jetzt können aber auch Rückdiffusionskoeffizienten für sehr kleine Z angegeben werden. Die Rückdiffusionskoeffizienten sind kleiner als die experimentellen Werte, so daß sich die Beiträge von Einzel- und Mehrfachstreuung zwangslos ergänzen lassen (vgl. § 12.22).

Nunmehr könnten auch Rückstreuspektren — analog der Betrachtungsweise von Bothe [Bo 49a] — aus der Umkehrtiefe abgeleitet werden; davon soll hier jedoch abgesehen werden. Es sei lediglich hervorgehoben, daß in diesem Modell durch geeignete Wahl der Verteilungsfunktion φ' prinzipiell die experimentellen Rückstreuspektren beliebig genau angenähert werden können; die hier benutzte Näherung für φ' liefert — in voller Analogie zur Bothe-Theorie (vgl. [Th 64b]) — Maxima in den Rückstreuspektren bei Energien, wie sie aus der Diffusionstiefe t_D kommenden Elektronen entsprechen.

Die *Transmission T* eines senkrecht auf eine Folie der Dicke t einfallenden Bündels ($\Omega_{\text{Det}} = 2\pi$) kann im kontinuierlichen Diffusionsmodell in voller Analogie zum Rückstreufall behandelt werden. Den Elektronen werden wiederum sowohl vor als auch nach der (kontinuierlich gemäß $\varphi'(t, t_D)$ von $t = 0$ bis $t = 2\,t_D$ verteilten) Diffusionstiefe geradlinige Wege zugeschrieben. Ein Elektron wird jedoch nur dann transmittieren können, wenn es weder zurückgestreut, noch in der Folie absorbiert wird; d. h., es existiert wegen der begrenzten Reichweite der Elektronen für jede Auslösetiefe t' ein größter zulässiger Ablenkwinkel $\Theta_{\max} \leqq 90°$, für den gilt:

$$\cos \Theta_{\max} = \frac{t - t'}{1 - t'}\,. \tag{11.4-28}$$

(Für die Bahnlänge $t = 1$ wird $\cos \Theta_{\max} = 1$, also $\Theta_{\max} = 0$; für $t = t'$ wird $\cos \Theta_{\max} = 0$, also $\Theta_{\max} = 90°$.) Die Transmission kann damit in der allgemeinen Form

$$T(t) = 1 - \int_0^{t^*} [1 - h(t', t)]\, \varphi'(t', t_D)\, \mathrm{d}t \tag{11.4-29}$$

$$= 1 - \int_0^{t^*} \varphi'\, \mathrm{d}t' + \int_0^{t^*} \varphi' \cdot \mathrm{h}\, \mathrm{d}t$$

dargestellt werden, worin

$$h(t', t) = \frac{1}{2}(1 - \cos \Theta_{\max}) = \frac{1}{2}\,\frac{1 - t}{1 - t'} \tag{11.4-30}$$

der Raumwinkel ist, innerhalb dessen noch Transmission erfolgen kann. Das Ergebnis der Integration läßt sich übersichtlich in der Form

$$T(t) = 1 - B(t^*, t_D) + A(t^*, t_D) \cdot (1 - t) \tag{11.4-31}$$

mit

$$B = \frac{3}{4}\left(\frac{t^*}{t_D^3}\right)^2 \left(1 - \frac{1}{3}\frac{t^*}{t_D}\right),$$

$$A = \frac{3}{8\,t_D{}^3}\left[(1 - 2\,t_D)\,(t^* + \ln|1 - t^*|) + \frac{t^{*2}}{2}\right]$$

schreiben, wobei

$$t^* = t \qquad \text{für} \quad t \leqq 2\,t_D$$

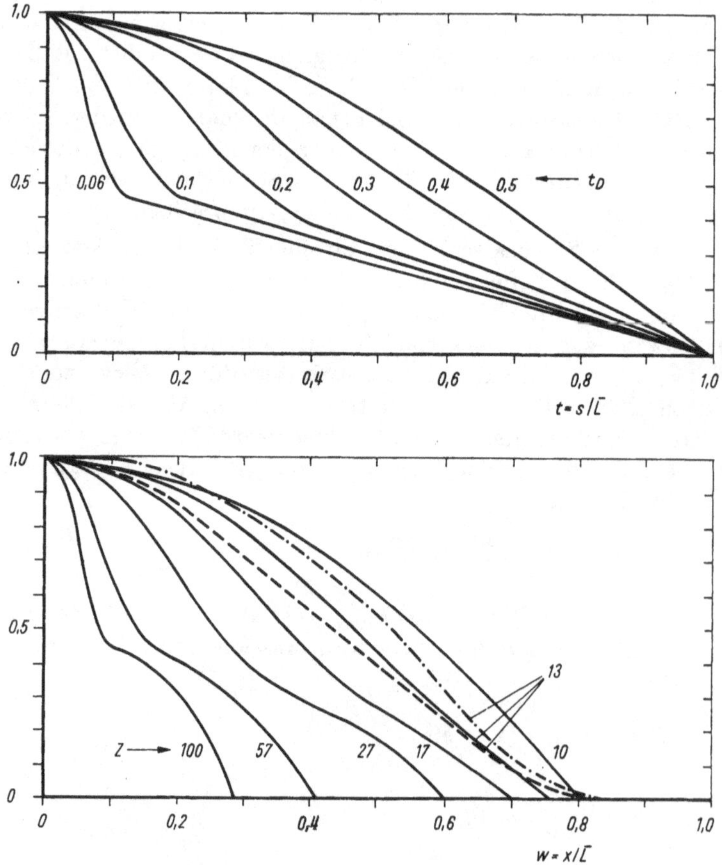

Abb. 11.4-4. Ergebnisse des kontinuierlichen Diffusionsmodells für die Transmission (Primärenergie 0,1 bis 1 MeV) [Th 70a].

a) Transmissionskoeffizient $T(t, t_D)$ als Funktion der durchlaufenen relativen Weglänge $t = s/\bar{L}$ (Parameter: Diffusionstiefe $t_D = s_D/\bar{L}$),

b) Transmissionskoeffizient $T(w, Z)$ in Abhängigkeit von der relativen Eindringtiefe $w = x/\bar{L}$ (Foliendicke x). Eingetragen sind Ergebnisse der Vielfachstreutheorie nach Abb. 10.4-2 für 100 keV (— — —) bzw. 150 keV (—·—·—) bei $\Theta_{\max} = 1{,}25$ rad ($\triangleq$ 72°)

bzw.

$$t^* = 2\,t_D \qquad \text{für} \quad t \geqq 2\,t_D$$

zu setzen ist; für Dicken $t > 2\,t_D$ erfolgt demnach in diesem Ansatz der Diffusionstiefenverteilung bis hin zu $t = 1$ ein linearer Abfall der Transmission, wenn man in Bahnlängen rechnet (Abb. 11.4-4a).

Die ‚praktischen' Transmissionskurven (mit Darstellung über $w = x/\bar{L}$ entsprechend SELIGER [Se 55]) wurden hier – statt durch Integration über φ' mit einem dickenabhängigen Umwegfaktor – nur näherungsweise durch direkte Umrechnung der relativen Bahnlängen t mit Hilfe eines dickenabhängigen Umwegfaktors (11.5-17) gewonnen. Das Ergebnis (Abb. 11.4-4b) zeigt die charakteristischen Züge der experimentellen Transmissionskurven: langsamer Abfall bei kleinen Dicken für kleine Z; steiler Abfall bei großen Z; Energieunabhängigkeit in der Darstellung über $w = x/\bar{L}$. Es wird eine nahezu quantitative Übereinstimmung mit den von SOMOGYI [So 65] (nur für Al) aus elastischen und inelastischen Vielfachstreu-Modellen abgeleiteten Transmissionskurven (vgl. § 10.4) erhalten, die ihrerseits ausgezeichnet mit den experimentellen Werten (z. B. aus [Be 63a] [Ca 53] für $\eta = 90°$, $\Omega_{\text{Det}}/2\,\pi = 0{,}7$, d. h. $\Theta_{\max} = 1{,}25$ rad $\triangleq 72°$) für 100 und 150 keV korrespondieren (s. Abb. 10.4-2). Solche Transmissionskurven für begrenzte Raumwinkel $\Omega_{\text{Det}} < 2\,\pi$ können übrigens für festes $\Theta_{\max}$ (also $h = \text{const}$) auch aus dem vorliegenden Ansatz leicht abgeleitet werden. Die insbesondere für große Z auftretenden ‚Unebenheiten' des Verlaufs der Transmissionskurven sowie das zu steile Ende bei der ‚Reichweite' liegt offenbar in der Vernachlässigung des Stragglingeinflusses begründet, wie z. B. die Monte-Carlo-Rechnungen zum Stragglingbeitrag zur Transmission zeigen (vgl. z. B. Abb. 12.3-4).

Weitere Verbesserungen dieses Modells sind leicht möglich. Beispielsweise könnten die Umwege der Elektronen bis zur Umkehrtiefe durch einen Streuumwegfaktor $s_D/\overline{x_D}$ berücksichtigt werden, was für kleine Z zu etwa 10 bis 15% größeren Rückdiffusionskoeffizienten führt.

Die Anwendung des kontinuierlichen Diffusionsmodells auf Probleme der Energieabsorption ist ebenfalls praktikabel.

11.46 Das Albedomodell von BOTHE

Eine Anwendung der Albedotheorie des Neutronentransports auf die Rückstreuung diffus auf einen ebenen Streuer einfallender Elektronen führt nach BOTHE [Bo 49a] [Ve 59] auf nur wenig zu große Rückdiffusionskoeffizienten sowie auf Rückdiffusionsspektren, die die niederenergetische Flanke experimenteller Verteilungen recht gut wiedergeben, aber *kein Maximum* aufweisen, sondern bis $E = E_0$ beständig ansteigen.

Dieses Modell könnte dadurch verbessert werden, daß man die Albedobetrachtung in die Tiefe der vollständigen Diffusion s_D verlegt. Dadurch würde der Annahme BOTHES Rechnung getragen, daß bereits die Winkelverteilung der einfallenden Elektronen stark verbreitert ist. Der wahrscheinlichste Energieverlust wäre dann von der Tiefe der vollständigen Diffusion abhängig und nicht – wie bei BOTHE – gleich Null [Ha 65a].

11.47 Diffusion von Positronen

Für gleiche Primärenergie und gleiche Kernladungszahl des Streumediums ergeben sich Werte des Rückdiffusionskoeffizienten P^+ von Positronen, die *niedriger* liegen als die Werte des Rückdiffusionskoeffizienten P^- von Elektronen, weil die Streuquerschnitte für Positronen kleiner (§ 7.14) und die Energieverluste größer (§ 8.12) sind als für Elektronen. Die Tiefen der vollständigen Diffusion haben infolgedessen für Positronen im Energiebereich von 0,1 bis 2 MeV bei Al zwischen 1 und 5% und bei Pb zwischen 24 und 39% *höhere* Werte als für Elektronen [Ro 54a]. Das Punktquellen-Diffusionsmodell ergibt daher $P^-/P^+ = 1{,}21$ für Al bzw. 1,06 für Pb bei $E_0 = 1$MeV; MILLER [Mi 51] findet durch Anwendung des Albedomodells $P^-/P^+ = 1{,}16$ unabhängig von Z. Die experimentellen Werte der Untersuchungen von SELIGER [Se 52] im Energiegebiet einiger 100 keV liefern $P^-/P^+ = 1{,}3$ ebenfalls unabhängig von Z.

11.5 Umwegfaktoren [Th 71]

Umwegfaktoren drücken das Verhältnis der (mittleren) Länge des von Partikeln – längs der durch Streuung verursachten Zick-Zack-Bahnen – durchlaufenen Weges s zu ihrer (mittleren) Eindringtiefe x in das Medium aus,

$$U(s) = \frac{s}{x}.$$

Umwegfaktoren sind abhängig von der Kernladungszahl des Absorbers, der Elektronenenergie und besonders auch von den geometrischen Bedingungen. Sie dienen zur Übertragung theoretischer Ergebnisse, die i. allg. eine Verteilungsfunktion in Abhängigkeit vom durchlaufenen (mittleren) Weg im Sinne des Modells der kontinuierlichen Abbremsung darstellen, auf den experimentellen Fall der Abhängigkeit einer Verteilungsfunktion von der Foliendicke [Le 18] [Le 27]. Die exakte Berechnung eines Umwegfaktors würde die Lösung des speziellen Randwertproblems erfordern; man begnügt sich daher mit theoretischen oder experimentellen Näherungswerten.

11.51 Experimentelle und numerisch berechnete Umwegfaktoren

Wenn man von den Auswertungen von Bahnspurexperimenten absieht, die infolge ihrer Beschränkung auf geeignete Medien über die hier besonders interessierende Abhängigkeit des Umwegfaktors von der Kernladungszahl des Absorbers nur in beschränktem Umfange Aussagen zu liefern vermögen und wegen des erheblichen Aufwandes nur vereinzelt vorliegen [Ha 63], stehen für die praktische Bestimmung von Umwegfaktoren i. allg. nur zwei Informationsquellen zur Verfügung.

Das ist einerseits die theoretische *mittlere Bahnlänge* $\bar{L}^\infty$ des Modells der kontinuierlichen Abbremsung für das unendlich ausgedehnte Medium, und das sind andererseits experimentelle Eindringtiefenverteilungen, die meist in der sogenannten ‚Standard'geometrie eines senkrecht auf den Absorber einfallenden Elektronenbündels bei Beobachtungen aller in den vorderen Halbraum gestreuten Elektronen vorliegen.

Aus solchen Eindringtiefenverteilungen, meist Transmissionskurven, können nun allerdings verschiedenartige ‚charakteristische' Eindringtiefen entnommen werden, z. B. die *mittlere Eindringtiefe* R, die *Halbwertsdicke* der Transmission x_h, die extrapolierte *Reichweite* $\bar{R}_{ex}$ o. dgl. (s. § 8.43); entsprechend werden häufig die Verhältnisse $\bar{L}^\infty/R$, $\bar{L}^\infty/x_h$ bzw. $\bar{L}^\infty/R_{ex}$ gebildet und Umwegfaktoren genannt. Ein derart allgemeiner Gebrauch dieses Begriffes erscheint in Hinsicht auf die oben genannte Zielsetzung jedoch wenig empfehlenswert und vielfach sogar irreführend. Man sollte vielmehr nur diejenigen Quotienten als (echte) Umwegfaktoren bezeichnen, in denen die ins Verhältnis gesetzten Bahnlängen und Eindringtiefen *gleichartig definiert* sind und sich auf *identische geometrische Bedingungen* beziehen (vgl. [Gl 48]).

Bei den genannten Beispielen sind diese Forderungen nicht beide erfüllt. Denn einerseits gilt die mittlere Bahnlänge $\bar{L}^\infty$ für ein räumlich unbegrenztes Medium; Transmissionskurven werden jedoch an eben begrenzten Absorbern gemessen, so daß ihr Verlauf bis zu beträchtlichen Dickenwerten (besonders für kleine Primärenergien und große Kernladungszahlen) durch den Einfluß der Rückstreuung am Absorber bestimmt wird. Andererseits sind etwa $\bar{L}^\infty$ und x_h und erst recht $\bar{L}^\infty$ und R_{ex} zueinander nicht äquivalente Größen. Als Folge des Rückstreueinflusses ist $\bar{L}^\infty/x_h$ außerordentlich groß (s. Abb. 11.5-1, Nr. 4), und auch die hinsichtlich der Definition von $\bar{L}^\infty$ ‚passende' mittlere Reichweite $\bar{R}$ führt zu keiner wesentlichen Verbesserung, da diese sich i. allg. nur wenig von x_h unterscheidet; einen echten Umwegfaktor könnte man ableiten, wenn die mittlere Bahnlänge $\bar{L}^{HR}$ für ein halbunendlich ausgedehntes Medium verfügbar wäre. R_{ex} wird zwar von der Rückstreuung wenig, dafür aber vom Straggling stark beeinflußt, so daß das Verhältnis $\bar{L}^\infty/R_{ex}$ relativ klein ist (Nr. 5); um einen echten Umwegfaktor zu erhalten, müßte R_{ex} zur entsprechenden extrapolierten Bahnlänge L_{ex}^{HR} für den Halbraum ins Verhältnis gesetzt werden.

Charakteristische Bahnlängenwerte für ein halbunendlich ausgedehntes Medium lassen sich allerdings aus den theoretischen Ergebnissen nicht ohne weiteres gewinnen. Jedoch hat neuerdings Wittig [Wi 68] mit Hilfe der Monte-Carlo-Technik (vgl. § 12.32) für den Energiebereich von 0,3 bis 6 MeV und für eine große Anzahl von Elementen ($Z = 6$ bis 82) *Bahnlängenverteilungen für den Halbraum* (sowie auch für ein unbegrenztes Medium) berechnet (s. Abb. 8. 4-2).

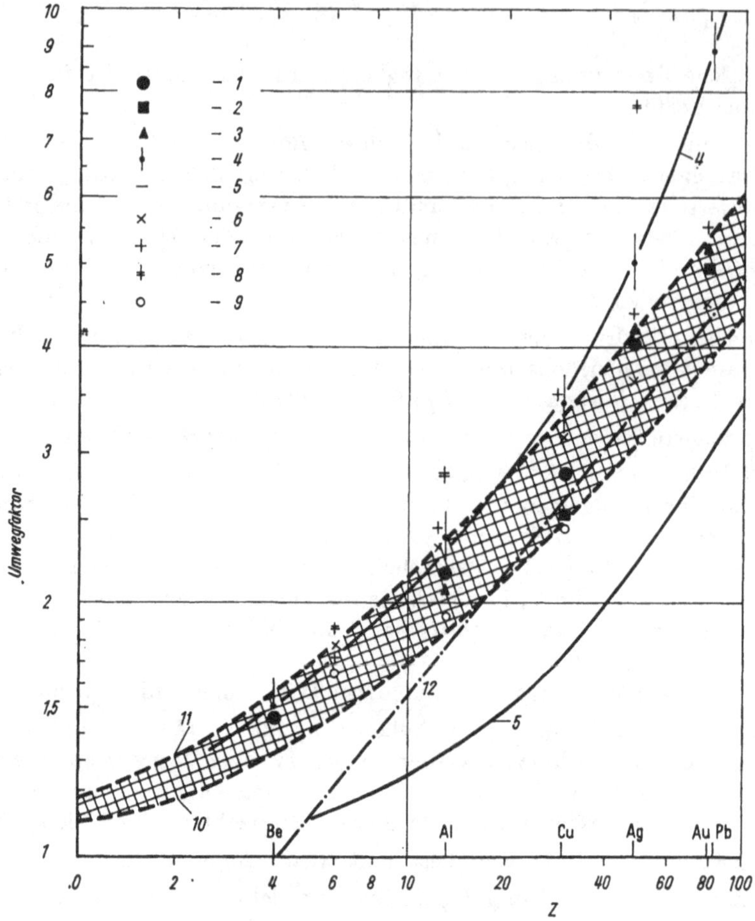

Abb. 11.5-1. Kernladungszahlabhängigkeit von Umwegfaktoren unterschiedlicher Definitionen für senkrecht einfallende Elektronenbündel bei einer 2π-Beobachtungsgeometrie:

1 – $\bar{L}^{\infty}/\bar{R}_v$ nach simultanen Transmissions- und Rückstreukurven von Nakai [Na 64] für 1 MeV,

2 – $\bar{L}^{\infty}/\bar{R}_v$ nach simultanen Transmissions- und Rückstreukurven von Cosslett und Thomas [Co 65] für 10 keV,

3 – $\bar{L}^{\infty}/x_{hv}$ nach Transmissionskurven von Seliger [Se 55] aus $T = 0{,}5\,(1 - P_s)$; Mittelwerte für 150 bis 960 keV,

4 – $\bar{L}^{\infty}/x_h$, Mittelwert nach Transmissionsmessungen verschiedener Autoren für 0,1 bis 1 MeV,

5 – $\bar{L}^{\infty}/R_{\mathrm{ex}} = 1 + Z/40$ als Mittelwert der Angaben verschiedener Autoren,

6 – $\bar{L}^{HR}/\bar{R}$ nach Monte-Carlo-Rechnungen von Wittig [Wi 68] für 0,7 MeV,

7 – $\bar{L}^{HR}/x_h$ nach Monte-Carlo-Rechnungen von Wittig [Wi 68] für 0,7 MeV,

8 – $\bar{L}^{\infty}/\bar{x} = U_{1c}$ nach der Vielfachstreu-Theorie (Gl. (11.5-9)),

9 – $U_{3a} = \sqrt{1 + 1/t_D}$ mit Mittelwerten für die Diffusionstiefe t_D nach Abb. 11.2-1 für $0{,}1 \leqq E \leqq 1$ MeV (Gl. (11.5-14)),

10 – $U_{3b} = \sqrt{1 + Z/12}$,

11 – $U_{3c} = \sqrt{1 + Z/6}$,

12 – $\bar{L}^{\infty}/\bar{r} = 0{,}49\sqrt{Z}$ für eine Kugelsymmetrie (s. Gl. (11.5-12)) (Bezeichnungen s. a. Text)

Es werden Werte für L^{HR}, L_h^{HR} und L_{ex}^{HR} angegeben und die ebenfalls berechneten äquivalenten Eindringtiefen für die Standardgeometrie auf diese bezogen. Beispiele für die Energieabhängigkeit solcher echten Umwegfaktoren $\bar{U}^{HR} = \bar{L}^{HR}/\bar{R}$, $U_h^{HR} = L_h^{HR}/x_h$ und $U_{ex}^{HR} = L_{ex}^{HR}/R_{ex}$ zeigt Abb. 11.5-2. Typisch sind die *Maxima der Umwegfaktoren* bei mittleren Energien (etwa 0,5 MeV) und der zu großen Energien hin erfolgende Abfall. Die Z-Abhängigkeiten der Maximalwerte von $\bar{U}^{HR}$ und U_h^{HR} sind in Abb. 11.5-1 (Nr. 6 bzw. 7) eingetragen. Die Werte dieser beiden Umwegfaktoren liegen — wie man es auf Grund der geführten Diskussionen auch erwarten darf — zwischen denen der Pseudo-Umwegfaktoren $\bar{L}^{\infty}/x_h$ und $\bar{L}^{\infty}/R_{ex}$ und unterscheiden sich untereinander trotz unterschiedlicher Definition verhältnismäßig wenig.

Einen mit den Monte-Carlo-Werten in recht guter Übereinstimmung stehende ‚echten' Umwegfaktor kann man mit Hilfe eines für den praktischen Gebrauch nützlichen *Kunstgriffes* aus experimentellen Transmissionskurven ermitteln. Man muß nur eine zur theoretischen mittleren Bahnlänge $\bar{L}^{\infty}$ passende charakteristische Eindringtiefe in der Transmissionskurve aufsuchen. Dazu ist es erforderlich, den Einfluß der Rückstreuung auf den Verlauf der Transmissionskurven zu eliminieren und die mittlere Eindringtiefe $\bar{R}_v$ — oder als Näherung dafür auch die 50%-Dicke x_{hv} — der sich in Vorwärtsrichtung ausbreitenden Elektronen zu bestimmen. Das läßt sich an Hand von simultanen Transmissions- und Rückstreukurven ($T(x)$ bzw. $P(x)$, vgl. Abb. 4-3) durchführen, indem man $T(x) + P(x)$ bildet und den zum Wert 1/2 gehörigen Dickenwert abliest; auf diese Weise aus neueren Literaturwerten [Co 65] [Na 64] ermittelte Umwegfaktoren $U = \bar{L}^{\infty}/x_{hv}$ sind in Abb. 11.5-1 eingetragen (Nr. 1 bzw. 2).

Es zeigte sich dabei, daß x_{hv} stets größer als die Sättigungsrückstreudicke x_s ist und daß deshalb x_{hv} *bei Kenntnis des Sättigungsrückstreukoeffizienten* $P_s(Z)$ für die betreffende Energie und die betreffende Kernladungszahl des Absorbermediums allein aus einer Transmissionskurve entnommen werden kann, indem der zur Transmission $T(x_{hv}) = 0{,}5\,(1 - P_s)$ gehörige Dickenwert abgelesen wird. Auf diesem Wege (durch Auswertung der Transmissionskurven von Seliger [Se 55]) bestimmte Umwegfaktoren stimmen innerhalb der Fehlergrenzen mit den aus simultanen Meßkurven erhaltenen Werten überein (vgl. Abb. 11.5-1, Nr. 3); bemerkenswert ist die offensichtlich zu kleinen Energien hin außerordentlich geringe Energieabhängigkeit dieses Umwegfaktors.

11.52 Theoretische Umwegfaktoren

Zur rein theoretischen Berechnung von Umwegfaktoren liegen eine Reihe von Ansätzen vor, die untereinander und von den besprochenen ‚echten' Umwegfaktoren z. T. erheblich abweichen. Das liegt in der Benutzung verschiedenartig definierter mittlerer Eindringtiefen und unterschiedlicher inhärenter Streugeometrien, die nicht ohne weiteres auf die experimentellen Bedingungen

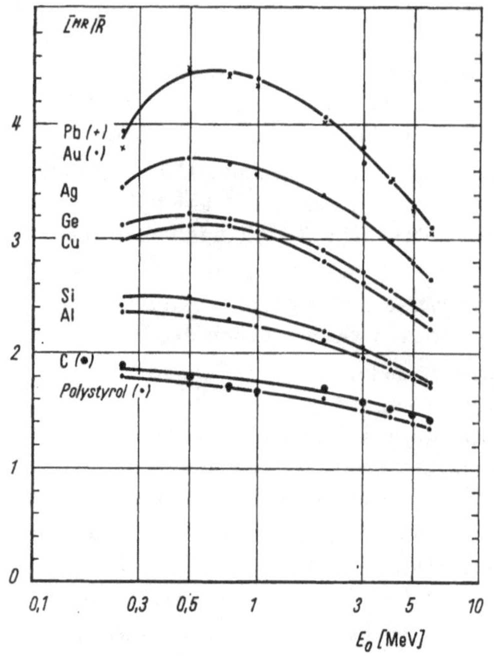

a)

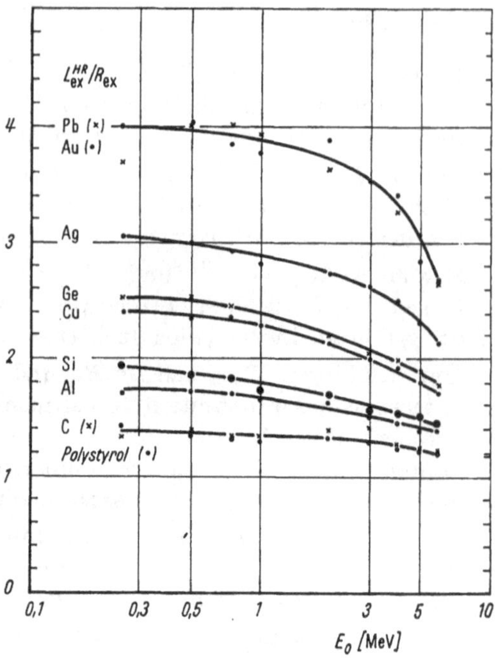

b)

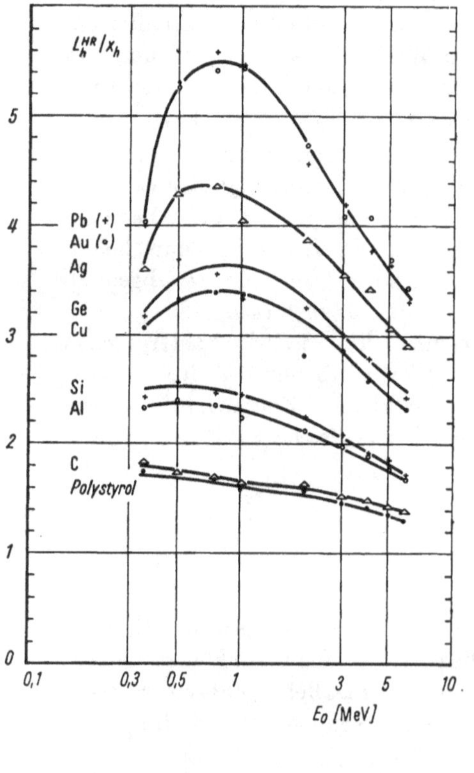

c)

Abb. 11.5-2. Energieabhängigkeit von Umwegfaktoren unterschiedlicher Definition für monoenergetische Elektronen nach Monte-Carlo-Rechnungen von WITTIG [Wi 68].

a) Verhältnis der mittleren Bahnlänge $\bar{L}^{HR}$ im unendlich ausgedehnten Halbraum zur mittleren Reichweite $\bar{R}$,

b) Verhältnis der extrapolierten Bahnlänge L^{HR}_{ex} im unendlich ausgedehnten Halbraum zur extrapolierten Reichweite R^{ex},

c) Verhältnis der 50%-Bahnlänge L^{HR}_h im unendlich ausgedehnten Halbraum zur 50%-Reichweite (Halbwertsdicke x_h),

d) Verhältnis der mittleren Bahnlänge $\bar{L}^{\infty}$ zur extrapolierten Reichweite R_{ex} mit eingetragenen Meßergebnissen von AGU u. a. [Ag 58] (---------) sowie Monte-Carlo-Ergebnissen von PERKINS [Pe 62] (Δ),

e) Verhältnis der extrapolierten Reichweite R_{ex} zur 50%-Reichweite (Halbwertsdicke x_h) mit eingetragenen experimentellen Werten [Se 55] sowie Ergebnissen anderer Monte-Carlo-Rechnungen [Si 57] [Pe 62] [Fu 65]

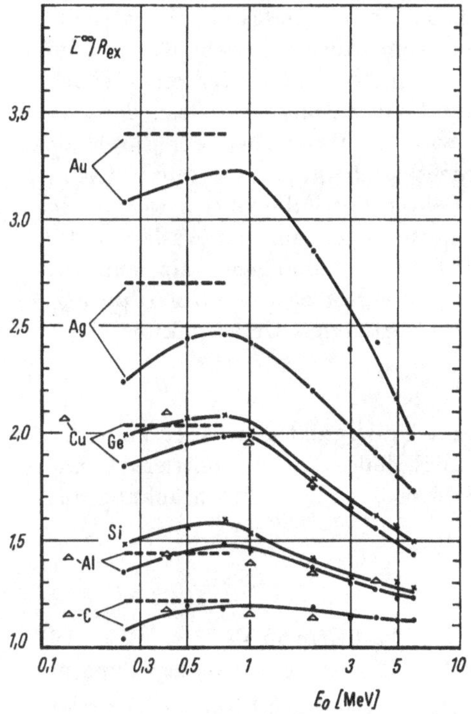

d)

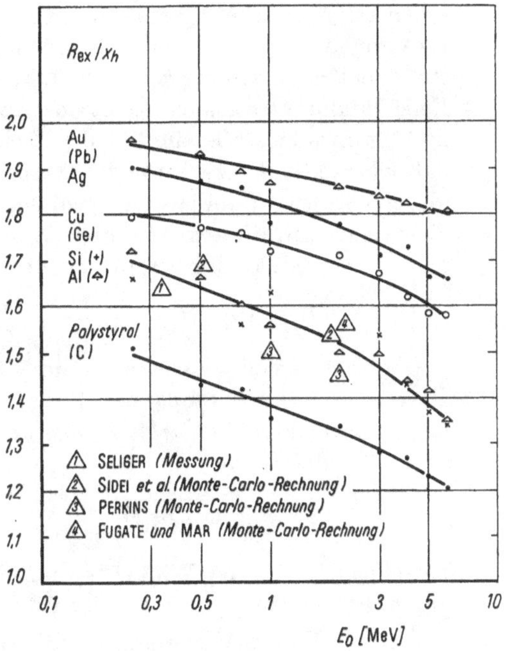

e)

rückführbar sind, begründet. Gewisse Aufschlüsse über den Zusammenhang der theoretischen und der experimentellen Umwegfaktoren sowie über die Beiträge verschiedenartiger Ursachen zum Zustandekommen der Umwegfaktoren überhaupt vermögen besonders die aus dem *Vielfachstreu-Modell* ableitbaren Umwegfaktoren zu liefern.

Wenn ein Elektronenbündel senkrecht auf eine Folie der Dicke x einfällt, weisen die tatsächlichen Bahnlängen eine Verteilung auf, auf deren Breite mehrere Faktoren, von denen einige bereits genannt wurden, Einfluß haben. Das ist zunächst der Stragglingeffekt, der bei Betrachtungen zum Umwegfaktor i. allg. nicht berücksichtigt wird, da man mit mittleren Bahnlängen im Sinne des kontinuierlichen Bremsmodells rechnet; und das sind weiterhin elastische und unelastische Streuprozesse, deren Wirkung man in drei Anteile gliedern kann. *Erstens* verursacht die Vielfachstreuung die genannten zickzackförmigen Wege, so daß auch praktisch senkrecht durch den Absorber hindurchtretende Elektronen (mittlere Wege $s_{\perp}$) Umwege durchlaufen, die im folgenden durch einen sog. *Streuumwegfaktor* $U_s = s_{\perp}/x$ beschrieben werden sollen. *Zweitens* tritt infolge der Vielfachstreuung eine allmähliche Auffächerung des Elektronenbündels ein, so daß mit wachsender Foliendicke ein immer größer werdender Prozentsatz von Elektronen die Folie auch schräg durchquert (mittlere

Wege s_*) und im Vergleich zu $s_\perp$ zusätzliche Umwege erleidet, die in einem *Winkelverteilungs-Umwegfaktor* $U_w = s^*/s_\perp$ zum Ausdruck gebracht werden sollen; U_w ist abhängig sowohl von der Winkelverteilung der einfallenden Elektronen als auch vom Raumwinkel der Beobachtungsgeometrie, der hier stets zu 2π angenommen wird, d. h., es wird die Gesamtheit der durch die Folie hindurchtretenden Elektronen betrachtet. *Drittens* wird durch Klein- und Großwinkelstöße ein Teil der Elektronen an der Folie zurückgestreut, so daß sie relativ kurze Wege im Absorber zurücklegen und ein Ausläufer der (differentiellen) Bahnlängenverteilung zu kleinen Bahnlängen hin auftritt. Sieht man von diesem *Rückstreueinfluß* ab, so ergibt sich der *Gesamtumwegfaktor* als Produkt des Streu- und des Winkelverteilungs-Umwegfaktors:

$$U = U_w \cdot U_s = \frac{s_*}{s_\perp} \frac{s_\perp}{x} = \frac{s_*}{x} .$$

Überschlagsmäßige Werte für den Gesamt-Umwegfaktor in einer Folie der Dicke x erhalten KNECHT und BOTHE [Kn 53], indem sie die mittlere Bahnlänge $s_*(x)$ unter *Vernachlässigung der Bremsung* und bei Beschränkung auf *kleine Streuwinkel* aus

$$s_* = \int_0^x \overline{\mathrm{d}x'/\cos\Theta}$$

berechnen, wo Θ der Winkel ist, um den das Bahnelement ds in der Tiefe x' gegen die Schichtnormale geneigt ist. Bei Annahme einer Winkelverteilung in Form einer GAUSS-Verteilung, für die $\overline{\Theta^2}/2\,\Theta_w^2 = 1$ gilt (nach § 10.2), erhält man

$$s_* = \int_0^x \mathrm{d}x' \left(1 + \frac{1}{2}\overline{\Theta^2}\right) = \int_0^x \mathrm{d}x' \,[1 + \Theta_w^2(x')] .$$

Wegen $\Theta_w^2 \doteq k\,x'$, wo k eine Konstante ist (vgl. Gl. (10.2-18)), ergibt sich somit

$$U_{1a} = \frac{s_*(x)}{x} = 1 + \frac{1}{2} k\,x = 1 + \frac{1}{2}\Theta_w^2 = \frac{1}{\cos\Theta_w(x)} , \qquad (11.5\text{-}1)$$

so daß mit $\Theta_w^2 = \overline{\Theta^2}/2 = x/\lambda_T$ (λ_T — Transportweglänge der Diffusionsnäherung) auch

$$U_{1a} = 1 + \frac{1}{2}\frac{x}{\lambda_T} \qquad (11.5\text{-}2)$$

gilt (vgl. auch [Ro 40] [Ro 41] [Os 65] [Ta 68a]).

Ausführlichere Berechnungen führten HEMMER und FARQUHAR [He 68] durch, bei denen auch *große Streuwinkel* zugelassen, aber die Energieverluste ebenfalls vernachlässigt wurden. Sie geben Umwegfaktoren für folgende Fälle an (vgl. auch [Ya 51])[1]):

[1]) Für dünne Schichten kann x/λ_T als Näherung für Θ_w^2 bzw. auch für χ aufgefaßt werden. Damit stehen zur Auswertung Zahlenwerte zur Verfügung (aus Gl. (10.2-18) mit Abb. 10.2-2 für Θ_w, aus Gl. (11.2-5) sowie Gl. (11.2-11) für χ), die eine näherungsweise Berücksichtigung der Energieverluste ermöglichen; äquivalent dazu ist auch die Benutzung von Zahlenwerten für s_D (nach Gl. (11.2-12) oder Abb. 11.2-1a), da für dünne Schichten auch $\lambda_T \approx s_D$ ist.

zweidimensionale Behandlung, Elektronenbewegung *senkrecht* zur Folie betrachtet:

$$U_{1b}(\perp, 2\,D) = \frac{s_\perp}{x} = 1 + \frac{1}{12}\frac{x}{\lambda_T} + \frac{7}{240}\left(\frac{x}{\lambda_T}\right)^2; \tag{11.5-3a}$$

zweidimensionale Behandlung, Elektronenausbreitung in *alle Richtungen* zugelassen:

$$U_{1b}(*, 2\,D) = \frac{s_*}{x} = 1 + \frac{1}{4}\frac{x}{\lambda_T} + \frac{7}{24}\left(\frac{x}{\lambda_T}\right)^2; \tag{11.5-3b}$$

dreidimensionale Behandlung, Elektronenbewegung *senkrecht* zur Folie betrachtet:

$$U_{1b}(\perp, 3\,D) = \frac{s_\perp}{x} = 1 + \frac{1}{6}\frac{x}{\lambda_T} + \frac{1}{20}\left(\frac{x}{\lambda_T}\right)^2; \tag{11.5-3c}$$

dreidimensionale Behandlung, Elektronenausbreitung *in alle Richtungen* zugelassen:

$$U_{1b}(*, 3\,D) = \frac{s_*}{x} = 1 + \frac{1}{2}\frac{x}{\lambda_T} + \frac{1}{2}\left(\frac{x}{\lambda_T}\right)^2. \tag{11.5-3d}$$

$U_{1b}(\perp, 3\,D)$ entspricht dem oben eingeführten Streu-Umwegfaktor $U_s = s_\perp/x$. $U_{1b}(*, 3\,D) = s^*/x$ ist der Gesamtumwegfaktor für die Standardgeometrie eines senkrecht einfallenden Elektronenbündels bei Beobachtung in 2π-Geometrie, der gegenüber der Abschätzung nach Knecht und Bothe durch einen quadratischen Term ergänzt ist. Bei Vernachlässigung der quadratischen Glieder entnimmt man aus

$$\frac{U_{1b}(*) - 1}{U_{1b}(\perp) - 1} = 3\,, \tag{11.5-5}$$

daß die zusätzlichen Wege der Elektronen infolge der Auffächerung des Bündels dreimal größer sind als bei senkrechtem Durchlaufen der Folie. Der Winkelverteilungs-Umwegfaktor für den dreidimensionalen Fall ergibt sich in dieser Näherung zu

$$U_w = \frac{s_*}{s_\perp} = \frac{U}{U_s} = \frac{U_{1b}(*)}{U_{1b}(\perp)} = 3 - \frac{2}{U_{1b}(\perp)} = 1 + \frac{1}{3}\frac{x}{\lambda_T}\,. \tag{11.5-6}$$

Einen Ausdruck für den Umwegfaktor, in dem die Energieverluste berücksichtigt sind und der daher auch *für große Dicken* brauchbar sein sollte, erhält man, indem man die durchlaufene Bahnlänge s ins Verhältnis setzt zur mittleren Eindringtiefe $\bar{x}(s)$, wie sie von der Theorie der Richtungsdiffusion über den mittleren Kosinus des Gesamtablenkwinkels Θ geliefert wird. In der niederenergetischen Näherung (B) findet man (über Gl. (10.3-20) und (11.2-9)) zunächst

$$\frac{\bar{x}}{\bar{L}^\infty} = \frac{1}{C}\left[1 - (1 - t)^C\right] \tag{11.5-7}$$

mit $C = 1 + A^* = 1 + 0{,}14\,Z$ und $t = s/\bar{L}$ und daher

$$U_{1c}^{(*)} = \frac{s_*}{\bar{x}(s)} = \frac{C\,t}{1 - (1 - t)^C}\,. \tag{11.5-8}$$

Nach Durchlaufen der mittleren Bahnlänge $\bar{L}^\infty$ (d. h. für $t = 1$) folgt

$$U_{1c}(\bar{L}^\infty) = C = 1 + 0{,}14\, Z = \begin{cases} 2{,}8 \text{ für Al}, \\ 12{,}0 \text{ für Au}. \end{cases} \tag{11.5-9}$$

Hier wurde allerdings nicht die mittlere Bahnverlängerung, sondern die Verkürzung der Eindringtiefe berechnet. Insofern ist die Definition von U_{1c} wesentlich verschieden von derjenigen für U_{1a} bzw. U_{1b} und eher vergleichbar mit der Definition experimenteller Umwegfaktoren. Trotzdem stimmt in der Näherung dünner Schichten U_{1c} mit U_{1a} bzw. $U_{1b}(*)$ überein; denn für kleine Dicken geht der Ausdruck (11.5-9) wegen $C - 1 = A^* = 1/t_D$ (vgl. Gl. (11.2-14a)) in $1 + \frac{1}{2}\frac{s}{s_D}$ über, was in erster Näherung gleichwertig mit Gl. (11.5-2) ist.

Für große Dicken wird allerdings U_{1c} sehr groß, mit Werten, die sogar diejenigen des Pseudo-Umwegfaktors $\bar{L}/x_h$ übersteigen. Tatsächlich dürften gemäß der Definition von $\bar{x}$ in diesem auch gewissermaßen Rückstreueinflüsse enthalten sein, da sich für große Dicken erhebliche mittlere Ablenkwinkel ergeben, so daß nach Eintreten der Diffusion die mittlere Eindringtiefe des Bündels in das Medium nur noch wenig ansteigt. Dann wäre aber $\bar{L}^\infty$ nicht mehr die zu $\bar{x}$ passende mittlere Bahnlänge, sondern es müßte $\bar{L}^{HR}$ benutzt werden, das nach den Rechnungen von Wittig im Bereich einiger 100 keV für Al etwa $0{,}8\, \bar{L}^\infty$ und für Au etwa $0{,}65\, \bar{L}^\infty$ beträgt. Damit ergäben sich Vielfachstreu-Umwegfaktoren $\bar{L}^{HR}/\bar{x}$ von 2,3 für Al und 7,7 für Au, die aber immer noch deutlich oberhalb der ‚echten' Umwegfaktoren lt. Abb. 11.5-1 liegen. Das mag in der dem x im wesentlichen zugrunde liegenden Diffusionsnäherung und den fehlenden Einzelstreubeiträgen, die sicherlich eine Verminderung der mittleren Umwege bewirken, begründet liegen. Wenn aber $\bar{L}^{HR}/\bar{x}$ und nicht $\bar{L}^\infty/\bar{x}$ als ein echter Umwegfaktor für dicke Schichten zu gelten hätte, so bliebe die Frage offen, wie U_{1c} bzw. auch U_{1a} bzw. $U_{1b}(*)$ zu modifizieren wären, damit ein stetiger Übergang dieser Vielfachstreu-Umwegfaktoren von kleinen zu großen Dicken erfolgt.

Wenn man die Gültigkeit von $U_{1c}(*)$ auch für große Dicken postuliert, ergibt sich die interessante Aussage, daß der aus $U_{1c}(*)$ über Beziehung (11.5-5) berechenbare Umwegfaktor

$$U_{1c}(\perp) = \frac{1}{3}\,[U_{1c}(*) + 2] = \begin{cases} 1{,}6 \text{ für Al}, \\ 4{,}7 \text{ für Au} \end{cases} \tag{11.5-10}$$

die ‚echten' Umwegfaktoren beinahe quantitativ annähert (vgl. Abb. 11.5-1). Wenn diese Übereinstimmung wohl auch nur zufällig sein dürfte, so zeigt sie doch, daß für dünne Absorber $U_{1b}(\perp)$ ein zu echten Umwegfaktoren dicker Schichten korrespondierender Umwegfaktor ist, der stetig in die Werte von $U_{1c}(\perp)$ bzw. die echten Umwegfaktoren für größere Dicken übergeht. Aus diesem Grunde wurde auch für die Umrechnung von Diffusionstiefen s_D in ‚praktische' Diffusionsdicken x_D (bzw. umgekehrt; vgl. Abb. 11.2-1) der Umwegfaktor (Gl. (11.5-10)) benutzt, der sich für s_D mit einem Wert von $U_{1c}(\perp, s_D) \approx 1{,}15$ als unabhängig von der Art des Streumediums erweist.

Einen *Umwegfaktor der räumlichen Diffusion* berechnen BETHE, ROSE und SMITH [Be 38] für eine isotrope Punktquelle im homogenen, unbegrenzten Medium aus dem mittleren Abstand der Elektronen im Augenblick ihrer Absorption (Gl. (11.3-5))

$$\bar{r} = 4\sqrt{\tau_0(\bar{L}^\infty)/\pi} = 2{,}33\sqrt{\tau_0(\bar{L}^\infty)}\,, \tag{11.5-11}$$

indem dieser ins Verhältnis zur mittleren Bahnlänge $\bar{L}^\infty$ gesetzt wird:

$$U_2 = \frac{\bar{L}^\infty}{\bar{r}} \approx 0{,}43\frac{\bar{L}^\infty}{\sqrt{\tau_0}} = \begin{cases} 0{,}49\,Z & \text{für kleine } E_0 \text{ (s. Abb. 11.5-1, Nr. 12)}, \\ 1{,}19\sqrt{Z\Big/\frac{E_0}{m_0c^2}} & \text{für große } E_0 \end{cases} \tag{11.5-12}$$

lt. HARDER [Ha 65a] bzw. $U_2 = 0{,}41\sqrt{Z}$ nach Näherung B. Der prinzipielle Mangel dieses Umwegfaktors besteht in einem Fehlverhalten für kleine Kernladungszahlen (Werte kleiner als Eins sind nicht zutreffend!), das darauf zurückzuführen ist, daß für sehr kleine Z die Diffusion nicht vor Erreichen des Bahnendes einsetzt, so daß die Voraussetzungen des Diffusionsmodells nicht erfüllt sind. Für große Z gibt U_2 die experimentellen Werte für Umwegfaktoren etwa richtig wieder.

Einen weiteren *Umwegfaktor* liefern die Lösungen *der Streustromgleichungen* als Verhältnis des ‚praktischen' und des ‚wahren' Absorptionskoeffizienten (s. Gl. (11.4-6c)) für eine ebene Geometrie, für den aber keine theoretischen Werte angegeben werden können, da die Parameter der Theorie nicht auf kernphysikalische Größen rückführbar sind. Gemäß der in § 11.42 geltend gemachten Analogien dürfte jedoch etwa der Zusammenhang

$$U_3 = \sqrt{1 + 2\alpha\frac{1}{t_D}} = \sqrt{1 + 2\alpha\frac{\bar{L}}{s_D}} \approx \sqrt{1 + \alpha' Z} \tag{11.5-13}$$

bestehen, wo α bzw. α' empirisch zu bestimmende Konstanten sind. Aus diesem Grunde ist es auch ohne wesentlichen Belang, ob die Identifizierung dieses Umwegfaktors mit dem Streu-Umwegfaktor [En 61] zutreffend ist. Bemerkenswert bleibt, daß U_3 für kleine Z und kleine x ein vernünftiges Verhalten aufweist. Der Vergleich mit experimentellen Werten (Abb. 11.5-1) liefert $\alpha = 1/2$ (d. h. $\alpha' = 1/6$) für die untere Grenze bzw. $\alpha = 1$ (d. h. $\alpha' = 1/3$) für die obere Grenze des schraffierten Bereiches, so daß eine Verallgemeinerung des Ausdruckes (11.5-13) für $s < \bar{L}$ durch

$$U_3(s) = \sqrt{1 + \frac{s}{s_D}} \tag{11.5-14}$$

(also mit $\alpha = 1/2$) sinnvoll erscheint, zumal für kleine Dicken wieder die Beziehung $1 + \frac{1}{2}\frac{s}{s_D}$ der Theorie der Richtungsdiffusion erhalten wird; für größere

Dicken steigt allerdings U_{1c} wesentlich steiler an als U_3, ergibt sich also eine andersartige Dicken- (sowie Z-)-Abhängigkeit.

Hier — wie auch bei anderen Ausdrücken, die s anstelle von x enthalten — kann man über $s = U(x) \cdot x$ auch die Foliendicke x einführen und erhält

$$U_3(x) = \frac{1}{2} \frac{x}{s_D} + \sqrt{1 + \frac{1}{4} \frac{x}{s_D}}, \tag{11.5-15}$$

was für kleine Dicken wegen $s_D \approx \lambda_T$ unmittelbar in die erste Näherung des Ausdruckes für $U_{1b}(*)$ (Gl. (11.5-2)) übergeht.

Die Mittelwerte der experimentellen Ergebnisse werden besser durch $\alpha = 3/4$ bzw. $\alpha' = 1/4$ beschrieben, was zu einer Vergrößerung des Umwegfaktors, gegenüber $U_3(s)$ auch für dünne Schichten, in eben die gleiche Richtung führt, wie sie der quadratische Term bei Hemmer und Farquhar nahelegt (Gl. (11.5-3d)). Als empirisches Resultat erhält man somit

$$U_3'(s) = \sqrt{1 + \frac{3}{4} \frac{s}{s_D}}, \tag{11.5-16a}$$

$$U_3'(\bar{L}^\infty) = \sqrt{1 + \frac{Z}{4}}. \tag{11.5-16b}$$

Angesichts der aus den verschiedenen Ansätzen sich ergebenden recht unterschiedlichen Dickenabhängigkeiten des Umwegfaktors erscheint der heuristische, lineare Ansatz

$$U(y, Z) = 1 + y\,[U(Z) - 1] \tag{11.5-17}$$

als eine bequeme Näherung sinnvoll. $U(Z)$ ist der Sättigungs-Umwegfaktor nach Durchlaufen der Reichweite; für ihn kann beispielsweise eine empirischer Wert eingesetzt werden (s. Abb. 11.5-1). Der aufgeschriebene Ausdruck erfüllt die zu stellenden Forderungen; für $y = 0$ ergibt sich $U(0, Z) = 1$, für $y = 1$ wird $U(1, Z) = U(Z)$.

§ 12 Elektronentransport in Festkörpern — weiterführende Behandlungen und ergänzende Betrachtungen

12.1 Übersicht

Eine weitgehend geschlossene mathematische Beschreibung der Streuabsorption von Elektronen in *dicken* Materieschichten, also ihrer Streuung und Bremsung, hat sich nur unter z. T. recht einschneidenden Näherungsannahmen in den Grenzfällen der Einzelstreuung und der Diffusion als möglich erwiesen. Beide Modelle vermögen jedoch nur gewisse Teilaspekte des Elektronentransportes wiederzugeben; sie können — ganz abgesehen von den Problemen der wiederholten Umkehr und des Stragglings — insbesondere nicht die statistische Verflechtung von Klein- und Großwinkelstößen erfassen. Im Einzelstreu-Modell werden nur die Einzelablenkungen um große Winkel betrachtet und die überlagerte Kleinwinkelstreuung vernachlässigt; das Diffusionsmodell andererseits geht von der Kleinwinkelnäherung, die große Einzelstreuwinkel ausschließt, sowie von der Annahme eines nahezu isotropen Streugesetzes aus (s. §§ 9.2, 10.1 und 11.3).

Die Behandlung des Elektronentransportproblems ohne Einschränkung der Streuwinkelgröße auf der Grundlage des anisotropen Streugesetzes und unter Berücksichtigung der Energieverluste erfordert, die Transportgleichung der Aufstreuung (6.4-4) zu lösen. Das ist bisher nur für sehr spezielle Randbedingungen, etwa für eine isotrope Punktquelle bzw. für eine ebene Quelle mit senkrechter Emission homogener Elektronen im begrenzten homogenen Medium, durch Kombination analytischer und numerischer Auswertemethoden gelungen (§ 12.3). Ein vollständiges Bild von der Teilchenflußdichteverteilung für beliebige Randbedingungen und unter Berücksichtigung auch der mehrfachen Umkehr und des Stragglingeffektes sowie des Auftretens von Sekundärelektronen und Bremsstrahlung kann im Prinzip mit Hilfe der Monte-Carlo-Technik erhalten werden; die funktionellen Abhängigkeiten der Verteilungsgrößen von den Einflußgrößen — wie Primärenergie, Kernladungszahl usw. — können nur nachträglich aus den numerischen Ergebnissen bestimmt werden (§ 12.32).

Wahrscheinlichkeitstheoretische Untersuchungen ermöglichen bisher lediglich eine systematische Analyse vorliegender experimenteller Ergebnisse (§ 12.4).

Sofern man sich von dem Wunsche leiten läßt, eine möglichst einfache, aber trotzdem möglichst vollständige analytisch-mathematische Beschreibung des Elektronentransportphänomens zu finden, erscheint eine sinngemäße Synthese der besprochenen Streumodelle als ein gangbarer, wenn auch vielleicht wenig befriedigender Weg, auf dem zu allererst insbesondere die Frage nach der relativen Bedeutsamkeit des Einzelstreu- und des Diffusionsmodells für die Beschreibung der experimentellen Ergebnisse einer Klärung bedarf. Solche auch für die qualitative Interpretation experimenteller Ergebnisse nützliche Betrachtungen sollen vorgestellt werden (§ 12.2).

Abschließend soll noch einmal auf die bisher theoretisch nur unzureichend erfaßten Einflüsse der Schalenstruktur der Atomhülle auf die Transmission und Rückstreuung von Elektronen (§ 12.5) sowie auf einige Probleme eingegangen werden, die bei der Übertragung der für elementare Streuer abgeleiteten theoretischen Resultate auf Targets, die aus mehreren Stoffkomponenten zusammengesetzt sind, auftreten (§ 12.6).

12.2 Bemerkungen zur Synthese der Teilmodelle

12.21 Ähnlichkeitsregeln für Einzelstreuung und Diffusion

Die Abhängigkeit der Ergebnisse der Streuabsorptionsmodelle der Einzelstreuung und der Diffusion von der Primärenergie E_0 und der Kernladungszahl Z des Streumediums kann qualitativ in Ähnlichkeitsregeln zum Ausdruck gebracht werden [Fr 59] [Ha 65b], die bereits in § 3 formuliert wurden. Diese folgen aus der Tatsache, daß als unabhängige Variable der Modelle jeweils nur eine einzige *Streufunktion* (Streuabsorptionsfunktion, Streuparameter) auftritt, die

für das *Einzelstreu-Modell* durch

$$\psi(s, \Theta) = \int_0^s N_v \, q_{ex} \, ds' = \int_{E_0}^{E} \frac{Q_{ex}(E, \Theta) \, dE}{dE/\varrho ds},$$

für das *Modell der Richtungsdiffusion* durch

$$\chi(s) = \int_0^s ds'/\lambda_T(s') = \int_{E_0}^{E} \frac{[\varrho \lambda_T(E)]^{-1} dE}{dE/\varrho ds}$$

und für das *Modell der Volumendiffusion* durch

$$\tau(s) = \frac{1}{3} \int_0^s \lambda_T(s') \, ds' = \frac{1}{3} \int_{E_0}^{E} \frac{\lambda_T(E) \, dE}{dE/ds}$$

gegeben ist (vgl. § 9.3, 11.22, 11.31). Diese Ähnlichkeitsregeln beschreiben die Abhängigkeiten der Verteilungsfunktionen von Energie und Kernladungszahl. (Für die Richtungsdiffusion kann statt $\chi(s)$ etwa auch die relative Diffusionstiefe $y_D = s_D/\bar{L}$ betrachtet werden.) Bei Vernachlässigung der Energieabhängigkeit der Streuwahrscheinlichkeit bzw. der Transportweglänge können die Ähnlichkeitsregeln z. B. aus den Ausdrücken

$$\psi(E_0, Z, \Theta) = Q_{ex}(E_0, \Theta) \cdot \bar{L} \quad \text{für die Einzelstreuung,}$$

$$\chi(E_0, Z) = \bar{L}/\lambda_T \quad \text{für die Richtungsdiffusion und}$$

$$\tau(E_0, Z) = \frac{1}{3} \lambda_T \, \bar{L} \quad \text{für die Volumendiffusion}$$

entnommen werden.[1])

Beschränkt man sich sowohl beim makroskopischen Streuquerschnitt Q_{ex} (vgl. § 7.12) als auch beim Kehrwert der Transportweglänge $\varrho \lambda_T$ (vgl. § 11.21) auf eine erste Näherung der Z- und E_0-Abhängigkeiten in der Form $\frac{Z^2}{A} \cdot \frac{1}{E_0^2}$ (Rutherford-Gesetz), so besagen die *Ähnlichkeitsregeln* für die Einzelstreuung um große Winkel und die Richtungsdiffusion beide, daß die Ergebnisse dieser Modelle bei Bezug d er Längen auf $\bar{L}$) nicht von zwei Parametern Z und E_0 einzeln, (sondern beikleinen Primärenergien (bei quadratischem Energie-Bahnlänge-Gesetz $\bar{L} \sim \frac{A}{Z} \cdot E_0^2$) nur von Z und bei großen Primärenergien (bei linearem Energie-Bahnlänge-Gesetz $\bar{L} \sim \frac{A}{Z} \cdot E_0$) nur von Z/E_0 abhängen. Die geometrische Form der Bahnspuren und aller daraus ableitbaren Größen wie Energie-

[1]) Bezüglich des Zusammenhangs der Streufunktionen ψ und χ mit der spezifischen Stoßzahl sowie entsprechender Interpretationen vgl. § 7.4.

und Winkelverteilungen, Transmissions- und Rückstreukoeffizienten u. dgl. sollten daher im Mittel dann einander ähnlich sein, wenn sie in den Parametern Z bzw. Z/E_0 – je nach Energiebereich – übereinstimmen (vgl. [Fr 59] [Ha 65a] [Ha 65b], s. a. § 3).

Verfeinerungen der Ähnlichkeitsregeln lassen sich durch genauere Berücksichtigung der Z- und E_0-Abhängigkeiten der die Streuung und Bremsung beschreibenden Funktionen gewinnen (vgl. z. B. § 11.22). Man findet dann (z. B. aus Tab. 7.1-4), daß bei annähernd gleicher Z-Abhängigkeit die Wahrscheinlichkeit der Einzelstreuung um große Winkel (z. B. $\Theta = 150°$) beim Elektronentransportprozeß in dicken Absorbern mit steigender Primärenergie um etwa $\sqrt{E_0}$ (bis E_0) schneller abnimmt als diejenige der Diffusion.[1]) Für große Primärenergien (einige MeV) sind somit – zumindest solange die Tiefe der vollständigen Diffusion nicht merklich größer als die halbe Bahnlänge $\overline{L}$ wird – keine nennenswerten Beiträge der Einzelstreuung zur Rückstreuung senkrecht einfallender Elektronen in den rückwärtigen Halbraum (mittlerer Ablenkwinkel ca. 120°) zu erwarten (vgl. [Co 65]). Quantitative Aussagen über die Beiträge von Einzelstreuung und Diffusion zu den aus dem Target austretenden Flußdichteverteilungen lassen sich aus Ähnlichkeitsregeln nicht ableiten; dazu müssen die geometrischen Bedingungen genauer berücksichtigt werden. Besonders bei schrägem Einfall des Primärbündels ist mit einem wesentlichen Hervortreten der Einzelstreubeiträge beim Rückstoßstreuprozeß zu rechnen.

12.22 Die Beiträge von Einzelstreuung und Diffusion zum Rückstreukoeffizienten

Die Ergebnisse des Einzelstreu- und des Diffusionsmodells für den Transmissions- sowie den Rückstreukoeffizienten monoenergetischer Elektronen (s. § 9.5 und § 11.4) stehen zunächst beziehungslos nebeneinander. Ihre konsistente Herleitung aus einem gemeinsamen Ansatz ist infolge der erforderlichen gegensätzlichen Näherungsannahmen bisher nicht gelungen. Bei konsequenter Behandlung des Elektronentransports in diesen beiden Näherungen muß jedoch als ein Kriterium für die Richtigkeit der jeweiligen Ergebnisse gefordert werden

[1]) Während die für die Diffusion entscheidende Transportweglänge für alle Z im gesamten Energiebereich von etwa 0,1 bis 4 MeV (wahrscheinlich auch darüber hinaus) fast genau proportional zu E^{n_D} mit $n_D = 1,6$ ist, findet man nach Tab. 7.3-4 (Spineffekt berücksichtigt!) für die elastische Einzelstreuung um $\Theta = 90°, 120°, 150°, 180°$ fast unabhängig von Z eine Proportionalität des Querschnittes zu E^{-n_E} etwa

mit $n_E = 1,9; 1,9; 2,0; 3,7$ bei 7 MeV,
mit $n_E = 1,8; 1,9; 2,3; 3,2$ bei 1,5 MeV,
mit $n_E = 1,8; 2,1; 2,3; 2,4$ bei 0,3 MeV.
(für den Rutherford-Querschnitt ist $n_E = 2$.)

Bei Berücksichtigung der endlichen Kernausdehnung (§ 7.15) verstärkt sich diese Energieabhängigkeit, und zwar um so mehr, je größer Θ, je größer Z und je größer E ist.

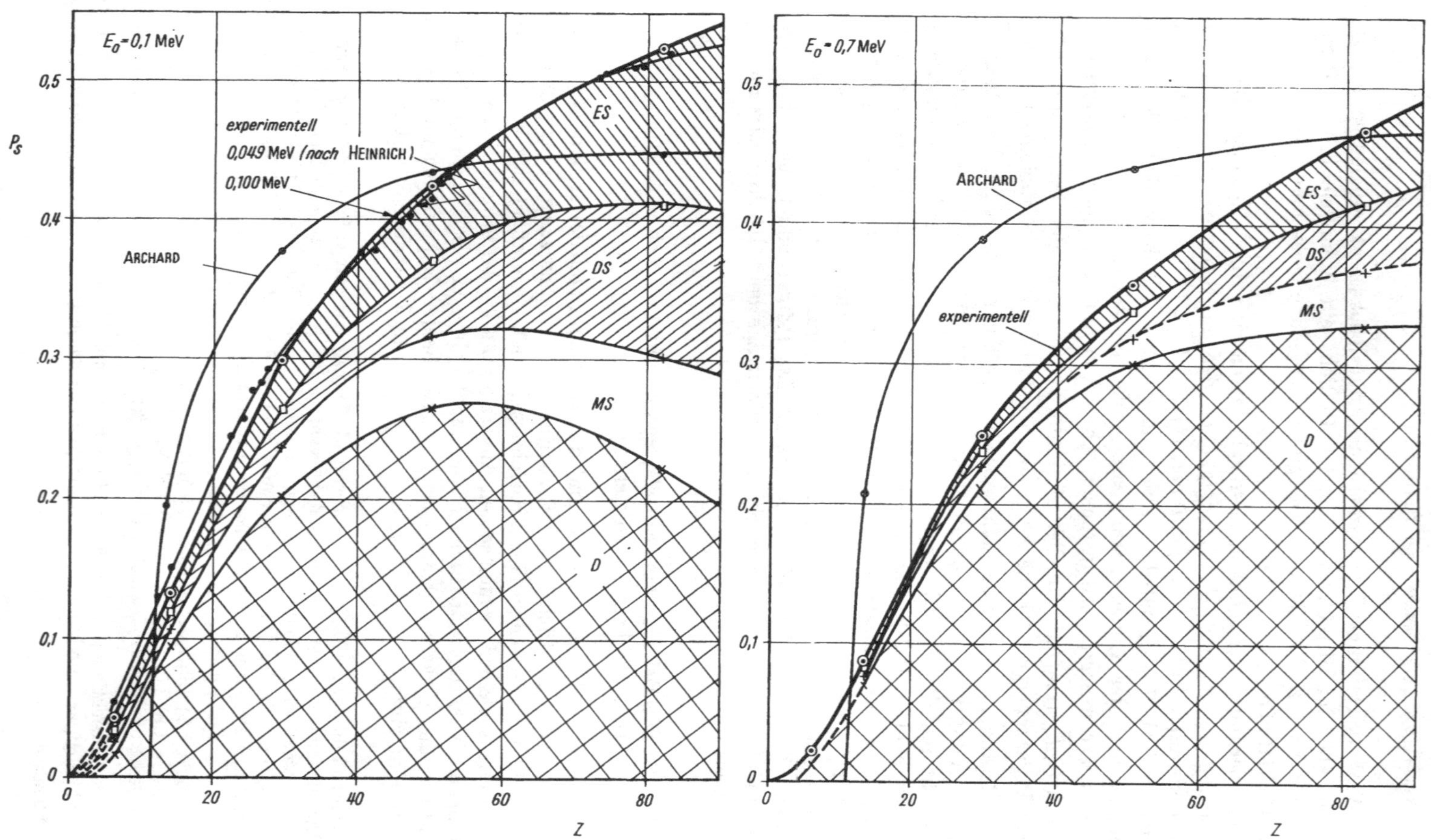
E_0 = 0,1 MeV
P_s
experimentell
0,049 MeV (nach HEINRICH)
0,100 MeV
ARCHARD
ES
DS
MS
D
0
0,1
0,2
0,3
0,4
0,5
20
40
60
80
Z
E_0 = 0,7 MeV
ARCHARD
experimentell
ES
DS
MS
D
0
0,1
0,2
0,3
0,4
0,5
20
40
60
80
Z

a) b)

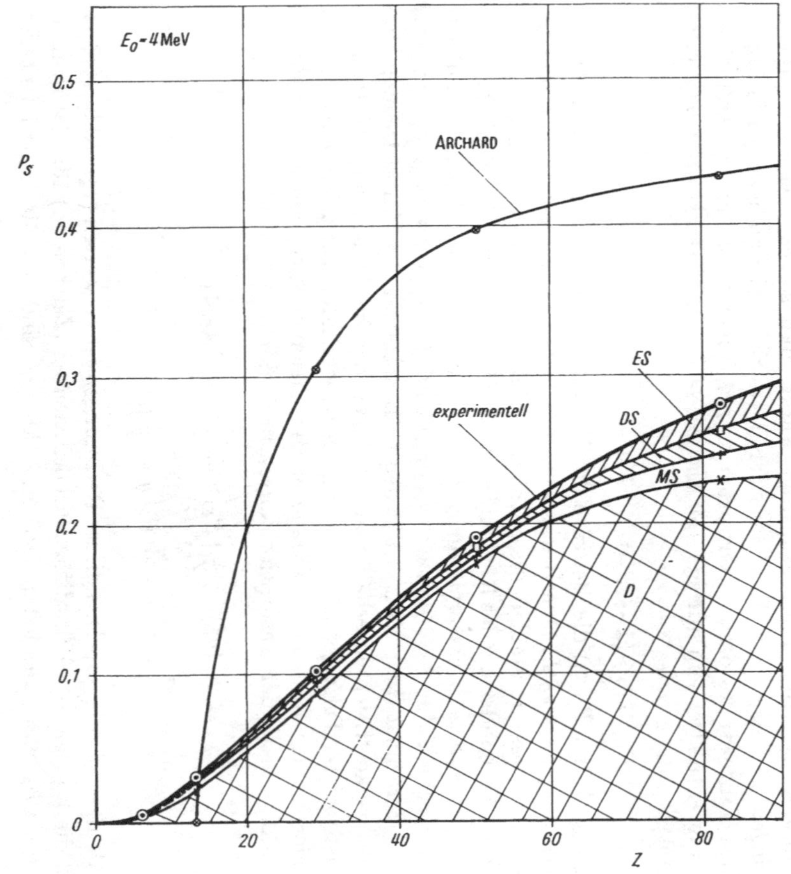

c)

Abb. 12.2-1.
Koeffizienten der Rückstreuung in den Halbraum 2π für senkrecht auf sättigungsdicke Streuer einfallende Elektronen als Funktion der Kernladungszahl des Streumediums für die Primärenergien 0,1; 0,7 und 4,0 MeV (nach [Th 67]). Beiträge der Einzelstreuung (*ES*), Doppelstreuung (*DS*), Mehrfachstreuung (*MS*) und Diffusion (*D*) nach Absorptionskorrektur. Eingetragen sind der Verlauf des Rückdiffusionskoeffizienten nach dem Punktquellen-Diffusionsmodell von ARCHARD [Ar 61] und experimentelle Ergebnisse (von [He 63] sowie interpolierte Werte nach Messungen verschiedener Autoren)

können, daß die Summe der partiellen Beiträge von Einzelstreuung und Diffusion etwa zum Transmissions- bzw. Rückstreukoeffizienten die experimentellen Werte zumindest nicht übersteigt; vielmehr sollte ein Fehlbetrag auftreten, der für den Beitrag der theoretisch bisher nicht erfaßten Mehrfachstreuung Raum läßt. Im folgenden sollen derartige *bilanzierende Betrachtungen* für den besonders übersichtlichen Fall des *Rückstreukoeffizienten sättigungsdicker Schichten* bei senkrechtem Einfall eines Elektronenbündels angestellt werden [Th 67].

Zunächst kann festgestellt werden (vgl. Abb. 9.5-2), daß eine einfache *Addition* der nach dem Einzelstreumodell von Everhart [Ev 60] und nach dem Diffusionsmodell von Archard [Ar 61] berechneten Werte weitaus *zu große Werte* für den Gesamt-Rückstreukoeffizienten P_s liefert; auf die Ursachen, die insbesondere in der Nichtbeachtung der wiederholten Umkehr und der durchlaufenen Umwege zu suchen sind, wurde bereits hingewiesen (s. § 9.6 und § 11.1 bzw. 11.45). Die Ergebnisse entsprechender *Korrekturrechnungen* (für das Punktquellen-Diffusionsmodell (§ 11.12)) bei drei Primärenergien im Bereich von 0,1 bis 4,0 MeV [Th 67] sind in Abb. 12.2-1 wiedergegeben. Die eingetragenen Beiträge der Einzelstreuung um große Winkel und der Diffusion sind darüber hinaus insofern noch modifiziert worden, als in Anbetracht ihres simultanen Auftretens berücksichtigt wurde, daß solche Elektronen, die in geringen Tiefen — vor Erreichen der Tiefe der vollständigen Diffusion — einem Einzelstreuprozeß unterworfen waren, nicht nochmals im Diffusionsbeitrag enthalten sein dürfen. Der *korrigierte Rückdiffusionskoeffizient* $P_{Dk}(t_D)$ ergibt sich daher aus

$$P_{Dk}(t_D) = (1 - P_E(t_D)) \cdot P_D(t_D) ,$$

wo $P_E(t_D)$ und $P_D(t_D)$ die Beiträge der Einzelstreuung bzw. der Diffusion aus Tiefen $t \leqq t_D$ $(= s_D/L)$ zum Rückstreukoeffizienten bei getrennter Betrachtung der Teilprozesse darstellen; diese Korrektur führt (bei großen Z und kleinen E_0) zu einer Verminderung der Rückdiffusionskoeffizienten um etwa 15 bis 20%.

Der *korrigierte Einzelstreubeitrag* P_{Ek} wurde entsprechend dem Ablauf der Streuvorgänge für $t < t_D$ (bzw. $y < y_D$) und $t > t_L$ (bzw. $y > y_D$) in zwei Teilen berechnet ($y = x/R_{ex}$). Für den Gesamtbeitrag der Einzelstreuung zum Rückstreukoeffizienten erhält man — wegen der im Punktquellen-Diffusionsmodell bei der Diffusionstiefe t_D plötzlich einsetzenden Diffusion, die eine Verminderung der Einzelstreubeiträge großer Tiefen ($t \geqq t_D$) um einen Faktor 2 bewirkt — nach der Absorptionskorrektur (s. § 9.6)

$$P_{Ek} = P_E(y_D) - \frac{1}{2}\left[P_E\left(y = \frac{1}{2}\right) - P_E(y_D)\right]$$
$$= \frac{1}{2}\left[P_E(y_D) - P_E\left(y = \frac{1}{2}\right)\right].$$

Als wesentliches *Ergebnis* dieser Rechnungen ist zu werten (vgl. Abb. 12.2-1), daß die korrigierten Rückdiffusionskoeffizienten (Zeichen $\times$) für alle Primärenergien E_0 und Kernladungszahlen Z kleiner sind als die experimentellen

Rückstreukoeffizienten, so daß besonders bei kleinen E_0 und kleinen Z Raum für die Beiträge der Einzel-, Doppel- und Mehrfachstreuung (um größere Winkel) bleibt. Die eingetragenen Rückdiffusionskoeffizienten der ARCHARDschen Theorie (§ 11.12, Kurven A, Punkte ⊗) sind besonders für mittlere Z und bei großen E_0 zu groß; die Austrittswinkelbedingung des Punktquellen-Diffusionsmodells führt also auch bei Beachtung der Energieabhängigkeit der Diffusionstiefe keineswegs zu einer ausreichenden Reduktion des rücklaufenden Teilchenstromes. Erst mit der (halbempirischen) Absorptionskorrektur (vgl. § 11.45), die wohl vor allem das Ausscheiden von Elektronen aus dem rückläufigen Büschel infolge Wiederumkehr bzw. infolge der Wegverlängerung auf Grund mehrfacher Umkehr erfaßt, werden zufriedenstellende Ergebnisse erhalten.

Die berechneten Einzelstreubeiträge wurden von den experimentellen Rückstreukoeffizienten (Punkte ⊙, interpolierte Werte nach diversen Literaturangaben) subtrahiert (Punkte □). Der Beitrag von Doppelstreuungen wurde gemäß den Abschätzungen von BÖDY [Bö 62] ohne weitere Rechnungen auch für den Fall einer Absorptionskorrektur gleich dem Einzelstreubeitrag angenommen und ebenfalls subtrahiert (Punkte +). Das verbleibende, nichtschraffierte Gebiet sollte der Wirkung der bisher nicht berechenbaren Mehrfachstreuung zu großen Winkeln zugeschrieben werden können.

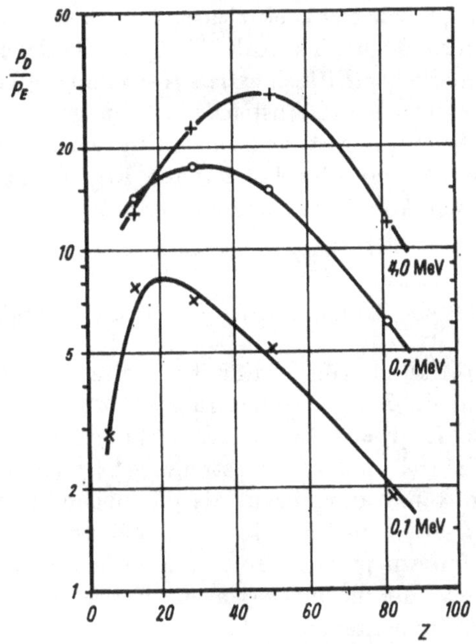

Abb. 12.2-2. Kernladungszahlabhängigkeit des Verhältnisses der Diffusions- (und Mehrfachstreu-) Beiträge und der Beiträge von Einzelstreuung (inkl. Doppelstreuung) zum Sättigungsrückstreukoeffizienten für verschiedene Primärenergien E_0

Als praktische *Schlußfolgerung* ergibt sich, daß insbesondere für kleine Z und größere E_0 die Diffusionsprozesse — und die sich wenigstens wohl teilweise hinsichtlich etwa der Winkel- und Energieverteilungen ähnlich verhaltenden Mehrfachstreubeiträge — zwischen 70 und 90% des Sättigungsrückstreukoeffizienten liefern und somit die dominierende Rolle spielen (vgl. Abb. 12.2-2). Elektronenstreuprozesse und damit zusammenhängende Phänomene — wie etwa die Röntgenfluoreszenzanregung durch Elektronen bei der Mikroprobenanalyse [Du 63] [Br 64a] [He 64] [He 65] [Ol 68] oder die Rückstreuung von Betastrahlung — sollten daher zumindest für den Bereich der betrachteten Primärenergien von 0,1 MeV bis 4 MeV durch ein *Diffusionsmodell besser* beschrieben werden können *als* durch ein *Einzelstreu-Modell.*

Die prinzipiellen Mängel des Punktquellen-Diffusionsmodells (vgl. § 11.12) — nämlich die Sättigungsrückstreukoeffizienten leichter Elemente, für welche die Diffusionstiefe größer als die halbe Reichweite ist, sowie den monotonen Anstieg des Rückstreukoeffizienten mit der Foliendicke nicht erklären zu können — treten selbstverständlich auch bei großen Primärenergien in Erscheinung. Die durchgeführten Rechnungen zeigen eindeutig, daß die experimentellen Rückstreukoeffizienten in solchen Fällen allein durch Einzel-, Doppel- und Mehrfachstreuung selbst für kleine E_0 wegen der zu geringen Streuwahrscheinlichkeiten nicht erklärbar sind; insofern bedürfen Einschätzungen [Co 65] [Da 64], wonach im Energiebereich um 10 keV für große Z die Einzelstreu-Beiträge 50% oder mehr des Sättigungsrückstreukoeffizienten ausmachen sollen, einer Überprüfung. Dieser Sachverhalt war der Anlaß für die Überlegungen zum Diffusionsmodell mit kontinuierlicher Diffusionstiefenverteilung (§ 11.45), das die besagten Mängel des Punktquellen-Diffusionsmodells nicht aufweist und für den Rückdiffusionskoeffizienten sättigungsdicker Schichten Werte liefert, die innerhalb von 10 bis 15% mit den korrigierten Ergebnissen des Punktquellen-Diffusionsmodells nach Abb. 12.2-1 übereinstimmen.

12.3 Numerische und statistische Behandlungen des Transportproblems

Die besprochenen analytischen Verfahren zum Auffinden von geschlossenen Lösungen der BOLTZMANN-Gleichung für das Elektronentransportproblem liefern sämtlich nur Teilergebnisse (in z. T. groben Näherungen) für spezielle Ausbreitungsstadien der Elektronen (Einzel- und Vielfachstreuung bzw. Diffusion) bei Annahme genügend einfacher Randbedingungen, die die Behandlung des Ausbreitungsprozesses durch nur *zwei* unabhängige Variable ermöglichen. Weitergehende Beschreibungen erfordern prinzipiell numerische Methoden der Auswertung der Transportgleichung, für die im wesentlichen zwei Verfahren bekannt sind. Das ist einerseits die Momentenmethode, bei der der Elektronentransport als vereinfachtes Dreivariablenproblem analytisch behandelt und gelöst werden kann, während die Auswertung der Lösungen durch numerische Integrationen erfolgen muß. Das zweite Verfahren ist als Monte-Carlo-Methode bekannt (§ 12.32). Darüberhinaus können durch Anwendung der Methode der Matrixfunktionen geschlossene Lösungen spezieller Transportgleichungen erhalten werden, die numerischer Auswertungen bedürfen (§ 12.33).

12.31 Die Momentenmethode

Ausgehend von der Transportgleichung der Aufstreuung (6.4-4) – also auf der Grundlage des Modells der kontinuierlichen Abbremsung – hat LEWIS [Le 50] ohne Benutzung der Kleinwinkelnäherung das Elektronentransportproblem als vereinfachtes Dreivariablenproblem behandelt und Lösungen in allgemeiner Form aufgeschrieben (s. a. [En 69]). Die numerische Lösung sowie die Konstruktion der Teilchenflußdichteverteilung aus den numerisch berechneten räumlichen Momenten gelang SPENCER [Sp 55] [Sp 59] (s. z. B. [Bi 58] [Vo 66]) unter Annahme spezieller Randbedingungen.

SPENCER betrachtet die Fälle einer isotropen Punktquelle sowie einer ebenen Quelle mit senkrechter Emission monoenergetischer Elektronen in einem homogenen, unbegrenzten Medium. In beiden Fällen ist die differentielle Teilchenflußdichte $f(x, s, \Theta)$ – neben dem Streuwinkel Θ und der Restbahnlänge $L(s) = \bar{L} - s$ – nur von einer einzigen Ortskoordinate abhängig. Sie gibt die Zahl der Elektronen an, die im Abstand x von der Quelle pro Einheit der Zeit, des Raumwinkels und der Restbahnlänge die Flächeneinheit einer kleinen, kugelförmigen Sonde durchqueren, wobei $f(x, L, \Theta)$ meist auf ein emittiertes Elektron pro Sekunde normiert wird. Durch Entwicklung nach Kugelfunktionen bezüglich Θ und weiter durch Entwicklung nach Potenzen von x gelingt die Eliminierung dieser Variablen. Anstelle der Funktion $f(x, L, \Theta)$ liegt dann ein Funktionssystem $f_{ik}(L)$ – das sind die räumlichen Momente – vor, das einem System gekoppelter Differentialgleichungen gehorcht. Eine numerische Integration wird wegen der steilen L-Abhängigkeit der Momente erst nach Multiplikation mit dem Massenbremsvermögen möglich.

Das Ergebnis ist eine *dimensionslose Energieabsorptionsfunktion*. Diese lautet für den *Fall einer ebenen Quelle*

$$I_N(z, E_0) = \frac{I(z, E_0)}{(\mathrm{d}E/\mathrm{d}s)_{E_0}} \qquad \text{mit} \qquad z = x/\bar{L}\,, \tag{12.3-1}$$

wo x der senkrechte Abstand von der ebenen Quelle,
$\bar{L}$ die mittlere Bahnlänge und
$(-\,\mathrm{d}E/\mathrm{d}s)_{E_0}$ das Bremsvermögen für die Primärenergie E_0

bedeuten; $I(z)\,\mathrm{d}z$ ist diejenige Energie, die pro cm² in der ebenen Schicht zwischen z und $z + \mathrm{d}z$ von einem jeden Quellelektron mit der Primärenergie E_0 je cm² der Quellenoberfläche abgegeben wird. Für eine *Punktquelle* ist

$$I_N(r, E_0) = \frac{I(r, E_0)}{(\mathrm{d}E/\mathrm{d}s)_{E_0}} \qquad \text{mit} \qquad r = x/\bar{L}\,, \tag{12.3-2}$$

wo $I(r)\,\mathrm{d}r$ diejenige Energie ist, die in einer Kugelschale zwischen r und $r + \mathrm{d}r$ von jedem Quellelektron der Energie E_0 abgegeben wird [Bi 58] [Sp 59].

Ergebnisse wurden für den Energiebereich von 0,025 bis 10 MeV für die Materialien Be, Al, Cu, Cd, Pb und Polystyrol in Form von Tabellen angegeben [Sp 59]. Sie sind für den Fall einer ebenen Quelle in unendlich ausgedehntem Medium in Abb. 12.3-1 (s. Beilage) dargestellt (vgl. auch Abb. 3-5). Den Auswertungen liegen Bremsvermögen (nach [Sp 55]) zugrunde, die unter Vernachlässigung der Bremsstrahlungserzeugung sowie unter Beschränkung auf Energien oberhalb der Bindungsenergie der K-Elektronen gewonnen wurden, so daß für große Z auf Angaben bei kleinen und großen Energien verzichtet werden mußte. (Darüber hinaus muß mit Fehlern gerechnet werden, die in der Größenordnung der Unterschiede zwischen den von SPENCER bzw. von BERGER und SELTZER berechneten Bremsvermögen (Abb. 8.3-3) liegen.) Die Streuwahrscheinlichkeit wurde nach dem exakten, abgeschirmten MOTT-Querschnitt berechnet; der Einfluß der Schalenstruktur der Atomhülle wird nicht erfaßt. Mit dem abgeschirmten RUTHERFORD-Querschnitt ergaben sich für große Z oberhalb 0,5 MeV Abweichungen bis zu 20%.

Obwohl die Momentenmethode streng genommen nur auf die Absorption in leichten Materialien bei Energien unterhalb 0,5 MeV anwendbar ist, stimmen die berechneten Verteilungen auch für schwerere Materialien und größere Energien außerordentlich gut mit den experimentellen Ergebnissen überein, sofern bei der Wahl der Meßbedingungen (etwa nach der Art der Geometrie c der Abb. 3-4) der Voraussetzung der Theorie Rechnung getragen wird, daß die Streuung in einem unbegrenzten Medium erfolgt. Bei Messungen an ebenen, dicken Absorbern (Geometrie b) fehlen die Rückstreubeiträge aus dem vorderen Halbraum, so daß die experimentellen Punkte im Bereich kleiner Eindringtiefen unterhalb der theoretischen Werte liegen.

Literaturangaben über Anwendungen der Momentenmethode enthält Tab. 12.3-1.

Tabelle 12.3-1. Literaturübersicht: Anwendungen der Momentenmethode

Autor	Zitat	Streumedium	Primärenergie [MeV]	Ergebnisse teilweise gezeigt in Abb.
ADAWI	Ad 57	H_2O	10–25	–
HUFFMAN u. a.	Hu 57a	Al	0,05–0,13	–
SPENCER	Sp 59	Be....Pb	0,025–10	3–5, 12.3-1
CREW	Cr 61	Luft	0,4	3–2
KESSARIS	Ke 64	H_2O	10–20	–
TOMLIN	To 66	Cu	0,029	–

12.32 Die Monte-Carlo-Methode

Bei der Monte-Carlo-Methode werden die Schicksale individueller Elektronen beim Durchlaufen ihrer Bahn auf der Grundlage der bekannten Streugesetze und unter Berücksichtigung der zufälligen Schwankungen simuliert. Bei Berechnung genügend vieler Elektronenschicksale lassen sich signifikante Ergebnisse für die Flußdichte- und Verteilungsfunktionen mit ausreichender statistischer Sicherheit erhalten. Da im Gegensatz zum Diffusionsmodell oder auch zur Momentenmethode Monte-Carlo-Rechnungen keine analytischen Rechenschritte enthalten, sind diese nicht an das Vorliegen einfacher Randbedingungen gebunden, und es können im Prinzip alle Feinheiten des Elektronentransportphänomens — Klein- und Großwinkelstreuung, Energieverlust und Straggling, Bremsstrahlungs- und Sekundärelektronenerzeugung usw. — im Programm berücksichtigt werden.

Zur Berechnung der *Schicksale* von Elektronen bei ihrem Weg durch einen Absorber werden ihre Bahnen in so kurze Teilstrecken eingeteilt, daß für die Richtungs- und Energieänderungen auf diesen Teilstrecken bekannte Gesetzmäßigkeiten gelten. Bei verhältnismäßig seltenen Wechselwirkungen kann diese Einteilung so fein gemacht werden, daß für das Verhalten auf den Teilstrecken die atomaren Wechselwirkungsquerschnitte herangezogen werden können. Bei sehr häufigen Wechselwirkungen werden aus Gründen des Rechenaufwandes die Teilstrecken meist so gewählt, daß die theoretisch abgeleiteten Gesetzmäßigkeiten für Vielfachprozesse in dünnen Schichten, z. B. für Energieverlustschwankungen (s. § 8.4) und Vielfachstreuung (§ 10.3), anwendbar sind (s. z. B. [Pa 67] [Be 63b] [Me 64]).

Um aus diesen Wahrscheinlichkeitsaussagen über die *Zustandsänderungen der Elektronen auf den Teilstrecken* das Verhalten individueller Teilchen abzuleiten, wird von ‚Zufallszahlen' Gebrauch gemacht, von denen die Monte-Carlo-Methode auch den Namen hat. Die Variationsbereiche der Zustandsänderungen, z. B. des Energieverlustes oder der Richtungsänderung, werden zunächst nach Maßgabe der Wahrscheinlichkeitsverteilung in n gleichwahrscheinliche Intervalle eingeteilt, welche man von 1 bis n durchnumeriert. Für jedes Intervall wird der Mittelwert der Zustandsänderung notiert. Nun wird nach Maßgabe einer Zufallszahl, die willkürlich einem Vorrat von n gleichwahrscheinlichen Zahlen 1 bis n entnommen ist, für jede Art der Zustandsänderung einer der n Mittelwerte ausgewählt. Auf diese Weise simuliert man die in Wirklichkeit auftretenden zufälligen Schwankungen der Zustandsänderungen [Ha 65a].

Sind bestimmte Werte der Zustandsänderungen, z. B. des Energieverlustes ΔE, des Streuwinkels ϑ und des zugehörigen Azimuts φ ausgewählt, so hat man hieraus und aus dem Zustand des Elektrons vor dem Durchlaufen der letzten Teilstrecke, dargestellt durch E_m und $\cos \Theta_m$, den neuen Zustand nach Durchlaufen der Teilstrecke, E_{m+1} und $\cos \Theta_{m+1}$, zu berechnen. (E ist die kinetische Energie und Θ der Ablenkwinkel gegen die Anfangsrichtung.) Im Fall des Energieverlustes genügt eine einfache Subtraktion, $E_{m+1} = E_m - \Delta E$; bei Richtungsänderungen benötigt man den sphärischen Cosinussatz:

$$\cos \Theta_{m+1} = \cos \Theta_m \cos \vartheta + \sin \Theta_m \sin \vartheta \cos \varphi \,. \tag{12.3-3}$$

Wendet man dieses Verfahren sukzessiv auf alle Teilstrecken einer Elektronenbahn an, so hat man ein Elektronenschicksal berechnet. Der Anfangszustand des Elektrons ist dabei nach Energie, Ort und Richtung willkürlich wählbar. Ebenso kann man das Ende der Berechnung eines Elektronenschicksals durch entsprechendes Abfragen im Rechenprogramm willkürlich definieren; man kann z. B. alle Elektronen bis zur völligen Abbremsung verfolgen oder auch geometrische Randbedingungen einführen, die einer bestimmten Schichtdicke, seitlichen Ausdehnung oder inhomogenen Zusammensetzung des Absorbers entsprechen (vgl. Abb. 12.3-2).

Wiederholt man die Berechnung von Elektronenschicksalen sehr oft, und zwar weiterhin unter willkürlicher Wahl der Zufallszahlen, so erhält man eine repräsentative Stichprobe aller (nach den benutzten Gesetzmäßigkeiten) mög-

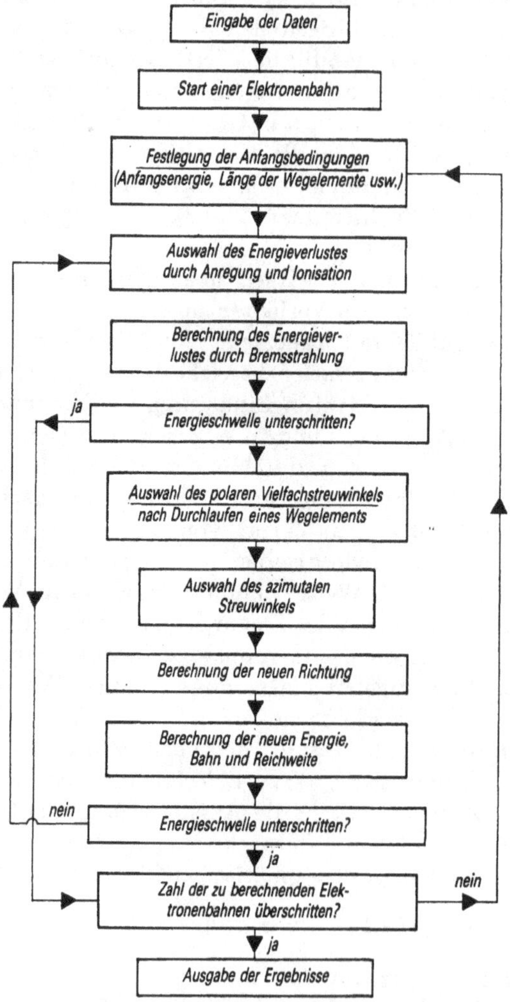

Abb. 12.3-2. Vereinfachtes Flußdiagramm (ohne Randbedingungen) des Monte-Carlo-Programms MCELHE für die Behandlung von Elektronentransportproblemen (nach WITTIG [Wi 68])

lichen Elektronenschicksale, die sich im Hinblick auf Energiespektren und andere Verteilungen auswerten läßt. Die Genauigkeit dieses Ergebnisses im Vergleich zur Wirklichkeit hängt von der Feinheit der Teilstrecken- und Intervalleinteilung und von der Güte der benutzten Formeln für Wirkungsquerschnitte oder Vielfachprozesse ab (nach [Ha 65a]).

Die *statistische Sicherheit der Aussagen* ist abhängig von der Anzahl der berechneten Elektronenbahnen. Wenn etwa das Schicksal eines gewissen Bruchteils f der Primärelektronen interessiert — z. B. der im Energieintervall von E bis $E + \Delta E$ sowie im Winkelintervall von Θ bis $\Theta + \Delta\Theta$ rückgestreuten Elektronen —, so beträgt der statistische Fehler dieser Angabe nach Berechnung von N Teilchenschicksalen $100/\sqrt{Nf}$ %; d. h., um bei $f = 0{,}1$ nur eine 10%ige Genauigkeit zu erzielen, muß $N = 1000$ sein. Da die Zahl der Streuakte für jedes 100 keV-Elektron beispielsweise in der Größenordnung 10^3 liegt, erreicht die Anzahl der zu berechnenden Streuakte bereits 10^6. Für die Berechnung eines kompletten Satzes von Energie- und Winkelverteilungen nur für ein Element und eine Primärenergie wären trotz grober Intervalle größenordnungsmäßig 10^8 Streuakte zu berechnen. Hinzu kommen die weitaus häufigeren Wechselwirkungen mit Hüllenelektronen.

Man erkennt, daß man selbst bei Benutzung schneller Maschinen zur *Beschränkung* von Rechenzeit bzw. -kosten gezwungen ist, weitgehend von den analytischen Ergebnissen der Vielfachwechselwirkungs-Theorien — z. B. der Vielfachstreuung, der Energieverlustschwankungen — Gebrauch zu machen bzw. sich in der Anzahl der Einflußgrößen (wie Foliendicke, Streumaterial, Energie) und ihrer Variationsbreite, der berücksichtigten Wechselwirkungsprozesse (z. B. Bremsstrahlung, Sekundärelektronenerzeugung vernachlässigen) bzw. der berechneten Teilfunktionen der Flußdichteverteilungen zu beschränken. Das spiegelt sich in der überwiegenden Mehrzahl der vorliegenden Arbeiten zur Anwendung der Monte-Carlo-Technik auf Elektronentransportprobleme wider (vgl. Tab. 12.3-2), indem sie sich auf Streuer kleiner Kernladungszahl oder kleiner Dicke bzw. auf relativ große Primärenergien, also auf Fälle beziehen, für die die Ergebnisse der Vielfachstreu-Theorien weitgehend anwendbar sind, bzw. indem vorwiegend integrale Verteilungsfunktionen, wie Bahnlängenverteilungen, Transmissionskurven oder Rückstreukoeffizienten, berechnet werden. Erst in den jüngsten Arbeiten — insbesondere von Berger [Be 65a], Mar [Ma 66] — kann eine größere Ausführlichkeit konstatiert werden.

Es scheinen aus den genannten Gründen bisher auch keine Rechnungen durchgeführt worden zu sein, die von den mit Hartree-Verteilungen berechneten, abgeschirmten Streuquerschnitten (§ 7.14) ausgehen und die Einflüsse der Schalenstruktur der Elektronenhüllen der streuenden Atome auf den Elektronentransportprozeß wiedergeben.

Monte-Carlo-Berechnungen zum Elektronentransport wurden bisher im wesentlichen *unter* den folgenden *drei Aspekten* durchgeführt, die zugleich die derzeitige praktische Bedeutung der Monte-Carlo-Ergebnisse verdeutlichen.

Tabelle 12.3-2. Zusammenstellung wichtiger Arbeiten mit Monte-Carlo-Ergebnissen zum Elektronentransport

Autor	Zitat	Primärenergie E_0 [MeV]	Target-elemente	Einfalls-bedingungen	berechnete Größen und Verteilungen	Ergebnisse, teilweise gezeigt in Abb.
LEISS u. a.	Le 57	5···50	C	⊥	TK	
SIDEI u. a.	Si 57	0,5···2	Al	0···90°	TK, $R_{ex}(E_0)$, RK(η)	12.3-4
PERKINS	Pe 62	0,46···4	C, Al, Cu	⊥	TK, TEV, TDV, $R_{ex}(E_0)$	—
BERGER	Be 63b	0,125···2	Al(Au)	0···90°, *	TK, RK	12.3-4
GREEN	Gr 63	0,029	Cu	45°; 90°	RK, REV, EV(x_e), K-IDK	12.3-3, -5
BERGER u. a.	Be 64c	1···8	Al_2O_3	⊥, *	TEV, TWV	3-3
MEISSNER	Me 64	1,2	Al	⊥	RK, TDV, TEV	
BERGER u. a.	Be 65a (Ze 67b)	0,1···10	diverse	≦ 90°	TK, TEV, TWV, RK, REV, RWV, TDV, BSSp(Θ_{BS}, Z, E_0)	—
BERGER u. a.	Be 65b	1	Al	⊥	TK, TEV	—
BISHOP	Bi 65	0,029	Cu	22,5°···90°	TK, EAK, RK, REV, $R_{ex}(E_0)$, XP	—
HARDER	Ha 65a	10; 15; 20	C	⊥	TK, TEV, TWV, EAK	12.3-6
MAR	Ma 66	1···8	Be, Al, Fe, Ag, Pb	⊥, *	TK(E_0, Z), (TEV)	—
BISHOP	Bi 67	0,005···0,04	C, Al, Ti, Cu, Au	≦ 90°	TK, RK(η), REV, EAK, AK	3-5
PAUL u. a.	Pa 67	0,05; 0,1; 0,2	N, Al, Ag	≦ 90°; *	TWV, RWV, RK	10.3-1, -3
BARANOV u. a.	Ba 68a	0,4···2	Al	⊥	TK, TEV, TWV, EAK	—
HARA	Ha 68	0,3···1	Al	⊥	Straggling, Knock-on	—
WITTIG	Wi 68	0,25···6	C···Pb	⊥, *	TK(E_0, Z), BLV(E_0, Z), EAK U(E_0, Z), $\bar{L}(E_0, Z)$	8.3-4, 8.4-2, 11.5-2
ZEIDL u. a.	Ze 68	0,2	Al	60°	TWV ($\varrho x = 0{,}0015$ g/cm²)	—
BERGER u. a.	Be 69	0,15···5	Si	⊥	TK, RK, AK (0,5···10 mm Si)	—
	Be 69a	20	H_2O	⊥	EAK	
POZDNEEV u. a.	Po 71	0,2···5	Fe	⊥, *	TEV ($\Theta = 0···90°$, $\Omega_0 = 2\pi$)	
SHIMIZU u. a.	Sh 72	0,015···0,030	Al, Cu, Au	30°···90°	RWV, REV, RK(η), EAK, Austrittspunkte der Rückstreuelektronen	

Erläuterungen:

Einfallsbedingungen: Einfallswinkel η bzw. ⊥ senkrechter Einfall ($\eta = 90°$), * diffuser Einfall.
Größen: E_0 Primärenergie; Z Kernladungszahl; x Foliendicke; x_e Eindringtiefe; R_{ex} extrapolierte Reichweite; L mittlere Bahnlänge.
Verteilungen: vgl. Abkürzungen im Symbolverzeichnis; XP Erzeugung von charakteristischer Röntgenstrahlung; BLV Bahnlängenverteilung; U Umwegfaktor; EV (x_e) Energieverteilung als Funktion der Eindringtiefe; EAK Energieabsorptionskurve; K-IDK Ionisationsdichtekurve für K-Schalen-Ionisation; BSSp (Θ_{BS}) Bremsstrahlungsspektren für Ablenkwinkel Θ_{BS} der Bremsstrahlung gegen die Einfallsrichtung der Elektronen

1. Vergleich der rechnerischen und experimentellen Ergebnisse als mittelbarer Test für die Richtigkeit der zugrunde gelegten Gesetzmäßigkeiten für die atomaren Wechselwirkungsprozesse bzw. für die Vielfachwechselwirkungsprozesse;
2. Variation der Rechenprogramme, um Aufschluß über das Zusammenwirken der verschiedenartigen Teilprozesse des Elektronentransportphänomens zu erhalten;
3. Berechnung numerischer Ergebnisse für solche Verteilungsfunktionen, die einer experimentellen Erfassung nur schwer zugänglich sind.

Die beiden ersten Gesichtspunkte stehen in engem Zusammenhang mit der *Optimierung* von Rechenprogrammen hinsichtlich guter Genauigkeit der Ergebnisse bei kleinstem Aufwand an Rechenzeit; denn die Güte einer Monte-Carlo-Rechnung ist gleichzeitig von der geschickten Wahl der Rechenschritte und der passenden Wechselwirkungswahrscheinlichkeiten abhängig, und es können nach Abschluß der Rechnung etwa auftretende Abweichungen zwischen dem numerischen und einem bekannten experimentellen Ergebnis nicht ohne weiteres nachträglich einem dieser Faktoren eindeutig zugeschrieben werden. Zur Beurteilung des Einflusses der einzelnen Faktoren sind vielmehr Kontrollrechnungen erforderlich. Solche Untersuchungen wurden insbesondere von Berger [Be 63b] durchgeführt.

Ein wesentlicher Gesichtspunkt bei der Konzipierung eines Rechenprogramms ist die geeignete Wahl der *Länge der Wegintervalle* Δs, die so zu bemessen ist, daß sie einerseits ausreichend groß sind, um die Rechenzeit klein zu halten, daß sie aber andererseits so klein bleiben, daß die Richtigkeit der Vielfachwechselwirkungstheorien gewährleistet ist. Während die Mehrzahl der Autoren der Einfachheit halber Δs längs der Elektronenbahn als konstant ansetzt, empfiehlt Berger, Δs so zu wählen, daß im Mittel die Energie des Elektrons in jedem Rechenschritt um einen konstanten Faktor k abnimmt, so daß bei gegebenen E_n und s_n also s_{n+1} durch die Gleichung

$$1 - \frac{1}{E_n} \int\limits_{s_n}^{s_{n+1}} \left| \frac{\mathrm{d}E}{\mathrm{d}s} \right| \mathrm{d}s = k$$

bestimmt ist. Dieses *‚logarithmic spacing‘* hat den Vorteil, daß die mittlere Ablenkung durch Vielfachstreuung sich von Schritt zu Schritt nur wenig ändert; denn nach einer Faustregel [Bl 51a, b] ist der mittlere Cosinus des Ablenkwinkels durch

$$\overline{\cos \Theta} \approx \left[\frac{E_{n+1}}{E_n} \cdot \frac{E_n + 2\, m_0\, c^2}{E_{n+1} + 2\, m_0\, c^2} \right]^{0,3\, Z}$$

gegeben, so daß für Energien E_n und E_{n+1} kleiner als $m_0 c^2$ die Winkelablenkung in guter Näherung nur von E_{n+1}/E_n und nicht von E_n und E_{n+1} einzeln abhängt, (worin Berger die eigentliche Ursache für die Gültigkeit von Ähnlichkeitsregeln (§ 12.21) sieht). Die Schrittlänge und damit die Zahl der Schritte wird so gewählt, daß die Winkelablenkung pro Schritt i. allg. etwa 15° nicht wesentlich übersteigt, so daß für 2-MeV-Elektronen in Al ca. 100 Schritte bis zur Abbremsung benötigt werden. Der Energieverlust je Schritt wird nach dem kontinuierlichen Bremsmodell durch

$$\Delta E_n = E_n - E_{n+1} = \int\limits_{s_n}^{s_{n-1}} \left|\frac{\mathrm{d}E}{\mathrm{d}s}\right| \mathrm{d}s$$

oder aus einem Straggling-Modell bestimmt; für logarithmische Weglängenintervalle wird somit $E_{n+1} = k\,E_n$, so daß z. B. die Darstellung von Energieverteilungen über der sog. „Lethargie"-Variablen $u = m \log_2 (E_0/E)$ angemessen erscheint (vgl. Abb. 12.3-3), die als Zahl der Schritte (mit dem Energiereduktionsfaktor $k = 2^{-1/m}$) interpretiert werden kann, die berechnet wurden, bevor das Elektron aus dem Medium entweicht.

Die in einem Bahnsegment auftretende Winkelablenkung (bzw. auch seitliche Versetzung) kann statistisch aus den Lösungen einer der erwähnten Vielfachstreu-Theorien (§ 10.3) ausgewählt werden, falls die Erzeugung von Bremsstrahlung oder schneller Sekundärelektronen (knock-on-Elektronen) unberücksichtigt bleiben darf; bei Einschluß der Sekundärelektronen müssen die Segmentgrößen oder Schrittlängen so gewählt werden, daß sie der Wahrscheinlichkeitsverteilung der Ionisationsstöße entsprechen; das wird durch die zufällige Wahl der Segmentlängen gemäß der Ionisationsdichteverteilung gewährleistet. Außerdem muß die Formel für das Bremsvermögen so modifiziert werden (s. [Be 64a]), daß die Energieverluste ausgenommen sind, die in den individuellen Ionisationsereignissen mit großen (‚katastrophic') Energieverlusten enthalten sind. Auf ähnliche Weise kann die Erzeugung von Bremsstrahlung berücksichtigt werden.

Einen ausgezeichneten *Überblick über* die Auswirkungen zahlreicher der genannten Möglichkeiten zur Variation von Monte-Carlo-Rechnungen auf *die numerischen Ergebnisse* vermittelt die Arbeit von Berger [Be 63b].

So wird im kontinuierlichen Bremsmodell der *Rückstreukoeffizient* von Al für 1-MeV-Elektronen auf der Grundlage der Goudsmit-Saunderson-Theorie mit dem Einzelstreugesetz nach Rutherford und nach Mott sowie nach der Molièreschen Theorie mit und ohne Berücksichtigung der seitlichen Versetzungen für den senkrechten Einfall (0,100; 0,086; 0,090; 0,088; ±0,009) sowie für eine isotrope Quelle (0,476; 0,367; 0,357; 0,355; ±0,015) berechnet. Während die letzten drei genannten Verfahrensweisen innerhalb der Fehlergrenzen übereinstimmende Ergebnisse liefern, führt die Benutzung des Rutherford-Querschnittes zu deutlich zu hohen Rückstreukoeffizienten. Mit diesen gleichen Variationen berechnete Transmissionskoeffizienten lassen dagegen keinen Unterschied erkennen. Die Vernachlässigung der seitlichen Versetzungen der Elektronen gegenüber der Einfallsrichtung der Primärstrahlung haben danach keinen merklichen Einfluß auf Transmissions- und Rückstreukoeffizienten.

Von besonderem Interesse ist der Einfluß des Stragglingeffektes auf Energieverteilungen, die zunächst unter Annahme des kontinuierlichen Bremsmodells

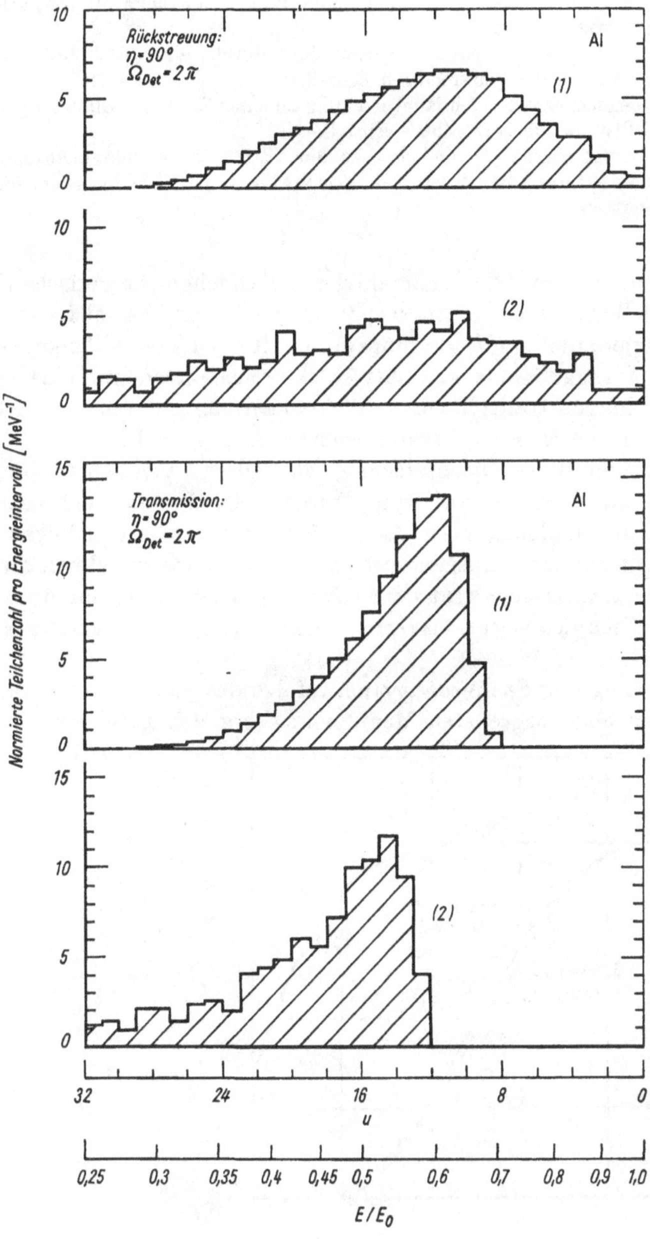

Abb. 12.3-3. (Legende umseitig)

Abb. 12.3-3. Einfluß des Stragglingeffektes auf den Verlauf von Transmissions- und Rückstreu-Energieverteilungen von 0,5 MeV-Elektronen nach Monte-Carlo-Rechnungen von BERGER [Be 63b].
a) Energiespektren nach Transmission durch eine Al-Folie der Dicke 0,111 g/cm² bei senkrechtem Einfall,
b) Energiespektren nach Rückstreuung an einem halbunendlich ausgedehnten Al-Streuer für senkrechten Einfall.
Die Histogramme (1) sind jeweils die aus (2) durch eine näherungsweise Berücksichtigung der Energieverlustschwankungen hervorgegangenen Energiespektren

berechnet wurden, liegt doch der Mehrzahl der analytischen-theoretischen Ergebnisse dieses Modell zugrunde. BERGER [Be 63b] zeigt am Beispiel von Al und 0,5-MeV-Elektronen, daß eine (näherungsweise mit der LANDAU-Theorie (§ 8.41) vorgenommene) Stragglingkorrektur bei Rückstreuspektren nur eine geringe, bei Energieverteilungen transmittierter Elektronen dagegen eine beträchtliche Verschiebung zu größeren Energien hin bewirkt (Abb. 12.3-3a bzw. b).

Die Einflüsse von Ionisationsbremsung, Straggling, Vielfachstreuung und Bremsstrahlung auf den Verlauf von *Transmissionskurven* veranschaulicht Abb. 12.3-4. Transmissionskurven fallen für große Absorberdicken (d. h. $T < 0{,}3$) im Vergleich zum experimentellen Verlauf etwas zu schnell ab, wenn das Straggling vernachlässigt wird. Zum Anteil der Streuung am Aufbau des Maximums der Energieabsorptionsverteilungen wird auf § 3 verwiesen (vgl. auch [Ha 65a]).

Die Verminderung der *Energieabsorption* infolge des Entweichens von Elektronen aus einem eben begrenzten Medium im Vergleich zu einem unendlich

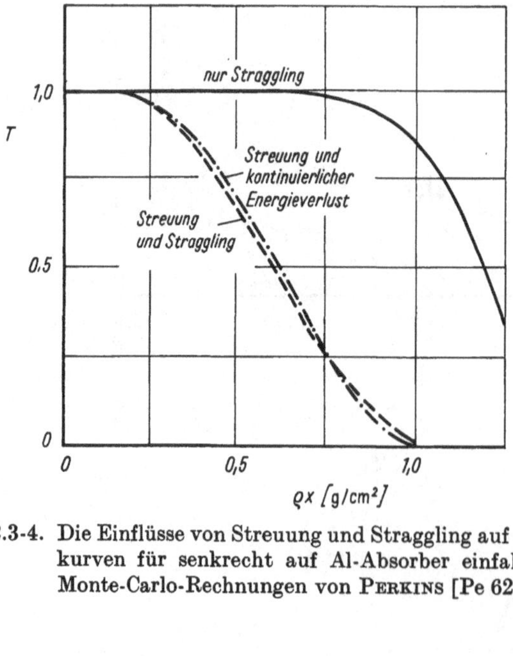

Abb. 12.3-4. Die Einflüsse von Streuung und Straggling auf den Verlauf von Transmissionskurven für senkrecht auf Al-Absorber einfallende 2-MeV-Elektronen nach Monte-Carlo-Rechnungen von PERKINS [Pe 62]

ausgedehnten Absorber zeigt BERGER an einem Beispiel (Al, 1 MeV); für eine ebene Quelle ist nur für $z/\bar{L} < 0{,}1$ ein Unterschied feststellbar, der an der Oberfläche ca. 8% beträgt; für eine isotrope Quelle liegt die Abweichung an der Oberfläche bei ca. 40% und verschwindet erst für $z/\bar{L} > 0{,}7$. Die für das räumlich unbegrenzte Medium berechneten Verteilungen stimmen ausgezeichnet mit den Ergebnissen von SPENCER [Sp 59] überein, wie auch BISHOP [Bi 67] für sehr kleine Energien (vgl. Abb. 3-5) sowie WITTIG [Wi 68] für größere Energien bestätigen. Die von BERGER [Be 63b] berechneten ***Rückstreu-Winkelverteilungen*** für verschiedene Einfallsbedingungen zeigt Abb. 12.3-5. Die gute Übereinstimmung der Ergebnisse von Monte-Carlo-Rechnungen und Experimenten

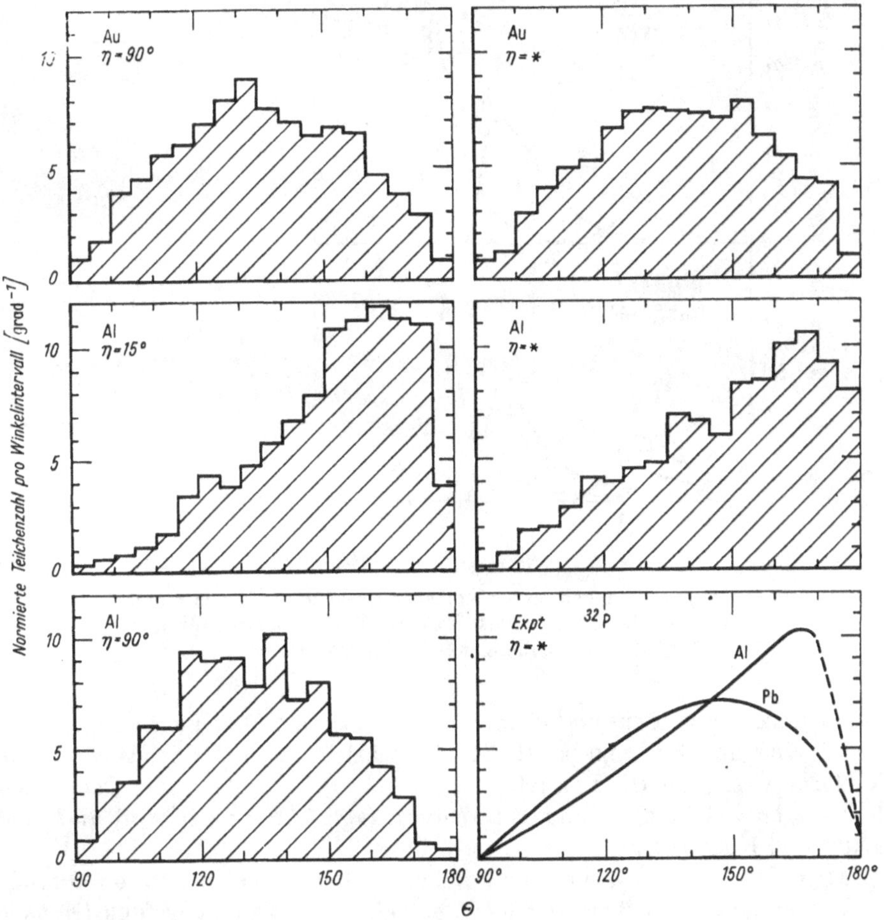

Abb. 12.3-5. Winkelverteilungen von 0,5-MeV-Elektronen nach Rückstreuung (in den Halbraum) an einem semiinfiniten Medium nach Monte-Carlo-Rechnungen von BERGER [Be 63b]; links – für kollimierten Einfall unter dem Winkel η (gemessen gegen die Targetoberfläche), rechts – für isotropen Einfall (eingetragen: experimentelle Ergebnisse für P-32)

veranschaulichen auch Untersuchungen von Harder [Ha 65a] zur *Energieverteilung* von 10-MeV-Elektronen nach Transmission durch Kohlenstoffschichten unterschiedlicher Dicke (s. Abb. 12.3-6).

Im folgenden sollen einige *Charakteristika von Monte-Carlo-Rechnungen*, deren Ergebnisse an anderer Stelle zitiert sind (vgl. Tab. 12.3-2), genannt werden.

Perkins [Pe 62] benutzte Wegsegmente konstanter Länge $\Delta s = 0{,}02\,E$ (E in MeV, Δs in g/cm²); die Winkelablenkungen werden aus der Molièreschen Theorie entnommen und das Energiestraggling nach der Landau-Theorie berücksichtigt. Mar [Ma 66] benutzt ein Programm (von [Mc 63]), das sich auf

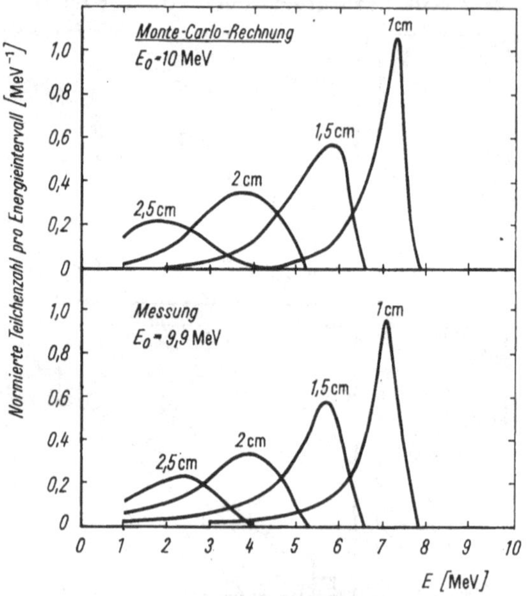

Abb. 12.3-6. Energieverteilungen hinter Kohlenstoffschichten ($Z = 6$, $\varrho = 1{,}8$ g/cm³) verschiedener Dicke für 10-MeV-Elektronen und 2π-Geometrie nach Messungen bzw. Monte-Carlo-Rechnungen von Harder [Ha 65a]

die Techniken von Perkins stützt, in dem aber die Bremsstrahlungseffekte nach Bethe und Heitler (s. [He 54]) berücksichtigt sind, was etwa mit der Verfahrensweise von Harder [Ha 65a] übereinstimmt. Bezüglich Details der Rechnungen von Berger und Mitarbeitern (vgl. Tab. 12.3-2) wird auch auf Zerby und Keller [Ze 67b] verwiesen.

Wittig [Wi 68] stützt sich ebenfalls auf die Vielfachstreu-Theorie von Molière mit Werten für die Koeffizienten der Entwicklung der Verteilungsfunktion nach Bethe [Be 53b]. Der mittlere Energieverlust durch Ionisation und Anregung wurde den Tabellen von Berger und Seltzer [Be 64a] (s. Tab. 8.3-1) entnommen; die Bremsstrahlungsverluste wurden nach einer von Mar [Ma 66] angegebenen Verteilung ausgewählt. Die Stragglingverteilungen wurden nach einer etwas modifizierten Variante der Theorie von BLUNCK und LEISEGANG [Bl 50] berechnet (vgl. § 8.4, Abb. 8.4-1).

GREEN [Gr 63] berechnet nur 800 Elektronenschicksale auf je 27 Teilstrecken von 0,1 μm Länge auf der Grundlage des kontinuierlichen Bremsmodells, wobei die Winkelverteilungen — in Ermangelung ausreichend genauer theoretischer Ergebnisse für so kleine Energien (29 keV, Cu) — aus experimentellen Ergebnissen entnommen werden (vgl. Abb. 3-3).

PAUL und TATZBER [Pa 67] ermitteln Winkelverteilungen für Transmission und Rückstreuung an dünnen Folien unter Vernachlässigung des Energieverlustes auch für schrägen Einfall, indem sie bis zu mehreren Hundert elastische Streuakte verfolgen, die aus den (exakten) Einzelstreu-Querschnitten (nach [Mo 64a], Tab. VII und IX) berechnet werden.

MEISSNER [Me 64] simuliert die Großwinkelstreuung nach der Monte-Carlo-Methode und berechnet die Winkelverteilung auf den dazwischenliegenden Wegelementen mit analytischen Beziehungen der Vielfachstreu-Theorien.

ZEIDL und BAIER [Ze 68] berechnen die Transmission und Rückstreuung für schräg auf eine sehr dünne Al-Folie einfallende 0,2-MeV-Elektronen auf der Grundlage des Vielfachstreu-Ansatzes von BOTHE [Bo 51] (§ 10.1) unter Berücksichtigung von Klein- und Großwinkelstößen sowie des Energieverlustes und der Sekundärelektronenerzeugung.

Über die weitere Verarbeitung von Monte-Carlo-Ergebnissen in Programmen für komplexe Geometrien [Yu 65], wie sie in Abschirmproblemen der Raumfahrt, Dosimetrie und Medizin auftreten können, referieren ZERBY und KELLER [Ze 67b].

12.33 Methode der Matrizenfunktionen

Die Matrizenrechnung hat sich auch bei der Lösung von Integralgleichungen als ein nützliches Hilfsmittel erwiesen, da diese äquivalent zu einem (unendlichen) System linearer Gleichungen sind; in dieser Form erreicht man neben einer Vereinfachung der Symbolik eine übersichtliche Scheibweise und vor allem Vorteile in der Methode der analytischen Behandlung von Integralgleichungen [Sc 55]. Dementsprechend wurde der Matrizenformalismus auch mit Erfolg zur Behandlung der *allgemeinen Transportgleichung* eingesetzt [Da 58].

Ein Beispiel für die durch Anwendung dieses Formalismus erreichbare Übersichtlichkeit der Ableitung und Darstellung der Lösung einer speziellen Transportgleichung, die auch über das Gebiet der Wechselwirkung von Elektronen- und Betastrahlung mit Materie hinaus Bedeutung hat, liefern die Rechnungen von MELCHER und GERTH [Me 72] [Me 73].

Es wird die *Transportgleichung der Abbremsung* (6.4-1) als vereinfachtes Dreivariablenproblem behandelt, indem die räumliche Winkelstreuung vernachlässigt und eine geradlinige Ausbreitung des Strahlenbündels im Medium betrachtet wird; eben wegen der Nichtbeachtung der Winkelstreuung treffen diese Betrachtungen auf den Fall der geradlinigen Transmission eines Strahlenbündels durch eine Materieschicht zu. Experimentell wird dieser physikalische Sachverhalt etwa beim Durchgang sehr energiereicher Elektronen durch ein Material kleiner Kernladungszahl angenähert. Eine Lösung dieses Problems ist somit etwas allgemeiner als etwa die von WILLIAMS [Wi 29] sowie LANDAU [La 44] angegebene Lösung für Gl. (6.4-1), die auf dünne Schichten beschränkt ist.

In der genannten Näherung gelingt es, durch die Matrizendarstellung eine einfache, mathematisch geschlossene Lösung anzugeben, die eine für weitere Deduktionen geeignete Form hat. Nicht zuletzt wegen dieser Möglichkeit sollen die Ableitung und die Ergebnisse von MELCHER und GERTH hier ausführlicher besprochen werden.

Die betrachtete Näherung der Transportgleichung der Abbremsung lautet[1])

$$\frac{\partial}{\partial x}\varphi(E, x) = -\varphi(E, x)\int_0^E N_v\,\sigma_t^*(E', E)\,\mathrm{d}E' + \int_E^\infty N_v\,\sigma_t^*(E, E')\,\varphi(E', x)\,\mathrm{d}E' , \qquad (12.3\text{-}4)$$

worin die benutzten Zeichen die gleiche Bedeutung haben wie in Gl. (6.4-1); insbesondere ist $\varphi(E, x)$ die energetische Strahlungsflußverteilung und $\mathrm{d}\sigma_t = \sigma_t^*(E, E')\,\mathrm{d}E$ der hinsichtlich des Energieübergangs $E \to E'$ differentielle (aber hinsichtlich der Richtungsänderung der totale) Wirkungsquerschnitt, wobei E' die Energie vor und E die Energie nach dem Wechselwirkungsakt bedeuten. Beim Strahlungstransport erfolgen nur Energieänderungen von höheren zu niederen Energiezuständen der Strahlungspartikel (Elektronen), so daß $\sigma_t^*(E, E') = 0$ für $E \geqq E'$ ist.

In diesem Fall lassen sich die beiden Summanden der rechten Seite von Gl. (12.3-4) mit Hilfe der DIRACschen Delta-Funktion $\delta(E', E)$ für zwei unabhängige Variable und der den Übergang nach niedrigeren Energien als E kennzeichnenden Integrationsvariablen E'' zu dem Kern

$$K(E, E') = -\delta(E, E')\int_0^E N_v\,\sigma_t^*(E'', E)\,\mathrm{d}E'' + N_v\,\sigma_t^*(E, E') \qquad (12.3\text{-}5)$$

[1]) MELCHER und GERTH benutzen eine entgegengesetzte Strichsymbolik [Me 72] [Me 73], bei der von allen möglichen Energiewerten E aus nach einer ersten Streuung ein Übergang in die Strichenergie $E = E'$ erfolgt; eine zweite Streuung geht von der Strichenergie E' aus und führt auf alle möglichen niedrigeren Energiewerte E''. Dort liegt also eine im Sinne der MARKOWschen Kette logisch verknüpfte Folge $E \to E' \to E''$ vor. Streuakte im Sinne dieser Autoren sind Transportstöße (s. § 7.4, S. 89).

Hier wurde die bereits in § 6 eingeführte Symbolik beibehalten; da der Transportprozeß durch ein Target als ein einziger Streuakt aufzufassen ist und keine Mehrfachschichten behandelt werden, vermeidet man dadurch, daß die in den Ergebnissen der Transporttheorien (§ 9···11) auftretenden Energien (und Winkel) „gestrichen“ werden müssen.

zusammenfassen. Dadurch kann die Ausgangsgleichung (12.3-4) in die homogene Integrodifferentialgleichung

$$\frac{\partial}{\partial x} \varphi(E, x) = \int_0^\infty K(E, E') \, \varphi(E', x) \, \mathrm{d}E' \tag{12.3-6}$$

überführt werden, welche durch Integration unter Hinzufügung der Anfangsverteilung $\varphi(E, 0)$ als Integrationskonstante in die äquivalente *Integralgleichung*

$$\varphi(E, x) = \varphi(E, 0) + \int_0^x \int_0^\infty K(E, E') \, \varphi(E', \xi) \, \mathrm{d}E' \, \mathrm{d}\xi \tag{12.3-7}$$

übergeht, deren Lösung sich mit Hilfe der Resolvente $\Gamma(E', E, x)$ durch die Gleichung

$$\varphi(E, x) = \varphi(E, 0) + \int_0^\infty \Gamma(E, E', x) \, \varphi(E', 0) \, \mathrm{d}E' \tag{12.3-8}$$

ausdrücken läßt, die nach Zusammenfassung der Resolvente mit der Delta-Funktion zu der GREENschen Funktion

$$T(E, E', x) = \delta(E, E') + \Gamma(E, E', x) \tag{12.3-9}$$

als Integraltransformation

$$\varphi(E, x) = \int_0^\infty T(E, E', x) \, \varphi(E', 0) \, \mathrm{d}E' \tag{12.3-10}$$

dargestellt werden kann.

In Matrizenschreibweise ergeben sich dazu die folgenden Analogien. Die Integralgleichung (12.3-7) kann als unendliches System linearer Gleichungen aufgefaßt werden, dessen Koeffizientenmatrix $\boldsymbol{K}$ der Kernfunktion $K(E, E')$ und dessen Vektor $\boldsymbol{f}$ der gesuchten Funktion $\varphi(E)$ der Integralgleichung entspricht. (In der *Matrizenschreibweise* ist die Energieabhängigkeit durch die Matrixstruktur festgelegt, so daß nur noch die Abhängigkeit von der Ortsvariablen x gekennzeichnet zu werden braucht.)

Die Integrodifferentialgeichung (12.3-6) lautet dann

$$\frac{\mathrm{d}}{\mathrm{d}x} \boldsymbol{f}(x) = \boldsymbol{K} \cdot \boldsymbol{f}(x) \, . \tag{12.3-11}$$

Sie geht durch Integration (mit dem Anfangsvektor $f(0)$) in die äquivalente VOLTERRAsche Integralgleichung (vgl. (12.3-7))

$$\boldsymbol{f}(x) = \boldsymbol{f}(0) + \int_0^x \boldsymbol{K} \boldsymbol{f}(\xi) \, \mathrm{d}\xi \tag{12.3-12}$$

über, die sich durch Iteration lösen läßt, indem man die NEUMANNsche Reihe entwickelt. Man erhält dann statt der Integraltransformation Gl. (12.3-10) die Matrix-Transformationsgleichung

$$\boldsymbol{f}(x) = \boldsymbol{T}(x) \, \boldsymbol{f}(0) \tag{12.3-13}$$

mit der Transformationsmatrix („*Transmissionsmatrix*")

$$\boldsymbol{T}(x) = \boldsymbol{E} + \boldsymbol{K}\,x + \frac{1}{2!}\boldsymbol{K}^2 x^2 + \cdots = \sum_{i=0}^{\infty} \frac{1}{i!}\boldsymbol{K}^i x^i, \qquad (12.3\text{-}14)$$

als Resolvente, die auch in Form der *Matrix-Exponentialfunktion* (vgl. [Co 65a])

$$\boldsymbol{T}(x) = e^{\boldsymbol{K}x} \qquad (12.3\text{-}15)$$

geschrieben werden kann. Die der Gl. (12.3-10) entsprechende Lösung der betrachteten speziellen Transportgleichung der Abbremsung lautet somit

$$\boldsymbol{f}(x) = e^{\boldsymbol{K}x}\boldsymbol{f}(0)\,. \qquad (12.3\text{-}16)$$

Diese Lösung stellt nun offenbar eine für eine ganzes Energiespektrum geltende Verallgemeinerung des für die Transmission einer monoenergetischen Strahlung durch eine Materieschicht der Dicke geltenden LENARDschen Gesetzes x dar, das einen durch den linearen (energie- und materialabhängigen) Schwächungskoeffizienten μ' bestimmtes *exponentielles Schwächungsgesetz* des Strahlungsflusses $f(x)$ fordert:

$$f(x) = e^{-\mu' x} f(0)\,; \qquad (12.3\text{-}16a)$$

umgekehrt ist Gl. (12.3-16a) als Spezialfall der allgemeinen Lösung zu betrachten für den Fall, daß nur eine einzige Energiekomponente auftritt (so daß der Vektor $\boldsymbol{f}$ nur aus einem einzigen Element $f(x)$ besteht), die von einem geeigneten Detektor nur für eben diesen Energiewert nachweisbar ist.

Das LENARDsche Gesetz gilt nur in dem Fall, daß die Teilchen lediglich *eine* Wechselwirkung erfahren, die zum Verlust ihrer Nachweisbarkeit führt. Versuche, die Transmission eines Betastrahlers inhomogener Energiezusammensetzung durch ein Exponentialgesetz darzustellen, führten nur deshalb zu einem hinreichend brauchbaren Resultat, weil die Transmissionskurven der einzelnen energetischen Komponenten sich — zufällig — zu einer resultierenden Gesamtkurve zusammensetzen, die einer Exponentialkurve ähnelt. Die Transmissionskurven monoenergetischer Strahlung mit mehrfacher Wechselwirkung lassen sich unter keinen Umständen mehr durch eine Exponentialfunktion beschreiben.

Die besondere Leistung der *Matrizenschreibweise* besteht wohl u. a. darin, daß mit der Lösung (12.3-16) in sehr übersichtlicher Weise, in voller Analogie zur Behandlung des gewöhnlichen exponentiellen Schwächungsgesetzes, weitere Folgerungen abgeleitet werden können. So wird von MELCHER und GERTH eine einfache Beziehung für den Strahlungsfluß (sowie auch für die Zählrate) aufgestellt, die Nichtkommutativität der Transmission bei heterogenen Mehrfachschichten behandelt, eine mittlere Reichweite definiert und berechnet, der der Mittelwertsatz der Integralrechnung zugrunde liegt, die Transmission eines divergierenden Strahlenbündels abgeleitet, die Selbstabsorption von Strahlung beim Austritt aus einer homogen aktivierten Schicht bei Emission senkrecht zur Oberfläche sowie bei isotroper Emission angegeben. Zur Illustration, in welch starkem Maße durch Einführung der Matrizenfunktionen eine Analogie zur Weiterverarbeitung der gewöhnlichen Exponentialfunktion in komplizierteren mathematischen Ausdrücken ermöglicht wird, sei hier das Beispiel der Transmission eines divergierenden Bündels ausführlicher zitiert.

Eine punktförmige Strahlungsquelle mit dem energetisch bezogenen Vektor $\boldsymbol{a}\ (\triangleq a(E))$ befinde sich im Abstand h vor einer planparallelen Schicht der Dicke x. Dann beträgt der auf eine unmittelbar hinter der Schicht befindliche kreisförmige Scheibe vom Radius R auftreffende Strahlungsfluß in seiner energetischen Verteilung $(\boldsymbol{f} \triangleq \varphi(E))$ in voller Analogie zu dem für monoenergetische Quantenstrahlung abgeleiteten Ausdruck (s. z. B. [Go 60])

$$\boldsymbol{f} = \frac{1}{2} \int\limits_0^R \frac{r\, e^{\boldsymbol{K} x u}\, \boldsymbol{a}}{(x+h)^2\, u^3}\, \mathrm{d}r$$

mit

$$u = \sqrt{1 + \left(\frac{r}{x+h}\right)^2}\,.$$

Die Substitution von (12.3-18) in (12.3-17) und Integration liefert mit $u = U$ für $r = R$

$$\boldsymbol{f} = \frac{1}{2} \int\limits_1^U \frac{e^{\boldsymbol{K} x u}\, \boldsymbol{a}}{u^2}\, \mathrm{d}u = \frac{1}{2} \left[-\frac{e^{\boldsymbol{K} x u}}{u} + \boldsymbol{K}\, x\, u\, \mathrm{Ei}(\boldsymbol{K}\, x\, u) \right]_1^U \boldsymbol{a}\,.$$

Definiert man eine Matrix-Exponentialintegralfunktion durch

$$\mathrm{Ei}(\boldsymbol{K}\, x) = -\int\limits_x^\infty \frac{e^{\boldsymbol{K} \xi}}{\xi}\, \mathrm{d}\xi$$

und eine Matrix-KING-Funktion durch

$$\Psi(\boldsymbol{K}\, x) = e^{\boldsymbol{K} x} - \boldsymbol{K}\, x\, \mathrm{Ei}(\boldsymbol{K}\, x)\,,$$

so erhält man den Strahlungsfluß hinter der Schicht in seiner energetischen Verteilung durch die Beziehung

$$\boldsymbol{f} = \frac{1}{2} \left[\Psi(\boldsymbol{K}\, x) - \frac{1}{U}\, \Psi(\boldsymbol{K}\, U\, x) \right] \boldsymbol{a}\,.$$

Die Ableitung kann somit in voller Analogie zur Herleitung des Ergebnisses für eine monoenergetische Quantenstrahlung (vgl. z. B. [Go 60]) erfolgen.

Für die praktische Berechnung der Strahlungstransmission muß eine Diskretisierung des Problems vorgenommen werden, bei der von unendlichen Matrizen und Vektoren unter gewisser Einbuße an Genauigkeit zu einer Ordnung der Matrizen und einer Anzahl der Komponenten des Vektors der endlichen Größe n übergegangen wird. Zur Erzielung einer ausreichenden Genauigkeit ist ein Kompromiß zwischen dem Feinheitsgrad der Diskretisierung (Matrizenordnung) und dem Rechenaufwand zu schließen.

Die Diskretisierung wird durch die Begrenzung des Definitionsbereiches der Funktionen $K(E, E')$ und $\varphi(E)$ sowie dadurch erreicht, daß für die Folge der

n-Energieintervalle Integrale der Funktionswerte gebildet werden. Der Strahlungsfluß für das Energieintervall ΔE_i ist

$$\Delta \Phi_i = \int_{E_{i-1}}^{E_i} \varphi(E)\,\mathrm{d}E = f_i\,, \tag{12.3-17}$$

wobei f_i die i-te Komponente des Strahlungsflußvektors ist. Mit den Integralen über die einzelnen Felder der schachbrettartig aufgeteilten *Kernfunktion*

$$K_{ik} = \begin{cases} -\dfrac{1}{\Delta E_i} \displaystyle\int_{E_{i-1}}^{E_i} \int_0^{E_i} N_v \sigma_t^*(E', E)\,\mathrm{d}E\,\mathrm{d}E' & \text{für} \quad i = k \\ \dfrac{1}{\Delta E_k} \displaystyle\int_{E_{i-1}}^{E_i} \int_{E_{k-1}}^{E_k} N_v \sigma_t^*(E, E')\,\mathrm{d}E\,\mathrm{d}E' & \text{für} \quad i < k \\ 0 & \text{für} \quad i > k \end{cases} \tag{12.3-18}$$

ergibt sich aus Gl. (12.3-7) die i-te Gleichung des D'ALEMBERTschen Differentialgleichungssystems

$$\frac{\mathrm{d}}{\mathrm{d}x} f_i(x) = \sum_{k=1}^{n} K_{ik} f_k(x)\,, \tag{12.3-19}$$

das sich mit der Matrix $\boldsymbol{K} = (K_{ik})$ und dem Vektor $\boldsymbol{f} = (f_i)$ durch Gl. (12.3-11) ausdrücken läßt (und für dessen Lösung von der LAPLACE-Transformation Gebrauch gemacht wird).

Bei der Anwendung des Formalismus auf Strahlungstransportprobleme kann vielfach näherungsweise angenommen werden, daß die Reihe der diskretisierten Energiezustände in einer MARKOW*schen Kette* durchlaufen wird, was zu einem sukzessiven Energieverlust von „Stufe zu Stufe“ (*Modell der kontinuierlichen Abbremsung*) entspricht.

Die Kernmatrix lautet dann

$$\boldsymbol{K} = \begin{pmatrix} -\mu_1 & \mu_2 & 0 & 0 & \cdots & 0 \\ 0 & -\mu_2 & \mu_3 & 0 & \cdots & 0 \\ 0 & 0 & -\mu_3 & \mu_4 & \cdots & 0 \\ 0 & 0 & 0 & -\mu_4 & \cdots & 0 \\ \vdots & & & & \ddots & \vdots \\ 0 & 0 & 0 & 0 & \cdots & -\mu_n \end{pmatrix}. \tag{12.3-20}$$

Bei einer direkten Berechnung der *Massenschwächungskoeffizienten* μ_{ik} aus den Wirkungsquerschnitten des Absorberatoms auf der Grundlage der Definitionsgleichungen (12.3-18) kann angesichts der in der zugrunde liegenden Transportgleichung enthaltenen Näherungen, insbesondere wegen der Vernachlässigung der Winkelstreuung, eine Übereinstimmung mit dem Experiment von vornherein nicht erwartet werden. Man ist vielmehr auf eine geeignete Wahl der μ_{ik} an Hand experimenteller Daten angewiesen.

Als ein numerisches Beispiel soll im folgenden die Anwendung dieses Formalismus auf die Transmission monoenergetischer Elektronen mit einer Primärenergie von $E_0 = 3{,}3$ MeV durch einen Aluminium-Absorber bzw., was wegen der vernachlässigten Winkelstreuung gleichbedeutend ist, das Eindringen eines Elektronenbündels dieser Energie in einen Aluminium-Absorber angedeutet werden. Der Zusammenhang zwischen dem verallgemeinerten Massenschwächungskoeffizienten μ und dem Wechselwirkungsparameter n für Aluminium wurde schon früher von MELCHER [Me 68] [Me 70] durch Analyse zahlreicher experimenteller Transmissionskurven bestimmt (vgl. dazu § 12.4); danach gilt ([Me 70] S. 79, Gl. 53)

$$\frac{\mu}{\mathrm{cm^2\,g^{-1}}} = 3{,}5 \cdot 10^4\, n^{-3,5}\,; \tag{12.3-21}$$

Die Energieabhängigkeit ist implizit enthalten. Explizit gilt

$$\frac{E_0}{\mathrm{MeV}} = 6{,}9 \cdot 10^{-3}\, n^{2,675} \tag{12.3-22}$$

und

$$\frac{\mu}{\mathrm{cm^2\,g^{-1}}} = 28 \left(\frac{E_0}{\mathrm{MeV}}\right)^{-1,210}. \tag{12.3-23}$$

Diese Formeln sind nun allerdings unter der Voraussetzung aus den empirischen Daten abgeleitet worden, daß für eine Transmissionskurve die μ-Werte unabhängig von der durchlaufenen Schichtdicke sind (vgl. dazu § 12.4), während in den vorliegenden Ansätzen von vornherein die Variabilität der μ-Werte mit n, also die Energieabnahme der Elektronen mit steigender Eindringtiefe, enthalten ist. Die numerischen Rechnungen wurden mit einem Rechenautomaten durchgeführt[1]); obwohl das Speichervermögen des verwendeten Automaten eine Matrizenordnung bis etwa 30 zugelassen hätte, wurde obiges Beispiel auf eine Matrix 10. Ordnung beschränkt ($n = 10$).

Für die Matrixkoeffizienten μ_n erhält man damit die in der Tabelle 12.3-3 zusammengestellten Werte und Energiezuordnungen. Der Anfangsvektor $\boldsymbol{f}(0)$ ist ein Spaltenvektor, dessen sämtliche Komponenten bis auf die zehnte Komponente Null sind: $f_{10} = 1$. Die Ergebnisse der Rechnung sind auszugsweise in Tabelle 12.3-4 wiedergegeben. Im Gegensatz zu dem von MELCHER [Me 70] angegebenen I^*-Formalismus, der lediglich eine Interpolation des Verlaufes der Transmissionskurven bei gegebenen, etwa nach den Gln. 12.3-22 und -23 berechneten μ- und n-Werten gestattet (vgl. § 12.4), erhält man hier außerdem die nach Transmission durch eine Schicht x bzw. die in der Tiefe x vorliegende Energieverteilung, die durch die Komponenten des Vektors $\boldsymbol{f}(x)$ dargestellt wird. In der Tabelle ist der Vektor $\boldsymbol{f}(x)$ allerdings nur für einige ausgewählte Absorberdicken wiedergegeben. $\Phi(x)$, ist der totale Energiefluß (Transmissionskurve), der durch Integration über die Energieverteilungen erhalten wird. Die Zuordnung zwischen der unabhängigen Variablen x und der wirklichen Foliendicke x' muß über die empirische Zuordnung zwischen Primärenergie

[1]) An dieser Stelle sei Herrn Dr. sc. nat. E. GERTH, Potsdam, für die Durchführung und Auswertung von Beispielrechnungen nach einem von ihm entwickelten Rechenprogramm sowie klärende Diskussionen herzlich gedankt.

Tabelle 12.3-3. Zusammenhang zwischen Wechselwirkungskoeffizient n, Massenschwächungskoeffizeint μ [cm²/g], Energie E [MeV] und „freier Weglänge" λ [g/cm²] gemäß der Gln. (12.3-21) bis (12.3-23) (nach [Me 70]) für das Beispiel $n = 10$ entsprechend $E_0 = 3{,}33$ MeV

n	μ_n [cm²/g]	E_n[1] [keV]	ΔE_n [keV]	$\lambda_n = \frac{1}{\mu_n}$ [g/cm²]
1	35000	6,9		0,00003
			38,1	
2	3000	45		0,00003
			95	
3	750	140		0,00013
			150	
4	280	290		0,00036
			240	
5	126	530		0,00079
			340	
6	66	870		0,00152
			460	
7	39	1330		0,00256
			570	
8	24	1900		0,00412
			680	
9	16	2580		0,06240
			750	
10	10,7	3330		0,09135
				$\bar{\lambda} = 0{,}16544$ g/cm²

[1]) Durch graphische Darstellung des Zusammenhanges (12.3-22) ermittelt.

($E_0 = 3{,}33$ MeV) und z. B. praktischer Reichweite ($R_p = 1{,}62$ g/cm²) erfolgen, die etwa gleichwertig mit derjenigen Schichtdicke ist, bei der die Transmissionskurve auf den Wert 0,05 abgefallen ist; das ist etwa für $x = 10$ der Fall, so daß dafür $x'/R_p = 1$ gilt.

Es kann verfolgt werden, wie sich die Aufteilung des Strahlungsflusses auf die einzelnen Energieintervalle (Energiestufen nach Melcher und Gerth [Me 72]) mit zunehmender Schrittzahl, die mit steigender Schichtdicke gleichwertig ist, vollzieht. Bei der Schrittzahl 0 ist die Gesamtmenge 1 noch in der 10. Komponente enthalten. Schon nach dem ersten Schritt werden auch die unteren Komponenten „bestreut". Es bildet sich bei weiteren Transmissionsschritten in der energetischen Verteilung des Strahlungsflusses auf die Komponenten eine Kurve mit einem Maximum aus. Der Schwerpunkt der Verteilung des Strahlungsflusses verlagert sich in zunehmendem Maße nach niedrigen Energien. Es wird deutlich gemacht, wie eine monoenergetische Strahlung bei der Transmission durch eine Materieschicht zu einem ganzen Spektrum in Richtung niedrigerer Energien aufgefächert wird, wobei die Gesamtmenge der Strahlung, das Integral der Verteilung, gemäß der Transmissionskurve abnimmt,

Tabelle 12.3-4. Transmission eines Bündels monoenergetischer Elektronen. Auszüge aus dem Programmausdruck für das Beispiel einer Matrix der Ordnung 10 (mit $n = 10$ entsprechend einer Primärenergie $E_{10} = 3{,}33$ MeV gemäß Gl. 12.3-22, s. Tab. 12.3-1) und einer Schrittweite von 0,05 (entsprechend der relativen Absorberdicke x'/R). m ist die Schrittzahl. Die f_i stellen die Energieverteilung in Histogrammform dar; die Breite der zugehörigen Energieintervalle ist aus Tab. 12.3-3 ersichtlich. Der Fluß Φ ist die Summe der f_i bei festem m; $\Phi(x'/R)$ ist die Transmissionskurve

m	0	1	2	3	4	5	6	10	15	20
x'/R	0	0,1	0,2	0,3	0,4	0,5	0,6	1,0	1,5	2,0
f_1	0,000000	0,000009	0,000060	0,000103	0,000109	0,000092	0,000069	0,000012	0,000001	0,000000
f_2	0,000000	0,000102	0,000698	0,001198	0,001272	0,001076	0,000802	0,000145	0,000011	0,000001
f_3	0,000000	0,000417	0,002811	0,004801	0,005086	0,004296	0,003201	0,000577	0,000046	0,000003
f_4	0,000000	0,001221	0,007722	0,012939	0,013595	0,011432	0,008497	0,001525	0,000120	0,000009
f_5	0,000000	0,003369	0,018291	0,029205	0,030026	0,024958	0,018424	0,003272	0,000258	0,000018
f_6	0,000000	0,009582	0,039616	0,057433	0,056407	0,045723	0,033245	0,005766	0,000451	0,000032
f_7	0,000000	0,028926	0,081309	0,100927	0,091598	0,070961	0,050173	0,008317	0,000642	0,000046
f_8	0,000000	0,092357	0,162475	0,163702	0,132563	0,095870	0,064859	0,009980	0,000753	0,000053
f_9	0,000000	0,275253	0,284886	0,222422	0,155236	0,102137	0,064860	0,008909	0,000648	0,000045
f_{10}	1,000000	0,585669	0,343009	0,200890	0,117655	0,068907	0,040357	0,004748	0,000327	0,000023
Φ	1,000000	0,996905	0,940877	0,793619	0,603547	0,425452	0,284486	0,043250	0,003257	0,000230

aber die Halbwertsbreite der Energieverteilung mit wachsender Schichtdicke zunimmt. Das entspricht den zu Abb. 3–4 gegebenen Erläuterungen über den phänomenologischen Ablauf des Transmissionsprozesses, nur erfolgt bei der besprochenen theoretischen Näherung wegen der fehlenden Winkelstreuung keine Auffächerung des Bündels.

12.4 Wahrscheinlichkeitstheoretische Auswertungen

Einen physikalisch begründeten und mathematisch geschlossenen Ausdruck, der den *Verlauf integraler Transmissionskurven* aller Arten ionisierender Strahlung mit guter Genauigkeit zu approximieren vermag, formuliert MELCHER [Me 67] [Me 70] [Me 71].

Dabei wird auf jede kausal-analytische Erfassung der Wechselwirkungsprozesse zwischen Strahlung und Materie verzichtet und in einer Art Analogie etwa zur FOURIER-Analyse jede beliebige *Transmissionskurve $T(x)$ als Summe von* POISSON-*Funktionen* in der Form

$$T = e^{-\mu'\varrho x} \sum_{z=0}^{n-1} \frac{(\mu'\varrho x)^z}{z!} \tag{12.4-1}$$

dargestellt. Es treten lediglich *zwei Parameter*, die *Zahl n der Glieder der Summe* und ein *allgemeiner Wechselwirkungskoeffizient μ'*, auf, die aus der zu approximierenden experimentellen Transmissionskurve bei zwei charakteristischen Absorberdickenwerten[1]), der ersten Halbwertsdicke ϱx_{1h} und dem Schnittpunkt ϱx_{tg} der Wendetangente mit der Dickenachse – einer neuen, exakteren Definition einer Reichweite –, empirisch bestimmt werden können. Dieser auch aus einem Differentialgleichungssystem ableitbare Ausdruck kann für ganzzahlige n als Produkt einer Exponentialfunktion und einem Polynom $(n-1)$ten Grades in $\mu'\varrho x$ geschrieben werden; der Wechselwirkungsprozeß erscheint somit in n Klassen $z = 0, 1, 2, \ldots, n-1$ aufgeteilt. Für $n = 1$ wird das exponentielle Schwächungsgesetz erhalten, und μ' ist mit dem gewöhnlichen Massenschwächungskoeffizienten identisch. Mit Hilfe von *Gammafunktionen* kann Gl. (12.4-1) in die auch für *nicht ganzzahlige n* definierte, bei PAGUROVA [Pa 63] tabellierte sog. I^*-Funktion überführt werden, die für $n = 1$ wieder in das exponentielle Schwächungsgesetz übergeht. Für *monoenergetische Elektronen* wurden die – auf Grund der Analyse zahlreicher experimenteller Transmissionskurven für die Standardgeometrie ($\eta = 90$, $\Omega_{\text{Det}} = 2\pi$) bestimmten – Abhängigkeiten der Wertepaare ϱx_{1h} und ϱx_{tg} von der Primärenergie E_0 der Strahlung und der Kernladungszahl Z des Absorbermediums in Form von graphischen Darstellungen und analytischen Näherungsausdrücken zusammengestellt und ihr Zusammenhang mit den Parametern der Verteilungsfunktion angegeben, so daß eine Berechnung und Interpolation des Gesamtverlaufes

[1]) Vg'. Fußnote S. 25.

experimenteller Transmissionskurven im Prinzip ohne weitere Kurvenanalysen möglich ist. Beispielsweise wurde gefunden

$$\varrho x_{tg} = 5{,}06\, E_0^{5/3}\ [\mathrm{g/cm^2}]\,,$$

$$\varrho x_{1h} = 2{,}22\, E_0^{5/3}\ [\mathrm{g/cm^2}]$$

(E_0 in MeV); die aus verschiedenen Arbeiten ermittelten Parameterwerte sind allerdings nicht ganz widerspruchsfrei, so daß die Analyse weiterer und neuerer experimenteller Ergebnisse wünschenswert erscheint. Die angegebene Verteilungsfunktion erweist sich weiterhin auch zur Darstellung der Dickenabhängigkeit der Rückstreuung, der Absorption und der Tiefendosis geeignet.

Ein interessanter Aspekt der wahrscheinlichkeitstheoretischen Betrachtungsweise ist, daß das Zusammenspiel von Transmission und Rückstreuung sowie die relative Häufigkeit der sukzessiven Teilstreuprozesse gewissermaßen implizit durch den statistischen Ansatz geregelt werden; deshalb wäre eine Rückführung der *Parameter der Theorie* auf die elementaren Wechselwirkungsprozesse der Streuung und Bremsung besonders aufschlußreich.

Aus den Angaben von Melcher für Elektronen kann zunächst entnommen werden, daß μ' wenig Z-abhängig und etwa proportional zu $1/E_0^{1,2}$ ist, während sich n proportional zu etwa $E_0^{0,4}/Z$ zu verhalten scheint; bei $E_0 = 1$ MeV beträgt $n = 6{,}5$ für Al und fällt für große Z auf Werte um Eins ab. Für α-Teilchen liegen n und μ' in der Größenordnung einiger 10^3 bis 10^4; (es wurden recht uneinheitliche Werte gefunden).

Die angegebenen Werte sollen nach Melcher besagen, daß höchstens $z = n + 1$ Wechselwirkungen auftreten können; Partikel, die noch mehr Wechselwirkungen erleiden, werden absorbiert. Dieser Erklärung liegt die Interpretation des *Wechselwirkungsparameters* n „als (mittlere) Anzahl der ‚Energieportionen', in die eine ursprüngliche Energiemenge der auftreffenden Strahlung sukzessiv in elementaren Wechselwirkungsprozessen aufgeteilt und abgegeben wird", zugrunde. Diese offenbar für die Wechselwirkung von Quantenstrahlung mit Materie formulierte Deutung ist für Teilchenstrahlung in einem allgemeineren Sinne zu interpretieren; denn für Teilchenstrahlung hat als „elementarer" Wechselwirkungsprozeß wohl ein „Transportstoß", der jeweils das Durchlaufen einer Transportweglänge zählt, und als „Energieportion" die auf einer Transportweglänge abgegebene Energie zu gelten. Identifiziert man eine „Energieportion" mit dem relativen Energieverlust $\mathrm{d}E/E$ auf einer Transportweglänge, dann wird man gerade auf den Kehrwert der spezifischen Stoßzahl ν^* (§ 7.4) geführt. Der Wechselwirkungsparameter n kann demnach als proportional zu $1/\nu^*$ angesehen werden und dürfte vermutlich gleich dem Kehrwert einer Streufunktion (im Sinne des § 7.4) sein, die das Produkt der spezifischen Stoßzahl und einer Maßzahl für den Bruchteil der durchlaufenen mittleren Bahnlänge $\bar{L}$ darstellt. Es ist somit möglich, die vermutliche Abhängigkeit des Wechselwirkungsparameters n von der Kernladungszahl des Streumediums sowie Energie und Masse M des Partikels abzuleiten aus denjenigen von $N\sigma_{AI}$ und $N\sigma_e$:

$$N\sigma_{AI} \sim \frac{Z}{A} \cdot M \frac{1}{E_0^2} \cdot f_1(E)\,, \tag{12.4-2a}$$

$$N\sigma_e \sim \frac{Z^2}{A} \cdot \frac{1}{E_0^2} \cdot f_2(E)\,, \tag{12.4-2b}$$

d. h.

$$n \sim \frac{1}{\nu^*} = \frac{N\sigma_{AI}}{N\sigma_e} \sim \frac{M}{Z} \cdot \frac{f_1(E)}{f_2(E)}\,, \tag{12.4-3}$$

wo f_1 und f_2 die Abweichungen von den aufgeschriebenen quadratischen Energieabhängigkeiten der ersten Näherungen beschreiben. Für das Modell der Richtungsdiffusion hat im Bereich größerer Energien (Näh. C) ν^* die Form Z/E^B; also besteht nach obigem für n allgemein der Zusammenhang

$$n \sim \frac{M}{Z} \cdot E_0^B\,, \tag{12.4-4}$$

wo für $E_0 > 0{,}5$ MeV etwa mit $B = 0{,}6$ zu rechnen ist. Dieses Ergebnis entspricht recht gut der erwähnten, von Melcher empirisch gefundenen Abhängigkeit des Wechselwirkungsparameters von der Primärenergie gemäß $E_0^{0,4}/Z$.

Der zweite Parameter des Ausdrucks (12.4-1) ist der *Wechselwirkungskoeffizient* μ' mit der Dimension des Kehrwertes einer Flächenmasse. Er stellt einen Massenschwächungskoeffizienten dar, der für Elektronen und β-Strahlung bisher nicht berechenbar ist. Stützt man sich auch hier auf das Schmidt-Modell (§ 11.42) und faßt μ' als Produkt eines (fiktiven) wahren Massenschwächungskoeffizienten μ_0 und eines Umwegfaktors U auf, so kann man zunächst die empirisch gefundene geringe Z-Abhängigkeit sowie die M-Proportionalität von μ' erklären. Denn μ_0 sollte ungeachtet der Interpretationsschwierigkeiten – eine ‚wahre' Absorption, d. h. ein Ausscheiden aus dem Bündel längs des Teilchenweges, kann phänomenologisch nicht allein aus der Abbremsung heraus verstanden werden – doch etwa die gleiche Z- und M-Abhängigkeit aufweisen wie z. B. $N\sigma_{AI}$ nach Gl. (12.4-2a), während U etwa proportional zu $Z^{1/3}$ ist (vgl. Abb. 11.5-1), so daß sich

$$\mu' \sim \frac{Z}{A} \cdot M \cdot Z^{1/3} \sim M \cdot Z^{0,2}$$

ergibt; auch die nahezu umgekehrte Proportionalität zur Teilchenenergie steht mit dieser Interpretation in Einklang.

12.5 Hüllenstruktur- und Bindungseinflüsse bei Transmission und Rückstreuung

An dieser Stelle soll noch einmal auf den in den theoretischen Ansätzen bzw. Auswertungen zur Vielfachstreuung und Diffusion bisher nicht erfaßten *Einfluß der Schalenstruktur* der Elektronenhülle der Absorberatome auf den Elektronentransport durch dicke Materieschichten eingegangen werden [Th 73][Th 74a, b].

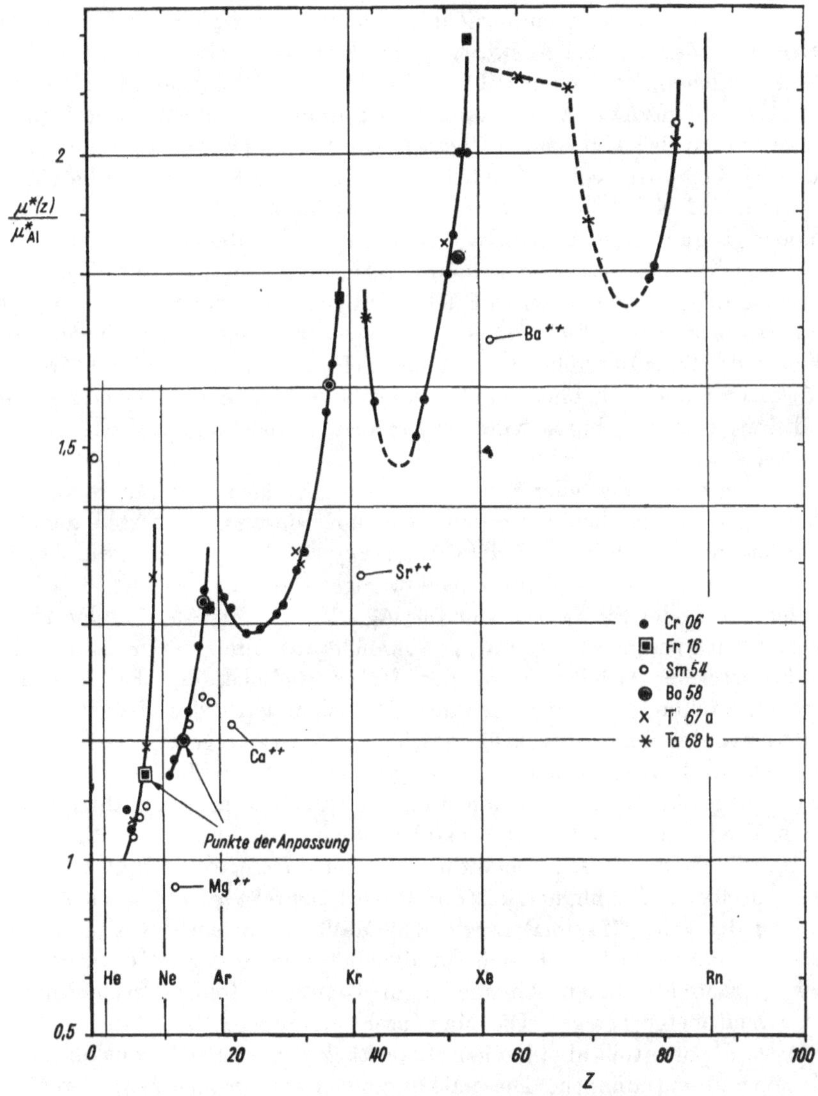

Abb. 12.5-1. Relativer Massenschwächungskoeffizient für Betastrahlung (Maximalenergien zwischen 1,2 und 2,3 MeV) als Funktion der Kernladungszahl des Absorbermaterials nach Messungen verschiedener Autoren (Erläuterungen s. Text)

Die Hüllenstruktur wirkt sich sowohl *auf den elastischen Streuquerschnitt* (über das Screening, § 7.14) als auch auf die Wahrscheinlichkeit der unelastischen Stöße (§ 7.2) und der dabei auftretenden Energieverluste, also *auf die Bremsung* (§ 8.1), aus. Für den Streuquerschnitt können prinzipiell Ausdrücke aufgeschrieben werden, die bei Auswertung mit HARTREE-Verteilungen den Einfluß auf die Hüllenstruktur beschreiben. Für jede Kernladungszahl erfordert das allerdings eine gesonderte umständliche Rechnung, die nicht zu einfachen geschlossenen Ausdrücken für die Querschnitte führt. Die theoretischen Ansätze zu den Vielfachprozessen und selbst die Monte-Carlo-Rechnungen beschränken sich daher auf Näherungen, denen z. B. das THOMAS-FERMI-Atommodell zugrunde liegt, und verzichten damit von vornherein auf die Erfassung der Hüllenstruktureffekte. Es scheinen keinerlei Abschätzungen über die Größe dieses Einflusses auf die summarischen Effekte Transmission und Rückstreuung sowie Energieabsorption von Elektronen vorzuliegen; die früher besprochenen Abhängigkeiten des Streuquerschnittes von der Schalenstruktur der Hülle (vgl. Abb. 7.1-5) lassen jedoch erhebliche Modifikationen der in den vergangenen Abschnitten diskutierten Ergebnisse zum Elektronentransport durch dicke Schichten erwarten.

Auch von experimenteller Seite ist diesem Einfluß bisher nur relativ wenig Aufmerksamkeit geschenkt worden. Die überwiegende Mehrzahl der *Untersuchungen zur Transmission und Rückstreuung* von Elektronen sowie von Betastrahlung beschränkt sich auf einige wenige ‚Standard'-Elemente, wie z. B. Be oder C; Al oder Si; Fe, Ni oder Cu; Ag, Cd oder Sn; Au, Pt oder Pb. Aus den Meßergebnissen wird dann gewöhnlich auf eine stetige Abhängigkeit charakteristischer Größen (z. B. der Halbwertsdicke, der Reichweite, des Massenschwächungskoeffizienten, der Diffusionstiefe, des Rückstreukoeffizienten) von der Kernladungszahl geschlossen; etwaige geringe Abweichungen von einem stetigen Kurvenzug ist man geneigt als Meßfehler zu deuten.

Die einzige Arbeit zur Transmission, die hinsichtlich der Zahl der untersuchten Elemente (ca. 30 Stück) ausführlich genug ist, um einen Hülleneinfluß deutlich erkennen zu lassen, scheint noch immer diejenige von CROWTHER [Cr 06] zu sein, in der die Z-Abhängigkeit des *Massenschwächungskoeffizienten der Betastrahlung* des UX_2 (Maximalenergie 2,32 MeV) beschrieben wird; die ebenen Absorberschichten befanden sich unmittelbar über der relativ ausgedehnten Quelle (Uranoxid), deren Abstand vom Detektor (Ionisationskammer) nur wenige Zentimeter betrug. Die Massenschwächungskoeffizienten wurden aus dem etwa exponentiell abfallenden Mittelstück der Transmissionskurven, dem Diffusionsteil, entnommen. Diese Bedingungen entsprechen etwa den Voraussetzungen der Diffusionstheorie von SCHMIDT (§ 11.42), die weiter unten auch zur Diskussion herangezogen wird.

Die Ergebnisse von CROWTHER sind in Abb. 12.5-1 wiedergegeben. Dargestellt sind die Relativwerte $\mu^*_{\mathrm{rel}}(Z) = \mu^*(Z)/\mu^*(\mathrm{Al})$ der Massenschwächungskoeffizienten $\mu^*(Z)$ als Funktion der Kernladungszahl des Absorbermediums. Charakteristisch ist der (durch * gekennzeichnete) mit den *Perioden* des Systems der chemischen Elemente konforme Gang des Massenschwächungskoeffizienten, der große Ähnlichkeit mit der Abhängigkeit des Atomradius von der Kernladungszahl aufweist (s. Abb. 12.5-4). Die innerhalb der einzelnen Perioden vielfach parabelartigen Funktionsteile durchlaufen gerade in denjenigen Z-Bereichen Minima, in denen die Kernladungszahlen der oben genannten, meist zur Messung herangezogenen Elemente liegen. Die Beschränkung auf solche Elemente führt daher auf eine scheinbar *stetige ‚Grundabhängigkeit'*, die einer Verbindung der Minima der Funktionszweige entspricht. Diese Grundabhängigkeit $\mu_{rel}(Z)$ kann auf der Grundlage der SCHMIDT-Theorie (§ 11.42) als Produkt eines ‚wahren' Massenschwächungskoeffizienten $\mu_{0\,rel}$, der die Bremsung beschreibt,

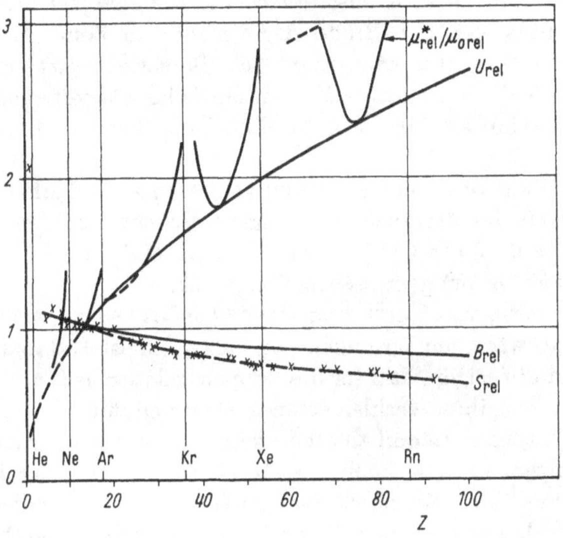

Abb. 12.5-2. Zur Auswertung der experimentellen Massenschwächungskoeffizienten von Betastrahlung (nach Abb. 12.5-1) bez. des Einflusses der Schalenstruktur der Atomhüllen: Verlauf der Funktionen μ^*_{rel}/μ_{rel}, $U_{rel} = U(Z)/U_{Al} = \mu_{rel}/\mu_{0\,rel}$, $B_{rel} = B(Z)/B_{Al} \approx (Z/Z_{Al})^{-0,1}$ und $S_{rel} = S(Z)/S_{Al} \approx (Z/Z_{Al})^{0,25}$ für mittlere Energien (etwa 1 MeV)

und eines Umwegfaktors $U_{rel}(Z)$, der die durch Streuung verursachten Umwege der Elektronen im Medium erfaßt, verstanden werden. Für die Relativwerte (Bezug auf Al) gilt nach § 11.42

$$\mu_{rel}(Z) = \mu_{0\,rel}(Z/A) \cdot U_{rel}(Z) \,. \qquad (12.5\text{-}1)$$

Nimmt man an, daß der wahre Massenschwächungskoeffizient direkt proportional zum Massenbremsvermögen $S = -\,\mathrm{d}E/\varrho\mathrm{d}s$ ist und daher etwa wie $Z^{-0,25}$ von der Kernladungszahl abhängt (vgl. § 8.12), und setzt U proportional $\sqrt{1 + \alpha Z}$ an — wie es die Betrachtungen im § 11.5 nahelegen —, wird die Z-Abhängigkeit von $\mu_{rel}(Z)$ etwa richtig wiedergegeben (vgl. Abb. 12.5-2).

Eingetragen sind in Abb. 12.5-1 *Meßwerte weiterer Autoren*, die Untersuchungen mit solchen Absorberelementen durchführten, welche eine Überprüfung oder Ergänzung der Ergebnisse von Crowther gestatten. Sie bestätigen das Auftreten der Periodizitäten, weisen teils aber auf weitere Einflüsse hin.

Friman [Fr 16] hat diverse Gase und Dämpfe, insbesondere Halogenkohlenwasserstoffe, ebenfalls für UX mit einer Ionisationskammer untersucht und aus den ermittelten effektiven Massenschwächungskoeffizienten der Verbindungen (über Formel 12.6-1) die der Elemente berechnet. (Diese Werte wurden bei Sauerstoff an die Ergebnisse von Crowther angepaßt.)

Boltaks und Sokolov [Bo 58] untersuchten (für Tl-204, P-32 und Sr-Y-90 mit einem Zählrohr) neben den Elementen Al, S, Se und Te eine große Anzahl halbleitender Verbindungen vom Typ PbS sowie einige Alkalihalogenide und fanden, daß für Stoffe gleicher Kristallstruktur eine Abhängigkeit des Massenschwächungskoeffizienten von der Breite der verbotenen Zone ΔE auftritt, und zwar ist μ^*_{rel} umgekehrt proportional zu ΔE. Bemerkenswert ist, daß für amorphes Se ($\Delta E = 2{,}3$ eV) der relative Massenschwächungskoeffizient wesentlich kleiner ist ($\mu^*_{rel} = 0{,}96$) als für die kristalline Modifikation ($\Delta E = 0{,}7$ eV, $\mu^*_{rel} = 1{,}61$).

Eine schöne Ergänzung des von Crowther gemessenen Verlaufs der Kernladungszahlabhängigkeit des Massenschwächungskoeffizienten stellen die neuerdings von Takhar [Ta 67a] [Ta 68b] an Al, Y sowie einigen seltenen Erden (für Rb-86 mit einem Zählrohr) gemessenen Werte dar.

Weiterhin sind Meßwerte von Smith und Otvos [Sm 54] eingetragen, die für Sr-Y-90-β-Strahlung an wäßrigen Lösungen von Salzen (meist Erdalkalinitrate) gewonnen wurden und die zeigen, daß für die doppelt geladenen Ionen der Erdalkalimetalle entsprechend ihrer verkleinerten Elektronenhüllen auch deutlich verringerte Massenschwächungskoeffizienten gefunden werden. Aus solchen Messungen an Lösungen wurden auch die Massenschwächungskoeffizienten von H, C, N, O, Al, P, Cl indirekt nach einer zu Gl. (12.6-1) äquivalenten Beziehung ermittelt. (Die Anpassung dieser Werte an die Ergebnisse von Crowther erfolgte bei Sauerstoff.)

Darüber hinaus liegt noch eine Reihe weiterer Arbeiten vor, die bezüglich der Zahl der untersuchten Elemente von geringer Ausführlichkeit sind und hinsichtlich des Auftretens einer periodischen Abhängigkeit des Massenschwächungskoeffizienten von der Kernladungszahl keine eindeutigen Aussagen zulassen [Ju 13] [Fo 26a] [Fo 26b] [Fo 27] [Ru 30] bzw. eine solche in Abrede stellen [Sc 08].[1]) In der Literatur wird auf Meßergebnisse, die den Einfluß der Atomhüllenstruktur auf die Transmission von β-Strahlung dokumentieren, nur vereinzelt und ohne weitere Diskussion (z. B. [He 23] [Bo 33] [Le 54] [Ba 59] [En 61]) hingewiesen.

[1]) Ursachen für diese Widersprüchlichkeiten sind nicht ersichtlich; vielfach wurden aber gerade für die in dem hier betrachteten Zusammenhang interessanten ersten und letzten Elemente jeder Periode (vgl. Tab. C) keine Messungen durchgeführt oder sogar einzelne herausfallende Werte eliminiert (z. B. bei [Fo 27] für Schwefel). Die hier diskutierten Ergebnisse zu Periodizitäten in der Kernladungszahlabhängigkeit und die daraus gezogenen Folgerungen bedürfen daher wohl noch einer gewissen kritischen Distanz und sollten zu weiteren Untersuchungen anregen.

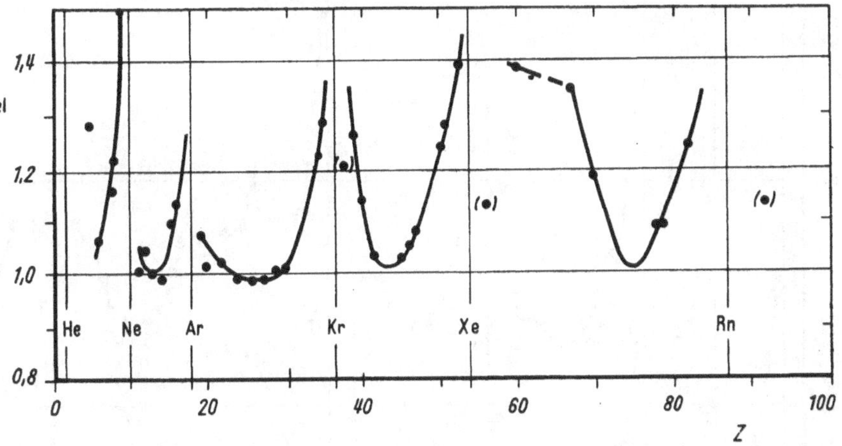

Abb. 12.5-3. Der Hülleneinfluß-Faktor $H_{rel} = \mu_{rel}^* / \mu_{rel}$ als Funktion von Z (eliminiert aus Abb. 12.5-1 bzw. 12.5-2 gemäß Gl. (12.5-2)) (Die in Klammern gesetzten Punkte sind aus Messungen an Verbindungen bestimmt worden.)

Eine theoretische Durchdringung der experimentellen Ergebnisse steht noch aus; dabei werden nicht nur die genannten Abhängigkeiten der elastischen und unelastischen Wechselwirkungen von der Elektronendichteverteilung im freien Atom, sondern auch von den Bindungszuständen der Atome im Molekül sowie im Festkörper zu berücksichtigen sein.

Im folgenden sollen einige *qualitative Betrachtungen* angestellt werden. Dazu wird zunächst der Schaleneinfluß als hinsichtlich seiner Ursachen anonymer Korrekturfaktor $H_{rel}(Z)$ (Hülleneinfluß-Faktor) zum theoretischen, durch das Schmidt-Modell gegebenen Massenschwächungskoeffizienten $\mu_{rel}(Z)$ aus den Meßwerten $\mu_{rel}^*(Z)$ isoliert:

$$\mu_{rel}^*(Z) = \mu_{rel}(Z) \cdot H_{rel}(Z) \,. \tag{12.5-2}$$

$\mu_{rel}^*(Z)$ beschreibt den periodischen Verlauf des Massenschwächungskoeffizienten gemäß Abb. 12.5-1, während $\mu_{rel}(Z)$ die stetige Grundfunktion darstellt, die in der Literatur allenthalben angegeben wird und die sich etwa als Verbindung der Minima der Kurvenäste ergibt. Sämtliche Größen sind als Relativwerte definiert (Index rel). Der so erhaltene *Hülleneinfluß-Faktor* $H_{rel}(Z)$ ist in Abb. 12.5-3 als Funktion von Z dargestellt; die Korrekturen können danach für gewisse Elemente mehr als 50% betragen.[1])

Grundlage der Diskussion ist ein *Vergleich* des Verlaufs von $H_{rel}(Z)$ *mit der Abhängigkeit des Atomradius* $a(Z)$ *von der Kernladungszahl* ([Ko 55] [Sm 62], s. Abb. 12.5-4). Diese beiden Funktionen weisen grundsätzliche Ähnlichkeiten, aber auch bedeutsame Unterschiede auf. Zunächst kann festgestellt werden, daß die Lage der Minima von $H_{rel}(Z)$ mit der Lage der Minima der aus den

[1]) Eine noch stärker ausgeprägte Periodizität analogen Verlaufs weist die Abhängigkeit des Sekundärelektronenemissionskoeffizienten δ von der Kernladungszahl auf (s. z. B. [Br 69] S. 151, [Br 61]; δ besitzt gerade dort Maxima, wo H_{rel} Minima aufweist.

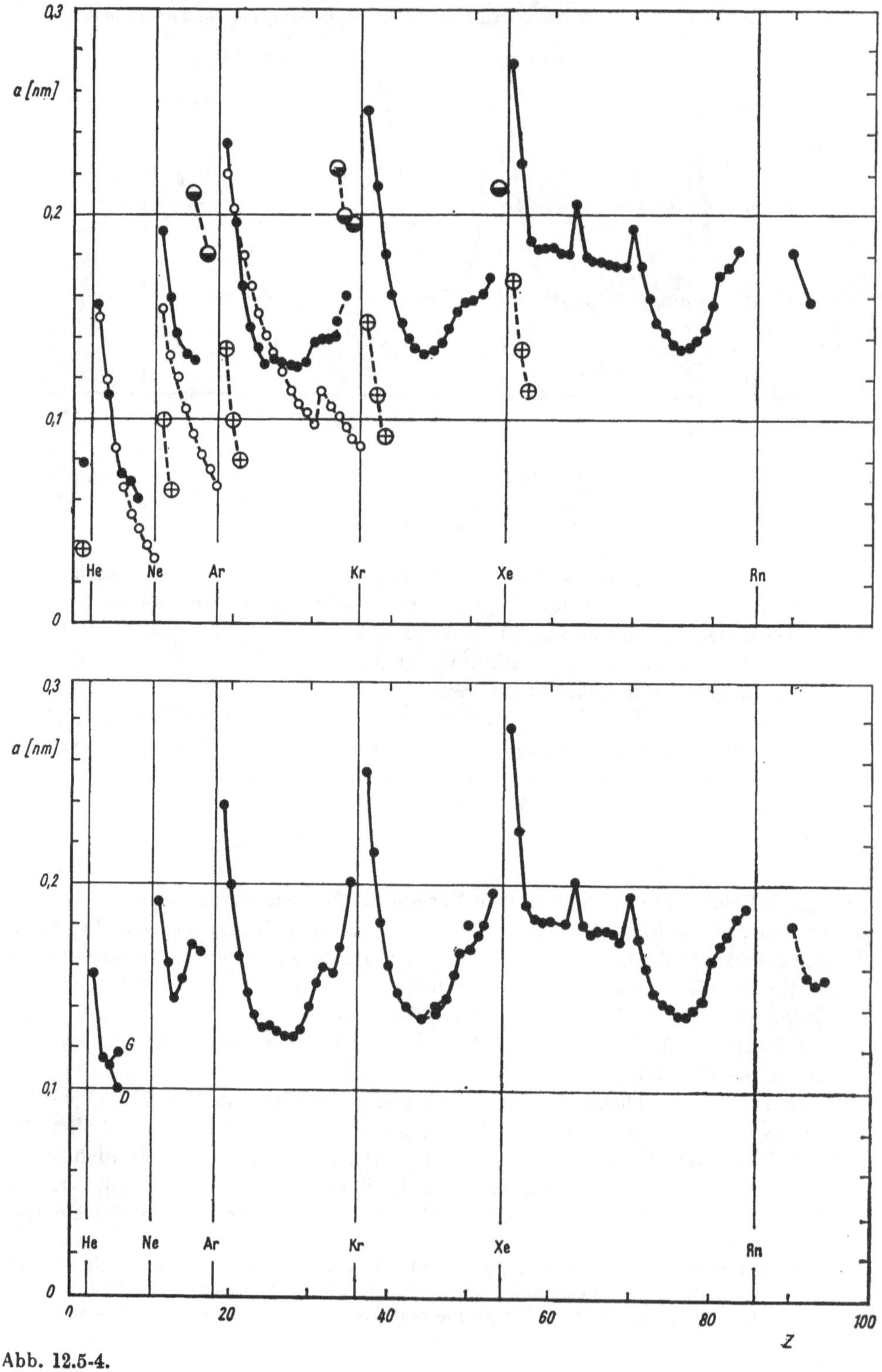

Abb. 12.5-4.

Abb. 12.5-4. Atomradien als Funktion der Kernladungszahl:
oben: theoretische Radien der äußeren Elektronenbahnen (○); kristallographische Ergebnisse für neutrale Atome (●), für ein-, zwei- bzw. dreifach positiv geladene Ionen (⊕) sowie ein-, zwei- bzw. dreifach negativ geladene Ionen (⊖) einiger Elemente der linken bzw. der rechten Seite des Periodensystems, Tab. C (nach [Sm 62]);
unten: aus den Dichten für die Koordinationszahl 12 berechnete Werte (bei $Z = 6$: G = Graphit, D = Diamant)

Dichten der Elemente (für die Koordinationszahl 12; Packungsdicke 74%) bestimmten Atomradien (Abb. 12.5-4 unten) praktisch übereinstimmt. Diese Minima liegen in der 3. Periode bei $Z = 13 \pm 1$, in der 4. Periode zwischen $Z = 26 \pm 2$, in der 5. Periode bei $Z = 43 \pm 1$ und in der 6. Periode bei $Z = 76 \pm 1$. Da die theoretischen Radien der äußeren Elektronenschalen (vgl. Abb. 12.5-4 oben) Minima dieser Art nicht aufweisen, muß geschlossen werden, daß bei der Transmission von Elektronenstrahlung erwartungsgemäß Festkörpereffekte beobachtet werden. Hervorstechende Unterschiede sind in den Höhen der Kurvenäste festzustellen. Während die ‚linken' Zweige von $H_{\text{rel}}(Z)$ im Vergleich zu denen von $a(Z)$ besonders in den ersten Perioden wesentlich weniger ausgeprägt sind, verzeichnet man für die ‚rechten' Zweige der Parabeln von $H_{\text{rel}}(Z)$ eine beträchtliche Überhöhung im Vergleich zu denen von $a(Z)$.

Dieses Verhalten von $H_{\text{rel}}(Z)$ könnte aus der Sicht der Z-Abhängigkeit der aus Hartree-Verteilungen berechneten elastischen Streuquerschnitte (s. Abb. 7.1-5) für kleine Streuwinkel – und um solche handelt es sich im Falle der Diffusion durch dicke Materieschichten im wesentlichen – verwunderlich erscheinen. Auf den ersten Blick würde man gerade für die großen Atomradien der Alkalimetalle – wegen der geringen Abschirmwirkung der Außenelektronen und der dadurch bedingten geringfügigen Verminderung des Streuquerschnittes gegenüber dem nichtabgeschirmten Fall über den Einfluß des Umwegfaktors – relativ große Massenschwächungskoeffizienten, also große Werte von $H_{\text{rel}}(Z)$ der Elemente der ersten Hauptgruppen des Periodensystems erwarten. Auf der Grundlage der Schmidt-Theorie ist man jedoch in der Lage, für dieses Verhalten eine erste plausible Erklärung zu geben. Denn in den Massenschwächungskoeffizienten $\mu^*(Z) = \mu_w \cdot U^*$ kann die Wirkung der Atomhüllengröße und -struktur auf die elastische Streuung nur über den Umwegfaktor

$$U = \sqrt{1 + 2\,Q_\beta}\,,$$

in diesen nur über die zur Streuabsorptionsfunktion der Diffusionstheorie äquivalente (s. § 11.42) Größe $Q_\beta = \beta_0/\mu_0$ und in diese wiederum nur über den Streukoeffizienten β_0 eingehen. β_0 muß aber seiner Bedeutung entsprechend eine einfache Funktion des abgeschirmten elastischen (und unelastischen) Streuquerschnittes sein, der gemäß Gl. (7.1-26) proportional zum Quadrat des Atomradius a^2 ist. In erster Näherung sollte also

$$\mu^*(Z) = \mu_0 \sqrt{1 + \text{const} \cdot a^2\, Q_\beta}$$

gelten. Man erkennt nun, daß für kleine Z, für die der Umwegfaktor definitionsgemäß in der Nähe von Eins bleibt, nur ein geringer Einfluß der Größe des Atomradius vorhanden sein kann; erst mit steigender Kernladungszahl wird in dem Maße, wie der zweite Term unter der Wurzel anwächst, der Einfluß der Schalenstruktur größer. Für sehr große Z kann man näherungsweise

$$\mu^*(Z) = \mu_0 \cdot a \sqrt{\text{const} \cdot Q_\beta}$$

schreiben, d. h., $\mu^*(Z)$ wird proportional zum Atomradius. Diese einfache Betrachtung kann also sogar das Fehlen der linken Äste der Funktion $H_{\text{rel}}(Z)$ innerhalb der ersten Perioden und ihr zunehmendes Hervortreten zu den höheren Perioden hin erklären.

Weniger naheliegend ist offenbar die Erklärung für die Überhöhung der rechten Kurvenäste von $H_{\text{rel}}(Z)$ im Vergleich zu denen von $a(Z)$. Offensichtlich kann hierfür nicht der Einfluß der elastischen Streuung maßgebend sein. Denn einerseits nimmt die Hüllenabschirmung innerhalb einer Periode mit steigender Kernladungszahl beständig zu, die Streuquerschnitte nehmen also — abgesehen von den Irregularitäten des Verlaufes infolge des Auffüllens innerer Schalen (vgl. Abb. 7.1-5) — ab, was im wesentlichen einer Abnahme von $H_{\text{rel}}(Z)$ auch rechts der Minima entspräche; andererseits müßten — wenn diese Betrachtungsweise nicht zuträfe, also die Hüllenabschirmung im Festkörper andersartig wäre — wenigstens in Analogie zu den linken Ästen auch die rechten Kurvenzweige in den ersten Perioden gemäß der Struktur des Umwegfaktors stark unterdrückt sein. Dieses letzte Argument spricht nun aber auch gegen einen Einfluß der Richtungsablenkungen durch unelastische Stöße, die sich wiederum nur über den Umwegfaktor auswirken könnten und die außerdem gerade bei großen Z gegenüber den elastischen Streuungen vernachlässigbar sind. Es bleibt somit nur der Schluß, daß dieser Effekt durch die Energieverluste verursacht wird, deren Abhängigkeit von der Schalenstruktur der Atomhülle die vereinfachte BETHE-Formel für das Massenbremsvermögen wiederzugeben nicht in der Lage ist.

Gestützt wird diese These durch experimentelle Ergebnisse zum *atomaren Bremsquerschnitt* der Elemente *für schwere geladene Teilchen*, auf die bereits in § 8.13 hingewiesen wurde. Es handelt sich einerseits um die in der älteren Literatur (s. [Ru 30] [Bo 33]) zu findenden ausführlichen Untersuchungen zur Bestimmung des atomaren Bremsquerschnitts $_aS = S/N$ (vgl. § 8.1) aus Reichweitenmessungen mit α-Strahlung an einer Vielzahl von Elementen. Danach sind der allgemeinen Z-Abhängigkeit des atomaren Bremsquerschnitts, die etwa durch $\sqrt{Z}$ angenähert werden kann (s. [Wh 58]), periodische Anstiege überlagert, die ebenfalls mit den Perioden des Systems der chemischen Elemente konform gehen. Analoge Ergebnisse wurden in neuerer Zeit für relativ langsame Protonen (50 bis 500 keV Energie) erhalten [Gr 55] [Ba 56]. Der Relativverlauf dieser Meßwerte ist in Abb. 12.5-5 wiedergegeben; zum Vergleich ist der Verlauf von $\mu_{\text{rel}}(Z)$ nach CROWTHER eingetragen. Wesentlich ist in dem hier betrachteten Zusammenhang, daß offensichtlich ein weitgehend

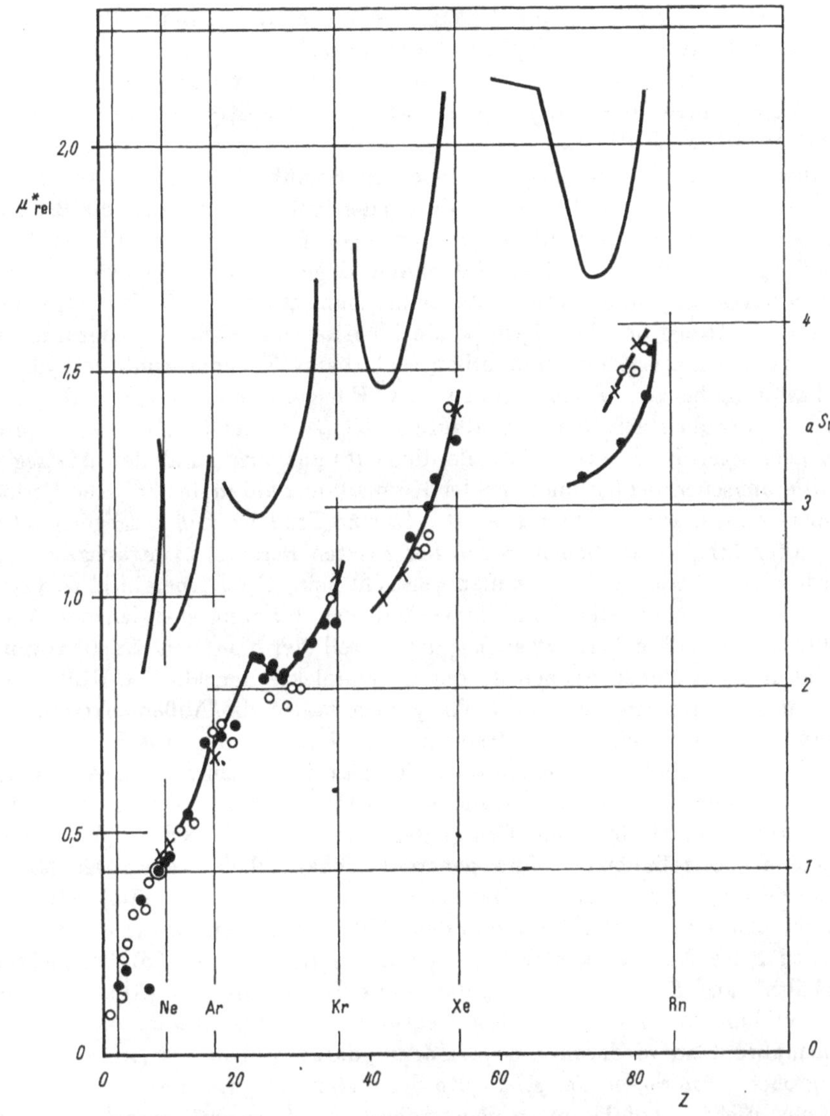

Abb. 12.5-5. Relativverlauf des atomaren Bremsquerschnitts (Bezugswert $_aS$ [$Z = 8$]) als Funktion der Kernladungszahl des Absorbers nach Messungen von BADER [Ba 56] (Punkte ●) und GREEN [Gr 55] (Punkte ×) für Protonen mit Energien zwischen 0,05 und 0,5 MeV sowie nach Messungen von TRAUBENBERG [Tr 21 a, b] für α-Teilchen (Punkte ○, s. a. [Ge 27] [Ru 30]). Im oberen Bildteil ist die Z-Abhängigkeit des Massenschwächungskoeffizienten von Betastrahlung nach Abb. 12.5-1 zum Vergleich eingetragen

(nur in der vierten Periode deutlicher durch das Auffüllen der 3d-Unterschale gestörter) stetiger Anstieg des atomaren Bremsvermögens innerhalb einer jeden Periode auftritt, dessen Verlauf für die obere Hälfte jeder Periode den ‚rechten' Kurvenästen von $\mu^*_{\mathrm{rel}}(Z)$ recht gut entspricht; Pendants zu den ‚linken' Ästen von $\mu^*_{\mathrm{rel}}(Z)$ fehlen vollständig, offensichtlich, weil der Streueinfluß bei schweren Teilchen außerordentlich klein ist.

Über qualitative Betrachtungen gehen die Bemühungen um eine theoretische Deutung dieses offensichtlichen Einflusses der Hüllenstruktur auf die Bremsung bisher nicht hinaus. So wird beispielsweise von Bader [Ba 56] auf den Zusammenhang mit dem spezifischen Widerstand hingewiesen, der seinerseits mit der Ionisierungsenergie der Atome in Zusammenhang steht. Die Ionisierungsenergie ist für die Atome der Alkaligruppe am kleinsten und steigt — abgesehen von den aus dem sukzessiven Atomaufbau erklärbaren Nebenmaxima und -minima — beständig bis zu den Halogeniden bzw. Edelgasen hin an (vgl. z. B. [Ha 50] [Fi 58]), was qualitativ dem Verhalten von $H_{\mathrm{rel}}(Z)$ rechts der Minima entspricht. Bei genauerer Betrachtung ist allerdings festzustellen, daß der Anstieg der Ionisierungsenergie mit zunehmender Kernladungszahl in den höheren Perioden immer geringer wird, während bei $H_{\mathrm{rel}}(Z)$ eine Tendenz zum entgegengesetzten Verhalten (abgesehen vielleicht von der zweiten Periode) nicht ausgeschlossen werden kann. Hierfür könnte man versucht sein, Festkörpereinflüsse verantwortlich zu machen, die sicher zu veränderten Bindungsenergien der Außenelektronen Anlaß geben; zwar ist der Anteil der von den Nachbaratomen beeinflußten Außenelektronen an der Gesamtelektronenzahl der Hülle gerade bei den schweren Atomen nur klein, jedoch haben die Außenelektronen den überwiegenden Anteil an der Bremsung (s. § 7.22), so daß das Verhalten von $H_{\mathrm{rel}}(Z)$ für die höheren Perioden durchaus plausibel erscheint. Ebenso könnte man aber auch — etwa auf Grund der oben zitierten Resultate von Smith und Otvos [Sm 54] bzw. auf Grund der bereits von Wentzel [We 22] entwickelten Vorstellungen — eine generelle Abhängigkeit des wahren Massenbremsvermögens vom Atomradius (bzw. von den Atomvolumina) selbst vermuten. Tatsächlich steigen diese in den höheren Perioden für die Elemente der rechten Seite des Periodensystems gerade in dem bei $H_{\mathrm{rel}}(Z)$ beobachteten Verhältnis an. Für die erste und die zweite Periode ist diese Analogie jedoch nicht vorhanden, so daß auch diese Deutung offenbar nicht adäquat ist; außerdem müßte dann wiederum eine Erklärung dafür gesucht werden, warum sich die großen Atomradien der Elemente der ersten Hauptgruppen des Periodensystems nicht ebenfalls in großen wahren Massenschwächungskoeffizienten bemerkbar machen.

Boltaks versucht, seine oben erwähnten Meßergebnisse, wonach für Verbindungen vom PbS-Typ eine Abnahme des Massenschwächungskoeffizienten mit steigender Breite ΔE der verbotenen Zone, also mit steigender *Bindungsenergie* auftritt, dadurch zu erklären, daß er (in Einklang mit Bethe [Be 30], s. § 7.22) den Außenelektronen den überwiegenden Einfluß auf die Bremsung zuschreibt und die mittlere Anregungsenergie I der Bethe-Formel proportional zu ΔE annimmt. Tatsächlich werden dadurch (auch für das oben erwähnte Beispiel des amorphen bzw. kristallinen Se) relative Änderungen des Massenbremsvermögens in der beobachteten Größenordnung plausibel. Aber auch diese Betrachtungsweise ist nicht in der Lage, eine generelle Erklärung für den Verlauf von $H_{\text{rel}}(Z)$ abzugeben; es müßten nämlich gerade für die Nicht- bzw. Halbleiter wegen ihres großen ΔE-Wertes im Vergleich zu den Metallen besonders kleine Massenschwächungskoeffizienten gefunden werden, während gerade das Umgekehrte der Fall zu sein scheint.

Insgesamt muß also noch immer eine mangelhafte Kenntnis und Interpretation der vorliegenden Ergebnisse zur Elektronenwechselwirkung in dicken Absorbern konstatiert werden. In diese Richtung zielende Bemühungen müßten zugleich eine Erklärung für den außerordentlich geringen Einfluß der Atomhüllenstruktur auf den Rückstreukoeffizienten der Elemente für Elektronen- und Betastrahlung abzugeben in der Lage sein. Für sättigungsdicke Streuer wurden mehrfach ausführliche Messungen durchgeführt [Mc 05b] [Mü 57a] [He 65] [Th 70c], wonach etwaige Hülleneffekte kaum außerhalb der experimentellen Fehler (ca. 1 bis 2%) liegen [Kr 65] [Ji 66] [Th 67a].

In solche Betrachtungen sollten auch die Meßergebnisse für den Massenschwächungskoeffizienten diverser Elemente für *Positronen* von TAKHAR [Ta 68b] einbezogen werden. Obwohl bisher nur Messungen an wenigen Elementen vorliegen, läßt sich bereits absehen, daß für Positronen ebenfalls Periodizitäten im Verlauf des Massenschwächungskoeffizienten als Funktion der Kernladungszahl auftreten, die prinzipiell für Elektronen gefundenen ähneln; jedoch scheinen die ‚linken' Äste noch weniger ausgeprägt zu sein als für Elektronen, was gemäß der oben versuchten Deutung mit der für Positronen geringeren Streuwahrscheinlichkeit (vgl. § 7.13) in Einklang stünde.

Die vorliegenden experimentellen Resultate zum Massenschwächungskoeffizienten der Elemente für β-Strahlung lassen — ungeachtet ihrer Deutung — immerhin erwarten, daß analoge *periodische Abhängigkeiten von der Kernladungszahl* des Absorbermaterials auch *für alle mit monoenergetischen Elektronen gewonnenen* Meßergebnisse zur Transmission, also etwa für die *charakteristischen Größen der Transmissionskurven* (wie Halbwertsdicke, Reichweite, Massenschwächungskoeffizienten, Diffusionstiefe o. dgl.), auftreten. Das vorliegende experimentelle Material ist jedoch hinsichtlich der Zahl der untersuchten Elemente bei weitem nicht ausführlich genug, um die Richtigkeit dieser Folgerung prüfen zu können.[1])

12.6 Elektronenwechselwirkung in Verbindungen und Stoffgemischen

12.61 Problemstellung

Bei der überwiegenden Mehrzahl der praktischen Aspekte der Wechselwirkung schneller Elektronen mit Materie — wie z. B. bei ihrer Anwendung zur Stoffanalyse und in der Strahlentechnik, bei Problemen der Dosimetrie usw. — ist

[1]) Beachte Fußnote S. 246.

die untersuchte Probe aus mehreren Stoffkomponenten zusammengesetzt, und es bleibt zu fragen, wie die für elementare Targets abgeleiteten Gesetzmäßigkeiten auf solche komplex zusammengesetzten Substanzen (Verbindungen, Lösungen, Legierungen u. ä.) übertragen werden können.

Es war zunächst ein empirischer Fakt, der bei Untersuchungen zur Rückstreuung von Betastrahlung verzeichnet wurde, daß sich das Streuverhalten einer aus mehreren, homogen vermischten Komponenten bestehenden Meßprobe weitgehend als das eines Elements einer gewissen *effektiven Kernladungszahl* $\bar{Z}$ charakterisieren läßt. So ist eine ganze Reihe (halb-)empirischer Vorschriften zur Berechnung von $\bar{Z}$ aus den prozentualen Gehalten p_i und den Kernladungszahlen Z_i (bzw. z. T. auch den relativen Atommassen A_i) der i Komponenten der Meßprobe aufgestellt worden (s. Tab. 12.6-2), die dann als richtig angesehen werden, wenn bei Auftragung der Rückstreuintensität $\bar{I}$ über $\bar{Z}$ der Meßpunkt für die Meßprobe auf der für elementare Streuer erhaltenen Kurve zu liegen kommt; das ist in den bisher vorliegenden Arbeiten jedoch, insbesondere wenn es sich um wasserstoffhaltige Proben oder Pulvergemische handelt, im allgemeinen nur sehr ungenügend der Fall (s. z. B. [Cr 06] [Mc 06b] [Mc 07] [Al 09] [Sc 09] [Mü 57a, b] [Gr 60] [Ho 60] [La 63c]).

Wie sich zeigte [Th 70a, b, c], liegen die Ursachen dafür sowohl in nichtadäquaten oder ungenauen Berechnungsvorschriften für $\bar{Z}$ als auch in mangelnder Sorgfalt bei der experimentellen Bestimmung von $\bar{Z}$ begründet.

Ähnlich liegen die Verhältnisse bei der Transmission von Elektronen durch einen aus mehreren Stoffkomponenten bestehenden Absorber. Experimentelle Untersuchungen wurden bisher nur mit Betastrahlung durchgeführt; aus dem etwa exponentiell abfallenden Mittelstück der Transmissionskurven läßt sich auch für Verbindungen ein *effektiver Massenschwächungskoeffizient* $\bar{\mu}$ bestimmen, der bereits von CROWTHER [Cr 06] mit Hilfe der empirischen Beziehung

$$\bar{\mu} = \sum_i p_i \mu_i \tag{12.6-1}$$

auf die Massenschwächungskoeffizienten μ_i und die Massenanteile p_i der Bestandteile der Verbindung zurückgeführt werden konnte. Da sich die Massenschwächungskoeffizienten bislang nicht aus den Elementarprozessen der Elektronenwechselwirkung mit genügender Genauigkeit berechnen lassen, wird dieser einfache Ansatz (bzw. äquivalente Beziehungen) ausnahmslos von anderen Autoren übernommen (z. B. [Fo 27] [Hu 57] [Hi 58] [Pr 59] [Na 60] [Dr 65] bzw. [Sm 54] [Gr 60] bzw. [Li 65]), obwohl in der Literatur mehrfach eine mangelhafte Wiedergabe der experimentellen Ergebnisse für gewisse Verbindungen konstatiert wurde.

Die Zielsetzung der folgenden Betrachtung wird es daher sein, theoretisch fundierte Berechnungsvorschriften für die effektiven Wirkungsgrößen des Rückstreu- und des Transmissionsprozesses abzuleiten und die Brauchbarkeit der empirischen Ansätze zu überprüfen. Trotz noch enthaltener Näherungsannahmen ermöglichen die Ergebnisse eine recht genaue Erfassung der Elektronenwechselwirkungsprozesse, besonders des Rückstreuprozesses, in mehrkomponentigen Targets und damit eine verbesserte quantitative Auswertung der Meßresultate aus Materialuntersuchungen mit Elektronen- und Betastrahlung, wie etwa der Elektronenstrahl-Mikroproben-Analyse bei Eichung mit elementaren Targets [Ar 61] [He 65], der Beta-Rückstreumethode sowie ihrer Kombination mit weiteren nichtstoffspezifischen Meßverfahren [Dr 65] [Dr 66] [Šu 59] [Th 66].

Für die Belange der Dosimetrie werden demgegenüber z. B. mit der Forderung nach der sogenannten Materialäquivalenz eines Phantommaterials zur biologischen Originalsubstanz noch weitergehende Bedingungen gestellt, auf die hier nicht eingegangen werden soll (vgl. dazu z. B. [Ma 53] [Ma 56] [Ma 61] [Lo 61]).

12.62 Die effektiven Wirkungsgrößen für die Grundprozesse

Bei der Berechnung der effektiven Wirkungsgrößen kann man grundsätzlich davon ausgehen, daß in einem aus mehreren Stoffkomponenten bestehenden Target die einfallenden Elektronen Wechselwirkung mit den Atomen aller in den Proben enthaltenen Elementen entsprechend ihrer prozentualen Massenanteile erfahren. Im Falle der *Diffusion* werden die einzelnen Elektronen in derartigen mehrkomponentigen Targets in statistischer Folge mit den Atomen aller in der Probe enthaltenen Elementen (Z_i, A_i, N_i, p_i) in Wechselwirkung treten, und die *Einzelstreu-Akte* werden entsprechend der (relativen) Anteile p_i der Atomsorten auftreten. Man kann daher zunächst für jeden Wechselwirkungstyp einzeln eine effektive Wirkungsgröße — z. B. ein effektives Streuvermögen und ein effektives Bremsvermögen — definieren, indem man bei allen in den entsprechenden theoretischen Ausdrücken enthaltenen materialabhängigen Größen sinngemäß die Zusammensetzung des Streumediums berücksichtigt. Das führt allerdings vielfach zu schwer zu handhabenden Ausdrücken, wenn man eine möglichst exakte Beschreibung anstrebt. Solche effektiven Wirkungsgrößen werden von LARANJEIRA [La 63b] für die Einzelstreuung und die Bremsung, von MOLIÈRE [Mo 48] [Pa 52a] für die Vielfachstreuung und von SCOTT [Sc 50] für die Diffusion angegeben und diskutiert.

Wenn man darüber hinaus die für die Elektronenwechselwirkung in dicken Materieschichten typische enge Verknüpfung von Streuung und Bremsung auch in einer effektiven Wirkungsgröße für den Gesamtprozeß berücksichtigen will, ist man auf einfachere Näherungsausdrücke (vgl. [La 63b] [Lo 65]) angewiesen.

Das hier verfolgte *Konzept* für die Berechnung der effektiven Kernladungszahl für den Rückstreuprozeß besteht darin, zunächst die effektiven Kernladungszahlen für den Einzelstreu- und den Diffusionsprozeß einzeln aus den für diese Modelle abgeleiteten differentiellen Streufunktionen (s. § 12.21), in denen allein die Energie- und Kernladungszahlabhängigkeit dieser Modelle zum Ausdruck kommt, zu berechnen und diese Ergebnisse entsprechend der (geometrieabhängigen) Beiträge der Einzelstreuung und der Diffusion zum Rückstreukoeffizienten (s. § 12.22) zu einer für den Gesamtprozeß der Elektronenrückstreuung gültigen effektiven Kernladungszahl $\bar{Z}_\Sigma$ zusammenzusetzen. Analog wird bei der Berechnung des effektiven Massenschwächungskoeffizienten von den besprochenen Ansätzen der Diffusionstheorie von SCHMIDT (§ 11.42) ausgegangen. In jedem Falle bilden die Grundlage der Betrachtungen die effektiven Wirkungsgrößen für die Grundprozesse — der elastischen Einzelstreuung, der Diffusion und der Bremsung —, auf die zunächst eingegangen werden soll. Es wird dazu auf die in den vorangegangenen Abschnitten (§§ 8.12, 9.2, 11.21) abgeleiteten Streu- und Bremsquerschnitte und die bereits dort für die weitere Verarbeitung formulierten analytischen Näherungsausdrücke für die teilweise recht komplizierten funktionellen Zusammenhänge zurückgegriffen.

Es soll zunächst nach dem *Wirkungsquerschnitt* σ_M *für ein Molekül* der Konstitution

$$V = (X_1)_{n_1} (X_2)_{n_2} \cdots (X_i)_{n_i} \cdots (X_k)_{n_k}$$

mit der relativen Molekülmasse (Molekulargewicht)

$$M = n_1 A_1 + n_2 A_2 + \cdots n_i A_i + \cdots n_k A_k$$
$$= \sum_{i=1}^{k} n_i A_i$$

gefragt werden; die X_i repräsentieren die chemischen Symbole der am Molekülaufbau beteiligten Elemente mit den Kernladungszahlen Z_i und den relativen Atommassen A_i (Beispiel Na_2CO_3: $X_1 \triangleq$ Na, $X_2 \triangleq$ C, $X_3 \triangleq$ O; $n_1 = 2$, $n_2 = 1$, $n_3 = 3$). Der Massenanteil des Elements X_i am Molekül beträgt

$$p_i = \frac{n_i A_i}{M} = \frac{n_i A_i}{\sum_i n_i A_i}.$$

Unter der Voraussetzung, daß bei der Strahlungswechselwirkung mit dem Molekül die Atome unabhängig voneinander wirken, daß also der Einfluß ihrer Bindung im Molekülverband vernachlässigt werden kann, ergibt sich der Gesamtquerschnitt σ_{Mol} je Molekül als Summe der atomaren Wirkungsquerschnitte $\sigma_i(Z_i)$ der beteiligten Atomsorten X_i unter Berücksichtigung ihrer Anzahl n_i:

$$\sigma_{\mathrm{Mol}} = \sum_i n_i \sigma_i = M \sum_i p_i \frac{\sigma_i}{A_i} \, [\mathrm{cm}^2] \tag{12.6-2}$$

Der *makroskopische Querschnitt* ${}_v\Sigma_V$ für die Wechselwirkung eines Teilchens (Elektrons) *je Einheit* der in der Substanz V durchlaufenen *Bahnlänge* ist dann das Produkt aus der Zahl

$${}_vN_{\mathrm{Mol}} = \frac{\varrho_v}{M} \cdot \frac{1}{u}$$

der Moleküle je Volumeneinheit (ϱ_v: Dichte der Substanz V, u: relative Atommasseneinheit) und dem Wirkungsquerschnitt σ_{Mol} für ein Molekül der Verbindung:

$$_v\Sigma_V = {_v}N_{\text{Mol}}\,\sigma_{\text{Mol}} = \frac{1}{u}\varrho_V \sum p_i \frac{\sigma_i}{A_i}\,. \tag{12.6-3}$$

Analog berechnet sich der makroskopische Querschnitt Σ_V für die Wechselwirkung eines Teilchens (Elektrons) *je Einheit der Flächenmasse* der in der Substanz V durchlaufenen *Bahn* aus dem Produkt der Zahl

$$N_{\text{Mol}} = \frac{1}{\text{M}}\cdot\frac{1}{u}$$

der Moleküle je Masseneinheit der Substanz V und dem Wirkungsquerschnitt σ_{Mol} je Molekül zu

$$\Sigma_V = N_{\text{Mol}}\,\sigma_{\text{Mol}} = \frac{1}{u}\sum_i p_i \frac{\sigma_i}{\text{A}_i}\,. \tag{12.6-4a}$$

Es gilt also

$$_v\Sigma_V = \varrho_V\,\Sigma_V$$

in Analogie zu der für elementare Stoffe gültigen Beziehung

$$_v\Sigma = \varrho\,\Sigma\,,$$

wobei

$$\Sigma = N\,\sigma = \frac{\sigma}{A}\cdot\frac{1}{u}$$

ist.

Somit kann Gl. (12.6-4a) in der einfachen Form

$$\Sigma_V = \sum_i p_i\,\Sigma_i \tag{12.6-4b}$$

geschrieben werden, in der

$$\Sigma_i = \frac{\sigma_i}{A_i}\cdot\frac{1}{u}$$

den makroskopischen Wirkungsquerschnitt je Einheit der Flächenmasse für das Element i der Verbindung darstellt.

Der allgemeine Ausdruck (12.6-4b) kann auch für nicht stöchiometrische Gemische, Lösungen und Legierungen herangezogen werden; er wird im folgenden für die hier interessierenden Fälle spezifiziert.

Für die *elastische Streuung* am Kern um nicht zu kleine Winkel wird die relativistische Darstellung mit der Spinkorrektur C_{sp} (aber ohne Screeningkorrektur, $C_{sc} = 1$, und ohne Kerngrößenkorrektur, $C_{ns} = 1$) zugrunde gelegt. Gemäß Gln. (7.1-10) ist im Fall mehrkomponentiger Proben der effektive makroskopische (exakte) Streuquerschnitt durch

$$\overline{Q}_{\text{ex}} = \sum_i p_i (Q_{\text{ex}})_i = \sum_i p_i\, Q_R^{(i)}(Z_i, E, \Theta)\cdot C_{sp}^{(i)}(Z, E, \Theta) \tag{12.6-5a}$$

gegeben, wo p_i die Massenanteile, $Q_R^{(i)}$ den makroskopischen RUTHERFORD-Querschnitt und $C_{sp}^{(i)}$ die Spinkorrektur für die i-te Komponente der Probe bedeuten. Beschränkt man sich auf die Z-Abhängigkeiten dieser Funktionen (durch Index Z gekennzeichnet) und berücksichtigt die Gln. (7.1-3a), (7.1-4a) sowie (7.1-13), so folgt als Näherung

$$(\overline{Q}_{\text{ex}})_Z = \sum_i p_i \frac{Z_i^2}{A_i} \cdot Z_i^{m_E} . \tag{12.6-5b}$$

Der Faktor $Z_i^{m_E}$ berücksichtigt die Z-Abhängigkeit der Spinkorrektur.

Für die *Diffusion* ist der Kehrwert der Transportweglänge die zum makroskopischen Streuquerschnitt hinsichtlich der Z-Abhängigkeit des Prozesses äquivalente Größe. Für mehrkomponentige Substanzen ergibt sich die effektive Transportweglänge $\overline{\varrho \lambda_T}$ aus

$$\frac{1}{\overline{\varrho \lambda_T}} = \sum_i p_i \frac{1}{(\varrho \lambda_T)_i} , \tag{12.6-6a}$$

wobei $(\varrho \lambda_T)_i$ die Transportweglänge der i-ten Komponente der Substanz und $\bar{\varrho}$ deren (effektive) Dichte ist. Beschränkt man sich wieder auf die Z-abhängige Teilfunktion $(\overline{\varrho \lambda_T})_Z$ der Transportweglänge, so kann man gemäß Gln. (11.2-2b) und (11.2-3) die effektive Transportweglänge näherungsweise in der Form

$$\frac{1}{(\overline{\varrho \lambda_T})_Z} = \sum_i p_i \frac{Z_i^2}{A} \cdot Z_i^{m_D} \tag{12.6-6b}$$

darstellen. Der Faktor $Z_i^{m_D}$ berücksichtigt die Z-Abhängigkeit des ln-Terms im Ausdruck (11.2-1a). — In der Rutherford-Näherung des Streuquerschnittes ist $m_E = m_D = 0$, und für $(\overline{Q}_{\text{ex}})_Z$ und $(\overline{\varrho \lambda_T})_Z^{-1}$ wird die gleiche Summationsvorschrift $\sum_i p_i Z_i^2/A_i$ erhalten.

Die Energieverluste der Elektronen werden vom Massenbremsvermögen S (Gl. (8.1-5)) beschrieben. Für Mehrstoffsysteme ergibt sich das *effektive Massenbremsvermögen* gemäß der Braggschen Regel (§ 8.13) aus

$$\overline{S} = \sum_i p_i S_i ; \tag{12.6-7a}$$

wird wieder der ln-Term des Massenbremsvermögens — d. h. die Bremszahl B — als bezüglich seiner Z-Abhängigkeit durch eine homogene Potenzfunktion genähert (Gl. (8.1-9a),) so kann man die Z-Abhängigkeit des effektiven Massenbremsvermögens in der Form

$$(\overline{S})_Z = \sum_i p_i \frac{Z_i}{A_i} \cdot Z_i^{n_B}$$

schreiben.

Bei Vernachlässigung der Z-Abhängigkeit der Bremszahl ($n_B = 0$) erhält man die meist benutzte Näherung $(\overline{S})_Z = \sum p_i \frac{Z_i}{A_i}$.

Hier sollen aber gerade die Z-Abhängigkeiten der Grundprozesse möglichst genau berücksichtigt werden. Dazu wurden [Th 67] die *Exponenten* m_E, m_D

und m_B *der Z-Abhängigkeiten des elastischen Streuquerschnitts*, des Kehrwertes der Transportweglänge und des Massenbremsvermögens für die Energiebereiche E_0 bis $E_0/2$ für $E_0 = 0{,}075$; 0,22 und 0,90 MeV[1]) aus graphischen Darstellungen der Größen C_{sp}, λ_T und S bestimmt und dazu die folgenden Angaben zugrunde gelegt:

- für m_E die Werte von DOGGETT und SPENCER [Do 56] (Tab. 7.1-2) für[2]) $\Theta = 90°$ und $\Theta = 150 \pm 15°$ sowie $Z = 6$, 13, 29, 50 und 82;
- für m_D die Werte von MEISTER [Me 58] für $Z = 13$, 49, 79 (Tab. 11.2-1), in denen die Hüllenabschirmung nach dem THOMAS-FERMI-Atommodell berücksichtigt ist;[3])
- für n_B die Werte von SPENCER [Sp 55] (ohne Bremsstrahlungsverluste, vgl. auch § 8.31) für $Z = 4$, 13, 29, 48, 79.

Die Ergebnisse für m_E und m_D sind in Abb. 12.6-1 und zuzüglich derjenigen für n_B in Tab. 12.6-1 eingetragen.

Tabelle 12.6-1. Z-unabhängige Mittelwerte der Exponenten der „Zusatz"-Z-Abhängigkeiten von Einzelstreuung, Diffusion und Bremsung (Indizes E, D bzw. B; vgl. Abb. 12.6-1)

E_0 [MeV]	0,075	0,22	0,90	Fehler
$\overline{m}_E$ (Θ = 90°) $\overline{m}_E$ (Θ = 180°)	+0,33	+0,40	+0,50	(+1; −0,4)
$\overline{m}_D$	−0,20	−0,09	−0,04	(±0,2)
n_B	−0,16	−0,14	−0,12	(±0,01)

Die Größen $m_E(E_0, Z, \Theta)$ sowie $m_D(Z, E_0)$ erweisen sich noch weiterhin als Z-abhängig, so daß die mittlere Steigung von $Q_{ex}(Z)$ bzw. $1/\varrho\,\lambda_T(Z)$ für festes E_0 (bzw. auch Θ) noch vom Z-Intervall, in dem die Kernladungszahlen der Komponenten der Verbindung liegen, abhängt und nur für Zweistoffsysteme ein effektives m eindeutig angegeben werden kann. Für Mehrstoffsysteme müssen Z-unabhängige Mittelwerte $\overline{m}_E$ bzw. $\overline{m}_D$ benutzt werden; die in Abb. 12.6-1 sowie Tab. 12.6-1 gemachten Angaben haben sich für die Auswertung im Vergleich zum Meßfehler als genügend genau erwiesen [Th 70c].

Die Abbildungen zeigen, daß der RUTHERFORD-Querschnitt Q_R nur für sehr kleine Z_1, Z_2 etwa richtig ist ($m_E \approx 0$); für große Z_1, Z_2 wird besonders bei großen Θ eine verstärkte Z-Abhängigkeit erhalten ($m_E = 1$). In $m_D < 0$ kommt der Einfluß der Hüllenabschirmung zum Ausdruck, der insbesondere für kleine

[1]) s. Fußnote S. 55.

[2]) Hier und im folgenden wurde im Hinblick auf das Einzelstreu-Modell das Symbol Θ statt ϑ für den Streuwinkel benutzt.

[3]) Die besonders für kleine Z z. T. erheblichen Fehler resultieren aus dem Fehler von $\varrho\,\lambda_T$ nach MEISTER ($\approx 2\%$) sowie aus den notwendigen Interpolationen; ihre Auswirkung auf den relativen Fehler der berechneten effektiven Kernladungszahlen Z_D ist jedoch $<1\%$, da für schwere Verbindungen der Fehler von m_D sowieso klein ist und für leichte Verbindungen Z_1 und Z_2 nahe beieinander liegen.

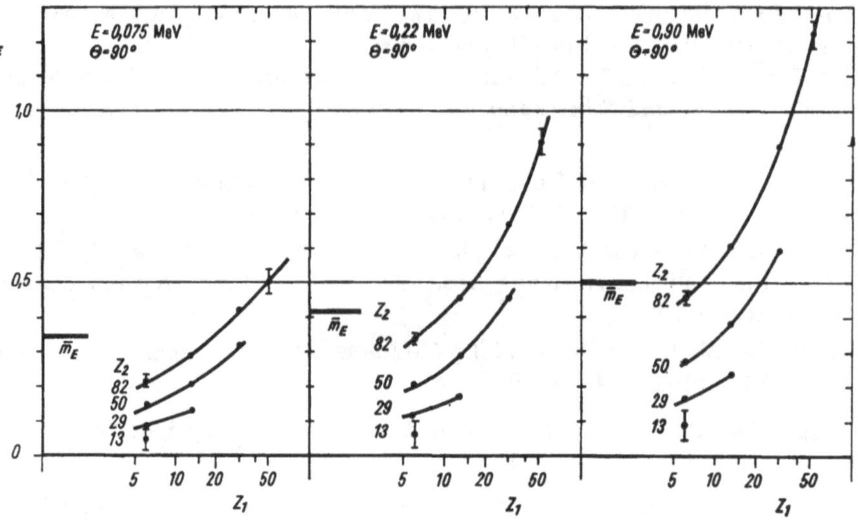

Abb. 12.6-1a

Abb. 12.6-1. Exponenten der Z-Abhängigkeit des Verhältnisses $C_{sp} = q_M/q_R$ der differentiellen elastischen Streuquerschnitte nach MOTT und nach RUTHERFORD für die Darstellung $C_{sp} \sim Z^{m_E}$ bei Streuwinkeln $\Theta = 90°$ (Bild a) und $150° \pm 15°$ (Bild b) sowie der Größe $(\varrho\,\lambda_T)^{-1}/(Z^2/A) \sim Z^{m_D}$ (Bild c) (λ_T: Transportweglänge) für Zweistoffsysteme als Funktion der Kernladungszahl der leichteren Komponente Z_1 (Parameter ist die Kernladungszahl der schweren Komponente Z_2) für drei ausgewählte Primärenergien. $\bar{m}_E$ bzw. $\bar{m}_D$ sind Z-unabhängige Mittelwerte für $m_E(Z_1, Z_2)$ bzw. $m_D(Z_1, Z_2)$ (nach [Th 70a, b]). In der RUTHERFORD-Näherung des Streuquerschnittes wäre $m_E = m_D = 0$

E_0 eine Verminderung der Z-Abhängigkeit gegenüber dem RUTHERFORD-Streugesetz bewirkt. Das *Verhältnis der Z-Abhängigkeiten von Einzelstreuung und Diffusion*, das in der Größe $Z^{m_E - m_D}$ zum Ausdruck gebracht werden kann, liegt für Zweistoffsysteme aus leichten Komponenten (Z_1, Z_2 beide klein) bei $Z^{0,1} \cdots Z^{0,2}$ und für Zweistoffsysteme aus schweren Komponenten (Z_1, Z_2 beide groß) bei $Z^{0,7} \cdots Z^{1,3}$ für $\Theta = 90°$ bzw. bei $Z^{1,3} \cdots Z^{1,6}$ für $\Theta = 150°$.[1]) Hervorzuheben ist, daß (lt. Tab. 12.6-1) die Z-Abhängigkeit Z^{n_B} der Bremszahl etwa von der gleichen Größe ist wie diejenige von Z/A ($\approx 1{,}4\,Z^{-0,13}$ für $Z > 8$) und daher keinesfalls vernachlässigt werden sollte (vgl. § 8.12).

12.63 Rückstreuung durch Verbindungen und Stoffgemische

Zur Gewinnung einer effektiven Kernladungszahl für den Rückstreuprozeß auf der Grundlage des Einzelstreu- und des Diffusionsmodells wird von den in

[1]) Nicht berücksichtigt ist der Einfluß der Kerngrößenkorrektur, die zu einer verstärkten Z-Abhängigkeit des Einzelstreu-Querschnittes führen dürfte (vgl. § 7.15). Wegen des relativ geringen Beitrags der Einzelstreuung zum Gesamtprozeß der Elektronenrückstreuung ist der dadurch verursachte Fehler jedoch nur gering.

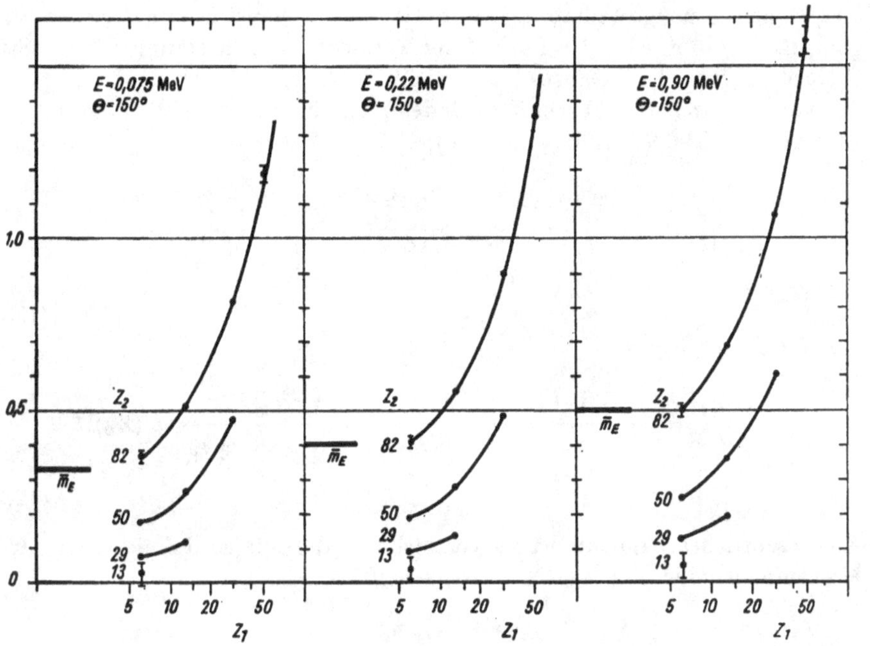

Abb. 12.6-1 b

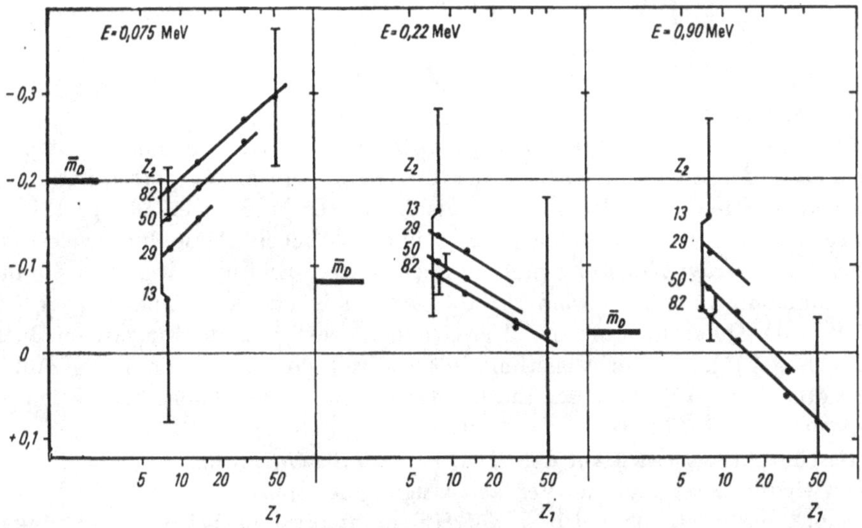

Abb. 12.6-1 c

§ 12.21 zusammengestellten Streufunktionen der betrachteten Modelle ausgegangen. Dadurch wird der Einfluß der Targetzusammensetzung auf den Streuabsorptionsprozeß als Ganzes berücksichtigt. Unter Benutzung der Ergebnisse des vorangegangenen Abschnittes findet man für die *Einzelstreuung* um große Winkel (s. a. Gln. 9.3-12 bzw. 9.3-13d)

$$\frac{\mathrm{d}\psi}{\mathrm{d}E} = -\frac{\bar{Q}_{\mathrm{ex}}}{\bar{S}} = \frac{\sum\limits_i N_i\, q_{\mathrm{ex}}^i(Z_i, \Theta, E)}{\sum\limits_i |\mathrm{d}E/\varrho\, \mathrm{d}s|_i} \sim \frac{\sum\limits_i p_i \frac{Z_i^2}{A_i} Z_i^{m_E}}{\sum\limits_i p_i \frac{Z_i}{A_i} Z_i^{n_B}} = (\bar{Z}_E)^{1+m_E-n_B} \tag{12.6-8}$$

und für die *Diffusion*

$$\frac{\mathrm{d}\chi}{\mathrm{d}E} = -\frac{\overline{(\varrho\lambda)}^{-1}}{\bar{S}} = \frac{\sum\limits_i p_i(\varrho\,\lambda_T)_i^{-1}}{\sum\limits_i |\mathrm{d}E/\varrho\, \mathrm{d}s|_i} \sim \frac{\sum\limits_i p_i \frac{Z_i^2}{A_i} Z_i^{m_E}}{\sum\limits_i p_i \frac{Z_i}{A_i} Z_i^{n_B}} \equiv (\bar{Z}_D)^{1+m_D-n_B}. \tag{12.6-9}$$

Als wesentliches Ergebnis ist zu verzeichnen, daß die so definierten *effektiven Kernladungszahlen für den Einzelstreuprozeß*

$$\bar{Z}_E = \left[\frac{\sum\limits_i p_i \frac{Z_i^2}{A_i} Z_i^{m_E}}{\sum\limits_i p_i \frac{Z_i}{A_i} Z_i^{n_B}}\right]^{\frac{1}{1+m_E-n_B}} \tag{12.6-10}$$

und *den Diffusionsprozeß*

$$\bar{Z}_D = \left[\frac{\sum\limits_i p_i \frac{Z_i^2}{A_i} Z_i^{m_D}}{\sum\limits_i p_i \frac{Z_i}{A_i} Z_i^{n_B}}\right]^{\frac{1}{1+m_D-n_B}} \tag{12.6-11}$$

unterschiedlich sind.

Diese Schreibweise ist ein Kompromiß zwischen einer möglichst genauen Erfassung der Z-Abhängigkeiten der in den Z-Berechnungsvorschriften auftretenden Streu- und Bremswahrscheinlichkeiten und einer für praktische Zwecke noch genügend einfachen und übersichtlichen Darstellungsweise. In einer verbesserten Näherung müßten noch weitere Einflüsse, wie etwa die mit der Momentanenergie veränderliche Z-Abhängigkeit der Spinkorrektur des Einzelstreu-Querschnittes, die Kerngrößenkorrektur zum Einzelstreu-Querschnitt (§ 7.15), die nicht arithmetische Mittelbildung für die Bremszahl B (vgl. dazu [La 63b]) sowie der Einfluß der Meßgeometrie genauer berücksichtigt werden.

Beschränkt man sich auf den Rutherford-Streuquerschnitt $Q_R \sim Z^2/A$ – d. i. gleichbedeutend mit der Vernachlässigung der Spinkorrektur bei der Einzelstreuung um große Winkel bzw. der Hüllenabschirmung bei der Kleinwinkelstreuung (Diffusion) – und vernachlässigt auch die Z-Abhängigkeit der Brems-

Tabelle 12.6-2. Zusammenstellung von Vorschriften zur Berechnung der effektiven Kernladungszahl eines komplexen Streumediums für den Elektronen-Rückstreuprozeß

Nr.	Mittelbildungsfunktion	Ausdruck für Elemente	Koeffizienten der allg. Formel 10*) M	N	$k = M - N$	Bemerkungen
1	$\overline{Z}_M = \sum_i p_i Z_i$	Z	1	0	1	z. B. [Da 56] [Mü 57a] [Ho 60] [Gu 63] [Bo 67]: Positronen
2	$\overline{Z} = (\sum_i p_i Z_i^n)^{1/n}$	Z	0,5 0,9 1	0 0 0	0,5 0,9 1	$n = 0{,}5$; [La 63a] [Ke 57] [Pe 48] $n = 0{,}9$: [Ne 61] für $Z < 50$ $n = 1$: s. Nr. 1
3	$\overline{Z} = \sum p_i \frac{Z_i^2}{A_i}$	$\frac{Z^2}{A}$	0,87	0	0,87	[Ga 65]
4	$R^2 = \sum p_i \frac{Z_i}{A_i} (Z_i = 1)$	$\frac{Z}{A}(Z+1)$	0,82	0	0,82	[Da 62]
5	$\overline{Z}_0 = \frac{\sum_i p_i Z_i^2/A_i}{\sum_i p_i Z_i/A_i}$	Z	0,87	−0,13	1	[Sa 54] [Je 57] [Ve 59] [He 64] [La 63a] [La 63b] [La 63c]
6	$R'^2 = \frac{\sum_i p_i Z_i (Z_i + 1) A_i}{\sum_i p_i Z_i/A_i}$	$Z + 1$	0,82	−0,13	0,95	
7	$Z = \left[\frac{\sum p_i Z_i \cdot Z_i^m/A_i}{\sum p_i Z_i/A_i}\right]^{1/m}$	Z	$m - 0{,}13$	−0,13	m	[He 57]; nach [Gr 60] ist für $Z < 10$ mit Y-90 bei Filterung $m = 0{,}93$

Tabelle 12.6-2 (Fortsetzung)

Nr.	Mittelbildungsfunktion	Ausdruck für Elemente	Koeffizienten der allg. Formel 10*)			Bemerkungen
			M	N	$k = M - N$	
8	$\bar{Z}_E = \left[\frac{\sum_i p_i \frac{Z_i^2}{A_i} \cdot Z_i^{m_E}}{\sum_i p_i \frac{Z_i}{A_i} \cdot Z_i^{n_B}}\right]^{1/k_E}$	Z	$0{,}87 + m_E$ 1,33 1,40 1,50	$n_B - 0{,}13$ −0,29 −0,27 −0,24	k_E 1,62 1,64 1,74	Einzelstreuung [Th 70b] $E = 0{,}075$ MeV $E = 0{,}22$ MeV $E = 0{,}90$ MeV mit $\bar{m}_E$, s. Abb. 12.5-1 u. Tab. 12.5-2 $k_E = 1 + m_E - n_B$
9	$\bar{Z}_D = \left[\frac{\sum_i p_i \frac{Z_i^2}{A_i} \cdot Z_i^{m_D}}{\sum_i p_i \frac{Z_i}{A_i} \cdot Z_i^{n_B}}\right]^{1/k_D}$	Z	$0{,}87 + m_D$ 0,80 0,91 0,94	$n_B - 0{,}13$ −0,29 −0,27 −0,24	k_D 1,09 1,18 1,18	Diffusion [Th 70b] $E = 0{,}075$ MeV $E = 0{,}22$ MeV $E = 0{,}90$ MeV mit $\bar{m}_D$, s. Abb. 12.5-1 u. Tab. 12.5-2 $k_D = 1 + m_D - n_B$
10	$\bar{Z} = \left[\frac{\sum_i p_i Z_i^M}{\sum_i p_i Z_i^N}\right]^{1/M-N}$	Z				[Th 70b]

*) Es wurden die Näherungen $\frac{Z}{A} \sim Z - 0{,}13$ und $\frac{(Z+1)}{Z} - Z - 0{,}05$ benutzt.

zahl B, so gehen beide Ausdrücke in die zuerst von SALDICK und ALLEN [Sa 54] angegebene und später von LARANJEIRA [La 63b] für die Einzelstreuung auch theoretisch als *Näherung* begründete Berechnungsvorschrift

$$\overline{Z}_0 = \frac{\sum_i p_i \frac{Z_i^2}{A_i}}{\sum_i p_i \frac{Z_i}{A_i}} \tag{12.6-12}$$

über: $\overline{Z}_E = \overline{Z}_D = \overline{Z}_0$. Für elementare Targets wird in dieser Näherung die Kernladungszahl $\overline{Z}$ erhalten ($Z_E = Z_D = Z$). So kann also die bisher noch am besten mit den experimentellen Ergebnissen in Einklang stehende effektive Kernladungszahl Z_0 nur als gemeinsame erste Näherung des Einzelstreu- und Diffusionsmodells der Elektronenstreuung betrachtet werden.

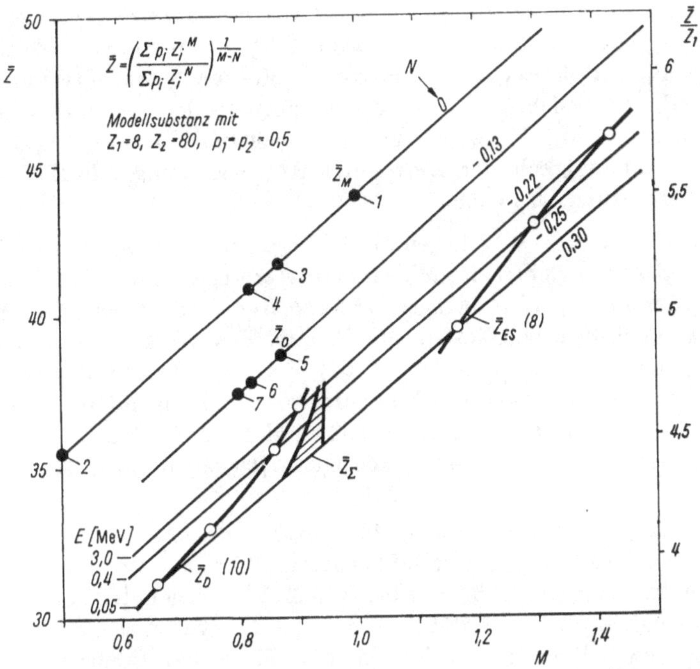

Abb. 12.6-2. Vergleich der verschiedenartigen Vorschriften für die Berechnung einer effektiven (mittleren) Kernladungszahl einer Verbindung oder eines Stoffgemisches für den Elektronen-Rückstreuprozeß am Beispiel einer zweikomponentigen Modellsubstanz mit den Kernladungszahlen $Z_1 = 8$ und $Z_2 = 80$ sowie die Massenanteile $p_1 = p_2 = 0{,}5$. Dargestellt ist die effektive Kernladungszahl $\overline{Z}$ in Abhängigkeit von dem (gemäß Gl. (10) der Tab. 12.6-2) eingeführten allgemeinen Exponenten M der Z-Abhängigkeit des (makroskopischen) Großwinkel-Streu- bzw. Diffusionsquerschnitts; als Parameter tritt der allgemeine Exponent N der Z-Abhängigkeit des Bremsvermögens auf.
Die an den Punkten angeschriebenen Ziffern (1 bis 9) weisen auf die zugrunde liegenden Berechnungsvorschriften gemäß Tab. 12.6-2 hin (nach [Th 70a, b])

Ein *Vergleich der verschiedenartigen Vorschriften* zur Berechnung effektiver Kernladungszahlen soll *am Beispiel* einer zweikomponentigen Modellsubstanz mit großen Unterschieden in den Z_i der Komponenten ($Z_1 = 8$, $Z_2 = 80$, $p_1 = p_2 = 0{,}5$) erfolgen. Abb. 12.6-2 läßt die beträchtlichen Unterschiede zwischen den mit den verschiedenartigen Vorschriften (lt. Tab. 12.6-2; die Ziffern 1 bis 9 entsprechen den Punkten 1 bis 9 der Abb. 12.6-2) berechneten effektiven Kernladungszahlen erkennen. Dargestellt sind die effektiven Kernladungszahlen der unterschiedlichen Definitionen als Funktion des Exponenten $M(E)$ der Z-Abhängigkeit des (makroskopischen) Streu- bzw. Diffusionsquerschnitts; als Parameter erscheint der Exponent $N(E)$ der Z-Abhängigkeit des Bremsvermögens; M und N sind in Tab. 12.6-2 eingetragen (vgl. Formel 10).

Auf der Kurve $N = 0$ liegen alle diejenigen Z-Werte, die mit Mittelbildungsvorschriften berechnet werden, die den Einfluß der Z-Abhängigkeit der *Bremsung* auf die effektive Kernladungszahl *gänzlich vernachlässigen*: Formel 1 (nach Müller [Mü 57a], gültig unter der Annahme $Z/A = \text{const}$ für alle Z; $M = 1$), Formel 2 (z. B. mit $M = 0{,}5$; $Z/A = \text{const}$), Formel 3 (nach Gardner und Dunn [Ga 65], berücksichtigt nur die Z-Abhängigkeit der Streuwahrscheinlichkeit nach Rutherford, $M = 0{,}87$) und Formel 4 (nach Danguy [Da 62], beachtet die Z-Abhängigkeit der Kern- und Hüllenstreuung mit $Z(Z + 1)/A$, Diffusionsbetrachtung, $M = 0{,}82$).

Auf der Kurve $N = -0{,}13$ liegen die Z-Werte, wenn in der Mittelbildungsfunktion die Z-Abhängigkeit des Massenbremsvermögens nur mit Z/A berücksichtigt, die der *Bremszahl B* dagegen *vernachlässigt* wird: Formel 5 (z. B. nach Laranjeira [La 63b] bzw. Saldick und Allen, Z-Abhängigkeit des Rutherford-Streuquerschnittes benutzt, $M = 0{,}87$), Formel 6 (durch teilweise Berücksichtigung der Z-Abhängigkeit des Massenbremsvermögens modifizierte Mittelbildungsfunktion nach Danguy, $M = 0{,}82$) und Formel 7 (nach Henricksen und Baarli [He 57]; mit $m = 0{,}93$ nach Gray [Gr 60] für $Z < 10$, also z. B. $M = 0{,}80$).

Die vollständige *Erfassung der Z-Abhängigkeit des Massenbremsvermögens* führt zu einer weiteren, energieabhängigen Verminderung der N-Werte ($N(E) = -0{,}22$ bis $0{,}30$ für $E_0 = 3$ bis $0{,}05$ MeV). Wegen der beträchtlichen Energieabhängigkeit auch von $M(E)$ (s. Tab. 12.6-2) ergeben sich auf Grund der oben abgeleiteten Z-Bildungsvorschriften (Formeln 8 und 9) energieabhängige effektive Kernladungszahlen, die sich für Einzelstreuung und Diffusion deutlich unterscheiden. Während für sämtliche betrachteten Energien (<5 MeV) $\bar{Z}_D < \bar{Z}_0$ ist, erhält man für $E \gtrapprox 0{,}03$ MeV $\bar{Z}_E > \bar{Z}_0$ und für $E_0 \geqq 1$ MeV sogar $\bar{Z}_E > \bar{Z}_M$.

Den *Einfluß des Gehaltes p_2 der schweren Komponente* der betrachteten Modellsubstanz auf die relative Abweichung $(\bar{Z}_M - \bar{Z}_X)/\bar{Z}_M$ (etwa von $\bar{Z}_E$, $\bar{Z}_D$, $\bar{Z}_0$) von der häufig benutzten effektiven Kernladungszahl $\bar{Z}_M$ veranschaulicht Abb. 12.6-3a; $\bar{Z}_D$ und $\bar{Z}_0$ können für Schwermetallverbindungen in leicht atomiger

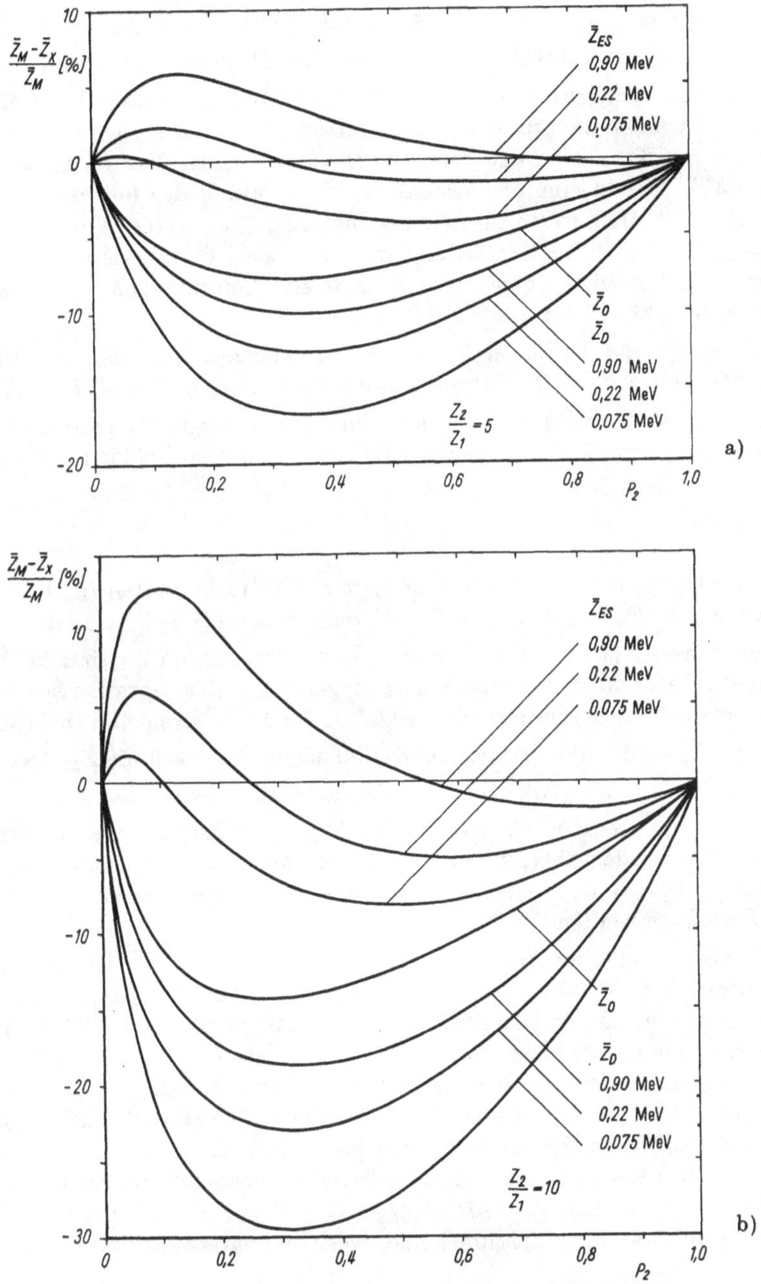

Abb. 12.6-3. Einfluß des Gehaltes der Meßprobe an der schweren Komponente p_2 auf die relative Abweichung der effektiven Kernladungszahlen $\bar{Z}_E$, $\bar{Z}_D$ und $\bar{Z}_0$ von $\bar{Z}_M$ für zwei Modellsubstanzen mit $Z_2/Z_1 = 10$ (unten) bzw. $= 5$ (oben) (nach [Th 70a, b])

Matrix (im Beispiel $Z_2/Z_1 = 10$) immerhin bis zu 30% bzw. 15% (bei ca. $p_2 = 0{,}3$) kleiner sein als $\bar{Z}_M$, was für $\bar{Z}_E$ nur für große p_2 und kleine E_0 der Fall ist; für große E_0 und kleine Z wird im Gegenteil $\bar{Z}_E > \bar{Z}_M$ (bis zu 15% bei 1 MeV). Bei $Z_2/Z_1 = 5$ werden die prozentualen Unterschiede in den Z ohne wesentliche Änderungen im Kurvenverlauf ebenfalls um etwa einen Faktor 2 geringer (Abb. 12.6-3b), so daß eine experimentelle Überprüfung der hier dargelegten Sachverhalte mit Meßproben zu erfolgen hat [Th 70c], deren Komponenten möglichst unterschiedliche Kernladungszahlen haben. Den Verlauf der effektiven Kernladungszahlen obiger Definitionen als Funktion von p_2 illustriert für ein Beispiel Abb. 12.6-4.

Einzelstreuung und Diffusion liefern also unterschiedliche effektive Kernladungszahlen; die *für den Gesamtprozeß der Rückstreuung gültige effektive Kernladungszahl* $\bar{Z}_\Sigma$ kann bei Kenntnis der von Primärenergie, Kernladungszahl und Beobachtungsgeometrie abhängigen Beiträge p_E und p_D beider Teilprozesse näherungsweise als Linearkombination von $\bar{Z}_E$ und $\bar{Z}_D$ berechnet werden:

$$\bar{Z}_\Sigma = p_E \bar{Z}_E + p_D \bar{Z}_D \, . \qquad (12.6\text{-}12\text{a})$$

Für eine 2π-Beobachtungsgeometrie beträgt der Diffusionsanteil (inkl. Mehrfachstreuung) für $E_0 = 4{,}0$; 0,7; 0,1 MeV mindestens etwa 93; 86; 65% der Rückstreuintensität (s. § 12.22). Die sich damit ergebenden $\bar{Z}_\Sigma$ sind in Abb. 12.6-2 für die betrachtete Modellsubstanz eingetragen; das schraffierte Gebiet kennzeichnet die Unsicherheiten in den Angaben der Einzelstreu- und Diffusionsbeiträge; die $\bar{Z}_\Sigma$ sind i. allg. kleiner als $\bar{Z}_0$; für kleine E_0 liegen die $\bar{Z}_\Sigma$ etwa um den gleichen Betrag unterhalb von $\bar{Z}_0$ wie $\bar{Z}_0$ unterhalb von $\bar{Z}_M$.

In sorgfältigen experimentellen Untersuchungen [Th 70c] konnte die durchgehende Gültigkeit der abgeleiteten Ausdrücke auch für Verbindungen, die Wasserstoff enthalten und denen vielfach eine Sonderstellung zugeschrieben wird, nachgewiesen werden.[1])

Eine *Energieselektion der Rückstreustrahlung* wird vielfach zur Empfindlichkeitssteigerung bei Materialuntersuchungen mit Hilfe der Betarückstreumethode angewandt. Die erzielte Steigerung der Z-Abhängigkeit der Rückstreuintensität kann bei elementaren Targets dadurch verstanden werden, daß z. B. ein Filter die relativ energiereichen, von schweren Targets rückgestreuten Elektronen wenig, die bei leichten Elementen aus größeren Tiefen zurückkehrenden, energiearmen (Diffusions-)Elektronen dagegen stark schwächt; gleichzeitig kommt es zu einer Verschiebung der Einzelstreu-Diffusions-Verhältnisse.

Im Falle komplexer Targets trifft sinngemäß die gleiche Erklärung zu. Die in der Literatur sich daran anschließende, weit verbreitete ‚Schlußfolgerung',

[1]) Mit Abweichungen muß dagegen wohl prinzipiell bei Pulvergemischen gerechnet werden, weil bei diesen keine (in atomaren Bereichen) homogene Vermischung der Komponenten vorliegt. Die Ausdrücke bleiben jedoch näherungsweise gültig, sofern die (mittlere) Korngröße sehr viel kleiner ist als die maximale Reichweite der Betastrahlung (s. [Th 68]).

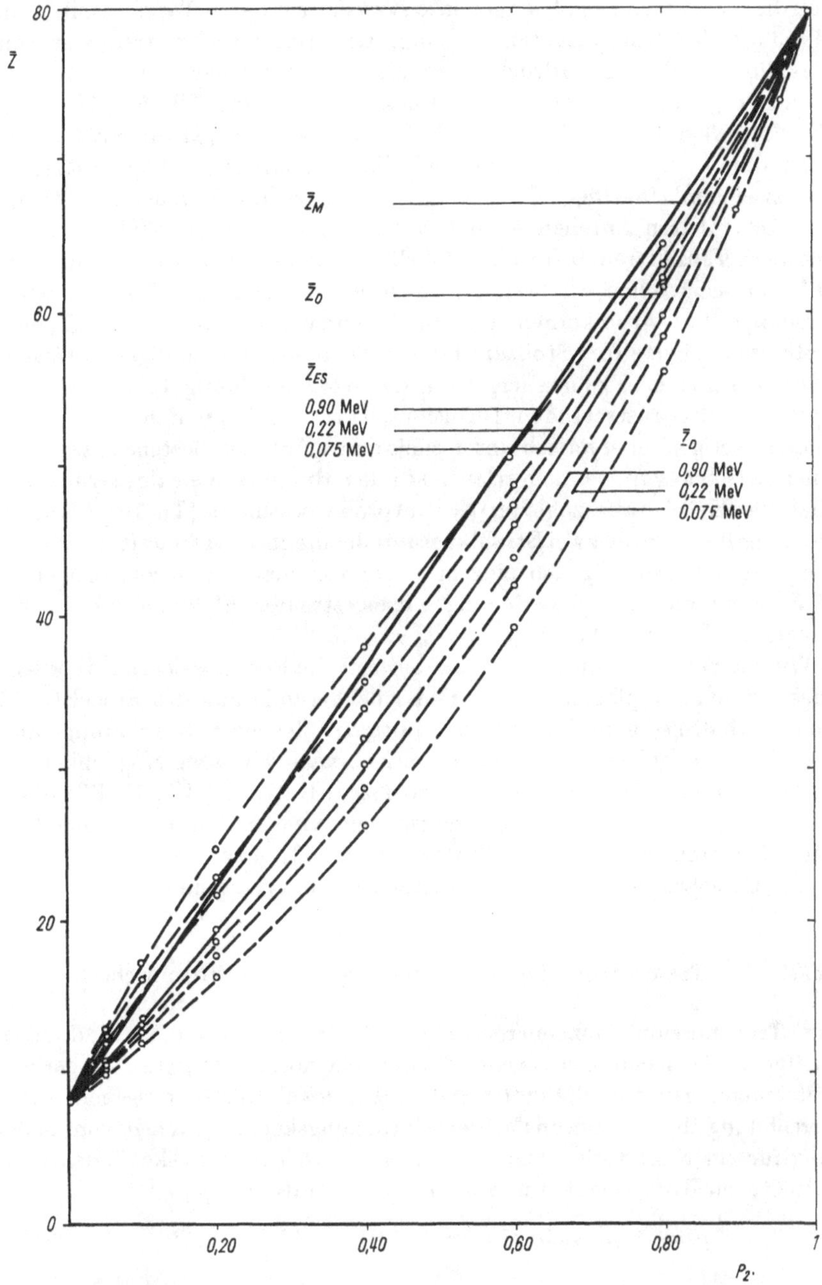

Abb. 12.6-4. Abhängigkeit der effektiven Kernladungszahlen $\overline{Z}_M$, $\overline{Z}_0$, $\overline{Z}_E$ und $\overline{Z}_D$ von dem Gehalt p_2 der schwereren Komponente Z_2 einer Modellsubstanz mit $Z_1 = 8$ und $Z_2 = 80$ $(Z_2/Z_1 = 10)$ (nach [Th 70a, b)]

daß die von der leichten Komponente etwa eines binären Targets (mit ‚atomarer‘ Mischung der Komponenten: Lösung, Legierung) rückgestreute energiearme Strahlung stärker unterdrückt wird als die der schweren Komponente zuzuordnende (‚daher‘ energiereichere) Rückstreustrahlung ([Bo 55] [Hu 58] [Ji 60] [Ko 60] [Ne 61] [Er 65] [Ji 66] [Ba 67] u. v. a.), ist jedoch *nicht* vertretbar; denn damit wird angenommen, daß die Rückstreustrahlung binärer Proben aus zwei den einzelnen Targetkomponenten zuzuordnenden und energetisch unterscheidbaren Anteilen besteht.[1]) Das steht jedoch im Widerspruch zu den aus dem Einzelstreu-Diffusions-Modell abgeleiteten Vorstellungen; denn die Diffusionselektronen erfahren bis zu ihrem Wiederaustritt viele Kleinwinkelstreuungen an Atomkernen aller im Streumedium enthaltenen Elemente in statistischer Folge (die Stoßzahl bis zur Tiefe der vollständigen Diffusion liegt selbst bei kleinen Primärenergien in der Größenordnung 100, s. [Co 65]); das Spektrum der austretenden Diffusionselektronen kann daher nicht aus verschiedenartigen, energetisch unterscheidbaren Anteilen bestehen; seine mittlere Energie (sowie sein Gesamtverlauf) ist allein durch eine einzige Größe, etwa die effektive Kernladungszahl der Gesamtprobe bestimmt [Th 64a]. Die Einzelstreuung liefert zwar zwei Strahlungsanteile, die ihrer Herkunft nach aber auch nur vorstellungsmäßig den einzelnen Targetkomponenten zugeordnet werden können, da die Energieverteilung einzelgestreuter Elektronen etwa Z-unabhängig ist [Bo 49a] [Th 64b].

Wie im Falle elementarer Targets bewirkt die Energieselektion aber sehr wohl auch bei den komplexen Streumedien eine Veränderung des Einzelstreu-Diffusions-Verhältnisses und somit der gültigen effektiven Kernladungszahl. Auf diese Weise kann die bisher nur empirisch nachgewiesene Möglichkeit der Gehaltsbestimmung von Dreistoffsystemen (s. z. B. [Dr 66] [Šu 59] [Th 66]) durch Kombination von Betarückstreumessungen ohne und mit (starker) Filterung der Rückstreustrahlung (Dziunikowski [Dz 63]) bzw. mit zwei unterschiedlichen Betastrahlungsenergien (Naumov [Na 60]) verstanden werden.

12.64 Transmission durch Verbindungen und Stoffgemische

Zur Transmission monoenergetischer Elektronen durch Verbindungen und Stoffgemische liegen bisher weder theoretische noch systematisch experimentelle Untersuchungen vor. Es gibt lediglich den erwähnten empirischen Ansatz zur Berechnung des effektiven Massenschwächungskoeffizienten $\bar{\mu}$ von Betastrahlung für ein Mehrstoffsystem aus den Massenschwächungskoeffizienten μ_i der enthaltenen Komponenten und ihren Konzentrationen p_i,

$$\bar{\mu} = \sum_i p_i \, \mu_i(Z_i) \, , \qquad (12.6\text{-}13)$$

[1]) Diese Erklärung trifft nur für den Fall von Schichttargets (z. B. bei Dickenmessung von Auflageschichten) und z. T. auch noch für sehr grobkörnige Pulvergemische (und deren Preßlinge) zu (vgl. [Th 68]).

der sich jedoch *nicht* in allen Fällen *bewährt* hat. Beispiele für Abweichungen zwischen experimentell bestimmten Massenschwächungskoeffizienten und den nach Gl. 12.6-13 für $\bar{\mu}$ berechneten Werten finden sich mehrfach in der Literatur (z. B. [Sc 07], [Ju 13], [Fo 27], [Ta 67a]); und zwar liegen die berechneten $\bar{\mu}$-Werte stets niedriger als die experimentell bestimmten Massenschwächungskoeffizienten. Dafür könnten zwei Gründe in Betracht kommen.

Erstens berücksichtigt dieser Ansatz nicht den Einfluß der Bindungsverhältnisse auf den Massenschwächungskoeffizienten eines Stoffes. Zu diesem Problemkreis fehlen bisher konkrete Ergebnisse. Durch Bindungseinflüsse ist jedoch nur eine gewisse Korrektur der Massenschwächungskoeffizienten $\mu_i^*(Z)$ der in einer Verbindung enthaltenen Elemente Z_i zu erwarten. In Formel (12.6-13) sollten also zumindest die Massenschwächungskoeffizienten $\mu_i^*(Z_i)$ der Elemente benutzt werden, in denen die *Schalenstruktur der Atomhüllen* zum Ausdruck kommt, also etwa die in Abb. 12.5-1 gezeigte periodische Z-Abhängigkeit des Massenschwächungskoeffizienten zugrunde gelegt wird. Man müßte daher statt Gl. (12.6-13)

$$\bar{\mu}^* = \sum_i p_i \mu_i^* = \sum_i p_i \mu_i(Z_i) \cdot H_i(Z_i) \qquad (12.6\text{-}14)$$

benutzen, wobei für die *Hülleneinflußfaktoren* $H_i(Z_i)$ wegen $H_{\mathrm{Al}} \approx 1$ für Aluminium näherungsweise die in Abb. 12.5-3 angegebenen Relativwerte

$$H_{i\,\mathrm{rel}}(Z) = \frac{H_i(Z)}{H_{\mathrm{Al}}} = H_i(Z)$$

eingesetzt werden können.

Die Anwendung der Mittelbildungsvorschrift (12.6-13) in unmittelbarem Zusammenhang mit der stetigen Z-Abhängigkeit der $\mu_i(Z)$ könnte sich bei den Untersuchungen z. B. von JUNGENFELD [Ju 13] sowie von FOURNIER [Fo 27] ausgewirkt haben; diese Autoren stellten fest, daß das nach Gl. (12.6-13) berechnete $\bar{\mu}$ nur für einen Teil der untersuchten Verbindungen mit den experimentellen Massenschwächungskoeffizienten in Übereinstimmung stand. Aus den Angaben kann jedoch – nachträglich auf Grund der Messungen von CROWTHER [Cr 06] (Abb. 12.5-1) – entnommen werden, daß vielfach gerade dann größere Massenschwächungskoeffizienten (bis zu 25%) gemessen werden, wenn nicht alle an einer Verbindung beteiligten Elemente auf der von ihm nur durch wenige Punkte festgelegten und als stetig angenommenen Z-Abhängigkeit des $\mu(Z)$ der Elemente liegen. CROWTHER dagegen fand die obige Berechnungsvorschrift (innerhalb der Meßfehler von 2%) bei seinen Untersuchungen an ca. 30 Verbindungen bei Benutzung seiner periodischen Z-Abhängigkeit $\mu^*(Z)$ ausgezeichnet bestätigt. Diese bei Nichtbeachtung des Hülleneinflusses auftretenden Diskrepanzen verdienen insbesondere auch Beachtung in Hinsicht auf Gehaltsbestimmungen an Mehrstoffsystemen mit Hilfe der Kombination mehrerer unabhängiger Meßverfahren unter Einschluß der Beta-Transmissionsmethode [Gr 60] [Da 64a] [Dr 65] [Ga 65].

Zweitens dürfte der empirische Ansatz (12.6-13), selbst wenn man vom Einfluß der Hüllenstruktur absieht, nur eine unter bestimmten Umständen brauchbare Näherung darstellen. Denn die Transmission von Elektronen- und Betastrahlung wird in den Dickenbereichen, in denen der Massenschwächungskoeffizient definiert ist, weitgehend von der *Diffusion* beherrscht. Für diesen Fall besagt die Theorie von SCHMIDT (§ 11.42), daß der praktische Massenschwächungskoeffizient $\mu(Z)$ das Produkt eines wahren Massenabsorptionskoeffizienten $\mu_0(Z)$ und eines Umwegfaktors $U(Z)$ ist:

$$\mu(Z) = \mu_0(Z) \cdot U(Z) ;$$

es lag nahe,

$$U(Z) = \sqrt{1 + 2\frac{\beta_0(Z)}{\mu_0(Z)}} = \sqrt{1 + 2\, Q_\beta}$$

als eine Funktion der differentiellen Streufunktion der Richtungsdiffusion aufzufassen und $\mu_0(Z)$ als proportional zum Massenbremsvermögen $S(Z, E)$ zu betrachten (vgl. § 11.42).

Für mehrkomponentige Absorber wird man daher im Anschluß an § 12.62 auf

$$\bar{\mu}_0 = \sum_i p_i\, \mu_{0i} = \text{const} \cdot \sum_i p_i\, S_i = \mu_{00} \sum_i p_i \frac{Z_i}{A_i} Z_i^{n_B} \qquad (12.6\text{-}15)$$

und

$$\bar{U} = \sqrt{1 + 2\, \bar{Q}_\beta} = \sqrt{1 + \alpha'\, \bar{Z}_0} \qquad (12.6\text{-}16)$$

geführt, wenn man sich mit der RUTHERFORD-Näherung für Q_β begnügt. Der effektive Massenschwächungskoeffizient ergibt sich somit zu

$$\bar{\mu}_{th} = \bar{\mu}_0 \cdot \bar{U}(\bar{Z}_0) \qquad (12.6\text{-}17)$$

$$= \mu_{00} \left(\sum_i p_i \frac{Z_i}{A_i} Z_i^{-0,12} \right) \sqrt{1 + \alpha'\, \bar{Z}_0} \; ; \qquad (12.6\text{-}17\,\text{a})$$

für elementare Proben reduziert sich dieser Ausdruck zu

$$\mu_{th} = \mu_{00} \cdot \frac{Z}{A} \cdot Z^{-0,12} \sqrt{1 + \alpha'\, Z} \, . \qquad (12.6\text{-}17\,\text{b})$$

Für die Bremsung und die Streuung erfolgt hier also eine getrennte und vernünftigerweise andersartige Mittelbildung; $\bar{Z}_0$ ist die effektive Kernladungszahl für den Streuprozeß (Gl. 12.6-12). Die konstanten μ_{00} und α' sind durch Anpassung von $\mu_{th}(Z)$ an den experimentellen Verlauf der Grundabhängigkeit $\mu(Z)$ (vgl. § 12.5) zu bestimmen; ihre Werte hängen von den Meßbedingungen, besonders von der Meßgeometrie, ab. In μ_{00} steckt darüber hinaus die Abhängigkeit von der Maximalenergie E_β der untersuchten Betastrahlung.

Sofern man den theoretischen Umwegfaktor mit dem Streuumwegfaktor (vgl. § 11.52) identifiziert, kann man – gemäß der in Abb. 11.5-1 angegebenen experimentellen Umwegfaktoren – mit Werten von α' zwischen 1/6 und 1/3 mit einem Mittelwert von $\alpha' = 1/4$ (s. Gl. (11.5-16b)) rechnen.

In der Darstellung

$$\bar{\mu}_{th} = \sum_i p_i \left(\frac{\mu_{th}}{U}\right)_i \cdot \bar{U}$$

erkennt man, daß der empirische Ausdruck (12.6-13) nur dann ähnliche Werte wie Gl. (12.6-17) liefern kann, wenn $\bar{U} \approx U_1 \approx U_2 \cdots$ gilt. Daß andernfalls erhebliche Differenzen auftreten können, sollen die Beispiele in Tab. 12.6-3 zeigen. Berechnet man nämlich den effektiven Massenschwächungskoeffizienten einer Verbindung einerseits nach Gl. (12.6-13) mit μ_{th} nach Gl. (12.6-17b), also

$$\bar{\mu} = \sum_i p_i (\mu_{th})_i ,$$

und andererseits nach Gl. (12.6-17a) $\bar{\mu}_{th}$, so erhält man relative Abweichungen

$$(\bar{\mu}_{th} - \bar{\mu})/\bar{\mu} ,$$

die für $\alpha' = 1/3$ bis zu über 15% betragen, wenn die an einer Verbindung beteiligten Elemente sehr unterschiedliche Kernladungszahlen haben und etwa mit gleichen Massenanteilen vertreten sind (z. B. $Pb(NO_3)_2$). Für den Mittelwert $\alpha' = 1/4$ ergeben sich nur wenig kleinere Werte. Lediglich für Verbindungen aus leichten Elementen liegen wegen der geringen Unterschiede in Z

Tabelle 12.6-3. Vergleich der (nach den Formeln (12.6-13) mit (12.6-17b) bzw. (12.6-17a)) berechneten Massenschwächungskoeffizienten $\bar{\mu}$ bzw. $\bar{\mu}_{th}$ einiger Verbindungen (in cm²/g) (mit den Zahlenwerten $\mu_{00} = 18{,}5$ cm²/g und $\alpha' = 1/3$)[1])

Stoff	$\bar{Z}_0$	$\bar{\mu}_{th} = \bar{\mu} \cdot \bar{U}$	$\bar{\mu} = \sum p_i (\mu_{th})_i$	$\frac{\bar{\mu}_{th} - \bar{\mu}}{\bar{\mu}}$ [%]
PbJ_2	65,65	21,90	21,73	0,8
$PbBr_2$	60,35	21,77	21,16	2,9
$PbCl_2$	62,95	22,65	21,26	6,6
PbO	75,41	23,11	22,30	3,6
PbO_2	69,92	23,17	21,73	6,6
$PbCO_3$	62,07	23,16	20,86	11,1
$Pb(NO_3)_2$	50,04	22,73	19,49	16,6
$Ba(NO_3)_2$	30,18	19,54	17,33	12,7
$Sr(NO_3)_2$	19,26	17,39	15,96	8,9
$Ca(NO_3)_2$	10,76	15,07	14,72	2,4
$CaCO_3$	12,56	15,78	15,32	3,1
CaF_2	14,79	16,02	15,70	2,0
ZnS	25,14	18,26	18,04	1,2
CCl_4	16,11	16,16	16,04	0,7
Al_2O_3	10,60	14,61	14,51	0,7
Li_2CO_3	6,83	13,05	12,92	0,95
H_2O	6,60	15,15	14,65	3,47
D_2O	6,60	13,63	13,17	3,47

[1]) s. Fußnote [2]), S. 274.

und Z/A die Abweichungen der Ergebnisse beider Berechnungsvorschriften in der Größe der experimentellen Fehler (ca. 3 bis 4%).[1])

Die allgemeinen Ergebnisse der SCHMIDT-Theorie können als in befriedigender Übereinstimmung mit dem Experiment bezeichnet werden (s. z. B. [En 61]). Es darf daher angenommen werden, daß die den hier durchgeführten Überlegungen zugrunde liegende theoretische Ausgangsformel (12.6-17) brauchbar ist. Es scheint jedoch nicht erwiesen, ob dieses Ergebnis in obiger Form anwendbar bleibt, wenn nicht mehr eine 2π-Sandwich-Meßgeometrie, die in der SCHMIDT-Geometrie vorausgesetzt ist, vorliegt, sondern mit kollimiertem Betastrahlungsbündel sowie kollimierter Detektionsgeometrie gemessen wird. Diese Bedenken resultieren aus den folgenden Sachverhalten.

Wenn man versucht, die verhältnismäßig starke Grundabhängigkeit $\mu_{\mathrm{rel}}(Z)$ der Meßreihen von CROWTHER [Cr 06] bzw. TAKHAR [Ta 67a] (Abb. 12.5-1) durch Gl. (12.6-17b) zu approximieren, so findet man — trotz des großen Spielraums bei der „Interpolation" des Verlaufes des Minimums des Funktionszweiges von $\mu^*_{\mathrm{rel}}(Z)$ in der 6. Periode (bei $Z = 75$) —, daß sich für $\mu_{\mathrm{rel}}(Z)$ ein Kurvenverlauf ergibt, der mit der aus der SCHMIDT-Theorie hergeleiteten Umwegfaktorfunktion $\sqrt{1 + \alpha' Z}$ nicht vereinbar ist. Denn für Pb wird man auf Umwegfaktorwerte $U_{\mathrm{rel}}(\mathrm{Pb})$ zwischen etwa 2,40 und 2,60 geführt. Mit $\alpha' = 1/4$ ergibt sich aber nur $U_{\mathrm{rel}}(\mathrm{Pb}) = 2{,}25$, mit $\alpha' = 1/3$ etwa $U_{\mathrm{rel}}(\mathrm{Pb}) = 2{,}31$. Erst mit $\alpha' = 1$ erreicht man 2,44 und für sehr große α'-Werte 2,51; für darüberliegende Umwegfaktorverhältnisse benötigt man negative α'-Werte.[2])

Es stellt sich somit die Frage, ob nicht auch für Meßgeometrien, für die die Z-Abhängigkeiten geringer sind, so daß eine Anpassung der theoretischen Kurve an den experimentellen Verlauf der Grundkurve $\mu_{\mathrm{rel}}(Z)$ mit α'-Werten $<1/3$ noch möglich ist, doch bereits ein Korrekturfaktor erforderlich ist, der die in der SCHMIDT-Theorie nicht erfaßten Einflüsse der Winkelverteilungsumwege ([En 61], vgl. § 11.52) bzw. der Rückstreuung auf die Z-Abhängigkeit des

[1]) Daß die Unterschiede von $\bar{\mu}$ und $\bar{\mu}_{th}$ für H_2O bzw. D_2O etwa gleich groß sind und nur ca. 3,5% betragen, ist nur auf die für H_2O und D_2O unterschiedlichen Dichten zurückzuführen, so daß sich etwa gleich große lineare Schwächungskoeffizienten $\bar{\mu}\,\varrho_{th}$ für beide Substanzen ergeben; das steht in Übereinstimmung mit den experimentellen Befunden [Mi 68] [Po 64], wonach die Schwächung von Sr-Y-90-Betastrahlung durch H_2O und D_2O je Molekül bzw. also je Mol/cm² (d. i. proportional zu $\bar{\mu}\,\varrho$) die gleiche ist und auch kein Unterschied in den Rückstreuintensitäten besteht [Po 64].

[2]) Aus diesem Grunde wurde die von CROWTHER [Cr 06] ($E_\beta = 2{,}3$ MeV) und TAKHAR [Ta 67a] ($E_\beta = 1{,}77$ MeV) gemessene Grundabhängigkeit $\mu(Z)$ (s. Abb. 12.5-2) mit den Zahlenwerten

$$\mu_{00} = 18{,}5 \cdot E_\beta^{-1{,}37} \; [\mathrm{cm^2/g}]$$
$$\alpha' = 1{,}3$$

approximiert (s. Tab. 12.6-3), was für $6 \leq Z \leq 82$ eine Abweichung von höchstens 15% zwischen den möglichen Kurvenverläufen und den berechneten Werten ergibt. Die angegebene Energieabhängigkeit ist ein weitgehend geometrieunabhängiger Mittelwert der im Energiebereich von 0,15 bis 2,5 MeV vorliegenden Meßergebnisse verschiedener Autoren (s. z. B. [Ke 57] [En 61]).

Massenschwächungskoeffizienten zu berücksichtigen gestattet. Insofern müssen auch die in der Tab. 12.6-3 zusammengestellten Zahlenwerte für die relative Unsicherheit der mit Formel (12.6-13) berechneten Massenschwächungskoeffizienten von Verbindungen als mit allen Mängeln der Theorie behaftete Beispiele betrachtet werden, ohne daß jedoch am prinzipiellen Auftreten des diskutierten Effektes gezweifelt zu werden brauchte.

Die berechneten Beispiele zeigen, daß die Unterschiede zwischen $\bar{\mu}_{th}$ und $\bar{\mu}$ nur im Falle beträchtlicher Unterschiede in den Kernladungszahlen der an einer Verbindung beteiligten Elemente den experimentellen Fehler übersteigen. Wie schon der Hülleneinfluß, bewirkt auch der Übergang von $\bar{\mu}$ zu $\bar{\mu}_{th}$ eine Vergrößerung der Massenschwächungskoeffizienten, also ganz in dem Sinne, wie es zur Erklärung der genannten Diskrepanzen zwischen berechneten und gemessenen Massenschwächungskoeffizienten erforderlich ist.

Es dürfte daher wohl nur in günstigen Beispielfällen und erst nach Klärung der Hüllenstruktur- sowie der Bindungseinflüsse der eindeutige Nachweis zu erbringen sein, daß die Mittelbildungsvorschrift (12.6-17) für $\bar{\mu}_{th}$ den experimentellen Ergebnissen besser gerecht wird als die Formel (12.6-13) für $\bar{\mu}$.

Wenn auch eine vollständige Klärung der Sachverhalte und insbesondere eine Berücksichtigung der Bindungseffekte zunächst noch nicht möglich ist, so scheint es sich für die Auswertung von Beta-Transmissionsuntersuchungen an Verbindungen nach dem oben Gesagten doch zu empfehlen, einen effektiven Massenschwächungskoeffizienten zugrunde zu legen, der von Gl. (12.6-17) für $\bar{\mu}_{th}$ ausgeht, aber zusätzlich noch den Atomhülleneinfluß $H_r(Z)$ berücksichtigt.[1])

Nun ist allerdings (nach § 12.5) eine Aufspaltung des Einflusses der Schalenstruktur auf die Bremsung und die Streuung (d. h. auf μ_0 bzw. U) nicht zweifelsfrei möglich. Als Näherung wird daher der Hülleneinflußfaktor $H_r(Z)$ als Ganzes dem wahren Massenschwächungskoeffizienten μ_0 zugeschlagen, also $\mu_0^* = \mu_0 \cdot H(Z)$ eingeführt. Man erhält dann für den effektiven Massenschwächungskoeffizienten

$$\begin{aligned} \bar{\mu}_{th}^* &= \bar{\mu}_0^* \cdot \bar{U}(\bar{Z}_0) \\ &= \Big[\sum_i p_i\,\mu_{0i}\,H_i(Z_i)\Big]\,\bar{U}(\bar{Z}_0) \qquad (12.6\text{-}18)\\ &= \mu_{00}\left[\sum_i p_i\,\frac{Z_i}{A_i}\,Z_i^{-0.12}\,H_i(Z_i)\right]\sqrt{1+\alpha'\,\bar{Z}_0}\,. \end{aligned}$$

$H(Z) \approx H_{\mathrm{rel}}(Z)$ kann aus Abb. 12.5-3 entnommen werden[2]). Diese Berechnungsvorschrift ist in der Lage, den größten Teil der etwa von Jungenfeld [Ju 13] oder Fournier [Fo 27] bei Benutzung von Gl. (12.6-1) gefundenen Abweichungen der berechneten Massenschwächungskoeffizienten für Verbindungen von den experimentellen Werten zu beheben; sie kann aber nicht die von Takhar [Ta 67a] gemessenen außerordentlich kleinen Massenschwächungskoeffizienten von Wasser und wasserstoffhaltigen Verbindungen erklären.

[1]) Beachte Fußnote S. 246.

[2]) Bezüglich μ_{00} vgl. Fußnote [2]), S. 274.

13. Tabellenanhang

Tabelle A. Konstanten und Umrechnungen

	Kurzzeichen oder Definitionsgleichung	Zahlenwerte[1])
Atomkern		
Radius im Kugelmodell	r_k	$0{,}514\, r_0 \cdot A^{1/3}$
Ruhmasse	M_0	$\approx A \cdot 1{,}66 \cdot 10^{-27}$ kg
Atommasseneinheit, relative, der Atommassenskala $^{12}C = 12$	u	$(1{,}660531 \pm 0{,}000033) \cdot 10^{-27}$ kg (**) $1{,}66043 \cdot 10^{-27}$ kg (*)
Atommassen, relative, der Elemente (Atomgewichte)	A	$\approx 1{,}40 \cdot Z^{1,13}$ für $Z \gtrless 6$ (Fehler $<5\%$) $2 \cdot Z$ (Fehler $\leqq 30\%$)
BOHRsches Magneton	$\mu_B = \mu_0 \dfrac{e\,h}{4\,\pi\, m_0}$	$1{,}1653 \cdot 10^{-29}$ Vsm
BOHRscher Wasserstoffradius	$a_H = \dfrac{\varepsilon_0\, h^2}{\pi\, m_0\, e^2}$	$5{,}2917 \cdot 10^{-11}$ m (*)
BOLTZMANNsche Entropiekonstante	k	$1{,}38054 \cdot 10^{-23}$ Wsgrd^{-1} (*) $3{,}29736 \cdot 10^{-24}$ cal grd^{-1} (*)
COMPTON-Wellenlänge des ruhenden Elektrons	$\lambda_0 = \dfrac{h}{m_0\, c}$	$2{,}4262 \cdot 10^{-12}$ m (*)
des ruhenden Elektrons, reduzierte	$\lambda_0 = \dfrac{\hbar}{m_0\, c}$	$3{,}86142 \cdot 10^{-13}$ m
Elektrische Elementarladung	e	$1{,}60203 \cdot 10^{-19}$ C (*)
	$\dfrac{e^2}{4\,\pi\,\varepsilon_0}$	$1{,}43983 \cdot 10^{-15}$ MeV · m [2])
	$\dfrac{e^4}{(4\,\pi\,\varepsilon_0)^2\, u} = \dfrac{r_0^2}{u}\,(m_0\, c^2)^2$	$0{,}012485 \dfrac{\text{cm}^2}{\text{g}} \cdot \text{MeV}^2$ [2])
Elektrische Feldkonstante (Dielektrizitätskonstante des Vakuums)	ε_0	$8{,}8542 \cdot 10^{-12} \dfrac{\text{As}}{\text{Vm}}$
	$\dfrac{1}{4\,\pi\,\varepsilon_0}$	$8{,}98755 \cdot 10^{9} \dfrac{\text{Vm}}{\text{As}}$
Elektron:		
Radius, klassisch	r_0	$2{,}8178 \cdot 19^{-15}$ m (*)
	r_0^2/u	$0{,}004782$ m^2/kg [2]) $0{,}0479$ cm^2/g
Ruhmasse	m_0	$9{,}10891 \cdot 10^{-31}$ kg (*) $0{,}54860 \cdot 10^{-3}\, u$ (*)
Ruhenergie	$m_0\, c^2$	$0{,}51101$ MeV (*) $8{,}1866 \cdot 10^{-14}$ Ws (*) $1{,}9553 \cdot 10^{-14}$ cal (*)

Tabelle A (Fortsetzung)

	Kurzzeichen oder Definitionsgleichung	Zahlenwerte[1])	
Spezifische Ladung	$\frac{e}{m_0}$	$1{,}7589 \cdot 10^8$ C g^{-1}	(*)
Ruhmasse Elektron zu Ruhmasse Kern	m_0/M_0	$\approx 5{,}5\ A^{-1} \cdot 10^{-4}$	
Energieeinheiten	1 eV	$(1{,}60219 \pm 0{,}00021) \cdot 10^{-19}$ Ws	(**)
		$1{,}60203 \cdot 10^{-12}$ erg	(*)
	1 kcal	4186,8 Ws	(**)
	$1\,E_{\text{Ryd}} = h\,c \cdot R_\infty = = \frac{m_0\,c^2}{2}\frac{r_0}{a_H}$	13,6055 eV (RYDBERG-Energie)	
Lichtgeschwindigkeit im Vakuum	c	$2{,}99793 \cdot 10^8$ ms^{-1}	(*)
	$h\,c$	$1{,}98631 \cdot 10^{-26}$ Ws · m	
		$1{,}239815 \cdot 10^{-6}$ eV · m	
		$\approx 1{,}24$ eV · µm	
	$\hbar\,c$	$1{,}97323 \cdot 10^{-13}$ MeV · m	
LOSCHMIDTsche Konstante (Zahl der Moleküle im Mol)	L	$6{,}02252 \cdot 10^{23}$ mol^{-1}	(*)
Magnetische Feldkonstante	$\mu_0\,(= 1/\varepsilon_0\,c^2)$	$4\,\pi \cdot 10^{-7}$ Vs A^{-1} m^{-1}	
PLANCKsches Wirkungsquantum	h	$6{,}6256 \cdot 10^{-34}$ Ws^2	(*)
		$4{,}13557 \cdot 10^{-15}$ eVs	(*)
Quantenmechanische Einheit des Drehimpulses	$\hbar = \frac{h}{2\,\pi}$	$1{,}0544 \cdot 10^{-34}$ Ws^2	(*)
		$6{,}5818 \cdot 10^{-16}$ eVs	(*)
RYDBERG-Konstante für Wasserstoff	R_H	$1{,}0967757 \cdot 10^5$ cm^{-1}	(*)
für ∞ große Kernmasse	R_∞	$1{,}097373 \cdot 10^5$ cm^{-1}	(*)
SOMMERFELDsche Feinstrukturkonstante	$\alpha = \frac{e^2}{2\,\varepsilon_0\,h\,c}$	$7{,}29720 \cdot 10^{-3}$	(*)
	$1/\alpha$	137,039	(*)

[1]) Atommassenskala $^{12}C = 12$
Werte (*) nach [An 70]
Werte (**) nach NBS Techn. News Bull. 55 (1971) H. 3, S. 71 (zitiert nach [Be 73])
übrige Zahlenwerte aus (*) abgeleitet.

[2]) Vgl. S. 42.

Tabelle A (Fortsetzung)

Umrechnungen:

$$a_H = \frac{4\pi\varepsilon_0 \hbar^2}{m_0 e^2} = \frac{\lambda\!\!\!^-_0}{\alpha} = \frac{r_0}{\alpha^2}$$

$$r_0 = \frac{e^2}{4\pi\varepsilon_0 \cdot m_0 c^2} = \alpha \lambda\!\!\!^-_0$$

$$\alpha = \frac{r_0}{a_H} = \frac{e^2}{4\pi\varepsilon_0 \hbar c} = \frac{r_0}{\lambda\!\!\!^-_0}$$

$$R_\infty = \frac{2\pi^2 m_0 e^4}{(4\pi\varepsilon_0)^2 h^3 c} = \frac{1}{4\pi} \cdot \frac{\alpha^2}{\lambda\!\!\!^-_0{}^2} = \frac{1}{4\pi\lambda\!\!\!^-_0} \cdot \frac{r_0}{a_H}$$

kinetische Energie ←→ Impuls ←→ Geschwindigkeit

$$(\varepsilon + 1)^2 = \left(\frac{p}{m_0 c}\right)^2 + 1$$

$$\left(\frac{p}{m_0 c}\right) = \sqrt{\varepsilon(\varepsilon+2)} = \frac{\beta}{\sqrt{1-\beta^2}} = \beta(1+\varepsilon) = \frac{\lambda_0}{\lambda} = \frac{\lambda\!\!\!^-_0}{\lambda\!\!\!^-}$$

$$\beta^2 = \frac{\varepsilon(\varepsilon+2)}{(\varepsilon+1)^2}, \qquad \varepsilon = \frac{1}{\sqrt{1-\beta^2}} - 1$$

$$\hat{E} = \frac{m}{m_0} = \frac{1}{\sqrt{1-\beta^2}} = 1 + \varepsilon \quad \text{(Lorentz-Faktor)}$$

es bedeuten:

$$\varepsilon = \frac{E}{m_0 c^2}$$

$$p = m v$$

$$\beta = \frac{v}{c}$$

$$\lambda = \frac{h}{m v}$$

Tabelle B. Kinetische Energie E, Geschwindigkeit v, magnetische Ablenkbarkeit Br von Elektronen; Energie E und Wellenlänge λ von Photonen (nach [Ko 68])

	Quanten	Elektronen		
E [MeV]	λ [Å]	β	$\varepsilon + 1$	Br [10^{-3} Vsm^{-1}]
$1 \cdot 10^{-3}$	12,40	0,063	1,0020	0,1067
2	6,20	0,088	1,0039	0,1510
3	4,133	0,108	1,0059	0,1850
4	3,100	0,125	1,0078	0,2137
6	2,066	0,152	1,0117	0,2620
8	1,550	0,175	1,0157	0,3028
$1 \cdot 10^{-2}$	1,240	0,195	1,0196	0,3389
2	0,620	0,272	1,0391	0,4815
3	0,4133	0,328	1,059	0,593
4	0,3100	0,374	1,078	0,688
6	0,2066	0,446	1,117	0,850
8	0,1550	0,502	1,157	0,990
$1 \cdot 10^{-1}$	0,1240	0,548	1,196	1,117
1,5	$82,7 \cdot 10^{-3}$	0,634	1,294	1,399
2	$62,0 \cdot 10^{-3}$	0,695	1,391	1,649
3	$41,33 \cdot 10^{-3}$	0,777	1,59	2,101
4	$31,00 \cdot 10^{-3}$	0,828	1,78	2,516
6	$20,66 \cdot 10^{-3}$	0,888	2,17	3,291
8	$15,50 \cdot 10^{-3}$	0,921	2,57	4,027
1	$12,40 \cdot 10^{-3}$	0,941	2,96	4,743
1,5	$8,27 \cdot 10^{-3}$	0,9672	3,94	6,49
2	$6,20 \cdot 10^{-3}$	0,9791	4,92	8,20
3	$4,133 \cdot 10^{-3}$	0,9894	6,87	11,59
4	$3,100 \cdot 10^{-3}$	$1-6,4 \cdot 10^{-3}$	8,83	14,95
6	$2,066 \cdot 10^{-3}$	$1-3,08 \cdot 10^{-3}$	12,74	21,65
8	$1,550 \cdot 10^{-3}$	$1-1,79 \cdot 10^{-3}$	16,66	28,34
10	$1,240 \cdot 10^{-3}$	$1-1,18 \cdot 10^{-3}$	20,57	35,02
15	$0,827 \cdot 10^{-3}$	$1-5,4 \cdot 10^{-4}$	30,35	51,7
20	$0,620 \cdot 10^{-3}$	$1-2,95 \cdot 10^{-4}$	40,14	68,4
30	$0,4133 \cdot 10^{-3}$	$1-1,40 \cdot 10^{-4}$	59,7	101,8
40	$0,3100 \cdot 10^{-3}$	$1-7,9 \cdot 10^{-5}$	79,3	135,1
60	$0,2066 \cdot 10^{-3}$	$1-3,57 \cdot 10^{-5}$	118,4	201,8
80	$0,1550 \cdot 10^{-3}$	$1-2,02 \cdot 10^{-5}$	157,6	268,6
100	$0,1240 \cdot 10^{-3}$	$1-1,29 \cdot 10^{-5}$	196,7	335,3
150	$82,7 \cdot 10^{-6}$	$1-5,8 \cdot 10^{-6}$	294,5	502,0

Für Quanten:

$$\lambda = \frac{h\,c}{E} \quad \text{bzw.} \quad \lambda = \frac{0,12398}{E}$$

Wellenlänge λ [nm] eines Photons der Energie E [MeV].

Für Elektronen:

$\beta = v/c\,,$

$$\varepsilon + 1 = \frac{E + m_0 c^2}{m_0 c^2} = \frac{m}{m_0} = \frac{1}{1 - \beta^2},$$

$$Br = \frac{E}{e c} \sqrt{1 + \frac{m_0 c^2}{E}} = 3{,}3356 \cdot 10^{-3} E \sqrt{1 + \frac{m_0 c^2}{E}}.$$

m_0 Ruhmasse; $m_0 c^2 = 0{,}511$ MeV Ruhenergie; m relativistische Masse;
r [m] Krümmungsradius eines Elektrons mit der kinetischen Energie E [MeV], das sich senkrecht zu einem Magnetfeld mit der Induktion B [Vsm^{-2}] bewegt ($10^{-6}\ Vsm^{-1} \triangleq 1$ Gauß · cm).

Tabelle C. Das Periodische System der Elemente, als Beilage im hinteren Einbanddeckel

Tabelle D. Physikalische Daten der Elemente

Element	Symbol	Kern-ladungs-zahl Z	Relative Atommasse A	Z/A	Dichte [g/cm^3]
Actinium	Ac	89	(227,028)	0,3920	
Aluminium	Al	13	26,9815	0,4818	2,699
Americium	Am	95	(243,061)	0,3909	11,7
Antimon	Sb	51	121,75	0,4189	6,684
Argon	Ar	18	39,948	0,4506	$1{,}7837 \cdot 10^{-3}$
Arsen	As	33	74,9216	0,4405	5,73 gr.; 4,73 schw.; 197 g.
Astat	At	85	(209,987)	0,4048	
Barium	Ba	56	137,34	0,4078	3,51; 361
Berkelium	Bk	97	(247,070)	0,3926	
Beryllium	Be	4	9,0122	0,4438	1,85
Blei	Pb	82	207,19	0,3958	11,3437
Bor	B	5	10,811	0,4625	2,34
Brom	Br	35	79,909	0,4380	3,12; Gas: $7{,}59 \cdot 10^{-3}$
Cadmium	Cd	48	112,40	0,4271	8,65
Caesium	Cs	55	132,905	0,4138	1,873
Calcium	Ca	20	40,08	0,4990	1,55
Californium	Cf	98	(249,075)	0,3903	
Cer	Ce	58	140,12	0,4139	6,7(8) hex.; 3,92 kub.
Chlor	Cl	17	35,453	0,4795	$3{,}214 \cdot 10^{-3}$
Chrom	Cr	24	51,996	0,4616	7,20
Curium	Cm	96	(247,067)	0,3886	
Dysprosium	Dy	66	162,50	0,4328	8,536; 8,559
Einsteinium	Es	99	(254,088)	0,3896	
Eisen	Fe	26	55,847	0,4656	7,874
Erbium	Er	68	167,26	0,4066	9,051: 9,164
Europium	Eu	63	151,96	0,4146	5,244
Fermium	Fm	100	(253,083)	0,3951	
Fluor	F	9	18,9984	0,4737	$1{,}696 \cdot 10^{-3}$ (0°)
Francium	Fr	87	(223,020)	0,3901	
Gadolinium	Gd	64	157,25	0,4070	7,895; 7,8
Gallium	Ga	31	69,72	0,4446	5,907
Germanium	Ge	32	72,59	0,4408	5,323 (25°)
Gold	Au	79	196,967	0,4011	19,2
Hafnium	Hf	72	178,49	0,4034	13,29; 13,36
Helium	He	2	4,0026	0,4997	$0{,}1785 \cdot 10^{-3}$

Tabelle D (Fortsetzung)

Element	Symbol	Kern-ladungs-zahl Z	Relative Atommasse A	Z/A	Dichte [g/cm³]
Holmium	Ho	67	164,930	0,4062	8,803
Indium	In	49	114,82	0,4268	7,31
Iridium	Ir	77	192,2	0,4006	22,42
Jod	J	53	126,9044	0,4176	4,93; Gas: $11{,}27 \cdot 10^{-3}$
Kalium	K	19	39,102	0,4859	0,862
Kobalt	Co	27	58,9332	0,4582	8,9
Kohlenstoff	C	6	12,01115	0,4995	amorph 18···2,1; Graphit 1,9···2,3; Diamant 3,15···3,53
Krypton	Kr	36	83,80	0,4296	$3{,}733 \cdot 10^{-3}$ (0°)
Kupfer	Cu	29	63,546	0,4564	8,96
Kurtschatovium	Ku	104	(260)	0,4000	
Lanthan	La	57	138,91	0,4103	5,98···6,189
Lawrenzium	Lr	103	(257)	0,4008	
Lithium	Li	3	6,939	0,4323	0,534
Lutetium	Lu	71	174,97	0,4058	9,849···9,872
Magnesium	Mg	12	24,312	0,4937	1,74
Mangan	Mn	25	54,9380	0,4551	7,21···7,44
Mendelevium	Md	101	(255,091)	0,3945	
Molybdän	Mo	42	95,94	0,4378	10,22
Natrium	Na	11	22,9898	0,4785	0,971
Neodym	Nd	60	144,24	0,4160	6,80; 7,004
Neon	Ne	10	20,183	0,4956	$0{,}899 \cdot 10^{-3}$ (0°)
Neptunium	Np	93	(237,048)	0,3923	18,0···20,45
Nickel	Ni	28	58,71	0,4769	8,90
Niob	Nb	41	92,906	0,4413	8,57
Nobelium	No	102	(253)	0,4032	
Osmium	Os	76	190,2	0,3996	22,48; 22,7
Palladium	Pd	46	106,4	0,4323	11,97; 12.1
Phosphor	P	15	30,9738	0,4843	1,82 w. 2,20 r.; 2,25···2,69 schw.
Platin	Pt	78	195,09	0,3998	21,45
Plutonium	Pu	94	(242,059)	0,3852	19,84
Polonium	Po	84	(208,982)	0,4020	9,32
Praseodym	Pr	59	140,907	0,4187	6,782 α; 6,64 β
Promethium	Pm	61	(144,913)	0,4209	
Protactinium	Pa	91	(231,036)	0,3939	15,37 (berech.)
Quecksilber	Hg	80	200,59	0,3988	13,546
Radium	Ra	88	(226,025)	0,3893	5,0
Radon	Rn	86	(222,018)	0,3874	$9{,}374 \cdot 10^{-3}$
Rhenium	Re	75	186,2	0,4030	20,53; 21,02
Rhodium	Rh	45	102,905	0,4373	12,5
Rubidium	Rb	37	85,47	0,4329	1,532
Ruthenium	Ru	44	101,07	0,4353	12,3; 12,41
Samarium	Sm	62	150,35	0,4124	7,536 α, 7,40 β
Sauerstoff	O	8	15,9994	0,5000	$1{,}4290 \cdot 10^{-3}$ (0°)
Scandium	Sc	21	44,956	0,4671	2,992

Tabelle D (Fortsetzung)

Element	Symbol	Kern-ladungs-zahl Z	Relative Atommasse A	Z/A	Dichte [g/cm³]
Schwefel	S	16	32,064	0,4990	2,06 rhomb. 1,96 monoklin
Selen	Se	34	78,96	0,4306	4,82; 4,79
Silber	Ag	47	107,868	0,4357	10,0
Silicium	Si	14	28,086	0,4985	2,3263
Stickstoff	N	7	14,0067	0,4998	$1{,}2505 \cdot 10^{-3}$
Strontium	Sr	38	87,62	0,4337	2,54; 2,67
Tantal	Ta	73	180,948	0,4034	16,6
Technetium	Tc	43	(96,91)	0,4437	11,5 (berech.)
Tellur	Te	52	127,60	0,4075	6,25
Terbium	Tb	65	158,924	0,4090	8,272
Thallium	Tl	81	204,37	0,3963	11,85
Thorium	Th	90	232,038	0,3879	11,7
Thulium	Tm	69	168,934	0,4084	9,332
Titan	Ti	22	47,90	0,4593	4,5
Uran	U	92	238,03	0,3865	19,05
Vanadium	V	23	50,942	0,4515	5,96; 6,11
Wasserstoff	H	1	1,00797	0,9921	$0{,}08987 \cdot 10^{-3}$
Wismut	Bi	83	208,980	0,3972	9,747; 9,8
Wolfram	W	74	183,85	0,4025	19,3
Xenon	Xe	54	131,30	0,4113	$5{,}887 \cdot 10^{-3}$
Ytterbium	Yb	70	173,04	0,4045	6,977 α; 6,54 β
Yttrium	Y	39	88,905	0,4387	4,34; 4,472
Zink	Zn	30	65,37	0,4589	7,14
Zinn	Sn	50	118,69	0,4213	5,75 α; 7,28 β
Zirkonium	Zr	40	91,22	0,4385	6,4; 6,50; 6,53 (berech.)

Die relativen Atommassen der Elemente (Werte 1967 nach [An 67a] [Ha 67b]) sind bezogen auf den genauen Wert 12 für die relative Atommasse des Kohlenstoffisotops ^{12}C.
Bei radioaktiven Elementen ist in Klammern die relative Atommasse des Isotops mit der längsten Lebensdauer angegeben.
Die Dichteangaben (nach [An 67] [Ha 67b]) beziehen sich – sofern nicht anders vermerkt – auf 20 °C sowie Normaldruck; bei sehr unterschiedlichen Angaben wurden mehrere Werte wiedergegeben.

Tabelle E. Näherungsausdrücke für die Energie- und Kernladungszahlabhängigkeiten der Transportweglänge und der mittleren Bahnlänge

Konstanten der Zahlenwertgleichungen

$$\frac{\varrho\,\lambda_T^{\;-1}}{\mathrm{g/cm^2}} = a_0 \left(\frac{E}{\mathrm{MeV}}\right)^{-a_1} \quad \text{und} \quad \frac{\varrho\,\overline{L}^\infty}{\mathrm{g/cm^2}} = r_0 \left(\frac{E}{\mathrm{MeV}}\right)^{r_1} + r_2$$

für die Abhängigkeiten der Transportweglänge $\varrho\,\lambda_T$ und die mittlere Bahnlänge $\varrho\,\overline{L}^\infty$ von der Elektronenenergie E in verschiedenen, für Überschlagsrechnungen geeigneten Näherungen (nach Werten der Tabellen 11.2-1 und 8.3-3)

Bezeichnung der Näherung	Näherungsausdrücke für die Konstanten der Zahlenwertgleichungen			Bemerkung	Gültigkeitsbereich[1]) E [MeV]	Fehler
A (nach [Bo 49a])	$r_0 = 1{,}25$ $a_0 = 0{,}16\ Z^2/A$	$r_1 = 2$ $a_1 = 2$	$r_2 = 0$ –	THOMSON-WIDDINGTON-Gesetz $a_1 = 2$ benutzt, damit $r_1 - a_1 = 0$	0,03 bis 0,1	bis 25% (bei 0,1 MeV für Al)
B	$r_0 = 0{,}315\ A/Z$ $a_0 = 0{,}45\ Z^2/A$	$r_1 = 1{,}6$ $a_1 = 1{,}6$	$r_2 = 0$ –	$r_1 = a_1 = 1{,}6$ sind recht gute Näherungen für die tatsächlichen, Z-abhängigen Exponenten	0,03 bis ≈ 1	i. allg. 10% (bis 20% an den Gültigkeitsgrenzen)
C	$r_0 = 0{,}28\ A/Z$ $a_0 = 0{,}45\ Z^2/A$	$r_1 = 1$ $a_1 = 1{,}6$	$r_2 = -\,0{,}02\ A/Z$ –		0,3 bis 10	bis 15%[2])

[1]) Über den gesamten Energiebereich brauchbare (aber weniger einfache) Näherungsausdrücke für die Energieabhängigkeit der mittleren Bahnlänge (sowie der extrapolierten Reichweite) finden sich z. B. bei WEBER [We 64a].

[2]) Tabellenwerte für $\varrho\,\lambda_T$ liegen nur bis 4 MeV vor; da die angegebenen Werte von a_0 und a_1 gerade für große Energien sehr gute Näherungen ergeben, darf auf ihre Brauchbarkeit auch für noch größere Energien mit nicht wesentlich vergrößerten Fehlern gerechnet werden.

14. Verzeichnis wichtiger Symbole

Zur Verdeutlichung des Charakters einiger Größen werden deren Dimensionen im $ltmQ$-Dimensionssystem Länge $\langle l \rangle$ – Zeit $\langle t \rangle$ – Masse $\langle m \rangle$ – Ladung $\langle Q \rangle$ angegeben [Ob 69]. Als Grundeinheiten werden entsprechend dem Internationalen Maßsystem das Meter [m], die Sekunde [s], das Kilogramm [kg] und das Ampere [A] sowie das Mol [mol] betrachtet [Be 73]. Dem traditionellen Gebrauch von Einheiten werden nur insofern Konzessionen gemacht, als vielfach die abgeleiteten Einheiten Zentimeter [cm] und Gramm [g] sowie für die Energie die Einheit Elektronenvolt [eV] $= 1{,}6 \cdot 10^{-19}$ Ws benutzt werden. Dimensionslose Größen werden gegebenenfalls durch $\langle 1 \rangle$ gekennzeichnet. Zahlenwerte wichtiger Konstanten sind in Tab. A zusammengestellt.

Die Seitenzahlen geben den Ort einer detaillierten Definition oder der ersten Benutzung eines wiederkehrenden Symbols an.

Lateinische Buchstaben

A	relative Atommasse (‚Atomgewicht'), $\langle 1 \rangle$	
A_{mol}	molare Masse (Molmasse) eines Stoffes mit der relativen Atommasse $A = \mathsf{L} \cdot u \cdot A$, $\langle \text{m} \rangle \langle \text{mol} \rangle^{-1}$	
$A(x)$	Absorptionskoeffizient, Absorptionswahrscheinlichkeit, -grad, -vermögen, (absorbierter Anteil[1])), $\langle 1 \rangle$	31
A, A^*	Konstanten der Näherung für $\chi(E)$; $A = a_0 r_0 r_1$, $A = A/r_1$, $\langle 1 \rangle$	168
a	Atomradius	45
a_H	Bohrscher Atomradius $= \frac{r_0}{\alpha^2} = \frac{\lambda_0}{\alpha} = \frac{\lambda_0^2}{r}$; (s. a. Tab. A)	56
$a_0(Z)$, $a_1(Z)$	Konstanten der Näherung für $\lambda_T(E)$	167
$a = 4\pi Q_0$	Konstante des Einzelstreu-Modells, $\langle 1 \rangle$	120

1) Hiermit wird der in der Literatur eingebürgerten Bezeichnungsweise gefolgt; tatsächlich sind die hier als „Koeffizienten" bezeichneten dimensionslosen Größen A, P sowie T Wahrscheinlichkeiten (s. z. B. [Me 70]); treffendere Bezeichnungen sind jeweils hinzugefügt.

B	Bremszahl (logarithmischer Term des Bremsvermögens), $\langle 1 \rangle$	85
B_M	Parameter der MOLIÈREschen Theorie, $\langle 1 \rangle$ (nur in § 10.32)	147
B	Konstante der Näherung für $\chi(E)$, $B = r_1 - a_1$, $\langle 1 \rangle$	168
C_{sp}	Spinkorrekturfaktor zum RUTHERFORD-Querschnitt, $\langle 1 \rangle$	46, 48
C_{sc}	Screeningkorrekturfaktor zum RUTHERFORD-Querschnitt, $\langle 1 \rangle$	46, 55
C_{ns}	Kerngrößenkorrekturfaktor zum RUTHERFORD-Querschnitt, $\langle 1 \rangle$	46, 66
c	Lichtgeschwindigkeit (s. Tab. A)	280
c_{Terr}	TERRILLS-Konstante, $\langle l \rangle^6 \langle t \rangle^{-1} \langle m \rangle^{-1}$	104
E	kinetische Energie	
E_0	kinetische Energie des einfallenden Elektrons (Primärenergie)	
E_b	Bindungsenergie von Hüllenelektronen	89
e	Elementarladung (s. Tab. A)	279
e	Basis des natürlichen Logarithmus (= 2,71828)	
e^-, e^+	Negatron (Elektron) bzw. Positron	54
$F'(E)\,\mathrm{d}E$	Energieverteilung der Elektronen (im Streumedium)	176, 187
$\hat{F}(K)$	Atom(form)faktor, $\langle 1 \rangle$	45
$F(\varepsilon)$	relativistische Korrektur des Bremsvermögens, $\langle 1 \rangle$	85
F_1^*, F_2^*, F_3^*	Funktionen der Diffusionstheorie, $\langle 1 \rangle$	174, 178, 182
$F^{(1)}$, $F^{(2)}$	Funktionen der MOLIÈREschen Theorie der Vielfachstreuung, $\langle 1 \rangle$	147
f	differentielle Teilchenflußdichte	35
$f^{(1)}, f^{(2)}$	Funktionen der MOLIÈREschen Theorie der Vielfachstreuung, $\langle 1 \rangle$	149
H_{rel}	die Schalenstruktur der Atomhülle berücksichtigender Korrekturfaktor zum relativen Massenschwächungskoeffizient von Betastrahlung (Hülleneinflußfaktor)	247
h	PLANCKsches Wirkungsquantum (s. Tab. A)	280
$\hbar$	$= h/2\pi$	280
I	mittlere Anregungsenergie (s. Tab. 8.1-1)	85, 89
$I(x)$	Tiefenverteilung der Energieabsorption, Energieabgabe je Wegeinheit als Funktion der Eindringtiefe (Energieabsorptionsverteilung)	19, 219

$I_N(x)$	$= - I(x)/S^*$, normierte Energieabsorptionsverteilung, $\langle 1 \rangle$	19, 219
K	Proportionalitätsfaktor in $I = K\,Z$, $\langle l \rangle^2 \langle t \rangle^{-2} \langle m \rangle$	89
K	Impulsübertragung auf den Kern $= \frac{2\,p}{h} \sin \frac{\vartheta}{2}$	45
$\hat{K}$	$= \lambda_0 K$	45
k	$= E/E_0$	
L	LOSCHMIDTsche Zahl (im englischen Schrifttum: AVOGADROsche Zahl): Anzahl der Atome (Moleküle) pro Grammatom (Mol) eines Stoffes (s. Tab. A), $\langle \mathrm{mol} \rangle^{-1}$	
L	Bahnlänge (z. B. L, $\bar{L}^{HR}$, L^{ex}; Def. s. Tab. 8.4-1), $\langle l \rangle$	111
$\bar{L}$	mittlere Bahnlänge, $\langle l \rangle$	101
$\varrho\,\bar{L}$	mittlere Bahnlänge in Einheiten der Flächenmasse $\langle m \rangle \langle l \rangle^{-2}$ (meist in g/cm²)	101
M	relative Molekülmasse („Molekulargewicht“), $\langle 1 \rangle$	256
m	relativistische Masse des Elektrons mit der Ruhmasse m_0	281
m_0	Ruhmasse des Elektrons	279
m_E	Exponent der Z-Abhängigkeit der Spinkorrektur $C_{sp} = q_M/q_R$ (Einzelstreuung um große Winkel; s. Abb. 12.6-1)	55, 260
m_D	Exponent der Z-Abhängigkeit des Verhältnisses $\lambda_T^{-1}/N_v\,q_R$ (Diffusion, s. Abb. 12.6-1)	260
N_v	Anzahl der Atome pro Volumeneinheit eines Absorbers $\left(= \frac{\mathsf{L}}{A_{\mathrm{mol}}} \cdot \varrho = \frac{\varrho}{A} \cdot \frac{1}{u}\right.$ für Elemente), $\langle l \rangle^{-3}$	
$N = N_v/\varrho$	Anzahl der Atome pro Masseneinheit eines Absorbers $\left(= \frac{\mathsf{L}}{A_{\mathrm{mol}}} = \frac{1}{A} \cdot \frac{1}{u}\right.$ für Elemente), $\langle m \rangle^{-1}$	
n	Teilchenzahl, Elektronenzahl	
n	Exponent unterschiedlicher Bedeutung (meist der Energieabhängigkeit der Reichweite)	
n_B	Exponent der Z-Abhängigkeit der Bremszahl B	88
$P(x)$	Rückstreukoeffizient[1]) (rückgestreuter Anteil, Rückstreuwahrscheinlichkeit, Reflexionsgrad, Rückstreuvermögen) $\langle 1 \rangle$	31
$P'(E)\,\mathrm{d}E$	Energieverteilung der rückgestreuten Elektronen	186
P_s	Sättigungsrückstreukoeffizient $(= P(x_s))$	25
p	Impuls $(= m\,v)$, Umrechnung auf Energie s. Tab. A	281

[2]) Vgl. Fußnote S. 287.

p_i	Konzentration des Elementes i in einer Verbindung oder einem Stoffgemisch (Massenanteil)	256
$Q(\vartheta)$	differentieller makroskopischer Streuquerschnitt ($= N\,q$), $\langle l\rangle^2\,\langle m\rangle^{-1}$	9, 41
Q_π	differentieller makroskopischer Wirkungsquerschnitt für eine Streuung um einen Winkel $\vartheta = \pi$, $\langle l\rangle^2\,\langle m\rangle^{-1}$	41
Q_0	Konstante des Einzelstreu-Modells, $\langle 1\rangle$	119, 120
Q_β	Streufunktion des Streumodells von SCHMIDT, $\langle 1\rangle$	180
$q(\vartheta)$	differentieller (elastischer) Streuquerschnitt ($= \mathrm{d}\sigma/\mathrm{d}\Omega$), $\langle l\rangle^2$	41
$q_u(\vartheta)$	differentieller (unelastischer) Streuquerschnitt ($= \mathrm{d}\sigma_u/\mathrm{d}\Omega$), $\langle l\rangle^2$	70
R	Eindringtiefe (Reichweite, Def. s. Tab. 8.4-1), $\langle l\rangle$	111
R_{ex}	extrapolierte (oder praktische) Eindringtiefe (Reichweite)	111
$R_{\max}$	maximale Eindringtiefe (Reichweite)	111
$\overline{R}$	mittlere Eindringtiefe (Reichweite)	111
$\boldsymbol{r}$	Ortsvektor	35
r	radialer Abstand (z. B. $\varrho(r)$)	45
r_0	klassischer Elektronenradius (s. Tab. A)	279
r_0, r_1, r_2	Konstanten der Energie-Bahnlänge-Beziehung (s. Tab. E)	105
S^*	Bremsvermögen (Energieverlust pro Einheit der Bahnlänge, $= -\,\mathrm{d}E/\mathrm{d}s$), $\langle l\rangle\,\langle t\rangle^{-2}\,\langle m\rangle$ (meist in MeV/cm)	84
S	Massenbremsvermögen ($= S^*/\varrho$, meist in MeV · cm²/g)	85
S_0	Grundfunktion des Massenbremsvermögens (meist in MeV · cm²/g)	85
S_{AI}	Massenbremsvermögen infolge Anregung und Ionisation	85
S_{BS}	Massenbremsvermögen infolge Bremsstrahlungserzeugung	94
s	Wegkoordinate (längs der Bahn gemessen), $\langle l\rangle$ ϱs in Einheiten der Flächenmasse, $\langle l\rangle^{-2}\,\langle m\rangle$	
s_D	Tiefe der vollständigen Diffusion (Diffusionstiefe), im Sinne des Punktquellen-Diffusionsmodells von BETHE, ROSE und SMITH (s. S. 162) $\langle l\rangle$	20, 169
$T(x)$	Transmissionskoeffizient[1]), (transmittierter Anteil), Transmissionswahrscheinlichkeit, -grad, Durchdringungsvermögen $\langle 1\rangle$	31

[1]) Vgl. Fußnote S. 287.

$T'(E)\,\mathrm{d}E$	Energieverteilung transmittierter Elektronen	186
t	auf die mittlere Bahnlänge bezogener (‚wahrer') Elektronenweg ($= s/\bar{L}$)	117
t_D	relative Diffusionstiefe ($= s_D/\bar{L}$)	169
U	Umwegfaktor ($= s/x$)	202
$\bar{U}$	effektiver Umwegfaktor einer Verbindung oder eines Stoffgemisches	272
u	relative Atommasseneinheit der Atommassenskala $^{12}C = 12$ (s. Tab. A), ⟨m⟩	279
$\boldsymbol{u}$	Einheitsvektor der Richtung	35
u	relativer Energieübertrag ($= W/E$)	72
u	Verhältnis des durchlaufenen Weges zur Diffusionstiefe ($= s/s_D$)	190
v	Elektronengeschwindigkeit	281, 282
W	Energieübertrag beim Elektron-Elektron-Stoß	72
$W(\Theta)\,\mathrm{d}\Theta$	Austrittswinkelverteilung	147
w	auf die mittlere Bahnlänge bezogene Eindringtiefe bzw. Foliendicke ($= x/\bar{L}$)	19, 194
x	Eindringtiefe (Tiefe im Streumedium senkrecht zur Oberfläche gemessen), Foliendicke, ⟨l⟩	
ϱx	Eindringtiefe bzw. Foliendicke in Einheiten der Flächenmasse (flächenbezogene Masse, Flächenbelegungsdichte, auch Flächendichte, Massenbelag, Flächengewicht)[1]), ⟨l⟩$^{-2}$ ⟨m⟩	
x_D	Eindringtiefe nach Durchlaufen des Weges s_D für senkrecht einfallende Elektronen	170
$\bar{x}$	mittlere Eindringtiefe	177
x, y, z	kartesische Koordinaten, x stets in Einfallsrichtung	37, 143
y	auf die extrapolierte Reichweite bezogene Eindringtiefe bzw. Foliendicke ($= x/R_{ex}$), analog $y_D = x_D/R_{ex}$	120
Z	Kernladungszahl (Ordnungszahl eines Elements)	
$\bar{Z}$	effektive Kernladungszahl einer Verbindung oder eines Stoffgemisches	261
$\bar{Z}_0$	effektive Kernladungszahl nach Saldick und Allen	123, 263

[1]) Bei qualitativen Diskussionen wird aus sprachlichen und anschaulichen Gründen (wo Mißverständnisse ausgeschlossen sind) statt ‚Folienflächenmasse' einfach ‚Foliendicke' gesagt. Ebenso werden die Ausdrücke Reichweite, Eindringtiefe, Diffusionstiefe u. dgl. i. allg. auch für die entsprechenden Flächenmassen benutzt.

Griechische Buchstaben

α	Austrittswinkel, gegen die Targetoberfläche gemessen	22
α	Feinstrukturkonstante (s. Tab. A), $\alpha^2 = 1/18840$, $\langle 1 \rangle$	280
α, α'	empirische Konstanten beim Umwegfaktor, $\langle 1 \rangle$	209
β	Elektronengeschwindigkeit relativ zur Lichtgeschwindigkeit ($= v/c$, Umrechnungen s. Tab. A, Zahlenwerte s. Tab. B)	281, 282
β_0	elastischer Rückstreukoeffizient des Streustrommodells, $\langle l \rangle^{-1} \langle m \rangle$	179
γ	Parameter der BORNschen Näherung ($= \alpha\, Z/\beta = Z\, e^2/\hbar\, v$), $\langle 1 \rangle$	55
δ	Polarisations- oder Dichtekorrektur des Bremsvermögens, $\langle 1 \rangle$	87
ε	kinetische Energie in Einheiten der Ruhmasse ($= E/m_0\, c^2$, Umrechnung s. Tab. A, Werte s. Tab. B)	281
ε_0	Dielektrizitätskonstante des Vakuums, $\langle l \rangle^{-3} \langle t \rangle^2 \langle m \rangle^{-1} \langle Q \rangle^2$	279
η	Einfallswinkel, gegen die Targetoberfläche gemessen	
Θ	resultierende Winkelablenkung der Mehr- und Vielfachstreuung (im Laborsystem), Ablenkwinkel	117
$\overline{\Theta^2}$	mittleres Quadrat der resultierenden Winkelablenkung, mittleres Ablenkwinkelquadrat	136
$\overline{\Theta_0^2}$	mittleres Ablenkungsquadrat je Einheit der Flächenmasse, $\langle l \rangle^2 \langle m \rangle^{-1}$	137
Θ_w	wahrscheinlichster Ablenkwinkel	136
Θ_h	Halbwertswinkel	136
ϑ	Streuwinkel im Elementarprozeß der Einfachstreuung	40
$\overline{\vartheta_e^2}$	mittleres Quadrat des Ablenkwinkels bei elastischer Einzelstreuung	137
ϑ_1, ϑ_2	Abschirmwinkel	56, 58
λ_e	mittlere freie Weglänge zwischen zwei elastischen Streuakten, $\langle l \rangle$	9, 42
λ_T	Transportweglänge der Diffusionstheorie, $\langle l \rangle$	166
λ_0	Comptonwellenlänge des ruhenden Elektrons (s. Tab. A), $\langle l \rangle$	279
$\bar{\lambda}_0$	$= \lambda_0/2\,\pi$	279
λ	Comptonwellenlänge des bewegten Elektrons, $\langle l \rangle$	281
$\bar{\lambda}$	$= \lambda/2\,\pi$	

μ	praktischer Massenschwächungskoeffizient, $\langle l\rangle^2 \langle m\rangle^{-1}$	180
μ_0	wahrer Massenschwächungskoeffizient	179
$\bar{\mu}$	effektiver Massenschwächungskoeffizient einer Verbindung oder eines Stoffgemisches	254
μ_{rel}	Relativwert des Massenschwächungskoeffizienten (bezogen auf Al), $\langle 1\rangle$	245
μ^*	den Einfluß der Schalenstruktur der Atomhülle erfassender Massenschwächungskoeffizient	247
ν	Frequenz; $h\,\nu$ Photonenenergie (nur in § 7.3)	75
ν_e	Anzahl der elastischen Streuakte	10
ν_{rel}	Verhältnis der Anzahl der elastischen zur Anzahl der unelastischen Streuakte	81
ν^*	spezifische Stoßzahl, $\langle 1\rangle$	81
ξ	Querschnitt für einen Energieübertrag zwischen W und $W + \mathrm{d}W$, $\langle l\rangle^2$/Elektron	72
ϱ	Dichte, $\langle l\rangle^{-3} \langle m\rangle$	
$\varrho(r)$	Elektronendichteverteilung in der Atomhülle, $\langle 1\rangle$	45
${}_v\Sigma$	integraler makroskopischer Wirkungsquerschnitt je Volumeneinheit des Streumediums ($= N_v\,\sigma$), $\langle l\rangle^{-1}$	9
Σ	integraler makroskopischer Wirkungsquerschnitt je Masseneinheit des Streumediums ($= N\,\sigma$), $\langle l\rangle^2 \langle m\rangle^{-1}$	9
$\sigma(\geqq \vartheta)$	integraler Wirkungsquerschnitt, $\langle l\rangle^2$/Targetteilchen	9
σ_t	totaler Wirkungsquerschnitt, $\langle l\rangle^2$/Targetteilchen	67
σ_{BS}	integraler Bremsstrahlungsquerschnitt, $\langle l\rangle^2$/Kern	76
σ_0	$= r_0^2/137 = 0{,}580$ millibarn/Kern, beim Bremsstrahlungsquerschnitt	75
$\tau(s)$	Parameter der Theorie der räumlichen Diffusion (Gl. (11.3-2)), $\langle l\rangle^2$	175
φ	Azimutwinkel	
$\varphi'(u)$	differentielle Umkehrtiefenverteilung des kontinuierlichen Diffusionsmodells	190
$\chi(s)$	Parameter (Streufunktion) der Theorie der Richtungsdiffusion (Gl. (11.1-2)), $\langle 1\rangle$	162
$\psi(s)$	Parameter (Streufunktion) des Einzelstreu-Modells, $\langle 1\rangle$	118
$\mathrm{d}\Omega$	Raumwinkelelement	
Ω_{Det}	vom Detektor erfaßter Raumwinkel, Raumwinkel der Beobachtungsgeometrie	

Wichtige Indizes fester Bedeutung

a	Absorption betreffend (z. B. n_a, E_a)
e	elastische Streuung betreffend (z. B. ν_e, λ_e, $\overline{\vartheta_e^2}$, T_e)
ex	extrapolierter Wert (z. B. R_{ex}, L_{ex})
h	Halbwert (z. B. Θ_h, x_h, L_h)
i, j, k	Laufindizes
max	größter Wert (z. B. R_{max}, ϑ_{max})
min	kleinster Wert (z. B. ϑ_{min})
r	Rückstreuung betreffend (z. B. n_r, R_r)
rel	Relativwert (μ_{rel}, ν_{rel})
s	Sättigungswert (z. B. x_s, P_s)
t	totaler Wert (z. B. σ_t, Σ_t)
t	Transmission betreffend (z. B. n_t, E_t)
u	unelastische Streuung betreffend (z. B. σ_u, q_u, T_u)
u	Richtungsumkehr betreffend (nur in § 11.44, z. B. k_u, E_u, s_u)
v	Volumeneinheit betreffend (z. B. N_v, ${}_v\Sigma = N_v\,\sigma$)
w	wahrscheinlichster Wert (z. B. E_w, Θ_w)
B	Bremsung betreffend (z. B. n_B)
BS	Bremsstrahlung betreffend (z. B. S_{BS}, σ_{BS})
D	Diffusion betreffend (z. B. s_D, t_D, x_D)
E	Einzelstreuung betreffend (z. B. P_E)
HR	Halbraum betreffend (z. B. L^{HR})
R	RUTHERFORD-Querschnitt betreffend (z. B. q_R)
T	Transportgröße (z. B. λ_T)
0	(meist) Primärstrahlung betreffend (z. B. n_0, E_0); auch zur Kennzeichnung einer Grundgröße (r_0, m_0, ε_0) bzw. einer wichtigen (Teil)-Funktion (S_0, μ_0, Z_0, Θ_0^2)
∞	das unbegrenzte Medium betreffend (z. B. L^∞)

Abkürzungen

Å	Ångströmeinheit ($= 10^{-10}$ m)
AK	Absorptionskoeffizient
eV	Elektronenvolt
keV	Kiloelektronenvolt, 10^3 eV

MeV	Megaelektronenvolt, 10^6 eV	
rad	Winkeleinheit im Bogenmaß (Radian)	
REV	Rückstreu-Energieverteilung	Abb. 4-1 und Tab. 12.3-2
RK	Rückstreukoeffizient	Abb. 4-1 und Tab. 12.3-2
RWV	Rückstreu-Winkelverteilung	Abb. 4-1 und Tab. 12.3-2
TEV	Transmissions-Energieverteilung	Abb. 4-1 und Tab. 12.3-2
TK	Transmissionskoeffizient	Abb. 4-1 und Tab. 12.3-2
TWV	Transmissions-Winkelverteilung	Abb. 4-1 und Tab. 12.3-2

Konventionelle Symbole

d	totales Differential (z. B. $d\Omega$, dE, ds)
∂	partielles Differential
exp	Exponentialfunktion
Ei	Exponentialintegral
grad	LAPLACE-Operator, Gradient
lg	Logarithmus zur Basis 10
ln	Logarithmus zur Basis e
$\triangle$	Deltaoperator ($= \nabla^2$)
Δ	Differenz (z. B. ΔE)
δ	DIRACsche Deltafunktion
π	$= 3{,}14159\ldots$
$+, -$	als Ladungsvorzeichen
$\sim$	proportional zu
$\approx$	ungefähr gleich
$\equiv$	identisch; gleich per definitionem
barn	$= 10^{-24}$ cm^2

15. Literaturverzeichnis

Ac 51 Acheson, L. K.: Effect of finite nuclear size on the elastic scattering of electrons. Physic. Rev. **82** (1951) 488–494.

Ad 57 Adawi, J.: Penetration of electron beams into water below the critical energy. Physic. Rev. **107** (1957) 1476–1482.

Ad 65 Adler, P., und H.-K. Bothe: Der Ionisationsaufwand *W* organischer Moleküle und seine Abhängigkeit von der Molekülstruktur. Z. Naturforsch. **20a** (1965) 1700–1707.

Ae 72 Aehlig, A., E. Hörber, D. Kuscheck und M. Scheer: Elastische Elektronenstreuung im Energiebereich 100–150 keV. Z. Physik **253** (1972) 421–434.

Ag 58 Agu, B. N. C., T. Burdett, and E. Matsukawa: Transmission of electrons through Aluminium foils. Proc. Physic. Soc. (London) **71** (1958) 201–206. Transmission of electrons through metallic foils. **72** (1958) 727–732.

Ai 68 Aiginger, H., und G. Wilmersdorf: Mehrfachstreuung von Elektronen im Energiebereich von 0,52 bis 2,0 MeV. Z. Physik **209** (1968) 260–275.

Ai 71 Aiginger, H., und H. Gebauer: Mehrfachstreuung von Elektronen im Energiebereich von 300 keV bis 112 keV. Acta physica Austriaca **33** (1971) 127–142.

Al 09 Allen, S. J.: On the secondary radiation produced from solids, solutions, and pure liquids by the β-rays of radium. Physic. Rev. **29** (1909) 177–211.

Al 53 Allison, S. K., and S. D. Warshaw: Passage of heavy particals through matter. Revs. mod. Physics **25** (1953) 779–817.

An 61a Aniansson, G.: Apparatus for measuring α-particle ranges in liquids. Trans. Roy. Inst. Technol. No. **177** (1961) **44** S.

An 61b Aniansson, G.: The integral stopping power of liquid hydrocarbons for 5,3 MeV α-particles. Trans. Roy. Inst. Technol. No. **178** (1961) 35 S.

An 67 Antonov, V. M., und V. V. Evstigneev: Berechnung des Energieverlustes schneller Elektronen in Alkalihalogeniden (russ.). In: Elektron. paramagneti (Tr. Sovešč. Lučev. Fiz. Nemetal. Krist., Herausg. I. D. Konozenko), Izd. Naukova Dumka, Kiev (1967) 317–322.

An 67a
An 70 D'Ans-Lax, Taschenbuch für Chemiker und Physiker, Springer-Verlag, Berlin-Heidelberg-New York, Bd. 1 (1967); Bd. 3 (1970).

Ar 61 Archard, G. D.: Backscattering of electrons. J. appl. Physics **32** (1961) 1505–1509.

Ar 63a Archard, G. D., and T. Mulvey: The present state on quantitative x-ray microanalysis. Part 2: Computational methods. Brit. J. appl. Physics **14** (1963) 626–634.

Ar 63b ARCHARD, G. D.: The intensities of characteristic x-rays emitted from targets bombarded by electrons. In: „X-ray optics and x-ray microanalysis", S. 331–336. (Herausg. H. H. PATTEE, V. E. COSSLETT, and A. ENGSTRÖM). Academic Press Inc., New York 1963.

Ar 71 ARNAL, F., P. VERDIER und P. D. VINCENSINI: Distribution énergétique des électrons retrodiffusés. C. R. Acad. Sciences Paris Ser B **273** (1971) 1127–1130.

Ba 51 BAKKER, C. J., and E. SEGRÈ: Stopping power and energy loss for ion pair production for 340 MeV protons. Physic. Rev. **81** (1951) 489–492.

Ba 54 BACKENSTOSS, G.: The absorption of homogeneous electrons in aluminium. Z. Naturforsch. **9a** (1954) 886–890.

Ba 56 BADER, M., R. E. PIXLEY, F. S. NOZER, and W. WHALING: Stopping cross sections of solids for protons, 50···600 keV. Physic. Rev. **103** (1956) 32–38.

Ba 59 BARANOW, W. I.: Radiometrie. Teubner-Verlagsgesellsch., Leipzig 1959, 421 S.

Ba 62 BATES, D. R.: Atomic and molecular processes. Academic Press Inc., New York and London, 1962.

Ba 67 BALAKRISHNAN, B. R., and V. BALASUBRAMANIAN: Analysis of the heavy element in alloys and ores by beta-ray backscattering. Mater. Eval. **25** (1967) 173–176.

Ba 68a BARANOV, V. F., und O. A. PAVLOVSKIJ: Zum Elektronendurchgang durch Materie. (russ.). Atomnaja Energija **25** (1968) 317.

Ba 68b BARRETT, R. J.: Electron transport theory using methods of invariant imbedding (Thesis). Ames, Iowa, Iowa State Univ. (1968), 77 S.

Be 22 BECKER, A.: Über die Massenproportionalität der Kathodenstrahlabsorption bei mittleren Geschwindigkeiten. Ann. Physik (4) **67** (1922) 428–461.

Be 30 BETHE, H. A.: Zur Theorie des Durchgangs schneller Elektronen durch Materie. Ann. Physik (5) **5** (1930) 325–400.

Be 33 BETHE, H. A.: Quantenmechanik des Ein- und Zwei-Elektronenproblems. In: „Handbuch der Physik" Bd. 24, S. 273–560, Springer-Verlag, Berlin 1933.

Be 34 BETHE, H. A., and W. HEITLER: On the stopping of fast particles and on the creation of positive electrons. Proc. Roy. Soc. (London), Ser. **A 14** (1934) 83–112.

Be 38 BETHE, H. A., M. E. ROSE, and L. P. SMITH: The multiple scattering of electrons. Proc. Amer. Philos. Soc. 78 (1938) 573–585.

Be 49 BERGER, H., und W. PAUL: Verteilung der Ionisationsdichte in einem mit schnellen Elektronen bestrahlten KCl-Kristall. Z. Physik **126** (1949) 422–430.

Be 53a BETHE, H. A., and J. ASHKIN: Passage of radiations through matter. In: „Experimental Nuclear Physics" (Herausg. E. SEGRÈ) Verlag Wiley & Sons, New York 1953, Vol. **1**, S. 166–357.

Be 53b BETHE, H. A.: Molière's theory of multiple scattering. Physic. Rev. **89** (1953) 1256–1266.

Be 54 BETHE, H. A., and L. C. MAXIMON: Theory of bremsstrahlung and pair production. I. Differential cross section. Physic. Rev. **93** (1954) 768–784.

Be 60 BERKES, I., and I. DEMETER: Small angle scattering of electrons. Nuclear Physics **15** (1960) 421–435.

Be 63a BERENYI, D., and M. OSVAY: Transmission of 100–472 keV monoenergetic electrons through Al absorbers. Acta physica Hung. **15** (1963) 357–359.

Be 63b BERGER, M. J.: Monte Carlo calculations of the penetration and diffusion of fast charged particles. In: „Methods in computational physics“. (Herausg. B. ALDER, S. FERNBACH und M. ROTENBERRG), Academic Press Inc. New York 1963 Vol. **1**, S. 135–215.

Be 64a BERGER, M. J., and S. M. SELTZER: Tables of energy losses and ranges of electrons and positrons. NASA-SP-3012 (1964), 127 S; NAS-NRC 1133 (1965) 205–268.

Be 64b BECKURTS, K. H., und K. WIRTZ: Neutron physics. Springer-Verlag, Berlin 1964.

Be 64c BERGER, M. J., and S. M. SELTZER: Energy spectra and angular distributions of electrons transmitted through sapphire (Al_2O_3) foils. NASA-SP-3008 (1964).

Be 65a BERGER, M. J., and S. M. SELTZER: Results of some recent transport calculations for electrons and bremsstrahlung. NASA-SP-71 (1965) 437–448.

Be 65b BERGER, M. J., and S. M. SELTZER: Transmission of 1-MeV electrons through aluminium. NBS 8900 (1965).

Be 65c BERGER, M. J. und S. M. SELTZER: Tables of energy losses and ranges of electrons and positrons. NAS-NRC **1133** (1965) 205–268.

Be 66 BERGER, M. J., and S. M. SELTZER: Additional stopping power and range tables for protons, mesons and electrons. NASA-SP-3036, N 67-14099 (1966).

Be 68 BERTEL, E., H. JOFFRE, L. PAGES, und L. SKLAVENITIS: Pertes d'énergie des électrons dans la matière – Méthode de calcul et resultates. Report CEA-CONF-1087 (1968).

Be 69 BERGER, M. J., S. M. SELTZER, S. E. CHAPPELL, J. C. HUMPHREYS, and J. W. MOTZ: Response of silicon detectors to monoenergetic electrons with energies between 0,15 and 5,0 MeV. Nuclear Instrum. Methods **69** (1969) 181–193.

Be 69a BERGER, M. J., und S. M. SELTZER: Calculations of energy and charge deposition and of the electron flux in a water medium bombarded with 20-MeV-electrons. Ann. N. Y. Acad. Sci. **161** (1969) 8–23.

Be 70 BERGER, CH., G. KNOP u. a.: Coulomb scattering of 1 MeV electrons in Al foils. Z. Physik **235** (1970) 191–204.

Be 73 BENDER, D., und E. PIPPIG: Einheiten – Maßsysteme – SI. Akademie-Verlag, Berlin 1973.

Bh 36 BHABHA, H. J.: The scattering of positrons by electrons with exchange of Dirac's theory of the positron. Proc. Roy. Soc. (London) **A 154** (1936) 195–206.

Bh 60 BHATTACHARYA, D. L.: A simple method of estimating the screening radius of an atom. in: 4. Internat. Kongreß für Elektronenmikroskopie, Berlin 1958, Verhandlungen, Bd. 1, S. 293–94, Springer-Verlag, Berlin-Göttingen-Heidelberg 1960.

Bi 58 BIRKHOFF, R. D.: The passage of fast electrons through matter. In: „Handbuch der Physik“ Bd. **34**, S. 53–138. (Herausg. S. FLÜGGE). Springer-Verlag, Berlin 1958.

Bi 65 BISHOP, H. E.: A Monte Carlo calculation on the scattering of electrons in copper. Proc. Physic. Soc. (London) **85** (1965) 855–866.

Bi 67 BISHOP, H. E.: Electron scattering in thick targets. Brit. J. appl. Physics **18** (1967) 703–715.

Bi 67a BICHSEL, H.: The *L*-shell correction in stopping power. USC-136-120 (1967), 21 p.

Bi 68 BICHSEL, H.: Charged-particle interactions, in: Radiation Dosimetry, Bd. 1, S. 157–228 (Ed. F. H. Attix and W. C. Roesch) Academic Press, New York and London 1968.

Bl 33a BLOCH, F.: Zur Bremsung rasch bewegter Teilchen beim Durchgang durch Materie. Ann. Physik (5) **16** (1933) 285–320.

Bl 33b BLOCH, F.: Bremsvermögen von Atomen mit mehreren Elektronen. Z. Physik **81** (1933) 363–376.

Bl 46 BLEULER, E., und W. ZÜNTI: Zur Absorptionsmethode der Bestimmung von Beta- und Gammaenergien. Helv. physica Acta **19** (1946) 375–398.

Bl 50 BLUNCK, O., und S. LEISEGANG: Zum Energieverlust schneller Elektronen in dünnen Schichten. Z. Physik **128** (1950) 500–505.

Bl 51a BLUNCK, O., und K. WESTPHAL: Zum Energieverlust energiereicher Elektronen in dünnen Schichten. Z. Physik **130** (1951) 641–649.

Bl 51b BLUNCK, O.: Über den Einfluß der Elektronendiffusion auf die räumliche Verteilung der Röntgenbremsstrahlung. Ann. Physik (6) **9** (1951) 373–380.

Bl 52 BLUNCK, O.: Zur (wahren) Reichweite schneller Elektronen. Z, Physik **131** (1952) 354–375.

Bl 54 BLANCHARD, C. H.: Diffusion of electrons in infinite media. In: „Electron physics" U.S. Nat. Bureau of Standards, Circ. 527 (1954), 9–11.

Bo 21a BOTHE, W.: Die Gültigkeitsgrenzen des Gaußschen Fehlergesetzes für unabhängige Elementarfehlerquellen. Z. Physik **4** (1921) 161–177.

Bo 21b BOTHE, W.: Theorie der Zerstreuung der α-Strahlen über kleine Winkel. Z. Physik **4** (1921) 300–314.

Bo 21c BOTHE, W.: Das allgemeine Fehlergesetz, die Schwankungen der Feldstärke in einem Dielektrikum und die Zerstreuung der α-Strahlen. Z. Physik **5** (1921) 63–69.

Bo 23 BOTHE, W.: Über die Zerstreuung der β-Strahlen. Z. Physik **13** (1923) 368–377.

Bo 29 BOTHE, W.: Die Streuabsorption der Elektronenstrahlen. Z. Physik **54** (1929) 161–178.

Bo 33 BOTHE, W.: Durchgang von Elektronen durch Materie. In: „Handbuch der Physik", Bd. **24**, S. 1–74, Verlag Julius Springer, Berlin 1933.

Bo 41 BOTHE, W.: Einige Diffusionsprobleme. Z. Physik **118** (1941) 401.

Bo 42 BOTHE, W.: Die Diffusion von einer Punktquelle aus. Z. Physik **119** (1942) 493.

Bo 48 BOHR, N.: The penetration of atomic particles through matter. Kgl. Danske Videnskabernes. Selskat, Matematisk-fysike Meddelelser **18**, No. 8 (1948) 142 S.

Bo 49a BOTHE, W.: Einige einfache Überlegungen zur Rückdiffusion schneller Elektronen. Ann. Physik (6) **6** (1949) 44–52.

Bo 49b BOTHE, W.: Zur Rückdiffusion schneller Elektronen. Z. Naturforsch. **4a** (1949) 542–545.

Bo 51 BOTHE, W.: Die Streuung von Elektronen in schrägen Folien. S.-B. Heidelberger Akad. 1951, 7. Abhandlg., S. 307–316.

Bo 54 BOTHE, W.: Scattering of electrons (experimental). In: „Electron physics", U.S. Nat. Bureau of Standards, Circ. 527 (1954) 71–82.

Bo 55 BOGDANOV, N. A., W. L. REITBLAT u. a.: Die Reflexion von Betastrahlen und die Analyse von Metallen. In: „Die Anwendung radioaktiver Isotope in der Metallurgie" (russ.). Staatl. wissensch.-techn. Verlag, Moskau (1955) 283–305.

Bo 58 BOLTAKS, B. J., und V. J. SOKOLOV: Über den Absorptionskoeffizienten (der Intensitätsschwächung) von Betastrahlung in Halbleitern (russ.). Doklady Akademii Nauk SSSR **123** (1958) 446–448.

Bö 61 BÖRSCH-SUPAN, W.: On the evaluation of the function $\Phi(x) = \frac{1}{2\pi i} \int\limits_{\varrho - i\infty}^{\varrho + i\infty} u(\ln u + \lambda u)\, du$ for real values of λ. J. Res. Nat. Bur. Standards **65 B** (1961) 145–150.

Bö 62 BÖDY, Z. T.: On the backscattering of electrons from solids. Brit. J. appl. Physics **13** (1962) 483–485.

Bo 67 BOJARŠINOV, L. M., and M. M. SENYAVIN: Positron reflection from elements and alloys. Soviet. Phys.-JETP **24** (1967) 1083. (engl. Übers. aus ŽETF **51** (1966) 1609–1612).

Br 12 BRAGG, W. H.: Durchgang der α-, β-, γ- und Röntgenstrahlen durch Materie. (Deutsch von M. IKLÉ, Leipzig 1913). Studies in Radioactivity, London 1912.

Br 50 BROWNELL, G. L.: Theoretical considerations in β-ray scattering and absorption. Conf. on absolute β counting. Preliminary Report No. 8, Nucl. Sci. Series (1950), S. 35–40.

Br 56 BRANDT, W.: Stopping power and valence states. Physic. Rev. **104** (1956) 691–693.

Br 58 BRANDT, W.: Survey of stopping power. Health Physics **1** (1958) 11–20.

Br 59 BREITENBERGER, E.: Theory of multiple scattering. Proc. Roy. Soc. (London) A **250** (1959) 514–523.

Br 62 BRODA, E., and T. SCHÖNFELD: „Die technischen Anwendungen der Radioaktivität", VEB Deutscher Verlag für Grundstoffindustrie, Leipzig 1962.

Br 63 BRUSENTSEV, F. A., and V. F. DVORYANKIN: Analytic representation of atomic scattering factors for electrons. Soviet Phys.-Cryst. (engl. transl.) **8** (1963) 197–198.

Br 64a BROWN, D. B., and R. E. OGILVIE: Efficiency of production of characteristic x-radiation from pure elements bombarded by electrons. J. appl. Physics **35** (1964) 309–314.

Br 64b BROWN, D. B., and R. E. OGILVIE: An evaluation of the Archard electron diffusion model. J. appl. Physics **35** (1964) 2793–2795.

Br 66 BROWN, D. B., and R. E. OGILIVIE: An electron transport model for the prediction of x-ray production and electron backscattering in electron microanalysis. J. appl. Physics **37** (1966) 4429–4433.

Br 67 BRAICOVICH, L., B. DE MICHELIS, and A. FASANA: Plural scattering of electrons and positrons. Physic. Rev. **154** (1967) 234–238.

Br 68a BRAICOVICH, L., and A. DUPASQUIER: Multiple scattering of fast electrons in thin layers. Nuovo Cimento (Ser. X) **56A** (1968) 1066–1074.

Br 68b BROWN, W. L., W. M. AUGUSTYNIAK, and L. C. FELDMAN: Bull. Amer. Physic. Soc. **13** (1968) 403 (zit. nach [Be 69]).

Bu 30 BULLARD, E. C., and H. S. W. MASSEY: Proc. Cambridge Philos. Soc. **26** (1930) 556 (zit. nach [Bi 58]).

Bu 50 BUTLER, S. T.: The scattering of high energy charged particles by thin foils of matter. Proc. Physic. Soc. (London) **A 63** (1950) 599–605.

Bu 52 BUDINI, P., und G. POIANI: Sull'aumento della ionizzaione specifica primaria alle alte energie. Nuovo Cimento Ser. IX, **9** (1952) 199–201.

Bu 63 Bunyan, P. J.: The polarization by Mercury of 1 to 2 keV electrons. Proc. Physic. Soc. (London) 81 (1963) 816–819.

By 56 Byatt, W. J.: Analytical representation of Hartree potentials and electron scattering. Physic. Rev. **104** (1956) 1298–1300.

Ca 53 Carlvik, J.: Some measurements on the absorption of 75–200 keV electrons in aluminium. Arkiv för Fysik **6** (1953) 1–16.

Ca 55 Caldwell, D. O.: Range-energy relation and masses of new particles. Physic. Rev. **100** (1955) 291–294.

Ca 65 Van Camp, K. J., und V. J. Vanhuyse: Energie loss of electrons in thick Cu foils. Physic. Lett. **19** (1965) 504–505.

Ca 66 Van Camp, K. J., und V. J. Vanhuyse: Influence of multiple scattering on energy loss distributions of electrons. Bull. Belg. Phys. Soc. **5** (2–3) (1966) 145–148.

Ca 68 Case, C. T., and E. L. Battle: Molière's theory of multiple scattering. Physic. Rev. **169** (1968) 201–204.

Ca 68a Van Camp, K. J., und V. J. Vanhuyse: Thick target energy loss distributions of electrons. Z. Physik **211** (1968) 152–164.

Ch 40 Chase, C. J., and R. J. Cox: The scattering of 50-kilovolt electrons by Al. Physic. Rev. 58 (1940) 243–253.

Ch 51 Chen, J. J. L., and S. D. Warshaw: The energy loss of electrons passing through matter. Physic. Rev. **84** (1951) 355–361.

Ch 53 Chang, C. H., C. S. Cook, and H. Primakoff: Transmission of electrons through thin metallic foils. Physic. Rev. **90** (1953) 544–547.

Co 64a Cosslett, V. E.: The diffusion depth for electrons in solid targets. Brit. J. appl. Physics **15** (1964) 107–109.

Co 64b Cosslett, V. E., and R. N. Thomas: The plural scattering of 20 keV electrons. Brit. J. appl. Physics. **15** (1964) 235–248.

Co 64c Cosslett, V. E., and R. N. Thomas: Multiple scattering of 5…30 keV electrons in evaporated metal films. I. Total transmission and angular distribution. Brit. J. appl. Physics **15** (1964), 883–907.

Co 64d Cosslett, V. E., and R. N. Thomas: Multiple scattering of 5…30 keV electrons in evaporated metal films. II. Range-energy relations. Brit. J. appl. Physics **15** (1964) 1283–1300.

Co 65 Cosslett, V. E., and R. N. Thomas: Multiple scattering of 5…30 keV electrons in evaporated metal films. III. Backscattering and absorption. Brit. J. appl. Physics **16** (1965) 779–796.

Co 65a Collins, G. W., and A. D. Code: Some numerical methods for the solution of the equation of transfer. Astrophysik Journ. **142** (1965) 1576–1587.

Co 67 Cox, H. L., und R. H. Bonham: Elastic electron scattering amplitudes for neutral atoms calculated using the partial wave method at 10, 40, 70, and 100 kV for $Z = 1$ to $Z = 54$. J. Chem. Physics **47** (1967) 2599–2608.

Co 69 Cole, A.: Absorption of 20-eV to 50000-eV electron beams in air and plastics. Radiat. Res. **38** (1969) 7–33.

Cr 06 Crowther, J. A.: On the coefficient of absorption of the β-rays from Uranium. Philos. Mag. **12** (1906) 379–392.

Cr 61 Crew, J. E.: Calculated energy dissipation distribution in air by fast electrons from a point source. J. Res. Nat. Bur. Standards **65 A** (1961) 113–116.

Ču 56a — Čudars, Ja. E.: Zur Frage der Schwächung monoenergetischer Elektronenstrahlen mit Energien im Intervall bis 3 MeV (russ.). In: „Physik und Technik der Anwendung radioaktiver Isotope" (russ.), Trudy Inst. Fiz. AN Latv. SSR, Bd. IX, S. 45–53, Riga 1956.

Ču 56b — Čudars, Ja. E., und I. Ja. Taure: Veränderung eines parallelen Betastrahles beim Durchgang durch eine Aluminiumschicht (russ.). In: „Physik und Technik der Anwendung radioaktiver Isotope" (russ.), Trudy Inst. Fiz. AN Latv. SSR, Bd. IX, S. 55–63, Riga 1956.

Ču 57a — Čudars, Ja. E., und I. Ja. Taure: Schwächung eines parallelen Betastrahles in Materieschichten (russ.). In: „Physik und Technik der Anwendung radioaktiver Isotope" (russ.), Trudy Inst. Fiz. AN Latv. SSR, Bd. X, S. 127–134, Riga 1957.

Ču 57b — Čudars, Ja. E.: Berechnungen zur Schwächung monoenergetischer Elektronenstrahlen in Materieschichten (russ.)., Izv. AN Latv. SSR, 3/116, 111, Riga 1957.

Da 13 — Darwin, C. G.: On some orbits of an electron. Philos. Mag. 25 (1913) 201–210.

Da 14 — Darwin, C. G.: Collision of α particles with light atoms. Philos. Mag. 27 (1914) 499–506.

Dä 50 — Dänzer, H.: Zur Deutung des Absorptionsgesetzes der β-Strahlen. Z. Physik **128** (1950) 79–103.

Da 51 — Dalitz, R. H.: On higher Born approximations in potential scattering. Proc. Roy. Soc. (London) **A 206** (1951) 509–520.

Da 56 — Danguy, L., et R. Quivy: Rétrodiffusion (backscattering) des électrons par les solutions et les alliages. J. Physique Radium 17 (1956) 320–325.

Da 58 — Davison, B.: Neutron Transport Theory. Oxford 1958.

Da 62 — Danguy, L.: Contribution à l'étude de la rétroduffusion β. Inst. Interuniv. Sci. Nucl. Bruxelles. Monographie No. 10, Bruxelles, Belgien 1962, 131 S.

Da 64 — Dashen, R. F.: Theory of electron backscattering. Physic. Rev. **134** (1964) A 1025–1032.

Da 64a — Dahn, E.: Kontinuierliche Messung von Wasserstoff- und Schwefelgehalt flüssiger Kohlenwasserstoffe. Chem. Technik **16** (1964) 174–175.

Dö 50 — Döring, W.: Elektronenverteilung in Atomen und Ionen nach Hartree. In: Landolt-Börnstein, „Zahlenwerte und Funktionen", Bd. I, 1. Teil, S. 276–296, Springer-Verlag, Berlin 1950. (6. Auflage).

Do 56 — Doggett, J. A., and L. V. Spencer: Elastic scattering of electrons and positrons by point nuclei. Physic. Rev. **103** (1956) 1597–1601.

Do 64 — Dolginov, A. Z., and Ju. N. Gnedin: Multiple scattering. Nuclear Physics **53** (1964) 317–333.

Do 65 — Domeij, B.: Crystal lattice effects in the emission of charged particles from monocrystalline sources. Nuclear Instrum. Methods **38** (1965) 207–209.

Do 66 — Dolginov, A. Z.: Theory of multiple scattering (II). Nuclear Physics 77 (1966) 202–214.

Dr 65 — Drobiz, A. M. u. a.: Automatischer Analysator für die Zusammensetzung dreikomponentiger Flüssigkeiten vom Typ ATŽ-2. Staatl. wiss. Forsch.-Inst. f. wiss.-techn. Inform., Moderne wiss.-techn. Exper., No. 18-65-332/16, Moskau 1965.

Dr 66 Drobiz, A. M.: Vortrag auf der RGW-Spezialistentagung „Radiometrische Methoden der chemischen Schnellanalyse“, Krakow, Febr. 1966, Nr. 13: Stand und Perspektive in der kombinierten Ausnutzung β- und γ-strahlender Isotope zur automatischen Analyse der Zusammensetzung von Flüssigkeiten.

Du 63 Duncamb, P., and P. K. Shields: The present state of quantitative x-ray microanalysis. Part 1: Physical basis. Brit. J. appl. Physics **14** (1963) 617–625.

Du 67 Duncamb, P., and S. J. B. Reed: The calculation of stopping power and backscatter effects in electron probe microanalysis. Tube Investments Res. Labs (Hinxton Hall, Engl.) Technical Report Nr. 221 (1967), 20 S.

Du 68 Duncamb, P., P. K. Shields-Mason, and C. da Casa: Accuracy of atomic number and absorption corrections in electron probe microanalysis. In: „Vth International Congress on x-ray optics and microanalysis“ (Herausg. G. Möllenstedt u. K. H. Gaukler), S. 146–150, Springer-Verlag Berlin-Heidelberg-New York 1969.

Dz 63 Dziunikowski, B., und A. Lubecki: Anwendung der Rückstreuung von β-Teilchen zur Bestimmung schwerer Elemente in Proben variabler Matrix (poln.). Nukleonika (Polen) **8** (1963) 687.

Eh 53 Ehrenberg, W., and J. Franks: The penetration of electrons into luminescent materials. Proc. Physic. Soc. (London) **B 66** (1953) 1057–1066.

Eh 63 Ehrenberg, W., and D. E. N. King: The penetration of electrons into luminescent materials. Proc. Physic. Soc. (London) **81** (1963) 751–766.

En 61 Engelmann, R.: Streuung und Absorption von β-Strahlen in ebener Geometrie. Teil I: Messung von Transmission und Rückstreuung. Teil II: Theoretische Modelle nach Schmidt und Odeblad. Nukleonik **3** (1961) 133–155.

En 65 Engel, A. von: Ionized gases. Clarendon Press, Oxford 1965.

En 69 Endovitskii, V. S., B. Ya. Narkevič, and I. E. Konstantinov: Calculation of dissipated-energy distribution in the theory of transport of electrons in matter. Izv. Vysš. Učeb. Zaved., Fiz., No. **3** (1969) 13–19.

Er 65 Erwall, L. G., H. G. Forsberg und K. Ljunggren: Radioaktive Isotope in der Technik. Verlag Friedr. Viehweg & Sohn, Braunschweig 1965.

Ev 55 Evans, R. D.: The atomic nucleus. In: „Internat. Series in pure and applied physics“. McGraw-Hill Book Co., New York (1955).

Ev 60 Everhart, T. E.: Simple theory concerning the reflection of electrons from solids. J. appl. Physics **31** (1960) 1483–1490.

Ey 48 Eyges, L.: Multiple scattering with energy loss. Physic. Rev. **74** (1948) 1534–1535.

Fa 53 Fano, U.: Degradation and range straggling of high-energy radiations. Physic. Rev. **92** (1953) 328–349.

Fa 54 Fano, U.: Inelastic collisions and the Molière theory of multiple scattering. Physic. Rev. **93** (1954) 117–120.

Fe 28 Fermi, E.: Eine statistische Methode zur Bestimmung einiger Eigenschaften des Atoms und ihre Anwendung auf die Theorie des periodischen Systems der Elemente. Z. Physik **48** (1928) 73–79.

Fe 52 Feshbach, H.: The coulomb scattering of relativistic electrons and positrons by nuclei. Physic. Rev. **88** (1952) 295–297.

Fe 69 Fenyves, E., and O. Haiman: The physical principles of nuclear radiation measurements. Verlag der Ungarischen Akademie der Wissenschaften (Akadémiai Kiadó), Budapest 1969 (engl.).

Fe 69a FELDER, R. M.: MOGUS: code for evaluating the MOTT scattering cross section and the GOUDSMIT-SAUNDERSON angular multiple-scattering distribution for use in electron transport calculations. U. S. At. Energy Comm. 1969, BNL-50199 (65 S.).

Fe 70 FERNANDE, H. M., G. KNUYT, R. VAN DE VIJVER and R. J. JACOBS: Numerical calculation of absolute forward thicktarget bremsstrahlung spectra. Nuclear Instrum. Methods **91** (1970) 135–140.

Fi 58 FINKELNBURG, W.: Einführung in die Atomphysik. Springer Verlag, Berlin-Göttingen-Heidelberg 1958, S. 16.

Fi 66 FINK, M., und J. KESSLER: Messung des differentiellen elastischen Wirkungsquerschnittes für Elektronenstreuung an freien Silberatomen. Z. Physik **196** (1966) 504–507.

Fl 60 FLEISCHMANN, H.: Zur Kleinwinkeltheorie der Vielfachstreuung. Z. Naturforsch. **15a** (1960) 1090–1096.

Fo 23 FOWLER, R. H.: Contribution to the theory of the motion of α-particles through matter. Part I. Ranges. Part II. Ionizations. Proc. Cambridge Philos. Soc. **21** (1923) 521–530, 531–540.

Fo 26a FOURNIER, G.: Sur l'absorption des rayons β par la matière. Comptes Rendus Acad. Sci. (Paris) **183** (1926) 37–39.

Fo 26b FOURNIER, G.: Sur l'absorption des rayons β par la matière. Comptes Rendus Acad. Sci. (Paris) **183** (1926) 200.

Fo 27 FOURNIER, G.: Sur l'absorption des rayons β par la matière. Ann. Physique (Paris) (X) **8** (1927) 205–277.

Fo 48 FOWLER, W. A., C. C. LAURITSEN, and T. LAURITSEN: Gamma-radiation from excited states of light nuclei. Revs. mod. Physics **20** (1) (1948) 236–277.

Fö 49 FÖRSTER, TH.: Experimentelle und theoretische Untersuchung des zwischenmolekularen Übergangs von Elektronenanregungsenergie. Z. Naturforsch. **4a** (1949) 321–327.

Fr 16 FRIMAN, E.: Über die Absorption und Diffusion schneller Kathodenstrahlen (β-Strahlen) in Gasen und Dämpfen. Ann. Physik (4) **49** (1916) 373–418.

Fr 54 FREESE, E., und K. HAIN: Elastische Elektronenstreuung an ausgedehnten Atomkernen bei mittlerer Energie. Z. Naturforsch. **9a** (1954) 456–462.

Fr 59 FRANK, H.: Zur Vielfachstreuung und Rückdiffusion schneller Elektronen nach Durchgang durch dicke Schichten. Z. Naturforsch. **14a** (1959) 247–261.

Fu 65 FUGATE, S., and B. W. MAR: Electron Monte Carlo. AS-1485 (1965).

Ga 65 GARDNER, R. P., and J. W. DUNN: Simultanous use of beta particles transmisson and backscatter gauges for determining hydrogen, carbon, and oxygen percentages in liquids. Analytic. Chem. **37** (1965) 528–530.

Ga 67 GARDNER, R. P.: Simple and accurate calibration model for hydrogencontent, beta-particle backscatter gauges. Analytic. Chem. **39** (1967) 668 to 671.

Ge 27 GEIGER, G.: Durchgang von α-Strahlen durch Materie. In: „Handbuch der Physik", Bd. 24, S. 137–190. Verlag Julius Springer, Berlin 1927 (Neuauflage 1933).

Ge 38 GENTNER, K.: Über die Energieabsorption von schnellen Kathodenstrahlen. Ann. Physik (5) **31** (1938) 407–424.

Ge 68 GEIGER, J.: Elektronen und Festkörper – Anregung, Energieverluste, dielektrische Theorie. Vieweg & Sohn, Braunschweig 1968.

Gl 48 GLOCKER, R.: Die Abhängigkeit der Reichweite von Elektronen von ihrer Energie. Z. Naturforsch. **3a** (1948) 147–151.

Go 40a GOUDSMIT, S., and J. L. SAUNDERSON: Multiple Scattering of electrons. Physic. Rev. 57 (1940) 24–29.

Go 40b GOUDSMIT, S., and J. L. SAUNDERSON: Multiple Scattering of electrons II. Physic. Rev. 58 (1940) 26–42.

Go 59 GOERTZ, A.: Zur Theorie der diffusen Reflexion und Transmission beim Vorliegen elastischer Vielfachstreuung. Z. Physik **155** (1959) 263–274.

Go 60 GORSCHKOW, G. W.: Gammastrahlung radioaktiver Körper. B. G. Teubner Verlagsges., Leipzig 1960.

Gr 46 VAN DE GRAAF, R. J., BUECHNER, W. W., and H. FESHBACH: Experiments on the elastic single scattering of electrons by nuclei. Physic. Rev. **69** (1946) 452.

Gr 51 GROSJEAN, C. C.: Mededel. Konikl. Vlaam. Acad. Wetenschap. Belg. **13**, No. 36 (1951) (zit. nach [Sc 63]).

Gr 55 GREEN, D. W., J. N. COOPER, and J. C. HARRIS: Stopping cross sections of metal for protons of energies from 400 to 1000 keV. Physic. Rev. **98** (1955) 466–470.

Gr 57 GRÜN, A. E.: Lumineszenz-photometrische Messungen der Energieabsorption im Strahlungsfeld von Elektronenquellen. Z. Naturforsch. **12a** (1957) 89–95.

Gr 60 GRAY, P. R., D. H. CLAREY, and W. H. BEAMER: Interaction of β particles with matter. Quantitative determination of H, C, N, O, and F materials. Analytic. Chem. **32** (1960) 582–589.

Gr 61 GROSJEAN, C. C., and R. T. VAN DE WALLE: On the calculation of radial wave functions corresponding to energies in the continuum part of the Helium spectrum. Nuovo Cimento (Ser. X) **19** (1961) 696–722.

Gr 63 GREEN, M.: A Monte-Carlo-calculation of the spatial distribution of characteristic x-ray production in a solid target. Proc. Physic. Soc. (London) **82** (1963) 204–215.

Gr 64 GREEN, M.: The angular distribution of characteristic x-radiation and its origin within a solid target. Proc. Physic. Soc. (London) **83** (1964) 435–451.

Gr 68a GRACEV, B. D., A. P. KOMAR, Ju. S. KOROBOCKO, and V. J. MINEEV: Channeling of electrons in thin single crystals of copper. Sov. Physics-Solid. state (engl. transl.) **10** (1969) 1894–1898.

Gr 68b GROSSE, H.-J., und H.-K. BOTHE: Die Ionisierungsquerschnitte von Kohlenwasserstoffen und deren Sauerstoffderivaten. Z. Naturforsch. **23a** (1968) 1583–1590.

Gu 58 GUBERNATOR, K.: Die Reichweite von Elektronen und Positronen kleiner Energie in Aluminium. Z. Physik **152** (1958) 183–193.

Gu 59 GUBERNATOR, K., and A. FLAMMERSFELD: Die Reichweite von Elektronen und Positronen kleiner Energie in Cu, Ag und Au. Z. Physik **156** (1959) 179–188.

Gu 63 GUGLJA, V. G., CZJAN PEN-CEJ, B. S., BOKŠTEIN, und A. A. ŽUCHOVICKIJ: Über die Gültigkeit der Müllerschen Beziehung für die β-Rückstreuung von künstlichen Gemischen. Zavodskaja Laboratorija **29** (1963) 449–453.

Ha 48 HALPERN, O., and H. HALL: The ionization loss of energy of fast charged particles in gases and condensed bodies. Physic. Rev. **73** (1948) 477–486.

Ha 50 HANLE, W., und E. U. FRANCK: Querschnitt von Atomen, Ionen und Molekeln. In: LANDOLT-BÖRNSTEIN, „Zahlenwerte und Funktionen", Bd. I, 1. Teil, S. 323–388. Springer Verlag Berlin 1950 (6. Auflage).

Ha 51 HANSON, A. O., L. H. LANZL, E. M. LYMAN, and M. B. SCOTT: Measurement of multiple scattering of 15,7-MeV-electrons. Physic. Rev. 84 (1951) 634–637.

Ha 61 HARDER, D., G. HARIGEL und K. SCHULTZE: Bahnspuren schneller Elektronen. Strahlentherapie 115 (1961) 1–21, 116 (1962) 579.

Ha 63 HARIGEL, G., M. SCHEER und K. SCHULTZE: Blasenkammerexperimente zur Abbremsung relativistischer Elektronen. Z. Naturforsch. 18a (1963) 675.

Ha 64 HASTED, M. A.: Physics of Atomic Collisions. Butterworth & Co., (Publishers Ltd., London 1964.

Ha 65a HARDER, D.: Durchgang schneller Elektronen durch dicke Materieschichten. Habilitationsschrift, Würzburg, Jan. 1965, 113 S. (Engl. Übers.: ANL-Trans 608, Juni 1967).

Ha 65b HARDER, D.: Ähnlichkeitsregel für den Durchgang von Elektronen durch dicke Materieschichten. Biophysik 2 (1965) 381–383.

Ha 66 HARDER, D.: Spectra of primary and secondary electrons in material irradiated by fast electrons. In: Biophysical aspects of radiation quality. Technical Reports Series No. 58, S. 140–153, IAEA, Wien 1966.

Ha 67 HARDER, D.: Berechnung der Energiespektren abgebremster Elektronen in verschiedenen Absorbertiefen. Biophysik 4 (1967) 38–47.

Ha 67a HARDER, D., und G. POSCHET: Transmission und Reichweite schneller Elektronen im Energiebereich 4–30 MeV. Physics Letters 24B (1967) 519–521.

Ha 67b Handbook of Chemistry and Physics, (Ed. R. C. Weast u. a.), The Chemical Rubber Publishing Co., Cleveland (Ohio), 45. Ed. 1964, 48. Ed. 1967.

Ha 68 HARA, E.: Monte Carlo calculation of the total energy loss of electrons from 0,3 to 1 MeV in Al-foils. Nuclear Instrum. Methods 65 (1968) 85–92.

Ha 69 HARTMANN, W. (Herausgeber): Meßverfahren unter Anwendung ionisierender Strahlung. In: Handbuch der Meßtechnik in der Betriebskontrolle (Herausgeber J. STANEK). Akad. Verlagsges. Geest & Portig KG., Leipzig 1969, Bd. V, 1143 S.

He 23 HEVESY, V. G., und F. PANETH: Lehrbuch der Radioaktivität, 1923.

He 35 HENGSTENBERG, J., und K. WOLF: „Elektronenstrahlen und ihre Wechselwirkung mit Materie“, S. 1 bis 236 in Bd. 6 (Elektrizität und Materie) Abschn. I des Hand- und Jahrbuches der chemischen Physik (Herausgeber A. Eucken und K. L. Wolf), Akad. Verlagsges. m. b. H., Leipzig 1935.

He 54 HEITLER, W.: The quantum theory of radiation. Clarendon Press, Oxford 1954 (3. Aufl.), 430 S.

He 57 HENRICKSEN, T., and J. BAARLI: The effective atomic number. Radiation Research 6 (1957) 415–423.

He 64 HEINRICH, K. F. J.: Interrelationships of sample composition, backscatter coefficient, and target current measurement. In: „Advances in x-ray analysis“ (Herausg. W. M. MUELLER, u. a.) Vol. 7, S. 325–338, Plenum Press, New York 1964.

He 65 HEINRICH, K. F. J.: Electron probe microanalysis by specimen current measurement. pres. at „Fourth Int. Congr. X-ray Optics and Microanalysis“ 1965.

He 68 HEMMER, P. S., and I. E. FARQUHAR: Multiple scattering in the Gaussian approximation systematic improvement of the small-angle treatment. Physic. Rev. 168 (1968) 294–301.

Hi 58 HILMI, A. K., and S. A. HUSAIN: Absorption of β-particles in solutions. Proc. Sec. Int. Conf. Peacefull Uses of Atomic Energie, Genf 1958, Bd. 20, S. 238–239. .

Hi 65 HILGNER, W., und J. KESSLER: Mehrfachstreuung mittelschneller Elektronen in Folien. Z. Physik **187** (1965) 119–139.

Ho 60 HOLLO, J., J. SZEJTLI and A. VÉRTES: Investigation of β-particles reflection. I. β-particles reflection of organic compounds. Magyar Kémiai Folyóirat **66** (1960) 9.

Ho 64 HOLZWARTH, G., and H. J. MEISTER: Elastic scattering of relativistic electrons by screened gold and mercury nuclei. Nuclear Physics **59** (1964) 56–64.

Hu 57 HUSAIN, S. A., and A. K. HILMI: Absorption of beta particles in liquids. Proc. Physic. Soc. (London) **A 70** (1957) 902–904.

Hu 57a HUFFMAN, F. N., J. S. CHEKA, B. G. SAUNDERS, R. H. RITCHIE, and R. D. BIRKHOFF: Spatial distribution of energy absorbed from an electron beam penetrating Aluminium. Physics. Rev. **106** (1957) 435–440.

Hu 58 HUSAIN, S. A.: Investigation of backscattered beta-radiation and analysis of solutions and alloys. Proc. Sec. Int. Conf. Peacefull Uses of Atomic Energie, Genf 1958, Bd. **19**, S. 213–214.

Ib 62 IBERS, J. A., and B. K. VAINSHTEIN: International Tables of x-ray crystallography, Bd. III, S. 218ff, Kynoch Press, Birmingham 1962.

In 71 INOKUTI, M.: Inelastic collisions of fast charged particles with atoms and moleculs – the BETHE-theory revisited. Revs. mod. Physics **43** (3) (1971) 297–347.

It 70 ITO, Yuji: Atomic and magnetic formfactors (jap.). Kotai Butsuri **5** (1970) 396–403.

Ja 48 JAHNKE-EMDE: Tafeln höherer Funktionen. Verlag Teubner, Leipzig 1948.

Ja 64 JAHRREISS, H.: Über einige Erweiterungsmöglichkeiten der Sternglassschen Theorie der Sekundärelektronenemission und deren empirische Prüfbarkeit. Ann. Physik (7) **14** (1964) 323–352.

Ja 70 JAKSCHIK, J., und K. P. JÜNGST: Rückstreuung von Elektronen bei 0,25 und 0,5 MeV in Aluminium. Nuclear Instrum. Methods **79** (1970) 240–244.

Je 37 JENSEN, H.: Eigenschwingungen eines Fermi-Gases und ihre Anwendung auf die Blochsche Bremsformel für schnelle Teilchen. Z. Physik **106** (1937) 620–632.

Je 55 JESSE, W. P., und J. SADAUSKIS: Ionization in pure gases and the average energy to make an ion pair for alpha and beta particles. Physic. Rev. **97** (1955) 1668–1670.

Je 57 JESSE, W. P., and J. SADAUSKIS: Backscattering of beta-particles from gases. Radiation Research **7** (1957) 167–175.

Ji 60 JIRKOWSKÝ, R. A.: Eine Schnellmethode zur Bestimmung des Aschegehaltes von Kohle durch Betarückstreuung (russ.). Zavodskaja Laboratorija **25** (1960) 832.

Ji 66 JIRKOWSKÝ, R.: Eine Studie der β-Rückstreuung zum Zwecke ihrer Anwendung in der analytischen Chemie. Microchim. Acta **1** (1966) 186–195.

Jo 63 JOST, K., und J. KESSLER: Die Ortsverteilung mittelschneller Elektronen bei Mehrfachstreuung. Z. Physik **176** (1963) 126–142.

Ju 13 JUNGENFELD, J. G. VON: Über den Durchgang der β-Strahlen durch Materie. Physik. Z. **14** (1913) 507–514.

Ka 52 KATZ, L., and A. S. PENFOLD: Range-energy relations for electrons and the determination of β-ray end-point energies by absorption. Revs. mod. Physics **24** (1952) 28–44.

Ka 57 KANTER, H.: Zur Rückstreuung von Elektronen im Energiebereich von 10 bis 100 keV. Ann. Physik (6) **20** (1957) 144–166.

Ka 64 KANTER, H.: Backscattering of kilovolt electrons from thin films. Brit. J. appl. Physics **15** (1964) 555–559.

Ke 57 KEIRIM-MARKUS, J. B., und M. A. L'VOVA: Die Methoden der absoluten Aktivitätsbestimmung von Betastrahlenquellen mit Hilfe eines Fensterzählrohres. In: Untersuchungen auf dem Gebiet der Dosimetrie ionisierender Strahlung (Aufsatzsammlung), Akad. Nauk SSSR otdel. fiz-matem. nayk izd-vo Akad. Nauk SSSR, Moskau 1957, Teil I, S. 3–37, Teil II, S. 38–71 (russ.).

Ke 60 KEIL, E., E. ZEITLER, und W. ZINN: Zur Einfach- und Mehrfachstreuung geladener Teilchen. Z. Naturforsch. **15a** (1960) 1031–1038.

Ke 64 KESSARIS, N. D.: Calculated absorbed dose for electrons. Radiation Research **23** (1964) 630–640.

Kl 50 KLEMM, W.: Diamagnetische Polarisierbarkeit von Atomen und Ionen (auch komplexe Anionen). In: LANDOLT-BÖRNSTEIN, „Zahlenwerte und Funktionen", Bd. I, 1. Teil, S. 394–398. Springer Verlag, Berlin-Göttingen-Heidelberg 1950 (6. Aufl.).

Km 60 KMENT, V., und A. KUHN: Technik des Messens radioaktiver Strahlung. Techn.-Physik. Monographien (Herausg. R. SEWIG), Bd. 11, Akad. Verlagsgesellschaft Geest & Portig, Leipzig 1960.

Kn 53 KNECHT, O., und W. BOTHE: Vielfachstreuung schneller Elektronen. Z. Naturforsch. **8a** (1953) 805–814.

Kn 61 KNOP, G., A. MINTEN und B. NELLEN: Der Energieverlust von 1-MeV-Elektronen in sehr dünnen Schichten. Z. Physik **165** (1961) 533–553.

Kn 66a KNOP, G., und W. PAUL: Interaction of electrons and particles with matter. In: α-, β- and γ-ray spectroscopy (Ed. K. SIEGBAHN), North Holland Publ. Comp., Amsterdam 1966, Bd. I, S. 1–36.

Kn 66b KNOP, G., und A. MINTEN: Energieverteilung von 1-MeV-Elektronen bei Elektron-Elektron-Streuung. Z. Physik **196** (1966) 285–297.

Ko 55 KORITNIG, S.: Ionen- und Atomradien in Kristallen. In: LANDOLT-BÖRNSTEIN: „Zahlenwerte und Funktionen", Bd. I, 4. Teil, S. 521–533. Springer-Verlag, Berlin 1955.

Ko 56 KOLLATH, R.: Sekundärelektronen-Emission fester Körper bei Bestrahlung mit Elektronen. In: „Handbuch der Physik" (Herausg. S. FLÜGGE), Bd. 21, S. 232–303, Springer-Verlag, Berlin-Göttingen-Heidelberg 1956.

Ko 59 KOCH, H. W., and J. W. MOTZ: Bremsstrahlung cross-section formulas and related data. Revs. mod. Physics **31** (1959) 920–955.

Ko 60 KOCH, S.: Radioaktive Strahlenquellen in der Technik. Deutscher Verlag für Grundstoffindustrie, Leipzig 1960.

Ko 68 KOHLRAUSCH, F.: Praktische Physik, Bd. 3, Tafeln. 22. Auflage. Verlag Teubner, Stuttgart 1968.

Kr 65 KRIVÁN, V.: Untersuchung der Abhängigkeit des Rückstreukoeffizienten von β-Strahlung von der Kernladungszahl des Streumaterials (tschech.). Chem. Zvesti **19** (1965) 737.

Ku 26 KULENKAMPFF, H.: Über die Ionisierung von Luft durch Röntgen- und Kathodenstrahlen. Ann. Physik (4) **80** (1926) 261–278.

Ku 42 KULCHITSKY, L. A., and G. D. LATYSHEV: The multiple scattering of fast electrons. Physic. Rev. **61** (1942) 254–265.

Ku 54a KULENKAMPFF, H., und W. SPYRA: Energieverteilung rückdiffundierter Elektronen. Z. Physik **137** (1954) 416–425.

Ku 54b KULENKAMPFF, H., und K. RÜTTIGER: Energie- und Winkelverteilung rückdiffundierter Elektronen. Z. Physik **137** (1954) 426–434.

La 44 LANDAU, L.: On the energy loss of fast electrons by ionization. Journ. Phys. USSR 8 (1944) 201–205.

La 59 LANGNER, G.: Über den Einfluß der Elektronendiffusion im Target von Feinstfokus-Röntgenröhren. In: X-ray microscopy and x-ray microanalysis, Proceedings of the Second International Symposium Stockholm (1959), S. 90–97.

La 63a LAFLEUR, M. S., S. KAHANA, T. F. MORRIS, and L. YAFFE: Backscattering and self-absorption of β-particles. Canad. J. Chem. **41** (1963) 2283–2293.

La 63b LARANJEIRA, M. F.: Equivalent atomic number of complex targets for saturation backscattering of electrons. Rev. Port. Quim. (Lisboa) **5** (1963) 58–64.

La 63c LARANJEIRA, M. F., F. C. BARREIRA, and A. M. BRITO DE CARVALHO: Saturation backscattering of beta particles in complex targets. Rev. Port. Quim. (Lisboa) **5** (1963) 113–120.

Le 18 LENARD, P.: Quantitatives über Kathodenstrahlen aller Geschwindigkeiten. C. Winters Universitätsbuchhandlung, Heidelberg, 1918.

Le 27 LENARD, P., and A. BECKER: Kathodenstrahlen. In: Handbuch der Experimentalphysik (Herausg. W. WIEN und F. HARMS), Bd. 14, Leipzig 1927.

Le 50 LEWIS, H. W.: Multiple scattering in an infinite medium. Physic. Rev. 78 (1950) 526–529.

Le 52a LEISEGANG, S.: Zur Mehrfachstreuung von Elektronen in dünnen Schichten. Z. Physik **132** (1952) 183–194.

Le 52b LEWIS, H. W.: Range straggling of a nonrelativistic charged particle. Physic. Rev. **85** (1952) 20–24.

Le 54 LENZ, F.: Zur Streuung mittelschneller Elektronen in kleinste Winkel. Z. Naturforsch. **9a** (1954) 185–204.

Le 57 LEISS, J. E., S. PENNER, and C. S. ROBINSON: Range straggling of high-energy electrons in carbon. Physic. Rev. **107** (1957) 1544–1548.

Le 58 LENZ, F.: Berechnung der Orts- und Winkelverteilung des Teilchenstroms bei Vielfachstreuung. Z. angew. Physik **10** (1958) 31–34.

Le 60 LENZ, F.: On the laws of multiple scattering in the region of low electron energies. Proc. Physic. Soc. (London) **76** (1960) 714–720.

Li 37 LIVINGSTON, M. S., and H. A. BETHE: Nuclear physics. C. Nuclear dynamics, experimental. Revs. mod. Physics **9** (1937) 245–390.

Li 63 LIN, SHIN-R., N. SHERMAN, and J. K. PERCUS: Elastic scattering of relativistic electrons by screened atomic nuclei. Nuclear Physics **45** (1963) 492–504.

Li 64 LIN, SHIN-R.: Elastic electron scattering by screened nuclei. Physic. Rev. **133A** (1964) 965–970.

Li 65 LIGNY, C. L. DE, T. LEVERING, and H. DE HOYER: Some aspects of the interaction of β-rays with matter. Recueil Trav. Chim. Pays Bas (Netherland) 84 (1965) 503–515.

Lo 55 LOEB, L. B.: Basic processes of gaseous electronics. University of Calfornia Press, Berkeley and Los Angeles 1955.

Lo 61 LOEVINGER, R., u. a.: Radiation therapy with high-energy electrons. Part. I. Physical considerations, 10 to 60 MeV. Radiology 77 (1961) 906–927.

Lo 65 LOEVINGER, R.: Interaction of fast electrons with matter; effective density. In: Symp. on high-energy electrons (Herausg. A. ZUPPINGER und G. PORETTI) Springer-Verlag, Berlin 1965, S. 16–20.

Ma 31 MARK, H., und R. WIERL: Die experimentellen und theoretischen Grundlagen der Elektronenbeugung. Leipzig 1931.

Ma 51 MATHER, R., and E. SEGRÈ: Range energy relation for 340-MeV-protons. Physic. Rev. **84** (1951) 191–193.

Ma 52a MASSEY, H. S. W.: Electron scattering in solids. In: Advances in Electronics, Bd. IV, (Ed.: L. MARTON), S. 1–68. Acad. Press. New York 1952.

Ma 52b MASSEY, H. S. W., and E. H. S. BURHOP: Electronic and ionic impact phenomena. Oxford Univ. Press, London 1952, 669 S.

Ma 53 MARKUS, B., und W. PAUL: Über Dosismessung und Dosisverteilung in elektronenbestrahlten Körpern. Strahlentherapie **92** (1953) 599.

Ma 56 MARKUS, B.: Über den Begriff der Gewebeäquivalenz und einige wasserähnliche Phantomsubstanzen für Quanten von 10 keV bis 100 MeV sowie schnelle Elektronen. Strahlentherapie **101** (1956) 111.

Ma 59 MACHOV, A. F.: Über den universellen Charakter des Eindringens schneller Elektronen in Festkörper (russ.). Fizika tverdogo tela **1** (1959), 1749–1751.

Ma 60 MACHOV, A. F.: Über das Eindringen von Elektronen in Festkörper. I: Intensität des Elektronenstrahls. Von den Elektronen durchlaufene transversale Wegstrecke. II. Verteilung der Elektronen über die Eindringtiefe. III. Energieabsorption des Elektronenstrahls (russ.). Fizika tverdoga tela **2** (1960) 2161–2184. (Engl. Übers.: Soviet Physics-Solid State **2** (1960) 1945–1951.)

Ma 61 MARKUS, B.: Energiebestimmung schneller Elektronen aus Tiefendosismessungen. Strahlentherapie **116** (1961) 280–286.

Ma 62 MARTON, L., J. A. SIMPSON, H. A. FOWLER, and N. SWANSON: Plural scattering of 20-keV-electrons in Aluminium. Physic. Rev. **126** (1962) 182–192.

Ma 66 MAR, B. W.: An electron shielding analysis for space vehicles. Nuclear sci. Engng. **24** (1966) 193–196.

Ma 67 MANN, J. B.: Ionization cross sections of the elements calculated from mean-square radii of atomic orbitals. J. chem. Physics **46** (1967) 1646–1651.

Mc 05a McCLELLAND, J. A.: On secondary radiation (Teil 1). Roy. Dubl. Soc. Trans. **8** (Ser. 2) (1905) 169–182.

Mc 05b McCLELLAND, J. A.: On secondary radiation (Teil 2) and atomic structure. Roy. Dubl. Soc. Trans. **9** (Ser. 2) (1905) 1.

Mc 06a McCLELLAND, J. A.: The energy of secondary radiation (Teil 3) Roy. Dubl. Soc. Trans. **9** (Ser. 2) (1906) 9–26.

Mc 06b McCLELLAND, J. A., and F. E. HACKETT: Secondary radiation from compounds (Teil 4). Roy. Dubl. Soc. Trans. **9** (Ser. 2) (1906) 27–36.

Mc 07 McCLELLAND, J. A., and F. E. HACKETT: The absorption of β-rays by matter (Teil 5). Roy. Dubl. Soc. Trans. **9** (Ser. 2) (1907) 37–50.

Mc 48 McKINLEY, W. A., and H. FESHBACH: The coulomb scattering of relativistic electrons by nuclei. Physic. Rev. **74** (1948) 1759–1763.

Mc 53 McCLURE, G. W.: Specific primary ionization of H_2, He, Ne and Ar by high energy electrons. Physic. Rev. **90** (1953) 796–803.

Mc 59 McGINNIES, R. T.: Energy spectrum resulting from electron slowing down, US Nat. Bureau of Standards, Circ. 598 (1959).

Mc 63 McGARRIGLE, K. S., and B. W. MAR: Computer codes for the evaluation of space radiation hazards, D 2-90418 (1963).

Me 58 MEISTER, H.: Zur Theorie der Absorption monoenergetischer Elektronen in metallischen Folien. Z. Naturforsch. **13a** (1958) 809–820.

Me 64 MEISSNER, G.: Berechnung des Durchganges schneller Elektronen durch Materie durch eine Kombination von analytischen und stochastischen Methoden. Z. Naturforsch. **19x** (1964) 269–283.

Me 67 MELCHER, H.: Analytische Darstellung eines verallgemeinerten Transmissions- und Absorptionsgesetzes für homogene sowie inhomogene Korpuskel- und Quantenstrahlungen. Habilitationsschrift Leipzig 1967.

Me 70 MELCHER, H.: Transmission und Absorption – Ein allgemeines Gesetz für ionisierende Strahlungen. VEB Deutscher Verlag der Wissenschaften, Berlin 1970, 206 S.

Me 71 MELCHER, H.: Zur mathematischen Darstellung und physikalischen Interpretation von Transmissionskurven. Wiss. Zeitschr. Päd. Hochsch. „Dr. Th. Neubauer" Erfurt-Mühlhausen **7** (1971) 81–88.

Me 72 MELCHER, H., und E. GERTH: Behandlung von Strahlungstransportproblemen mit Matrixfunktionen. Wiss. Zeitschr. d. Päd. Hochschule „Dr. Theodor Neubauer", Erfurt–Mühlhausen, Math.-naturw. Reihe **8** (1972) 3–10.

Me 73 MELCHER, H., und E. GERTH: Lösung des stationären Strahlentransportproblems für Energiestreuung mit Hilfe von Matrizenfunktionen. Kernenergie **16** (1973) 47–52.

Mi 51 MILLER, W.: Relative backscattering of electrons and positrons. Physic. Rev. **82** (1951) 452. (Letter).

Mi 60 MINTEN, A.: Der Energieverlust von 1 MeV-Elektronen in dünnen Folien – Grenzen der Landauschen Theorie. Diss. Bonn 1960 (56 S.).

Mi 68 MIKULAJ, V., F. MACÁŠEK, und V. MARKUŠ: Absorption der Betastrahlung in H_2O und D_2O. Acta Fac. rerum natur. Univ. Comenianae Chim. **11** (1966) 23–25.

Mi 69 MISELL, D. L., und R. E. BURGE: Convolution, deconvolution and smallangle plural electron scattering. J. Physics, C (London) **2** (1969) 61–67.

Mo 29 MOTT, N. F.: The scattering of fast electrons by atomic nuclei. Proc. Roy. Soc. (London) **A 124** (1929) 425–552.

Mø 32 MØLLER, O.: Zur Theorie des Durchgangs schneller Elektronen durch Materie. Ann. Physik (5) **14** (1932) 531.

Mo 32a MORSE, P. M.: Unelastische Streuung von Kathodenstrahlen. Physik. Z. **33** (1932) 443–445.

Mo 47 MOLIÈRE, G.: Theorie der Streuung schneller geladener Teilchen. I. Einzelstreuung am abgeschirmten Coulombfeld. Z. Naturforsch. **2a** (1947) 133–145.

Mo 48 MOLIÈRE, G.: Theorie der Streuung schneller geladener Teilchen. II. Mehrfachstreuung und Vielfachstreuung. Z. Naturforsch. **3a** (1948) 78–97.

Mo 52 MOLIÈRE, G., und F. SAUTER: Zur Theorie der Vielfachstreuung geladener Teilchen. Z. Naturforsch. **7a** (1952) 280–282.

Mo 54 MOHR, C. B. O.: The difference in the multiple scattering of electrons and positrons. Proc. Physic. Soc. (London) **A 67** (1954) 730–732.

Mo 58 MOLIÈRE, G.: Solution of Boltzmann equation for multiple scattering of electrons. Nuovo Cimento 7 (1958) 720–723.

Mo 59 MOLIÈRE, G.: Die Vielfachstreuung der Elektronen zu großen Winkeln. I. Lösungen für das unendlich ausgedehnte Medium. Z. Physik **156, 3** (1959) 318–347.

Mo 63a MOTZ, J. W., and R. C. PLACIOUS: Large-angle inelastic scattering of 500 keV-electrons. Physic. Rev. **132** (1963) 1120–1122.

Mo 63b MOTZ, J. W., R. C. PLACIOUS, and C. E. DICK: Coulomb scattering without atomic excitation for 50-, 100-, 200-, and 400-keV-electrons. Physic. Rev. **132** (1963) 2558–2561.

Mo 64a MOTZ, J. W., H. OLSEN, and H. W. KOCH: Elastic electron scattering without atomic or nuclear excitation. Revs. mod. Physics **36** (1964) 881–928.

Mo 64b MOTZ, J. W., and R. C. PLACIOUS: K-ionization cross sections for relativistic electrons. Physic. Rev. **136** (1964) A 662–A 665.

Mo 65 MOTT, N. E., and H. S. W. MASSEY: The Theory of Atomic Collisions. Clarendon Press, Oxford 1933 (1. Auflage), Oxford 1949 (2. Auflage), Oxford 1965 (3. Auflage), 460 S.

Mü 57a MÜLLER, R. H.: Interaction of β-particles with matter. Analytic. Chem. **29** (1957) 969–974.

Mü 57b MÜLLER, D. C.: Interaction of β-particles with organic compounds. Analytic. Chem. **29** (1957) 975–978.

Mu 67 DE-MUNARI, G. H., G. MAMBRIANI, and G. FARAONE: Electron-positron differences in multiple scattering. Physic. Rev. **153** (1967) 388–391.

Na 60 NAUMOV, A. A.: Zur Anwendung rückgestreuter β-Strahlung für die automatische Kontrolle der Zusammensetzung komplexer Medien (russ.). Avtomat. Upravl. Sb. 1960, S. 152.

Na 62 NACHODKIN, N. G., A. A. OSTROUKHOV, and V. A. ROMANOVSKII: Unelastische Elektronenstreuung in dünnen Filmen (russ.). Fizika tverdogo tela **4** (1962) 1514–1521. (Engl. Übers.: Soviet Physics-Solid State **4** (1962) 1112–1119.)

Na 63a NAGEL, H. H., and CH. SCHLIER: Berechnung von Elektron-Photon-Kaskaden in Blei für eine Primärenergie von 200 MeV. Z. Physik **174** (1963) 464–471.

Na 63b NACHODKIN, N. G., A. A. OSTROUCHOV, und V. A. ROMANOVSKIJ: Streuung von Elektronen beim Beschuß dünner Filme (russ.). Fizika tverdogo tela **5** (1963) 41–48. (Engl. Übers. in: Soviet Physics — Solid State **5** (1963) 26–33.)

Na 64 NAKAI, Y., K. MATSUDA, T. TAKAGAKI, and K. KIMURA: Number transmission of fast electrons through matter. Annual Report of JARRP, **5** (1963/1964), 7–10 (jap.).

Na 65 NACHODKIN, N. G., A. A. OSTROUCHOV, und V. A. ROMANOVSKIJ: Unelastische Streuung von Elektronen in dünnen Filmen (russ.). Fizika tverdogo tela **7** (1965) 210–216. (Engl. Übers. in: Soviet Physics — Solid State **7** (1965) 161–165.)

Na 65a NACHODKIN, N. G., A. A. OSTROUCHOV, und V. A. ROMANOVSKIJ: Einfluß des atomaren Abschirmfaktors auf die unelastische Streuung von Elektronen (russ.). Fizika tverdogo tela **7** (1965) 1256–1259. (Engl. Übers.: Soviet Phys.-Solid State **7** (1965) 1014–1016.)

Na 67 NACHODKIN, N. G., P. V. MELNIK, and A. J. ELIZAROV: Differential thickness curves of electron backscattering from the two-layered target Be-Au. Ukrainskij Fizičeskij Žurnal **12** (1967) 1160–1165.

Ne 56 NELMS, A. T.: Energy loss and range of electrons and positrons. U.S. Nat. Bureau of Standards Circ. No. 577 (1956), 1–30.

Ne 60 NELLEN, B.: Der Energieverlust von 1 MeV-Elektronen in dünnen Folien. Prüfung der Blunck-Leisegangschen Theorie. Diss. Bonn 1960 (87 S.).

Ne 61 NEYMAN, T. G.: Die Messung der Konzentration von Lösungen mittels β-Strahlung. Isotopentechnik (Leipzig) **1** (1960/61) 147.

Ni 59 NIGAM, B. P., M. K. SUNDARESAN and T. WU: Theory of multiple scattering: second Born approximation and correction to Molière's work. Physic. Rev. **115** (1959) 491–502.

Ni 61 NIGAM, B. P., and V. S. MATHUR: Difference in the multiple scattering of electrons and positrons. Physic. Rev. **121** (1961) 1577–1580.

Ni 68 NISHI, M., and H. MAZAKI: Positron straggling through thin foils. Nuclear Physics **A 119** (1968) 467–475.

Ob 69 OBERDORFER, G.: Das Internationale Maßsystem und die Kritik seines Aufbaus. VEB Fachbuchverlag, Leipzig 1969.

Od 55 ODEBLAD, E.: Approximate formulas describing transmission and absorption of β-rays. Acta radiologica (Stockholm) **43** (1955) 310; **48** (1957) 289.

Od 57 ODEBLAD, E.: Further approximate studies on beta ray absorption and transmission. Acta radiologica (Stockholm) **48** (1957) 289.

Ol 68 OLGIVIE, R. E.: Quantitative electron microprobe analysis. In: Progress in Anal. Chem. Vol. 1: X-ray and electron methods of analysis (Ed. H. v. OLPHEN a. W. PARRISH), S. 55–75. Plenum Press, New York 1968.

Os 65 OSTROUCHOV, A. A., und N. G. NACHODKIN: Analytischer Näherungsausdruck für die Reichweite von Teilchen, die gemäß des Betheschen Gesetzes gebremst werden (russ.). Radiotechn. i electron. **10** (1965) 522–529.

Os 67 OSTROUCHOV, A. A.: Analyse der unelastischen Streuung von Elektronen mittlerer Energie in der Näherung des kontinuierlichen Energieverlustes (russ.). Fizika tverdogo tela **9** (1967) 1744–1754.

Os 68 OSTROUCHOV, A. A.: Berechnung der Koeffizienten der unelastischen Streuung und der Transmission von Elektronen mittlerer Energie (russ.). Fizika tverdogo tela **10** (1968) 2105–2114.

Ot 56 OTVOS, J. H. und D. P. STEVENSON: Cross-sections of molecules for ionization by electrons. J. Amer. Chem. Soc. **78** (1956) 546–551.

Pa 50 PAUL, W., und H. REICH: Energieverlust schneller Elektronen in Be, C, H_2O, Fe und Pb. Z. Physik **127** (1950) 429–442.

Pa 52a PAUL, W., und H. FRANK: Durchgang von Elektronen durch Materie: In: LANDOLT-BÖRNSTEIN „Zahlenwerte und Funktionen", Bd. I, 5. Teil, S. 325 – 348, Springer Verlag, Berlin 1952 (6. Aufl.).

Pa 52b PAUL, W., und H. REICH: Einzelstreuung von schnellen Elektronen um große Winkel. Z. Physik **131** (1952) 326–330.

Pa 55 PAUL, W., und H. STEINWEDEL: Interaction of electrons with matter. In: Beta- and gamma-ray spectroscopy (Herausg. K. SIEGBAHN) 1955, S. 1–24.

Pa 63 PAGUROVA, W. I.: Tabellen der unvollständigen Gamma-Funktion. Moskau 1963 (russ.).

Pa 66 PALMER, R. B. J.: The stopping power of hydrogen and hydrocarbon vapours for α-particles over the energy range 1 to 8 MeV. Proc. Physic. Soc. (London) 87 (1966) 681–688.

Pa 67 PAUL, H., und W. TATZBER: Multiple electron scattering in thin foils. Acta physica Austriaca **25** (1967) 36–54.

Pa 69 PAUL, E. B.: Nuclear and particle physics, North-Holland Publishing Comp., Amsterdam-London, 1969.

Pe 48 PERLMANN, M. L., and G. FRIEDLÄNDER: Relative yields of some x-ray induced nuclear reactions. Physic. Rev. **74** (1948) 442–448.

Pe 56 Perlman, H. S.: The relativistic theory of the specific primary ionization and stopping power and its application in Helium. Proc. Physic. Soc. (London) **A 69** (1956) 318–329.

Pe 60 Perlman, H. S.: The relativistc theory of K-ionization of electrons. Proc. Physic. Soc. (London) **A 76** (1960) 623–640.

Pe 62 Perkins, J. F.: Monte Carlo calculation of transport of fast electrons. Physic. Rev. **126** (1962) 1781–1784.

Ph 23 Philipp, K.: Bremsung von α-Strahlen in Flüssigkeiten und Dämpfen. Z. Physik **17** (1923) 23–41.

Pi 46 Pirenne, M.: Diffraction of x-rays and electrons by molecules. Cambridge University Press, London 1946, S. 25ff, S. 54.

Po 64 Point, J.-J., et J. Franeau: Effects isotopiques dans l'interaction des rayons β avec la matière. J. de Physique (Paris) **25** (1964) 356–358.

Po 71 Pozdneev, D. B., A. M. Lyubomirov, und P. J. Dubenskov: Transmission of electrons through layers of iron. (russ.). Fiz. Metal. Metalloved. **31** (1971) 275–279.

Pr 59 Pribyl, M.: Estimation of hydrogen in hydrocarbons with β-radiation. Chem. prümysl **9** (1959) 576–578.

Qu 58 Quimby, E. H., S. Feitelberg, and S. Silver: Radioactive isotopes in clinical practice. Lea & Febiger, Philadelphia 1958.

Ra 57 Raether, H.: „Elektroneninterferenzen", S. 443–551, in: Handb. d. Physik, Bd. XXXII (Hersg. S. Flügge), Springer-Verlag Berlin 1957.

Ra 63 Rausche, A.: Berechnung der Energieverteilung bei der Abbremsung von Elektronen in einem dicken Absorber. Staatsexamensarbeit, Würzburg 1963.

Re 64 Reed, R. D., und J. S. Nodwik: Small angle multiple scattering of fast charged particles using Molière Screening. Physic. Rev. **135** B (1964) 199–202.

Re 65 Rester, D. H., and W. J. Rainwater: Coulomb scattering of electrons in Aluminium without atomic excitation. Physic. Rev. **140** (1965) A 165–A 168.

Re 65a Reed, R. D.: Small angle scattering of electrons and positrons and comparison between Molière and Rozental screening. Physic. Rev. **138** A (1965) 1000–1002.

Re 66 Rester, D. H., and W. E. Dance: K-shell ionization of Ag, Sn, and Au from electron bombardement. Physic. Rev. **152** (1966) 1–3.

Re 68 Reimer, L.: Monte-Carlo-Rechnungen zur Elektronendiffusion. Optik (Stuttgart) **27** (1968) 86–98.

Ro 40 Rose, M. E.: Electron path length in multiple scattering. Physic. Rev. **58** (1940) 90.

Ro 41 Rossi, B., and K. Greisen: Cosmic ray theory. Revs. mod. Physics **13** (1941) 240–309.

Ro 52 Rossi, B.: High energy particles. Prentice-Hall, Englewood Cliffs, New Jersey (1952), 569 S.

Ro 45a Rohrlich, F., and B. C. Carlson: Positron-electron differences in energy loss and multiple scattering. Physic. Rev. **93** (1954) 38–44.

Ro 54b Roesch, W. C.: Age diffusions theory. Hanford Report HW 32121 (1954), 45 S.

Ro 64 Rozenfeld, L. B., and Yu. M. Kushnir: An elementary theory of the reflection of electrons from the surface of a solid (spatial distribution). Radio Engng. Electron. Physics **9** (1964) 1199–1204.

Ro 67 ROMANOVSKY, V. A.: Berechnung der Rückstreuung schneller Elektronen (russ.). Ukr. Fiz. Z. **12** (1967) 1557–1559.

Ro 68 ROY, R. R., and R. D. REED: Interaction of photons and leptons with matter, Academic Press, New York-London 1968, 319 S.

Ro 68a ROESCH, W. C.: Mathematical theory of radiation fields, in: Radiation Dosimetry, Bd. 1, S. 229–274 (Ed. F. H. Attix and W. C. Roesch) Academic Press, New York and London 1968.

Ru 11 RUTHERFORD, E.: The scattering of α and β particles by matter and the structure of the atom. Philos. Mag. **21** (1911) 669–688.

Ru 30 RUTHERFORD, E., J. CHADWICK, and C. D. ELLIS: Radiations from radioactive substances. Cambridge Univ. Press, New York 1930, Neuauflage 1951.

Ru 48 RUTHEMANN, G.: Diskrete Energieverluste mittelschneller Elektronen beim Durchgang durch dünne Filme. Ann. Physik (6) **2** (948) 113–134.

Sa 50 SAUR, E.: Streuung von Röntgenstrahlen, in: LANDOLT-BÖRNSTEIN „Zahlenwerte und Funktionen", Bd. I, 1. Teil, S. 297–314, Springer Verlag, Berlin 1950 (6. Auflage).

Sa 51 SACHS, D. C., and J. R. RICHARDSON: The absolute energy loss of 18-MeV-protons in various materials. Physic. Rev. **83** (1951) 834–837.

Sa 52 SALETAN, E. J.: Multiple elastic scattering of charged particles. NYO-3990 (1952).

Sa 53 SACHS, D. C., and J. R. RICHARDSON: Mean excitation potentials. Physic. Rev. **89** (1953) 1163–1164.

Sa 54 SALDICK, J., and A. O. ALLEN: Backscattering from targets of low atomic number bombarded with 1–2 MeV electrons. J. chem. Physics **22** (1954) 1777.

Sa 63 SARKHAR, N. H.: Electron scattering at small angles by carbon. J. appl. Phys. **34** (1963) 2379–2382.

Sc 07 SCHMIDT, H. W.: Über Reflexion und Absorption von β-Strahlen. Ann. Physik (4) **23** (1907) 671–697.

Sc 08 SCHMIDT, H. W.: Bericht über den Durchgang der β-Strahlen durch feste Materie, Jahrbuch der Radioaktivität und Elektronik **5** (1908) H. 1, Nr. 17, S. 451–492.

Sc 09 SCHMIDT, H. W.: Beitrag zur Frage über den Durchgang der β-Strahlen durch Materie. Physik. Z. **10** (1909) 929–948, **11** (1910) 262–273.

Sc 23 SCHONLAND, B. F. J.: Passage of cathode rays through matter. Proc. Roy. Soc. (London) **A 104** (1923) 235–247.

Sc 25 SCHONLAND, B. F. J.: The passage of cathode rays through matter. Proc. Roy. Soc. (London) **A 108** (1925) 187–210.

Sc 29 SCHAEFER, C.: Einführung in die theoretische Physik, Bd. II, Verlag Walter de Gruyter, Leipzig 1929, S. 416ff.

Sc 50 SCOTT, W. T., and H. S. SNYDER: On scattering induced curvature for fast charged particles. Physic. Rev. **78** (1950) 223–230.

Sc 52 SCOTT, W. T.: Mean-value calculations for projected multiple scattering. Physic. Rev. **85** (1952) 245–248.

Sc 53 SCHWIEGK, H. (Ed.): Künstliche radioaktive Isotope in Physiologie, Diagnostik und Therapie. Springer Verlag, Berlin-Göttingen-Heidelberg 1953.

Sc 54 SCOTT, W. T.: Summary calculations of multiple scattering. In: „Electron Physics". U. S. Nat. Bureau of Standards Circ. **527** (1954) 31–38.

Sc 55 Schiff, L. I.: „Quantum Mechanics", 2. Aufl. Kap. V., McGraw-Hill, New York 1955.

Sc 59 Schneider, D. O., und D. V. Cormack: Monte Carlo calculations of electron energy loss. Radiation Research **11** (1959) 418.

Sc 62 Schumacher, B. W.: A demonstration of the backscattering of electrons from targets of different atomic number. Canad. J. Physics **40** (1962) 376–377.

Sc 63 Scott, W. T.: The theory of small-angle multiple scattering of fast charged particles. Revs. mod. Physics **35** (1963) 231–313.

Sc 65 Schumacher, B. W.: A review of the (microscopic) laws for the electron penetration through matter. In: International Conference on electron and ion beam science and technology, (Ed. R. Bakish), Verl. John Wiley and Sons, New York 1965, S. 5–70.

Sc 67 Scheibner, E. J., and C. N. Tharp: Inelastic scattering of low energy electrons from surfaces. Surface Sci. **8** (1967) 247–265.

Se 33 Sexl, T.: Zur Kernstreuung von β-Teilchen. Z. Physik **81** (1933) 178–185.

Se 52 Seliger, H. H.: Backscattering of positrons and electrons. Physic. Rev. **88** (1952) 408–412.

Se 55 Seliger, H. H.: Transmission of positrons and electrons. Physic. Rev. **100** (1955) 1029–1037.

Sh 56 Sherman, N.: Coulomb scattering of relativistic electrons by point nuclei. Physic. Rev. **103** (1956) 1601–1607.

Sh 72 Shimizu, R., T. Ikuta und K. Murata: The Monte Carlo technique as applied to the fundamentals of EPMA and SEM. J. appl. Phys. **43** (1972) 4233–4249.

Si 57 Sidei, T., T. Higasimura, and K. Kinosita: Monte Carlo calculation of the multiple scattering of electrons. Mem. Fac. Engng. Kyoto Univ. **19** (1957) 220–228.

Sm 54 Smith, V. N., and J. W. Otvos: Hydrogen determination and liquid analysis with a β-particle absorption apparatur. Analytic. Chem. **26** (1954) 359–366.

Sm 62 Smakula, A.: Einkristalle. Techn. Physik in Einzeldarstellungen, Bd. 14, Springer Verlag, Berlin-Göttingen-Heidelberg 1962.

Sm 63 Smith, G. H., and R. E. Burge: A theoretical investigation of plural and multiple scattering of electrons by amorphous films, with special reference to image contrast in the electron microscope. Proc. Physic. Soc. (London) **81** (1963) 612–632.

Sn 49 Snyder, H. S., and W. T. Scott: Multiple scattering of fast charged particles. Physic. Rev. **76** (1949) 220–225.

So 65 Somogyi, G., and Z. T. Bödy: Transmission of monoenergetic electron beams through foils. Brit. J. appl. Physics **16** (1965) 1285–1290.

Sp 54a Spencer, L. V., and C. H. Blanchard: Multiple scattering of relativistic electrons. Physic. Rev. **93** (1954) 114–116.

Sp 54b Spencer, L. V., and U. Fano: Energy spectrum resulting from electron slowing down. Physic. Rev. **13** (1954) 1172–1181.

Sp 55 Spencer, L. V.: Theory of electron penetration. Physic. Rev. **98** (1955) 1597–1615.

Sp 59 Spencer, L. V.: Energy dissipation by fast electrons. U.S. Nat. Bureau of Standards, Monograph. No. 1 (1959), 1– 70.

Sp 62 Spencer, L. V., and I. Coyne: Theory of the deep penetration of electrons and charged particles. Physic. Rev. **128** (1962) 2230–2237.

St 61 STERNHEIMER, R. M.: Interaction of radiation with matter in: „Methods of Experimental Physic" (Ed. L. C. L. Yuan and C. S. Wu) Academic Press Inc., New York, 1961, Vol. 5 A, S. 1–89 (zitiert nach [Bi 68].

St 62 STARODUBZEV, S. W., und A. M. ROMANOV: Durchgang geladener Teilchen durch Feststoffe (russ.). Izd. AN Usbekskoj SSR, Taschkent 1962, S. 61/62.

St 63 STRONG, I. B., and R. R. ROY: Multiple scattering of electrons and positrons. Physic. Rev. **131** (1963) 198–202.

St 54 STERNGLASS, E. J.: Backscattering of kilovolt electrons from solids. Physic. Rev. **95** (1954) 345–358.

St 66 STERNHEIMER, R. M.: Density effect for the ionization loss of charged particles. Physic. Rev. **145** (1966) 247–250.

Šu 59 ŠUMILOVSKIJ, N. N., und L. V. MEL'TCER: Theoretische Grundlagen für automatische Kontrolleinrichtungen mittels radioaktiver Isotope (russ.). Izd-vo AN SSSR, Moskau 1959.

Ta 67a TAKHAR, P. S.: Direct comparison of the penetration of solids and liquids by positrons and electrons. Physic. Rev. **157** (1967) 257–260.

Ta 67b TABATA, I. T., R. ITO, and S. OKABE: Angular distribution of transmitted electrons with incident energies 3,2 to 14,1 MeV (I). Annual Rep. Radiat. Center Osaka Prefect **8** (1967) 60–65.

Ta 68a TABATA, T.: A simple calculation for mean projected range of fast electrons. J. appl. Physics **39** (Okt. 1968) 5342–5343.

Ta 68b TAKHAR, P. S.: Direct comparison of positron and electron ranges in rare earth metals and other solids. Physics Letters **128** (1968) 423–424.

Te 23 TERRILL, H. M.: Loss of velocity of cathode rays in matter. Physic. Rev. **22** (1923) 101–108.

Th 06 THOMSON, J. J.: Conductivity of electricity through gases. Cambridge University Press, Cambridge, England 1906.

Th 12 THOMSON, J. J.: Ionization by moving electrified particles. Philos. Mag. (6. Ser.) **23** (1912) 449–457.

Th 27 THOMAS, L. H.: The calculation of atomic fields. Proc. Cambridge Philos. Soc. **23** (1927) 542–548.

Th 52 THOMPSON, T. J.: Effect of chemical structure on stopping powers for high-energy proton (Thesis). UCRL-1910 (1952).

Th 62 THÜMMEL, H.-W.: Untersuchungen zur Energieverteilung rückgestreuter Betastrahlung. Dissertation. Leipzig, 1962 (140 S.).

Th 64a THÜMMEL, H.-W.: Untersuchungen zur Energieverteilung rückgestreuter Betastrahlung. Nukleonik **6** (1964) 65–77.

Th 64b THÜMMEL, H.-W.: Zur Theorie der Rückstreuung monoenergetischer Elektronen. Z. Physik **179** (1964) 116–147.

Th 64c THÜMMEL, H.-W.: On the energy distribution of backscattered electrons as a function of deflection angle. Kernenergie **7** (1964) 509–513.

Th 66 THÜMMEL, H.-W.: Possibilities of determining the contents of multisubstance systems through the combination of several nonelement-specific nuclear measuring methods. Proc. Analitic. Chem. Conf. Budapest 1966, Bd. 2, S. 230–236.

Th 67 THÜMMEL, H.-W.: Die Beiträge von Einzelstreuung und Diffusion zur Rückstreuung monoenergetischer Elektronen. Z. Physik **198** (1967) 263–276.

Th 67a THÜMMEL, H.-W.: Zum Meßfehler bei Gehaltsbestimmungen mit der Beta-Rückstreumethode. Isotopenpraxis **3** (1967) 394–397.

Th 68 THÜMMEL, H.-W.: Zum Einfluß der Körnigkeit des Meßgutes bei Beta-Rückstreu-Untersuchungen. Isotopenpraxis **4** (1968), 6–11.

Th 70a THÜMMEL, H.-W.: Transmission und Rückstreuung von Elektronen und Betastrahlung durch zusammengesetzte Medien. Habilitationsschrift (Diss. B). Leipzig, Okt. 1970, 150 S.

Th 70b THÜMMEL, H.-W.: Grundlagen der Mehrstoffanalyse mit Elektronen- und Betastrahlung. I. Zur Berechnung der effektiven Kernladungszahl für den Rückstreuprozeß. Isotopenpraxis **6** (1970) 214–219.

Th 70c THÜMMEL, H.-W.: Grundlagen der Mehrstoffanalyse mit Elektronen- und Betastrahlung. II. Experimentelle Untersuchungen zur effektiven Kernladungszahl für den Rückstreuprozeß. Isotopenpraxis **6** (1970) 254–260.

Th 71 THÜMMEL, H.-W.: bisher unveröffentlicht.

Th 73 THÜMMEL, H.-W.: Zur Materialabhängigkeit des Massenschwächungskoeffizienten von β-Strahlung. Isotopenpraxis **9** (1973) 331–333.

Th 74a THÜMMEL, H.-W.: Einfluß der Hüllenstruktur der Absorberatome auf den Massenschwächungskoeffizienten eines Festkörpers für β-Strahlung. I. Beitrag der Streuung am abgeschirmten Kernfeld. Isotopenpraxis **10** (1974) 20–23.

Th 74b THÜMMEL, H.-W.: Einfluß der Hüllenstruktur der Absorberatome auf den Massenschwächungskoeffizienten eines Festkörpers für β-Strahlung. II. Beitrag der Bremsung. Isotopenpraxis **10** (1974) 23–25.

Ti 60 TITTLE, C. W.: How to compute absorption and backscattering of beta rays. Nuclear Chicago Corp. Technical Bull. No. 8 (1960) 33–35.

To 63 TOMLIN, S. G.: The backscattering of electrons from solids. Proc. Physic. Soc. (London) **82** (1963) 465–466.

To 66 TOMLIN, S. G.: Penetration of electrons into matter. Proc. Physic. Soc. **83** (London) (1966) 805–819.

Tr 21a TRAUBENBERG, H. R. VON: Ein Beitrag zur Kenntnis der Bremsung von α-Strahlen durch Elemente und Verbindungen. Z. Physik **5** (1921) 396–403.

Tr 21b TRAUBENBERG, H. R. VON, und K. PHILIPP: Über zwei direkte Methoden zur Bestimmung der Reichweite von α-Strahlen in Flüssigkeiten und Gasen. Z. Physik **5** (1921) 404–409.

Tr 50 TRUMP, J. G., K. A. WRIGHT, and A. M. CLARKE: Distribution of ionization in materials irradiated by two and three million-volt cathode rays. J. appl. Physics **21** (1950) 345–348.

Ug 68 UGGERHØJ, E., and J. U. ANDERSON: Influence of lattice structure on motion of positrons and electrons through single crystals. Canad. J. Physics **46** (1968) 543–550.

Ur 42 URBAN, P.: Über die Streuung von schnellen Elektronen an Kernen. Z. Physik **119** (1942) 67–78.

Ve 59 VENKATASUBRAMANIAN, V. S.: β-ray backscattering from compounds. Indian Inst. Sci. Golden Jubilee Research Vol. 1909–1959 (1959) 163–169.

Vi 69 VINCENSINI, P.-D.: Contribution a l'étude de la formation des images en microscopie électronique par balayage. These, Univ. Toulouse 1969.

Vj 66 VJATSKIN, A. JA., und L. N. PILJANKEVIČ: Einige Fragen des Durchgangs von Elektronen durch Festkörper (russ.). Fizika tverdogo tela **8** (1966) 2751–2750.

Vo 66 VOROBEV, A. A., und B. A. KONONOV: Durchgang von Elektronen durch Materie. Isd. Tomsk un-ta, Tomsk 1966, 177 S.

Wa 50 WARSHAW, S. D., and J. J. L. CHEN: Probable energy loss of electrons in matter. Letter in: Physic. Rev. **80** (1950) 97–98.

Wa 51 WANG, M. CH., and E. GUTH: On the theory of multiple scattering, particularly of charged particles. Physic. Rev. **84** (1951) 1092–1111.

Wa 52 WALSKE, M. C.: The stopping power of K-electrons. Physic. Rev. **88** (1952) 1283–1289.

Wa 54 WANG, M. C., and E. GUTH: On the general theory of multiple scattering, particularly of charged particles. In: ,,Elektron Physics", U.S. Nat. Bureau of Standards, Circ. 527 (1954) 39–59.

Wa 56 WALSKE, M. C.: Stopping power of L-electrons. Physic. Rev. **101** (1956) 940–944.

Wa 61 WALLE, R. T. VAN DE, and C. C. GROSJEAN: On the theory of primary specific ionization in Helium. Nuovo Cimento (Ser. X) **19** (1961) 872–902.

We 22 WENTZEL, G.: Zur Theorie der Streuung von β-Strahlen. Ann. Physik (4) **69** (1922) 335–368.

We 23 WENTZEL, G.: Zur Theorie der Rückdiffusion von β-Strahlen. Ann. Physik (4) **70** (1923) 561–594.

We 27 WENTZEL, G.: Zwei Bemerkungen über die Zerstreuung korpuskularer Strahlen als Beugungserscheinung. Z. Physik **40** (1927) 590–593.

We 28 WEBSTER, D. W.: *K*-electron ionizating by direct impact of cathode rays. Proc. Nat. Acad. Sci. **14** (1928) 339–344.

We 51 WEYMOUTH, J. W.: Multiple scattering in a semi-infinite medium. Physic. Rev. **84** (1951) 766–775.

We 64 WEINRYB, E., and J. PHILIBERT: Mesure du coefficient de la rétrodiffusion des électrons de 5 à 30 keV. Comptes Rendus Acad. Sci. (Paris) **258** (1964) 4535–4538.

We 64a WEBER, K.-H.: Eine einfache Reichweite-Energie-Beziehung für Elektronen im Energiebereich von 3 keV bis 3 MeV. Nuclear Instrum. Methods **25** (1964) 261–264.

Wh 12 WHIDDINGTON, R.: The transmission of cathode rays through matter. Proc. Roy. Soc. (London) **A 86** (1912) 360–370.

Wh 14 WHIDDINGTON, R.: The transmission of cathode rays through matter. Proc. Roy. Soc. (London) **A 88** (1914) 554–560.

Wh 58 WHALING, W.: The energy loss of charged particles in matter. In: Handbuch der Physik (Herausg. S. FLÜGGE), Bd. 34 (1958), S. 193–217, Springer-Verlag, Berlin-Göttingen-Heidelberg 1958.

Wi 12a WILSON, W.: On the β-particles reflected by sheets of matter of different thickness. Proc. Roy. Soc. (London) **A 87** (1912) 100–108.

Wi 12b WILSON, W.: On the absorption and reflection of homogeneous β-particles. Proc. Roy. Soc. (London) **A 87** (1912) 310–325.

Wi 29 WILLIAMS, E. J.: The straggling of beta-particles. Proc. Roy. Soc. (London) **A 125** (1929) 420.

Wi 30 WILLIAMS, E. J., and F. R. TERROUX: Investigation of the passage of "fast" β-particles through gases. Proc. Roy. Soc. (London) **A 126** (1930) 289–310.

Wi 31 WILLIAMS, E. J.: The rate of loss of energy by β-particles in passing through matter. Proc. Roy. Soc. (London) **A 130** (1931) 310.

Wi 32 WILLIAMS, E. J.: The passage of α- and β-particles through matter and Born's theory of collisions. Proc. Roy. Soc. (London) A **135** (1932) 108–131.

Wi 33 WILLIAMS, E. J.: Applications of the method of impact parameter in collisions. Proc. Roy. Soc. (London) **A 139** (1933) 163–186.

Wi 39 WILLIAMS, E. G.: Concerning the scattering of fast electrons and of cosmic-ray particles. Proc. Roy. Soc. (London) A **169** (1939) 531–572.

Wi 40 WILLIAMS, E. J.: Multiple scattering of fast electrons and alpha-particles and „curvature" of cloud tracks due to scattering. Physic. Rev. **58** (1940) 292–300.

Wi 41 WILSON, R. R.: Range and ionization measurements on high speed protons. Physic. Rev. **60** (1941) 749–753.

Wi 45 WILLIAMS, E. G.: Application of the ordinary space-time concepts in collision problems and relation of classical theory to Born's Approximation. Revs. mod. Physics **17** (1945) 217–226.

Wi 50 WICKE, E.: Ionisierungsspannungen und Elektronenaffinitäten. In: LANDOLT-BÖRNSTEIN „Zahlenwerte und Funktionen", Bd. I, 1. Teil, S. 211–213. Springer-Verlag, Berlin-Göttingen-Heidelberg 1950 (6. Aufl.).

Wi 54 WIGNER, E. P.: The problem of multiple scattering. Physic. Rev. **94** (1954) 17–25.

Wi 62 WILLIAMS, J. R., and M. W. WILLIAMS: Basic nuclear physics, London 1962.

Wi 68 WITTIG, S.: Eine universelle Monte-Carlo-Methode zur Lösung von Elektronen-Transport-Problemen. Inst. f. Kernphysik Frankfurt/M., BRD, Bericht IKF 20, 40 S., 52 Abb.

Wo 56 WORTHINGTON, C. R., und S. G. TOMLIN: The intensity of emission of characteristic x-radiation. Proc. Phys. Soc. (London) A **69** (1956) 401–412.

Wy 58 WYRWICH, H., und F. LENZ: Berechnung der differentiellen Wirkungsquerschnitte für die Streuung mittelschneller Elektronen an Atomen aus Hartree-Funktionen. Z. Naturforsch. **13a** (1958) 515–523.

Ya 51 YANG, C. N.: Actual path length of electrons in foils. Physic. Rev. **84** (1951) 599–600 (Letter).

Yu 65 YUCKER, W. R., and I. R. LILLEY: Space radiation shielding analysis by programm „CHARGE". Trans. Amer. Nuclear Soc. 8 (1965) 196–198.

Ze 64 ZEITLER, E., and H. OLSEN: Screening effects in elastic electron scattering. Physic. Rev. **136** (1964) A 1546–A 1552.

Ze 66 ZEITLER, E., and H. OLSEN: Elastic scattering of electrons and positrons by screened nuclei. Z. Naturforsch. **21a** (1966) 1321–1327.

Ze 67a ZEITLER, E., and H. OLSEN: Complex scattering amplitudes in elastic electron scattering. Physic. Rev. **162** (1967) 1439–1447.

Ze 67b ZERBY, C. D., and F. L. KELLER: Electron transport theory, calculations, and experiments (Review). Nuclear Sci. Engng. 27 (1967) 190–218.

Ze 68 ZEIDL, H., und H. BAIER: Brechung und Reflexion schneller Elektronen durch dünne Folien. Z. Naturforsch. **23a** (1968) 1988–1994.

16. Sachverzeichnis

Tabelle C. Das Periodische System der Elemente

Die Zahlen links oben neben den Elementsymbolen sind die Kernladungszahlen (Ordnungszahlen), die darunterstehenden Zahlen die relativen Atommassen (Werte 1967), bezogen auf den genauen Wert 12 für die relative Atommasse des Kohlenstoffisotops ^{12}C

Periode	Hauptgruppen																	
	I	II											III	IV	V	VI	VII	VIII
1	^{1}H 1,00797																	^{2}He 4,0026
2	^{3}Li 6,939	^{4}Be 9,0122											^{5}B 10,811	^{6}C 12,01115	^{7}N 14,0067	^{8}O 15,9994	^{9}F 18,9984	^{10}Ne 20,183
			Nebengruppen (Übergangselemente)															
			III	IV	V	VI	VII	VIII			I	II						
3	^{11}Na 22,9898	^{12}Mg 24,312											^{13}Al 26,9815	^{14}Si 28,086	^{15}P 30,9738	^{16}S 32,063	^{17}Cl 35,453	^{18}Ar 39,948
4	^{19}K* 39,102	^{20}Ca 40,08	^{21}Sc 44,956	^{22}Ti 47,90	^{23}V 50,942	^{24}Cr 51,995	^{25}Mn 54,9380	^{26}Fe 55,847	^{27}Co 58,9332	^{28}Ni 58,71	^{29}Cu 63,546	^{30}Zn 65,37	^{31}Ga 69,72	^{32}Ge 72,59	^{33}As 74,9216	^{34}Se 78,96	^{35}Br 79,909	^{36}Kr 83,80
5	^{37}Rb* 85,47	^{38}Sr 87,62	^{39}Y 88,905	^{40}Zr 91,22	^{41}Nb 92,906	^{42}Mo 95,94	^{43}Tc** (99)	^{44}Ru 101,07	^{45}Rh 102,905	^{46}Pd 106,4	^{47}Ag 107,868	^{48}Cd 112,40	^{49}In* 114,82	^{50}Sn 118,69	^{51}Sb 121,75	^{52}Te 127,60	^{53}J 126,904	^{54}Xe 131,30
6	^{55}Cs 132,905	^{56}Ba 137,34	^{57}La* 139,91 L	^{72}Hf 178,49	^{73}Ta 180,948	^{74}W 183,85	^{75}Re* 186,2	^{76}Os 190,2	^{77}Ir 192,2	^{78}Pt 195,09	^{79}Au 196,967	^{80}Hg 200,59	^{81}Tl* 204,37	^{82}Pb* 207,19	^{83}Bi* 208,98	^{84}Po** (210)	^{85}At** (210)	^{86}Rn** (222)
7	^{87}Fr** (223)	^{88}Ra** (226,05)	^{89}Ac** (227) A	^{104}Ku** (258)														

Lanthaniden

L													
^{58}Ce 140,12	^{59}Pr 140,907	^{60}Nd* 144,24	^{61}Pm** (147)	^{62}Sm* 150,35	^{63}Eu 151,96	^{64}Gd 157,25	^{65}Tb 158,924	^{66}Dy 162,50	^{67}Ho 164,930	^{68}Er 167,26	^{69}Tm 168,934	^{70}Yb 173,04	^{71}Lu* 174,97

Aktiniden

A													
^{90}Th** 232,038	^{91}Pa** (231)	^{92}U** 238,03	^{93}Np** (237)	^{94}Pu** (242)	^{95}Am** (243)	^{96}Cm** (247)	^{97}Bk** (247)	^{98}Cf** (249)	^{99}Es** (254)	^{100}Fm** (253)	^{101}Md** (256)	^{102}No** (254)	^{103}Lw** (257)

Hauptgruppen:

- I Alkalimetalle
- II Erdalkalimetalle
- III Erdmetalle (Bor-Aluminium-Gruppe)
- IV Kohlenstoff-Silizium-Gruppe
- V Stickstoffgruppe
- VI Sauerstoffgruppe oder Chalkogene
- VII Halogene
- VIII Edelgase

Nebengruppen:

- I Kupfergruppe
- II (Zinkgruppe)
- III (ohne Namen, enthält Lanthaniden und Aktiniden)
- IV Erdsäurebildner der Gruppe IV
- V Erdsäurebildner der Gruppe V
- VI Säurebildner der Gruppe VI
- VII Säurebildner der Gruppe VII
- VIII Eisen- und Platinmetalle

*) Neben stabilen kommen auch radioaktive Isotope in der Natur vor.

**) Nur instabile Isotope sind bekannt; in Klammern sind die Massenzahlen für ein bestimmtes Isotop angegeben.

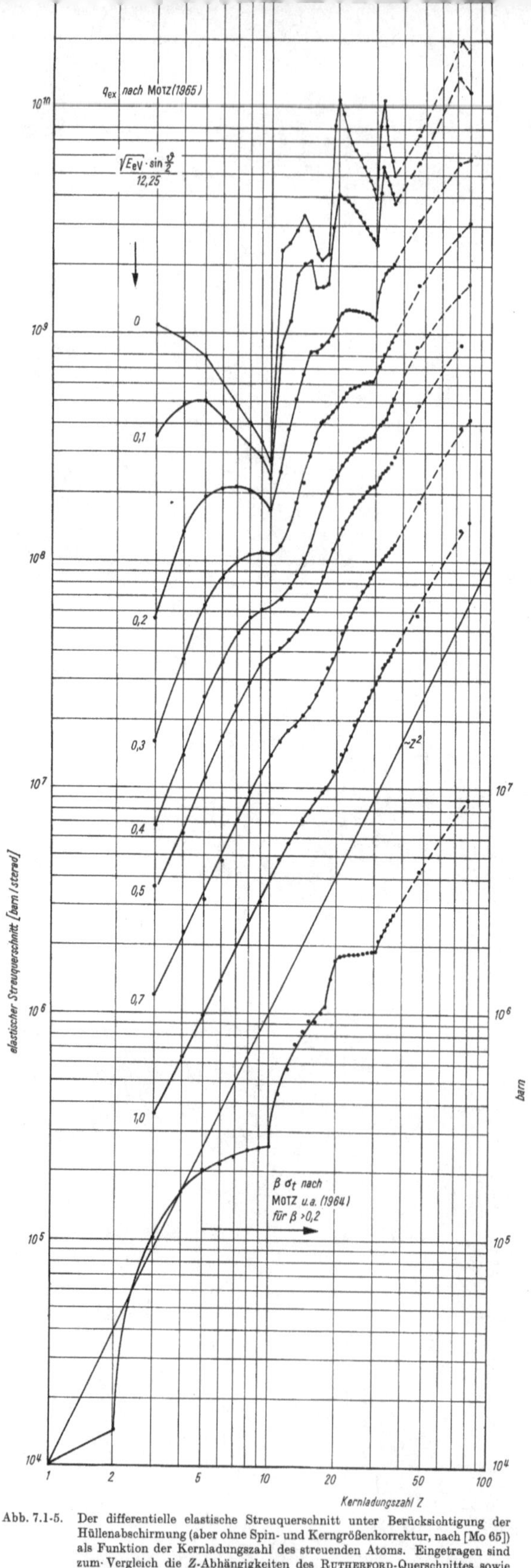

Abb. 7.1-5. Der differentielle elastische Streuquerschnitt unter Berücksichtigung der Hüllenabschirmung (aber ohne Spin- und Kerngrößenkorrektur, nach [Mo 65]) als Funktion der Kernladungszahl des streuenden Atoms. Eingetragen sind zum Vergleich die Z-Abhängigkeiten des RUTHERFORD-Querschnittes sowie des totalen Streuquerschnittes $\beta^2 \sigma_t$ unter Berücksichtigung der Hüllenabschirmung (nach der MOTT-BORN-Formel 1A-500 laut MOTZ u. a. [Mo 64a]) für $\beta > 0,2$ (Anmerkung bei der Korrektur: In der Bildbeschriftung muß es heißen: „q_{ex} nach MOTT (1965)" (oben) und „$\beta^2\sigma_t$" statt „$\beta\sigma_t$" (unten)

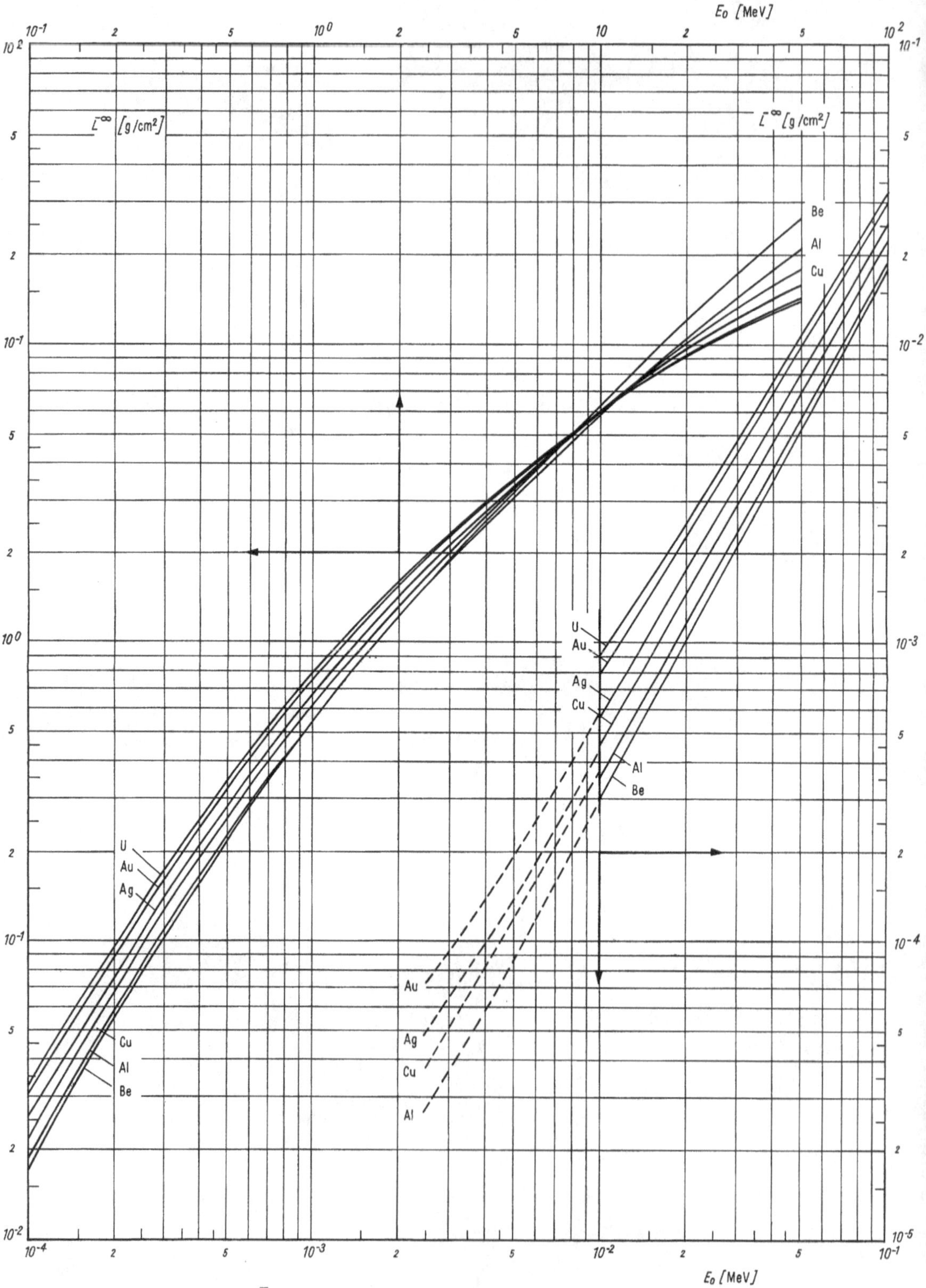

Abb. 8.3-2. Die mittlere Bahnlänge $\bar{L}^{\infty}$ (im unendlich ausgedehnten Medium) von Elektronen in verschiedenen Absorbermedien als Funktion der kinetischen Energie (nach Tab. 8.3-3, [Be 64a]). Für $E_0 < 10$ keV sind die von COSSLETT und THOMAS [Co 64d] nach Gl. (8.1-16) berechneten partiellen Bremsvermögen eingetragen (Anmerkung bei der Korrektur: An der linken Ordinate muß die zweite Zehnerpotenz von oben 10^{+1} statt 10^{-1} lauten)

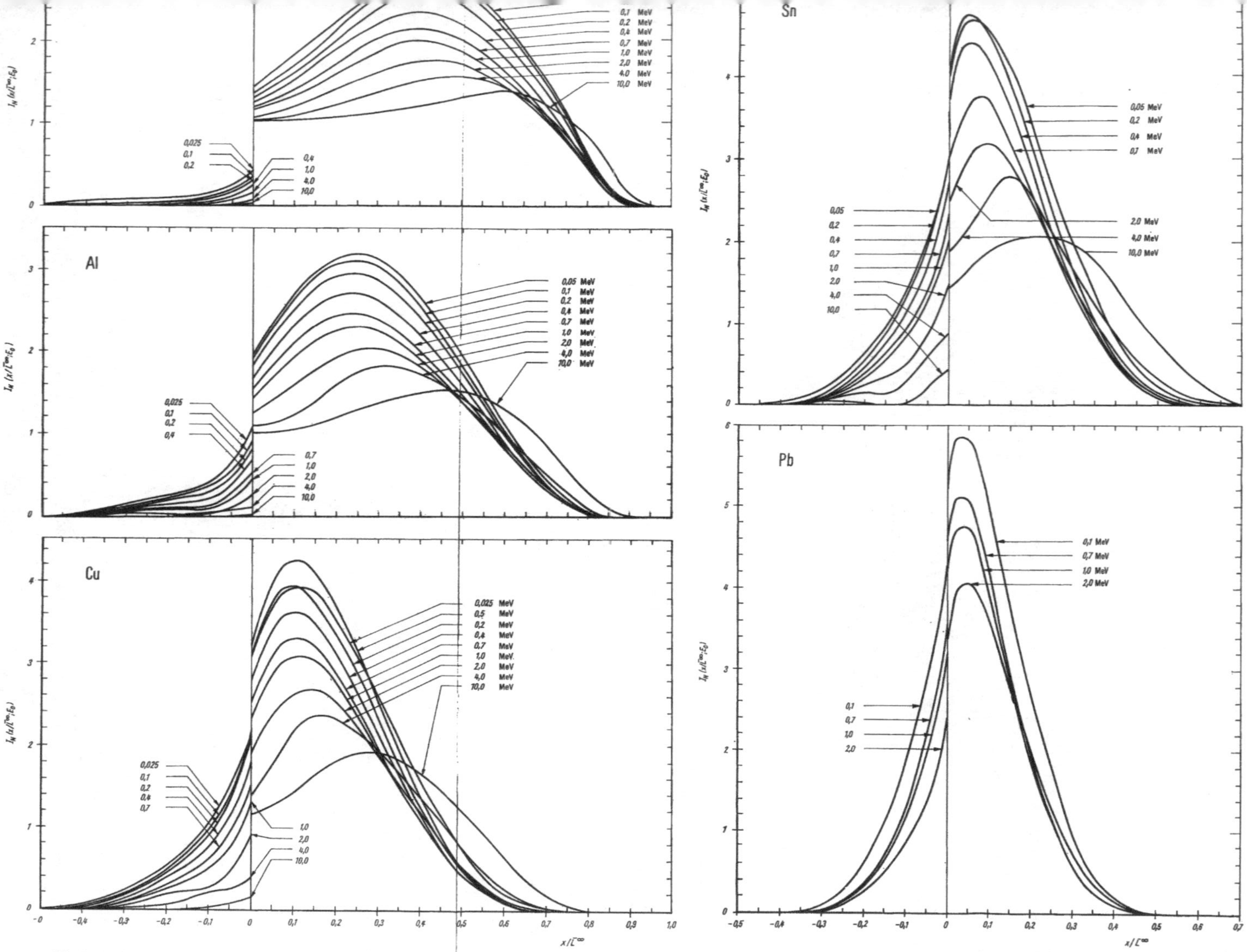

Abb. 12.3-1. Energieabsorptionsverteilungen (energy dissipation distributions) für ebene Quellen senkrechter Emission monoenergetischer Elektronen verschiedener Energien im Bereich von 0,025 bis 10 MeV in C, Al, Cu, Sn und Pb. Dargestellt ist die Funktion $I_N\left(\frac{x}{\bar{L}\infty}\right) = \frac{I(x/\bar{L}\infty)}{(\mathrm{d}E/\mathrm{d}s)_{E_0}}$, wo $I(x)\mathrm{d}x$ diejenige Energie ist, die pro cm² in einer ebenen Schicht zwischen x und $\mathrm{d}x$ durch Elektronen gegebener kinetischer Energie E_0 bei einem Fluß von 1 Elektron/cm² in der Quellenebene absorbiert wird. Für Strahlquellen ist $I(x)\mathrm{d}x$ die mittlere Energie, die pro Elektron in der Ebene zwischen x und $x + \mathrm{d}x$ absorbiert wird

FSC
www.fsc.org
MIX
Papier | Fördert
gute Waldnutzung
FSC® C083411

Kolibri 360 GmbH
Ferdinand-Jühlke-Straße 7
99095 Erfurt, Deutschland
produktsicherheit@kolibri360.de